DER BETON

Herstellung, Gefüge und Widerstandsfähigkeit gegen physikalische und chemische Einwirkungen

Von

Dr. Richard Grün

Professor an der Technischen Hochschule Aachen
Direktor des Forschungsinstituts der
Hüttenzementindustrie in Düsseldorf

Zweite,
völlig neubearbeitete und erweiterte Auflage

Mit 261 Abbildungen im Text und auf zwei Tafeln
sowie 90 Tabellen

Berlin
Verlag von Julius Springer
1937

ISBN-13: 978-3-642-89782-5 e-ISBN-13: 978-3-642-91639-7
DOI: 10.1007/978-3-642-91639-7

Softcover reprint of the hardcover 2nd edition 1937

Dem Gedenken an

Hermann Passow

1865—1919

Vorwort zur ersten Auflage.

Beton ist der vielseitigste, billigste, bequemste, beständigste und am schnellsten zu verarbeitende Baustoff der Welt.

Wo Kies oder Steine vorkommen, erlaubt er die Errichtung ungeheurer aus einem einzigen Stück bestehender Bauwerke, welche an Größe und Unvergänglichkeit die Pyramiden in den Schatten stellen.

Wenn längst unsere Kultur, wie alle vorhergegangenen Kulturen, vernichtet ist, werden unsere Hochhäuser, Schleusen, Eisenbetonbauten und Betontunnel noch als schmucklose, aber gewaltige Zeugen von einem industriellen Zeitalter erzählen, ja Eiszeiten, geologische Umwälzungen und das Verderblichste, des Menschen eigene Hand, die ganze untergegangene Städte als Steinbrüche benutzt und abgebrochen

Abb. 1. Römische Wasserleitung aus der Eifel nach Köln, 1,50 m hoch, 100 km lang, erbaut um das Jahr 100 nach Christi Geburt, aus Romanzementbeton.

hat, werden die Spuren der Tätigkeit unserer Betonbauer nicht vertilgen können. Noch heute ist die aus Beton errichtete Wasserleitung der Trinkwasserversorgung Kölns, die von den Römern vor nahezu 2000 Jahren errichtet wurde, bis auf einige Unterbrechungen völlig erhalten und in den erhaltenen Stücken noch betriebsfähig. Die Unterbrechungen selbst sind durch gewaltsame Eingriffe durch Steinbruchbetriebe usw. hervorgerufen (Abb. 1).

Trotz dieser guten Beständigkeit ist der Beton nicht ohne Feinde, die im allgemeinen machtlos, ihn doch unter besonderen Umständen vernichten können. Der noch nicht erhärtete Beton kann von innen heraus geschädigt werden, wenn untaugliche Stoffe verarbeitet wurden, oder äußere Einflüsse, starker Frost, große Hitze vermögen das neu errichtete Bauwerk zu zerstören.

Weit widerstandsfähiger ist das erhärtete, also zu Stein gewordene Kies-Zementgemisch. Gewaltsame Eingriffe werden nur geringe Opfer fordern, denn sie sind selten und ihnen trotzt der Beton wie kein anderer Baustoff. Bei den Erdbeben in Japan und Amerika, bei der Explosion in Oppau hat Beton alle anderen Baustoffe an Widerstandskraft übertroffen. Beton ist das ideale Material zum Festungsbau.

Gefährlicher als gewaltsamer Tod ist die schleichende Krankheit, die ungesehen den gesunden Körper befällt und ihn langsam und unrettbar vernichtet. Schädliche Wässer, glasklar und fast geschmacklos, aber dennoch beladen mit für den Beton giftigen Stoffen, vermögen ihn langsam aber sicher und völlig zu zerstören.

Nur dem Chemiker enthüllt sich die Schädlichkeit dieser oft harmlos scheinenden Flüssigkeiten, die überall, als Grundwasser, Bergwerkswasser, Sickerwasser, besonders natürlich in chemischen Fabriken vorkommen.

Die Schäden durch solche Einflüsse sind gewaltig; allein bei der Interessen-Gemeinschaft der chemischen Fabriken Deutschlands beträgt die jährlich für Betonwiederherstellung auszugebende Summe über 1 Million Mark, obgleich doch die Ingenieure und Chemiker dieser Werke die Gefährlichkeit ihrer Wässer kennen und schon von vornherein ihre Bauten zu schützen versuchen. Dennoch ist kein Grund zur Besorgnis. Der Beton ist und wird seine Stelle als erster Baustoff nicht nur innehalten, sondern sein Anwendungsgebiet noch auf ungeahnte Gebiete ausdehnen.

Es gilt aber die Gefahr zu erkennen und ihr zu begegnen. Mittel dazu sind in Überfülle vorhanden, und, vorausgesetzt, daß richtig erkannt ist, woher die Gefährdung droht, wird die Anwendung dieser Mittel von Erfolg sein.

Das vorliegende Buch soll den Bauingenieur mit unterstützen bei allen Bauten, die nicht unter ganz normalen Bedingungen (und solche sind selten) errichtet werden müssen. Es behandelt den Einfluß des Aufbaues des Betons auf seine zukünftigen Festigkeiten, also Zuschlagsstoffe und Verarbeitungsart, dann die Einwirkungen auf den frischen und auf den erhärteten Beton, Frost, Hitze, Erschütterung und Druck und schließlich die wichtigsten, weil gefährlichsten, chemischen Einwirkungen.

Jede Besprechung ist mit Versuchsergebnissen aus den Laboratorien und Beispielen aus der Praxis belegt, Maßnahmen für die günstigste Arbeitsweise sind angeschlossen.

Die für den Schutz des Betons gegen chemische Einwirkungen im Handel befindlichen Abwehrstoffe sind zuletzt zusammenfassend besprochen und ein kurzes Kapitel über Wiederherstellungsarbeiten angefügt.

So wird das Büchlein dem in schwierigen Lagen befindlichen Betonbauer ein treuer Ratgeber sein und dazu beitragen, seinen Betonbauten dauernde Beständigkeit zu verleihen.

Düsseldorf, im September 1925.

Dr. phil. Richard Grün.

Vorwort zur zweiten Auflage.

Zehn Jahre sind seit Erscheinen der längst vergriffenen ersten Auflage verstrichen, Jahre der Scheinblüte, des Niedergangs, der Arbeitslosigkeit und des unerhörtesten Aufstiegs. An Stelle eines in Klassen zerklüfteten Volkes hat der starke Arm unseres Führers und die zusammenführende Kraft der Gedanken der Bewegung eine Einheit geschaffen, wie sie seit 1000 Jahren nicht mehr da war.

A) Einsicht in die aus Beton hergestellte, etwa 80 km lange Wasserleitung aus der Eifel (Sötenich) nach Köln, die ungefähr 70 n. Chr. erbaut wurde. Boden und Seitenwände sind aus Feinschlagbeton mit Sandzusatz, der Überzug ist ein Putz von Ziegelmehl. Bindemittel: hydraulischer Kalk.

B) Stadttor in Rheinsberg. Durchweg erbaut aus Betonblöcken, die aus der Wasserleitung (Bild 1) ungefähr im 10. oder 11. Jahrhundert herausgestemmt wurden. Trotz der fast 1000jährigen Beanspruchung durch Klimaeinflüsse hat sich der ursprünglich gar nicht für Außenlagerung, sondern für Unterbau bestimmte Beton ohne Verputz überraschend gut gehalten.

Auch die Technik, die früher in einzelne Zweige gespalten zwar Gewaltiges schuf, aber ungeordnet auf ihren vielfältigen Arbeitsplätzen wirkte, ist in einer mächtigen Organisation zusammengefaßt und arbeitet nur noch auf ein großes Ziel zu: Die Erhaltung und Stärkung Deutschlands.

Nie in der Geschichte der Menschheit ist bisher die Lösung der Aufgabe, ein großes Volk auf zu engem Raum zu ernähren, gelungen, stets war Auswanderung, Eroberung fremden Lebensraumes oder künstliche Kleinhaltung die einzige Möglichkeit für eingeengte Völker, den Druck zu lindern. Wir wollen weder Auswanderung oder Krieg, noch Schrumpfung unseres Volkskörpers und müssen deshalb auf andere Maßnahmen sinnen. Diese liegen auf stofflichem Gebiet allein in der Ausnutzung unserer Technik für unseren großen Zweck.

Diese moderne Technik, die sich von allem früheren grundsätzlich unterscheidet, weil der nordeuropäische Erfindergeist ihr die Kraftmaschine und damit die Erschließung unerschöpflicher Hilfsquellen auf engstem Raum schenkte, hat als erste Technik Überfluß an Kraft und kann da verschwenden, wo früher Mangel war. Mit diesem Kraftüberschuß und mit ihrer einheitlichen Führung wird sie die bisher unlösbare Aufgabe bewältigen.

Auch der Zement als Kraftquelle im Beton ist ein Kind unseres technischen Zeitalters, auch er bedarf gewaltiger Kraftmengen zu seiner Erzeugung und ist undenkbar ohne Stahl, Kohle, Öl und Elektrizität. Auch er gehört also zu den Errungenschaften unserer Zeit und muß zur Erreichung unseres Zieles beitragen. Zwar schufen schon Ägypter, Römer und Azteken gewaltige Bauten, die heute noch unsere Bewunderung herausfordern. Aber ihre Baustoffe waren primitiv gegen die unseren. Sie kannten weder Eisen noch Stahl, weder Zement noch Eisenbeton, und ihre Kraftquellen waren nicht gewaltige Maschinen, sondern arme Sklaven. Mühsam mauerten sie mit Natursteinen, günstigstenfalls kannten sie den hydraulischen Kalk, mit dem die Römer schon Schwerbeton herstellten. Aber große Spannweiten konnten sie nicht wagen; eng und raumfressend drängten sich unzählige Säulen in ihren Tempeln; besiegt wurde der Raum erst durch Stahl und eisenbewehrten Beton in der freien Halle, der hochgespannten Brücke. Diesen Beton zu schaffen ist Aufgabe des Baumeisters. Er bekommt nicht bequem zugerichtete Balken und fertig geschweißte Eisenträger, die, wie bei einem Baukasten in Knabenhand, zusammengefügt werden können, sondern er erhält nur Kiessand, Zement und Wasser. Wenn auch diese 3 Bestandteile von bester Beschaffenheit sind, die Hauptverantwortung liegt bei dem Mann auf der Baustelle, denn er muß seine Rohstoffe richtig verarbeiten, nur so erhält er einen guten Beton.

Dann aber ist auch sein Erzeugnis von einer Formwilligkeit, Widerstandsfähigkeit und Beständigkeit, wie sie keinem Naturstein eigen ist.

Es ist eine Freude, dem Baumann einiges zu sagen über die Möglichkeit der richtigen Verarbeitung seiner Baustoffe, und ihm die Erfahrung der Väter und Fachleute zu übermitteln, doppelte Freude ist dies aber auf der neuen Grundlage einer geordneten Technik, die alle Kräfte deutschen Erfindergeistes, Ingenieurkühnheit und Unternehmertatkraft der Erreichung nur eines Zieles unterordnet, der Stärkung des deutschen Volkes.

Heil Hitler!

Düsseldorf, im August 1937.

Dr. phil. Richard Grün.

Vorbemerkung.

Der Aufbau des Betons wird auf der Baustelle geschaffen, die Rohstoffe Zement, Kies und Wasser dagegen fertig geliefert. Diesem Aufbau muß also vom Baumeister größte Aufmerksamkeit gewidmet werden, denn der Aufbau bestimmt in weitem Ausmaß Widerstandsfähigkeit gegen physikalische und chemische Einwirkung und Lebensdauer.

Hohe Festigkeit ist eine für den Beton bezeichnende Eigenschaft, sie ist aber nicht ausschlaggebend für seine Güte, denn wichtiger sind häufig das Verhalten gegen andere Einwirkungen wie gerade Zug und Druck. Abbindewärme des Zementes, Verarbeitbarkeit des Frischbetons, Wasserdichtigkeit und Aggressivbeständigkeit des Festbetons sind meist ausschlaggebender als möglichst hohe Festigkeit. Im allgemeinen ist ein elastisches, chemisch indifferentes Erzeugnis einem glasharten, spröden, aber reaktionsfähigem Beton vorzuziehen.

Die deutschen Zemente sind im allgemeinen von ausgezeichneter Beschaffenheit und können für weitaus die meisten Bauten unbedenklich genommen werden. Ihre Kontrolle in den Fabriken sowohl wie durch die Fachindustrie ist gründlich, so daß Beanstandungen verhältnismäßig selten sind.

Spezial-Zemente werden bereits, obgleich sie nicht genormt sind, in großem Umfange hergestellt, und ihre Eigenschaften können durch geeignetes Brennen, passende Zusätze und zweckmäßige Mahlfeinheit in weiten Grenzen abgeändert werden, entsprechend den Anforderungen an das Bauwerk. Auch Spezialzuschlagstoffe für besonders dichten, besonders abnutzungsfesten oder feuerfesten Beton sind vorhanden.

Dem Korngrößenaufbau der Zuschlagstoffe, der früher so stark vernachlässigt wurde, ist von der praktischen Seite her besondere Aufmerksamkeit gewidmet, um dem Baufachmann ohne allzu starke Belastung mit Theorien eine schnelle Wahl und Arbeitsweise zu ermöglichen. Dieses Kapitel wurde insbesondere von meinem langjährigen Mitarbeiter Herrn Dr. H. Beckmann bearbeitet.

Die Verarbeitungsweise, für welche die Höhe des Wasserzusatzes ausschlaggebend ist, hat sich nach dem Zweck zu richten, dem das Bauwerk dienen soll, denn sie bestimmt wieder in hohem Maße Aufbau, Festigkeit und Widerstandsfähigkeit.

Die Nachbehandlung, weniger wichtig bei Massenbauwerken, kann bei großen Oberflächen und schwachen Abmessungen für die Lebensdauer ausschlaggebend werden.

Pflege wird häufig nicht notwendig, dennoch empfiehlt sie sich bei stark beanspruchten Bauwerken, die schädlichen Einwirkungen ausgesetzt sind.

Beobachtung ist stets am Platze, um eintretende Schäden beizeiten zu erkennen, um sie oder ihre Ursachen zu beseitigen.

Der Straßenbeton ist heute eines der wichtigsten und verantwortungsvollsten Anwendungsgebiete des Betons geworden. Für Deckenbeton müssen ganz besonders hohe Anforderungen an sorgfältige Verarbeitungsweise, Güte der Zuschlagstoffe und Geeignetheit des Zementes gestellt werden. Meine Voraussage vor über 10 Jahren in der 1. Auflage dieses Buches (S. 51) daß „auch bei uns die Betonstraße die Straße der Zukunft sein wird", ist eingetroffen. Demgemäß wurde dem Straßenbeton ein besonderer Abschnitt gewidmet (S. 181—195), der naturgemäß nicht den Anspruch erheben kann, das ganze große Gebiet zu umreißen, sondern der lediglich als Übersicht dienen soll. Auf die Spezialliteratur ist hingewiesen.

Alle genannten Themen werden in ausführlichen Kapiteln behandelt. Die reichen Erfahrungen aus wissenschaftlichen Arbeiten und aus der Tätigkeit in der Praxis, und die Betreuung des von mir geleiteten Institutes mit wichtigen Aufklärungsarbeiten von Bauschäden und Bauunfällen kamen hierbei sehr zustatten.

Da das Buch nicht bloß Studienzwecken, sondern auch zum Nachschlagen dienen soll, habe ich mich nicht gescheut, wichtige Tatsachen wiederholt an verschiedenen Stellen zu bringen und kurz zu schildern.

Dr. phil. Richard Grün.

Inhaltsverzeichnis.

Einleitung.

Wesen des Betons.

Beton ist ein verkittetes Trümmergestein. Der Trümmeranteil wird dargestellt durch die Zuschlagsstoffe, also Sand und Kies oder Splitt, den Kitt dagegen bildet das abgebundene Bindemittel, z. B. der Zement, der Zementleim (Abb. 1). In der Natur spielen derartige verkittete Trümmergesteine als gebirgsbildende Massen eine große Rolle.

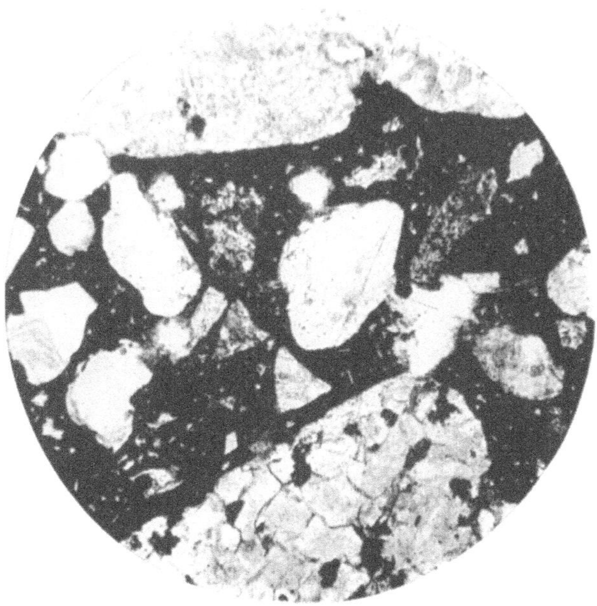

Abb. 1. Dünnschliff von Zementmörtel, Vergrößerung 80fach (künstlich „verkittetes Trümmergestein"). Die durch das Bindemittel Zement verkitteten Quarzsandstücke sind meist scharfkantig und verschieden groß (gemischt-körnig).

Natürliche verkittete Trümmergesteine sind Sandstein (Abb. 2), Quarzit und dem Beton im Aussehen am nächsten stehend Breccien und Konglomerate, z. B. die Nagelfluh[1].

Bei Sandstein besteht der „Zuschlagsstoff" aus Sand. Das Bindemittel kann kieselig, kalkig, tonig oder mergelig sein und bestimmt den Grad der Widerstandsfähigkeit des betreffenden Steines gegen Verwitterung, gegen chemische Einflüsse usw. Im Quarzit sind Quarztrümmer verkittet durch die überaus widerstandsfähige Kieselsäure. Aus diesem Grunde ist auch der Quarzit besonders unempfindlich gegen chemische Einflüsse.

[1] Rinne: Gesteinskunde. 10. Aufl. Leipzig 1928.

In der Nagelfluh sind die „Zuschlagsstoffe" wesentlich gröber als im Sandstein, sie bestehen aus Bachgeröllen von Dolomit oder Kalkstein, welche später wieder durch weiteren kohlensauren Kalk verkittet wurden. Die Nagelfluh stellt ein überaus festes und hartes Gestein dar, welches schon im frühen Mittelalter als Baustein Verwendung fand. So besteht das Fundament der Frauenkirche in München aus Nagelfluhquadern (Abb. 3). Ihren Namen trägt die Nagelfluh von der Tatsache, daß eine Wand (Fluh) aus dem Gestein, von streifendem

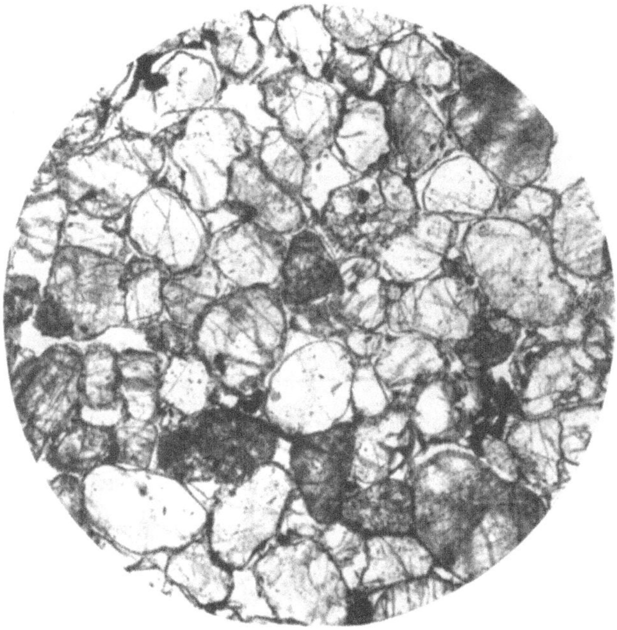

Abb. 2. Dünnschliff von Sandstein (natürlich „verkittetes Trümmergestein"). Die Quarzkörner sind durch sehr geringe Mengen Bindemittel (Kieselsäure) verkittet.

Sonnenlicht beleuchtet, wie „genagelt" aussieht, da die verschieden großen Geröllbrocken wie Nagelköpfe hervortreten.

Der Ursprung des französischen Wortes „Beton" läßt sich mit Sicherheit nicht mehr feststellen; vermutlich besteht eine Verwandtschaft zwischen den Worten „Beton" und „Bitumen". Eine deutsche Bezeichnung hat sich bis heute nicht einzubürgern vermocht. Wir verstehen unter Beton ein künstlich verkittetes Gestein aus mehr oder weniger grobkörnigen Zuschlagsstoffen, z. B. Kiessand, während man von Mörtel spricht, wenn der Zuschlag aus Sand besteht.

Mörtel und Beton sind bereits im Altertum bekannt gewesen[1] (Abb. 4). Die Kunst, Beton herzustellen, wurde aber in der Völker-

[1] Vgl. Kiepenheuer: Wasserkalk. S. 56. Bonn 1911. — Grün: Zusammensetzung und Beständigkeit von 1850 Jahre altem Beton. Z. angew. Chem. 1935 Nr. 24.

wanderung verloren und erst vor ungefähr 80 Jahren wieder neu entdeckt. Die Römer haben gewaltige Bauwerke aus Steinschlagbeton unter Verwendung von hydraulischem Kalk als Bindemittel hergestellt, die sich heute noch in bestem Zustand befinden. Als Steinschlag verwendeten sie hierbei entweder Natursteine, also Kiessand und Kleinschlag, oder zerstoßene Backsteine (Abb. 5)[1].

Abb. 3. Nagelfluh. Das betonartig aussehende „verkittete Trümmergestein" ist entstanden aus Kalksteingeröllen durch Verkittung mit kohlensaurem Kalk im Verlauf vieler Jahrtausende. Das harte Gestein wurde für die Errichtung vieler Bauwerke verwendet. Das Bild zeigt das Fundament der Frauenkirche in München.

Abb. 4. Stück aus der ungefähr 80 km langen Wasserleitung von der Eifel nach Köln, erbaut von den Römern 70—90 n. Chr. Beton aus Kies in Korngrößen, die den Eisenbetonbestimmungen von 1933 entsprechen, mit hydraulischem Kalk als Bindemittel.

Von allen anderen Baustoffen unterscheidet sich der Beton dadurch, daß er seine Form und sein Gefüge erst auf der Baustelle erhält und seine Festigkeit erst nach endgültiger Bildung der gewünschten Form erreicht. Er wird also nicht wie Bruchstein, Ziegel, Eisen oder Holz u. dgl. mit bereits vorhandenen Festigkeiten, die nicht mehr abgeändert werden, auf die Baustelle angeliefert, sondern hier erst aus Zement, Kiessand und Wasser erzeugt; maßgebend für seine Festigkeit ist deshalb die zweckmäßige Verarbeitung des gelieferten Zementes, die richtige Auswahl und Mischung der Zuschlagsstoffe, welche durch diesen Zement zusammengekittet werden sollen, und die sachgemäße Einbringung und Nachbehandlung des bei dieser Mischung erzielten Betons.

---

[1] Pesch, H.: Das Römerbad in Zülpich. Dtsch. Techniker 1935. — Matschoss, C.: Technikgeschichte: Beiträge zur Geschichte der Technik und Industrie. Bd. 25, 1—12. Berlin: VDI-Verlag 1936.

Für die Herstellung des Betons ist der Baumeister in ganz anderem Maße verantwortlich als bei der Vermauerung von Bruch- oder Backsteinen, da von seiner Sachkenntnis und Sorgfalt Festigkeit, Widerstandsfähigkeit und Lebensdauer des Betons und Bauwerks abhängt. Dafür hat der Baukünstler aber auch den unermeßlichen Vorteil, daß der Beton in bezug auf seine Formgebung außerordentlich „wendig"

Abb. 5. Beton aus kleingestampftem Backstein mit Kalk als Bindemittel, 1/2 natürliche Größe (Römerbad in Zülpich, ungefähr 300 n. Chr.).

ist und Baukonstruktionen gestattet, an die früher überhaupt nicht gedacht wurde. Aus Beton können heute auf der Baustelle monolithische Bauwerke hergestellt werden, die — erhöht in ihrer Zugfestigkeit durch Eiseneinlagen — früher überhaupt nicht vorstellbar waren und deren Ausmaße und Gestaltung zur Zeit schon, und zweifellos in noch höherem Maße in Zukunft, unseren modernen Städten und unserer Landschaft ein ganz neues Gesicht geben und eine eigenartige Baukultur, die sich nach der Art des verwendeten Baustoffes richtet, schaffen werden.

Einteilung.

Wir werden uns gemäß der Herstellungsart des Betons zunächst zuzuwenden haben den

I. Rohstoffen des Betons, also dem
- A. Zuschlagsstoff, d. h. dem zu verkittenden Trümmergestein, dem
- B. Zement, der zur Verkittung nötig ist, und dem
- C. Anmachwasser, welches das Erhärten des Zementes auslöst.

Weiter wird uns der

II. Aufbau des Betons beschäftigen, also die
- A. Kornzusammensetzung des Zuschlaggesteins, der
- B. Zementgehalt der Mischung und die für die Festigkeit und Dichtigkeit sehr wichtige
- C. Höhe des Wasserzusatzes.

Auf der Baustelle selbst ist dann besonders von Interesse die

III. **Verarbeitung des Betons.** Bei dieser unterscheidet man
   A. Messung von Zement, Zuschlag und Wasser, weiter
   B. Mischung und den daran anschließenden
   C. Transport, während die
   D. Verdichtung durch Stampfen, Stochern, Rütteln für das endgültige Gefüge ausschlaggebend ist.

   Als besondere Anwendungsart wird uns die Verarbeitung unter Wasser, also der
   E. Unterwasserbeton und
   F. das Einpressen von Zement interessieren, und weiter werden wir der für alle Verarbeitungsarten wichtigen
   G. Baukontrolle unsere besondere Aufmerksamkeit widmen. Schließlich wird uns noch die

IV. **Erstarrung des Betons,** also
   A. der Mechanismus der Verfestigung, die Beeinflussung der Festigkeit durch
   B. Druck,
   C. Hitze,
   D. Frost,
   E. Überflutung u. dgl., beschäftigen. Die

V. **Erhärtung des Betons** zu steinartiger Festigkeit ist für den Praktiker von besonderer Wichtigkeit, also die
   A. Bauwerksfestigkeit, die
   B. Entschalungsfristen und die sehr wichtige
   C. Nachbehandlung usw.

   Weiter ist von größtem Interesse die

VI. **Beeinflussung des erstarrten und erhärteten Betons** durch physikalische und chemische Einwirkungen, also einerseits durch Frost und Hitze, andererseits durch chemische Einwirkungen, wie Säure, Salze u. dgl. Die letzte Einwirkungsweise ist wegen ihres großen Einflusses auf die Lebensdauer des Betons besonders ausführlich behandelt, und schließlich sind

VII. **dem Schutz des Betons** und den Schutzmitteln besondere Kapitel gewidmet.

I. Die Rohstoffe des Betons

sind zunächst der Zuschlag, der verkittet werden soll, weiter der Zement und das zu seiner Erhärtung notwendige Wasser und für besondere Fälle Zusätze, wie Abbindebeschleuniger usw., die zur Erreichung eines besonderen Zweckes gegeben werden.

Diese 4 Rohstoffgruppen seien zunächst für sich in bezug auf die verschiedenen Arten, ihre Eigenschaften und Anwendungsgebiete besprochen.

A. Der Zuschlag.

Die Hauptmasse des Betons besteht aus dem Zuschlag; er wird also, normalen Zement vorausgesetzt, zu einem großen Teil die Eigenschaften des fertigen Betons bedingen und muß deshalb, besonders in bezug auf die ihn bildenden Mineralien, mehr als bisher beachtet werden.

Auf diese Wichtigkeit der Gesteinsarten macht schon Todt[1] aufmerksam und verweist auf die Notwendigkeit, kein beliebiges Gestein zu verwenden und der Gesteinsart größte Aufmerksamkeit zu widmen, besonders betont er die guten Erfahrungen, die mit gebrochenem Flußkies gemacht wurden. Auch auf die mangelnde Wetterbeständigkeit mancher Gesteine (Sonnenbrenner), ihre verschiedene Schluckfähigkeit und ihr Ölsaugevermögen macht Todt aufmerksam und verlangt möglichste Freiheit von jeder Verschmutzung. Es sei deshalb bei der Besprechung der Rohstoffe ausgegangen vom Zuschlagsstoff, und zwar werden zunächst dessen

1. physikalischer Aufbau, dann die
2. chemische Zusammensetzung und der
3. mineralische Aufbau und schließlich noch folgende Eigenschaften abgehandelt:
4. Härte,
5. Eigenfestigkeit,
6. Wasseraufnahme,
7. Kornform,
8. Kornoberfläche,
9. Reinheit,

und zwar sowohl des Gesteins an sich als auch des gekörnten Zuschlages, wie er ja allein im Beton verwendet werden kann, also des Splittes oder Kleinschlages.

Weitaus die bekanntesten Zuschlagsstoffe sind diejenigen, die in der Natur bereits als fertige lose Trümmergesteine vorliegen, also der

[1] Todt: Fehlerquellen beim Bau von Landstraßendecken aus Teer und Asphalt. Halle 1931.

Kies und der Sand. Dazu kommen in immer steigendem Maße die Zuschlagsstoffe, die aus natürlichen Gesteinen durch Brechen erzeugt werden, also gebrochener Basalt (Basaltsplitt), gebrochener Granit, gebrochener Kalkstein und schließlich die ebenso aus künstlich hergestellten erkalteten Gesteinsschmelzen erzeugten Splitte von Hochofenschlacke, Kupferschlacke u. dgl. Sowohl für die natürlich vorkommenden losen Trümmergesteine als auch für die künstlichen aus derben Gesteinen hergestellten Splitte ist maßgebend für ihre Verwendbarkeit der Aufbau der Gesteine, welche sie bilden, ihre Eigenfestigkeit, Verwitterungsbeständigkeit und Frostsicherheit. Hierzu tritt noch bei den losen Trümmergesteinen der natürlich gegebene Kornaufbau, der in vielen Fällen derartig ist, daß das Gestein ohne weiteres für Betonzuschlag verwendet werden kann, welcher aber auch in anderen Fällen einer Korrektur bedarf durch Zusatz gröberer Gesteine, wenn das Korn zu fein ist oder durch Auswaschen von staubförmigen Anteilen, wenn diese in zu großen Mengen oder aber als Lehm, Humus u. dgl. vorhanden sind.

Die einzelnen Gesteine seien in der Reihenfolge, welche durch ihren Aufbau gegeben ist, besprochen.

1. Physikalischer Aufbau der Zuschlagsstoffe.

Nach der Entstehung unterscheidet man

a) **Eruptivgesteine,** das sind solche, die aus dem feuerflüssigen Zustand erstarrt sind zu kristallinen Massen, die z. B. bei Granit aus Quarz, Feldspat und Glimmer bestehen. Sie sind entweder erstarrte Tiefengesteine oder sie sind später durch vulkanische Ausbrüche an die Erdoberfläche gelangt und hier erstarrt. Demgemäß teilen sie sich ein in die

α) Tiefengesteine, zu diesen gehören: Granit (Abb. 6), Syenit, Gabbro und andere mehr, und in die

β) Ergußgesteine, zu welchen Diabas (Abb. 7), Basalt und Porphyr zählen.

Es sei hier darauf verwiesen, daß es auch Granite gibt, die infolge Verwitterung unbrauchbar sind, auch wenn man ihnen die Verwitterung bei oberflächlicher Betrachtung nicht ansieht, und daß Basalte, welche an der Sonne zerfallen — die sogenannten Sonnenbrenner — wegen ihrer Unbeständigkeit selbstverständlich ausgeschieden werden müssen.

Die gangförmig erstarrten Ganggesteine spielen hier keine Rolle.

γ) Künstliche Gesteinsschmelzen.

Schließlich seien noch genannt als künstliche Gesteine, die hierher gehören, die Hochofenschlacke[1], die Phosphorschlacke[2] und die Mansfelder Schlacke. Alle drei, die der Herstellung von Eisen, Phosphor und Kupfer ihr Dasein verdanken, vermögen entweder zu derben Gesteinen zu erstarren, wenn man sie langsam erkalten läßt oder tempert (Abb. 8 u. 9), oder aber sie werden zu leichten bims-

[1] Vgl. Richtlinien zur Verwendung von Hochofenschlacke als Betonzuschlag.

[2] Kommt in langsam erkaltetem, also schwerem Formzustand als Syntolit, in abgeschrecktem, also aufgeblähtem und leichter als Syntoporit in den Handel.

Abb. 6. Dünnschliff von Granit. Gemengtes Gestein, bestehend aus Feldspat, Quarz und Glimmer.

Abb. 7. Dünnschliff von Diabas. Gemengtes Gestein, bestehend aus Feldspat, Augit, Chlorit und Magneteisen. Alle Mineralien sind schon leicht verwittert, der Diabas aber noch brauchbar.

ähnlichen Gesteinen, wenn sie durch Einleiten der glühendflüssigen Schmelze in Wasser aufgebläht werden.

Die geschmolzene Müllschlacke, die früher ähnliche Verwendung fand, wird zur Zeit nur in geringem Umfang hergestellt.

Je nach ihrem Formzustand können alle vier genannten Schlacken zu Schwer- oder Leichtbetonherstellung verwendet werden. Der gewaltige Unterschied, welcher durch den so hervorgerufenen Formzustand bedingt wird, zeigt Abb. 10. Ausschlaggebend für die Festigkeit und Wärmehaltung ist aber nicht nur die Gesteinsart, sondern auch der Formzustand, in dem sie sich befindet. Gut wärmeleitende, also für

Abb. 8. Stückschlacke, erhalten durch langsames Erkaltenlassen von Hochofenschlackenschmelzen oder Kupferschlacke.

Wohnhausbau unbrauchbare Gesteine (Stückschlacke) können in gut wärmesperrende (Hüttenbims) oder gar in Isolierstoffe (Schlackenwolle) übergeführt werden. Die Ursache für diese Möglichkeit ist die Tatsache, daß unbewegte Luft eine sehr geringe Wärmeleitfähigkeit hat. Schließt man also Luft in sehr kleine Räume (Poren) ein, so ist sie ein ausgezeichnetes Isoliermittel, da sie die Wärme durch Bewegung (Wärmekonvektion) dann nicht mehr wegführen kann (Korkwände, Federbett). Durch Aufblähen nicht wärmehaltender Stoffe erhält man durch die massenhaft entstehenden kleinen Luftblasen hohe Wärmedichtigkeit, aber auf Kosten der Festigkeit, da die dünnen Wände der Luftblasen leicht zerbrechen.

Der oft als schädlich angesehene Sulfidgehalt der Hochofenschlacke hat nach den bisherigen Untersuchungen noch in keinem Falle zu Betonzerstörungen geführt, da der Beton so dicht ist, daß eine Oxydation des Sulfids zu Sulfat nur in der äußersten Oberfläche möglich ist. Es

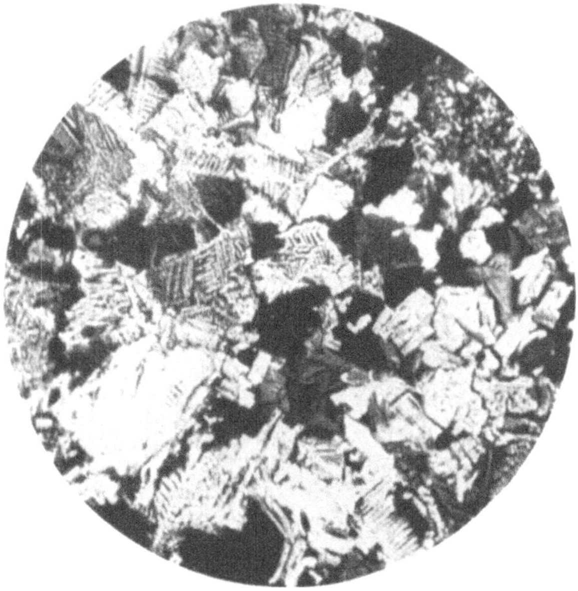

Abb. 9. Dünnschliff der Stückschlacke. Deutliche Kristallbildung.

sind auch im Jahre 1930 ministeriell anerkannte Richtlinien erlassen worden, welche die Hochofenschlacke als Zuschlag zulassen. Bei Ausarbeitung dieser Richtlinien wurde besonders die Frage untersucht, ob

Abb. 10. Vergleich gleicher Gewichte von verschieden behandelten Gesteinsschmelzen: Stückschlacke (langsam erkaltet), Schlackensand (wassergranuliert), Hüttenbims (aufgebläht durch Dampfbildung zugeleiteten Wassers) und Schlackenwolle (zerstäubt durch Einblasen von Luft). Die Porenräume dieser einzelnen Gesteine sind dargestellt in Wassermengen.

die sulfidhaltige Hochofenschlacke zum Rosten der Eisen führen kann. Derartige Rostenerscheinungen wurden nicht festgestellt. Bei dahingehenden Versuchen wurde weiter ermittelt, daß in keinem Falle sulfidhaltige Hochofenschlacken zum Rosten der Eisen führte, weder bei Verwendung als Betonzuschlag noch bei Verwendung als Gleisschotter bei eisernen Schwellen. Guttmann[1] ist der Ansicht, daß eine Oxydation des Sulfidsschwefels zu Gips nur eintreten kann, wenn Zerfallsschlacke (Schlackenmehl) oder sehr fein zerkleinerte sulfidreiche Stückschlacke längere Zeit für sich allein im Freien lagert. Er hält in Übereinstimmung mit anderen Forschern den Sulfatgehalt für bedenklich, wenn durch den Zusatz zu Mörtel oder Beton der Gipsgehalt in diesem über 1,7% getrieben wird.

Daß Steinkohlenschlacke für Betonzuschlag in großem Umfange verwendet wird, ist bekannt. Es muß immer wieder darauf hingewiesen werden, daß ein zu hoher Sulfatgehalt Treiberscheinungen hervorruft. Hock[2] gibt für Steinkohlenschlacke folgende Zusammensetzung an:

an verbrennlichen Stoffen (Kohlenstoff)	20—45%
an Sand, Tonerde usw.	etwa 50—70%
an schwefelsauren Salzen (also Sulfate, Sulfide und Pyrite usw.)	1—2,5%
an kohlensaurem Kalk	etwa 1—7,5%
an sonstigen Alkalien, Eisenoxyd usw.	etwa 2—3,5%

und empfiehlt bei Steinkohlenschlacke, die einen Sulfatgehalt von über 1,5% hat, Heranziehung von Hochofenzement oder Zementen ähnlicher Eigenschaften, um Treiben zu verhindern; er gibt die obere Grenze für Sulfatgehalt mit 2% an. Hock teilt weiter mit, daß „verschiedene Werke dazu übergegangen sind, auch für separierte Schlacke ausschließlich Hochofenzement zu verwenden, da die Vorteile, die dabei erzielt werden, außer der unbedingten Sulfatfestigkeit, die sind, daß Hochofenzemente mit Schlacke verarbeitet höhere Festigkeiten ergeben als Schlacke mit Portlandzement, während sie gleichzeitig billiger sind als Portlandzement".

b) Sedimentgesteine. Die Sedimentgesteine zerfallen, vom betontechnischen Gesichtspunkt aus betrachtet, in zwei große Gruppen, nämlich in die verfestigten und in die losen Gesteine. Zu den verfestigten gehören die meisten Gesteine, die nicht in die Gruppe a) fallen, zu den losen Trümmergesteinen diejenigen, die uns bekannt sind als beliebte Rohstoffe für die Betonherstellung.

α) Verfestigte Sedimentgesteine. Die verfestigten Sedimentgesteine teilen sich wieder ein in solche, die auf chemischem Weg sich ausgeschieden haben, und in solche, die durch mechanische Zertrümmerung und spätere Verkittung entstanden sind.

Die mechanischen Sedimente. Bei diesen gibt es eine ganze Reihe gut brauchbarer Zuschlagsstoffe, obwohl sie im allgemeinen den Tiefengesteinen, wie Granit, oder den Ergußgesteinen, wie Basalt, unterlegen sind.

Der Sandstein ist ein erhärteter natürlicher Mörtel, der als Zuschlag Sand enthält, während das Bindemittel kieseliger oder kalkiger,

---

[1] Guttmann: Die Verwendung der Hochofenschlacke. Düsseldorf 1930.

[2] Hock: Die Eigenschaften separierter Steinkohlenschlacke und ihre Bedeutung als Baustoff. Das Betonwerk 1929, Nr. 12/13.

manchmal auch toniger Natur sein kann. Die Sandsteine mit tonigem Bindemittel, die beim Anhauchen nach Erde riechen, sind den anderen genannten Sandsteinen unterlegen, da sie im Wasser bis zu einem gewissen Grade weich werden. Die Sandsteine mit kalkigem Bindemittel werden bei Bauten, die der Verwitterung ausgesetzt sind, besser nicht verwendet, da sie durch Herauslösen des kalkigen Bindemittels durch die Kohlensäure und Schwefelsäure des Regenwassers verwittern. Wesentlich wichtiger sind die Sandsteine, welche kieselige Bindemittel enthalten, da sie weitgehend säurebeständig und meist sehr hart sind.

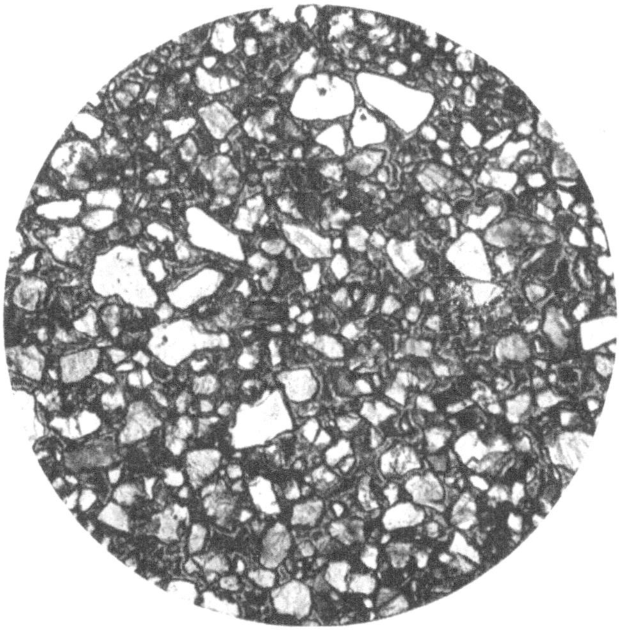

Abb. 11. Dünnschliff von Quarzit. „Verkittetes Trümmergestein", bestehend aus scharfkantigem Quarzsand durch Kieselsäure gebunden.

Verwandt mit dem Sandstein ist der Quarzit, welcher ein Sandstein ist, der durch Kieselsäure verkittete Quarztrümmer enthält (Abb. 11). Während der Quarzit außerordentlich dicht ist und eine geringe Wasseraufnahme hat, sind die Sandsteine im allgemeinen poröser. Stark poröse Gesteine müssen natürlich für Schwerbeton von vornherein ausgeschieden werden, da sie nur einen druckschwachen porösen Beton ergeben.

Die Grauwacke enthält neben Quarzkörnern auch andere Gesteinstrümmer und kommt in ganz verschiedener Güte vor. Während manche Grauwacken als Betonzuschläge sich ausgezeichnet bewähren, haben andere selbst im Beton bei Wechselwirkung von Hitze und Kälte noch Neigung zum Zerfallen gezeigt und das aus ihnen hergestellte Betonmauerwerk zugrunde gerichtet.

Hierher gehören auch die Tonschiefer, die aus Tiefseeschlamm durch Verkittung entstanden sind. Soweit sie nicht allzu stark schichtenweise spalten, können sie in manchen Fällen als Zuschlag herangezogen werden. Der schiefrige Bruch, der ihnen den Namen gab und ihre Verarbeitung auf Dachschiefer möglich macht, ist aber hier ein Nachteil, da er dazu führt, daß der aus ihnen hergestellte Beton spröde wird und höhere Beanspruchung auf Festigkeit und Beständigkeit nicht auszuhalten vermag.

Ausgebrannter Ölschiefer, ein ziemlich leichter Stein, der durch Abbrennenlassen von Ölschiefer entsteht, der besonders in Württemberg als Zuschlag für Leichtbetonsteine Verwendung findet, kann nur dann herangezogen werden, wenn er nicht allzu große Mengen von Pyrit, der oft in ihm vorkommt, enthält. Zweckmäßig ist bei seiner Verwendung die Heranziehung eines kalkarmen Zementes, z. B. Romanzement, welcher durch den Sulfatanteil weniger leicht zum Treiben gebracht wird.

Abb. 12. Dünnschliff von Kalkstein. Sedimentgestein, besteht nur aus verkitteten Muschelschalen und Korallen (reiner kohlensaurer Kalk, $CaCO_3$).

Die Nagelfluh, entstanden aus Geröll von kohlensaurem Kalk, welches seinerseits wieder durch kohlensauren Kalk verkittet ist, vermag hohe Festigkeiten, hauptsächlich in dem älteren Vorkommen, zu erreichen, spielt aber als Betonzuschlag eine geringe Rolle.

Tuffsteine sind im allgemeinen als Zuschlagsstoffe zu leicht, wenn nicht gerade Leichtbeton hergestellt werden soll. Sie sind wichtiger im gemahlenen Zustand als Traß, also als Zusatz zu Zement. Entstanden sind sie als Vulkanaschen, die später wieder verkittet wurden. (Traß s. S. 98.)

Ein Übergang zu den chemischen Sedimenten bildet der Kalkstein insofern, als er teilweise als verkittetes Trümmergestein entstanden ist aus Muschelschalen, die mehr oder weniger fein zerkleinert sind, teilweise nur so wenig, daß sie heute noch gut zu erkennen sind, während andererseits auch Kalksteine entstanden sind durch einfache chemische Verwandlung des in Wasser gelösten doppeltkohlensauren Kalkes in unlöslichen einfachen kohlensauren Kalk, ein Vorgang, der uns aus der Tropfsteinhöhle, bei Bildung des Kalktuffs usw. bekannt ist.

Kalkstein (Abb. 12) ($CaCO_3$) (kohlensaurer Kalk, Kalziumkarbonat) kommt vor entweder in derber Form gebirgsbildend als Fels (Oberbayern) und als Marmor (Lahn) oder hauptsächlich in Süddeutschland in Form von Bachgeröllen (Isar). Alle 3 Arten Kalkstein eignen sich bei genügender Festigkeit als Betonzuschlag.

Dichter Kalkstein hat erhebliche Festigkeiten und kann sogar entgegen der allgemein geltenden Ansicht zu Bauteilen verwendet werden, welche schädlichen Wässern ausgesetzt sind, da er eine recht erhebliche Widerstandsfähigkeit gegen diese Lösungen, solange sie keine allzu große Menge freie Säure haben, aufweisen kann.

Die chemischen Sedimentgesteine. Der Dolomit ($CaCO_3MgCO_3$), ein Doppelkarbonat aus kohlensaurem Kalk und kohlensaurer Magnesia, wie er in den Dolomiten gebirgsbildend vorkommt, hat ähnliche Eigenschaften wie der Kalkstein. Während dolomithaltige Böden in sie eingebettete Rohrleitungen und ähnliche Betonkörper von kleinen Abmessungen zu zerstören vermögen, ist Ungünstiges über die Einwirkung von Dolomit als Zuschlag bisher nicht bekanntgeworden.

Da Kalkstein und Dolomit sich in kohlensäurehaltigem weichem Wasser (Regenwasser) auflösen, werden die Gesteine für solchen Einwirkungen stark ausgesetzten Bauteile nicht in Frage kommen. Die Karstbildung und die bizarren Formen der Kalksteingebirge (Dolomiten) sind durch diese Wasserlöslichkeit hervorgerufen (Abb. 13).

Der Gipsstein ($CaSO_4 + 2\,H_2O$) hat für den Betonfachmann geringe Bedeutung, und es sei an dieser Stelle nur darauf verwiesen, daß er als Zusatz wie auch als Rohstoff für die Portlandzement- und Hüttenzementherstellung eine Rolle spielt, hauptsächlich als Abbindeverzögerer. Er wird in Mengen von ungefähr 2% dem Zement bei der Vermahlung zugesetzt. Als Zuschlag kommt er nicht in Frage, weil er, wenn er dem Zuschlag als Verunreinigung beigemengt ist, zu schweren Treiberscheinungen führen kann. Zuschläge, die des Gipsgehaltes verdächtig sind, sind also vorher analytisch zu prüfen. Es gehören hierzu hauptsächlich Kohlenschlacken, Posidonienschieferschlacke und Sande, die durch Gips von industriellen Werken verunreinigt sind, aber auch manche seltene natürliche Vorkommen.

Eine schnelle Übersicht über die Eigenschaften der Steine in bezug auf Verwendbarkeit als Zuschlagsstoff erlaubt die Tabelle 1, in welcher alle hier wichtigen Einzelheiten eingetragen sind. Es ist notwendig, daß der Betonfachmann sich viel mehr als bisher mit den Rohstoffen, die den Zuschlag bilden, beschäftigt.

β) Die losen Sedimentgesteine sind diejenigen Gesteinsformen, die zur Betonbereitung herangezogen, also durch Verkittung

Abb. 13. Bergform in den Dolomiten. Die bizarren Formen sind hervorgerufen durch die Löslichkeit des Dolomitgesteins in kohlensäurehaltigem, salzfreiem Wasser (Regenwasser).

mit Zement in Beton, in „verkittete Trümmergesteine" verwandelt werden.

Im Gebirge selbst, wo die einzelnen Trümmer noch nicht oder wenig abgerundet sind, legt man den Trümmergesteinen dieser Klasse gewöhnlich den Namen Schotter bei (Abb. 14). Sie bilden in von der Natur geschaffenem Zustand in ungeheurem Umfang den Moränenschotter der Gletscher und werden künstlich aus festen Gesteinen (Granit, Kalkstein usw.) hergestellt durch Zertrümmern in Stein-

Tabelle 1. Die wichtigsten Eigenschaften der für Schwerbeton

Gesteinsart	Farbe	Bruch	Oberfläche	Aussehen	Mineralien	Eigen- Raumgewicht
					1. Eruptiv-	
Granit	dunkelrot, hellrot, weiß, grau, grün und fleischfarben	kubisch	rauh	gekörnt, mit Einschlüssen von Glimmer	Feldspat, Quarz und Glimmer	2800
Syenit	grau und fleischfarben	kubisch	rauh	klein bis körnig	Feldspat und Hornblende	2800
Grünstein Diabas, Diorit, Gabbro	grünlich und bräunlich bis schwarz	kubisch	rauh	fein bis grobkörnig	Feldspat und Hornblende oder Augit	2900
Porphyr	rosa bis grau, häufig mit hellen Einsprengungen	kubisch	rauh	größere Kristalleinschlüsse in feinkörniger Grundmasse	Quarz und Feldspatkristalle in Grundmasse von Feldspat	2800
Basalt	grauschwarz bis bläulich	muschelig, splitterig	wenig rauh	dicht, körnig Säulige Absonderung	Feldspat, Augit oder Hornblende olirin, Erze	3000
Trachyt und Andesit	grau und bräunlich	grob, splitterig	rauh	fein und dicht, häufig mit Einsprengungen von großen Sanidinkristallen	Feldspat teilweise mit großen Sanidinkristallen, leicht verwittert	2700
					2. Verfestigte Sedi-	
Kalkstein	schwarz, grau bis weiß, auch grünlich und gelb	kubisch	mehr oder weniger rauh	derb, dicht und fest, oft mit Muscheleinschlüssen, bisweilen kristallin (Marmor)	Kalkspat	2600
Dolomit	schwarzgrau bis hellblau	kubisch	rauh	dicht und derb	Doppelkarbonat $CaCO_3$ $MgCO_3$	2200
Quarzit	hell bis weiß	kubisch	glatt	schwach glänzend	Quarz	2500
Gipsstein	weißlich, rosa und marmoriert	kristallisch	rauh	durchscheinend	$CaSO_4 + H_2O$	2300
Sandstein	Alle Farben möglich: weiß, grün, grau, rot, gelb	kubisch	rauh, sandig	sandig mit Einsprengungen von Glimmer	Quarzsand, der verkittet ist durch Bindemittel aus Kieselsäure, kohlensauren Kalk oder Ton	2400 bis 2700
Grauwacke	grau, sandsteinähnlich, auch rot	kubisch	rauh	fein bis grobkörnig	enthält neben Sand auch andere Gesteinstrümmer	2700
Tonschiefer	dunkelgrau bis schwarz, auch grünlich, rötlich und bläulich	schieferig	glatt	schieferiger Bruch	Quarzsand mit Ton und Glimmer	2000
					3. Lockere Sedi-	
Kies	gelb, weiß, grau, rot	rundgerollt	glatt	rundlich, je nach den Steinen, aus denen sie entstanden sind	Für Rheinkies-Quarz und Feldspat, für alle anderen die bisher genannten Gesteine	1600
Kalksteinkies (Isarkies)	hellgrau bis schwarz	rundgerollt	glatt	rundgerollte Kalksteinbrocken	$CaCO_3$ usw.	1800
Tuff	grau bis gelbbraun	muschelig	rauh	porös mit eingeschlossenen Gesteinsbrocken	je nach dem Eruptivgestein aus dem er entstanden ist	2000
Bimskies	gelb bis braun	rund, körnig	rauh	körnig und leicht, bimssteinähnlich	wie Tuff	1100

als Zuschlagsstoffe in Betracht kommenden Gesteine.

schaften				Gütekennzeichen	Fehler	Brauchbarkeit	Bemerkungen
Druckfestigkeit	Wasseraufnahme	Wetterbeständigkeit	Feuerbeständigkeit				
gesteine.							
über 1600	<0,5 %	gut	gut	feines Korn, viel Quarz, wenig Glimmer	sehr grobkörnig, verwittert	gut brauchbar	Gneis hat fast dieselbe Zusammensetzung und Eigenschaften wie Granit, bricht aber plattenförmig
über 1400	<0,5 %	gut	gut	Flaseriges Gefüge, viel Hornblende	viel Glimmer, Schwefelkies, angewitterter Feldspat	gut brauchbar	
1900 bis 2100	<0,5 %	gut	gut	gleichmäßig kleinkörnig	angewitterter Feldspat, Schwefelkies, schieferiges Gefüge und Serpentingehalt	gut brauchbar	Die oft als schwarzschieferiger Granit oder Odenwälder Syenit bezeichneten Steine sind eigentlich Grünsteine
1800 bis 3000	1,5 %	gut	gut	viel Quarz und Hornblende oder Augit, feinkörnig, harte Grundmasse	Grundmasse ritzbar mit dem Messer, Tongeruch beim Anhauchen, Schwefelkies	gut brauchbar	Vorsicht vor Sonnenbrennern
2000 bis 5000	<1 %	gut, Sonnenbrenner zerfallen	sehr gut	dicht, dunkel, feinsplittrig	hellgrau glasige Anteile, sternförmige Flecken, Sonnenbrenner	gut brauchbar	
700	4,7 %	häufig schlecht	ziemlich gut	gleichmäßige Struktur ohne Sanidinkristalle	große Sanidinkristalle, Glimmer, Porosität	gut brauchbar	
mentgesteine.							
1000 bis 1800 bei porigem Kalkstein 200—600	0,5 bis 4 %	bei dichtem Stein sehr gut	bis 800° gut	derb, dichte Beschaffenheit	porige Beschaffenheit, hohe Wasseraufnahme	gut brauchbar	Braust in Säure stark auf
1000 bis 2000	2,5 %	gut	wie Kalkstein	wie Kalkstein	wie Kalkstein	gut brauchbar	Braust in Säure schwach auf
3000	<1 %	sehr gut	zerspringt	dichtes Gefüge	schieferig	gut brauchbar	
gering	7,5 %					unbrauchbar	Als Zuschlagsstoff unbrauchbar, da er Treiben verursacht
stark schwankend bis 1200	6,2 %	schlecht	ziemlich gut	gleichmäßige Sandkörner, kieseliges Bindemittel	viel Glimmer, toniges oder mergeliges Bindemittel, in Säure aufbrausend, erdiger Geruch	schlecht brauchbar	Als Zuschlagsstoff sind nur die allerdichtesten Sandsteine geeignet, die meisten sind unbrauchbar
1000 bis 3000	1,2 %	mittel bis gut	gut	viel Quarz, kieseliges Bindemittel	viel Schiefer- oder Kalkbrocken, Schwefelkies	oft minderwertig	Grauwacken mit tonigem Bindemittel verwittern (erdiger Geruch)
600 bis 1700	0,5 bis 1 %	meist gut	meist gut	grobe Schieferung, nicht verblassend, hell glimmend	im Wasser aufweichend, Kupfer und Schwefelkies, Bitumengeruch beim Erhitzen	oft minderwertig	Infolge seines schieferigen Bruches ist dieses Gestein als Betonzuschlag minder geeignet
mentgesteine.							
	<0,5 %	wechselnd	wechselnd	festes Gerölle, gemischtes Korn	Verunreinigung (Wassertrübung) Sandsteingehalt	verschieden	
		gut	gut	wie Rheinkies	wie Rheinkies	gut	Nagelfluh sind in der Natur bereits verkittete Trümmergesteine aus kohlensaurem Kalk und sehr hart und fest
200	34 %	schlecht	gut	dichtes Gefüge	toniges Bindemittel	für leichten Beton	Tuff ist entstanden durch Erhärten von vulkanischen Schlammen
der fertigen Steine 20—30		gut	gut	festes Korn	verwittertes Korn, Beimengung von Britzschichten	für leichten Beton	

brechern. Diese Schotter haben naturgemäß die Eigenschaften der Steine, aus welchen sie entstanden sind.

Im Mittelgebirge und in der Ebene sind wichtiger Kies und Sand, die in den Hauptflüssen Deutschlands und in den Kies- und Sandgruben, die entstanden aus den Ablagerungen der Flüsse und Bäche, vorkommen. Auch die Zusammensetzung des Kieses ist bestimmt von den Gesteinsarten, die zu seiner Bildung beitrugen. Während die Rheinkiese meist nur aus Quarz, Quarzit und Grauwackebrocken, die rund gerollt sind, und besonders aus Quarzkörnern mit feineren Anteilen aus Glimmer bestehen, kommt in der Elbe, stammend aus dem Elbsandsteingebirge, teilweise auch im Main rundgerollter Buntsandstein vor; dieser kann die Güte des Betons stark herabsetzen, wenn der Sandsteinanteil porös oder weich ist: die stark wasseraufsaugenden Sandsteinanteile vermindern die Verwitterungsbeständigkeit und führen zu Zersprengungen infolge Gefrierens des von ihnen aufgesaugten Wassers.

Abb. 14. Schotterbildung am Gletscher (Moränenschotter), das Trümmergestein ist nicht völlig abgerundet.

Die Korngröße und Kornform des Kieses wird bedingt durch die Strömungsgeschwindigkeit des Wassers: je schneller das Wasser fließt, desto größere Anteile von Sand und Kies vermag es mitzuschleppen. Wie beispielsweise starker Sturm, also schnell bewegte Luft, schwere Gegenstände zu heben vermag, ein leichter Wind dagegen bloß leichte, so führt das schnell fließende Wasser auch gröbere Anteile weg und läßt nur die allergröbsten zurück. Infolgedessen befinden sich in den Bächen mit schnellem Lauf im Gebirge nur große Geröllstücke, da der leichtere Kies und Sand immer und immer wieder weggeführt wurde (Abb. 15). In den langsamer strömenden Flüssen dagegen steigt allmählich mit sinkender Strömungsgeschwindigkeit der Anteil an Feinem an, da das langsamer fließende Wasser keine gröberen Anteile mehr mitbringt, bis an der Meeresküste selbst nur noch ganz feine Anteile vorhanden sind und grobe Kiesgeschiebe nur in seltenen Fällen durch Eis oder Überschwemmung bis an das Mündungsende der Flüsse geschleppt werden können[1].

[1] Pulfrich: Kies und seine Eigenschaften. Tonind.-Ztg. 1935 S. 567.

In den Kiesgruben ist die Kornzusammensetzung naturgemäß eine andere als in den zur Zeit fließenden Flüssen der gleichen Gegend, da die Gruben oft unter anderen Strömungsverhältnissen gebildet wurden (Eiszeit). Außerdem ist der Grubensand und der Grubenkies meist auch lehmhaltig, oft auch eisenschüssig oder mit organischen Substanzen durchsetzt, die im Lauf der Jahrtausende des Liegens des Sandes in den Gruben in ihn hereingeschwemmt worden sind oder sich in ihm abschieden.

Lehmgehalt wird besonders dann schädlich, wenn er fest auf der Oberfläche der Sand- und Kieskörnchen sitzt, da er dann, wie beispielsweise Mehl auf einem Brett, auf dem Nudelteig ausgerollt wird, das Anhaften des Zementleims an dem Kies verhindert.

Abb. 15. Geröll in schnellfließendem Bach, starke Abrundung der weither stammenden brockigen Gesteine. Infolge der hohen Strömungsgeschwindigkeit sind alle feineren Anteile (Sand und Kies) weggeschleppt.

Der Bimssand[1], Bimskies (Schwemmsand), ist ein besonders im Rheintal in großen Mengen vorkommendes Gestein, welches auf Grund seines Porenreichtums den Vorteil überaus großer Leichtigkeit hat. Es entstand bei der Explosion des Laacher Seevulkans dadurch, daß stark mit Gas beladenes glühendflüssiges Gestein plötzlich von hohem Druck befreit wurde, wodurch es sich aufblähte, wie der Schaum beim Öffnen einer Bierflasche, worauf es dann zu einem überaus leichtem und porigem, doch ziemlich festem Gefüge „gefror", also erstarrte (Gesteinsschaum) (Abb. 16).

Der Hüttenbims ist eine Nachahmung des Naturbimses. Er wird hergestellt aus glühendflüssiger Hochofenschlacke durch Einblasen von Luft, Wasser oder Dampf. Er ist im allgemeinen etwas schwerer als der natürliche Bimskies und nicht so säurebeständig wie dieser, kann aber für Leichtbeton gut verwendet werden.

Gegossener Leichtbeton hat sich neuerdings für Siedlungen mit Erfolg eingeführt, wobei als Zuschlag entweder Naturbims oder Kunst-

[1] Vgl. auch Hart: Materialtechnische Mitteilungen über jahrzehntealte Bimsbeton-Kaminsteine und Fabrikschornsteine aus Bimsbaustoffen. Betonstein-Ztg. 1936 Heft 9 und 10. — Über Leichtbeton vgl. auch Leichtbeton für Mauerwerk von Wohnhäusern und Ställen. Zementverlag 1935 sowie Der Kleinwohnungsbau und die Betonbauweisen, Zementverarbeitung Heft 15, Zementverlag 1926, und Dutron: Bétons denses et Bétons légers. Bulletin technique Nr. 13.

bims aus Hochofenschlacke und Lochblechschalungen oder Drahtschalungen nach Schneider-Arnoldi verwendet wird[1] (vgl. Tab. 2).

Abb. 16. Wand einer Bimsgrube (Rheintal). Der bei Vulkanausbrüchen abgelagerte Bims ist durchschossen von Gesteinsstaubschichten (Britzschichten), die während der Ausbrüche von Gewittern niedergeschlagen wurden.

Tabelle 2. Zuschlagsstoffe für Leichtbeton.

Leichtstoff	Gewicht von 1 cbm (geschüttet) kg	Bezugsort
Natürliche Erzeugnisse.		
Rhein. Bims gewöhnlich	800	Neuwied und Koblenz
Bims entschiefert	500	Neuwieder Becken
Lavaschlacke: a) grobe Körnung	850	Ochtendung (Eifel)
b) gemischt	1000—1500	
Künstliche Erzeugnisse.		
Schaumige Schlachen:		
Hochofen: Thermosit	400—600	Oberscheld
Hüttenbims		Dortmund
Leichtbims		Essen
Schaumschlacke		Gleiwitz
Phosphorschlacke:		
Synthoporit: a) grobe Körnung	550	Piesteritz a. d. Elbe
b) gemischt	650—950	
Kohlenschlacke	800—1500	Industriewerke

2. Chemische Zusammensetzung der natürlichen und künstlichen Zuschlagsstoffe.

Zwar spielt die chemische Zusammensetzung eine verhältnismäßig untergeordnete Rolle, dennoch sei sie in der Abb. 17 graphisch wiedergegeben.

[1] Vgl. auch Reg.-Baumstr. a. D. Treuge: Leichtbeton im Wohn- und Siedlungsbau. Vortrag auf der Tagung des Vereins deutscher Portlandzementfabrikanten Berlin 1935. Zementverlag 1936.

Die Tafel zeigt, daß die Urgesteine und die aus ihnen entstandenen Kiese und schließlich natürlich die Sandsteine in der Hauptsache aus Kieselsäure (SiO_2) bestehen. Das Wort „Kieselsäure" ist aus „Kieselstein" hergeleitet.

Der Anteil an Tonerde und Kalk wächst dann bei den Basalten, bis bei den Tonmergeln, wie sie zur Herstellung des Portlandzementes dienen, der Kieselsäuregehalt in den Hintergrund tritt.

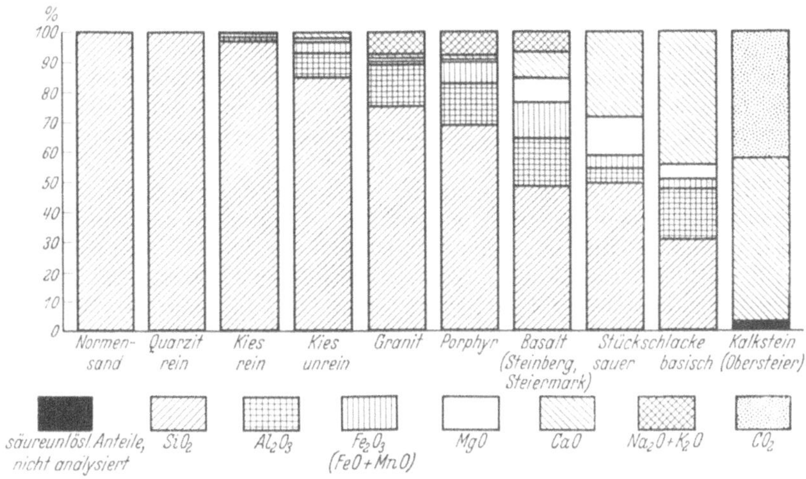

Abb. 17. Chemische Zusammensetzung der Zuschlagsstoffe.

Bei weiterem Ansteigen des Kalkgehaltes sinkt der Tonerdegehalt: Die Kalkmergel sind Ausgangsstoff für die Herstellung der hydraulischen Kalke, und schließlich kommt der 100proz. Kalkstein ($CaCO_3$) als Rohstoff für die Fettkalkerzeugung und bei dichter Beschaffenheit als guter Betonzuschlag in Frage.

Ähnlich wie Mergel ist die aus der Gangart von Eisenerz und Kalkstein erschmolzene Hochofenschlacke zusammengesetzt, welche sich von diesem nur durch das Fehlen der Kohlensäure unterscheidet. (Näheres über deren Zusammensetzung s. S. 97.)

Die Bedenken gegen die Verwendung von Hochofenstückschlacke zur Betonherstellung wegen ihres Schwefelgehaltes sind unbegründet. Versuche haben gezeigt, daß eine Schädigung hochofenschlackenhaltiger Mörtel und Betone durch eine etwa eintretende Oxydation des Schwefels zu Sulfat nicht zu erwarten ist[1]. Ebensowenig verursacht der Schwefel ein stärkeres, die Standsicherheit von Eisenbeton beeinträchtigendes Rosten der Eiseneinlagen[2].

[1] Burchartz-Deiss: Arch. Eisenhüttenwes. Bd. 8 (1934/35) Heft 5 S. 181. — Harsch: Hochofenschlacke als Zuschlag zu Beton. Iron Coal Trad. Rev. Bd. 107 (1923) S. 337, ref. Stahl u. Eisen 1924 S. 184.

[2] Burchartz: Versuche mit Hochofenzement. Mitt. Mat.-Prüf.-Amt 1919 S. 171, 1920 S. 149 — Hochofenschlacke für Beton, Amtlicher Erlaß vom 30. April 1924. Tonind. 1924 S. 508. — Kosfeld: Verwendung von Hochofenschlacke zu Beton. Stahl u. Eisen 1929 S. 243.

3. Mineralogischer Aufbau.

Als gesteinsbildende Mineralien kommen zunächst in Frage die Kieselsäure und ihre Verbindungen, weiter diejenigen des Kalziumoxyds. Der wichtigste, Kieselsäure enthaltende Stoff ist der Quarz, der reine kristallisierte Kieselsäure darstellt und in farbloser durchsichtiger Form als Rheinkiesel bekannt ist. Er ist sehr wetterbeständig, dagegen ist seine Feuerbeständigkeit gering, da er sich bei Rotglut in Trydimit umwandelt; er nimmt hierbei an Raum zu und zerspringt. Bei Bauwerken, die besonders feuerbeständig sein sollen, werden deshalb Quarze und quarzhaltige Gesteine am besten vermieden und solche herangezogen, die besonders feuerbeständig sind, wie Basalt und Hochofenschlacke[1]. Rheinsand, viele Flußsande und Dünensand bestehen hauptsächlich aus Quarz.

Die Feldspäte, glasglänzende, harte Gesteine, kommen in verschiedenen Farben vor und bilden mit Glimmer zusammen einen Hauptbestandteil des Granites. Chemisch gesprochen sind sie Doppelsilikate, z. B. Kalk-Tonerde-Silikat. Ton ist ein Verwitterungsprodukt von Feldspat. Der Granit besteht aus Quarz, Feldspat und Glimmer. Im Syenit tritt der Quarz zurück, und man unterscheidet je nach dem neben Feldspat überwiegenden Mineral Hornblende- und Augit-Syenit. Feldspat, Hornblende und Augit sind ebenfalls die Hauptbestandteile der meist dunkelgrünen Diorite, während die dunkelgrün bis braunen Gabbrogesteine durch ihren Gehalt an Diallag, einem augitähnlichen Mineral, gekennzeichnet sind. Die Porphyre bestehen aus einer dichten Grundmasse mit Quarz- und Feldspateinsprenglingen. Der Diabas enthält als kennzeichnende Gemengteile Kalk-Natron-Feldspat und Augit oder Hornblende, auf deren Verwitterungsprodukte die grüne Farbe des Gesteins zurückzuführen ist, und der blau bis schwarz gefärbte Basalt endlich außerdem noch Olivin. Bei hoher Temperatur gebrannt kommt gebrannter Ton (Chamotte) als Betonzuschlag für verhältnismäßig feuerbeständige Bauwerke in Betracht[2]. Bei niedrigen Temperaturen gebrannt (Backstein) dient er in körniger Form zur Herstellung besonders zähen Betons in leichter Modifikation für Leichtbeton und gepulvert als Puzzolane zur Dichtung des Betons und Erhöhung seiner Salzwasserbeständigkeit.

Die dunkelgrünen bis schwarzen Hornblenden und Augite sind sehr fest und hart; Hornblende verwittert schwer, die ähnlich zusammengesetzten Augite dagegen leichter.

Der Kalkspat oder kohlensaure Kalk kommt in reinster Form als isländischer Doppelspat vor. In gefärbtem Zustand ist er der Grundbestandteil kristalliner Kalksteine, wie des Marmors. Er ist kenntlich am starken Aufbrausen mit verdünnter Salzsäure, das hervorgerufen wird durch die Austreibung der Kohlensäure (CO_2) unter Bildung von salzsaurem Kalk (Kalziumchlorid).

---

[1] Grün-Beckmann: Bericht Nr. 18 des Ausschusses für Verwertung der Hochofenschlacke des Vereins Deutscher Eisenhüttenleute.

[2] Czernin: Über hydraulisch erhärtende feuerfeste Massen. Tonind.-Ztg. 1934 S. 973, 987.

Der Dolomit, eine Verbindung von kohlensaurem Kalk und kohlensaurer Magnesia, braust mit Säure wenig auf und hat eine erhebliche Wetterbeständigkeit, wenn er auch, wie der gewöhnliche Kalkstein, sich in kohlensäurehaltigem Wasser langsam auflöst. (Karstbildung und die abenteuerliche Form der Dolomiten als Folgen dieser Wasserlöslichkeit.)

Der Asbest, ein sehr feuerfestes, schwer verwitterndes seidenglänzendes Material, spielt als Zuschlag zu Beton auf der Baustelle keine Rolle, eine um so größere dagegen bei der Verarbeitung zu dem unter dem Namen „Eternit", „Fulgurit" u. dgl. bekannten Asbestschiefer. Dieser Asbestschiefer ist von großer Elastizität, sehr feuer- und wetterbeständig und dient zur Herstellung von Dachplatten, Isolatorenunterlagen, Rohren u. dgl. Er wird durch Mischung des Asbestes mit Zement in Holländern, wie sie zur Papierfabrikation dienen, erzeugt, worauf dann die Schlempe, auch wie bei der Papierfabrikation, durch Drahtnetze vom Wasser befreit und auf Stahlwalzen aufgedrückt wird. Die so hergestellte, aus Asbest und Zement bestehende Pappe wird unter Druck erhärten gelassen.

Der Gipsstein ist überaus weich, sein Vorkommen im Zuschlag ist bei aufmerksamer Beobachtung leicht an der faserigen Struktur, der wasserhellen, rosa oder gelblichen Färbung der Kristalle zu erkennen. Eine Übersicht über die wichtigsten Zuschlagsgesteine gibt Tab. 1.

Von den künstlich gewonnenen Betonzuschlagsstoffen besteht die kristallisierte Hochofenschlacke (Hochofenstückschlacke) in der Hauptsache aus Mineralien der Melilith-Gruppe; daneben finden sich Olivine in mehr oder weniger großen Mengen. Enthält die Stückschlacke größere Mengen von Dikalziumsilikat, so kann sie, da das Dikalziumsilikat polymorph ist und sich bei 675° in die bei gewöhnlicher Temperatur beständige γ-Modifikation unter 10proz. Raumvergrößerung umwandelt, im Laufe der Zeit zerfallen. Schlacken, bei denen mit einem solchen „Kalkzerfall" gerechnet werden muß, lassen sich bei einer Untersuchung mit ultraviolettem Licht an dem Auftreten hellgelber Fluoreszenzpunkte erkennen. Auch ein hoher Gehalt an Eisensulfid gefährdet die Beständigkeit der Stückschlacken. Des „Eisenzerfalles" verdächtige Schlacken zerfallen bereits nach kurzfristiger Wasserlagerung, so daß in der Wasserlagerung ein Mittel zur Erkennung des Eisenzerfalles gegeben ist[1].

Ähnlich wie die Hochofenschlacken sind auch die Kupfer- und Phosphorschlacken zusammengesetzt, die als Leichtbaustoffe, wie z. B. Syntoporit und Hüttenbims, infolge schroffer Abkühlung glasig erstarren und keine Mineralausbildung zeigen.

4. Petrographische Beschaffenheit.

Die chemische Zusammensetzung und der Mineralaufbau der Steine ist an sich für ihre Brauchbarkeit als Zuschlagsstoff für Mörtel und

[1] Grün u. Kunze: Das optische Verhalten der Stoffe des Systems Kalk — Kieselsäure — Tonerde im kurzwelligen Licht. Zement 1926 Nr. 37 S. 677. — Guttmann: Die Verwendung der Hochofenschlacke. 2. Aufl. 1934 S. 48ff.

Beton nur von untergeordneter Bedeutung. Wesentlich wichtiger ist die Gefügebeschaffenheit und der Erhaltungszustand, worüber eine mikroskopische Dünnschliffuntersuchung Aufschluß gibt. Die mikroskopische Prüfung unterrichtet über Umwandlungs- und Zersetzungserscheinungen, welche makroskopisch noch nicht erkennbar sind, und gestattet Rückschlüsse auf die Festigkeit und sonstigen bautechnischen Eigenschaften. Ein feinkristallines Gefüge z. B. deutet auf hohe Druckfestigkeit hin, eine gute Verzahnung, welche eine Verschiebung der einzelnen Mineralien gegeneinander erschwert, bedingt hohe Elastizität.

Abb. 18. Oberfläche von glasigem Zuschlag (nichtgetemperte Mansfelder Schlacke). Das amorphe Gefüge des Zuschlags führt zu dem glatten Bruch. Der Zement haftet schlecht an dieser glasigen Oberfläche. Folge: geringe Biegefestigkeit.

So vertragen z. B. saure Gesteine, wie Granit, Quarz, Porphyr, Quarzit, eine verhältnismäßig weitgehende Verformung, ohne zu Bruch zu gehen, während basische Gesteine, wie Basalt, Diabas, spröder sind. In frischen Steinen sind die einzelnen Kristalle rißfrei und zeigen scharfe Formumgrenzung; dagegen deuten infolge Zersetzungen in ihrer ursprünglichen Ausbildung nicht mehr erkennbare Mineralien sowie das Vorkommen in Umwandlungsprodukten — Brauneisen aus Biotit, tonig kaolinische Substanzen aus Feldspat — mehr oder weniger starke Verwitterung an und lassen das Gestein als minder brauchbar erscheinen. Die petrographische Untersuchung, deren Ergebnisse mit den bautechnischen Eigenschaften im Einklang stehen, kann also als Grundlage der Zuschlagsprüfung dienen[1].

[1] Burchartz, Saenger u. Stöcke: Technische Gesteinsprüfung. VDI-Forsch.-Heft 358 (1933).

Neben der petrographischen Beschaffenheit ist die Oberflächenstruktur noch von Wichtigkeit, wie sie durch die Art der Entstehung des Gesteins hervorgerufen wird:

Kies und Sand sind stets rundgerollt und desto glatter poliert, je älter sie sind. Besonders rundkörnig ist Dünensand. Naturgemäß vermag der Zement auf einer derartig glatten Oberfläche schlechter zu haften als auf einer rauhen, ebenso wie ein Stück Klebepapier auf einer angeätzten Glasscheibe besser haftet als auf einer polierten (Abb. 18). Die Zugfestigkeit und der Widerstand gegen Abnutzung von Beton

Abb. 19. Oberfläche vor Granit bei 20facher Vergrößerung, körnig-kieseliges Gefüge. Die rauhe durch das körnige Gefüge hervorgerufene und deshalb im Beton gut anbindende Oberfläche ist deutlich zu sehen.

aus derartig glatten Stücken ist deshalb geringer als bei Verwendung von rauhen Zuschlagsstoffen. Derartige rauhe Zuschlagsstoffe entstehen aber, wenn man die Gesteine frisch bricht, wie beispielsweise bei gebrochenem Kies, Granitschotter oder Basaltsplitt.

Die rauhe Oberfläche (Abb. 19) und scharfkantige Kornform dieses Gesteins, wie wir sie zum Teil auch bei den von der Natur geschaffenen Gesteinstrümmer im Gebirge vor ihrer Wegführung durch die Flüsse und bei dem Moränenschotter der Gletscher vorfinden, bedingen eine festere Haftung des Zementes am Zuschlag und eine bessere Verkeilung der Gesteinstrümmer im Beton, als es z. B. bei einem Rollkies mit glatter Oberfläche der Fall ist. Hinzu kommt noch, daß durch Verwendung gebrochenen Zuschlagsmaterials die Griffigkeit und unter Umständen die Verschleißfestigkeit der Betonoberfläche verbessert wird, Eigenschaften, welche besonders bei der Herstellung von Beton für Straßenbau zu berücksichtigen sind. In den Schotterwerken wird das im Bruch gewonnene Gesteinsmaterial in großen Steinbrechern zertrümmert und durch angeschlossene Siebanlagen in bestimmte Korngrößen getrennt. Durch Waschen wird der feinste Gesteinsstaub entfernt, da dieser ebenso wie Lehm nachteilig wirken kann, wenn er fest auf der Oberfläche der einzelnen Körner haftet und dadurch eine Bindung mit dem Zement erschwert, vgl. S. 29.

Hierher gehört auch die Kornform, die wieder von der mineralogischen und petrographischen Beschaffenheit, dem Spaltvermögen usw. abhängig ist (Seite 28 ff.). Kubische Formen sind naturgemäß besser als splittrige, da sie dichteren Beton ergeben als zahnstocherförmige Zuschläge. Dennoch kann bei genügendem Zusatz von Feinem auch aus splittrigem Zuschlagsstoff, wie Basalt, guter Beton hergestellt werden.

5. Härte.

Die Härte ist nicht ausschlaggebend für die Druckfestigkeit, hat aber eine um so größere Bedeutung bei der Abnutzbarkeit. Man setzt deshalb Beton, der widerstandsfähig gegen Abnutzung sein soll, besonders harte Gesteinskörner, wie Korund, oder aber Eisenkörner, die durch Brechen von Gußstahl gewonnen werden, zu. Eine Möglichkeit, die Härte vorzuprüfen, ist das Streichen mit dem Gestein über eine unglasierte Porzellanplatte (Unterseite einer Porzellanschale). Weiche Gesteine geben einen farbigen Strich, harte dagegen nicht. Für die Bestimmung des Härtegrades mit der Mohrschen Härteskala muß auf die Fachliteratur verwiesen werden[1].

6. Eigenfestigkeit.

Soll ein möglichst fester Beton hergestellt werden, so muß der Zuschlag eine hohe Eigenfestigkeit und Dichte haben. Dagegen ist hoher Luftgehalt der Zuschläge notwendig, wenn gute Wärmehaltung als Haupteigenschaft des Betons verlangt wird. Hoher Luftgehalt und hohe Druckfestigkeit schließen aber einander aus; man kann deshalb hohe Festigkeit mit hoher Isolierfähigkeit naturgemäß nicht vereinen.

Die schweren Zuschlagsstoffe weisen Festigkeiten des natürlichen Gesteins von 1000—4000 kg/cm^2 auf; in den meisten Fällen werden aber bereits geringere Festigkeiten genügen, um einen noch guten Beton zu bekommen, für welchen im allgemeinen Betondruckfestigkeiten von 400—600 kg/cm^2 durchaus ausreichend sind (vgl. Tab. 1).

Bemerkenswert ist, daß bei einem guten Beton das Verhältnis Zug:Druck im allgemeinen wesentlich kleiner ist als bei einem Naturstein. Die Zahlen der Abb. 20 zeigen, daß die oft angestrebte Erhöhung der Zugfestigkeit eines Betons schon durch die geringe Zugfestigkeit der Natursteine in gewissen Grenzen gehalten werden wird. Selbstverständlich ist, daß die Zugfestigkeit des Betons nicht über die

---

[1] Rinne: Gesteinskunde. Leipzig 1928.

Zugfestigkeit des Natursteins, der ihn als Zuschlag aufbaut, wesentlich gesteigert werden kann. Tatsächlich wird nun ja in unseren Eisenbetonbauten meist die Zugbeanspruchung durch die eingelegten Eisen aufgenommen, so daß die Unmöglichkeit, die Zugfestigkeit des Betons wesentlich über 40 bis 50 kg/cm² zu erhöhen, bei dieser Bauweise als Nachteil ausgeschaltet wird.

Leichte Zuschlagsstoffe haben natürlich wesentlich geringere Festigkeiten als die schwereren, wenn sie auch, wie z. B. Basalt, Bims, Hochofenstückschlacke und Hüttenbims, die gleiche chemische Zusammensetzung aufweisen (s. S. 9 u. 21).

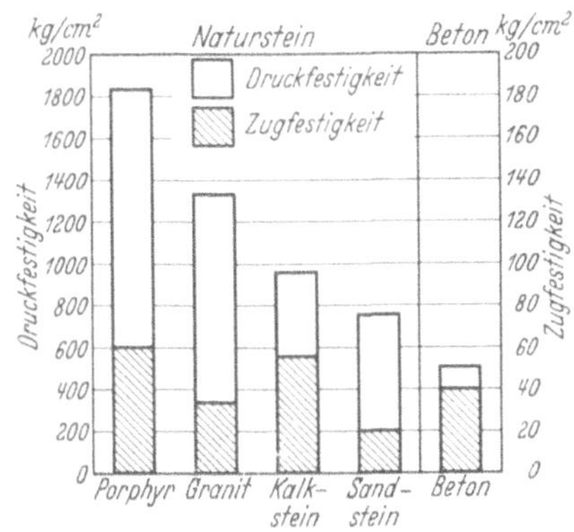

Abb. 20. Zug- und Druckfestigkeit von Naturgesteinen und Beton. Das Verhältnis bei Beton ist sehr günstig.

7. Wasseraufnahme und Widerstand gegen Verwitterung.

Die Wasseraufnahme des Gesteins, welches den Zuschlagsstoff bilden soll, wird meist überhaupt nicht berücksichtigt, obwohl sie sehr wichtig ist. Es ist zu verlangen, daß ein Gestein, welches für Oberflächenbeton verwendet wird, eine möglichst geringe Wasseraufnahme hat, denn die Wasseraufnahme wirkt in zweierlei Weise schädlich. Zunächst wird, wenn das Gestein trocken verarbeitet wird, dadurch, daß das wasseraufsaugende Gestein dem Zement das Wasser entzieht, dessen Erhärtung erschwert; vor allen Dingen aber wird weiter der fertige Beton wasseraufsaugend, er trocknet nicht aus und zerfriert leicht. Auch starke Staubbildung bei starker Sonnenbestrahlung kommt vor. Dieser Widerstandsfähigkeit des Zuschlags gegen Verwitterung muß mehr Aufmerksamkeit als bisher gewidmet werden.

Krüger[1] teilt mit, daß die atmosphärischen Einflüsse in den verschiedenen Teilen Deutschlands sehr verschieden sind, daß beispielsweise die Marmorgesteine an der Nordsee bedeutend stärker absanden als auf dem Brocken, daß aber die Zerstörungen durch Frost überall gleich sind.

Die Wasseraufnahme ist leicht nach DIN DVM 2103 dadurch zu prüfen, daß man faustgroße Brocken oder bei Trümmergesteinen eine bestimmte Korngröße des Gesteins, beispielsweise von 1—2 cm, nach dem Waschen in trockenem und in wassergesättigtem Zustand (erreicht durch mehrtägige Wasserlagerung, durch Kochen oder durch Druck) gewogen wird[2].

[1] Krüger: Prüfung der natürlichen Gesteine auf Wetterbeständigkeit. Vortrag, gehalten auf der Tagung der Gruppe B — nichtmetallische Baustoffe — des Deutschen Verbandes für die Materialprüfungen der Tecknik, Steinindustrie und Straßenbau 1936 Heft 3 und 4.

[2] Hirschwald: Handbuch der bautechnischen Gesteinsprüfung. S. 110ff. Berlin 1912.

Während Quarz-Kiessand eine ganz geringe Wasseraufnahme von Bruchteilen eines Prozentes für das einzelne Korn hat, können bei ungünstig zusammengesetzten Grauwacken Wasseraufnahmen von 5—6%, bei Sandstein noch höhere Zahlen gefunden werden.

8. Kornform.

Bei den natürlichen Trümmergesteinen ist die Kornform von vornherein gegeben. Junge Sande und Schotter sind scharfkantig und eckig, alte Kiese und Sand, die bereits lange in einem Bach- oder Flußbett mitgeschleppt wurden, die sich in Gletschermühlen befanden oder die am Meer der Brandung ausgesetzt waren (Dünensand), sind rundkörnig.

Abb. 21. Verschiedene Kornformen einiger wichtiger Zuschlagsstoffe, abgerundet, würfelig, splitterig.

Bis zu einem gewissen Grade können die eckigen Formen, hauptsächlich in den gröberen Fraktionen, den runden vorgezogen werden, da sie im Beton infolge ihres sperrigen Gefüges und ihrer rauhen Oberfläche (s. S. 25) besser haften. Das sperrige Gefüge kann aber auch zu Unannehmlichkeiten führen, da es den Beton natürlich schwer verarbeitbar und bei Mangel an feineren Korngrößen porös macht. Aus dem gleichen Grunde sind auch Flachkiese weniger geeignet als Rundkiese.

Bei den Zuschlagsstoffen, die erst für die Betonherstellung gebrochen werden, entsteht die Kornform erst im Steinbrecher. Sie wird bedingt durch die Eigenschaften des Gesteines, weiter durch die Art des Steinbrechers. In Abb. 21 sind verschiedene Kornformen verglichen: Während Fach 1 den unveränderten Naturkies mit seiner polierten Oberfläche und seinen runden Formen zeigt, stellt Fach 5 den gebrochenen Kies dar, der aus großen Kiesstücken durch Zerkleinern im Steinbrecher gewonnen wurde. Dieser oft als „Edelkies“ in den Handel kommende gebrochene Kies hat dem Urkies gegenüber den Vorteil der mehr kubischen Beschaffenheit und der rauhen Oberfläche. Der Steinbrecher muß aber gut arbeiten, da sonst Sprünge in dem gebrochenen Kies, ähnlich wie in einer gesprungenen Fensterscheibe, erzeugt werden, die natürlich die Widerstandsfähigkeit herabdrücken. Am günstigsten ist der kubische Bruch, wie ihn Fach 2 der obersten Reihe, der Granit, zeigt, während der langsplittrige Bruch des Basaltes (Fach 1 der zweiten Reihe) zu porösen Beton führen kann: Man denke an einen Haufen Zahnstocher, die auf den Tisch aufgetürmt werden, und an die überaus vielen Zwischenräume, die bei einem solchen Haufen langfaserigem Holz entstehen. Das sperrige Gefüge kann beseitigt werden durch die Anwendung geeigneter Steinbrecher und vor allen Dingen dadurch, daß man den betreffenden splittrig brechenden Stein zweimal durch den Brecher hindurchschickt. Dadurch werden die langen Stücke nochmals gebrochen und in mehr kubische Form übergeführt[1].

An Stelle der subjektiven augenscheinlichen Beurteilung hat Walz[2] versucht, Gestalt und Ausbildung der Körner zahlenmäßig zu erfassen, indem er die Kornform in ihrer Länge, Breite bzw. Dicke auf folgende 3 Achsen bezieht:

Die Längsachse des Korns (c),

den zu dieser Achse senkrechten größten Durchmesser (b)

und eine in der Mitte der Längsrichtung zu c und b senkrechte dritte Achse (a), wobei jeweils $a = 1$ gesetzt wird.

Nach dem Verhältnis der Länge zur Dicke, $c:a$, und der Breite zur Dicke, $b:a$, lassen sich dann die Zuschlagsstoffe in folgende 4 Gruppen einteilen:

Gruppe A: Kugelige, vielkantig gedrungene bis würfelige Körner.

Gruppe B: Noch gedrungen erscheinende Körper, jedoch ohne ausgesprochen kugelige Form.

Gruppe C: Flach und lang geformte Teile mit nur noch mäßig gedrungener Form.

Gruppe D: Ausgesprochen flache und lange Formen.

Nach Graf[3] ist das Verhältnis der Länge zur Breite und Dicke der Körner noch gut, wenn die Verhältniszahlen im Mittel aus Messungen an mindestens 20 Stücken $b:a = 2{,}4$ und $c:a = 4{,}0$ nicht überschritten werden.

9. Kornoberflächenbeschaffenheit.

Trümmergestein wird in dem Beton dadurch festgehalten, daß der erstarrende und erhärtende Zement auf seiner Oberfläche festklebt. Bereits Todt[4] weist auf die Wichtigkeit der Oberflächenbeschaffenheit

[1] Vgl. auch Feret: Sur la Forme et l'État de Surface des éléments inertes des Bétons, Extrait des Annales de l'Institut Technique du Bâtiment et des Travaux publics, Nr. 2—2e Année 1937.

[2] Walz: Die Bestimmung der Kornform der Zuschlagsstoffe. Betonstraße 1936 Nr. 2 S. 27.

[3] Graf: Betonstraßenbau und Materialprüfung. Straße 1936 Heft 2 S. 52.

[4] Todt: Fehlerquellen beim Bau von Landstraßendecken aus Teer und Asphalt. Halle 1931.

a

b

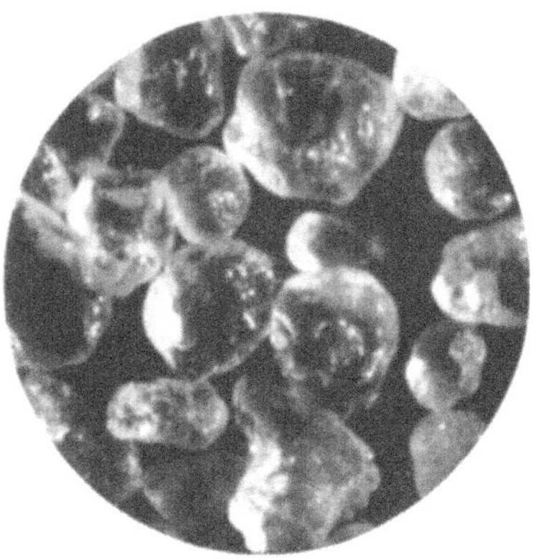

c

d

e

Abb. 22a bis e. Korn verschiedener Sande in auffallendem Licht:
a) gebrochener Quarzsand, b) Normensand, c) rundgerollter Dünensand, d) Granitsand, e) splittriger Basaltsand.

der Zuschlagsstoffe hin; er schreibt: „Wichtiger als die Härte des Gesteins scheint die Eigenschaft zu sein, die die Haftung des Bindemittels am Gestein gewährleistet. Stumpfe, matte Gesteine binden das Bindemittel entschieden besser als glänzende oder speckige Gesteinsarten.“ Wie nun z. B. ein Stück Klebepapier auf einer Glasplatte schlecht, auf einem Mattglas dagegen gut anklebt, wird der Zementleim auf einem rauhen Stein fester haften können als auf einem glatten Stein, besonders dann, wenn saugende oder Zugwirkung auftritt wie bei dem Betonstraßenbeton oder bei Zugbeanspruchung. Für derartige Betone sind also besonders in der Beanspruchungsschicht (Verschleißschicht der Straße) nicht nur runde Kieselsteine, sondern am besten auch Splitte heranzuziehen. Die Splitte sind frisch gebrochen und haben infolgedessen eine rauhe Oberfläche. Die im Bachbett dagegen lange mitgeschleppten und mitgerollten Kieselsteine sind auf der Oberfläche glatt poliert, haben keinerlei Unebenheiten und haften deshalb schlecht. Wie groß die Unterschiede hier sind, zeigt die Abb. 18 und 19. Ebenso wie bei den groben Anteilen ist natürlich die Oberfläche der feinen Anteile des Sandes beschaffen. Unter dem Mikroskop kann man deutlich erkennen, daß lange Zeit aufgerollte Sande, wie Dünensand, spiegelblank poliert sind (Abb. 22c). Die alte Regel von Baufachleuten, daß scharfkörnige Zuschlagsstoffe besser sind als rundkörnige, ist also richtig. Aber: nicht so sehr das scharfe Korn ist ausschlaggebend, als vielmehr die glatte Oberfläche, welche bei den rundkörnigen Zuschlagsstoffen natürlich beim Abschleifen der Kanten in ganz anderem Maße erzeugt wurde als bei den scharfkörnigen Zuschlagsstoffen, bei welchen die Zeit zum Abrunden dieser beim Brechen entstandenen Kanten und zur Polierung der Oberfläche noch nicht zur Verfügung stand[1].

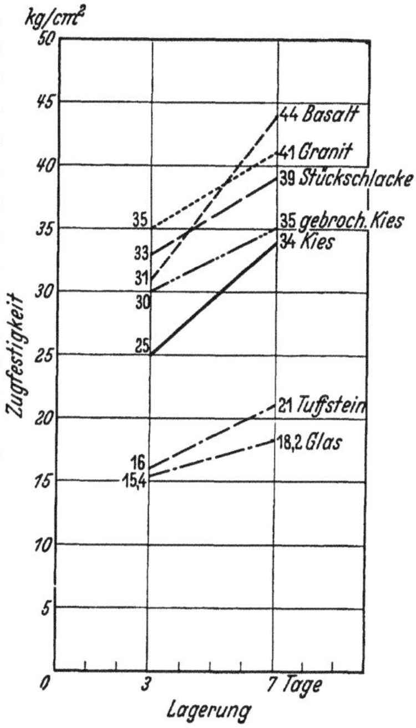

Abb. 23. Zugfestigkeit von Beton aus Zuschlägen mit glatter und rauher Oberfläche.

Wie stark sich die Verhältnisse in bezug auf die Festigkeit auswirken, geht aus Abb. 23 hervor.

10. Reinheit.

Die Reinheit der Zuschlagsstoffe ist von größter Wichtigkeit für die Widerstandsfähigkeit des Betons sowohl gegen Druck, Zug und mechanische Beanspruchung als auch gegen Verwitterung und che-

[1] Grün, R.: Einwirkung der Oberflächenbeschaffenheit und der chemischen Zusammensetzung der Zuschlagsstoffe auf die Betonfestigkeit. Betonstraße 1934 Nr. 4.

mische Zerstörung. Besonders Lehm, der auf den einzelnen Gesteinstrümmern haftet, oder sehr große Staubmengen, die sich beim Zerbrechen gebildet haben, vermögen die Festigkeit sehr stark herabzudrücken. Aus diesem Grunde ist eine Vorprüfung der Zuschlagsstoffe auf Gehalt an Beimengungen stets empfehlenswert. Es sei ausdrücklich darauf hingewiesen, daß bisweilen verhältnismäßig hohe Mengen von Lehm oder von staubfeinen Anteilen, besonders wenn diese nicht auf den Gesteinstrümmern haften, ertragen werden können. Es ist deshalb zweckmäßig, bei der Prüfung von Betonzuschlagsstoff es nicht bei einer einfachen schematischen Feststellung des Prozentgehaltes zu lassen, sondern stets die diesbezüglichen Versuche zu ergänzen durch den Festigkeitsversuch. Entsprechend dieser Erfahrung ist in dem neuen Normenblatt (Entwurf 2160) auf Vorschlag des Verfassers dem Festigkeitsversuch ausschlaggebende Bedeutung beigemessen worden.

Bei Prüfung der Wirkung des Lehmgehaltes kommt Kathrein[1] zu folgenden hauptsächlichsten Schlüssen:

1. Wirkung verschieden, je nach Beschaffenheit und Art der Verteilung: Menge ist kein Anhaltspunkt.
2. Lehm und Ton als die Oberflächen umhüllende Schicht ist gefährlicher als verteiltes Mehl.
3. Keine bedeutsame Steigerung der Zugfestigkeit bei mäßigen Gehalten.
4. Nach 28 Tagen durch mäßige Zusätze nur geringe Beeinflussung.
5. Kaolin zeigt abweichendes Verhalten.
6. Lehmig-tonige Verunreinigung beeinflußt die Befeuchtung und Austrocknung.
7. Für Zuschlagsstoffe des Straßenbetonbaues dürfen Verunreinigungen nicht mehr als 2% betragen.
8. Baumäßig durchgeführte Versuche sind von Fall zu Fall erforderlich[2].

May[3] schreibt über den Lehmgehalt folgendes:

„Während lehm- oder tonhaltiger Sand in wassergesättigtem, auch schon in feuchtem Zustand immer festigkeitsherabsetzend wirkt, kann die trockene und lose Form des Lehmes für die Festigkeit und Dichte günstig sein. Jedenfalls sollte man aber für schwere Belastungen tragende Bauteile, für Mauermörtel, für Werk- und Baustoffe sowie für Betonbauten, wie Betonstraßen, und für Betonwaren, wie Gehwegplatten, Kanalrohre u. dgl., die großen Abnutzungen ausgesetzt sind, nur absolut reines, gut gekörntes Kiessand-Material verwenden, weil die feinen Anteile im Beton die Abnutzung vermehren und gröberer Sand besser ist als feineres, noch mit lehmigen Bestandteilen durchsetztes Sandmaterial.

---

[1] Kathrein: Zur Auswirkung lehmig-toniger Verunreinigungen des Zuschlagsstoffes auf die Betongüte. Zement 1931 S. 679ff.

[2] Vgl. auch Bach: Ist Lehmgehalt im Sand für Mörtel und Beton schädlich? Tonind. 1926 Nr. 18.

[3] May: Kiessand für Betonzwecke. Baumarkt 1936 S. 1206.

Bisweilen wird dem Beton auch, um seine Plastizität zu erhöhen, „Bentonit", ein sehr feiner Ton, beigemengt. Die diesbezüglichen Erfahrungen sind bis jetzt gut, aber noch nicht abgeschlossen.

Viel wichtiger als anorganische Substanzen sind die organischen, die viel schädlicher sein können als anorganische. In Schrift 7 der Veröffentlichungen des Structural Materials Research Laboratory in Chikago von Abrams wird berichtet über die Versuche mit dem Zusatz von organischen Verunreinigungen im Sand auf die Festigkeit des Mörtels. U. a. wurde auch Gerbsäure verarbeitet und Festigkeitsprüfungen bis zu 2 Jahren durchgeführt. Ganz geringe Mengen von Gerbsäure waren schon schädlich (weniger als 0,1%) und setzten die Festigkeit auf die Hälfte herunter. Bei höherem Gerbsäurezusatz und verdünnter Mischung waren die Körper bereits vor der Prüfung zugrunde gegangen. Als einfache Prüfung vor derartigen organischen Verunreinigungen wird Schütteln des Sandes mit Natriumhydroxyd empfohlen. Färbt sich die Lösung gar nicht oder nur leicht gelblich, so ist der Sand einwandfrei. Bei dunkelbrauner Verfärbung ist seine Verwendung bedenklich oder ausgeschlossen[1].

Bei der schädlichen Einwirkung des humushaltigen Sandes fand Sundius[2] als wichtigste Erscheinung das beschleunigtere Verschwinden des Gipses aus der Lösung und betrachtet dies als den wichtigsten Grund des schädlichen Einflusses humusreicher Sande. Sundius befindet sich hier in Übereinstimmung mit Forsén, aber nur bis zu einem gewissen Grade. Wichtig ist nebenher natürlich auch das schlechte Anhaften des Zementgels an den humusreichen Hüllen der Sandkörner[3].

Zusammenfassung zu A. Zuschlagsstoffe.

Ausschlaggebend für die Güte der Zuschlagsstoffe ist ihre Festigkeit und Dichtigkeit. Nur feste und nicht wasseraufsaugende Zuschlagsstoffe mit guten Eigenschaften sind für Schwerbeton brauchbar. Leichtbeton dagegen erfordert möglichst poröse, wärmehaltende Zuschläge, die dann aber geringe Festigkeiten ergeben. Die Zuschlagsstoffe kommen entweder als festes Felsgestein, das gebrochen wird, vor oder direkt als gleich verwendbare Trümmergesteine.

Von den festen Gesteinen muß verlangt werden, daß sie möglichst kubisch ohne starke Staubbildung brechen. Die Trümmergesteine müssen möglichst rein sein, dürfen also keine Überzüge von festhaftendem Lehm oder Beimengungen von organischen oder gipshaltigen Substanzen aufweisen; bei Beton, der auf Zugfestigkeit oder besondere Verschleißfestigkeit beansprucht wird, soll ihre Oberfläche rauh sein, damit der Zementleim festhaften kann. Eine Verbesserung von rundkörnigen Zuschlagsstoffen (Kies) durch Zusatz von rauhen Splitten ist

[1] Platzmann: Neuere Zement- und Betonforschung des Auslandes. Tonind.-Ztg. 1923 S. 586.
[2] Sundius: Einige aktuelle Fragen der Zement- und Betonforschung. Föredrag vid Cementtekniska mötet i Slite den 18—20 juni 1934.
[3] Vgl. auch Suenson: Humusholdigt Sand som Mörtelmateriale. Inginören 1922 Nr. 92—93.

häufig möglich. Umgekehrt kann die Neigung, splittrig brechenden Gesteins zu porösem Beton zu führen, bekämpft werden durch Zusatz von rundkörnigem Sand, der die Verarbeitbarkeit verbessert und die Hohlräume ausfüllt, den Beton also dicht macht.

Bei Leichtbeton kann die Druckfestigkeit durch Zusatz von Sand erhöht werden, da sich hierdurch ein haltbares Skelett im Innern des Betons bildet, das seine Festigkeit, damit allerdings auch sein Gewicht und Wärmeleitvermögen erhöht.

Über Kornzusammensetzung, die für die Verarbeitbarkeit, Festigkeit und Dichte des Betons von ausschlaggebender Bedeutung ist, s. S. 127.

B. Der Zement.

Alle Zementarten werden hergestellt durch Brennen oder Schmelzen der Rohstoffe bei hohen Temperaturen. Als Rohstoffe dienen Gesteine, die Kalk, Kieselsäure und Tonerde enthalten, wie Kalkstein und Ton,

Abb. 24. Schachtofen mit mechanischer Austragung zum Brennen von Zement.

Mergel, Flintstein oder Hochofenschlacke; in seltenen Fällen auch Gipsstein und Ton, Granit oder Tuffstein, sowie für Tonerdezement Bauxit. Zur Erreichung der richtigen Zusammensetzung werden diese Rohstoffe in geeignetem Verhältnis gemischt und zum sog. Rohmehl gemahlen

(Abb. 25), wenn sie nicht zufällig von Natur aus schon die richtige Mischung aufweisen[1].

1. Brennen der Zemente.

Die Rohstoffe werden entweder nur bis zum Entweichen der Kohlensäure oder bis zum Sintern gebrannt, bei Tonerdezement und Hochofenschlacke geschmolzen. Unter Sintern versteht man das Erhitzen des Rohstoffes bis zum Beginn des Schmelzens, der Rohstoff geht dabei

Abb. 25. Mühlen zur Mahlung von Rohmehl und Zement.

im Ofen in teigförmigen Zustand über und bildet deshalb bei sich drehenden Öfen kugelförmige Klumpen, die man Klinker nennt. Bei geringer Erhitzung unterbleibt diese Sinterung oder sie tritt bei stückigem Gut nur an den Ecken und Kanten ein. Bei solchen verhältnismäßig geringen Temperaturen bis ungefähr 1000—1200° C werden die sog. hydraulischen Kalke und Romanzemente erbrannt, während die Portlandzemente durchweg bei Temperaturen von 1400—1450° C gesintert sind (helle Weißglut)[2].

Bis zum Schmelzen erhitzt werden die Tonerdezemente. Die Schmelze, aus der sie später ermahlen werden, ist ein derbes Gestein, ähnlich wie die Hochofenstückschlacke. Als Brennmaschinen dienen entweder Schacht-, für Tonerdezement dagegen Hochöfen oder Drehöfen.

[1] Vgl. Platzmann: Fortschritte der Zementforschung 1935. Zement 1936 Nr. 17 und 18 mit ausführlicher Literaturübersicht.

[2] Vgl. auch v. Gronow: Thermochemische Grundlagen für die Herstellung der Zemente. Zement 1936 Heft 26 und 27.

Schachtöfen sind gemauerte, 10—30 m hohe, schlotähnliche Schächte mit rundem Querschnitt, in welche das Rohmehl in geziegelter oder geballter Form entweder abwechselnd lagenweise mit Brennstoff oder mit einbrikettiertem Brennstoff eingebracht wird; bei seinem Durchgang durch den Ofen, in welchen oft zur Beschleunigung des Durchsatzes und Erhöhung der Temperatur Luft (Wind) eingeblasen wird, sintert das Rohmehl zu Klinker (Abb. 24). Am unteren Teil des Schachtofens wird der durch das Sintern entstandene Klinkerklotz durch sich langsam drehende Walzen oder Teller, auf welchen er ruht, abgebrochen; dieser vorgebrochene Klinker wird zu Zement vermahlen (Abb. 27).

Abb. 26. Drehofen mit angebauter Kühlzone zum Brennen von Zement.

Hydraulische Kalke werden meist auch in Schachtöfen gebrannt, bei ihnen ist aber ein Ziegeln des Rohmehles nicht nötig, da der Kalkmergel stückig, wie er aus dem Bruch kommt, gebrannt wird.

Drehöfen sind 50—80 m lange, schräg und drehbar gelagerte, ausgemauerte Blechrohre von 1,80—3 m Durchmesser, in deren höhergelagerten Teil das Rohmehl, welches gebrannt werden soll, häufig in angefeuchtetem oder teigig geformtem Zustand einläuft, während am unteren Ende eine Kohlenstaub- oder Gasflamme eingeblasen wird (Abb. 26). Nach dem neuesten Verfahren wird das Rohmehl auf einem Wanderrost erst getrocknet und entsäuert und gelangt dann in einen entsprechend kürzeren Drehofen (Lepol-Ofen, DRP. 466298)[1]. Auf dem Wege durch den Drehofen sintert das Rohmehl allmählich zu Klinker zusammen, der den Ofen in Form eines Gerölls verläßt (Abb. 27).

In der Entwicklung begriffen ist ein Verfahren zum Brennen des Zementes auf siebartig durchlöcherten Transportbändern, dem Dwight-Lloyd-Band, wie dieses schon lange zum Agglomerieren von Erzen in Gebrauch sind. Bei diesem Verfahren wird das Rohmehl mit Brenn-

[1] Lepol = Abkürzung aus Lellep (Erfinder) und Polysius (Fabrikant des Ofens).

stoff gemischt, auf das Band gebracht, entzündet und durch einen Luftstrom bis zur Sinterung erhitzt, während gleichzeitig von der entgegengesetzten Seite des Bandes die Rauchgase abgesaugt werden. Die auf diese Weise hergestellten Versuchszemente hatten gute Eigenschaften. Der Brennstoffverbrauch bei diesem Verfahren ist sehr gering, die Sinterung gut[1].

Abb. 27. Der den Ofen verlassende Klinker vor der Vermahlung zu Zement. Links Drehofenklinker, rechts Schachtofenklinker.

2. Chemische Zusammensetzung der Zemente.

Sowohl die Portlandzemente als auch die hydraulischen Kalke bestehen in der Hauptsache aus Kalksilikaten mit wenig Kalkaluminaten, während die Tonerdezemente vorwiegend aus Kalkaluminaten bestehen. Alle hydraulisch erhärtenden Stoffe bestehen also aus Kalk, Kieselsäure und Tonerde. Einen Überblick über die chemische Zusammensetzung der verschiedenen Bindemittel und ihre Unterschiede erhält man am einfachsten durch die graphische Darstellung der Analysen durch das Dreistoffsystem. Die reinen Stoffe, deren Verbindungen und Mischungen im Dreistoffsystem liegen, sind: Kalk—Kieselsäure—Tonerde.

Kalkerde (CaO) = Kalziumoxyd, in der Praxis vorkommend als gebrannter Kalk — Branntkalk, gewonnen durch Brennen kohlensauren Kalkes $CaCO_3$ bei Rotglut. Chemischer Charakter: Base.

Kieselsäure (SiO_2) = Siliziumdioxyd = Kieselsäureanhydrid = Kieselsäure, in der Natur vorkommend kristallisiert: als Quarzsand, Kieselstein, amorph: als Feuerstein, Flintstein; in Form von Tierschalen;

[1]) Hersteller: Lurgi Gesellschaft für Chemie und Hüttenwesen m. b. H., Frankfurt a. M., und Krupp-Grusonwerk, Magdeburg.

als Kieselgur. Chemischer Charakter: Säure. Die Salze der Kieselsäure heißen Silikate.

Tonerde (Al_2O_3) = Aluminiumoxyd, ihre Salze heißen Aluminate. Chemischer Charakter: amphoter, d. h. kann als Base und als Säurerest auftreten.

Das „Dreistoffsystem" wird dargestellt durch ein gleichseitiges Dreieck, dessen Seiten jeweils in 100 Teile eingestellt sind[1]. In den Ecken liegen die Punkte für die 3 reinen Oxyde, während die Seiten der 3 möglichen Zweistoffsysteme

$CaO—SiO_2$
$CaO—Al_2O_3$
$SiO_2—Al_2O_3$

darstellen. Alle Verbindungen und Verbindungsgemische, die aus zwei Stoffen bestehen, liegen auf den Seiten des gleichseitigen Dreiecks,

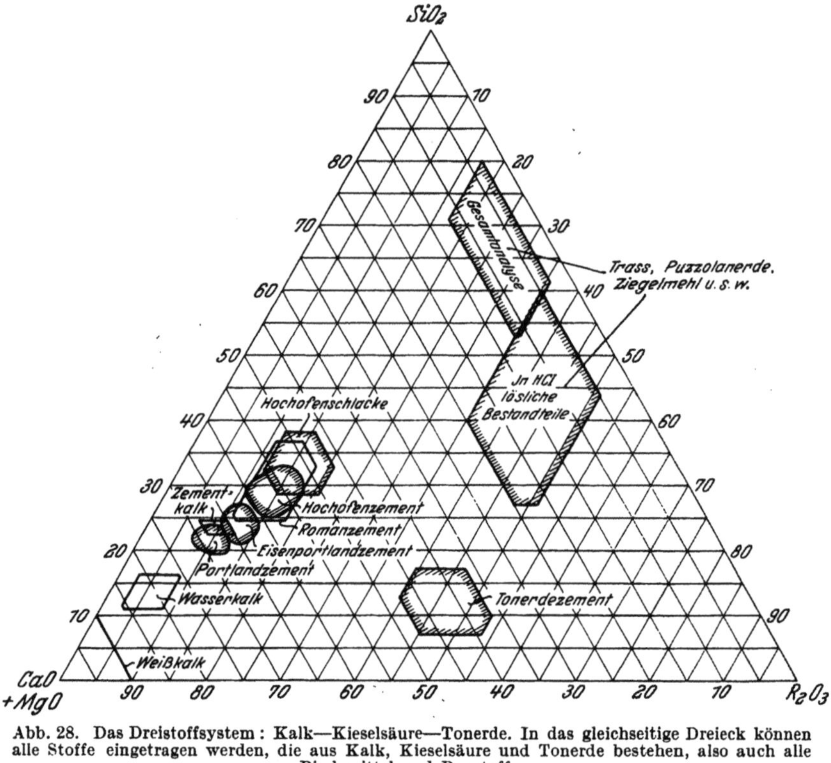

Abb. 28. Das Dreistoffsystem: Kalk—Kieselsäure—Tonerde. In das gleichseitige Dreieck können alle Stoffe eingetragen werden, die aus Kalk, Kieselsäure und Tonerde bestehen, also auch alle Bindemittel und Baustoffe.

SiO_2 = Kieselsäure, CaO = gebrannter Kalk, MgO = gebrannte Magnesia, CaO + MgO = Basen, R_2O_3 = Al_2O_3 Tonerde + Eisenoxyd (Fe_2O_3), Erden SiO_2 = Säure.

während sich im Innern die Punkte für alle diejenigen Mischungen befinden, die sich aus drei Stoffen zusammensetzen. Es entstehen auf

[1] Siehe Tafeln 26 und 31 der monographischen Tafeln von Berl, Herbert u. Wahlig. Berlin: Julius Springer 1930.

diese Weise für die einzelnen Bindemittel, wenn deren auf 100 umgerechnete Bestandteile an Kalk, Kieselsäure und Tonerde in das Dreistoffsystem eingetragen werden, Punktgruppen, die zu Flächen vereinigt werden können. Aus der Benachbarung der einzelnen Flächen kann man Schlüsse ziehen auf die mutmaßliche Verwandtschaft im Verhalten der einzelnen Rohstoffe oder Baustoffe. Andererseits ist es auch möglich, aus der Analyse beim Vorliegen unbekannter Bindemittel auf die Zugehörigkeit zu einer bestimmten Gruppe zu schließen dadurch, daß man diese Analyse in das Dreistoffsystem einträgt.

In Abb. 28 ist das Dreistoffsystem der Baustoffe wiedergegeben. Aus diesem Bild können die chemischen Zusammensetzungen der einzelnen Bindemittel und sonstigen Baustoffe ohne weiteres abgelesen werden.

Das Dreistoffsystem zeigt, daß sämtliche hydraulischen Bindemittel sich links der Fünfzigerlinie für Kalk befinden, daß also für alle hydraulischen Bindemittel, außer Tonerdezement und den Puzzolanen, das Verhältnis von Kalk zu Kieselsäure + Tonerde mindestens 1 betragen muß. Dieses Verhältnis wird von Portlandzement noch erheblich überschritten. Die Zahlen, welche für die Eintragung in das Dreistoffsystem maßgebend waren, sind in der folgenden Tab. 3 wiedergegeben: Die verhältnismäßig geringen Mengen Eisenoxyd (Fe_2O_3) als Erde sind der Tonerde, Magnesia (MgO) als Base dem Kalk hinzugerechnet und die Summen von SiO_2, (Al_2O_3 + Fe_2O_3) und (CaO + MgO) unter Vernachlässigung der Beimengungen von Alkalien, Schwefel usw. auf 100 umgerechnet.

Tabelle 3.
Ungefähre Zusammensetzung verschiedener Wasserbindemittel.

	Portlandzement	Eisenportlandzement	Hochofenzement	Tonerdezement
SiO_2	19—24	22—27	25—33	7—17
Al_2O_3 + Fe_2O_3	8—13	9—15	11—18	39—53
CaO + MgO	66—71	61—66	52—60	36—47
	Romanzement	Zementkalk	Wasserkalk	Weißkalk
SiO_2	24—36	22—24	11—16	—
Al_2O_3 + Fe_2O_3	11—18	6—11	2— 8	—
CaO + MgO	48—63	65—68	75—85	90—100
	Hochofenschlacke	Traß-, Puzzolanerde, Ziegelmehl usw. Gesamtanalyse	Traß-, Puzzolanerde, Ziegelmehl usw. in Salzsäure lösliche Bestandteile	
SiO_2	28—38	53—80	27—60	
Al_2O_3 + Fe_2O_3	11—20	17—36	35—51	
CaO + MgO	46--56	3—12	5—25	

Selbstverständlich bestehen die technischen Bindemittel nicht nur aus den oben hauptsächlich genannten 3 Oxyden, sondern in ihnen kommen neben Eisenoxyd, Magnesiumoxyd, Manganoxyd auch noch Sulfate und Sulfide vor. Diese Bestandteile sind technisch insofern wichtig, als beispielsweise Eisenoxyd die Sinterung erleichtert oder Gips die Bindezeit regelt; sie spielen aber für den chemischen Aufbau und den Erhärtungsvorgang nur eine untergeordnete Rolle.

Von den in Abb. 28 eingezeichneten Bindemitteln und hydraulischen Zuschlägen sind nicht bis zur Sinterung erhitzt Romanzement, Zementkalk, Wasserkalk und Weißkalk, gesintert Portlandzement, Puzzolanerde und Ziegelmehl, geschmolzen Hochofenschlacke und Tonerdezement.

Beim Befeuchten mit Wasser löscht ab der Weißkalk und der Wasserkalk; bei steigendem Gehalt an Kieselsäure und Tonerde, die man Hydraulefaktoren nennt, hört die Löschfähigkeit auf und die betreffenden Bindemittel müssen infolgedessen vor der Verwendung gemahlen werden. Einen schnellen Überblick über die Einteilung gibt die Tab. 4.

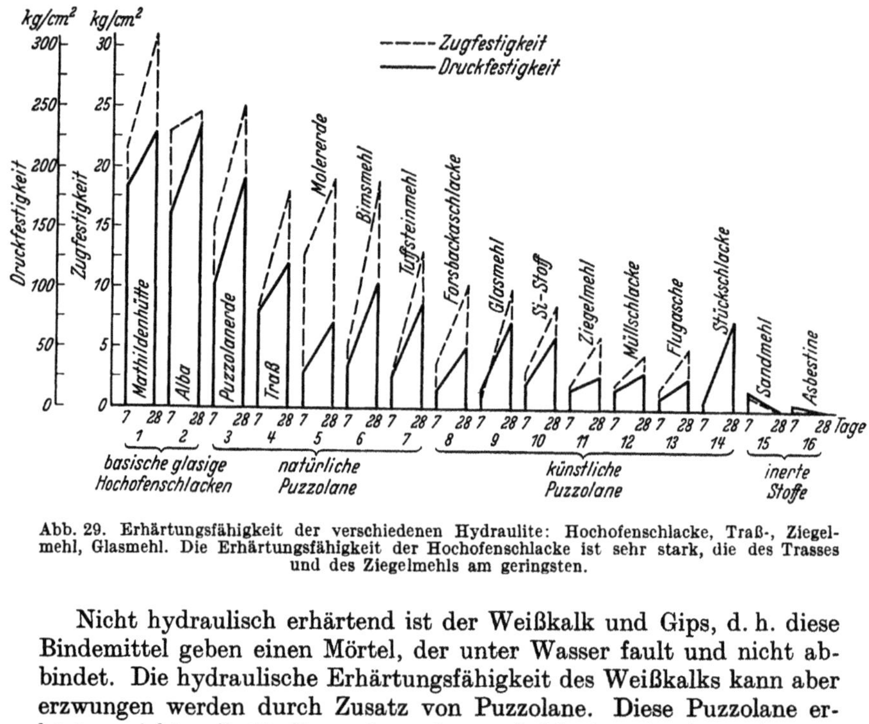

Abb. 29. Erhärtungsfähigkeit der verschiedenen Hydraulite: Hochofenschlacke, Traß-, Ziegelmehl, Glasmehl. Die Erhärtungsfähigkeit der Hochofenschlacke ist sehr stark, die des Trasses und des Ziegelmehls am geringsten.

Nicht hydraulisch erhärtend ist der Weißkalk und Gips, d. h. diese Bindemittel geben einen Mörtel, der unter Wasser fault und nicht abbindet. Die hydraulische Erhärtungsfähigkeit des Weißkalks kann aber erzwungen werden durch Zusatz von Puzzolane. Diese Puzzolane erhärten nicht selbständig, geben aber, sobald sie mit einem Anreger staubfein vermahlen und mit Wasser angemacht werden, ausgezeichnete hydraulische Bindemittel, die bereits den Römern bekannt waren. Diese haben in großem Umfang sowohl Puzzolanerde, wie sie auf der Insel Pozzuoli gewonnen wird, als auch Ziegelmehl als Zusatz zum Hydraulischmachen von Weißkalk benutzt[1]. Der Traß als Puzzolane war schon im Mittelalter bekannt. Auch neuerdings wird wieder Ziegelmehl als Zusatz zur Herabdrückung des Kalkgehaltes des Zementes angepriesen[2].

[1] Grün: 1850 Jahre alter Beton und seine Verwendung als Kunststein. Zement 1935 Nr. 15.

[2] Grün: Erfahrungen mit Spezialzementen. Z. angew. Chem. 1936 Nr. 4 S. 88.

Tabelle 4. Unter Wasser erhärtende Bindemittel.

- **Rohgestein aufbereitet (gemahlen und gemischt)**
  - Nach dem Brennen beim Befeuchten mit Wasser
    - beständig
      - unvermischt gemahlen → Portlandzement
      - vermischt mit Hochofenschlacke
        - Portlandzement überwiegend (70%) → Eisenportlandzement
        - Schlacke überwiegend (70%) → Hochofen-Zement
    - zerfallend

  Portlandzement, Eisenportlandzement, Hochofen-Zement: Normen-Zemente

  Zerrieselnder Portlandzement gilt als Fehlfertigung, Tonerdezement teilweise zerrieselnd.

- **Rohgestein nicht aufbereitet (nicht gemahlen)**
  - beständig
    - unvermischt
      - schnellbindend → Romanzement
      - langsambindend → Naturzement
    - vermischt: Mit Hochofenschlacke, Si-Stoff und dgl. gemischt. → Manche sog. Naturzemente und Zementkalke
  - zerfallend
    - unvermischt ungelöscht oder gelöscht → Wasserkalk
    - vermischt mit Hochofenschlacke → Schlackenzement
  - teilweise zerfallend
    - gelöscht
      - unvermischt → Dolomitkalk
      - vermischt → Extrakalke
    - ungelöscht → Löschkalke

Wesentlich wichtiger als der reaktionsträge Traß und das noch langsamer reagierende Ziegelmehl ist die Hochofenschlacke, da sie in die Erhärtung stärker eingreift. Aus ihr werden die Hüttenzemente (Eisenportlandzement und Hochofenzement) in der Weise hergestellt, daß man Portlandzementklinker mit Hochofenschlacke vermahlt, und zwar beim Eisenportlandzement 70% Portlandzement mit bis zu 30% Hochofenschlacke, beim Hochofenzement mindestens 15% Klinker mit bis zu 85% Hochofenschlacke.

Der Traß greift nur träge in die Erhärtung ein und gibt deshalb Mörtel, die langsam erhärten, dafür aber widerstandsfähig sind gegen Erschütterungen während des Bauens. Aus Traß und Kalkteig wurden die Mörtel für viele der älteren deutschen Talsperren bereitet, ebenso wurde diese aus gemahlenem Tuffstein hergestellten Puzzolane verwendet, um die Bildsamkeit und Wasserdichtigkeit von Normenzementmörtel zu erhöhen. Die fabrikatorische Vermahlung des Portlandzementes mit Traß zu Traßzement wurde in den letzten Jahren aufgenommen.

3. Die Zementarten.

Die Zementarten teilt man zweckmäßig ein nach ihrer Zusammensetzung in

einfache Bindemittel,

also solche, die aus einem aus verschiedenen Stoffen aufbereiteten Bindemittel in einem Arbeitsgang gebrannt und dann mit geringen Zusätzen zur Regulierung der Abbindezeit (bis zu 3%) vermahlen werden, und in

zusammengesetzte Bindemittel,

welche aus Portlandzement mit hydraulischen Zusätzen (Hochofenschlacke) und nicht hydraulischen Zusätzen (Sandmehl), organischen Substanzen (Bitumen) bestehen.

Es sind im nachfolgenden besprochen unter den einfachen Bindemitteln der hydraulische Kalk, der Portlandzement und seine Abarten, der Erzzement, der Naturzement und schließlich der Tonerdezement, und unter zusammengesetzten Bindemitteln die Portlandzemente mit hydraulischen Zusätzen, also Eisenportland- und Hochofenzement sowie Traßzement, und schließlich Portlandzement mit Füllmitteln, wie Sandzement, und zuletzt die bituminierten Zemente.

Einfache Bindemittel.

a) Der hydraulische Kalk.

Während durch Brennen von reinem kohlensaurem Kalk ($CaCO_3$) der gewöhnlich stückig anfallende, als Stück- oder Branntkalk bezeichnete und in gelöschtem Zustand durch seine fette Beschaffenheit und durch sein langsames Erhärtungsvermögen gekennzeichnete, seit Urzeiten bekannte Mörtelbinder entsteht, der sich in Wasser allmählich auflöst, also nicht wasserbeständig ist, bilden sich beim Brennen von ton- und kieselsäurehaltigen Kalken, sog. Kalkmergeln, die hydraulischen Kalke. Auch diese waren schon den Römern bekannt, und gewaltige Bauwerke, so die bekannte 70 km lange römische Wasserleitung aus der Eifel nach Köln[1], zeugen noch von ihrer hohen Erhärtungsfähigkeit und Beständigkeit. Dennoch waren sie den modernen Anforderungen in bezug auf Schnelligkeit der Erhärtung des Bindemittels und Höhe der Festigkeiten nicht mehr gewachsen. Sie sind deshalb für höherwertige Bauwerke durch die Zemente verdrängt worden. Diese unterscheiden sich von ihnen in zwei Punkten: sie werden zunächst aus Rohstoffen erzeugt, die höhere Kieselsäure- und Tonerdegehalte haben, und weiter werden sie nicht nur bis zum Entweichen der Kohlensäure, sondern mindestens bis zur Sinterung gebrannt.

b) Der Portlandzement, Naturzement, Erzzement und Tonerdezement.

muß, wenn die gewünschten passenden Abbindezeiten, Zug- und Druckfestigkeiten und sonstige Eigenschaften erreicht werden sollen, eine sehr gleichmäßige chemische Zusammensetzung aufweisen. Diese gleichmäßige chemische Zusammensetzung haben aber naturgemäß die als kalkhaltige Schlammschichten in den Süßwasserseen entstandenen kalk- und kieselsäurehaltigen Mergel nicht, sondern je nach der damaligen Entstehungsbedingung schwankt ihre chemische Zusammensetzung in recht weiten Grenzen. Es werden deshalb bei der Herstellung von Portlandzement stets Kalkmergel und Kieselmergel oder Kalkstein und kieselsäurehaltige Steine, wie Kreide und Feuerstein, in solchen Mischungsverhältnissen vereinigt, daß der fertige Portlandzement die gewünschte chemische Zusammensetzung hat. Dabei wird das entstandene „Rohmehl" oder der „Rohschlamm", welche dadurch erzeugt werden, daß man den Mergel trocken oder naß mahlt, wiederholt in den Silos durchgemischt, um stets die gleiche chemische Zusammensetzung zu erzielen. Gute Portlandzemente haben in der chemischen Zusammensetzung eine sehr große Gleichmäßigkeit.

Ein bemerkenswerter Fortschritt in der Portlandzementherstellung ist die Herstellung der Brownmillerit-Zemente, das sind Zemente, in welchen das Verhältnis von Tonerde zu Eisenoxyd den Molekulargewichten entspricht, also wie 102 zu 159 = 0,64 ist. In diesem Brownmillerit-Zement ist nur Tricalciumsilikat und Tetracalcium-Aluminium-Ferrit (Brownmillerit) enthalten. Da Ferrari schon vor Jahren auf sie aufmerksam gemacht hat, heißen sie auch Ferrari-Zemente. Ferrari gibt für sie folgende Festigkeiten an und weiter, daß sie bei geringster Wärmeentwicklung und niedrigen Schwindwerten eine hohe Widerstandsfähigkeit gegen Meerwasser haben und sich ganz besonders dazu eignen, mit Puzzolanen, also beispielsweise mit Hochofenschlacken zusammen verarbeitet zu werden[2].

	3	7	28 Tage
Zugfestigkeit	35—45	45—55	55—65 kg/cm²
Druckfestigkeit	450—500	600—700	750—850 „

[1] Grün: Zusammensetzung und Beständigkeit von 1850 Jahre altem Beton. Z. angew. Chem. 1935 Nr. 7.

[2] Ferrari: Brownmillerit-Zemente. Tonind.-Ztg. 1935 Nr. 44.

Auf die letztere Möglichkeit der Verarbeitung von eisenhaltigen Zementen mit Hochofenschlacken hat schon Grün[1] aufmerksam gemacht. Nach dem letzteren Patent wurden von der Norddeutschen Hütte vor Jahren große Mengen Zement hergestellt, die sich bis jetzt im Meerwasser sehr gut bewährt haben. Auch ein Fortschreiten auf diesem Wege würde zu guten Ergebnissen führen.

Über den Kalkgehalt von Portlandzement vgl. Lea[2].

In der Natur kommen bisweilen auch Mergelbänke vor, die zufällig genau dieselbe Zusammensetzung haben wie die Rohmehle der Portlandzemente. Brennt man die Steine dieser Mergelbänke allein, so erhält man ein Erzeugnis, „Naturzement", welches gleiche Eigenschaften hat wie der Portlandzement. Wirtschaftlich läßt sich aber dieses Verfahren in der Regel nicht durchführen, da der Entfall der anders zusammengesetzten Kalkmergel und Kieselmergel, die unterhalb oder oberhalb der geeigneten Bänke vorkommen, so gewaltig ist, daß die ungeheuren Abraummassen das Werk sehr bald ersticken würden. Bis zu einem gewissen Grade kann man sich helfen durch Brennen dieser nicht Naturzement ergebenden Mergel zu hydraulischem Kalk oder Zufügung in geringen Prozentsätzen zum Naturzement selbst. Die Gleichmäßigkeit dieses Produktes wird dadurch sehr stark beeinträchtigt. Außerdem führt die Zumischung von Kalken, die sehr hochprozentig, also kalkreich sind, leicht zu Treiberscheinungen. Diese Treiberscheinungen kann man wieder beseitigen durch Zusatz von Hochofenschlacke und ähnlichen Puzzolanen, ein Verfahren, das sehr häufig aus Mangel an geeigneten Rohstoffen schwer durchführbar ist.

Am zweckmäßigsten hat sich deshalb erwiesen die Verarbeitung von Kalk- und Kieselmergel zu Portlandzement, da man dadurch von den Schwankungen des Bruches unabhängig wird und alle im Bruch anfallenden Mergel und Kalksteine zur Zementerzeugung verwenden kann. Aus diesem Grunde sind auch in den letzten Jahren die meisten deutschen als Naturzementfabriken erbauten Werke zur Portlandzementfabrikation übergegangen.

Die aus dem Ofen kommenden Portlandzemente sind meist Schnellbinder, d. h. sie erstarren in wenigen Minuten oder bis zu 1 oder 2 Stunden. Um sie gut verarbeitbar zu machen, setzt man auf Empfehlung von Michaelis in der Fabrik beim Mahlen als Abbindeverzögerer Gips in Mengen von 2—3% zu[3].

Als weiterer Rohstoff für die Portlandzementfabrikation sei noch erwähnt die Hochofenschlacke, die mit Kalkstein zu Rohmehl vermahlen und gebrannt einen gewöhnlichen Portlandzementklinker ergibt; weiter der Anhydritgips ($CaSO_4$), dessen Kalkanteil durch Mischung mit passenden Mengen von Tonerde und vor allen Dingen Kieselsäure in Portlandzement übergeführt werden kann, wobei gleichzeitig schwef-

---

[1] Grün: D.R.P. 359766, Nov. 1921.

[2] Lea: The application of phase equilibrium studies on the system CaO-Al_2O_3-SiO_2-Fe_2O_3 to cement technology, Cement and Cement. Manufacture Febr. 1935.

[3] Forsén: Über die chemische Wirkung von Gips und anderen Abbindeverzögerern auf Portlandzementklinker. Zement 1930 Nr. 48/49.

lige Säure, SO_2, gewonnen wird. Diese schweflige Säure wird dann auf Schwefelsäure verarbeitet. Das Verfahren hat während des Krieges und nach dem Krieg, als die ausländischen Eisen- und Kupferkiese, aus welchen jetzt Schwefelsäure hergestellt wird, uns fehlten, große Bedeutung erlangt zur Herstellung von Schwefelsäure, während Portlandzement als Nebenprodukt gewonnen und mit Hochofenschlacke zusammen auf Hochofenzement verarbeitet wurde (I. G. Farben, Leverkusen). Es ist wahrscheinlich, daß bei weiterer Devisennot, um die Einfuhr devisenfressender Kiese zu verhindern, auf das an sich günstige, aber teuer arbeitende Verfahren zurückgegriffen wird.

Eine Abart des Portlandzementes ist der Erzzement. Der Portlandzement hat den Nachteil, daß in sulfathaltigen Wässern, z. B. Meerwasser, durch die Bildung des Kalzium-Aluminiumsulfates (einer alaunähnlichen Verbindung, die mit großen Mengen Wasser kristallisiert) der Beton von innen heraus zersprengt wird. Diese Zerstörung, die man „Treiben" nennt, setzt natürlich die Anwesenheit von Kalk und Tonerde voraus, da ohne diese beiden Stoffe sich kein schädliches Sulfat bilden kann. Eine Weglassung des Kalkes ist nicht möglich; zwecks Herabminderung der Angreifbarkeit kann aber die Tonerde bis zu einem gewissen Grade durch Eisenoxyd ersetzt werden. Diese tonerdearmen Zemente nennt man Erzzemente, da Erz als Träger des Eisenoxyds bei ihrer Herstellung verwendet wird. Entsprechend der von Michaelis gefundenen theoretischen Voraussetzung hat sich Erzzement zur Herstellung von Salzwasserbauten besonders gut bewährt. Auch der Brownmillerit-Zement[1], in dem Tonerde und Eisen in molekularem Verhältnis zueinander stehen, zeichnet sich durch höhere Salzwasserbeständigkeit aus[2].

Die in Frankreich viel hergestellten und verwendeten metallurgischen Zemente die „ciments metallurgiques sursulfatés" sind Bindemittel, die nur aus Hochofenschlacke mit einem Zusatz von erheblichen Gipsmengen bestehen, ähnlich wie sie früher schon Kühl in Deutschland befürwortet hat, die sich aber nicht einführen konnten. Diese Bindemittel bestehen also in der Hauptsache aus Hochofenschlacke, die sehr fein gemahlen ist (1,5% Rückstand auf dem 5000 M-S.). Das Beispiel einer Zusammensetzung gibt L. Blondiau auf dem 14. Kongreß der industriellen Chemie, Paris 1934, wie folgt:

SiO_2	26,70	MgO	3,50
Al_2O_3	14,30	SO_3	7,10
Fe_2O_3	1,20	S	0,90
CaO	44,70	MnO	0,10

Sevieri[3] bringt interessante Untersuchungen, die zeigen, daß Eiseneinlagen sich nicht nur während vieler Jahre rostfrei gehalten haben, sondern

[1] Ferrari: Über hochwertige Zemente. Tonind.-Ztg. 1934 S. 635.

[2] Vor Ferrari hat schon Kühl darauf hingewiesen, daß durch Erhöhung des Eisengehaltes sich Zemente mit hohen Festigkeiten brennen lassen. Diese Zemente, die gute Eigenschaften haben, werden „Kühlzemente" genannt, kommen aber natürlich unter dem Namen Portlandzement in den Handel.

[3] Vgl. auch Sevieri: Les Ciments metallurgiques sursulfatés à L'exposition de Bruxelles 1935. Paris 1936.

daß die Zemente, die unter dem Namen „Sealithor“ in den Handel kommen, besonders hohe Salzwasserbeständigkeit haben.

Ein sehr energisch erhärtender, aber hohe Abbindewärme erzeugender Zement, der einen Mörtel von bedeutender Widerstandsfähigkeit gegen aggressive Lösungen ergibt, ist der im Hochofen aus Bauxit geschmolzene Tonerdezement.

Bei der Prüfung dieses Zementes ist nach den Angaben des Werkes[1] zweckmäßig, die Körper bereits früher zu entformen, als Normenzementkörper, und sie nach 12 Stunden in Wasser zu legen. Zu arbeiten ist mit 8⁰/₀ Wasser. Die Lagerung ist nicht mit Portlandzement, Eisenportland- und Hochofenzement im gleichen Behälter vorzunehmen. Mit diesem Prüfverfahren werden wesentlich höhere Festigkeiten gefunden als nach dem Normalprüfverfahren.

Der Deutsche Betonverein (vgl. Jahresbericht des Deutschen Betonvereins 1935) berichtet über verschiedene Bewährungsart mit Tonerdezement Rolandshütte, die im allgemeinen recht günstig lauten.

Über vielfache Bewährung von Tonerdezement gegen verschiedene Einflüsse, wie sulfathaltiges Wasser, Meerwasser, Schwefelwasserstoff, Gerbsäure usw. berichtet L'Usine[2].

Eine Mischung von Tonerdezement und Portlandzement ist in der Praxis untunlich, da erfahrungsgemäß Mischungen zu Schnellbindern führen.

Die Frage, warum Portlandzement sich nicht mit Tonerdezement verträgt, untersucht Nagai[3] und kommt zu dem Schluß, daß der aus dem Portlandzement abgespaltene Kalk Schnellbinden des Tonerdezements veranlaßt und auf diese Weise den Beton ruiniert.

Über verschiedenes Verhalten von Beton aus Tonerdezement vgl. auch E. Rengade[4].

Zusammengesetzte Bindemittel.

c) Puzzolanzemente: Portlandzement mit hydraulischen Zusätzen.

Um einerseits den Kalkgehalt des Portlandzementes zu senken, andererseits wertvolle Puzzolane (oder Hydraulite) zu verwerten, kann man diese dem Portlandzement zumahlen oder zumischen. Als Hydraulite kommen, wie das Dreistoffsystem zeigt, in Betracht zunächst die gegenüber dem Portlandzement kalkärmere, aber ihm nahe verwandte Hochofenschlacke und weiter der ganz anders zusammengesetzte, nur schwach erhärtende Traß[5]. Beide vermögen kalkbindend zu wirken.

---

[1] Höhl: Von der Prüfung und der Verarbeitung des Tonerdezementes, Hochofenfabrik Lübeck A. G., 3. Aufl. September 1933.

[2] Erfahrungen mit Schmelzzement, ref. Betonstein-Ztg. 1936 S. 177.

[3] Nagai: Association of Japanese Portland Cement Engineers, Review of the Nineteenth General Meetin Held in Tokio, April 1930.

[4] Rengade, E., P. Lhopitallier et Durand de Fontmagne: Recherches sur les causes de certains Phénomenes D'altération des Bétons de Ciment Alumineux, Revue des Matériaux de construction et de Travaux publics 1936.

[5] Grün: Traßzement — Hochofenzement. Bautechn. 1936 Nr. 12.

Man nennt die Zemente, die unter Zusatz von Hochofenschlacke zu Portlandzement hergestellt werden, die Hüttenzemente (Hochofenzement und Eisenportlandzement), diejenigen, die Traß enthalten, die Traßzemente. Bei der Herstellung beider Zementarten arbeitet man mit verschiedenen Puzzolangehalten. Den Zement, dem man nur 30% Hochofenschlacke zumahlt, nennt man Eisenportlandzement, derjenige, der mehr Hochofenschlacke, bis zu 85%, enthält, so daß der Kalkgehalt unter 55% herabgesetzt wird, heißt Hochofenzement.

Bei dem Traßzement unterscheidet man solchen, der bis zu 30%, und solchen, der bis zu 50% Traß enthält. Infolge der sehr geringen Reaktions- und Erhärtungsfähigkeit des Trasses kann der Traßanteil nicht über 50% gesteigert werden, da sonst die Festigkeiten zu stark herabgesetzt werden. Auch die Traßzemente mit 50% Traß haben, besonders bei verdünnten Mischungen, schon verhältnismäßig niedrige Festigkeiten, während bei den hochofenschlackenhaltigen Zementen mit 90% Hochofenschlacke noch recht gute Erhärtung erzielt wird. Wie verschieden die Erhärtungsfähigkeit der verschiedenen Puzzolane ist, zeigen die Kurven der Tafel 29.

Die *Mischung* auf der Baustelle zwischen dem Portlandzement einerseits und den Puzzolanen andererseits führt zu ganz ähnlichen Ergebnissen wie diejenige in der Fabrik. Man kann also auch den Traß gesondert beziehen und auf der Baustelle, wie dies seit Jahrzehnten mit Erfolg bei Talsperren durchgeführt wurde, mit dem Zement mischen. Dabei ist nach Versuchen des Verfassers eine *Vormischung* von Traß und Zement keineswegs notwendig, sondern es genügt durchaus, wenn man den Traß und Zementzusatz mit dem Zuschlag mischt. 2 Minuten Mischdauer sind bei einer intensiv arbeitenden Mischmaschine vollkommen ausreichend. Man kann also die häufig verwendete Vormischanlage für Traß und Portlandzement, welche unnötiges Geld kostet, ersparen, wenn man genügend lange mit einer intensiv arbeitenden Mischmaschine mischt. Bei Versuchen des Verfassers wurden bei verschiedenartiger Durchführung der Mischung folgende Zahlen gefunden:

Tabelle 5. *Druckfestigkeit von Zement-Traß-Beton*[1].
Aus 1 Teil Zement + 0,3 Teilen Traß + 5 Teilen Kiessand + 8,5% Wasser bei verschiedener Mischungsart. (Mittel aus 2 Versuchsreihen mit 2 verschiedenen Zementen. Unveröffentlichte Versuche von *Grün* und *Beckmann*, Düsseldorf 1932.) Aus Bautechnik 1936 Nr. 12.

Mischzeit	Alter des Betons bei der Prüfung Tage	Mischungsart I Zement und Traß in der Kugelmühle vorgemischt	II Zement, Traß und Kies gleichzeitig dem Betonmischer aufgegeben	III Zement und Kies gleichzeitig aufgegeben, Traß nach 1/3 Mischzeit zugesetzt	IV Traß und Kies gleichzeitig aufgegeben, Zement nach 1/3 Mischzeit zugesetzt	V Zement und Traß gleichzeitig aufgegeben, Kies nach 1/3 Mischzeit zugesetzt
90 sec	3	69	71	72	61	72
	7	132	126	127	128	126
120 sec	3	69	68	64	65	65
	7	122	127	123	130	125

[1] *Grün*: Erfahrungen mit Spezialzementen. Angew. Chemie 1936 S. 85.

Krüger ist bei ähnlichen Versuchen zu gleichen Ergebnissen gekommen[1]. Auch Hochofenschlacke kommt für sich mit etwas Gips gemahlen in den Handel und kann auf der Baustelle dem Zement zugemischt werden, um seinen Kalkgehalt herabzudrücken und den abgespalteten Kalk zu binden. Ein bekanntes Erzeugnis dieser Art ist der „Thurament", aus dem im Mischungsverhältnis 1 Teil Zement, 2 Teile Thurament die größte Talsperre Deutschlands, die Bleiloch-Talsperre, errichtet wurde[2]. Die Durchschnittsfestigkeiten, die in den verschiedenen Mischungsverhältnissen erreicht wurden, zeigt Tab. 6.

Tabelle 6. Baustoffbedarf und Festigkeiten bei der Bleiloch-Talsperre.

Lamelle	Portland-zement kg	Thurament kg	Zuschläge kg	Festigkeit kg/cm²
Untere. .	132	258	1902	230
Mittlere .	117	227	1972	170
Obere . .	87	169	2070	110

d) Verdünnte Zemente: Portlandzement mit Füllmitteln.

Um den oft unliebsam hohen Kalkgehalt des Portlandzementes weiter herabzudrücken, sind in der letzten Zeit zahlreiche Zemente, die man sonst Sandzemente, Schiefermehlzemente, Asbestzemente usw. nannte, auf den Markt gekommen; die Vollanalyse dieser Zemente täuscht auch tatsächlich einen verhältnismäßig tiefen Kalkgehalt und hohen Kieselsäuregehalt vor. Die Voll- oder Bruttoanalyse wirkt aber hier irreführend, denn in Wirklichkeit hat man bei derartigen Zementen einfach verdünnte Zemente, denen man bereits in der Fabrik einen Teil des Zuschlages, also Sand oder Schiefermehl zugemahlen hat, vor sich, und es liegen strenggenommen schon Mörtel mit allerdings hohem Zementgehalt vor. Bei der Normenprüfung haben häufig derartig schon gemagerte Zemente die gleichen Normenfestigkeiten wie gewöhnliche Zemente, da in der fetten Mischung, die die Normenprüfung vorschreibt, bei dem geringen Wassergehalt die Magerung noch nicht zum Ausdruck kommt. Dagegen wirkt der Sandmehlzusatz porenfüllend. Man hat deshalb neuerdings ein Prüfungsverfahren auf Biegefestigkeit vorgeschlagen, bei welchem dem Normensand $^1/_3$ Sandmehl zugesetzt wird. Bei diesem Verfahren zeigen dann die Sandmehlzemente, ebenso auch bis zu einem gewissen Grade die Traßzemente, niedrige Festigkeiten. Auch in verdünnter Betonmischung sind solche Zemente weniger ausgiebig, geben deshalb auch bei starker Magerung dem Beton geringere Festigkeiten als die einfachen Portlandzemente, obgleich durch gewisse Zusätze wie Traß und Hochofenschlacke naturgemäß andere Eigenschaften als gerade die Festigkeit günstig beeinflußt werden können. Dennoch soll bei inerten oder reaktionsträgen Stoffen (Traß-, Sandmehlzement) bei der Mischungsberechnung nur der Zementanteil als

[1] Krüger, Lothar: Mischen von Zement und Zusatzstoffen bei der Betonbereitung auf der Baustelle. Protokoll der Generalversammlung des Vereins deutscher Portlandzementfabrikanten 1936.

[2] Köhler: Die Bleiloch-Talsperre bei Saalburg in Thüringen. Dtsch. Wasserwirtsch. 1932 Heft 1—3.

wirklich aktiver Bestandteil gerechnet werden, da das zugesetzte Material ja eine Verbesserung sein soll.

e) Wasserabweisende Zemente: Portlandzemente u. dgl. mit organischen Substanzen (Bitumen, Seife).

Während früher von der Portlandzementindustrie immer darauf hingearbeitet wurde, möglichst Portlandzement ohne jede Beimischung in den Handel zu bringen, werden neuerdings, um die Schwindneigung und Aggressivempfindlichkeit zu bekämpfen, manche organische Substanzen zugemischt, und zwar teilweise in der Fabrik, teilweise erst auf der Baustelle. In diesem Falle sollen nur die fabrikatorischen Zumischungen besprochen werden (Zumischungen zum Beton s. S. 96).

Als solche kommen vor allen Dingen in Betracht Bitumenemulsionen; zugemischt werden diese entweder einfach bei der Vermahlung des Zementes oder dadurch, daß man den Zement mit dem Bitumen zerstäubt. Man erreicht dadurch ein niedrigeres Verhältnis von Zug- und Druckfestigkeit, allerdings nach bisherigen Veröffentlichungen in der Hauptsache dadurch, daß die Druckfestigkeit herabgesetzt wird[1]. Bis jetzt haben die Verfahren der Herstellung derartiger Zemente noch keine große industrielle Bedeutung erlangt, da die durch Laboratoriumsversuche teilweise gestützten und behaupteten günstigen Einwirkungen des Bitumens sich in der Praxis noch nicht genügend erwiesen haben und die Herstellungsverfahren teuer sind. Charakteristisch für Bitumenzemente ist ein ausgeprägtes Vermögen, nach der Verarbeitung einen Teil des Anmachwassers wieder abzustoßen. Die Veränderung der Oberfläche an Betonstraßen ist auf diese Eigenschaft zurückzuführen (Abb. 30).

Abb. 30. Oberfläche einer Betonstraße, die unter Verwendung von bituminiertem Zement hergestellt wurde. Der Zement ist gut erhärtet, die Wasserabweisung des Zementes während des Erhärtens hat aber zu einer Oberflächenveränderung geführt.

[1] Dyckerhoff: Bituminierte Zemente. Zement 1933 S. 400 u. 413.

4. Die Eigenschaften der Zemente.

Als Normenzemente anerkannt und für Bauten, die einer baupolizeilichen oder sonstigen behördlichen Genehmigung bedürfen, zugelassen sind die sog. Normenzemente, d. h. Portlandzement, Eisenportland- und Hochofenzement, soweit sie der Kontrolle des zuständigen Laboratoriums oder eines staatlichen Materialprüfungsamtes unterstehen (DIN 1169). Diese Kontrolle wird durchgeführt für Portlandzement durch das Laboratorium des Vereins deutscher Portlandzementfabriken, für Eisenportlandzement durch das Forschungsinstitut des Vereins deutscher Eisenportlandzementwerke und für Hochofenzement durch das Forschungsinstitut der Hüttenzementindustrie nach den in § 19 der Normen niedergelegten Richtlinien. Die dieser Kontrolle unterstehenden Werke kennzeichnen ihren Zement auf den Säcken mit dem Zeichen:

Abb. 31. Das Normenüberwachungszeichen, welches alle Zemente auf den Säcken tragen müssen, die von den zuständigen Laboratorien regelmäßig überwacht werden. Zemente ohne dieses Zeichen dürfen bei Bauten, die einer baupolizeilichen oder sonstigen behördlichen Genehmigung bedürfen, nicht zur Herstellung von Beton, Eisenbeton oder Steineisendecken verwendet werden. Vgl. Deutsche Normen für Portlandzement, Eisenportland- und Hochofenzement, DIN 1045, DIN 1046, DIN 1048, DIN 1164.

Nur derartig bezeichnete Zemente sind für Bauten, „die einer baupolizeilichen oder sonstigen behördlichen Genehmigung bedürfen", zugelassen.

Die Prüfung erstreckt sich zunächst auf die Fähigkeit des Werkes, einwandfreie und gleichmäßige Ware herzustellen, ferner auf jährliche Untersuchung der Rohstoffe und monatlich einmal durchzuführende Prüfung des Zementes nach den Normen. Außerdem finden jährlich zweimal Betonuntersuchungen statt. Der Zement für die Prüfung wird aus dem Handel aufgekauft. Zu diesem Zweck haben die Verkaufsverbände den Laboratorien allmonatlich die belieferten Firmen zu benennen, um den Ankauf der Zemente zu ermöglichen.

Bei ungenügendem Befund verwarnt die Prüfstelle das Werk, macht im Wiederholungsfalle der Obersten Baupolizeibehörde von dem Versagen des Zementes Mitteilung und stellt die Überwachung ein. Das fragliche Werk darf dann das Überwachungszeichen nicht mehr führen und den Zement nicht mehr als Normenzement bezeichnen. Dieser ist dann nicht mehr im oben genannten Sinne zugelassen und kann naturgemäß nur noch für ganz untergeordnete Zwecke Verwendung finden.

Die Eigenschaften der Zemente gliedern sich in solche, die bereits von den Bestimmungen der Normen getroffen sind und in diejenigen, welche außerhalb der Normen liegen. In den Normen finden sich Bestimmungen über die Herstellung, Mahlfeinheit, Abbindezeit, Raumbeständigkeit, Zug- und Druckfestigkeit. Noch nicht in den Normen enthalten, aber für Straßenbauzemente bereits vorgeschrieben sind die Prüfungen auf Biegefestigkeit und Schwindmaß. Außerhalb der Normen, also überhaupt noch nicht durch Prüfverfahren gedeckt oder ohne bestimmte Vorschriften bezüglich der Grenzlinien befinden sich die Feuerfestigkeit, Frostbeständigkeit, Salzwasser- und Säurebeständigkeit der Bindemittel.

Für die Normenzemente sind nur die 3 Begriffsbestimmungen innerhalb der Normen verschieden, da diese ja die Herstellungsweise kennzeichnen; alle anderen Bestimmungen dagegen sind gleichlautend, so daß die Normen in einer Ausfertigung: Deutsche Normen für Portlandzement, Eisenportlandzement und Hochofenzement, Zementverlag Berlin, zusammengefaßt werden konnten (DIN 1164).

Eigenschaften der Zemente innerhalb der Normen.

In den Normen sind folgende Eigenschaften der Zemente niedergelegt:

a) Begriffsbestimmung.
b) Feinheit der Mahlung.
c) Erstarrungsbeginn.
d) Raumbeständigkeit.
e) Festigkeit.

a) Begriffsbestimmung (Herstellung und Zusammensetzung).

Die Begriffsbestimmungen der 3 Normenzemente lauten:

§ 2a. Begriffsbestimmung für Portlandzement.

Portlandzement ist ein hydraulisches Bindemittel, das in einem durch Brennen erzeugten Mineralgefüge auf 1,7 Gewichtsteile Kalk (CaO) höchstens 1 Gewichtsteil der Summe von löslicher Kieselsäure (SiO_2) + Tonerde (Al_2O_3) + Eisenoxyd (Fe_2O_3) enthält[1], d. h.

$$\frac{CaO}{SiO_2 + Al_2O_3 + Fe_2O_3} \geqq 1{,}7\,.$$

Ist Manganoxyd[2] in beachtenswerter Menge vorhanden, so ist es zu der Summe von Kieselsäure (SiO_2) + Tonerde (Al_2O_3) + Eisenoxyd (Fe_2O_3) hinzuzurechnen.

Portlandzement wird hergestellt durch Feinmahlen und inniges Mischen der Rohstoffe, Brennen bis mindestens zur Sinterung und Feinmahlen des Brenngutes (Klinkers).

Der Glühverlust des Portlandzements darf zur Zeit der Anlieferung durch das Werk höchstens 5% betragen.

Der Gehalt an Magnesia (MgO) darf 5%, der an Schwefelsäureanhydrid (SO_3) 2,5% — alles auf den geglühten Portlandzement bezogen — nicht überschreiten.

Dem Portlandzement dürfen höchstens 3% fremde Stoffe zugesetzt werden.

Begründung und Erläuterung zu § 2a.

Portlandzement unterscheidet sich von anderen genormten Zementen durch die Einheitlichkeit seiner Masse, von den Tonerdezementen durch das Verhältnis von Kalk zu Tonerde und von Naturzementen durch die künstliche Aufbereitung der Rohmischung.

Die Portlandzementrohmasse muß die Aufbaustoffe innig gemischt und gleichmäßig verteilt in ganz bestimmtem Verhältnis enthalten, was mit Sicherheit durch künstliche Aufbereitung erreicht wird. Die aufbereitete Rohmasse darf auf dem Sieb Nr. 70 DIN 1171 (4900 Maschen auf 1 cm², Teil III § 11) nicht mehr als 35% Rückstand, auf das bei 105° C getrocknete Gut bezogen, hinterlassen.

Zusätze zu besonderen Zwecken, beispielsweise von Gips zur Regelung der Abbindezeit, dürfen insgesamt 3% nicht überschreiten, um die Möglichkeit von Zusätzen lediglich zur Gewichtsvermehrung auszuschließen.

Zemente, die durch Brennen von Rohstoffen gewonnen sind, die nicht entsprechend den vorstehenden Bestimmungen aufbereitet waren, und Zemente,

[1] Die chemische Zusammensetzung ist nach dem Analysengang für Zement zu ermitteln, der in der Zeitschrift „Zement" 1931 S. 258 u. 987 (Änderung) veröffentlicht ist. Auch als Sonderdruck erschienen beim Zementverlag G. m. b. H., Berlin-Charlottenburg.

[2] Als Mn_2O_3 berechnet.

denen mehr als 3% fremde Stoffe zugesetzt sind, haben demnach keinen Anspruch auf die Bezeichnung „Portlandzement“, auch nicht auf Wortbildungen, unter Verwendung dieser Bezeichnung, es sei denn, daß diese durch amtlich anerkannte Normen festgelegt werden.

§ 2b. Begriffsbestimmung für Eisenportlandzement.

Eisenportlandzement ist ein hydraulisches Bindemittel, das aus mindestens 70% Gewichtsteilen Portlandzement und höchstens 30% Gewichtsteilen granulierter basischer Hochofenschlacke besteht.

Der Portlandzement und die Hochofenschlacke werden im Fabrikbetrieb miteinander fein gemahlen und hierbei innig gemischt.

Der Portlandzement wird gemäß der Begriffsbestimmung für Portlandzement hergestellt. Die als Zusatz dienenden Hochofenschlacken sind Kalktonerdesilikate, die beim Eisenhochofenbetrieb gewonnen werden. Sie dürfen auf 1 Gewichtsteil der Summe von Kalk (CaO) + Magnesia (MgO) + $^1/_3$ Tonerde (Al_2O_3) höchstens 1 Gewichtsteil der Summe von löslicher Kieselsäure SiO_2 + $^2/_3$ Tonerde (Al_2O_3) enthalten[1], d. h.

$$\frac{CaO + MgO + {}^1/_3\,Al_2O_3}{SiO_2 + Al_2O_3} \geqq 1.$$

Dem Eisenportlandzement dürfen höchstens 3% fremde Stoffe zugesetzt werden.

Begründung und Erläuterung zu § 2b.

Hochofenschlacke dieser Art und Zusammensetzung hat hochhydraulische Eigenschaften. Durch inniges Vermahlen von Portlandzementklinker mit solcher Hochofenschlacke im Mengenverhältnis der Begriffsbestimmung entsteht der Eisenportlandzement, der dem Portlandzement als gleichwertig zu erachten ist.

Zusätze zu besonderen Zwecken, beispielsweise von Gips zur Regelung der Abbindezeit dürfen insgesamt 3% nicht überschreiten, um die Möglichkeit von Zusätzen lediglich zur Gewichtsvermehrung auszuschalten.

Zemente, denen mehr als 3% fremde Stoffe zugesetzt sind, haben demnach keinen Anspruch auf die Bezeichnung „Eisenportlandzement“, auch nicht auf Wortbildungen unter Verwendung dieser Bezeichnung, es sei denn, daß diese durch amtlich anerkannte Normen festgelegt werden.

§ 2c. Begriffsbestimmung für Hochofenzement.

Hochofenzement ist ein hydraulisches Bindemittel, das aus 15—69% Gewichtsteilen Portlandzement und entsprechend 85—31% Gewichtsteilen granulierter basischer Hochofenschlacke besteht. Der Portlandzement und die Hochofenschlacke werden im Fabrikbetrieb miteinander fein vermahlen und hierbei innig gemischt.

Der Portlandzement wird gemäß der Begriffsbestimmung für Portlandzement hergestellt. Die als Zusatz dienenden Hochofenschlacken sind Kalktonerdesilikate, die beim Eisenhochofenbetrieb gewonnen werden. So dürfen auf 1 Gewichtsteil der Summe von Kalk (CaO) + Magnesia (MgO) + $^1/_3$ Tonerde (Al_2O_3) höchstens 1 Gewichtsteil der Summe von löslicher Kieselsäure (SiO_2) + $^2/_3$ Tonerde (Al_2O_3) enthalten[1], d. h.

$$\frac{CaO + MgO + {}^1/_3\,Al_2O_3}{SiO_2 + {}^2/_3\,Al_2O_3} \geqq 1.$$

Die Schlacke darf höchstens 5% Manganoxyd (MnO) enthalten.

Dem Hochofenzement dürfen höchstens 3% fremde Stoffe zugesetzt werden.

Begründung und Erläuterung zu § 2c.

Hochofenschlacke dieser Art und Zusammensetzung hat hochhydraulische Eigenschaften. Durch inniges Vermahlen von Portlandzementklinker mit solcher Hochofenschlacke im Mengenverhältnis der Begriffsbestimmung entsteht der Hochofenzement, der dem Portlandzement als gleichwertig zu erachten ist.

---

[1] Die chemische Zusammensetzung usw. s. S. 38.

Hochofenzement hat im allgemeinen einen Kalkgehalt (CaO) von weniger als 55%.

Zusätze zu besonderen Zwecken, beispielsweise von Gips zur Regelung der Abbindezeit, dürfen insgesamt 3% nicht überschreiten, um die Möglichkeit von Zusätzen lediglich zur Gewichtsvermehrung auszuschließen.

Zemente, denen mehr als 3% fremde Stoffe zugesetzt sind, haben demnach keinen Anspruch auf die Bezeichnung „Hochofenzement", auch nicht auf Wortbildungen unter Verwendung dieser Bezeichnung, es sei denn, daß diese durch amtlich anerkannte Normen festgelegt werden.

Aus diesen Begriffsbestimmungen geht hervor, daß die Grundlage aller drei Zemente der Portlandzementklinker ist. Beim Portlandzement selbst wird dieser Klinker nur mit geringen Mengen an Gips vermahlen. Das endgültige Erzeugnis hat also eine ähnliche Zusammensetzung wie der Portlandzementklinker. Es unterscheidet sich von diesem dadurch, daß es einen Sulfatgehalt von mehreren Prozent aufweist, während reiner Portlandzementklinker wenig oder keinen Sulfatgehalt hat. Bei Eisenportlandzement wird dem Zementklinker außer dem Gips noch granulierte Hochofenschlacke zugemahlen, und zwar in Mengen bis zu 30%. Normaler Eisenportlandzement hat dadurch, daß die Hochofenschlacke mit 30—50% CaO in ihrem Kalkgehalt erheblich unter dem Kalkgehalt des Portlandzementes (65% CaO) bleiben, einen niedrigeren Kalkgehalt als der Portlandzement (etwa 59% gegen 65% des Portlandzementes). Beim Hochofenzement ist der Anteil an zugemahlener Hochofenschlacke erheblich höher als beim Eisenportlandzement. Der Schlackengehalt der Hochofenzemente bewegt sich praktisch zwischen 50—75% und darf bis zu 85% betragen. Um einen allzu hohen Portlandzementklinkerzusatz zur Hinauftreibung der Festigkeiten zu verhindern und zu erreichen, daß der Hochofenzement tatsächlich ein kalkarmer Zement bleibt, ist in den Normen der Kalkgehalt auf unter 55% beschränkt. Tatsächlich wurde bei Hunderten von Analysen im Institut des Verfassers kein Hochofenzement gefunden, der einen Kalkgehalt von über 55% hatte.

Ursprünglich ging man bei Verarbeitung der Hochofenschlacke zunächst von dieser selbst aus, indem man ihr zur Anregung der Erhärtung wenig Kalkhydrat zusetzte; später legte man bei den Eisenportlandzementen den Hauptwert auf den Portlandzementanteil, indem man 70% Portlandzement zusetzte. Dann kam man wieder beim Hochofenzement von dem hohen Klinkerzusatz ab, verlangt aber immerhin einen Anteil von mindestens 15% Portlandzementklinker in den Hochofenzement. Schon Kühl hatte erkannt, daß der Portlandzementanteil allerdings hohe Festigkeiten bringt, aber die anderen Eigenschaften der Hochofenschlacken, nämlich mit geringer Hydrationswärme bei geringem Schwindmaß zu erhärten, hohe Dichtigkeit zu bekommen und chemische Widerstandsfähigkeit dem Mörtel zu geben, ungünstig beeinflußt wird. Er stellte deshalb Zemente mit hohem Gipsgehalt her, die sich aber nicht einzuführen vermochte (1908). Der Gipsgehalt dieser Zemente bewegte sich zwischen 5 und 15%. Neuerdings ist man wieder dazu übergegangen, die hydraulischen Eigenschaften der Hochofenschlacke allein auszunutzen, macht wieder Zemente mit wenig (oder gar keinem)

Klinker, dagegen meist mit etwas höherem Gipsgehalt, die zu recht beträchtlichen Festigkeiten erhärten und geringe Abbindewärme bei hoher Widerstandsfähigkeit gegen aggressives Wasser haben.

Sevieri[1] veröffentlicht folgende Festigkeiten:

Tabelle 7. Zug- und Druckfestigkeiten von Zementen nach Sevieri.

Bezeichnung des Zementes	Zugfestigkeit in Tage			Druckfestigkeit in Tage		
	3	7	28	3	7	28
67 Bagnoli	30,0	36,6	48,0	394	428	592
81 Bagnoli	36,0	43,0	49,5	357	444	515
92 Bagnoli	25,5	32,5	41,0	390	474	535
4 Sealithor	18,4	32,9	50,5	218	550	803
174 Sealithor	24,9	38,2	50,1	300	581	792
396 Sealithor	37,5	41,8	51,2	448	557	618

Es wäre zu wünschen, daß dieser überaus aussichtsreiche Weg zu klinkerfreien oder wenigstens klinkerarmen Zementen aus Hochofen-

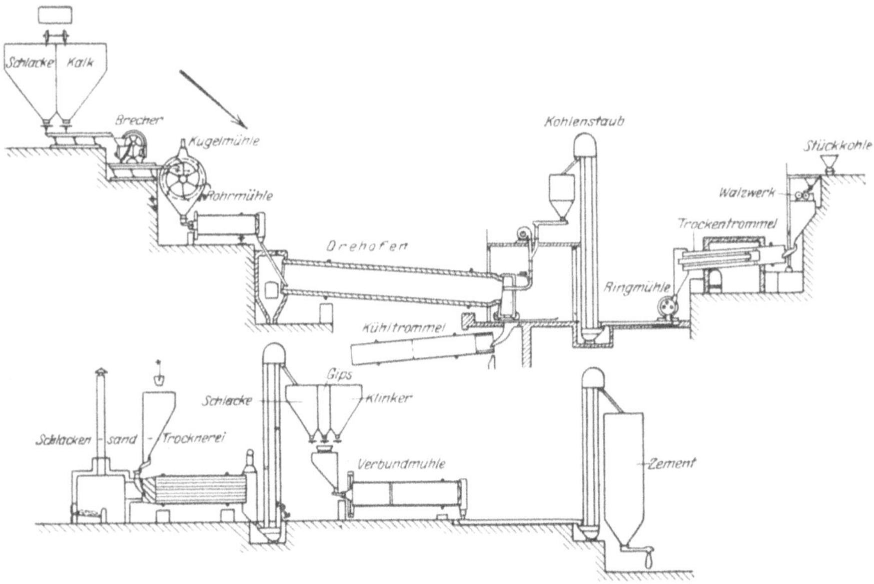

Abb. 32. Schema der Zementherstellung: Die vermahlenen Rohstoffe, Mergel oder Hochofenschlacke und Kalkstein werden im Drehofen zu Klinker gebrannt und dann entweder für sich (Portlandzement) oder mit Hochofenschlacke (Hüttenzement) vermahlen.

schlacke zu kommen, weiter beschritten wird. Allerdings ist hinzuzufügen, daß meist nur bei besonders tonerdereichen Schlacken die obengenannten Festigkeiten erhalten werden. Folgerungen aus dem Sulfidgehalt des Hochofenzementes auf einen geringeren Rostschutz sind falsch.

[1] Sevieri: Von den Gips-Schlacken-Zementen. Tonind.-Ztg. 1935 Nr. 78, 79.

Bei einer Besichtigung alter Betonbauten aus Hochofenzement durch eine ministerielle Kommission wurde 1923 (vgl. Stahl und Eisen) festgestellt, daß Rosterscheinungen nicht aufgetreten waren.

Auch Erculisse[1] teilt Beobachtungen mit an Eisenteilen, die aus 10 Jahre altem Eisenbeton herausgebrochen wurden, an denen sich ein Nichtangriff von Hochofenzementmörtel an Eisenteilen gezeigt hat[2].

Entsprechend diesen Begriffsbestimmungen geht die Art der Herstellung aus Tafel 32 hervor.

b) Feinheit der Mahlung.

Der Zement muß so fein gemahlen sein, daß er auf dem Siebe Nr. 30 DIN 1171 (900 Maschen auf 1 cm²) höchstens 2% und auf dem Siebe Nr. 70 DIN 1171 (4900 Maschen auf 1 cm²) höchstens 25% Rückstand hinterläßt.

Begründung.

Eine sehr feine Mahlung verbessert den Zement; sie läßt jedoch allein keinen Schluß auf seine Güte zu.

In der Praxis wird in vielen Fällen auch noch auf dem Sieb Nr. 100 mit 10000 Maschen geprüft, da auf dem letzteren Sieb, hauptsächlich bei den modernen, fein gemahlenen Zementen, sich größere Unterschiede zeigen als auf dem 4900-Maschensieb.

Wie hoch gegenüber den in den Normen vorgeschriebenen Zahlen die in der Praxis gefundenen Werte tatsächlich gewesen sind, geht aus den Zahlen, die im Forschungsinstitut der Hüttenzementindustrie anläßlich der Prüfung der Normenzemente nach § 19 der deutschen Normen für Portlandzement, Eisenportlandzement und Hochofenzement für das Jahr 1935 und 1936 gefunden wurden, hervor:

Tabelle 8. Siebrückstände verschiedener Zemente in Prozenten.

Zementarten	900 Maschensieb		2500 Maschensieb		5000 Maschensieb		10000 Maschensieb	
	1935	1936	1935	1936	1935	1936	1935	1936
Hochofenzement . . .	0,1	0,1	0,9	1,2	4,2	4,4	13,5	13,0
Eisenportlandzement .	0,1	0,1	1,3	1,4	5,4	4,8	15,5	13,6
Portlandzement . . .	0,4	0,4	3,5	3,7	11,2	9,9	23,6	21,5

Bei der Beurteilung der Zahlen ist zu berücksichtigen, daß 35 Portlandzemente, 28 Eisenportlandzemente und 120 Hochofenzemente geprüft worden sind, daß also die Zahlen für die letztere Zementart, die ja im genannten Forschungsinstitut nach § 1 der Zementnormen überwacht wird, sich auf ein wesentlich größeres Zahlenmaterial stützen als die Zahlen für Portlandzement und Eisenportlandzement. Einen guten Anhalt gibt ein Vergleich der genannten Zahlen aber doch.

Da in sehr vielen Fällen eine erhöhte Feinmahlung zwar erhöhte Festigkeit, aber auch erhöhtes Schwindmaß im Gefolge hat, ist man neuerdings für Zemente, von denen ein besonders geringes Schwindmaß verlangt wird (Straßenbauzemente), dazu übergegangen, eine nicht allzu weit getriebene Feinmahlung zu verlangen. So werden für Straßen-

[1] Erculisse: Chem. Zbl. 1933 II S. 3176.

[2] Vgl. auch Chim. et Ind. 29, Sond.-Nr. 6 bis 820 — 21. Juni 1933.

bauzemente als Richtzahlen, die aber keine Grenzzahlen sein sollen, da sich feiner gemahlene Zemente auch gut bewährten, folgende gegeben:

Portlandzement: bis ungefähr 5% Rückstand auf dem 4900-Maschensieb.

Eisenportland- und Hochofenzement: bis zu 3% Rückstand.

c) Erstarrungsbeginn (Abbindezeit).

Die Erstarrung darf bei normal bindendem Zement frühestens eine Stunde nach dem Anmachen des Zementbreies beginnen.

Begründung und Erläuterung.

Eine bestimmte Bindezeit ist nicht festgesetzt worden, weil die Bindezeit des Zementes nicht von ausschlaggebendem Einfluß auf den Erhärtungsverlauf des Betons ist. Dagegen ist der Erstarrungsbeginn für die Verarbeitung von Wichtigkeit. Normaler Zement wird im allgemeinen nach 12 Std. abgebunden sein.

Bei der obenerwähnten Prüfung wurden folgende Zahlen gefunden:

Tabelle 9. Die Abbindezeiten von Handelszementen.

	Portlandzement	Eisenportlandzement	Hochofenzement
Erstarrungsbeginn .	4^{28}	3^{56}	4^{37}
Abbindeende . . .	7^{43}	7^{21}	7^{58}

Es ist anzuraten, bei Großbauten möglichst Zement mit spätem Erstarrungsbeginn zu verwenden, damit nicht die Erstarrung bereits beim Stehen in der Lore, also auf dem Transport zur Baustelle, beginnt.

Die Berechtigung der Forderung nach einer nicht zu kurzen Abbindezeit wird bestätigt durch eine Forderung Hillebrands[1], aus welcher hervorgeht, daß die Gesamtverarbeitungszeit eines Betons beim Straßenbau im allgemeinen $1^1/_2$ bis 2 Stunden beträgt.

Nach den augenblicklich geltenden Anschauungen stellt man sich das Abbinden der Zemente wie folgt vor[2].

Das die Hauptsache des Zementes bildende Tricalciumsilikat nimmt 4 Moleküle Wasser auf und bildet das Gel von Dicalciumsilikat unter Abspaltung von Calciumhydroxyd

$$3\,CaO \cdot SiO_2 + 5\,H_2O = 2\,CaO \cdot SiO_2 \cdot 4\,H_2O + Ca(OH)_2.$$

Tricalciumaluminat, welches sich in tonerdereicheren Zementen findet und vor allen Dingen die hohe Abbindewärme dieser Zemente verursacht, bildet ein kubisches Tricalciumaluminathexahydrat

$$3\,CaO \cdot Al_2O_3 + 6\,H_2O = 3\,CaO \cdot Al_2O_3 \cdot 6\,H_2O.$$

Aus dem Brownmillerit entsteht zunächst, Tricalciumaluminathexahydrat, außerdem aber auch Calciumhydroxyd und Eisenhydroxyd als Gel

$$4\,CaO \cdot Al_2O_3 \cdot Fe_2O_3 + 8\,H_2O = 3\,CaO \cdot Al_2O_3 \cdot 6\,H_2O + Fe_2O_3 \cdot H_2O + Ca(OH)_2.$$

[1] Hillebrand: Bauüberwachung beim Betondeckenbau der Reichsautobahnen. Die Straße 1936 S. 596.

[2] Hans Berchem, Essen: Die Eigenschaften und Reaktionen einiger wichtiger Klinkermineralien in ihrer Bedeutung für den Portland- und Tonerdezementmörtel, Diss. 1936 und Bogue und Lerch: Ind. Eng. Chem. 26 (1934), 837 und Bogue, Lerch und Taylor: Ind. Eng. Chem. 26 (1934), 1049.

Der Gips des Portlandzementes bildet mit dem Tricalciumaluminat schwer lösliches kristallines Calciumaluminatsulfat, welches mit 12 H_2O kristallisiert.

Im Tonerdezement entsteht außer den oben angeführten Tricalciumaluminathexahydrat auch noch Monocalciumaluminathydrat als Gel sowie Tonerdehydrat als Gel. Die Erhärtung überhaupt beruht auf Bildung einer neuen festen Phase des Reaktionsproduktes zwischen Wasser und Bindemittel. Die Schnelligkeit der Reaktion ist bei Tricalciumaluminat sehr groß, das Hydratisieren ist vollständig, der Mörtel bindet also während des Anmachens ab. Beim Tricalciumsilikat setzt die Reaktion langsam ein, setzt dann aber schneller fort bis zum vollendeten Abbinden und beim Brownmillerit ist die Geschwindigkeit kleiner als beim Aluminat.

Gips wirkt verzögernd[1], besonders auf das Tricalciumsilikat.

Wichtig ist eine dauernde Nachprüfung des Erstarrungsbeginnes besonders im Sommer, da bei großer Hitze Zement, welcher in der Fabrik oder bei der Ankunft auf der Baustelle noch normal ist, durch „Umschlagen" zum Schnellbinder werden kann. Dieses „Umschlagen" kommt nicht besonders oft vor, ist aber, wenn es nicht bemerkt wird, gefährlich, da ein umgeschlagener, also schnell abbindender Zement seine Energie schon in der Mischmaschine oder auf dem Transport verausgabt und im Bauwerk nur noch geringe Festigkeiten ergibt.

d) Raumbeständigkeit.

Der Zement muß raumbeständig sein; er ist raumbeständig, wenn aus ihm hergestellte, nach dem Abbinden unter Wasser gelagerte Kuchen nach 28 Tagen noch scharfkantig, eben und rißfrei sind.

Für die Prüfung der Raumbeständigkeit genügt im allgemeinen die Prüfung eines Abbindekuchens durch Lagerung während 28 Tage in kaltem Wasser. Treibende Zemente zeigen meist schon in den ersten Tagen Verkrümmungen oder Risse.

Für Straßenbeton ist die Kochprobe verbindlich, d. h. der 24 Stunden nach der Herstellung 2 Stunden lang gekochte Kuchen muß raumbeständig bleiben. Die gleichen Anforderungen sind an Zemente, die in Salz- oder Meerwasser verwendet werden sollen, zu stellen, und in den französischen Normen auch vorgeschrieben. Diejenigen Zemente, die die Normenprobe, also 28 Tage Lagerung in kaltem Wasser bestehen, aber bei der Kochprobe Treiberscheinungen zeigen, sind für normale Bauten noch brauchbar.

e) Festigkeit.

Zement und hochwertiger Zement müssen in der Mörtelmischung 1 Gewichtsteil Zement und 3 Gewichtsteile Normensand (Teil III, § 10) mindestens folgende Festigkeiten in kg/cm² erreichen:

---

[1] Spohn: Dissertation T. H., Berlin 1932, Zement 21 (1932), 702, 717, 731, 22 (1933), 371.

Tabelle 10. Festigkeitsanforderungen an Normenzement.

Mörtelfestigkeit nach	1	2	3	4
	3 Tagen	7 Tagen	28 Tagen	28 Tagen gemischter Lagerung
	Wasserlagerung			
		Zement		
Druck kg/cm²	—	180	275	350
Zug „	—	18	25	30
		Hochwertiger Zement		
Druck kg/cm²	250	—	400	500
Zug „	25	—	30	40

Im Streitfalle sind die Werte der Spalten 1 bis 3 maßgebend.

Unter Wasserlagerung ist zu verstehen: Die Probekörper lagern die ersten 24 Stunden in einem mit Feuchtigkeit gesättigten Raum in der Folgezeit bis zur Prüfung unter Wasser von 17 bis 20° C.

Unter gemischter Lagerung ist zu verstehen: Die Probekörper lagern die ersten 24 Stunden in einem mit Feuchtigkeit gesättigten Raum, dann 6 Tage unter Wasser von 17 bis 20° C und endlich 21 Tage an der Luft (Zimmerluft von 17 bis 20° C).

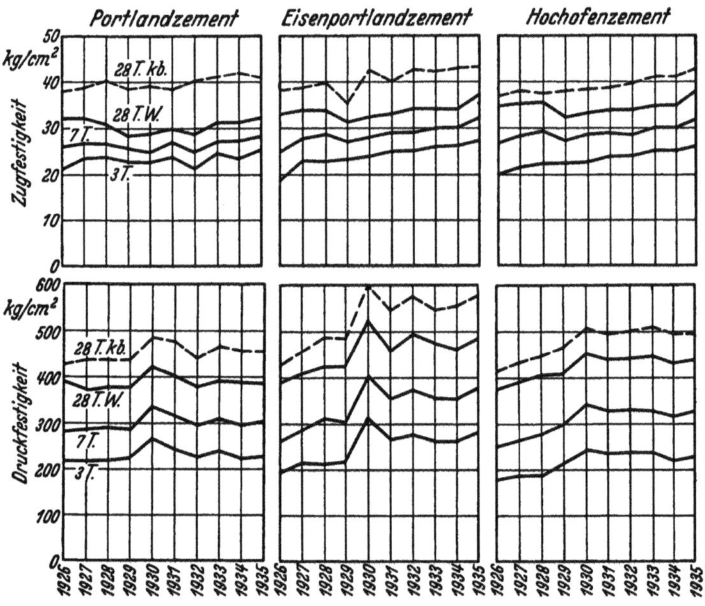

Abb. 33. Vergleich der Zug- und Druckfestigkeit von Portlandzement, Eisenportlandzement und Hochofenzement.

Begründung und Erläuterung.

Das Mischungsverhältnis ist zu 3 Gewichtsteilen Normensand auf 1 Gewichtsteil Zement gewählt worden, weil mit 3 Teilen Sand die Bindefähigkeit des Zementes hinreichend zum Ausdruck gelangt.

Da die Zemente sich im Raumgewicht wesentlich voneinander unterscheiden, sind die Ergebnisse der Prüfung nach Gewichtsteilen auf die Ergebnisse der Prüfung nach Raumteilen nicht übertragbar.

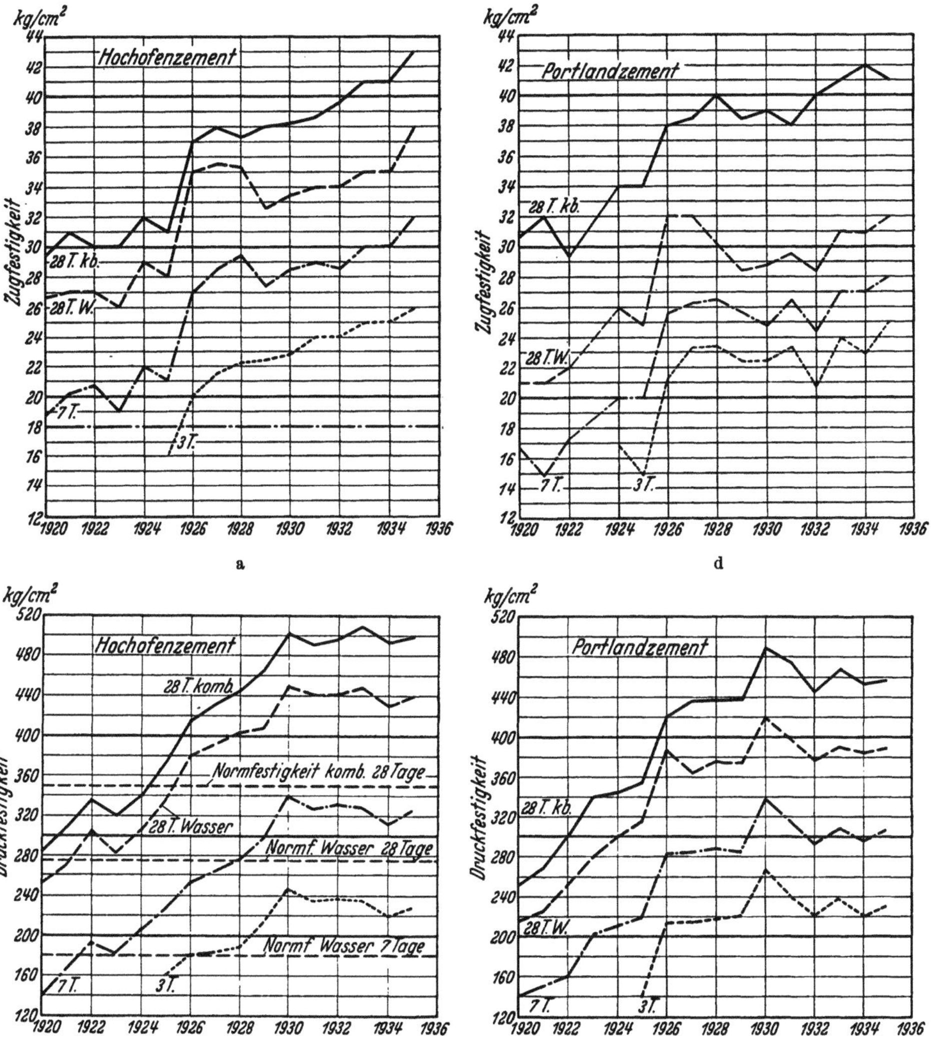

Abb. 34. Festigkeitsentwicklung von Portlandzement und Hochofenzement in den letzten Jahren. Bemerkenswert ist die Qualitätssteigerung der Zementfestigkeit seit 1913.

Die Druckfestigkeit nach 7tägiger Wasserlagerung bietet die Möglichkeit, sich schnell ein vorläufiges Urteil über die Bindekraft des Zementes zu bilden. Sie reicht indessen allein für die Beurteilung des Zementes nicht aus; sie muß ergänzt werden

im allgemeinen durch die Druckfestigkeitsprüfung nach 28 Tagen gemischter Lagerung, für Zement, der für Wasserbauten bestimmt ist, durch die Druckfestigkeitsprüfung nach 28 Tagen Wasserlagerung.

Die Druckfestigkeit nach 3tägigem Wasserlager gilt als wichtigstes Kennzeichen des hochwertigen Zementes und seiner schnellen Anfangserhärtung.

Die Zugfestigkeitsprüfung soll einerseits die Zementprüfung erleichtern, andererseits das Urteil über die Bindekraft eines Zementes vervollständigen. Da aber die Ergebnisse der Zugfestigkeitsversuche bei Prüfung desselben Zementes an verschiedenen Orten auch bei sorgfältiger Beobachtung des Prüfverfahrens (Teil II § 9 Ziff. 5) oft erhebliche Unterschiede aufweisen, so kann der Zugfestigkeitsprüfung bis zum Auffinden eines geeigneteren Verfahrens nicht jene Bedeutung beigemessen werden, wie sie der Druckfestigkeitsprüfung wegen des geringeren Schwankens ihrer Ergebnisse zukommt.

Die Normenfestigkeiten werden von beiden Arten von Zement weit überschritten. Da bekanntlich die in verschiedenen Prüfstellen festgestellten Festigkeiten voneinander abweichen, je nach der Individualität der Prüfstelle, ist es, um einen Überblick der verschiedenen Festigkeiten der Zemente zu erhalten, zweckmäßig, die an einer Prüfstelle gefundenen Zahlen zu vergleichen, besonders dann, wenn andere Zahlen nicht veröffentlicht sind. Demgemäß sind die im Forschungsinstitut der Hüttenzementindustrie im Jahre 1935 gefundenen Zahlen zusammengestellt, welche einen Überblick über die Festigkeitsentwicklung der letzten Jahre geben (Kurventafel 33), das gleichmäßige Ansteigen aller drei Zemente und die erreichten tatsächlich hohen Zahlen darstellen.

Die gewaltige Güteverbesserung der Zemente in den letzten 15 Jahren zeigt die Abb. 34.

Eigenschaften außerhalb der Normen.

Durch die Normenvorschriften werden selbstverständlich nicht alle Eigenschaften der Zemente erfaßt. Zunächst findet sich in den Normen keine Angabe über die Biegefestigkeitsprüfung oder die Zahlen, die gefunden werden sollen. Weiter ist die Schwindung nicht berücksichtigt, ebensowenig die Widerstandsfähigkeit gegen Hitze oder Frost und die Beständigkeit gegen Salzwasser oder Säure.

f) Biegefestigkeit.

Da die Zugfestigkeitsprüfung nach den Normen verhältnismäßig schwankende Resultate ergibt, wurde schon vor Jahren von Feret vorgeschlagen[1], die Biegefestigkeit zu prüfen. Der Vorschlag wurde dann von Prof. Schüle und schließlich von Prof. Ros[2] in Zürich aufgenommen und führte zu einem Verfahren, bei welchem weich angemachte Mörtelprismen von der Größe $4 \times 4 \times 16\,cm^3$ 1 : 3 mit Schweizer Normensand mit einem bestimmten Wassergehalt von Hand eingestrichen und dann auf Biegefestigkeit geprüft werden. Das Verfahren wurde neuerdings etwas abgeändert von Haegermann[3], der einen anderen, etwas feineren Sand vorschlug, da bei dessen Verwendung die poren-

---

[1] Feret, R.: Sur la compacité des mortiers hydrauliques. Ann. Ponts Chauss. Juillet 1892 — Étude expérimentale du ciment armé. Paris 1906 — Unifications des essais de ciment à l'aide de prismes et de sable normal. Réunion des membres français et belges de l'association internationale et de travaux publics. Mars-Mai 1922.

[2] Ros: Die Prüfung der Zemente mit plastischem Mörtel. Diskussionsbericht Nr. 10 der Eidgenössischen Materialprüfungsanstalt an der E. T. H. in Zürich. April 1926.

[3] Haegermann: Die Prüfung plastischer Mörtel. Zement 1930 Nr. 8 S. 167.

füllende Wirkung von Steinmehlen im Zement ausgeschaltet wird. Das Verfahren wird wohl in der einen oder anderen Form später Eingang in die deutschen und internationalen Normen finden. In die Schweizer Normen vom Jahre 1933 ist es in der ursprünglichen Form von Ros bereits aufgenommen.

Die Unterschiede zwischen den Siebfeinheiten der 3 wichtigsten Sande gehen aus folgenden Zahlen hervor:

Schweizer Normensand	Deutscher Normensand	Deutscher Feinsand (Zusatz zum deutschen Normensand)
0,49—0,75 mm	0,74—1,39 mm	40% 0 —0,12 mm 60% 0,12—1 mm
	für die übliche Normen Würfelprüfung	für die neue Prismenprüfung nach Schüle-Haegermann.

Vergleichsversuche bei Verwendung der 3 verschiedenen Sande ergaben folgende Werte:

Tabelle 11. Biege- und Druckfestigkeit mit verschiedenen Sanden (Schweizer Normensand, deutscher Normensand und gefeinter deutscher Normensand: bei dem letzten Sand schneiden die mit Steinmehl versetzten Zemente naturgemäß schlecht ab, da sie selbst viel Steinmehl enthalten).

		Schweizer Normensand				Deutscher Normensand				2 Teile Deutscher Normensand, 1 Teil Feinsand			
		3 Tage	7 Tage	28 Tage Wasser	28 Tage gem.	3 Tage	7 Tage	28 Tage Wasser	28 Tage gem.	3 Tage	7 Tage	28 Tage Wasser	28 Tage gem.
Biegefestigkeit	Portlandzement	36	41	56	60	30	37	49	50	40	52	72	87
	Hochofenzement	29	41	60	57	27	39	49	48	35	56	78	76
	Traßzement	27	33	55	56	24	34	50	46	30	43	72	67
Druckfestigkeit	Portlandzement	151	208	285	312	133	197	281	285	181	234	464	465
	Hochofenzement	134	198	295	323	133	183	310	331	138	204	451	456
	Traßzement	128	177	302	307	118	174	269	297	114	171	339	338

Die Zahlen zeigen deutlich das Zurückbleiben des Traßzementes bei Anwendung des „Haegermannschen" Sandes.

Das Verfahren ist im nachfolgenden geschildert:

Ermittlung der Biegezugfestigkeit und der Druckfestigkeit.

(Vorläufige Vorschrift, Juli 1935)

a) Die Form des Probekörpers.

Der Probekörper ist ein Prisma mit den Abmessungen $4 \times 4 \times 16$ cm.

b) Der Sand wird während der Mörtelbereitung aus

1 Gewichtsteil Feinsand eines bestimmten Feinheitsgrades
und 2 Gewichtsteilen Normensand zusammengesetzt.

c) Das Anmachwasser.

Es ist vorgesehen, die Menge des Anmachwassers nach dem Ausbreitmaß des Mörtels zu bestimmen. Hierfür dient ein kleiner Rütteltisch bestimmter Abmessungen. Bis zur Festlegung der Grenzen des Ausbreitmaßes wird dem Mörtel einheitlich für alle Zemente

$$15\% \text{ Wasser} \left(\frac{W}{Z} = 0{,}6\right)$$

zugesetzt.

d) Die Mörtelbereitung.

Für 3 Prismen werden benötigt:

450 g Zement
450 g Feinsand
900 g Normensand
270 g Wasser.

Zunächst werden der Zement und der Feinsand von Hand — am besten mit einem Löffel oder Spatel in einer Schüssel — solange gemischt, bis die Oberfläche des Gemenges nach dem Glätten mit dem Kellenrücken des Löffels einen gleichmäßigen Farbton aufweist. Dann wird der Normensand zugesetzt und weiter das Ganze eine Minute lang gemischt. Erst dann erfolgt die Zugabe des Wassers.

Nach dem Zugießen des Wassers (270 g) wird eine Minute innig von Hand gemischt. Danach wird der Mörtel in den sauber geputzten, trockenen Normenmörtelmischer gebracht, gleichmäßig in der Schale verteilt und durch 20 Umdrehungen bearbeitet. Mörtel, der an den Schaufeln und an der Walze kleben bleibt, wird während des Mischens mit einem Messer abgestreift und dem übrigen Mörtel zugefügt. Beim Entleeren des Mischers werden die Mörtelreste mit einem Gummiabsatz (Breite rd. 80 mm) sorgfältig von den Schaufeln, der Walze und aus der Schale entfernt und dem Mörtel zugefügt.

Abb. 35. Form zur Herstellung von Mörtelbiegeprismen.

e) Die Herstellung der Probekörper.

Die Probekörper werden in 3- oder 6teiligen eisernen Formen erzeugt. Jede Abteilung der Form hat 4×16 cm Grundfläche und 4 cm Höhe (Abb. 35).

Die Formteile werden leicht geölt und die Zwischenstege der Form an der unteren, auf der Bodenfläche liegenden Fläche mit einer dünnen Schicht Staufferfett versehen. Um Wasserverlust zu vermeiden, werden nach dem Zusammensetzen der Form die äußeren Stöße mit einer Paraffin-Kolophonium-Mischung (etwa 3:1) gedichtet. Die Mischung wird erwärmt und mit einem Pinsel aufgetragen.

(Wenn ein anderes Verfahren des Abdichtens angewandt wird, so muß die Gewähr gegeben sein, daß die Formen dicht sind.)

Nach dem Abdichten der Form wird ein Aufsatzkasten auf die Form gesetzt. Der Kasten hat die gleiche Öffnung wie die Form. Die Höhe des Kastens beträgt mindestens 6 cm.

Der Mörtel wird unmittelbar vor dem Einbringen in die Form durch wenige Rührbewegungen nochmals gemischt. Dann werden jeweils 305 g Mörtel abgewogen, in die Form gebracht und durch 20 Stampfstöße (Schlaghöhe rd. 3 cm) mit einem Holzstampfer verdichtet. Der Holzstampfer hat eine Stampffläche von 15 × 2 cm und erhält an seinem unteren Teil zweckmäßig einen Blechschuh. Das Gewicht des Stampfers beträgt rd. 0,7 kg. Nach der Verdichtung der ersten Schicht werden 305 g Mörtel für die zweite Schicht eingebracht und ebenfalls durch 20 Stampfstöße verdichtet. Dann wird der Aufsatzkasten entfernt und der überstehende Mörtel durch 2 bis 3 Bewegungen mit einer Spachtel geglättet — seitliches Abstechen mit einer Spachtel ist bei der Herstellung nicht erforderlich —.

Die geglätteten Formen werden in Kästen mit feuchter Luft gebracht. Der überstehende Mörtel wird 2 Stunden später mit einem Messer abgestrichen und die Oberfläche der Probekörper geglättet. Bei Zementen, deren Erstarrungsbeginn früher eintritt, ist nach kürzerer Zeit abzustreichen. Die Prismen werden nach 20 Stunden (bei träge erhärtenden Zementen nach 24 Stunden) entformt. Im Alter von 7 Tagen beginnt nach Bedarf in üblicher Weise die Luftlagerung; dabei werden die Prismen wieder auf Holzrosten gelagert.

f) Die Ausführung der Festigkeitsversuche.

Zur Prüfung auf Biegefestigkeit dient der Zugfestigkeitsprüfer von Michaelis, der an Stelle der für die 8förmigen Körper vorgesehenen Klammern oben einen Bügel mit zwei abgerundeten Schneiden in 10 cm Abstand und unten einen einfachen Rahmen mit abgerundeter Schneide enthält.

Die Prismen werden waagerecht so in den Bügel gebracht, daß die bei der Lagerung nach e) in der Zugzone befindliche Seitenfläche auch bei der Prüfung in der Zugzone liegt. Die Schneiden an den Auflagern und an der Belastungsstelle sollen senkrecht zu den Längskanten des Probekörpers liegen. Die Biegezugfestigkeit in kg/cm^2 errechnet sich aus der Bruchlast P zu

$$\frac{P \cdot 10 \cdot 6}{4 \cdot 64} = 0{,}234 \cdot P \quad \text{(oder Schrotgewicht} \times 11{,}7\text{)}.$$

Die Hälften der Prismen werden mit einer geeigneten Presse auf Druckfestigkeit geprüft, indem sie mittig zwischen Stahlplatten gelegt werden, so daß der Druck auf die Seitenflächen ausgeübt wird und die Druckfläche 4 × 6,24 cm beträgt.

Als Zahlen, die für einen guten Zement heute genannt werden, seien die folgenden genannt:

Tabelle 12. Straßenzementanforderungen (nach 28 Tagen).

	Biegefestigkeit	Druckfestigkeit	Schwinden
Normal . . .	60	450	— 500 μ

g) Schwinden.

Das Schwinden, also die Raumverkleinerung des Zementes durch Austrocknen des Zementgels, ist deshalb von Bedeutung, weil dieses Schwinden, sobald die Schwindkräfte die Zugfestigkeit des Zementes und seine Haftfestigkeit an den Zuschlagsstoffen übersteigen, zu Rißbildung führt. Das Schwinden ist von Bedeutung zunächst bei Putzen, die verhältnismäßig viel Zement enthalten und große Flächen überdecken, weiter bei den Autobahnen, wo auch eine verhältnismäßig geringe Menge Beton auf eine sehr große, stark beanspruchte Fläche ausgebreitet ist. Beim Zement allein ist lediglich das Schwindmaß ausschlaggebend für die Zusammenziehung und die allenfallsigen Risse. Bei Verarbeitung des Zementes mit Zuschlag dagegen kommen auch die Quell- und Schwindkräfte des Zuschlagsstoffes, die unter Umständen recht erheblich sein können, vor allem aber weiter die Haftung des Zementes an dem Zuschlagsstoff, mithin die diesbezüglichen Zementeigenschaften und die Rauhigkeit des Zuschlages, die Elastizität u. s. f. in Frage. Es kann deshalb aus dem Schwinden des Zementes nicht ohne weiteres geschlossen werden auf das voraussichtliche diesbezügliche Verhalten des Mörtels oder gar des Betons. Wie stark die diesbezüglichen Verhältnisse beeinflußt werden durch den Zuschlagsstoff, zeigt folgendes Beispiel:

Bei Talsperrenbauten wurde früher Quadermauerwerk verwendet, wobei die Quader durch eine Mischung von Traß und Kalk bzw. mit Zement verkittet wurden. Dieser letztere Traß-Kalk-Mörtel hat an sich eine starke Schwindneigung. Dennoch sind die Talsperren von Intze in der beschriebenen Weise errichtet worden aus einem einzigen Mauerwerkskörper, der von Talrand zu Talrand reichte, ohne daß man Schwindfugen anbrachte. Risse sind bei der Verarbeitung dieses Mörtels nicht aufgetreten. Die trockene Verarbeitung, die gute Haftung und die Anwendung verhältnismäßig geringer Mörtelmengen je Kubikmeter Mauerwerk haben also trotz hoher Schwindneigung des Mörtels Schwindrisse im Baukörper verhindert oder selten gemacht. Heute dagegen muß man bei Verarbeitung von weniger schwindenden Zementen zu Beton alle 10—20 m Fugen anbringen, um ein Abreißen des Bauwerkskörpers zu verhindern. Hierbei dichtet man die Fugen durch Kupferbleche.

Zwecks Auswahl des richtigen Bindemittels für den Bau der Saaletalsperre am Kl. Bleiloch wurden vom Staatl. Materialprüfungsamt Berlin-Dahlem Schwindversuche an Prismen 20 × 20 × 75 cm durchgeführt. Die erste Messung geschah nach 24 Stunden. Folgende Zahlen wurden gefunden:

Tabelle 13. Ergebnisse der Schwindversuche beim Bau der Saaletalsperre am Kl. Bleiloch.

	Bezeichnung der Mischung in Raumteilen (Plastischer Beton). Sie entspricht einer für die mittlere Mauerlamelle vorgesehenen Mischung							Längenänderung in Proz. 10^{-4} bei dem übergeschriebenen Alter der Proben in Tagen, bezogen auf den Zustand nach 24 Stdn. Erhärtung			
	Mörtel					1 Mörtel					
	PZ	Th[1])	Diabasgrus	Traß	Nobitzsand	Splitt/Schotter	Splitt/Sand	7	28	90	180 Tg.
a	0,5	1	4,5	—	—	1,5	—	+ 7	−125	−260	−273
b	0,5	1	2,25	—	2,25	1,5	—	+10	−107	−211	−237
c	0,75	0,75	4,5	—	—	1,5	—	+10	−106	−230	−255
d	0,75	0,75	2,25	—	2.25	—	1,5	+ 5	−115	−240	−263
e	0,9	—	4,5	0,6	—	1,5	—	+15	−165	−310	−345
f	0,9	—	2,25	0,6	2,25	1.5	—	+16	−145	−280	−321
g	1	—	4,5	0,5	—	1,5	—	+14	−175	−330	−360
h	1	—	2,25	0,5	2,25	1,5	—	+14	−160	−300	−330

die in Kurventafel 36 erläutert sind.

Sommer kommt zu folgendem Schluß: „Es zeigt sich auch, daß die Wirkung des Thuramentes derjenigen des Trasses überlegen ist."

Über das Schwinden bzw. Wachsen des Betons während langer Dauer ergaben interessante Hinweise die Versuche von Burchartz, die durchgeführt wurden anläßlich der Prüfung der Hochofenzemente zwecks Zulassung. Es wurden Längenänderungen der Tab. 14 gefunden

[1]) Thurament.

die bei Wasserlagerung ein dauerndes Wachsen des Betons, bei Luftlagerung ein anfängliches Schwinden und dann wieder ein langsames Ausdehnen zeigen.

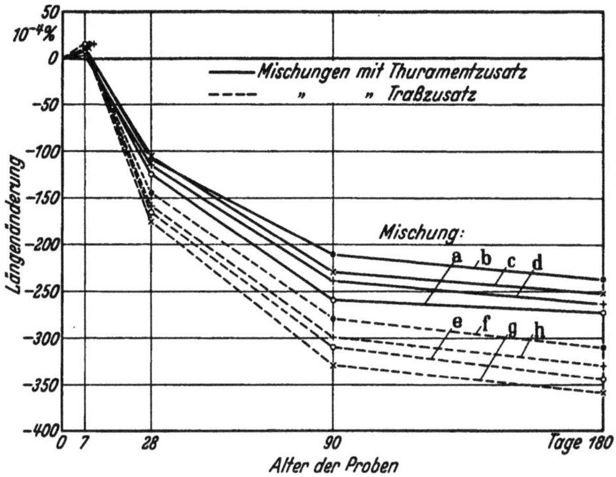

Abb. 36 (Zahlen siehe Tab. 13).

Tabelle 14. Ergebnisse der Versuche auf Längenänderung. (Arbeitsplan A.)
Mittelwerte aus je drei Einzelversuchen.
Mischung: 1 Rtl. Zement + 2 Rtl. Freienwalder Rohsand (abgesiebt).

Gesamte Längenänderung.

Art der Lagerung	1 Tag Luft, 6 Tage Wasser, dann Luft							1 Tag Luft, dann Wasser						
	Längenänderung in $^1/_{1000}$ mm, bezogen auf die Länge nach 48 Stunden nach													
Zementmarke	7 Tagen	28 Tagen	6 Monaten	1 Jahr	2 Jahren	5 Jahren	10 Jahren	7 Tagen	28 Tagen	6 Monaten	1 Jahr	2 Jahren	5 Jahren	10 Jahren
C	+7	−32	−54	−66	−64	−50	−33	+8	+13	+28	+31	+36	+54	+81
F	+7	−32	−58	−71	−70	−58	−39	+7	+13	+33	+31	+31	+53	+94

Änderung zwischen je zwei Altersklassen.

Art der Lagerung	1 Tag Luft, 6 Tage Wasser, dann Luft							1 Tag Luft, dann Wasser						
	Unterschiede der Längenabmessungen zwischen je zwei Altersklassen in $^1/_{1000}$ mm													
Zementmarke	48 Stunden bis 7 Tage	7 Tage bis 28 Tage	28 Tage bis 6 Monate	6 Monate bis 1 Jahr	1 Jahr bis 2 Jahre	2 Jahre bis 5 Jahre	5 Jahre bis 10 Jahre	48 Stunden bis 7 Tage	7 Tage bis 28 Tage	28 Tage bis 6 Monate	6 Monate bis 1 Jahr	1 Jahr bis 2 Jahre	2 Jahre bis 5 Jahre	5 Jahre bis 10 Jahre
F	+7	−39	−22	−12	+2	+14	+17	+8	+5	+15	+3	+5	+18	+27
C	+7	−39	−26	−13	+1	+12	+18	+7	+6	+20	−2	±0	+22	+41

Trotz der Schwierigkeit der Übertragung von Schwindergebnissen des Bindemittels oder Mörtels auf den Beton und das Mauerwerk seien im nachfolgenden neben den Schwindprüfungsmethoden an Betonkörpern auch diejenigen an Mörtel geschildert:

Abb. 37. Apparat nach Bauschinger zur Messung von 10 cm langen Mörtelprismen auf Schwindung. Die Prismen werden in den Apparat eingesetzt und ein Tasthebel mißt die Längenänderung.

Für Zement und Mörtel anwendbar sind

1. das Verfahren von Bauschinger an 10-cm-Prismen,
2. das Verfahren von Graf-Kaufmann an 20-cm-Prismen;

für Beton die Verfahren von

3. Hirschwald - Guttmann an 40-cm-Prismen (Oberflächenmessung),
4. Amsler an 50-cm-Prismen mit Kernmessung mit losen Polen,
5. Grün-Beckmann an 50-cm-Prismen, Kernmessung mit festen Polen.

α) Verfahren nach Bauschinger (Abb. 37). Für das Verfahren nach Bauschinger werden Mörtelprismen hergestellt von 10 cm Länge, die an den beiden Enden mit Metallplättchen versehen sind, auf welche sich dann ein Tasthebel aufsetzt, welcher eine Messung von $^1/_{1000}$ mm erlaubt. Bei diesem Verfahren kann natürlich nur Mörtel geprüft werden. Es hat demgemäß den Nachteil, daß die Beziehung der Zuschlagsstoffe überhaupt nicht zur Geltung kommt, aber den Vorteil, daß die Prismen schnell herzustellen und auf kleinem Raum zu lagern sind.

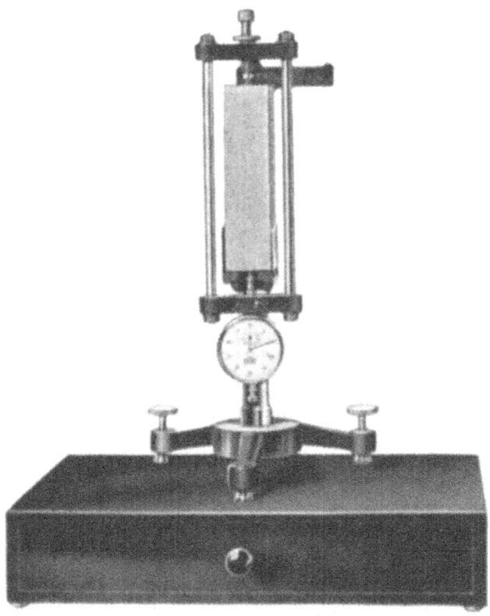

Abb. 38. Apparat nach Graf-Kaufmann zur Messung von 20 cm langen Mörtelprismen auf Schwindung. Die Prismen werden in den Apparat eingesetzt und die Längenänderung an einer Meßuhr abgelesen.

β) Verfahren von Graf-Kaufmann (Abb. 38). Das Verfahren von Graf-Kaufmann nähert sich in seiner Eigenschaft dem Verfahren von Amsler, nur daß für die Messung eine Meßuhr verwendet wird, die in einem besonders konstruierten Apparat die Entfernung von einbetonierten Nirostabolzen mißt. Die kleine Abmessung erlaubt natürlich nur die Messung von Mörtelprismen von 16 cm Länge und 4×4 cm² Querschnitt. Als Vorschriften für die Durchführung des Verfahrens, das zur Zeit bei der Prüfung der Zemente für die Autobahnen angewendet wird, gelten die folgenden:

Zur Herstellung der Schwindprismen werden die gleichen Formen und der gleiche Mörtel verwendet wie zur Herstellung der Biegeprismen (S. 61); jedoch unterscheidet sich die Versuchsdurchführung von der unter 1. beschriebenen Versuchsanordnung durch

a) das Vorbereiten der Formen,
b) die in die Formen einzubringende Mörtelmenge,
c) die Verdichtung des Mörtels,
d) die Lagerung der Probekörper,
e) die Ermittlung der Versuchsergebnisse.

a) Die Vorbereitung der Formen.

Zunächst werden die zur Aufnahme der Meßzäpfchen bestimmten Löcher (6,5 mm Durchmesser) in den Formen mit Plastilin gefüllt, dann die Meßzäpfchen 8 mm tief eingedrückt. Das hierbei austretende Plastilin ist sorgfältig mit einem Messer zu entfernen; die Meßzäpfchen sind senkrecht zur Stirnfläche der Form auszurichten.

Im übrigen wird wie unter 1. verfahren.

b) Das Einbringen des Mörtels.

Von dem in gleicher Höhe wie zu den Biegeprismen (vgl. unter 1.) angemachten Mörtel werden für jede Schicht 285 g abgewogen und in die Form gebracht. Der Mörtel für die erste Schicht wird derart in der Form verteilt, daß die Meßzäpfchen gut im Mörtel eingebettet sind.

c) Die Verdichtung des Mörtels.

Zur Verdichtung des Mörtels wird ein rd. 0,50 kg schwerer Holzstampfer mit einer Stampffläche von 11 × 2 cm verwendet. Der untere Teil des Stampfers ist mit einem Blechschuh oder mit einem dünnwandigen U-Eisen versehen. Nach dem Verteilen des Mörtels in der Form wird jede Schicht durch 30 Stampfstöße verdichtet. Die Stampfstöße erfolgen wechselnd an der linken und rechten Seite des Probekörpers. An den Enden der Probekörper werden mit Rücksicht auf die eingebetteten Meßzäpfchen rd. $2^1/_2$ cm nicht unmittelbar gestampft. Nach dem Stampfen der zweiten Schicht wird der Mörtel leicht geebnet und die ganze Form mit einer Glasplatte zugedeckt.

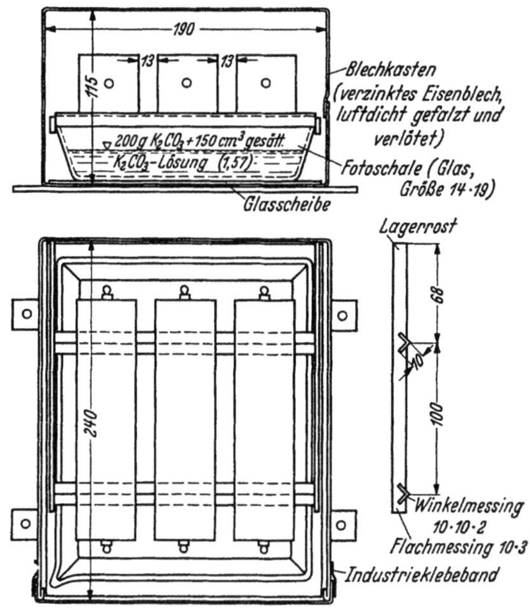

Abb. 39. Kasten zur Lagerung der Schwindprismen: die Prismen lagern über Pottasche bestimmter Konzentration, damit immer die gleiche geringe Luftfeuchtigkeit aufrechterhalten bleibt.

d) Die Lagerung der Probekörper (Abb. 39).

Unmittelbar nach dem Herstellen der Probekörper werden die Formen in einen feuchten Kasten gestellt und mit nassen Tüchern zugedeckt. Im Alter von 2 Tagen werden die Probekörper ausgeformt und dann bis zum Alter von 7 Tagen unter Wasser 17—20° C auf einen Holzrost gelagert. Im Alter von 7 Tagen erfolgt die erste Messung und Wägung der Probekörper.

Die trockene Lagerung geschieht als sog. Einheitslagerung. Dazu kommen die Probekörper in luftdicht geschlossene Blechkästen (innen 190 mm breit, 240 mm tief und 115 mm hoch) über Glasschalen (14 × 19 cm, Fabrikat Zeiss-Ikon) die übersättigte Pottaschelösung enthalten.

Die Blechkästen sind vor dem Gebrauch mit Benzol zu füllen und auf ihre Dichtheit zu prüfen. Auf den Boden der Kästen wird eine Glasscheibe 18×23 cm gelegt. Die Pottaschelösung wird folgendermaßen angemacht:

In der Glasschale werden 200 gr wasserfreie Pottasche gleichmässig verteilt und mit 150 ccm gesättigter Pottaschelösung (spez. Gewicht 1,57) derart übergossen, daß die Pottasche tunlichst gleichmässig durchfeuchtet ist. Zur Abkühlung läßt man die Lösung solange stehen, bis die Temperatur derselben 17—20° beträgt. Darauf wird die Glasschale in den Blechkasten gestellt. Auf die Glasschale wird ein Messingrist gelegt und auf diesen die Probekörper in gleichmäßigem Abstand. Dann sind die Deckel auf die Kästen zu legen und mit 3 cm breiten Klebestreifen luftdicht zu verschließen. Vor jeder Lagerung ist die übersättigte Pottaschelösung zu erneuern.

Die Klebestreifen am Deckelrand der Blechkästen sind von Zeit zu Zeit auf ihren Zustand nachzuprüfen; insbesondere sind die Ecken gut zu verkleben.

e) Ermittlung der Versuchsergebnisse.

Im Alter von 7 Tagen erfolgt die erste Messung und Wägung der Probekörper. Die Probekörper werden unmittelbar vor dem Messen aus dem Wasser genommen, mit einem Tuch oberflächlich leicht abgetrocknet und die Meßzäpfchen mit einem Fensterleder abgeputzt. Hierbei ist darauf zu achten, daß die Probekörper nicht unnötig durch die Hände erwärmt werden; die Zeit vom Herausnehmen aus dem Wasser bis zum Einsetzen ins Meßgerät sollte 2 Minuten nicht überschreiten.

Anschließend an die Messungen werden die Probekörper mit einer Genauigkeit von 0,1 g gewogen. Die an den 7 Tage alten Probekörpern ermittelten Werte werden den Messungen und Wägungen nach 28-, 56- und 90tägiger Einheitslagerung zugrunde gelegt.

Die Messungen werden im „Meßgerät Bauart Kaufmann" durchgeführt. Das Meßgerät und der Kontrollstab werden zweckmäßig dauernd im Meßraum aufbewahrt.

Über die Auswertung der Schwindmessungen gibt folgendes Beispiel Auskunft:

Tabelle 15. Auswertung der Schwindmessungen.

Alter der Prismen	Kontrollstab (Mittel aus Messung vor und nach dem Messen der Probekörper)	Probekörper Nr. 1	2	3
7 Tage	8,434	2,280	2,318	3,140
28 „	8,437	2,230	2,270	3,093
Korrektur	—0,003 ergibt	2,227	2,267	3,090
Absolute Längenänderung der 16 cm langen Prismen		—0,053	—0,051	—0,050
Längenänderung in mm/m		—0,33	—0,32	—0,31
Durchschnitt		—0,32 mm/m		

γ) Verfahren von Hirschwald-Guttmann (Abb. 40 u. 41). Nach dem Verfahren von Hirschwald[1] für Natursteine, auf Mörtel und Beton übertragen von Guttmann[2], werden die Entfernungen von Glasplättchen gemessen, die auf den Beton aufgekittet werden. Die Zuverlässigkeit des Verfahrens wird, da es nur auf der Oberfläche mißt, neuerdings bestritten[3].

[1] Hirschwald: Handbuch der bautechnischen Gesteinsprüfung. S. 274. Berlin 1912.

[2] Guttmann: Zur Bewertung von Schwindzahlen. Ein neuer Betonkomperator. Zement 1930 Nr. 12/13 S. 267, 305.

[3] Frenkel: Zur Methodik der Schwindmessung zementgebundener Massen. Tonind.-Ztg. 1933 Nr. 93/95 S. 1096, 1122.

Der Betonkomparator von Guttmann mißt bloß die Oberfläche sehr genau aus, wie der Komparator, den Hirschwald 1911 für Natursteinmessung eingeführt hat, und arbeitet wie dieser, und zwar mit 2 Mikroskopen, mit welchen der Abstand auf einbetonierten Glasplättchen, auf welche Marken mit einem Diamant angebracht sind, gemessen wird. Der Kern des Betons wird bei diesem Verfahren natürlich nicht gemessen, sondern dieses eignet sich nur für die Oberflächenmessung[1].

δ) Verfahren nach Amsler (Abb. 42). Das Verfahren von Amsler halte ich für zuverläs-

Abb. 40. Komparator zur Schwindmessung an Natursteinen nach Hirschwald (1911). Die Längenänderung wird mit dem Mikroskop abgelesen. Zur Markierung dient ein mit einer Marke versehenes angekittetes Glasplättchen.

Abb. 41. Komparator zur Oberflächenmessung (nach Guttmann 1918).

Abb. 42. Maßstab nach Amsler. Der Maßstab wird auf das Betonprisma aufgesetzt und die Längenänderung an mit Federn aufgedrückten Nirostakugeln gemessen. (Vgl. auch Abb. 43.)

---

[1] Nach Mitteilung von Prof. Guttmann gestattet das Leitzsche Instrument Abmessungen von 0,5 μ genau. Es besitzt nur ein Mikroskop mit Mikrometerokular, während das andere ein drehbares Achsenkreuz aufweist. — Nach Mitteilung von Fuess gestattet das Hirschwaldsche Instrument die gleiche Meßgenauigkeit und es besteht ein wesentlicher Unterschied zwischen den beiden Typen Guttmann-Leitz und Hirschwald-Fuess nicht. Das letztere Instrument wird in 3 Variationen geliefert: 1. Beide Mikroskope mit Meßeinrichtung, 2. ein Mikroskop mit Meßeinrichtung, 3. wie 2. mit zusätzlichem Okular-Schraubenmikrometer zur Abmessung von 0,0005 mm.

siger als das Verfahren von Bauschinger, da die zu messenden Körper der Länge nach 5mal so groß, in der Masse 125mal so mächtig sind als die Bauschinger-Körper und da infolgedessen die Fehlergrenze bedeutend kleiner ist. Außerdem erlaubt das Verfahren die Messung des Betons selbst: die Messung wird mit einem Maßstab, dessen Enden sich gegen Kugeln drücken, die durch Federn auf den Beton aufgepreßt werden, durchgeführt, und auf stets den gleichen Maßstab, der aus einem in Holz gebetteten Stahlstab mit gehärteten Enden besteht, bezogen. Der Nachteil dieser Kugeln ist ihre leichte Verschiebbarkeit. Es wurde deshalb im Forschungsinstitut das Verfahren in der Weise ausgeführt, daß bei Herstellung der Prismen in eisernen Formen mit abnehmbaren Wänden, ähnlich den Betonwürfelformen, Nirosta- oder Glasbolzen in der Mitte der Stirnflächen eingesetzt wurden. Der Maßstab liegt nicht

Abb. 43. Abgeändertes Amsler-Verfahren. Um eine Verschiebung der Nirostakugeln zu verhindern, wird an eingesetzten Glasstäben gemessen und der Maßstab auf Schienen aufgesetzt, die mit dem Betonkörper nicht in Verbindung stehen.

mehr auf den Verbindungsstangen der Federn, welche die Kugeln gegen das Prisma drücken, sondern das Prisma wird auf eine Platte, welche Schienen zur Aufnahme des Maßstabes hat, gelegt (Abb. 43).

ε) Verfahren unseres Instituts (Abb. 43). Um die Erschütterung der Prismen beim Einsetzen in die Meßvorrichtung zu vermeiden, führen wir auch die Messung an Prismen nach Art der Amslerschen Messung aus, also an 50 cm langen Prismen, in welche Winkeleisen einbetoniert sind. Zwischen diesen Winkeleisen befindet sich eine Meßuhr, an der man Vergrößerungen und Verkleinerungen ohne weiteres ablesen kann. Das Verfahren hat den Vorteil, daß Beton mit verhältnismäßig groben Zuschlägen herangezogen werden kann und daß die Prismen während der Lagerung nicht oder nur selten, beispielsweise beim Einlegen in Wasser, beim Übergang von der Luft- zur Wasserlagerung berührt zu werden brauchen und daß man die Schwindung jederzeit ablesen und mit dem Auge verfolgen kann; allerdings benötigt man für jedes Prisma eine Meßuhr, die aber verhältnismäßig billig zu beschaffen sind.

Für Zemente, welche für moderne Autobahnen Verwendung finden sollen, wird heutzutage bei Durchführung des Verfahrens Graf-Kaufmann vorläufig ein Schwindmaß von 500 nach 28 Tagen als das Maximum angesehen. Dabei kann aber dieses Maximum überschritten werden dann, wenn besonders gute Biegefestigkeiten für den betreffenden Zement gefunden werden, da man annimmt, daß Zemente mit besonders hoher Zugfestigkeit höhere Schwindspannungen aufnehmen können, ohne zu reißen, als solche mit geringerer Schwindspannung. Auch das Maß, um welches ein Mörtel durch Befeuchtung nach erfolgter Aus-

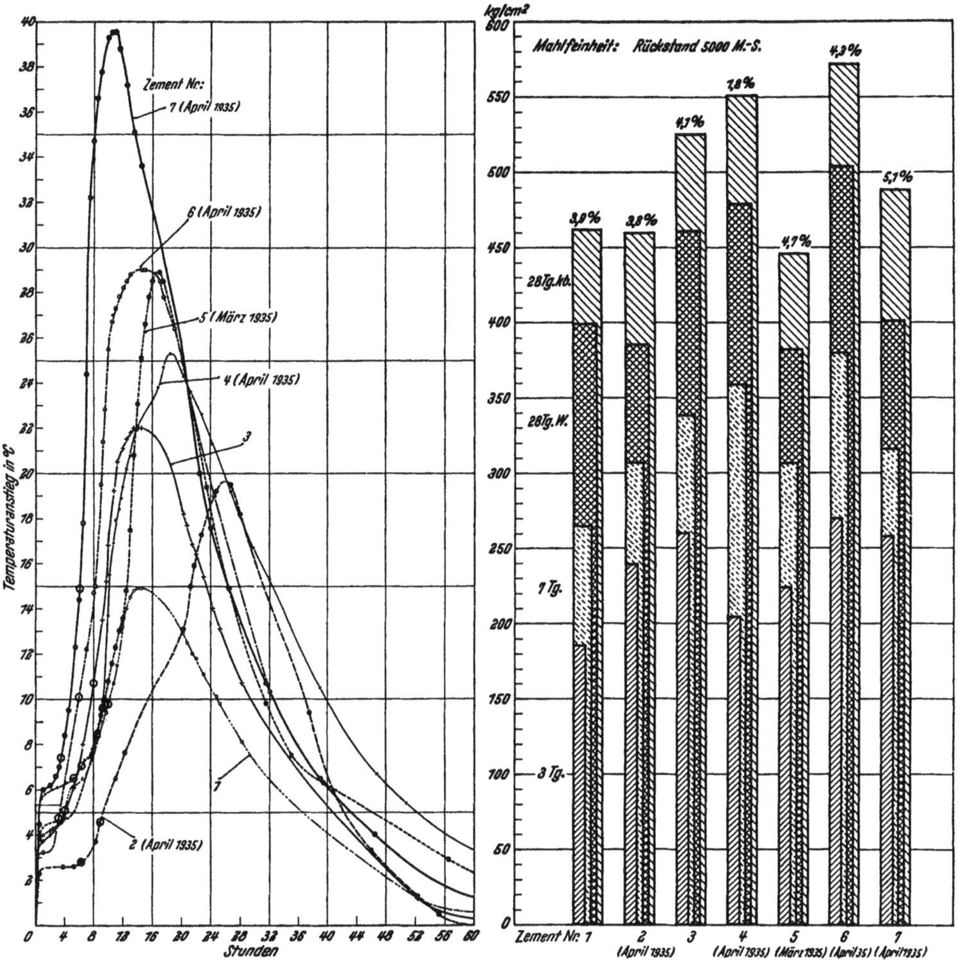

Abb. 44. Vergleichende Gegenüberstellung der Abbindewärme verschiedener Handelszemente bei Prüfung nach der Methode Grün-Köhler. Der stark verschiedene Kurvenverlauf zeigt die in bezug auf Abbindewärme stark unterschiedliche Beschaffenheit der Handelszemente, die eine Prüfung der diesbezüglichen Verhältnisse bei Herstellung von Massenbauwerken dringend notwendig erscheinen lassen.

trocknung sich wieder ausdehnt, spielt hier eine Rolle, ebenso das erneute Schwinden bei Austrocknung, also das, was man bei Holz „Arbeiten“ nennt. Die diesbezüglichen Verhältnisse sind in Klärung begriffen.

h) Verhalten bei Hitze.

Hitze kann den Zement treffen von innen aus dem Beton oder Mörtel selbst oder von außen durch äußere Einwirkungen. Die von innen entwickelte Hitze wird durchweg hervorgerufen durch die Abbindewärme. Die von außen kommende Hitze (Sonnenstrahlung, warmes Wetter) schädigt vor allem durch Austrocknung. Schließlich kann auch noch heißer Zement auf die Baustelle angeliefert werden.

x) **Abbindewärme.** Die Abbindewärme wird erzeugt bei der Spaltung und Hydratisierung der den Zement zusammensetzenden Kalksilikate und Kalkaluminate. Die Kalkaluminate haben die größte latente Wärmemenge. Sie erhitzen sich demgemäß am stärksten. Etwas

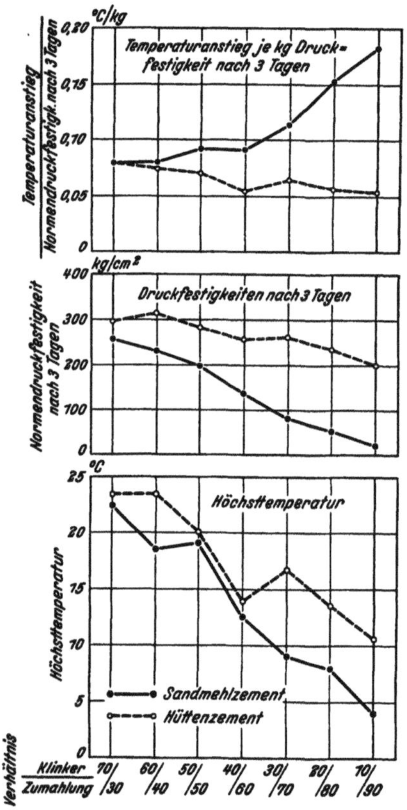

Abb. 45. Verhältnis von Temperaturanstieg und 3-Tage-Normendruckfestigkeit von Hütten- und Sandmehlzementen gleicher Mahlfeinheit (6% Rückstand auf dem 5000-Maschensieb): Sandmehl drückt die Abbindewärme in ganz ähnlicher Weise wie beispielsweise Traß oder Hochofenschlacke (unterstes Bild), da es einfach den Zement verdünnt. Es setzt aber auch die Druckfestigkeit herab, da es den Zement nur verdünnt, ohne in die Erhärtung einzugreifen. Aus diesem Grunde muß eine Beziehung gefunden werden zwischen der Herabsetzung der Temperatur und den Festigkeiten, die bei Anwendung des Herabsetzmittels noch erreichbar sind. Diese Beziehung ergibt sich, indem man den Temperaturanstieg durch die Normendruckfestigkeit nach 3 Tagen dividiert. Man bekommt dann den Temperaturanstieg je Kilogramm Druckfestigkeit (oberstes Bild) und sieht, daß bei Sandmehlzusatz die Temperatur je Kilogramm Festigkeit mit steigendem Sandmehlzusatz steigt, dagegen bei Hochofenschlackenzusatz fällt: Sandmehlzusatz verdünnt also nur und erhöht sogar die Wärmeabgabe je Kilogramm Festigkeit, wirkt also ungünstig.

weniger stark, aber immerhin noch recht erheblich, erhitzen sich die hochkalkigen Silikate, also Trikalziumsilikat. Die geringsten Wärmemengen werden frei bei der Hydratisierung der niedrigkalkigen Silikate, also der Bikalziumsilikate. Entsprechend dieser Reihenfolge haben die Tonerdezemente die stärkste Erhitzung aufzuweisen, da diese in der Hauptsache aus Kalkaluminaten bestehen. Erheblich weniger stark erhitzen sich die Portlandzemente und noch weniger stark die aus den Portlandzementen und geeigneten Hochofenschlacken ermahlenen Hüttenzemente, wobei mit steigendem Schlackengehalt die Abbindewärme fällt. Kurven, die den verschiedenen Grad der Erwärmung bei einem besonders im Forschungsinstitut ausgebildeten Meßverfahren zeigen, sind in Kurventafel 44 und 45 zusammengestellt. Es wurden bei diesen Versuchen verschiedene Zemente, Tonerde- und Portlandzement, der letztere mit steigendem Schlackenzusatz, sowie Hüttenzement mit verschiedener Kalkhöhe verwendet, in Thermosflaschen eingebracht und der Temperaturanstieg gemessen. Der Abfluß der Wärme war durch die stark wärmesperrenden Flaschen überaus gering, so daß praktisch eine Wärmeerhöhung auftrat, die bei völliger Absperrung des Zementes von der Außenwelt gemessen wurde, da nur wenig Wärme abfließen konnte[1].

Die Zahlen zeigen sehr hohe Temperaturen, die aber in der Praxis nicht auftreten, da die Zuschlagsstoffe einen großen Teil der gebildeten Wärme aufnehmen und ein anderer Teil abfließt. Dieses Abfließen der Wärme ist erheblich bei Bauwerken von geringer Abmessung, also

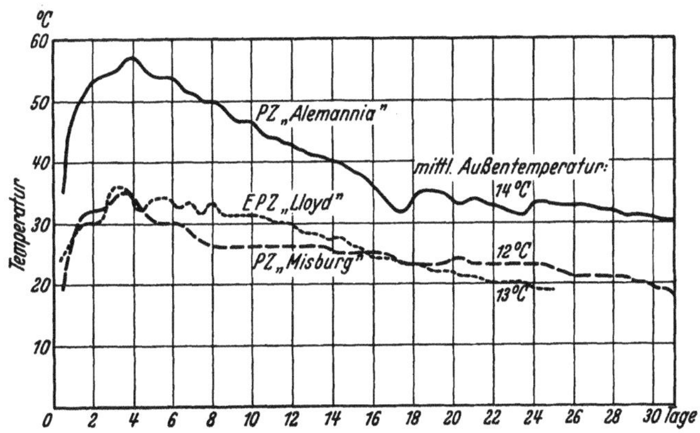

Abb. 46. Temperaturverlauf im Innern einer fertigen Mole nach Agatz.

Decken oder dünnen Säulen. Es wird aber nahezu verhindert beim Einbringen von großen Betonmassen, besonders in die Erde (Schachtbau), da hier eine Luftkühlung nicht oder fast nicht möglich ist. So wurde beim Bau einer Molenmauer in Deutschland eine sehr erhebliche Erhöhung der Wärme des Betons festgestellt (Abb. 46) und bei dem mächtigen Bauwerk des Hoover-Dammes, der mit 250 m Höhe wohl das gewaltigste Betonmassenbauwerk darstellt, das je geschaffen wurde, ganz bedeutende Temperaturerhöhungen gemessen, die man nur dadurch in Grenzen halten konnte, daß man wasserdurchflossene Kühlrohre in den Beton einlagerte. Auch besonders kalkarme Portlandzemente wurden zu diesem Zweck von den Amerikanern ausgebildet und angewendet. Merkwürdigerweise hat man die einfache Maßnahme, dem Zement eine Puzzolane (Hochofenschlacke, Traß, Santorinerde usw.) zuzumischen, um dadurch seine Abbindewärme zu drücken, nicht angewendet. Aus massiven großen Baukörpern fließt die Abbindewärme nur sehr langsam ab. Abb. 47 zeigt die nach 1 und 2 Jahren in der Bleiloch-

[1] Grün-Köhler: Vergleichsprüfung der Abbindewärme von Zementen. Bauing. 1936 S. 231.

talsperre festgestellten Temperaturen und beweist, daß während eines Jahres die Wärmehöhe im Kern des Bauwerkes nur um 12° sank.

Bei Vorversuchen zur Findung des geeigneten Bindemittels zum Bau der größten deutschen Talsperre (Saaletalsperre am Kl. Bleiloch) wurde die Abbindewärme der Kurventafel 48 gefunden[1]. Geprüft wurden reine Zemente, die in mit Kieselgur isolierten Kästen abbanden.

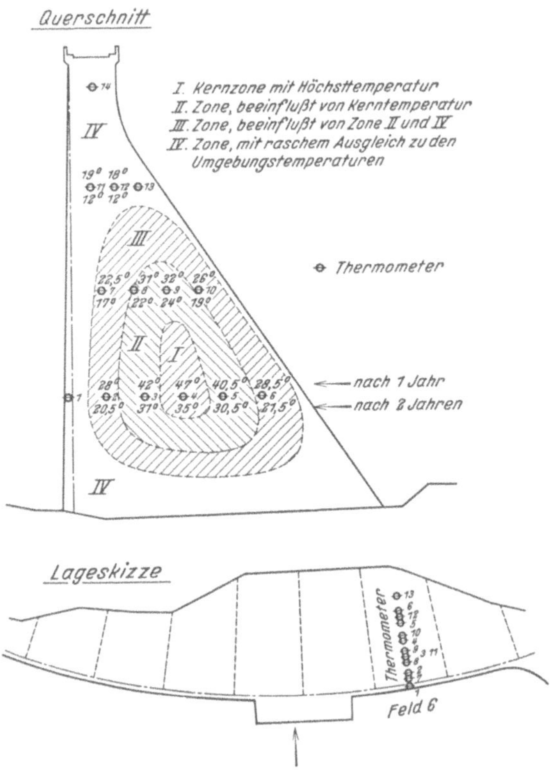

Abb. 47. Temperaturverlauf des Betons aus Portlandzement und Thurament 1 : 2 im Innern der Saaletalsperre am Bleiloch in Thür. Die während 2 Jahren durchgeführte Messung zeigte, wie langsam der Ausgleich zwischen Außentemperatur und Bauwerkskern vor sich geht. Der Wärmeabfall im Innern während 1 Jahr beträgt nur ungefähr 12°.

Sommer kommt zu folgendem Schluß: „Die größte Temperatursteigerung zeigte der reine Portlandzement mit 81°, die geringste Erhöhung die Mischung aus Kalkteig und Thurament mit nur 28°."

Auch bei ähnlichen Versuchen mit Beton wurde nachgewiesen, daß alle Betone, die Thurament und Traß enthielten, geringere Temperaturerhöhungen erfahren als die Betone mit reinem Zement.

Wie die Tafel 44 zeigt, hat die höchste Abbindewärme der Tonerdezement. Hier sind die Verhältnisse noch nicht völlig geklärt. In der Praxis wurde beobachtet, daß im Innern von Massenbauwerken der Tonerdezement schlecht erhärtete. Das merkwürdige Verhalten wurde auf die hohe Abbindewärme des Zementes zurückgeführt, weil er angeblich so hohe Temperaturen erzeugt haben soll, so daß der Beton eine dauernde Schädigung erfuhr. Diese Angaben werden bestätigt durch Versuche von Haegermann[2], welcher zu folgendem Schluß kommt: „Tonerdezemente erreichen die höchsten Festigkeiten etwa zwischen 15—20°, nicht nur niedrigere, sondern auch höhere Temperaturen verzögern die Anfangserhärtung." Haegermann fand besonders ungünstige Verhältnisse zwischen 22,5 und 28°, und über 40°

[1] Sommer: Die Verwendung von Thurament beim Bau der Saaletalsperre am Kl. Bleiloch. Bautechn. 1934 Heft 17 u. 18.

[2] Haegermann: Tonerdezement. Tonind.-Ztg. 1931 S. 1430.

eine dauernde Schädigung, die nach Untersuchungen von Bates[1], Bolomey[2], Roscher Lund[3], Freyssinet und Coyne[4] bestätigt sind. Entsprechend diesen Beobachtungen und fußend auf Untersuchungen Ferets[5] verbieten die französischen Anweisungen für die Verwendung von Tonerdezement, Verwendung von in der Sonne erhitzten Zuschlägen zu fettem Beton und schreiben Einbringen des Betons in dünnen Schichten und Aussetzen der Arbeiten bei heißem Wetter vor. Erdbraune Verfärbung des Betons zeigt Gefahr an[6].

Bestritten werden diese Angaben von Vierheller und Weise[7], nach welchen die Anschauung, daß das Abbinden und Erhärten von Tonerdezement durch hohe Temperaturen dauernd geschädigt wird, durch

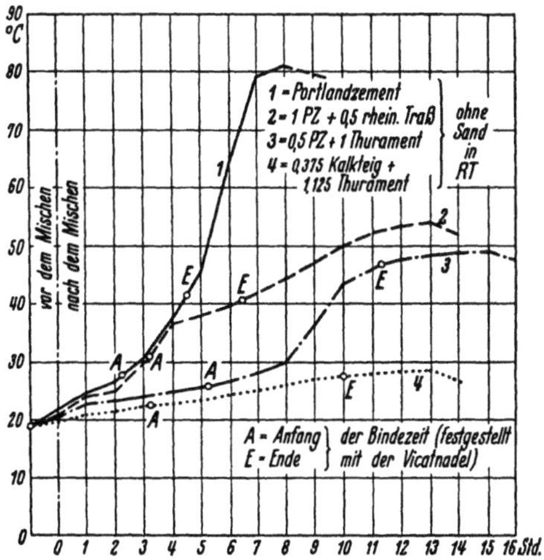

Abb. 48. Abbindewärme beim Bau der Saaletalsperre am Kl. Bleiloch.

Vierhellers Versuchsergebnisse keine ausreichende Stütze erhält. Vierheller zitiert die Angaben von Rengade wie folgt: „Man kann in der Tat feststellen, daß man trotz reichlicher Verwendung von Schmelzzement seit vielen Jahren in Ländern wie Italien, Spanien und vor allem in Nordafrika noch keinen ernsthaften Versager beobachtet hat, der auf die Wärme zurückzuführen wäre."

Es gibt also offenbar verschiedene Arten von Tonerdezement, ebenso wie es verschiedene Arten von Normenzement gibt, die sich zweifellos verschieden verhalten. Diese Tatsache wird bestätigt durch Höhl, der mitteilt, daß bei gleichartiger Prüfung von Tonerdezement in Dosen

[1] Bates: Mitt. Neuer Int. Verb. Materialprüfungen 1930.
[2] Bolomey: Bull. techn. 1927 Nr. 24.
[3] Roscher Lund: Zement 1927 Nr. 34, 1928 Nr. 47 u. 48.
[4] Freyssinet u. Coyne: Génie civ. 1927 Nr. 11, ref. Zement 1927 S. 25.
[5] Génie civ. 1928 S. 210.
[6] Mißerfolge mit Schmelzzement. Zbl. Bauverw. 1928 S. 573.
[7] Vierheller: Zur Kenntnis des Tonerdezementes. Tonind.-Ztg. 1932 S. 470 u. 730.

Temperaturen von 10—20°, 50—60° und einmal sogar 116° gemessen wurden, wobei im letzteren Fall das Wasser unter starker Dampfbildung entwich und die Glasplatte zerstört wurde[1]. Es ist deshalb empfehlenswert, bei Erhärtung massiver Bauwerke, die unter Tonerdezementverwendung hergestellt wurden, für guten Abfluß der hohen Abbindewärme zu sorgen und den Beton, beginnend 4—6 Stunden nach der Betoneinbringung, kräftig zu berieseln. Abgebundener Zement ist verhältnismäßig widerstandsfähiger gegen hohe Temperaturen. Die diesbezüglichen Verhältnisse sollen behandelt werden bei Beton.

β) Wärme und Austrocknung während des Abbindens. Die von außen kommende Wärme oder die in ganz ähnlicher Weise wirkende Austrocknung bei niedrigen Temperaturen (Wind!) kann den Beton

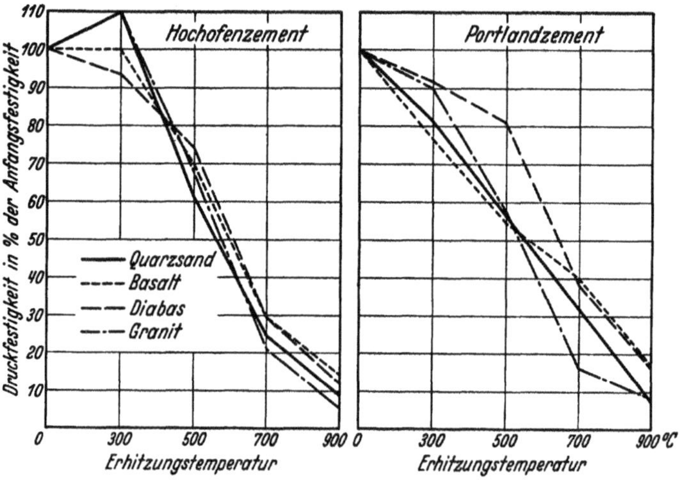

Abb. 49. Verhalten von abgebundenem Beton bei Hitzebeanspruchung: die Widerstandsfähigkeit bis 300° ist verhältnismäßig hoch; erst bei höherer Temperatur fallen die Festigkeiten schnell ab.

treffen während des Abbindevorganges oder nach der Erhärtung. Die Sonnenbestrahlung vermag im Sommer recht hohe Temperaturen des Betons zu erzeugen, die häufig unterschätzt werden. Sie wirkt in gleichem Maße wie die Austrocknung, da in der Mischung das Gel austrocknet und dadurch schrumpft oder die in den Kapillaren befindliche Flüssigkeit verdampft und Schwindrisse auftreten. Ist die Austrocknung durch entsprechende Maßnahmen verhindert, so hat die Wärme während des Abbindens nichts zu sagen, solange diese Erwärmung unter dem Siedepunkt des Wassers bleibt. Im Gegensatz hierzu können bei starker Verdunstung geringe Wärmegrade, wenn Winde usw. mit ihnen verbunden sind, wenn also das Wasser schnell weggeführt wird, durch Austrocknung zu erheblicher Schädigung des Betons führen. Die Zerstörungen sehr vieler fetter Mörtelmischungen, Fußböden, Estriche,

[1] Höhl: Von der Prüfung und Verarbeitung des Tonerdezementes. Verlag Hochofenwerk Lübeck AG. — Biehl: Der Tonerdeschmelzzement. Zementverlag.

Straßen u. dgl. bei kühlem aber windigem Wetter sind häufig zurückzuführen auf Austrocknung durch Zug und Wind.

Wärme- oder Hitzeeinwirkung nach der Erhärtung ist von geringem Einfluß, solange die Hitze 200° C nicht überschreitet. Bei höherer Hitzeeinwirkung, hauptsächlich dann, wenn diese sehr lange Zeit einwirkt, muß mit einer Herabsetzung der Festigkeiten gerechnet werden. Einige Zahlen gibt Kurventafel 49[1].

γ) **Heißer Zement.** Da beim Vermahlen von Zement eine verhältnismäßig große Wärme entsteht, kommt es häufig vor, daß auf der Baustelle eingelieferter Zement noch verhältnismäßig heiß ist. Diese Hitze ist erzeugt durch die starke Reibung bei der Vermahlung und hält sich in dem Silo verhältnismäßig lange. Nach bisher vorliegenden Untersuchungen[2] schadet diese Hitze des Zementes in bezug auf dessen Verarbeitungs- und Erhärtungsfähigkeit nicht. Sie ist aber schädlich insofern, als sie die Papiersäcke mürbe macht und ein leichtes Zerreißen derselben veranlaßt.

Bei englischen Versuchen[3] wurde eine Betonstraße, die unter starker Belastung stand, aus sehr heißem Zement hergestellt. Durch diese Verarbeitung zeigten sich weder Risse noch besondere Abnutzung[4].

Ganz anders sind die Verhältnisse in bezug auf Raumbeständigkeit des Klinkers. Wenn nämlich aus dem Ofen kommender, noch heißer Klinker in Konjunkturzeiten vermahlen wird, kann es vorkommen, daß der noch heiß vermahlene Klinker einen Zement ergibt, der die Kochprobe nicht besteht oder besonders schnell abbindet. Da auf der Baustelle nicht unterschieden werden kann, ob der Zement heiß ist, weil er aus heißem, frischem Klinker, der freien Kalk hatte, vermahlen wurde, oder ob der Zement sich erst beim Vermahlen aus kaltem, abgelagertem Klinker erhitzte, ist bei Anlieferung von heißem Zement auf der Baustelle eine sorgsame Durchführung der Abbindezeitbestimmung und Kochprobe anzuraten. Die Feststellung der Abbindezeit empfiehlt sich immer, besonders in den Sommermonaten, um festzustellen, ob der Zement nicht umgeschlagen, also zu einem Schnellbinder geworden ist. Einwirkung von Hitze auf abbindenden Normenzement schadet nichts, wenn die Temperatur nicht über 80° hinausgeht.

i) Verhalten bei Kälte und Frost.

Der gelagerte Zement wird nicht wie dies bisweilen behauptet worden ist, durch Frost beeinflußt. Richarz[5] berichtet über seine Versuche, bei welchen er Zemente einmal bei Zimmertemperatur, beim anderen

---

[1] Grün u. Beckmann: Über das Verhalten von Beton bei hohen Temperaturen. Cement a. Cement Manufacture, London 1930.

[2] Grün u. Muth: Verarbeitung von frischem, noch warmem Zement. Baumarkt 1925 S. 1328. — Krüger: Heißer Zement. Protokoll d. Generalversamml. d. Vereins dtsch. Portlandzementfabrikanten 1936.

[3] Davis: Setting and Hardening of Portland Cement. Cement a. Cement Manufacture 1931 Nr. 8 S. 899.

[4] Platzmann: Chemisch-technische Fragen des Betonstraßenbaues, auch Betonstraße 1931 S. 229.

[5] Richarz: Winterarbeiten im Bauwesen, Toni 1929, Nr. 19.

Mal bei Frost bis zu —7° lagerte. Er fand keinerlei Festigkeitsrückgänge des vorher abgekühlten Zementes. Auch die Abbindezeiten waren praktisch die gleichen.

Frost wird dann besonders schädlich auf den Beton wirken, wenn er ihn während des Abbindens und Erhärtens trifft; ein aus guten Zuschlagsstoffen hergestellter, bereits erhärteter Beton ist gegen Frost unempfindlich. Besonders schädlich ist die sog. „kühle" Temperatur von 0—6°, da sie meist nicht als Frost angesehen wird, während sie tatsächlich den Beton am Erhärten weitgehend hindert. Es müssen deshalb beim Eintreten kühlen Wetters die Schalungsfristen entsprechend verlängert werden. Gefriert der Zementleim vor oder während des Erstarrens, so unterbleibt die chemische Reaktion, die die Bildung der Hydrate herbeiführt, welche die Erhärtung gewährleistet. Verhältnismäßig günstig verhält sich hier der Tonerdezement, da dieser selbst eine hohe Abbindewärme entwickelt und dadurch die Temperatur des Betons weit über den Gefrierpunkt steigert. Wesentlich geringer ist die Abbindewärme, die der Normenzement (Portlandzement und Hüttenzement) in Freiheit setzt. Aus diesem Grunde sind diese auch empfindlicher gegen Kälte als der Tonerdezement; noch geringer ist die entsprechende Reaktion bei klinkerarmen Spezial-Hüttenzementen, da diese während der Erhärtung keine Abbindewärme entwickeln und demgemäß am wenigsten widerstandsfähig gegen Kälte und kühle Temperaturen sind. Aber auch bei hochwertigen Zementen ist Vorsicht geboten.

Petry berichtet (vgl. Jahresbericht des Deutschen Betonvereins 1935), daß in mehreren Fällen berichtet wurde, daß hochwertiger Zement bei der Verarbeitung in kühler Jahreszeit langsam abband und der Beton erst nach längerer Zeit nennenswerte Festigkeiten erreichte und schließt daraus, daß diese Beobachtungen erneut darauf hinweisen, daß man das Erhärtungsvermögen von hochwertigem Zement bei kaltem Wetter nicht überschätzen darf.

Man kann in den Beton große Wärmemengen hineinbringen, indem man das Anmachwasser und vor allen Dingen die Zuschlagsstoffe sowie den Zement selbst erwärmt oder zumindest warm lagert. In solchen Fällen ist dann das Abbinden und Erhärten bereits vollendet, ehe die Kälte von außen in den Betonkörper, hauptsächlich wenn dieser sehr groß ist, eintritt. Die Kälte trifft dann also den Zement selbst eigentlich nicht. Sobald sie sich aber Zutritt zu dem Zement verschafft, hört das Abbinden und Erhärten auf. Kathrein[1] wies an Dünnschliffen nach, daß in zerfrorenem Mörtel das Bindemittel zerstört ist unter gleichzeitiger Überführung des Kalkhydrats in kohlensauren Kalk. Wie stark und wie verschieden die Festigkeitsherabsetzung in den ersten Tagen durch die sog. kühlen Temperaturen um 0—5° ist, zeigen Versuche des Verfassers, bei welchen Zemente, nämlich Portlandzement,

[1] Kathrein: Zur Frage der Frostbeständigkeit an Zementmörteln. Tonind.-Ztg. 1931 S. 829. — Graf: Versuche über den Einfluß niederer Temperaturen auf die Widerstandsfähigkeit von Mörtel und Beton, Deutscher Ausschuß für Eisenbeton, Heft 97, 1927.

Hochofenzement und Tonerdezement auf +4° abgekühlt und mit +4° warmem Wasser angemacht wurden unter gleichzeitigem Halten der abbindenden Körper bei 4° (Tab. 50).

Mörtelkörper aus verschiedenen Handelszementen (1:3 Normensand), welche in der kühlen Jahreszeit (Januar und Februar, Temperatur: morgens 0—8°, mittags 4—15°, abends 3—11°) nach dem Einschlagen

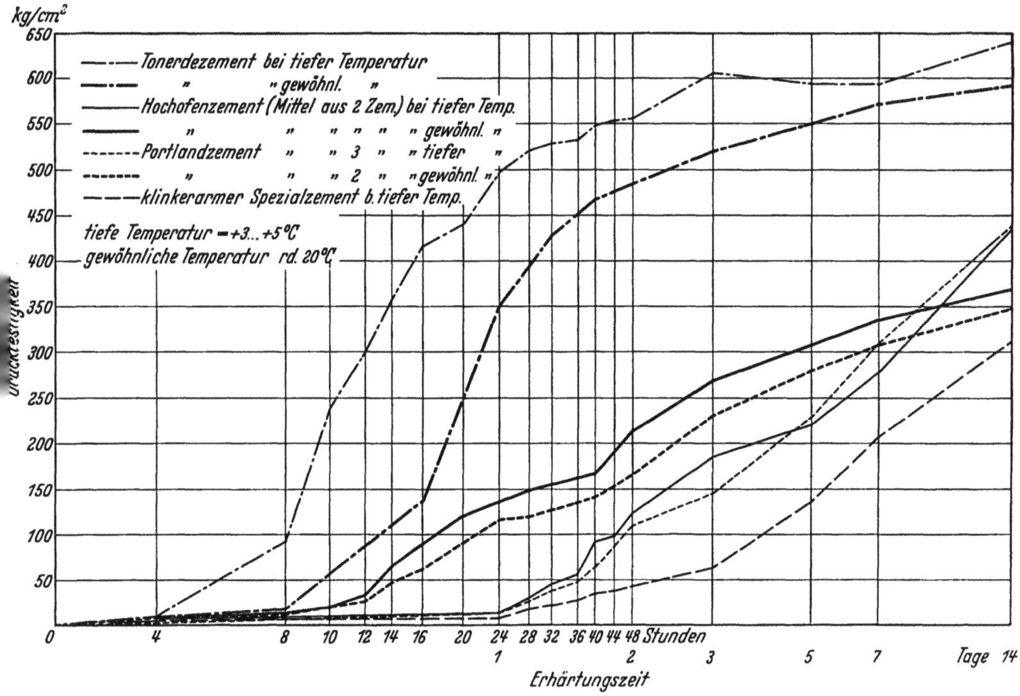

Abb. 50. Erhärtungsverlauf verschiedener Zemente bei kühlen Temperaturen (3—5°): der Tonerdezement verhält sich hier weitaus am günstigsten, die Festigkeit der anderen Zemente in den ersten 24 Std. bleibt sehr gering.

und 24stündiger Erhärtung bei Zimmertemperatur ins Freie gesetzt wurden, zeigten die Festigkeiten der Tab. 51. Die Zahlen zeigen

1. geringe Unterschiede zwischen den einzelnen Zementmarken und Arten;

2. das stärkste Zurückbleiben der Freilagerungszahlen gegen die Zimmerlagerung in der Anfangserhärtung;

3. gutes Aufholen schon nach 28 Tagen Wasser und gemischter Lagerung.

Über die weitere Einwirkung des Frostes auf den Beton und zweckmäßige Schutzmaßnahmen vgl. S. 238.

Die aus Rußland kommende Maßnahme, man solle den Beton in ganz frischem Zustand gefrieren lassen, die Erhärtung trete beim Auftauen von selbst ein, erwies sich als völliger Fehlschlag. Bei Nachprüfung des Verfahrens stellte sich heraus, daß der so hergestellte Beton völlig weich geblieben war[1].

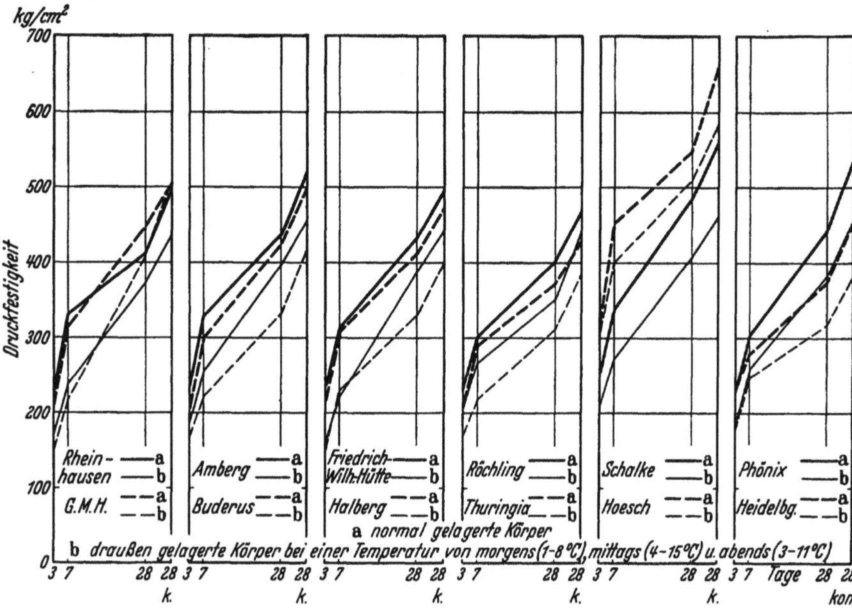

Abb. 51. Erhärtungsverlauf von Normenzement im Freien im Herbst: die Erhärtung wird schleppend, wesentliche Unterschiede zwischen den Zementen bestehen nicht.

k) Salzwasser- und Säurebeständigkeit.

Die Salzwasser- und Säurebeständigkeit ist streng auseinanderzuhalten. Leider wird Salzwasser immer wieder mit säurehaltigem Wasser verwechselt. In der Natur gibt es nur sehr wenig säurehaltige Wässer, dagegen sehr viele Wasser, die Salz, also z. B. doppeltkohlensauren Kalk, Kochsalz, Magnesiumsulfat (Meerwasser) usw., enthalten. Die Wirkung kann eine doppelte sein: zunächst die Wirkung als Anmachwasser, schließlich die Wirkung auf erhärteten Zement. Die Wirkung als Anmachwasser ist unter C. im nachfolgenden abgehandelt (S. 83), diejenige als aggressives Wasser dagegen auf S. 280ff.

Säurewirkung. Grundsätzlich ist hier nur bezüglich der Einwirkung von Flüssigkeiten auf abgebundenen und erhärteten Zement zu sagen: Säurebeständige Zemente gibt es nicht: Zement ist ein stark basischer Körper mit einem Überschuß von Kalk. Er wird demgemäß von Säure stets und immer angegriffen und aufgelöst, indem sich die Säure mit dem freien Kalk zu dem betreffenden Kalksalz umsetzt. Dabei wird der Beton zerstört. Eine Ausnahme bildet nur die Oxalsäure, weil diese ein unlösliches Kalksalz, das Kalziumoxalat, bildet. Die Schnelligkeit der Zerstörung ist bei den einzelnen Zementen und Säuren verschieden. Tonerdezement verhält sich gegen freie Schwefelsäure recht

[1] Erfahrungen mit Winterbeton. Beton u. Eisen 1933 S. 34.

günstig, da er kein treibendes Sulfatsalz wie z. B. der Portlandzement bildet. Kalkarme Zemente werden weniger schnell zerstört als kalkreiche, da der in ihnen zum Angriff für die Säurelösung vorhandene freie Kalk in geringerem Maße vorhanden ist[1].

Salzwasserwirkung. Grundsätzlich anders verhalten sich die Salzwässer. Auch solche, die das Eisen gar nicht angreifen, wie z. B. das Meerwasser, in welchem ja stählerne Schiffe jahrelang schwimmen können, vermögen in verhältnismäßig kurzer Zeit einen Zement zu zerstören, und zwar um so schneller, je besseren Zutritt sie zu dem einzelnen Zementkorn haben. Es muß deshalb bei Angriff derartiger aggressiver Wässer stets mit dichtem Beton gearbeitet werden. Dieser dichte Beton wird nicht nur erzeugt durch entsprechende Zusammensetzung des Zuschlagsstoffes und entsprechende Verdichtung, sondern vor allem auch durch genügenden Zementzusatz. Man bringt also, ein scheinbarer Widerspruch, gerade denjenigen Bestandteil, der die Zerstörbarkeit des Betons überhaupt herbeiführt, nämlich den Zement, in möglichst großem Umfang in den Beton.

Als schädlichste Salze seien die Sulfate genannt. Diese setzen sich mit dem freien Kalk des Betons zu Gips um, welcher den Beton unter Raumvergrößerung durch „Treiben" zerstört. Die Zemente sind also um so empfindlicher gegen Sulfateinwirkung, je mehr freien Kalk sie enthalten und je undichter der Mörtel ist, den sie erzeugen. Man setzt deshalb, wenn man salzwasserbeständige Bauten herstellen will, gewöhnlich dem Portlandzement zur Kalkbindung entweder auf der Baustelle Traß oder Thurament zu oder aber man verwendet Zemente, die bereits in der Fabrik mit Puzzolanen, wie Hochofenschlacke oder Traß, vermahlen sind, da diese so gemischten Zemente in ihrem einen Teil dem Portlandzementklinker zwar Kalk abspalten, in ihrem anderen Teil der Puzzolane dagegen den abgespalteten Kalk wieder binden und ihn so vor dem Zugriff der Sulfate schützen[2]. Der freie Kalk kann auch durch die Kohlensäure der Luft zu kohlensaurem Kalk gebunden werden, deshalb ist es häufig zweckmäßig, Betone, die Salzwasser ausgesetzt werden sollen, vor dem Einbringen in die schädliche Lösung lange stehenzulassen, um eine Umsetzung des Kalkes mit der Kohlensäure der Luft herbeizuführen.

Die Prüfung auf Salzwasserbeständigkeit wird im allgemeinen so vorgenommen, daß man Körper aus den zu prüfenden Zementen herstellt und diese in Sulfatlösungen einlagert. Bei Durchführung dieser Prüfung ist darauf zu achten, daß man nicht allzu aggressiv wirkende Sulfate, wie z. B. Ammoniumsulfat nimmt, da sonst der Unterschied zwischen den Zementen verwischt werden. Der Beeinflussung des Betons durch schädliche Lösungen ist ein besonders umfangreicher Abschnitt VI dieses Buches gewidmet, da die Kenntnis der diesbezüglichen Verhält-

---

[1] Rodt: Zur Bestimmung des freien Kalkhydrats in erhärtetem Zement und Zement-Traß-Mischungen sowie des gebundenen Kalkhydrats in Kalk-Traß-Mischungen. Zement 1934 Nr. 30 S. 429; 1936 Nr. 7 S. 94.

[2] Grün-Beckmann: Verhalten von erhärtetem Hochofenzement gegen Sulfatlösungen und salzarmes Wasser. Angew. Chem. 1932 S. 739.

nisse, der Schutz des Betons und die Verlängerung seiner Lebensdauer von ganz besonderer Wichtigkeit sind (vgl. S. 280).

Zusammenfassung zu B. Der Zement.

Alle Zemente bestehen aus Kalk, Kieselsäure und Tonerde in verschiedenen Mischungsverhältnissen. Gewöhnlicher Weißkalk (CaO) ist nicht hydraulisch, da er aus rein kohlensaurem Kalk gebrannt ist. Sobald aber der Kalkstein einige Prozent Kieselsäure und Tonerde enthält, wird er nach dem Brennen zu einem hydraulisch erhärtenden Produkt. Die hochkalkigen Steine (Kalkmergel) mit geringen Mengen Kieselsäure und Tonerde löschen nach dem Brennen ab, d. h. sie zerfallen unter Wasseraufnahme. Das Zerfallsprodukt erhärtet beim Anmachen mit Wasser schwach hydraulisch. Mit steigendem Kieselsäure- und Tonerdegehalt hört die Löschfähigkeit auf, das Endprodukt muß vermahlen werden und ergibt einen bereits hochhydraulischen, also auch unter Wasser zu erheblichen Festigkeiten erhärtenden „Wasserkalk". Bei weiter steigendem Kieselsäuregehalt entstehen dann die Naturzemente und die ihm ähnlichen Portlandzemente mit ungefähr 64% CaO, schließlich die nicht mehr selbständig erhärtenden granulierten Hochofenschlacken mit ungefähr 45% CaO und weiter die Romanzemente mit etwas weniger Kalk- und dafür etwas höherem Tonerdegehalt. Die Tonerdezemente enthalten nur noch ungefähr 45% Kalk und wenig Kieselsäure.

Der wichtigste Zement ist der Portlandzement. Ihm gleichwertig sind die aus Portlandzement unter Hinzufügung von Hochofenschlacke vermahlenen Hüttenzemente: der Eisenportlandzement mit mindestens 70% Portlandzementgehalt und der Hochofenzement mit 15—69% Portlandzementgehalt, der letztere bei einem CaO-Gehalt unter 55%. Traßzement besteht gleichfalls aus Portlandzement mit Traß mit einem Traßgehalt von 30—50%.

Ein großer Teil der wichtigsten Eigenschaften des Zementes ist in den Normen zusammengefaßt, wo sich genaue Angaben über Bestimmung und Anforderung an Mahlfeinheit, Abbindezeit, Raumbeständigkeit sowie Zug- und Druckfestigkeit befinden. Außerhalb der Normen sind aber noch wichtig die Biegefestigkeit, die Schwindneigung, das Verhalten gegen Frost und Hitze und die Salzwasserbeständigkeit. Der meist angewendete Zement ist der Normenzement (Portlandzement, Eisenportlandzement und Hochofenzement). Als Spezialzemente sind wichtig der Erzzement, eine Abart des Portlandzementes und die klinkerarmen Spezial-Hochofenzemente für Meerwasserbauten u. dgl. Traßzemente werden hauptsächlich für Wasserbauten herangezogen. Spezialzemente wurden zum erstenmal auf Anregung von Michaelis hergestellt, der, nachdem man erkannt hatte, daß die Tonerde bei der Meerwasserzerstörung eine erhebliche Rolle spielt, einen teilweisen Ersatz der Tonerde vorschlug und so den Erzzement schuf. Aus wirtschaftlicher Notwendigkeit ging man dann später dazu über Hochofenschlacke den Zementen zuzumahlen und kam so zu den in Salzwasser verhältnismäßig widerstandsfähigen Hochofenzementen, während im

Kriege fußend auf alten Arbeiten von der Entente Tonerdezement wegen seiner hohen Anfangsfestigkeit für Befestigungsarbeiten in größerem Umfange hergestellt wurde. Auch die verhältnismäßig langsam mit geringer Abbindewärme erhärtenden Produkte aus Portlandzement, Kalk und Traß, mit denen Intze seine Talsperren baute, gehören hierher. 1933 hat Bates das Wort geprägt: Kein Zement für alle Zwecke und gefordert, daß verschiedene Zementgüten, nämlich 6 verschiedene, also frühhochfeste, plastische, solche mit niedriger Erhärtungswärme, mit niedrigem Schwindmaß und solche, die widerstandsfähig sind gegenüber Feuchtigkeit und aggressive Lösungen zielbewußt geschaffen werden sollen. Dieser Forderung hat sich Kühl[1] angeschlossen, der aber ohne Widerhall blieb. Neuerdings ist diese abgebrochene Entwicklung wieder aufgenommen, indem man besondere Straßenbaunormen aufgestellt hat, nach denen man Zemente, die man für Straßenbau als besonders geeignet hält, auswählt. Zweifellos ist diese Entwicklung noch nicht abgeschlossen, da es unbedingt möglich ist, bei Durchbrechung der jetzt geltenden Normen, beispielsweise Heraufsetzung des Schlackengehaltes in den Hochofenzementen noch Erzeugnisse zu schaffen, die besonders geringe Abbindewärme und besonders hohe Salzwasserbeständigkeit und geringe Auslaugbarkeit aufweisen vgl. auch Grün: Erfahrungen mit Spezialzementen, Vortrag auf der Tagung der Arbeitsgruppe für Spezialzemente des Intern. Talsperrenkomitees der Weltkraftkonferenz am 29. 10. 1935 in Berlin[2], bei welchem die Tatsache, daß Spezialzemente existieren, herausgestellt wurde. Tonerdezemente dienen für Arbeiten, deren Beton schnell in Benutzung genommen werden muß und haben neben hoher Frostbeständigkeit während der Erhärtung eine erhebliche Sulfatbeständigkeit.

C. Anmachwasser.

Die Erhärtung von Zement beruht darauf, daß die in ihm vorhandenen Kalksalze (also bei Normenzement die Kalksilikate, bei Tonerdezement die Kalkaluminate) Wasser aufnehmen und zu Hydraten erstarren, welche außerordentlich schwer löslich sind. Bei diesem Vorgang binden die genannten Salze nur verhältnismäßig wenig Wasser, und zwar liegt die Höchstgrenze bei einem puren Normenzement ungefähr bei 30% Wasser. Durchschnittlich werden 25—27%, also etwa $= \frac{1}{4}$ des Zementgewichtes gebraucht. Vermischt man nun den Zement mit Zuschlag, so braucht man naturgemäß mehr Wasser, als es dem Zement eigentlich zuträglich ist, wenn man den Beton verarbeitbar gestalten will. Beim Mischungsverhältnis 1 : 3, in welchem ja 25% Zement vorhanden sind, sind demnach $\frac{25}{4} = 6{,}2\%$ Wasser das theoretische Optimum. Gewöhnlich muß man aber 7—8% nehmen, also den Wasserzusatz über das Optimum für den Zement erhöhen, um den Mörtel verarbeitbar zu machen: mit anderen Worten, man muß dem Zement mehr Wasser zuführen als er braucht. Die Folge davon ist eine Herab-

[1] Kühl: Normenfragen, Zement 1934 S. 155.
[2] Zeitschr. für Angew. Chemie 1936 S. 85.

setzung der Festigkeit bei steigendem Wassergehalt. Noch deutlicher ist diese Tatsache beim Mischungsverhältnis 1:6, in welchem nur 14% Zement zugegen sind, welchem nur $\frac{14}{4}$ = 3,5% Wasser zugeführt werden müßten. Tatsächlich braucht man aber mindestens die doppelte Menge, arbeitet also praktisch mit einer sehr dünnen, stark mit Wasser angereicherten Zementschlempe. Erhöht man den Wasserzusatz über 7%, so fallen die Festigkeiten schnell ab.

Beim Wasser selbst ist zu berücksichtigen seine

1. chemische Zusammensetzung und seine Verunreinigung mit schädlichen Stoffen und
2. seine Temperatur,

und beim Wasserzusatz

3. dessen Höhe.

1. Chemische Zusammensetzung des Wassers[1].

a) Verunreinigte Wässer.

Es gibt harte und weiche Wässer. Harte Wässer sind solche, die sehr viel Kalk enthalten, weiche Wässer sind kalkfrei und salzarm. Der Kalkgehalt ($CaCO_3$) läßt sich beim Kochen abscheiden (temporäre Härte), der Gipsgehalt ($CaSO_4$) dagegen nicht (bleibende Härte). Flußwasser ist im allgemeinen weich, Quellwasser besonders in Gegenden mit Vorkommen von Kalkstein hart. Da der Beton eine Mischung ist, die überaus große Kalkmengen enthält, sind die Kalkmengen des Wassers, selbst wenn diese verhältnismäßig hoch sind, also ein hartes Wasser vorliegt, gegenüber den gewaltigen Kalkmengen des Betons von nebensächlicher Bedeutung. Es kann also hartes oder weiches Wasser als Anmachwasser verwendet werden, ohne daß dadurch die Güte des Betons merklich beeinflußt wird.

Auch gegen die meisten anderen im Anmachwasser vorkommenden chemischen Stoffe und Verunreinigungen ist Zement viel unempfindlicher als gemeinhin angenommen wird. Selbst mit verhältnismäßig stark verschmutzten Wässern und mit Wässern mit starkem Sulfatgehalt (Moor- oder Meerwasser), also mit Wässern, die den abgebundenen Beton im Laufe der Zeit stark angreifen würden, kann Zement angemacht werden, ja sogar Salzsäure und Schwefelsäure, also verhältnismäßig starke freie verdünnte Säure, die den abgebundenen Beton schnell zerstören, können zum Anmachen von Zement herangezogen werden. Bei den letzteren wurde sogar nachgewiesen, daß die Festigkeit des Betons bis zu einem gewissen Grade erhöht wurde. Die Ursache für dieses eigentümliche Verhalten ist die folgende:

Während bei den Einflüssen derartiger durch anorganische Säuren oder Salze aggressiv gewordener Wässer auf erhärteten Beton verhältnismäßig große Mengen von Wasser dauernd auf diesen einwirken, sich dabei immer wieder erneuern und ihre Schädlichkeit an den Beton abgeben, also ihn z. B. mit Sulfat anreichern (vergiften) oder ihn aber auflösen, wird der schädliche Bestandteil des Wassers beim

[1] Vgl. Das Wasser für Beton und Betonwaren. Betonstein-Ztg. 1935 S. 159.

Anmachen verhältnismäßig schnell durch den Zementüberschuß unschädlich gemacht, ja er kann sogar in einen nützlichen Bestandteil, z. B. Kalziumchlorid (bei Verwendung von Salzsäure) oder in Gips (bei Verwendung von Schwefelsäure) umgewandelt werden. Im Anmachwasser stehen nämlich, wie eine einfache Überlegung zeigt, der Zementeinheit verhältnismäßig geringe Mengen des schädlichen Bestandteils gegenüber. Arbeitet man z. B. mit einem verhältnismäßig plastischen Beton (1:5), der erfahrungsgemäß mit 10% Wasser erreicht wird, so stehen der Zementmenge von 350 kg (in 2000 kg Betonmischung) nur etwa 200 kg Wasser gegenüber. Wenn dieses nun z. B. wie bei Meerwasser 3% Salz enthält, kommen auf 350 kg Zement nur 6 kg Salz und darin nur ungefähr wieder 10%, also 0,6 = 0,17% des Zementgewichtes des für den abgebundenen Beton schädlichen Magnesiumsulfates. Dieses $MgSO_4$ (Bittersalz), das den abgebundenen Beton zerstört, setzt sich nun aber in Frischbeton mit dem freien Kalk des Zementanteils sofort um in Gips nach der Formel

$$MgSO_4 + Ca(OH)_2 = Mg(OH)_2 + CaSO_4$$

und wird so unschädlich gemacht. Für diese Unschädlichmachung ist nach der Formel nur wenig Kalk aus dem Zement nötig, dessen Umwandlung in Gips und Magnesiumhydroxyd bei der großen Zementmenge gar keine Rolle spielt.

Kalkarmes Wasser, das in großem Überschuß bei dauernder Strömung den Beton auflöst, wird bei Verwendung als Anmachwasser sofort in Kalkwasser verwandelt, und auch hierbei werden nur Spuren von Zement verbraucht.

Bei Versuchen des Verfassers hat sich herausgestellt, daß Wässer mit einem hohen Gehalt an Salzsäure (HCl) — die jeden Beton in ganz kurzer Zeit zerstören, auch wenn er schon hohe Festigkeiten erlangt hatte — als Anmachwasser ausgezeichnete Verwendung finden können: Aus der Salzsäure bildet sich nämlich sofort Kalziumchlorid; auch hierbei wird Zement zerstört, aber ein so geringer Bruchteil, daß von einer Schädigung des Betons nicht die Rede sein kann. Wohl aber erhöht in diesem Falle das gebildete Kalziumchlorid die Festigkeit, da es günstig auf die Erhärtungsfähigkeit des Betons einwirkt. Abb. 52 beweist die Richtigkeit des Gesagten.

Bestätigt werden obige Angaben durch Untersuchungen, die im Materialprüfungsamt des Lewis-Instituts in Chikago an gegen 6000 Festigkeitsproben zur Untersuchung der Einwirkung verschieden verunreinigter Wässer auf die Festigkeit von Portlandzementbeton bis zu $2^1/_2$ Jahren durchgeführt wurden. Es kamen 68 Wassersorten (Meer-, Laugen-, Sumpf-, Bergwerks-, Mineralwasser, Kochsalzlösung, städtisches und gewerbliches Abwasser) zur Prüfung (Zucker nicht). In bemerkenswertem Maße schädlich (Herabsetzung der Festigkeiten nach 28 Tagen auf unter 85%) waren nur saure Wässer mit über 5% Kochsalz. Verhältnismäßig harmlos erwiesen sich übelriechende Wässer aus Schlachthöfen, Sümpfen, Kohlen- und Gipsgruben, Gas- und Getreidewäschen[1].

[1] Duff, A. Abrams: Concrete, Juni 1924 S. 241/242 — Eignung von unreinem Wasser für Betonmischungen. Bauing. 1925 S. 153.

Bei Versuchen des Verfassers wurde Beton mit Wasser, wie es durch Einpressen von Kohlensäure in Leitungswasser erhalten und als „Sodawasser“ in Trinkhallen verkauft wird, also mit einem Wasser, das ganz

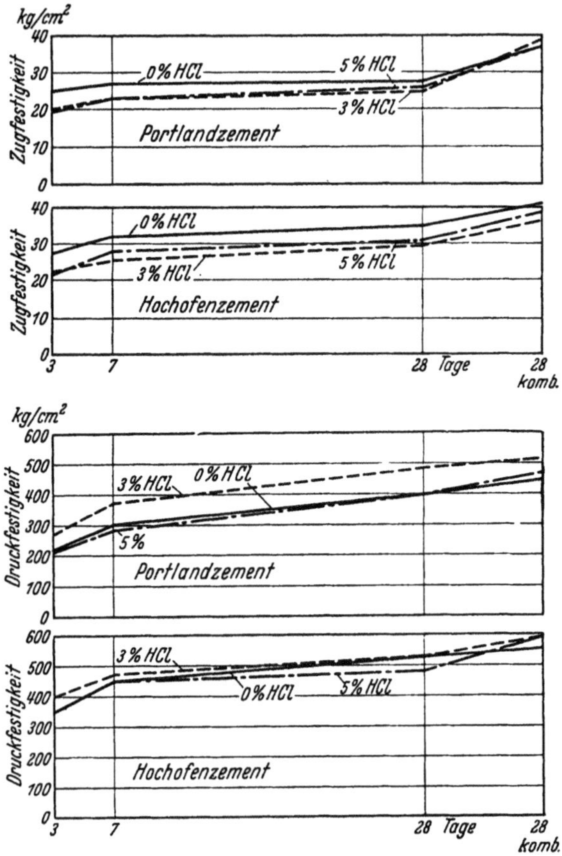

Abb. 52. Einwirkung von Salzsäure im Anmachwasser: die Festigkeit wird günstig beeinflußt, da sich aus der Salzsäure und dem Kalk des Zementes sofort das günstig wirkende Calciumchlorid bildet.

unverhältnismäßig große Mengen freier Kohlensäure enthielt und das demgemäß den erhärteten Beton bei dauernder Strömung rasch zerstören würde, angemacht und folgende Zahlen gefunden:

Tabelle 16.
Beton mit gewöhnlichem Wasser und Sodawasser angemacht.

Angemacht mit	Zugfestigkeit				Druckfestigkeit			
	3 Tage	7 Tage	28 Tage Wasser	28 Tage gem.	3 Tage	7 Tage	28 Tage Wasser	28 Tage gem.
Leitungswasser	29	32	33	43	284	392	514	572
Künstl. Selterswasser (Brause)	28	32	40	43	295	373	499	559

In der Praxis wurden auf Helgoland[1] mit dem für erhärteten Beton sehr schädlichen Meerwasser Beton in vielen tausenden Kubikmetern angemacht, ohne daß irgendwelche Schädigungen eingetreten wären. Für einen Teil der Bauwerke hatte man in Tankdampfern Wasser vom Festland kommen lassen. Ein Unterschied zwischen den mit Meerwasser und Süßwasser angemachten Betonen bestand aber nicht.

Bei stark salzhaltigen Wässern ist natürlich ein Vorversuch am Platze, ebenso ganz besonders bei säurehaltigen Wässern. Bei Eisenbetonbauten sind stark salz- oder säurehaltige Wässer überhaupt zu vermeiden.

Wesentlich anders wie bei den genannten Salzen mit Gehalt an anorganischen Säuren, Salzen usw. können sich solche Wässer verhalten, die organische Substanzen aufweisen. Während viele Moorwässer noch verhältnismäßig unschädlich sind, können Abwässer von Kokereien bereits unangenehme Festigkeitsherabsetzungen nach sich ziehen. Ganz besonders schädlich sind außerdem die verschiedenen „Zuckerarten“, da sie die Erhärtungsfähigkeit selbst in geringen Mengen fast völlig vernichten. Nach Versuchen von Burchartz[2] haben sehr geringe Zuckermengen im Anmachwasser 0,1% günstigen Einfluß auf die Festigkeiten, bei 0,25% Zuckerlösung ergaben die Eisenportlandzemente und Hochofenzemente noch höhere Festigkeiten als die gleichzeitig mit Wasser angemachten Mörtel; bei höherem Zuckergehalt wurden zunächst die Anfangsfestigkeiten ungünstig beeinflußt, mit steigendem Zuckerzusatz trat wachsendes Treiben auf. Auch zufällige Verunreinigungen, wie sie z. B. in der Kriegszeit durch Verwendung von alten Zuckersäcken oder durch Einsetzen von Zementsäcken in mit Zucker verunreinigte Güterwagen veranlaßt wurden, haben zu schweren Schädigungen geführt. Es ist zweckmäßig, die diesbezüglichen Verhältnisse in der Literatur der Praxis nicht allzusehr auseinanderzusetzen, um auf diese Weise allenfallsigen Sabotageakten nicht den Boden zu bereiten, denn eine Handvoll Zucker in eine Betonsäule verhindert unbedingt deren Erhärtung.

b) Zusätze zum Anmachwasser zur Veränderung der Abbindezeit.

Zusätze zum Anmachwasser sind häufig üblich, um gewisse Sonderwirkungen herbeizuführen, beispielsweise Salzlösungen, um die Abbindezeit zu beschleunigen oder die Frostbeständigkeit des frischen Betons zu erhöhen, Seifen, um seine Wasserdichtigkeit zu verbessern.

Ebenso wird Öl oder Bitumen dem Anmachwasser in feinster Verteilung zugesetzt, um den Beton wasserdicht zu machen. Ölzusatz drückt die Festigkeit herab, bei genügend feiner Verteilung ist dieser Festigkeitsverlust aber gering.

---

[1] Baudirektor Eckhardt: Über den Bau des Hafens von Helgoland. Bautechn. 1929 Heft 37 S. 549.

[2] Prof. Burchartz u. V. Rodt: Einfluß von Zucker auf das Abbinden und Erhärten von Zement. Zement 1924 S. 509.

Auch Seife, die an Stelle von Öl treten kann, da sie ja ein Alkali-(Natrium-) Salz der Fettsäuren ist, setzt die Festigkeiten herab; ihre Anwendung ist, da der Vorteil gering und bestritten ist, selten, meist werden Spezialpräparate verwendet (s. Schutzmittel).

Chlorkalzium führt bei Normenzement zu Beschleunigung der Abbindezeit, die z. B. bei der Abdichtung von Wassereinbrüchen und beim Betonieren im Frost erwünscht ist; es erhöht die Festigkeit und verhindert bis zu einem gewissen Grade das Gefrieren. Verschiedene, zum Betonieren bei Frost in den Handel kommende Präparate mit Phantasienamen enthalten als wirksamen Bestandteil Chlorkalzium und andere Chloride und Nitrate. Graf[1] hat festgestellt, daß die Abbindezeiten verschiedener Zemente, die bei 18° innerhalb 5—12 Stunden abbanden, durch eine Herabsetzung der Lagertemperatur auf 1° auf 15—80 Stunden hinausgeschoben wurden. Nur die Abbindezeit von Tonerdezement wurde wenig beeinflußt. Bei Verwendung von Chlorkalziumlösung von 5—10° wurden bei —20° die Abbindezeiten wieder kurz, aber in ganz verschiedener Weise, so daß Graf zu dem Schluß kommt: „Die Größe des Chlorkalziumzusatzes, der die jeweils erforderliche Wirkung einleitet, muß für jeden Zement besonders festgestellt werden."

Zu hoher Chlorkalziumzusatz ruft Treiben hervor[2].

Abrams stellt in bezug auf Festigkeiten bessere Wirkung des Chlorkalziumzusatzes bei Luft- als bei Wasserlagerung fest[3].

Graf[4] prüfte die Einwirkung von Chlorkalzium auf die Druckfestigkeit von Mörtel bei niederen Temperaturen und fand ganz verschiedenes Verhalten, aber bei allen Zementmarken gemeinsam eine Beschleunigung der Abbindezeit und empfiehlt gleichfalls Vorversuche.

In dem Bericht über die Sitzung der japanischen Portlandzementfabrikanten 1932[5] wird mitgeteilt, daß beim Chlorkalziumzusatz die Wärmeentwicklung beim Abbinden schneller vor sich geht, daß sie aber bei höherem Wasserzusatz langsamer stattfindet und die Wärmetönung niedriger wird.

Honus[6] fand besonders gute Einwirkung des Kalziumchlorids auf den Festigkeitsgrad des Hochofenzementes und führt diese Tatsache auf die Bildung von basischem Chlorkalzium zurück, dem er eine besonders große Reaktionsfähigkeit zuschreibt. Auch die Raumbeständigkeit des Hochofenzementes wurde günstig beeinflußt.

---

[1] Graf: Erhärtungsbeginn und Bindezeit verschiedener Zemente bei niederer Temperatur ohne und mit Chlorkalzium. Zement 1925 S. 213.

[2] Prof. Burchartz: Mitt. Mat.-Prüf.-Amt 1910 S. 338. — Prof. Kühl u. Ullrich: Vom Chlortreiben. Zement 1925 S. 859.

[3] Abrams: Calciumchloride as an Admixture in Concrete. Proc. Amer. Soc. Test. Mat. 1924 S. 781.

[4] Graf: Aus Versuchen über den Einfluß von Chlorkalzium auf die Druckfestigkeit und die Raumänderungen von Zementmörtel und Beton. Zement 1927 S. 776.

[5] Assiciation of Japanese Portland Cement Engineers, Review of the Twenty First General Meeting Held in Tokio. Oktober 1932.

[6] Honus: Chlorkalzium und Zement. Zement 1927 S. 223.

David[1] verweist auf die Tatsache, daß Hausbankette zwischen lehmigen oder tonigen Bodenwänden langsamer erhärten und empfiehlt Forschungen in der Richtung auf Zusatz von Chlorkalzium entweder zum Rohmehl oder dem Zement zuzumahlenden Gips, während Frey[2] den Gips als dem Chlorkalzium weit überlegen ansieht und ihn als das wirksamste Material zur Regulierung der Bindezeit betrachtet[3].

In Amerika verwendet man den Kalziumchloridzusatz so systematisch, daß man auf den Baustellen Vorrichtungen gebaut hat zum zielbewußten, zweckmäßigen Zusatz des Kalziumchlorids in der Mischmaschine[4].

Auch Watson und Graddock[5] bestätigen die beschleunigende Wirkung von Kalziumchlorid und geben an, daß auch andere Chloride, wie Magnesiumchlorid, Bariumchlorid, ähnlich wirken.

Soda, Natriumkarbonat (Na_2CO_3), wird gleichfalls bei Frost oder bei dringenden Arbeiten (Wasserabdichtung) zugesetzt. Es beschleunigt die Abbindezeit, erniedrigt aber nach Versuchen des Verfassers die Festigkeiten hauptsächlich bei hohem Zusatz bedeutend, ist jedoch für die Eiseneinlagen unschädlich, da es kein Rosten herbeiführt. Sodazusatz ist zur Zeit selten üblich, er führt besonders leicht zu Ausblähungen.

Wasserglas wird gleichfalls bisweilen zur Beschleunigung des Abbindens dem Anmachwasser zugesetzt. Haegermann[6] fand nur geringe beschleunigende Wirkung, dagegen Sinken der Festigkeiten besonders in kombinierter Lagerung:

von 564 kg auf 432 kg bei $^1/_4$% Zusatz zum Wasser,
„ 376 „ „ 2% „ „ „ .

Nach 2, 3 und 7 Tagen waren die Festigkeitsminderungen geringer.

Kochsalz, das gleichfalls als Zusatzmittel benutzt wird, ist wegen seiner geringen Gefrierpunktserniedrigung bei gleichzeitiger Herabsetzung der Festigkeit unzweckmäßig.

Aluminiumchlorid und ähnliche Salze, häufig mehrere zusammen, werden in der letzten Zeit in großem Umfange verwendet, um den Erstarrungsbeginn beschleunigt herbeizuführen, da häufig ein derartig schneller Erstarrungsbeginn erwünscht ist, beispielsweise bei Ausbesserung von Straßen und Gehwegen, bei Wassereinbrüchen in Bergwerken und bei herannahendem Frost. Wie stark die verschiedenen Konzen-

---

[1] David: Kalziumchlorid als Zementzusatz. Tonind.-Ztg. 1931 S. 1339.

[2] Frey: Ist das Kalziumchlorid als Zusatz zum Klinker dem schwefelsauren Kalk oder Gips gleichwertig? Zement 1931 S. 696.

[3] Vgl. auch Shichiro, Uchida: The effect of calcium chloride on some of the physical properties of Portland cement, Reports of the Sendai Higher Technical School, Vol. IV, Sendai Japan, March 1926.

[4] Eine Abbildung der Vorrichtung ist wiedergegeben in Methods Used in Maine for Incorporating Calcium Chloride in Concrete Mix. Concrete 1927 April S. 39.

[5] Watson u. Graddock: The Setting Time of Portland-Cement, Cement and Cement Manufacture. Februar 1935 S. 50.

[6] Haegermann: Über die Tätigkeit des Vereinslaboratoriums 1924. Zement 1925 S. 574.

trationen zu wirken vermögen, geht aus Kurventafel 53[1] hervor. Bei anderen Salzen, z. B. Sulfaten, tritt Verzögerung ein. Bezüglich der allgemeinen Einwirkungsweise kommen Grün und Manecke zu folgenden Schlüssen (Abb. 54):

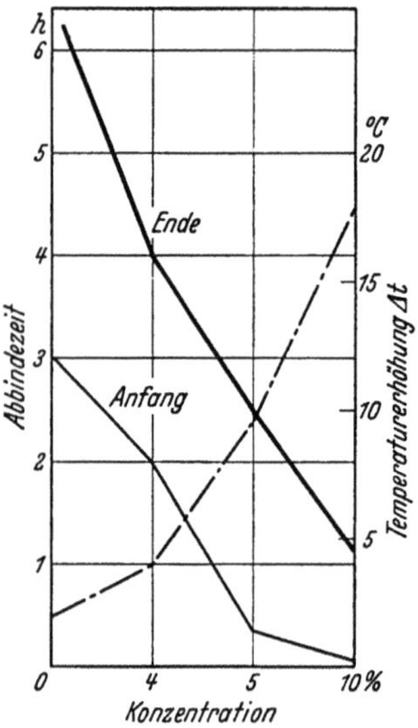

Abb. 53. Verkürzung der Abbindezeit durch Zusatz von Calciumchlorid verschiedener Konzentration. Die Abbindezeit kann durch Zusatz derartiger Chloride stark verkürzt werden, gleichzeitig wird die Anfangsfestigkeit heraufgesetzt. Zeichenerklärung: Die gerissene Kurve zeigt die Erhöhung der Abbindetemperatur.

„Bei gleicher Molkonzentration wirken die Chloride von Magnesium, Kalzium, Eisen und Aluminium beschleunigend auf die Erstarrungszeit in der genannten Reihenfolge: Ionen mit höherer positiver Ladung, also solche mit höherer Valenz, d. h. Salze zweiwertiger Metalle, wirken energischer als solche einwertiger Metalle, und solche dreiwertiger Metalle wieder energischer als solche zweiwertiger. Das Kalzium- und Aluminiumion hat eine über ihre Valenzstufe hinausgehende Sonderwirkung offenbar durch Löslichkeitsbeeinflussung. Salzgemische liegen im allgemeinen in ihrer Wirkung zwischen der Wirkung der Einzelsalze. Mit wechselnder Konzentration kann eine Verzögerung in Beschleunigung übergehen. So wirkt z. B.

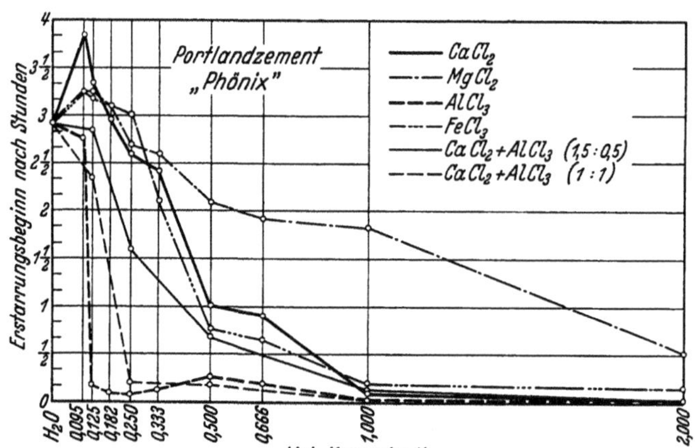

Abb. 54. Beeinflussung des Erstarrungsbeginns durch verschiedene Chloride und deren Mischungen bei steigender Konzentration (aus Grün-Manecke: Wirkung von Salzlösungen auf Erstarrungsbeginn und Erhärtung von Portlandzement und Portlandzementmörtel, Toni 1934, Nr. 21 und 22): Mit steigender Konzentration wird der Erstarrungsbeginn in steigendem Maße herabgesetzt. Besonders intensiv wirken Aluminiumchlorid und Mischungen von Calcium- und Aluminiumchlorid, am schwächsten Magnesiumchlorid.

[1] Grün u. Manecke: Wirkung von Salzlösungen auf Erstarrungsbeginn und Erhärtung von Portlandzement und Portlandzementmörtel. Tonind.-Ztg. 1934 Nr. 21 u. 22.

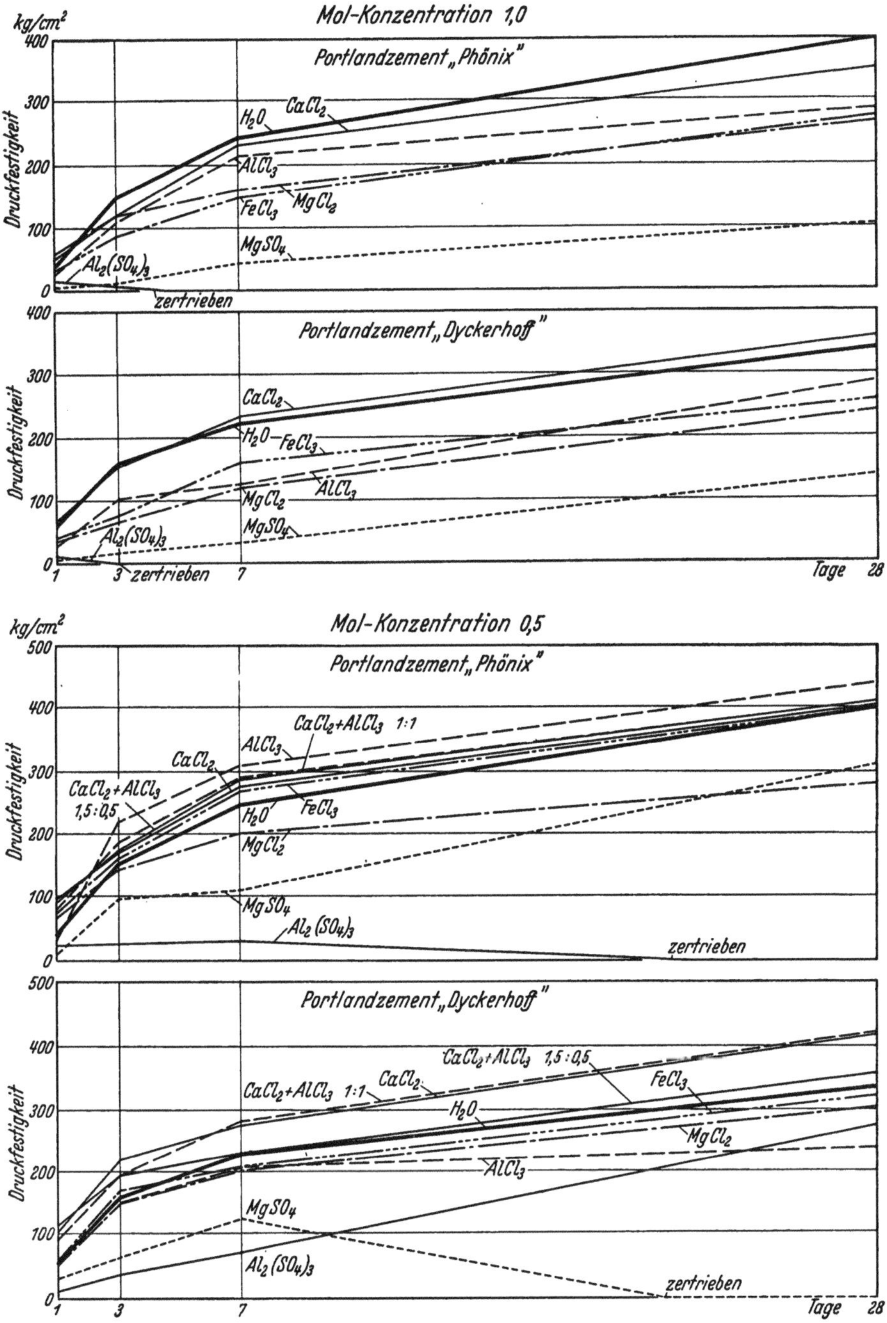

Abb. 55. Einwirkung von Salzlösungen als Anmachwasser auf die Endfestigkeit. Die einzelnen Salzlösungen wirken verschieden; bei ihrer Heranziehung ist also Vorprüfung am Platze.

Magnesiumsulfat bis zu einer Molkonzentration von 1 verzögernd, bei höherer Konzentration von über 2 verkürzend auf die Abbindezeit."

Selbstverständlich muß bei Verwendung derartiger Lösungen auch die Beeinflussung der Druckfestigkeit mit untersucht werden, da eine Herabsetzung der Druckfestigkeit nicht erwünscht ist. Die Beeinflussung der Druckfestigkeit durch die genannten Lösungen zeigt Kurventafel 55.

Kalziumchlorid wirkt hier auf die Festigkeit schon in der Anfangserhärtung hauptsächlich bei mittleren Konzentrationen recht günstig.

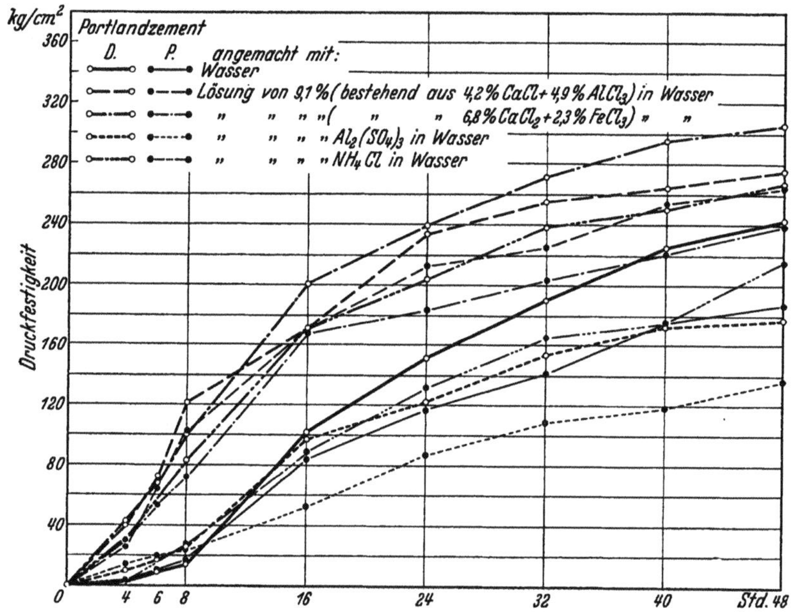

Abb. 56. Einwirkung von Salzlösungen als Anmachwasser auf die Anfangsfestigkeit. Auch hier ist verschiedene Wirkung der einzelnen Salzlösungen zu erwarten; geeignete wirken aber stark heraufsetzend auf die Festigkeit.

Einwirkung auf die Anfangsdruckfestigkeit ist besonders wichtig und kann bei Heranziehung der richtigen Lösungen und Konzentrationen so weit gehen, daß der normale Zement in den ersten 24 Stunden energischer erhärtet als Tonerdezement, diesen also übertrifft. Diese Tatsache geht aus der folgenden Kurventafel 56 hervor[1].

Mit der Wirkung von Salzzusatz usw. auf die Festigkeit des Betons beschäftigt sich in einer umfangreichen Arbeit Prof. Dr. Kühl[2]. Ganz besonders überlegen in seiner Wirkung auf die Zementfestigkeit ist das Brom, das eine Festigkeitssteigerung bewirkt, die über die des Chlors noch erheblich hinausgeht. Im ganzen stellt Kühl fest, „daß die An-

---

[1] Grün: Einwirkung von Salzlösungen auf die Anfangserhärtung von Zement. Zement 1936 Nr. 1.

[2] Die Chemie der hochwertigen Zemente. Protokoll d. 51. Generalversamml. d. Vereins dtsch. Portlandzementfabrikanten. Berlin 1928 S. 44.

fangsfestigkeit der Zemente sowohl durch Kationen als auch durch Anionen in geringen Mengen im günstigen wie im ungünstigen Sinne beeinflußt werden kann".

Viele Salzlösungen kommen unter besonderem Namen in den Handel, beispielsweise eine Mischung von Kalziumchlorid und Aluminiumchlorid als Trikosal S III. Vor Verwendung derartiger Lösungen müssen mit dem in Aussicht genommenen Zement und den Lösungen in verschiedenen Konzentrationen zunächst Vorversuche durchgeführt werden, um die Art des Reagierens des Zementes und die richtige Konzentration der Lösung zu ermitteln. Bei größeren Bauvorhaben lasse man sich von der liefernden Firma die Zusammensetzung und Konzentration der Lösungen angeben, damit Erfahrungen gesammelt werden können. Weiter ist zweckmäßig, von den Lieferungen bei Großbauten vor Verwendung stets mit einem Aerometer das spezifische Gewicht, also die Konzentrationen der angelieferten Lösung festzustellen, damit man sicher ist, daß man bei der Verdünnung immer von dem gleichen Salzgehalt ausgeht.

Leimlösungen machen gewöhnlich die Abbindezeit des Zementes länger. Sie werden bisweilen verwendet, um die Wasserdichtigkeit des Betons zu erhöhen. Auch sie kommen unter Decknamen in den Handel. Eine gewisse wasserdichtende Wirkung ist tatsächlich vorhanden, die Wirkung auf die Erhärtungsfähigkeit aber unregelmäßig. Auch Fluate wurden bereits als Anmachflüssigkeit empfohlen, besonders um die Dichtigkeit zu erhöhen. Meiner Ansicht nach kommen sie aber vor allem in Betracht, um den abgebundenen Zement zu härten.

2. Temperatur.

Die Temperatur des Anmachwassers beeinflußt natürlich die Erhärtungsfähigkeit des Zementes im gleichen Sinne wie die entsprechende äußere Einwirkung. Häufig wird sie absichtlich auf der Baustelle bei Frostperioden in die Höhe gesetzt, um auf diese Weise den Frosteinbruch in das Bauwerk hinauszuzögern. Die diesbezügliche Wirkung ist aber von untergeordneter Bedeutung, da ja infolge des geringen Gehaltes des Betons an Anmachwasser bei der verhältnismäßig geringen spezifischen Wärme des Wassers durch das Anmachwasser nur geringe Wärmemengen in den Beton hineingetragen werden. Ein Erhitzen des Anmachwassers ist also von untergeordneter Bedeutung und hat außerdem den Nachteil, daß unter Umständen Zementkörner, die von heißem Wasser, ehe sie mit Sand gemischt sind, getroffen werden, zu schnellem Abbinden angeregt und dadurch vernichtet werden. Bei Anwendung von heißem Wasser als Anmachwasser ist es demgemäß notwendig und zweckmäßig, das Wasser zunächst mit dem Zuschlagsstoff zu mischen und dann erst den Zement zuzusetzen, damit das kochende Wasser nicht gleich den Zement trifft.

Viel wirksamer ist die Erwärmung der Zuschlagsstoffe, die ja den Hauptanteil des Betons ausmachen und ihm deshalb unvergleichlich viel größere Mengen Wärme zuführen als das nur ungenügend wirkende Erhitzen des Anmachwassers. Bei Versuchen mit heißem Anmachwasser wurden folgende Ergebnisse gefunden:

Tabelle 17. Zug- und Druckfestigkeit von Mörtel, der normal und mit kochendem Wasser angemacht wurde.

a) Normal 1 : 3 Normensand eingeschlagen,
b) mit heißem Wasser von 78—80° eingeschlagen,
c) Zement, Sand und Wasser von 78—80° Wärme eingeschlagen.

Nr.	Zementart	Zugfestigkeit nach												Druckfestigkeit nach											
		3 Tagen			7 Tagen			28 Tagen						3 Tagen			7 Tagen			28 Tagen					
								W			kb.									W			kb.		
		a	b	c	a	b	c	a	b	c	a	b	c	a	b	c	a	b	c	a	b	c	a	b	c
1	781 TEZ Rolandshütte	34	30	13	32	34	13	31	32	17	41	42	17	642	333	109	682	393	129	737	485	168	823	511	189
2	688 HOZ Schalke	28	28	25	34	31	34	38	39	32	42	41	37	265	268	182	373	321	232	489	445	319	520	505	414
3	670 HOZ Rheinhausen	28	26	28	36	39	33	38	40	37	42	44	43	236	246	229	362	373	373	488	456	435	556	521	518
4	744 PZ Blaubeuren	27	29	24	29	30	24	33	30	28	43	35	38	307	307	232	344	368	250	413	395	312	452	470	409
5	699 PZ Kiefersfelden	24	23	18	28	24	27	32	29	32	39	36	39	239	223	156	275	234	191	341	279	213	393	356	338

3. Wasser-Zement-Faktor.

Der Wasser-Zement-Faktor ist das Verhältnis des Wassergehaltes zum Zementgehalt. Da der Wassergehalt im Zähler steht und mit steigendem Wassergehalt die Festigkeit fällt, wird bei gleichbleibendem Zementgehalt die Festigkeit mit steigendem Wasser-Zement-Faktor fallen. Da umgekehrt der Zementgehalt im Nenner steht und naturgemäß mit steigendem Zementgehalt die Festigkeit wächst, wird der Wasser-Zement-Faktor durch Größerwerden des Nenners kleiner, die Festigkeit des Betons aber größer werden. Für Beton mit 300 kg Zement/m³ ergeben sich z. B. bei den verschiedenen Wassergehalten folgende Verhältnisse:

Tabelle 18. Wasserzementverhältnis und Festigkeit.

	Kies	Zement	Wasser %	$\frac{W}{Z}$	Druckfestigkeit nach 28 Tagen in kg/cm²
Erdfeucht	1860	300	8	$\frac{173}{300} = 0{,}58$	305
Plastisch	1860	300	9	$\frac{194}{300} = 0{,}65$	252
Stark plastisch . . .	1860	300	10,5	$\frac{227}{300} = 0{,}76$	198

Will man also beispielsweise bei Gußbeton den Wasser-Zement-Faktor auf 0,5 herabdrücken, so muß der Zementanteil erhöht werden.

Der Wasser-Zement-Faktor ist kein alleiniges Charakteristikum für den Beton, da er ja vom Wasser- und Zementgehalt abhängt, also gleiche Wasser-Zement-Faktoren erzielt werden können einerseits bei hohem Wassergehalt und hohem Zementgehalt, andererseits bei niedrigem Wasser- und niedrigem Zementgehalt.

Zusammenfassung zu C. Anmachwasser.

Die in der Natur vorkommenden Wässer sind zum Anmachen fast ausnahmslos geeignet, auch dann, wenn sie den erhärteten Beton im Laufe der Jahre angreifen würden, da die Salze, die diese Angriffe herbeiführen, von dem Zementüberschuß sofort unschädlich gemacht werden; in Zweifelsfällen ist allerdings eine Nachprüfung erforderlich.

Eine Veränderung der chemischen Zusammensetzung durch verhältnismäßig konzentrierte Lösungen von Chlorkalzium, Aluminiumchlorid usw. ist möglich und führt meist zu Schnellbindern, die für manche rasch auszuführende Arbeiten (Wassereinbrüche, Frost) erwünscht sind. Auch eine Erhöhung der Temperatur des Anmachwassers führt zu schnellem Abbinden, muß aber vorsichtig gehandhabt werden, damit nicht die einzelnen Zementteilchen von kochendem Wasser getroffen und vernichtet werden. Mit steigendem Wassergehalt fallen die Festigkeiten des Betons, demgemäß auch mit steigendem Wasser-Zement-Faktor, da in diesem, dem Verhältnis von Wasser zu Zement je Betoneinheit, die Zahl für Wasser im Zähler steht. Umgekehrt fällt der Wasser-Zement-Faktor mit steigendem Zementgehalt, und die Festigkeit wird erhöht.

D. Zusatzstoffe.

Als Zusatzstoffe kommen in Betracht zunächst anorganische, die meist zugesetzt werden, um die Dichtigkeit zu erhöhen, die Elastizität oder die Salzwasserbeständigkeit heraufzusetzen und die Verarbeitbarkeit zu verbessern; weiter organische, die im allgemeinen den gleichen Zwecken dienen. Es ist nötig, derartige Beimengungen als Zusatzstoffe, dagegen die eigentlichen Bildner des Betongerüstes und damit die Träger der Festigkeit, also Splitt, Kies und Sand, als Zuschlagsstoffe zu bezeichnen.

1. Anorganische Zusatzstoffe.

Hier kommen in Frage:

a) Hochofenschlacke,
b) Traß und andere Puzzolane,
c) Sand und Steinmehl,
d) Kieselgur,
e) Kalkzusatz.

Die anorganischen Zusatzstoffe zerfallen in solche, die in die Erhärtung eingreifen und unter dem Namen Puzzolane bekannt sind, und in solche, die lediglich als Magerungsmittel wirken; die letzteren können als ein Teil des Zuschlags, der bereits dem Zement zugemischt wird, betrachtet werden: es sind die Gesteins- und Sandmehle, die ohne chemische Wechselwirkung mit dem Zement bleiben; im Gegensatz hierzu greifen die Puzzolane in die Erhärtung ein. Wichtig sind hier die dem Zement verwandtschaftlich am nächsten stehenden Hochofenschlacken, weiter der Traß, die Puzzolanerde, die Molererde und das reaktionsträge Ziegelmehl. Die Wirkungsweise der einzelnen Puzzolane ist gänzlich verschieden[1]. Zwar vermögen alle den Kieselsäuregehalt des Zementes in die Höhe, den Kalkgehalt dagegen herabzusetzen, ihre kalkbindende Wirkung dagegen ist stark voneinander abweichend[2]. Während die Hochofenschlacke selbständig zu erhärten vermag, haben der Traß und seine Verwandten (Puzzolanerde, Molererde, Ziegelmehl) Bedeutung als Zusatzstoff. Sie können deshalb nur in verhältnismäßig geringen Mengen zugegeben werden, da ein eigenes Erhärtungsvermögen überhaupt nicht besteht. Auch die Umsetzung zwischen Portlandzement und Hochofenschlacke einerseits und Traß und Portlandzement andererseits ist verschieden. Während die Hochofenschlacke zementartig erhärtet und in entsprechender Weise mit dem Portlandzement unter Kalkbindung reagiert, spielt offenbar bei dem Eingreifen des Trasses in die Erhärtung sein zeolithisches Austauschvermögen eine gewisse Rolle. Der Unterschied zwischen Hochofenschlacke und der Traßpuzzolane ist also ein grundsätzlicher. Der Traß wirkt in der Hauptsache mechanisch, indem er durch Erhöhung der Plastizität die Dichtigkeit und Verarbeitbarkeit des Betons verbessert, die Hochofenschlacke wirkt wie ein kalkarmer

[1] Grün: Zemente mit hydraulischen Zuschlägen. Vortrag auf dem Internat. Kongreß für Materialprüfung, Zürich 1931.
[2] Grün: Traßzement — Hochofenzement. Bautechn. 1936 Nr. 12.

Zement. Ihre häufig beobachtete Plastizität bei der Verarbeitung kommt her von der überaus feinen Mahlung, in der sie in den Handel gebracht wird.

a) Hochofenschlacke.

Die Hochofenschlacke wird nur in wassergranuliertem, also schnell gekühltem Zustand verwendet. Die Heranziehung von Stückschlacke ist zwecklos, da eine solche Schlacke überhaupt nicht erhärtet. Die beiden Schlacken-Modifikationen können leicht unterschieden werden durch die Betrachtung mit dem Mikroskop, welches für die granulierte Hochofenschlacke ein glasiges Bild, für die langsam gekühlte Stückschlacke dagegen kristallinische Beschaffenheit zeigt. In weitaus den meisten Fällen wird die Hochofenschlacke nicht auf dem Bauplatz, sondern bereits in der Fabrik dem Zement zugesetzt und der fertige Zement dann unter dem Namen Hochofenzement oder Eisenportlandzement in den Handel gebracht. Bisweilen liefert man aber auch besonders aufbereitete Hochofenschlacke auf den Bauplatz. Es handelt sich um glasige Erzeugnisse, denen man einen geringen Zusatz von Gips u. dgl. gegeben hat unter gleichzeitiger feiner Vermahlung. Ein solches Erzeugnis ist der Thurament, der auf der Baustelle meist im Mischungsverhältnis 1 Teil Portlandzement, 2 Teile Thurament verwendet wird. Es entsteht auf diese Weise gleichsam eine Art Hochofenzement, der sich von dem eigentlichen Handelshochofenzement vor allem dadurch unterscheidet, daß er verhältnismäßig grob gemahlen ist, da Thurament einen Siebrückstand auf dem 4900-Maschensieb von ca. 15% gegenüber 5% bei Hochofenzement hat. Infolge dieser Tatsache wird Thuramentbeton geringere Festigkeit haben als ein Hochofenzementbeton, wenn letzterer ebensoviel Hochofenzement enthält wie der Anteil Portlandzement + Thurament; es kann aber erwartet werden, daß die Schwindneigung bei Thurament etwas geringer ist, da Thurament ja grob gemahlen ist und feinere Mahlung die Schwindneigung häufig begünstigt. Aus diesem Grunde wurde auch das genannte Erzeugnis bereits zur Herstellung von Massenbauwerken herangezogen, da es mit geringer Schwindneigung des fertigen Bindemittels auch eine geringe Wärmeentwicklung verbindet.

Die Hochofenschlacke setzt infolge ihres gegenüber Portlandzement geringeren Kalkgehaltes naturgemäß den Gesamtkalkgehalt des Bindemittels herab, aber in geringerem Maße als der Traß, da dieser nur 2% Kalk, Hochofenschlacke dagegen 40—50% Kalk enthält.

Schlackenzemente sind Hochofenschlacken, denen man etwas Kalk und Gips zugemahlen hat. Sie sind zur Zeit, da sie nur geringe Anfangsfestigkeiten erreichen, von untergeordneter Bedeutung, vermögen aber für Betone, die langsam erhärten sollen, z. B. beim Bau von Zementschotterstraßen, Talsperren u. dgl., sicher noch Bedeutung zu erlangen. Besonders ist hier für die Ausnutzung der hydraulischen Energie der Stahleisenschlacke, die heute auf die Halden gekippt werden, noch ein großes Anwendungsgebiet. (Näheres über die Handelszemente siehe unter B [S. 34].)

b) Traß und seine Verwandten.

Die nach Hochofenschlacke für Deutschland wichtigste Puzzolane sind der Traß aus dem Brohltal und der bayrische Traß sowie das Ziegelmehl. Alle Trasse werden durch Vermahlen von Tuffstein erzeugt. Der bayrische Traß sowie der sog. Bergtraß aus dem Brohltal haben etwas geringere hydraulische Eigenschaften als der blaue Traß. Der letztere wird im Brohltal unter der Grundwasserlinie gewonnen. und man schreibt seine höhere Erhärtungsfähigkeit der Tatsache zu, daß er jahrtausendelang unter der Wasserlinie lag und dadurch die Kieselsäure in lösliche Form übergeführt wurde[1].

Die hydraulische Erhärtungsfähigkeit des Ziegelmehls ist verhältnismäßig gering. Es gibt im Ausland auch noch viele andere Puzzolanen, welche aber für uns ohne praktische Bedeutung sind (rumänischer Traß, Molererde). Häufig werden diese Puzzolane durch Hitzebehandlung aufgeschlossen.

Seiner Entstehung nach ist der Tuffstein, aus welchem der Traß erzeugt wird, vulkanische Asche, die bei dem Ausbruch der Eifelvulkane vor 20000 oder 30000 Jahren entstanden und im Laufe der Zeit steinartig erhärtet ist.

Traß ist also ein verkittetes Trümmergestein. Aus diesem Tuffstein wurden schon ganze Gebäude errichtet, er eignet sich hauptsächlich in seinen oberen Lagen (Bergtraß) für leicht bearbeitbare Bausteine, die aber oft den Nachteil haben, daß sie verhältnismäßig leicht und schnell verwittern, da sie eine hohe Wasseraufnahme von 7—12% haben bei gleichzeitig geringer Druckfestigkeit von 50 kg/cm².

Die Backsteinmehle werden neuerdings wieder von Schweden her als Zementzusatz (Pansar) empfohlen; in Deutschland ist man seit Jahren von ihrem Zusatz abgekommen, da die Erhärtungsfähigkeit des Backsteinmehls gering ist und man im Traß ein dem Backsteinmehl überlegenes Erzeugnis besitzt. Dennoch ist zweifellos ein gewisses Kalkbindungsvermögen vorhanden, und für manche Bauwerke in solchen Gegenden, wo andere Puzzolane nicht zu erhalten sind, kann Backsteinmehl empfohlen werden, um den Kalkgehalt des Zementes herabzusetzen. Diese Herabsetzung sowohl für Traß als auch für Backsteinmehl darf aber nicht zu weit gehen, da beide Erzeugnisse ja nur träge in die Erhärtung eingreifen und ein Überschuß über das Optimum lediglich als Ballast wirkt. Nach meinen Erfahrungen ist ein Zusatz von über 20% Traß nicht zweckmäßig. Zemente, die zu 50 und 50 aus Traß und Portlandzement bestehen, sind m. E. zu hoch getraßt, da in ihnen dem Portlandzement unverhältnismäßig große Mengen Ballast gegenüberstehen.

Ihrer chemischen Zusammensetzung nach sind die Trasse Tonerdesilikate, welche infolge Gehaltes an freier Kieselsäure oder infolge Zeolithwirkung in die Erhärtung eingreifen und kalkbindend wirken[2].

---

[1] Hambloch: Die rheinische Puzzolane: „Der Traß". Aachen 1908 — Der Traß, seine Entstehung, Gewinnung und Bedeutung im Dienste der Technik. Berlin 1909.

[2] Biehl-Wittekind: Versuche zum Nachweis der zeolithischen Natur der Trasse. Tonind.-Ztg. 1934 Nr. 41, 42, 43 S. 499, 515. — Steopoe: Über die zeolithische Natur der Trasse. Tonind.-Ztg. 1934 Nr. 49 S. 592.

Tabelle 19. Chemische Zusammensetzung der wichtigsten Puzzolane: die Puzzolane zerfallen in 2 verschiedene Gruppen, in die zementähnlichen, kalkreichen Hochofenschlacken und in die fast kalkfreien, nur in bezug auf ihre Kieselsäure wirkenden traßartigen Puzzolane.

Aufgeschlossen

Hydraulit	Glühverlust	Unbest. Rest	SiO_2	Al_2O_3	Fe_2O_3 (FeO)	MnO	MgO	SO_3	S	CaO	Summe
HOS Mathildenhütte	2,34	—	30,34	15,67	(1,45)	0,30	4,79	0,51	0,90	43,70	100,00
HOS Alba	1,64	—	34,23	9,92	(0,94)	0,41	3,74	0,23	1,46	47,43	100,00
Puzzolanerde	9,20	3,60	46,74	17,97	12,28	0,23	2,76	0,27	—	6,95	100,00
Trass	9,56	7,17	56,32	18,95	3,59	0,25	1,45	0,16	—	2,55	100,00
Molererde	5,63	2,68	66,71	11,41	7,75	0,13	2,07	1,42	—	2,20	100,00
Bimsmehl	4,36	6,75	61,17	19,37	4,53	0,37	1,09	0,21	—	2,15	100,00
Tuffsteinmehl	6,28	9,52	55,63	17,60	7,37	0,21	1,38	0,21	—	1,80	100,00
HOS Forsbacka	0,60	—	47,47	6,27	(0,85)	1,90	8,62	0,11	0,03	34,15	100,00
Glasmehl	1,22	9,40	61,32	4,49	4,35	0,06	1,94	0,12	—	17,10	100,00
Si-Stoff	16,36	0,96	45,83	20,64	8,13	0,17	0,74	4,25	20,0	2,90	100,00
Ziegelmehl	0,68	3,81	72,04	11,54	5,10	0,15	1,58	0,20	—	4,90	100,00
Müllschlacke, ges.	5,43	4,07	43,75	15,29	14,52	0,32	1,88	1,33	0,21	13,20	100,00
Flugasche	28,30	3,87	34,23	20,84	4,72	0,16	2,80	0,93	—	4,15	100,00
Stückschlacke Alba	3,32	—	30,65	14,31	(0,51	0,35	3,34	0,59	2,11	44,82	100,00
Sandmehl	—	—	97,60	0,11	1,51	0,03	0,20	0,05	—	0,50	100,00
Asbestine	6,26	1,30	46,86	3,39	7,75	0,15	22,20	0,07	0,02	12,00	100,00

Salzsäure-Lösliches

Hydraulit	Glühverlust	Unbest. Rest	Unlöslich	Löslich SiO_2	Al_2O_3	Fe_2O_3 (FeO)	MnO	MgO	SO_3	S	CaO	Summe	Säurelösliches
HOS Mathildenhütte	2,34	—	1,58	28,76	15,67	(1,45)	0,30	4,79	0,51	0,90	43,70	100,00	96,08
HOS Alba	1,64	—	0,35	33,88	9,92	(0,94)	0,41	3,74	0,23	1,46	47,43	100,00	98,01
Puzzolanerde	9,20	5,91	27,50	23,93	18,38	6,90	0,23	2,07	0,27	—	5,61	100,00	63,30
Trass	9,56	5,05	35,96	28,10	13,17	4,25	0,25	1,19	0,16	—	2,31	100,00	54,48
Molererde	5,58	—	66,95	8,93	6,13	7,10	0,13	1,58	1,42	—	2,18	100,00	27,47
Bimsmehl	4,36	6,74	37,40	30,45	13,54	4,16	0,37	1,09	0,21	—	1,68	100,00	58,24
Tuffsteinmehl	6,28	2,14	52,74	19,76	10,93	4,72	0,21	1,20	0,21	—	1,81	100,00	40,98
HOS Forsbacka	0,60	—	0,46	47,01	6,27	(0,85)	1,90	8,62	0,11	0,03	34,15	100,00	98,94
Glasmehl	1,23	—	87,12	4,67	0,31	1,98	0,05	0,70	0,12	—	3,82	100,00	11,65
Si-Stoff	16,36	0,23	54,81	0,20	15,29	5,38	0,17	0,72	4,25	0,02	2,57	100,00	28,83
Ziegelmehl	0,68	0,19	80,75	4,93	4,35	3,97	0,15	0,82	0,20	—	3,96	100,00	18,57
Müllschlacke	5,43	4,36	43,12	11,19	9,29	10,70	0,32	1,37	1,33	0,21	12,68	100,00	51,45
Flugasche	28,27	—	51,46	—	7,53	5,07	0,16	2,36	0,93	—	4,22	100,00	20,27
Stückschlacke Alba	3,32	—	0,52	30,13	14,31	(0,51)	0,35	3,34	0,59	2,11	44,82	100,00	96,16
Sandmehl	—	—	96,90	1,07	—	1,40	0,02	0,11	0,04	—	0,46	100,00	3,1
Asbestine	6,24	—	72,77	0,09	4,28	4,16	0,15	7,60	0,07	0,02	4,62	100,00	20,99

Infolge dieser kalkbindenden Eigenschaft erhöhen sie die Widerstandsfähigkeit des Mörtels gegen Einwirkung von Wasser besonders bei aggressiven Einflüssen (Sulfatgehalt usw.). Wittekindt schreibt dem Traß zeolithische Natur zu[1]. Dieser Ansicht widerspricht Steopoe[2].

Über die zeolithische Wirkung des Trasses siehe weiter Hart[3].

Auch Sestini und Santarelli[4] sind anderer Ansicht. Nach ihnen gibt die Flockenbildung und die mitgeteilten Versuchsergebnisse kaum einen Hinweis auf den Wert und die Qualität der Puzzolane. Sie schreiben:

„Wir verstehen deshalb nicht, wie andere einen solchen Versuch als völlig vertrauenswürdig bezeichnen können. Unserer Ansicht nach scheint er nur ein Hinweisungsversuch zu sein, um die Geschwindigkeit der Einwirkung auf die Puzzolane zu schätzen oder um die aktiven Puzzolane von den Materialien zu unterscheiden, die nur von schwacher Einwirkung oder vollständig träge sind. Sie setzen die Mitteilung neuer Versuchsergebnisse in Aussicht.

Einen Überblick über die chemische Zusammensetzung verschiedener Puzzolane ergibt Tab. 19 S. 99, bei deren Betrachtung aber zu beachten ist, daß nicht 100% jedes vorhandenen Stoffes in die Erhärtung eingreifen, sondern nur ein Bruchteil, daß also erhebliche Mengen, z. B. Unlösliches und Kieselsäure, im Ziegelmehl Ballast sind und daß Berechnungen, wie sie oft in falscher Weise durchgeführt werden, nicht gemacht werden dürfen.

Die wichtigsten Bestimmungen der Traßnorm lauten:

1. Traß im Sinne der Bautechnik ist feingemahlener Tuffstein, der vulkanischen Auswurfmassen entstammt. Er ergibt nach Mischung mit gelöschtem Kalk ein an der Luft und unter Wasser erhärtendes Bindemittel mit den unter Ziffer 2 bis 4 angegebenen Eigenschaften. Das spezifische Gewicht liegt im allgemeinen zwischen 2,3 und 2,5.

2. Traß soll in der Regel nicht unter 7% Hydratwasser (chemisch gebundenes Wasser) enthalten. Ein geringer Gehalt (bis zu 6%) wird nicht beanstandet, wenn die in den Normen vorgeschriebenen Festigkeiten erreicht werden.

3. Traß soll so fein gemahlen sein, daß beim Sieben auf Prüfsiebgewebe Nr. 30 DIN 1171 (900 Maschen auf cm^2) höchstens 20% Rückstand bleibt. (Die Mahlfeinheit des Trasses ist von Einfluß auf die Festigkeit des Mörtels. Aus der Mahlfeinheit allein kann man aber nicht auf die Güte des Trasses schließen.)

4. Traß soll in der Mörtelmischung

1 Gewichtsteil Traß,

0,8 Gewichtsteile Traßnormen-Kalkpulver (DIN DVM 1043, Blatt 3 Ziff. 1 bis 4),

1,5 Gewichtsteile Normensand (DIN DVM 1043, Blatt 3 Ziff. 5 bis 8)

folgende Mindestfestigkeiten erreichen:

---

[1] Wittekindt: Über die Analyse der Trasse, Zement 1933 Nr. 13 und 14.

[2] Steopoe: Despre actiunea apei de mare asupra betonuli, Extras din Revista Ciement si Beton Nr. 11—12 (1935).

[3] Hart: Über die Bindung von Kalkhydrat durch die Traßmolekel und über das Traßkalk-Erhärtungsproblem, 17. Mitt. aus der Materialprüfungs- und Versuchsanstalt, Forschungsinstitut für vulkanische Baustoffe, Neuwied.

[4] Sestini und Santarelli: Ricerche sulle pozzolane, Annali di chimica applicata, Vol. 26, Fasc. 5, Rom 1936.

Tabelle 20. Normenfestigkeitsanforderungen an Traß.

Mörtelfestigkeit	nach 7 Tagen Wasserlagerung gem. Ziff. 5 kg/cm²	nach 28 Tagen Wasserlagerung gem. Ziff. 5 kg/cm²
Zugfestigkeit	5	16
Druckfestigkeit	45	140

Der Traß ist ein verhältnismäßig leichtes Zusatzmittel, wie das spezifische Gewicht mit ungefähr 2,3 zeigt (Zement hat ungefähr 3,0), das nicht besonders fein gemahlen ist und Kalk zu hydraulischer Erhärtung zu befähigen vermag. Der Hydratwassergehalt ist vorgeschrieben, weil erfahrungsgemäß der Brohltaler Traß **dann** besonders gut erhärtet, wenn er den angegebenen Wassergehalt von 6—8% hat. Bei anderen Puzzolanen sind derartige Hydratwassergehalte nicht immer notwendig, um die Erhärtung herbeizuführen; so sind andere vulkanische Sande, wie beispielsweise der Vulkansand von Pozzuoli bei Neapel, welcher ja den ganzen Puzzolanen den Namen gegeben hat, wesentlich hydratwasserärmer als Traß. Auch andere hydratwasserärmere Tuffsteine, so der Weiberner, erwiesen sich nach meinen Untersuchungen für die Herstellung eines Mörtelzusatzes als durchaus geeignet, vergleichsweise sind die gefundenen Festigkeiten in Abb. 57 zusammengestellt. Der Traß wurde schon von den Holländern verwendet. Eine Heranziehung des Trasses durch die Römer wird an verschiedenen Stellen behauptet. Bei dem bekannten in Deutschland befindlichen Bauwerk,

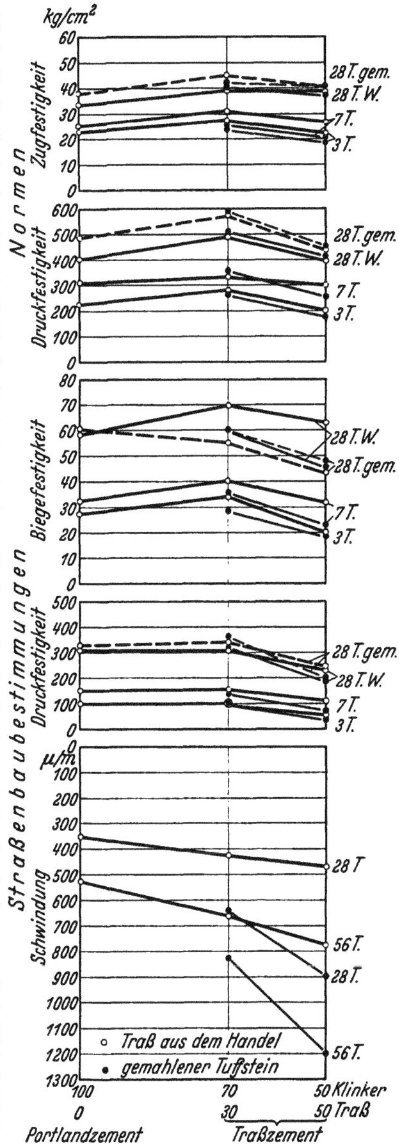

Abb. 57. Vergleich zwischen der Einwirkung von Traßtuff und Tuffmehl aus dem Rheinland (Weibern) auf die Festigkeit. Geringe Mengen der Gesteinsmehle setzen die Festigkeiten etwas hinauf, größere Mengen dagegen herab. Der Traßtuff und der Tuffstein unterscheiden sich durch verschiedene Glühverluste: der Tuffstein hat einen Glühverlust, der geringer ist als die Normen vorschreiben. Die Schwindung wird durch beide Gesteinsmehle vergrößert.

der Wasserleitung von der Eifel nach Köln, ist Traß an den geprüften Stellen nicht verwendet[1].

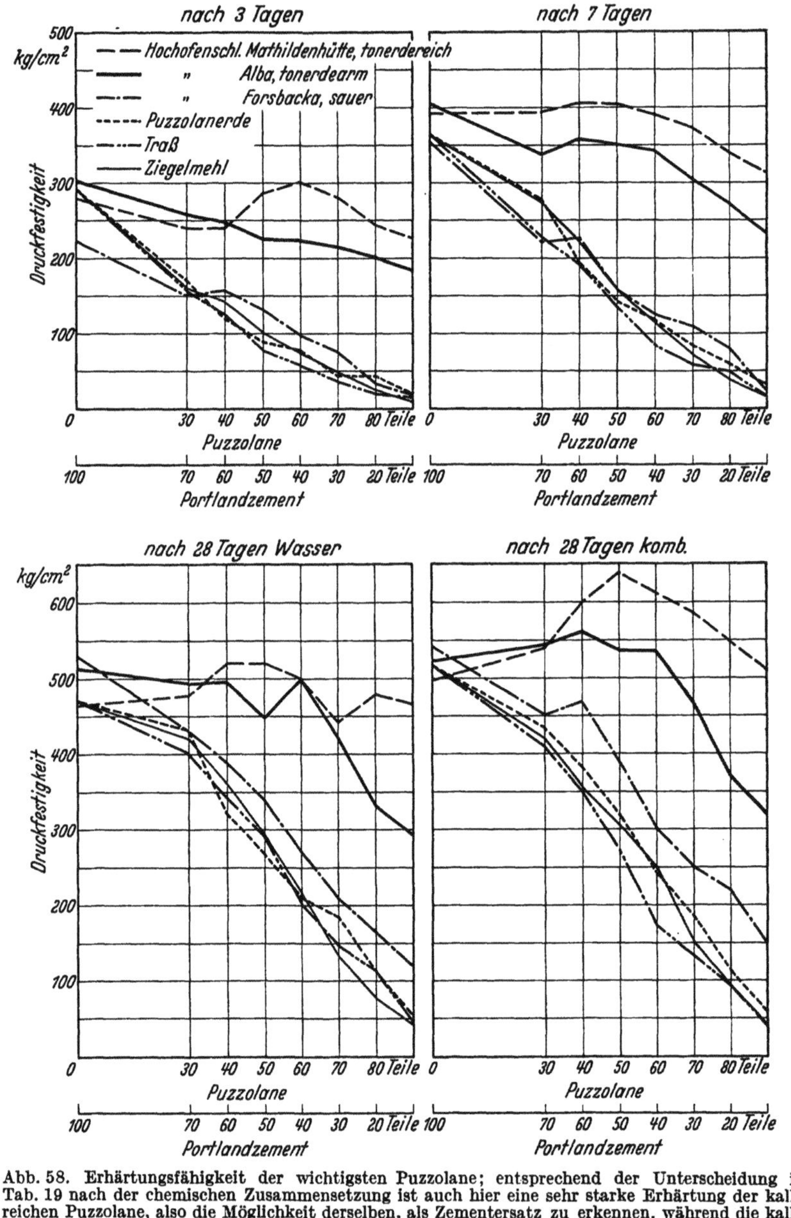

Abb. 58. Erhärtungsfähigkeit der wichtigsten Puzzolane; entsprechend der Unterscheidung in Tab. 19 nach der chemischen Zusammensetzung ist auch hier eine sehr starke Erhärtung der kalkreichen Puzzolane, also die Möglichkeit derselben, als Zementersatz zu erkennen, während die kalkarmen, traßartigen Puzzolane nur langsam in die Erhärtung eingreifen, besonders aber günstig auf die Plastizität, Elastizität und Wasserdichtigkeit einwirken.

[1] Grün: Zusammensetzung und Beständigkeit von 1850 Jahre altem Beton. Angew. Chem. 1935 S. 124, ebenso Hambloch a. a. O.

Wie aus den Traßnormen hervorgeht, ist die Erhärtungsfähigkeit des Trasses gering. Die nachfolgenden Zahlen (Abb. 58) zeigen deutlich die Erhärtungsfähigkeit des Trasses, aber auch den weiten Abstand zwischen der kalkreichen Hochofenschlacke und den kalkarmen, künstlichen (Ziegelmehl) und natürlichen Puzzolanen (Traß, Puzzolanerde, Santonerde, Moler).

Es vermag demgemäß der Traß auch nicht den Zement, ebensowenig die Hochofenschlacke zu ersetzen. Bei Zusatz von Traß in größeren Mengen werden immer die Festigkeiten herabgehen, dagegen wird Traß bei Wassererhärtung günstiger wirken als gewöhnliches Mehl aus Quarzsand u. dgl. Grün kommt demgemäß in seiner Arbeit: Traßzement — Hochofenzement[1] zu folgendem Schluß (Abb. 59):

Die physikalischen und chemischen Eigenschaften und damit die Wirkung von Traß und Hochofenschlacke weichen so weit voneinander ab, daß eine Gleichstellung beider Stoffe kaum möglich ist. Der Traß greift nur in geringem Maße in die Erhärtung ein, macht dafür aber den Beton gut verarbeitbar und zähe, erhöht also seine Bildsamkeit und Dichtigkeit. Der Zement wird in dem Augenblick verschlechtert, in dem zu große Traßmengen beigegeben werden.

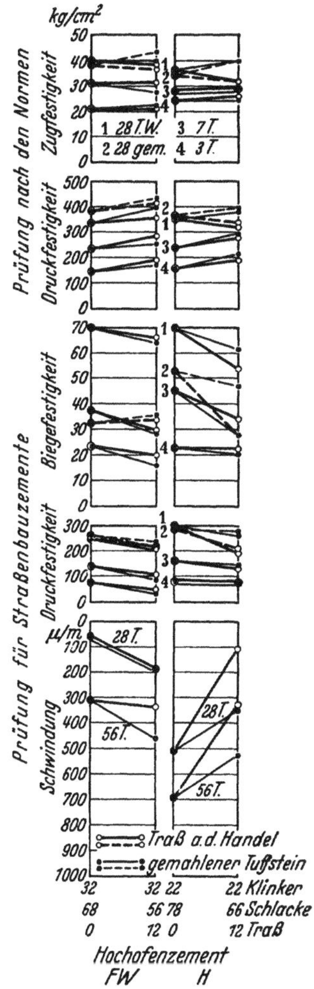

Abb. 59. Vergleich der Wirkung von Traß bzw. gemahlenem Tuffstein, der infolge geringeren Glühverlustes nicht als Traß gehandelt wird, gegenüber Hochofenschlacke: Der Traß als Hochofenschlackenersatz beeinflußt die Normenfestigkeit wenig, setzt sie dagegen bei Prüfung nach den Straßenbaubestimmungen herab. Die Schwindung wird je nach der Schlackenart verschieden beeinflußt.

In den AMB ist der Gehalt an löslicher Kieselsäure im Traß auf 29—45% angegeben. Trasse, die hier im Institut untersucht wurden, haben bis jetzt niemals Werte über 33% ergeben. Diese Untersuchungen befinden sich im allgemeinen in Übereinstimmung mit Wittekindt (Zement 1933 S. 178), der folgende Gehalte an löslicher Kieselsäure für die einzelnen Trasse angibt:

Brohler Tuffstein	32,18
Nettetaler „ I	32,20
„ „ II	33,66
Ettringer „	33,38
Thürer Wald Tuffstein	30,80
Weiberner „ I	35,39
„ „ II	29,20
Brohler Bergtraß	35,19
Nettetaler „	44,60
Traß von der Röhn	21,94
Bayr. Traß Bollstadt	20,00
„ „ Mauren	15,78
Traß von Rom	37,30
Japan. Tuff Kanazawa	13,68
„ „ Beppu	11,93
„ „ Karatsu	21,20

[1] Grün: Traßzement — Hochofenzement. Bautechn. 1936 Nr. 12.

Außerdem verweist Wittekindt darauf, daß der Gehalt an löslicher Kieselsäure kein Maßstab ist für die Hydraulizität des Trasses. Somit ist die Angabe dieser löslichen Kieselsäure nur von sehr beschränkter Bedeutung.

Das Optimum für Traßzusatz liegt bei 15—20%. Die Hochofenschlacke dagegen erhärtet schon infolge ihres hohen Kalkgehaltes, vermag aber andererseits dennoch stärker kalkbindend zu wirken. Ihr stärkeres Erhärtungsvermögen erlaubt sehr viel höhere Zusätze, die ja auch demgemäß in den Normen bis zu 85% zugestanden werden. Die Druckfestigkeit von Mörtel wird durch Zusatz saurer Hochofenschlacke und Traß herabgesetzt. Bei basischen Hochofenschlacken befindet sich das Optimum häufig bei 35—50% Hochofenschlacke. Ein so hoher Zusatz von Traß wird nicht ohne Herabsetzung der Widerstandsfähigkeit gegen Druck und schädliches Salzwasser ertragen.

Die Salzwasserbeständigkeit wird durch günstig zusammengesetzte Hochofenschlacke sehr verbessert. Auch Traß kann, wenn geringe Mengen genommen werden, durch Erhöhung der Bildsamkeit des Mörtels und Dichtigkeit des Betons die Salzwasserbeständigkeit erhöhen. Ein Ersatz der Hochofenschlacke durch Traß, wie er häufig angeboten wird, ist demgemäß nicht möglich, dagegen vermögen die beiden Hydraulite sich sehr gut zu ergänzen. Für Bauten in Salzwasser eignet sich nach meinen Erfahrungen besonders ein Zement, der kalkarm ist, dabei aber einen bildsamen und dichten, zu guter Festigkeit erhärtenden Beton liefert, z. B. ein Erzeugnis folgender Zusammensetzung:

Tabelle 21. Zusammensetzung eines Zementes für Bauten in Salzwasser.

	Tonerdereiche bzw. reaktionsfähige Schlacke	Tonerdearme bzw. reaktionsträge Schlacke
Portlandzement	22	32
Gips	3	3
Hochofenschlacke	63	53
Traß	12	12
	100	100

Mit derartigem Mörtel wurden die Festigkeiten der KT. 59 erzielt.

c) Sand und Steinmehle.

Sand und Steinmehle, welche nicht oder kaum merklich in die Erhärtung eingreifen, haben trotz dieses reaktionsträgen Verhaltens nach umfangreichen Versuchen von Feret[1] eine gewisse Bedeutung als Dichtungsmittel, hauptsächlich bei Sand mit geringem Anteil an feinstem Mehl. Sie wirken dann porenfüllend und damit dichtend und zementsparend; allerdings greifen sie bei Wasserlagerung im Gegensatz zu Traß nicht in die Erhärtung ein. Abb. 60 zeigt, daß bei Zusatz von

[1] Feret: Addition des materiaux pulvérulantes aux liants hydrauliques. Extrait de la Revue des Materiaux de Construction et de Travaux Publics (du Nr. 177 de Juin 1924, au Nr. 204 de Septembre 1924).

Traß und Sandmehl die Festigkeit eines Mörtels hinaufgesetzt wird, daß beim Ersatz dagegen ein Abfallen der Festigkeiten eintritt; während sich bei Luftlagerung Traß und Sandmehl ungefähr gleich verhalten, ist bei Wasserlagerung der Traß dem Sandmehl überlegen, zumal

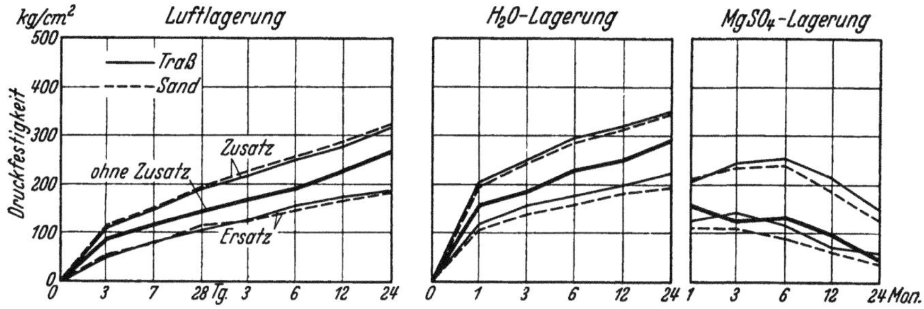

Abb. 60. Vergleich der Festigkeiten von Mörtel einerseits bei Zusatz von Traß und Sandmehl, andererseits beim Ersatz eines Zementanteils durch Steinmehl: Zusatz setzt die Festigkeiten herauf, Ersatz dagegen drückt sie herab. Traß wirkt bei Wasserlagerung besser als Sandmehl. Auf die Salzwasserbeständigkeit von Traß- und Sandmehlmörtel wirkt Traß günstiger als das Sandmehl.

die Salzwasserbeständigkeit auch etwas mehr erhöht wird als beim inerten Sandmehl.

Steinmehle wie das sog. Sandmehl werden häufig als Zusatz empfohlen, sie wirken tatsächlich auch häufig recht befriedigend. Als Zementersatz können sie natürlich nicht herangezogen werden.

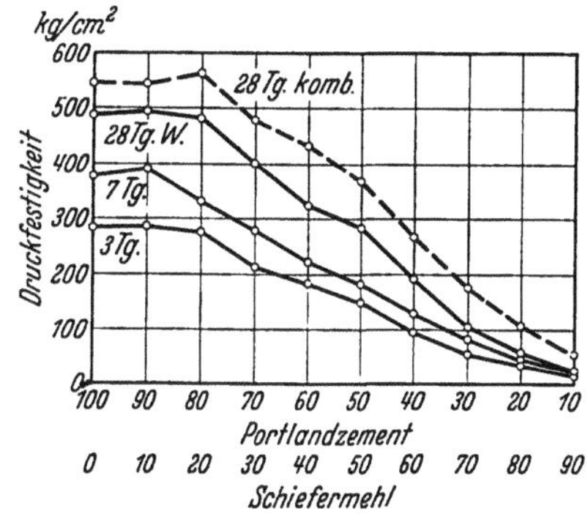

Abb. 61. Wirkung eines Schiefermehlgehaltes im Zement: Schiefermehl setzt die Festigkeit herab, kann aber unter Umständen dichtend wirken.

Abb. 61 zeigt, daß bei 30% Schiefermehl und mehr die Festigkeiten eines Zementes, der durch dieses verdünnt wurde, stark abfallen, während bei einer Verarbeitung von Hochofenschlacke in gleicher Weise eine deutliche Wechselwirkung zwischen dieser und dem Portlandzementanteil zu erkennen ist.

Eine Zumischung von Rohmehl zu Zement wurde schon vorgenommen, um aus wirtschaftlichen Gründen die Festigkeit des Zementes herabzusetzen, da nach den bestehenden Verbandsverträgen Zemente, die außerhalb der Quoten gehandelt wurden, eine geringere Festigkeit haben mußten als die Normenzemente, ebenso natürlich zu Betrugszwecken. Beide Arten der Zumischung des Rohmehls sind abzulehnen.

Es handelt sich bei dieser Zumischung um den Zusatz eines mergelhaltigen Produktes, welches keine Frost- und Wetterbeständigkeit hat. Wenn man schon den Zement verdünnen will, ist es dann schon zweckmäßiger, reinen derben Kalkstein oder aber reinen Sand zuzumahlen; die Zumahlung der porösen tonhaltigen Stoffe dagegen, wie sie die Rohmehle häufig darstellen, ist zu unterlassen.

Sandzement spielt besonders im Ausland eine verhältnismäßig größere Rolle als in Deutschland, ebenso wurden dort auch schon Zemente mit Kalksteinzusatz verarbeitet. Charakteristisch für alle derartigen, mit Steinmehl gestreckten Zemente ist die Tatsache, daß sie sich bei der Herstellung des Betons in bezug auf die Festigkeitsentwicklung ungünstiger verhalten als bei den Normenfestigkeiten. Bei der Normenfestigkeit wird nämlich der Zement naturgemäß nicht vollständig ausgenutzt, da ja der geringen Sandmenge von 3 Teilen die hohe Zementmenge von 1 Teil gegenübersteht. Infolgedessen treten bei Verwendung von Sandzementen die nicht ausgenützten Reserven in Aktion, und die Normenfestigkeit ist die gleiche wie bei einem nicht gestreckten Zement. Dazu kommt noch die Tatsache, daß der Normensand ja einen verhältnismäßig porösen Aufbau besitzt. Bei seiner Verwendung vermag also das eingebrachte Sand- oder Steinmehl dichtend zu wirken und die infolge Zementmangels scheinbar verlorene Festigkeit zu ersetzen. Bei der Prüfung der Biegefestigkeit, welche ja nach Vorschlag von Dr. Haegermann mit einem Sand durchgeführt wird, der bereits 1 Teil Mehl enthält, wird natürlich diese dichtende Wirkung nicht mehr eintreten können, und infolgedessen werden bei dieser Prüfung Zemente, die Sand und Steinmehl enthalten, ungünstiger abschneiden. Dasselbe gilt bis zu einem gewissen Grade für die Traßzemente, die tatsächlich bei der Biegefestigkeitsprüfung infolge dieses Umstandes geringere Festigkeit zeigen als die unvermischten Portlandzemente. Ebenso werden die Sand- und Steinmehlzemente bei solchen Zuschlagsstoffen versagen, die bereits einen Anteil Steinmehl enthalten, also die einen besonders hohen Anteil an feinem Korn aufweisen. Dagegen verhalten sie sich verhältnismäßig günstig bei Zuschlagsstoffen mit Mangel an feinem Korn, da ein Teil des feinen Korns dann mit dem Zement eingebracht wird.

Durch den Quarzsandzusatz, der meist zu nahezu 100% aus Kieselsäure besteht, ist es natürlich möglich, den Kieselsäuregehalt des Zementes stark in die Höhe zu setzen und gleichzeitig den Kalkgehalt ebenso stark zu drücken, auch wenn verhältnismäßig geringe Mengen Sand zugesetzt werden, also auf diese Weise zu scheinbar kalkarmen Zementen kommen. Diese Kalkarmut ist nur scheinbar, da ja in diesen Zementen die zugesetzte Kieselsäure nicht in Tätigkeit tritt, ebensowenig wie der Sand des Zuschlagsstoffes. Man analysiert also bei Heranziehung derartiger Zemente strenggenommen bereits einen Mörtel in unabgebundenem Zustand. Schlüsse auf das vermutliche Verhalten oder die Eigenschaften der Zemente aus diesem Kieselsäuregehalt (Kalkbindung!) müssen unterbleiben, da sie Trugschlüsse sind. Für die allenfallsige Berechnung, die immer schwierig und unsicher sein wird, darf nur die lösliche Kieselsäure des betreffenden Zusatzstoffes herangezogen werden, die meist gleichbedeutend ist mit der reaktionsfähigen, nicht aber die unlösliche, die stets ohne Wirkung bleibt.

d) Kieselgur.

Kieselgur besteht aus Kieselsäure, in Form von leichten Schalen von Diatomeen. Sie wird in Deutschland in der Lüneburger Heide, weiter in Dänemark gewonnen und kommt dort als Moler in den Handel. Die Kieselgur, die braungrau aussieht, wird zunächst auf Haufen gesetzt und angesteckt. Sie brennt dann unter starkem Schwelen aus, da die organischen Bestandteile bituminöser Natur sind. Die ausgebrannte oder geglühte Diatomeenerde, die jetzt eine rote Farbe hat, kommt in den Handel und wird in Deutschland in großem Umfang zur Dynamitherstellung verwandt (Tränkung mit Nitroglyzerin), kommt aber auch als Zusatz für Betonmischungen in den Handel[1]).

Kieselgur setzt nach Erfahrungen des Verfassers stets die Festigkeit von Beton herab. Krczil[2] dagegen hat Erhöhung der Festigkeit festgestellt und gibt gleichzeitig Wechselwirkung zwischen dem Kalk des Zementes und der Kieselsäure der Gur an. Gleichzeitig soll die Gur den Beton geschmeidiger machen und Spannungen verhindern sowie die Wasserdichtigkeit erhöhen. Feinst gemahlene Gur ist der gröberen vorzuziehen. 2—3% Zusatz genügen.

e) Kalkzusatz.

Die Tatsache, daß Kalk mit dem Zement nahe verwandt ist, hat schon früh dazu geführt, Kalk und Zement gemeinsam zu verarbeiten. Die sog. verlängerten Zementmörtel, also Zementmörtel, die mit Kalk verlängert oder gestreckt sind, bilden ja ein auf vielen Bauplätzen gebräuchliches Mörtelmaterial zum Putzen oder zum Mauern, wenn man einen verhältnismäßig schnell erhärtenden, nicht allzufesten Mörtel benötigt. Einige Zusammensetzungen von verlängertem Zementmörtel sind im folgenden gegeben (Tab. 22). Aber auch der Zusatz von Kalk zu Zementmörtel in geringen Mengen ist neuerdings häufig empfohlen und mit Erfolg angewendet worden. Es ist zu unterscheiden zwischen einem Zusatz zu den Normenzementen, also Portlandzement, Eisenportland- und Hochofenzement, weiter zwischen einem Zusatz zu Traßzement und schließlich zu Tonerdezement.

Tabelle 22. Zusammensetzung von verlängertem Zementmörtel.

Mischung in hl					1 m³ Mörtel erfordert			
Zement	Sand	Kalkteig	Wasser	Ausbeute	Zement kg	Sand Liter	Kalk Liter	Wasser Liter
1	5	0,5	1,30	4,90	276	1020	102	265
1	6	1,0	1,35	6,00	225	1000	167	255
1	7	1,0	1,60	6,80	198	1029	147	225
1	8	1,5	1,60	7,80	173	1040	195	205
1	10	2,0	1,70	9,45	143	1055	212	180

Normenzemente. Ein Zusatz zu den Normenzementen vermag erhebliche Vorteile zu bringen, allerdings darf der Kalkzusatz nicht zu hoch getrieben werden, wenn man noch gute Festigkeiten erhalten will.

Beim Bau der Barberine-Talsperre (76000 m³ Beton)[3] wurden nach Kleinlogel, Hundeshagen und Graf[4] je Kubikmeter fertigen Beton

[1] Vgl. Der Bauunternehmer, Prag 1935 Nr. 47.
[2] Krczil: Kieselgur als Zusatz zu Betonmischungen. Betonsteinztg. 1936 S. 53.
[3] Vgl. Stadelmann: Der Gußbeton. 2. Aufl. S. 12. Zürich 1926.
[4] Kleinlogel: Einflüsse auf Beton. S. 222. Berlin 1930.

193 kg Portlandzement + 17 kg Kalkhydrat verwendet. Die Festigkeit des Betons blieb durch den Zusatz unverändert. Die Wasserdichtigkeit wurde erhöht. Stadelmann empfiehlt in seiner Zusammenfassung Anwendung des Kalkhydrats nur dann, wenn der Sand nicht genügend staubfeine Stoffe enthält (gewaschener Sand), weiter Erhöhung des Zusatzes nicht über 10% des Zementgewichtes zur Verhinderung von Festigkeitsabnahmen. Er ist der Ansicht, daß die gleichen Erfolge auch durch das auf der Baustelle hergestellte Sandmehl erzielt werden können. R. Grün[1] fand im Gegensatz hierzu stärkere Erhöhung der Wasserdichtigkeit durch Kalkzusatz im Vergleich zu Sandzusatz und faßt die Ergebnisse seiner Arbeit wie folgt zusammen:

„Durch den Kalkzusatz wird die Plastizität des Betons, ohne daß ein erhöhter Wasserzusatz notwendig wäre, erhöht und dadurch einer allzu starken Verwendung von Wasser, um einen plastischen Beton zu erzielen, Einhalt geboten. Die Zug- und besonders die Druckfestigkeiten werden durch den Kalkzusatz nicht ungünstig, sondern günstig beeinflußt. Nur in einem Falle wurden geringe Abfälle der Zugfestigkeiten bis zu 8% bei Kalkzusatz verzeichnet. Die Betonfestigkeit wurde durchweg günstig, in keinem Falle ungünstig beeinflußt, und besonders die Wasserdichtigkeit des Betons erheblich erhöht.

Zweckmäßig erweist es sich, den Kalkzusatz auf Zementgewicht zu berechnen und 5—10% des Zementgewichtes an Löschkalkpulver zu nehmen. Bei plastischem Beton werden 5% genügen, bei flüssigem Beton dagegen etwas höhere Mengen von 10% wünschenswert sein."

Ungelöschter Kalk als Mörtelzusatz wurde gleichfalls empfohlen[2]. Es wurden sogar schon Bindemittel in der Fabrik unter Zusatz von derartigem ungelöschtem Kalk aufbereitet. Die diesbezüglichen Verhältnisse sind aber noch unklar. Die Gefahr der Treiberscheinungen, die hauptsächlich dann auftritt, wenn der gelöschte Kalk nicht sehr fein zerkleinert ist oder wenn der Mörtel zu schnell verarbeitet wird, läßt den Rat, von derartigen Zusätzen abzusehen, als richtig erscheinen. Für Traßzemente gilt im allgemeinen das gleiche wie für Normenzemente. Bei ihnen und bei den puzzolanhaltigen Normenzementen (Hüttenzemente, die die Puzzolane und Hochofenschlacke enthalten) tritt auch noch eine Wechselwirkung zwischen Kalk und Puzzolane ein, welche eine besonders feste Verkittung möglich erscheinen läßt.

Tonerdezemente haben sich im Gegensatz zu den Normenzementen als nicht geeignet für Kalkzusätze erwiesen. Haegermann und Hart[3] berichten über ungünstige Beeinflussung der Abbindezeit und der Festigkeit des Tonerdezementmörtels, wie ja auch Festigkeitsrückgänge bei Mischungen von Portlandzement und Tonerdezement bekannt und offenbar auf den freien Kalk des Portlandzementes zurückzuführen sind. Auch teilweise Lösung des Tonerdezementes durch sehr verdünnter Kalk-

[1] Grün: Gelöschter Kalk als Dichtungsmittel im Beton. Internat. Betonkongreß Lüttich, September 1930. La Technique des Travaux, Lüttich.

[2] Keyser: Ungelöschter Kalk als Mörtelzusatz. Tonind.-Ztg. 1933 S. 310.

[3] Haegermann und Hart: Einwirkung von Wasser und Salzlösungen auf den Tonerdezement. Zement 1925 S. 204.

lösung wurde von den genannten Verfassern festgestellt. Zu den gleichen Ergebnissen kommen Berl und Löblein[1] und berichten: Gelöschter Kalk verschlechtert, in Mengen von 5—10% angewendet, den Zement ganz bedeutend.

Demgemäß ist bei Tonerdezementverwendung Kalkzusatz nicht zu empfehlen.

Weitere Literatur über Kalkzusatz und Wasserdichtigkeit von Beton.

Wasserdichter Beton mit Kalk. Tonind.-Ztg. 1923 S. 351.
Sanford, E. Thompson: Druckschrift 308 der National Lime Ass. Washington.
Prof. Zschokke: Untersuchungen über die Selbstdichtung von Betonblöcken bei den Wasserdurchlässigkeitsproben. Bauing. 1923 S. 377.
Graf: Wasserdurchlässigkeit von Mörtel und Beton. Bautechn. 1923 S. 318.
Kropf: Wasserdichter Zement. Beton u. Eisen 1923 S. 230.
Graf: Wasserdichter Beton. Tonind.-Ztg. 1924 S. 33.
Arp u. Gaye: Das Gußbetonverfahren beim Bau der Doppelschleuse in Geestemünde und die Erfahrungen mit Gußbeton. Zbl. Bauverw. 1924 S. 349.
Anderson: Beziehungen zwischen Wasserdurchdringbarkeit und Wasserabsorption von Beton. Chem. Zbl. 1926 I S. 2400.
Maaske u. Schonk: Festigkeit und Wasserundurchlässigkeit von Beton. Tonind.-Ztg. 1927 S. 59 u. 85.
Durchlässigkeit im Beton. Zement 1927 S. 252.
Petry: Wasserdurchlässigkeit von Beton. Zement 1928 S. 318.
Dichten durch Öl als Zusatz. Cement 1928 S. 21.
Schonnop: Abdichtung von Bauwerken. Bautechn. 1928 S. 76.
Kieke: Kalk in Zement-Traß-Mischungen. Tonind.-Ztg. 1928 S. 1037.
Zusätze zum Wasserdichtmachen von Beton. Betonwerk 1930 S. 3.
Marx: Zur Frage der Wasserundurchlässigkeit von Beton. Bautechn. 1929 S. 863.
Die Quellung von Kalk und ihre Bedeutung für die Baupraxis. Tonind.-Ztg. 1933 S. 988 — Z. angew. Chem. Bd. 46 (1933) S. 461.

f) Zementfarben.

Als Zementfarben werden Erdfarben verwendet, die naturgemäß widerstandsfähig sein müssen gegen den Kalk des Zementes, gegebenenfalls auch gegen Sulfid. Verlangt wird von ihnen außerdem möglichste Feinheit, Ausgiebigkeit und naturgemäß Lichtechtheit sowie Freiheit von löslichen Verbindungen, um das so lästige Ausschlagen zu vermeiden. Besonders schädlich sind naturgemäß gipshaltige Farben, die man auch hier und da antrifft, da sie Treiben hervorrufen. Geschönt, also mit Anilinfarben lebendiger gemacht, sollen Farben nicht sein; man kann diese Schönung leicht dadurch prüfen, daß man sie mit etwas Alkohol, Schwefelkohlenstoff oder Benzin schüttelt. Gipshaltige Farben zeigen bei Verarbeitung mit Portlandzement sehr bald Treiberscheinungen. Kurze Vorprüfungen durch Verarbeiten der Farben mit etwas Zement zu Kuchen, die dann auf Widerstandsfähigkeit gegen Treiben, Ausschlagfreiheit und auf Farbechtheit geprüft werden können, sind leicht für den Fachmann möglich und sollten stets durchgeführt werden[2]. Pigmentfarben, die durch Anilinfarben nicht geschönt sind, bewähren sich am besten. R. Wilson[3] hat gefunden, daß es am zweckmäßigsten

[1] Berl u. Löblein: Beitrag zur Erkenntnis der tonerdereichen Schmelzzemente. Zement 1926 S. 744.
[2] Vgl. Zementfarben, Zementverarbeitung Heft 27. Zementverlag 1931.
[3] J. amer. Concr. Inst. Bd. 7 (1935) S. 228.

ist, helle oder weiße Zemente zu verwenden, unter Zusatz von kalkbindenden Stoffen (Puzzolane), um Ausblühungen zu vermeiden. Nach seinen Ermittlungen haben sich Pigmentfarben als Mörtelfarben gut bewährt, die auch nach Expositionen von 6 Monaten keinen Grund zu Beanstandungen gaben, ebenfalls bewährten sie sich an Bauwerken, die über 9 Jahre alt waren, gut. Nur gewisse Sorten von Ultra-marinblau büßten nach gewisser Zeit an Farbkraft ein. Zweckmäßig ist, Zuschlagstoffe zu wählen, deren Eigenfärbung der gewünschten Betonfarbe entspricht. Wenn diese dazu komplementär ist, kann der Farbton sich stark ändern, wenn die Zementschicht an der Oberfläche durch Verwitterung abgewaschen wird.

g) Andere Zusätze.

Kohlensaures Barium wird 1919 bereits von Hart[1] empfohlen, um dem Mörtel eine hohe Widerstandsfähigkeit gegen Sulfat zu verleihen, da das kohlensaure Barium sich nach folgender Formel mit dem Gipswasser, dem Sulfat oder der Schwefelsäure umsetzt:

$$\underset{\text{Witherit}}{BaCO_3} + \underset{\text{Gips}}{CaSO_4} = BaSO_4 + CaCO_3.$$

Nitzsche[2] fand bei Prüfung der diesbezüglichen Verhältnisse keine schädlichen Einflüsse des Bariumkarbonats, und stellt fest, daß die Mörtel ohne Bariumkarbonat sich am besten verhalten haben.

Neuerdings kommt Jordt[3] auf die Mitteilungen Harts zurück und empfiehlt neben den üblichen Maßnahmen: Dichten Beton, hergestellt aus richtig gekörntem Kies und aus kalkarmem Zement, wie z. B. Hochofenzement, oder aus Erzzement, Tonerdezement ist Vorbedingung für einen gegen Sulfat widerstandsfähigen Beton. Er empfiehlt weiter Zusatz von $^1/_2$—1% feinstpulverisiertem Witherit (kohlensaures Barium) bei sulfathaltigen Grundwässern. Seine Angaben werden zwar von Nitzsche[4] nicht anerkannt, aber dennoch hält Jord[5] seine Empfehlungen aufrecht, unter nochmaliger Hervorhebung, daß dichte Betonmassen aus möglichst kalkarmem Zement Voraussetzungen der Arbeitsweise sind.

Mir erscheint das Problem noch nicht genügend geklärt, so daß weitere Arbeit auf diesem Gebiete erforderlich ist.

2. Organische Zusatzstoffe.

Diese sind schon teilweise behandelt, und zwar soweit sie dem Zement zugesetzt werden unter I. B. 1e (S. 49), soweit sie dem Anmach-

[1] Hart: Kohlensaures Barium als Schutzmittel gegen den Angriff sulfathaltender Lösungen auf Zementbeton. Zement 1919 S. 210.

[2] Nitzsche: Kohlensaures Barium als Schutzmittel gegen den Angriff sulfathaltender Lösungen auf Zementbeton. Zement 1921 S. 13.

[3] Jordt: Bariumkarbonat als Betonschutzmittel gegen sulfathaltige Wasser. Tonind.-Ztg. 1936 S. 443.

[4] Nitzsche: Bariumkarbonat als Betonschutzmittel gegen sulfatige Wasser. Tonind.-Ztg. 1936 S. 596.

[5] Jord: Bariumkarbonat als Betonschutzmittel gegen sulfathaltige Wasser. Tonind.-Ztg. 1936 S. 869.

wasser beigemengt werden unter I. C. 1b (S. 87). Sie dienen dazu, um den Beton wasserundurchlässig zu machen. Sie kommen entweder in den Handel als Pulver, das mit dem Anmachwasser gut vermischt werden muß, oder als Paste, deren feine Verteilung im Anmachwasser gleichfalls erforderlich ist, und schließlich als Öle, die besonders fein verrührt werden müssen.

In letzter Zeit werden stark in den Vordergrund gerückt Bitumenlösungen, die man entweder in der Fabrik dem Zement schon zumischt, oder Bitumenemulsionen, die erst auf dem Bauplatz als Anmachwasser benutzt werden.

Nach Temme[1] wird als bewährtes Mischungsverhältnis 1 Teil Zement auf 3—4 Teile Sand und so viel Zusatz von Emulsionen genommen, daß die Gesamtmischung 10—15 Teile Bitumen auf 100 Teile Mineral enthält. In Kilogramm wären dies auf 20 Gewichtsteile Zement (beim Verhältnis 1 : 4) 80 Gewichtsteile Sand und 20—30 l/kg Bitumenemulsion. Gemischt wird in der gewöhnlichen Maschine.

Die Bitumenzemente sollen gegenüber anderen Zementen eine höhere Widerstandsfähigkeit gegen Abnutzung und eine größere Wasserdichtigkeit haben. Versuche auf diesem Gebiete liegen aber nur in mäßigem Umfange vor. Zwar wird tatsächlich das Verhältnis Zug : Druckfestigkeit verbessert, aber besonders dadurch, daß der Druck herabgesetzt wird[2], während die Zugfestigkeit bleibt, wie beim unbituminierten Zement. Die Folge ist also eine nur scheinbare Verbesserung des Verhältnisses Zug : Druck, in Wirklichkeit aber eine Verschlechterung der Zementfestigkeit; während von einer wirklich günstigen Wirkung eines derartigen Zusatzmittels in bezug auf Festigkeit usw. verlangt werden muß, daß bei gleichbleibender Druckfestigkeit die Zugfestigkeit erhöht und auf diese Weise das Verhältnis verbessert wird. Die Bitumenzemente stoßen das Wasser sehr stark ab, sie sind deshalb verhältnismäßig schwer anzumachen und geben auch beim Abbinden verhältnismäßig große Mengen Wasser frei, wodurch z. B. bei Betonstraßen die Oberfläche rauh wird (Abb. 30).

a) Seifenpasten werden schon seit Jahrzehnten zur Erhöhung der Wasserdichtigkeit empfohlen. Sie haben sich in der Praxis teilweise recht gut bewährt, sie setzen zwar die Festigkeit des Betons etwas herab, erhöhen aber nach Laboratoriumsversuchen des Verfassers die Wasserdichtigkeit bei Anwendung von Druck nicht, offenbar deshalb, weil die bei der Erhärtung des Betons in den Poren sich abscheidende Ölsäure und Kalkverbindungen bei Anwendung von Druck vernichtet oder ausgespült werden.

b) Teeröl wird unter verschiedenen Decknamen als Zusatz zum Anmachwasser in den Handel gebracht und vermag tatsächlich in ähnlicher Weise wie die Seifenpaste, allerdings unter gleichzeitiger Herabsetzung der Druckfestigkeit des Betons, dessen Wasserdichtigkeit zu erhöhen.

---

[1] Temme: Die Verwendung von Bitumen im Betonbau. Bauing. 1936 S. 91.
[2] Dyckerhoff: Bituminierte Zemente. Zement 1933 S. 400, 413.

Ölzusatz zu Beton wurde schon wiederholt versucht, um ihn widerstandsfähig gegen aggressive Lösungen oder Wasserdurchtritt zu machen. Kauffmann[1] teilt mit, daß mit Öl gemischter Beton viel länger braucht, um abzubinden, als gewöhnlicher Beton, daß er aber gut erhärtet. Der Gebrauch von Öl macht aber den Beton nicht undurchlässig bei hohem Druck, aber wasserabweisend bei geringem Druck. Bei Anwendung von Ölzusatz ist also Vorsicht und vor allen Dingen ein Vorversuch am Platze, da es ganz verschiedene Arten von Teerölen gibt und Teeröle mit allzu hohem Gehalt an Phenolen, die ja als Säure zementvernichtend wirken können, nicht benutzt werden dürfen.

Zusammenfassung zu D. Zusatzstoffe.

Als anorganische Zusatzstoffe werden Hochofenschlacken (Thurament), weiter Traß und schließlich Sand- und Steinmehle benutzt. Abb. 59 zeigt die verschiedene Wirkung der genannten Zusätze, die so zusammengefaßt werden kann:

Während die Hochofenschlacke bei geeigneter Zusammensetzung und Aufbereitung (Granulation) in die Erhärtung eingreift und infolgedessen als Zementersatz bei genügender Feinmahlung herangezogen werden kann, ist die Erhärtungsfähigkeit des Trasses wesentlich geringer, übersteigt aber noch weit diejenige von Sandmehl. Dieses wirkt lediglich als Ballast und drückt die Festigkeiten stark herab, wenn große Mengen herangezogen werden.

Die organischen Zusatzstoffe werden entweder dem Zement in der Fabrik (vgl. S. 49) oder dem Beton zugesetzt. Für die fabrikatorisch aufbereiteten Zemente kommen hauptsächlich die Bitumenzemente in Betracht, denen wasserabweisende Eigenschaften und geringe Schwindung nachgerühmt wird. Auf der Baustelle werden dem Beton durch das Anmachwasser Seifen oder Bitumenemulsionen zugeführt, um die Wasserdichtigkeit zu erhöhen. So teilt Feuchtinger[2] mit, daß zur Färbung von Betonstraßen Emulsionen verwendet werden, die trockenen Farbzusätzen gegenüber den Vorteil der einheitlichen Färbung haben und gleichzeitig das Schwindmaß etwas herabsetzen. „Man gibt für eine Schwarzfärbung bei Betonstraßen etwa 11,3 kg Emulsion je m^3 zu.“ Auch Teeröle und besonders hergestellte Seifenpasten werden gehandelt. Sie wirken in der Weise, daß sie den Beton bei niedrigen Drucken bis zu einem gewissen Grade dichten durch Ausfüllen der Poren.

---

[1] Kauffmann: Oil-Mixed Concrete, Nov. 1929 S. 35.

[2] Feuchtinger: Streiflichter aus dem Nordamerikanischen Betonstraßenbau, Kapitel: Schwarzer Beton, Beton und Eisen 1937, S. 143.

II. Aufbau des Betons.

Der physikalische Aufbau des Betons, insbesondere seine Gefügebeschaffenheit, ist bedingt durch

die Art des Zuschlags, dessen Kornform und Kornabstufung, durch
Zementart und Zementgehalt sowie Zusätze, und schließlich durch die Höhe des
Wasserzusatzes und die Art der Verarbeitung und Verdichtung.

Nachträgliche Einwirkungen, wie Abnutzung, Austrocknung, Feuer, aggressive Wässer, vermögen sowohl die Oberfläche (Schwindrisse, Absanden) als auch den Kern (Treiben) zu verändern.

Der chemische Aufbau dagegen wird bestimmt durch die chemische Zusammensetzung der Zuschlagsstoffe,

die Zementzusammensetzung und
den Wassergehalt, und
allenfallsige Zusätze.

Nachträglich kann auch er verändert werden durch chemische Umsetzungen infolge Einwirkung schädlicher Gase, Salzwässer und andere Flüssigkeiten auf den erhärteten Beton (Sulfatanreicherung, Kalkverarmung).

Physikalischer Aufbau.

Der Stoff, aus dem der Zuschlag besteht, wird in erster Linie von Einfluß sein auf die Festigkeit des Betons. Feste und schwere Zuschläge werden auch festen und schweren Beton ergeben, der andererseits aber nicht wärmesperrend sein wird. Poröse Zuschläge dagegen ergeben gegen Druck weniger widerstandsfähigen Beton, der aber ein erhebliches Wärmehaltungsvermögen besitzt (Leichtbeton). Der Widerstand gegen Abnutzung kann besonders erhöht werden durch Zusetzen von besonders harten Zuschlägen, wie Karborundum oder Eisengranalien. Derartige Betone werden für Gehwegplatten, für Fußbelag im Treppenbau herangezogen. Der saugenden Wirkung schnellfahrender Autoreifen wird am besten entgegengewirkt durch Verwendung rauher Zuschläge.

Das Korngrößenverhältnis der Zuschläge ist maßgebend für die Verarbeitbarkeit, Dichtigkeit und damit auch für die Widerstandsfähigkeit und bis zu einem gewissen Grade für die Aggressivbeständigkeit und die Abnutzung. Die Korngrößen müssen so gewählt werden, daß grobes und feines Korn in einem bestimmten Verhältnis zueinander stehen. Ein Überschuß an groben Anteilen ist schädlicher als ein Überschuß an Feinem, besonders bei ungenügender Verdichtung, da ein Überschuß an groben Anteilen und somit ein Mangel an Feinem die Wasserdichtigkeit des Betons verschlechtert. Diese Wasserdichtigkeit bedingt vor allen Dingen die Widerstandsfähigkeit des Betons gegen Wasserdurchtritt, gegen Verwitterung und gegen aggressive Einflüsse: Zementleim ist im chemischen Sinne ein wasserlösliches Salz. Wenn auch die Wasserlöslichkeit sehr gering ist, wird doch bei Vorliegen porösen Betons mit großer innerer Oberfläche das Wasser durch Herauslösen des Bindemittels allmählich die Struktur lockern. Ebenso wird bei Einwirkung aggressiver Flüssigkeiten sich im Beton der schädliche Anteil sehr viel schneller anreichern, wenn die schädliche Flüssigkeit in das Innere des Betons eindringen kann, als dann, wenn sie nur auf die Oberfläche einwirkt. Das einfachste Mittel, die Oberfläche des Betons zu verkleinern, die schädliche Einwirkung der Wässer also zu verhindern oder praktisch ganz auszuschließen, ist demgemäß die Herstellung eines möglichst dichten Betons, bei welchem dem schädlichen Wasser der Eintritt verwehrt ist. Am besten werden die Verhältnisse klar, wenn man sich die stark verschiedene Lösungsgeschwindigkeit von Kandiszucker und Würfelzucker vorstellt: obgleich beide Zuckerarten die gleiche Löslichkeit im Wasser besitzen, löst sich ein Stück Würfelzucker in langsam bewegtem Wasser in wenigen Sekunden auf, während der Kandiszucker unter den gleichen Bedingungen tagelang beständig bleibt; mit anderen Worten, das Stück dichten Kandiszuckers hat bei dem gleichen Rohstoff gegenüber dem porösen Würfelzucker eine viel dutzendfach längere Lebensdauer, und zwar deshalb, weil der Würfelzucker nach 15 Sekunden eine Wasseraufnahme von 31,5%, der Kandiszucker unter den gleichen Bedingungen eine Wasseraufnahme von 0,93% hat.

Ein zu großer Gehalt an feinen Anteilen „verdünnt" den Zement, da zur Herbeiführung der Erhärtung alle Zuschlagsteilchen von Zementleim umhüllt werden müssen. Zuschläge mit zu viel Feinem brauchen also viel Zement oder geben schlechte Festigkeit.

Tabelle 23. Oberflächenwachstum eines Würfels bei zunehmender Zerteilung.

Seitenlänge	Anzahl der Würfel	Gesamte Oberfläche
1 cm	1	6 cm²
1 mm	10^3	60 cm²
0,1 mm	10^6	600 cm²
0,01 mm	10^9	6000 cm²
0,001 mm = 1 μ	10^{12}	6 m²
0,1 μ	10^{15}	60 m²
0,01 μ	10^{18}	600 m²
0,001 μ	10^{21}	6000 m²

Wie außerordentlich schnell und stark bei Unterteilung des Sandes in feine und feinste Anteile die Oberfläche zunimmt, zeigt nebenstehende Tabelle[1].

Zur Erläuterung soll bemerkt werden, daß die Zement-Kornanteile zu rund 80 % feiner sind als 0,060 mm. Ton kann unter Umständen noch feiner verteilt sein.

Die Verdichtungsarbeit wirkt in ähnlicher Weise wie das Korngrößenverhältnis. Ein stark verdichteter Beton wird natürlich mehr Masse enthalten als weniger verdichteter und deshalb geringere

[1] Erk: Die Bedeutung von Grenzflächenvorgängen in der Technik. Die Umschau 1935 Heft 47.

Porosität, dafür aber größere Festigkeit und höheres Gewicht aufweisen, als der wenig verdichtete und deshalb porenhaltige Beton.

Bei Stampfbeton, der sich natürlich sehr viel schwerer verarbeiten läßt, als plastischer Beton, ist, wenn große Dichtigkeit verlangt wird, sehr große Stampfverdichtungsarbeit notwendig, also am besten die Heranziehung von Luftstampfern oder starkes Rütteln, gegebenenfalls unter Druck.

Der Wassergehalt beeinflußt sehr stark die Verarbeitbarkeit und damit auch die Möglichkeit der Verdichtung. Während ein erdfeuchter Beton gestampft werden muß, ist beim plastischen Beton ein Stampfen nicht möglich, man begnügt sich mit Stochern oder mit Erschütterung des Betons durch Vibrationsapparate oder der Schalung durch Lufthämmer. Auch das Mischen im Vakuum hat sich für die Verdichtung als vorteilhaft erwiesen, da hierbei der Luftanteil aus dem Beton zunächst herausgesaugt und bei Herstellung des gewöhnlichen Luftdruckes der Beton mit einer Atmosphäre Druck zusammengepreßt wird.

Der Gußbeton, in welchem ein Teil des Anmachwassers als Transportmittel dient, ergibt den leichtesten Beton, da in ihm der Zementleim am wasserhaltigsten und damit am leichtesten ist, denn nicht nur die Verarbeitungsart wirkt auf den Aufbau des Betons, sondern auch die Art des Zementleims, der je nach dem Wassergehalt mehr oder weniger dicht sein kann.

Bei Versuchen über die Gewichts- und Wasseraufnahmen der verschiedenen Betonarten und die entsprechenden Verhältnisse beim Zementleim wurden die Zahlen der Tab. 39 und 40, S. 148, gefunden.

Die Zementart spielt selbstverständlich auch eine Rolle, und zwar insofern, als ein Zement mit porösen Anteilen einen leichteren Zementleim ergeben wird als ein stark gesinterter. So ist der Zementleim aus Schachtofenzement leichter als derjenige aus Drehofenzement. Ebenso ist naturgemäß traßhaltiger Zementleim leichter als traßfreier.

Der Zementgehalt ist schließlich gleichfalls von Einfluß. Ein Mangel an Zement wird hauptsächlich bei grobkörnigen Zuschlagsstoffen mit wenig feinen Anteilen Porosität hervorrufen. Ein Überschuß an Zement dagegen wird die Schwindung begünstigen, da der pure Zementleim sehr stark zum Schwinden neigt.

Chemischer Aufbau.

Die chemische Zusammensetzung der einzelnen Komponenten ist maßgebend am Aufbau des Betons beteiligt. Zuschläge, die sich leicht in Säure lösen, können deshalb nicht zu Betonbauten verwendet werden, die voraussichtlich starken Säurewirkungen ausgesetzt sind. Für diese Bauwerke wird also Hochofenstückschlacke oder Kalkstein abzulehnen sein, obgleich diese sich als Zuschläge in vielen Fällen bewährt haben. Bemerkenswert ist, daß bei schwacher Säurewirkung sich säurelösliche Zuschläge besser bewährten als säureunlöslicher Kies. So hat sich in dem infolge Gehaltes an freier Schwefelsäure sehr stark aggressiv wirkenden Wasser des Presseler Moores bei Freilagerungsversuchen des Deutschen Moorausschusses Beton, der auf meinen Vorschlag hergestellt

8*

war mit Kalkstein ($CaCO_3$) als Zuschlag, in vielen Jahren langer Lagerung viel besser gehalten als Beton mit Kieszuschlag aus dem gleichen Zement. Der Querschnitt der Platten mit Kalksteinzuschlag hatte sich zwar verringert, der Zuschlag hatte sich oberflächlich aufgelöst, der Zementleim war aber als Steg zwischen den Zuschlagsstücken stehengeblieben und Treiberscheinungen, welche die Quarzkiesplatten teilweise gänzlich zerstört hatten, waren ausgeblieben. Der Kalksteinzuschlag hatte also die schädliche Wirkung der Säure abgefangen, vom Zement ferngehalten und diesen damit vor der Zerstörung bewahrt.

Die Zementart kann die chemische Zusammensetzung des Betons in weitem Maße bestimmen. Beton aus Portlandzement ist jeweils durch einen hohen Kalkgehalt gekennzeichnet, während Hüttenzemente bei gleichem Zementgehalt kalkärmere Betone ergeben. Die nachträgliche Feststellung der in einem Beton verwendeten Zementart ist durch Analyse möglich. Hüttenzemente sind an ihrem Gehalt an Sulfidschwefel zu erkennen. Tonerdezementbeton andererseits enthält einen entsprechend hohen Gehalt an Tonerde. Nicht einfach liegen die Verhältnisse, wenn der Beton aus Traßzement oder Bindemitteln mit unlöslichen Steinmehlzusätzen hergestellt wurde, oder wenn der Zuschlag Kalkstein oder andere säurelösliche Stoffe enthält. In einem solchen Falle läßt sich bei der Analyse nicht erkennen, welche Anteile aus dem Zement und welche aus dem Zuschlag stammen.

Die Zementart vermag die Aggressivbeständigkeit von Beton sehr weitgehend zu erhöhen. Die kalkarmen Tonerdezemente und der Hüttenzement, in welchem neben kalkabspaltendem Portlandzement stark kalkbindende Hochofenschlacke vorhanden ist, haben sich bei vielen Meerwasserbauten besonders gut bewährt.

Zusätze wirken selbstverständlich auf die chemische Zusammensetzung: Wasserglas und Kalziumchlorid führen oft nachträglich zu recht unangenehmen Ausblühungen und müssen deshalb bei Bauwerken, bei denen solche Ausblühungen stören, vermieden werden.

Der chemische Aufbau des Betons kann, wenn der Beton mit schädlichen Salzwässern in Berührung gekommen ist, unter Umständen tiefgreifende Veränderungen erfahren. Bei Zersetzungsvorgängen durch freie Säuren kann beispielsweise eine Auflösung von Kalk und damit eine mehr oder weniger weitgehende Kalkverarmung eintreten. Bei Einwirkung magnesiumsulfathaltiger Wässer z. B. reichert sich der Beton mit Sulfat und Magnesiumhydroxyd an.

Im nachfolgenden sind: Die Einwirkung der Kornzusammensetzung, des Zementgehaltes, des Wasserzusatzes und der Zusatzstoffe in der gleichen Weise abgehandelt wie im Abschnitt I, S. 6: Rohstoffe.

A. Kornzusammensetzung der Zuschlagstoffe.

Da der Zuschlag mengenmäßig den Hauptbestandteil des Betons darstellt, ist neben seinen stofflichen Eigenschaften, über die das Notwendige im I. Abschnitt S. 6 gesagt ist, die Kornzusammensetzung von ausschlaggebendem Einfluß. Grobe Zuschläge haben eine verhältnismäßig kleine Oberfläche, bei ihrer Anwendung wird also die Zementeinheit einer verhältnismäßig geringen Oberfläche gegenüberstehen; sie werden also zur Bindung weniger Zement benötigen als feine Zuschläge, die eine sehr viel größere Oberfläche aufweisen. Sie ergeben aber bei Anwendung geringer Zementmengen einen porösen Beton, da die großen Hohlräume schwer zu füllen sind. Sollen die Hohlräume gefüllt werden, so ist großer Zementaufwand oder besonders starke Verdichtung (Rütteln, Walzen bei Straßen) nötig.

Ein Zuschlag mit genügendem Anteil an feinem Korn wird ein dichteres Gefüge ergeben. Feine Stoffe haben aber eine ungeheuer viel größere Oberfläche als grobe, deshalb wird zur Bindung und zu ihrer Umhüllung sehr viel Zementleim nötig sein. Der Zement wird also im Innern des Betons gleichsam verdünnt, da jedes kleine Sandkörnchen Zement verbraucht. Die Folge ist trotz erheblichen Zementverbrauchs schlechte Festigkeit (vgl. Tab. 23). Es müssen demgemäß folgende Anforderungen von einem guten Zuschlag erfüllt werden: Er soll geringste Hohlräume zwischen den Körnern aufweisen, dabei aber eine möglichst geringe Oberfläche haben. Dabei ist es keineswegs notwendig, daß alle Korngrößen wie die Orgelpfeifen gestaffelt vertreten sind, sondern eine Korngröße kann auch fehlen oder in geringen Mengen zugegen sein. Stehen bei Sanden, wie das z. B. bei Rheinsand und vielen anderen, sowie bei gut gebrochenen Splitten der Fall ist, alle Korngrößen zur Verfügung, so arbeitet man so, daß jeweils die kleinere Korngrößengattung ungefähr die Zwischenräume der nächstgrößeren ausfüllt, wobei für gleichzeitige Anwesenheit möglichst großer Anteile zu sorgen ist, denn die Dichte eines Betons nimmt mit wachsender Korngröße zu. Fuller hat festgestellt, daß bei gleichem Zementgehalt ein Beton mit der gröbsten Korngröße von 57 mm weniger wasserdurchlässig ist als ein Beton mit der gröbsten Korngröße von 25 mm; dieser letztere ist wieder dichter als ein Beton mit der maximalen Korngröße von 12,5 mm [1].

Die weitgehende Abhängigkeit der Betoneigenschaften vom Korngrößenverhältnis geht aus der Abb. 69 auf Seite 128 hervor. Es wurde ein normaler Rheinkiessand durch Absieben auf 5 Sieben in verschiedene Korngrößenanteile zerlegt und aus diesen durch Zusammenmischen verschiedene Kunstkiese hergestellt, die sich voneinander durch verschiedenen Gehalt an den einzelnen Kornstufen unterscheiden. Die einzelnen Kunstkiese wurden mit dem gleichen Zement zu Beton verarbeitet und dessen Eigenschaften ermittelt. Die diesbezüglichen Zahlen enthält die Tab. 26 auf Seite 128; die mit der Steinsäge durchschnittenen entsprechenden Betonkörper sind gleichfalls wiedergegeben [2].

---

[1] Fuller u. Thompson: Engng. News Rec. Bd. 57 (1907) S. 599.

[2] Dies Verfahren des Durchsägens der Betonproben zum Vergleich der Struktur verschiedener Betone wird grundsätzlich in dem mir unterstellten Institut durchgeführt, da es neuerdings sich als praktisch und instruktiv erwies. Es kann für die Erkenntnis der inneren Struktur verschiedener Betone empfohlen werden, da es das Auge, welches so häufig ausgeschaltet und durch Formeln und Zahlen ersetzt wird, wieder in sein angestammtes und wichtiges Recht als bestes Beobachtungsorgan des Menschen einsetzt und der so wichtigen „praktischen Erfahrung“ zu ihrem Recht verhilft.

Die ungünstige Auswirkung eines zu hohen Sandgehaltes zeigen die Mischungen x und F, während D den nachteiligen Einfluß des Mangels an feinen Bestandteilen (Sand) beweist.

1. Bestimmung des Korngrößenverhältnisses der Zuschlagstoffe.

Zur Kennzeichnung eines Zuschlagstoffes hinsichtlich seiner Kornabstufung bedient man sich der Sieblinien. Diese stellen die Beziehung zwischen der Maschenweite bzw. dem Lochdurchmesser der jeweils benutzten Siebe und dem Durchgang des Siebgutes dar und geben an, wieviel Prozent jeder Kornstufe in dem Zuschlag enthalten sind. Die Sieblinien werden gezeichnet nach dem Ergebnis einer Körnungsanalyse durch Absiebung des Zuschlagstoffes auf mehreren Sieben mit verschieden großen Sieböffnungen. Dabei werden die Körnungen unter 1 mm durch Maschensiebe nach DIN 1171 und die Körnungen von 1 mm und darüber durch Rundlochsiebe nach DIN 1170 ermittelt.

Abb. 62. Grafscher Siebsatz.

a) Probenahme.

Sehr wichtig für ein einwandfreies Siebergebnis, das dem Durchschnitt des zu prüfenden Zuschlagstoffes entspricht, ist die Probenahme. Die Richtlinien für Fahrbahndecken[1] z. B. schreiben deshalb vor (Teil VI. C. 3. a): „Vor dem Abladen werden an verschiedenen Stellen, auch in verschiedenen Höhenlagen, rd. 50 kg der Zuschlagstoffe entnommen und nach gutem Durchmischen hieraus die für den Siebversuch erforderliche Menge abgetrennt und getrocknet.“

b) Siebgeräte.

Am zweckmäßigsten arbeitet man mit dem Grafschen Siebsatz der Techn. Hochschule Stuttgart[2]. Dieser Siebsatz besteht (Abb. 62) aus viereckigen, 10 cm hohen Kastensieben mit 40 cm Seitenlänge, deren Siebe folgende Öffnungen haben:

Tabelle 24. Sieböffnung des Grafschen Siebsatzes.

	Maschensieb	Rundlochsiebe					
Sieböffnung in mm . .	0,2	1	3	7	15	30	50

[1] Direktion der Reichsautobahnen: Richtlinien für Fahrbahndecken. Ausgabe April 1936.
[2] Graf: Der Aufbau des Mörtels und des Betons. S. 112ff. Berlin 1930.

Die einzelnen Siebkästen werden in der Reihenfolge der Lochdurchmesser aufeinandergestellt und durch Leisten festgehalten, so daß sich das Sieb mit 50 mm Lochdurchmesser oben befindet, während das feinste Sieb mit 0,2 mm Maschenweite als unterstes in einem an Ketten aufgehängten Rahmen sitzt, der nach unten durch einen Kasten zur Aufnahme des durch das 0,2-mm-Maschensieb hindurchfallenden Staubes abgeschlossen ist.

Mit diesem Siebsatz, dessen Anschaffungspreis verhältnismäßig gering ist, läßt sich eine Siebung bequem durchführen. An Stelle der Durchrüttelung des Siebgutes von Hand kann man natürlich die Siebung auch maschinell durchführen, indem man den Siebsatz z. B. in den entsprechend konstruierten Siebrahmen einer Elektrovibrationsvorrichtung einsetzt, wie sie von der Fa. Fraissinet, Chemnitz, angeboten wird.

c) Siebversuch.

Die Absiebung selbst ist (nach den Richtlinien für Fahrbahndecken Teil VI. C. 3. b) wie folgt vorzunehmen: Zu den Siebversuchen werden bei Sand 3 Proben zu je 3000 g und bei Körnungen über 7 mm 3 Proben zu je 5000 g entnommen. Das abgewogene und in die übereinander gesetzten Siebe des Grafschen Siebsatzes eingeschüttete Siebgut wird solange gesiebt, bis nahezu nichts mehr durchfällt. Jedes Sieb wird einzeln über einer Papierbahn nachgeprüft. Der Rückstand auf den einzelnen Sieben und auf dem Boden des Siebsatzes wird gewogen. Hierbei wird folgendermaßen vorgegangen: Zu dem zuerst auf dem größten Sieb ermittelten Rückstand wird jeweils der auf dem nächstfolgenden Sieb vorhandene zugezählt. Dieser Wert gibt dann den Gesamtrückstand über den einzelnen Sieben an und wird, wie das im folgenden durchgeführte Beispiel zeigt, in einen Vordruck (Tab. 25) eingetragen. Ist am Ende der Siebung vom gesamten Siebgut mehr als 1% verlorengegangen, dann ist die Siebung ungültig und zu wiederholen.

Tabelle 25. Beispiel einer Siebanalyse (angewendete Menge 5 kg Kies).

Versuche Nr.	Siebrückstand auf dem Sieb mit 0,2 mm Maschenweite	1	3	7	15	30	50	Siebgut nach dem Versuch g
		mm Lochdurchmesser						
1	4962	3474	2214	1368	699	0	0	4998
2	4932	3481	2150	1270	765	0	0	4985
3	4937	3522	2218	1256	782	0	0	4987
Summe g	14831	10477	6582	3894	2246	0	0	14970
Mittel g	4944	3492	2194	1298	749	0	0	4990
Mittel %	99	70	44	26	15	0	0	100
Siebdurchgang %	1	30	56	74	85	100	—	—

Maßgebend für die Bewertung des Zuschlagsstoffes ist das Mittel aus 3 gültigen Einzelbestimmungen. Die Mittelwerte, jeweils auf 100 Teile umgerechnet, ergeben, vom Gesamtsiebgut gleich 100% abgezogen, die Siebdurchgänge durch die einzelnen Siebe, wie aus der letzten Zeile der obigen Tabelle hervorgeht.

2. Kennzeichnung und Bewertung der Zuschlagstoffe nach der Kornzusammensetzung.

Die in der oben geschilderten Weise erhaltenen prozentualen Siebdurchgänge werden aufgezeichnet und zwar als Ordinaten zu den auf der Abszisse dekadisch, z. B. Abb. 64, oder logarithmisch, z. B. Abb. 68, abgetragenen Lochdurchmessern der Siebe und ergeben dann die den betreffenden Zuschlagstoff kennzeichnende Siebkurve. Je nach der Kornzusammensetzung des Kiessandes ist der Verlauf der Sieblinien verschieden. Bei hohem Sandgehalt z. B. steigt die Siebkurve vom Nullpunkt aus gleich steil an, um allmählich in die Waagerechte überzugehen, während umgekehrt, wenn der Anteil an Kies, Splitt oder Schotter überwiegt, die Kurve nach einem anfänglichen flachen Verlauf erst im Bereich grober Korngrößen ansteigt. Sind alle Kornstufen in dem Zuschlag enthalten, so tritt diese Gleichmäßigkeit in einem stetig ansteigendem Verlauf der Sieblinie in die Erscheinung. Fehlt dagegen z. B. die Körnung 3—7 mm, so kann in diesem Körnungsbereich die Kurve natürlich auch nicht ansteigen, sondern läuft der Waagerechten parallel. Da der Einfluß der Zuschlagstoffe auf die Eigenschaften des Betons vornehmlich bestimmt wird durch den Gehalt an Sand und Feinkorn, während der Einfluß des Grobzuschlags zurücktritt, so empfiehlt es sich, für die Sieblinie eine Darstellungsweise zu wählen, welche in den Feinkornaufbau des Zuschlags gegenüber den groben Anteilen einen tieferen Einblick vermittelt. Dementsprechend wird vielfach bei dem zur Einzeichnung der Sieblinien benutzten Koordinatensystem die Abszisse logarithmisch geteilt (vgl. Abb. 68, 70—73), so daß die Kornstufenbereiche mit ansteigender Korngröße abnehmen, die wichtigen Feinsandanteile also sich über einen breiteren Raum erstrecken als die groben Bestandteile.

a) Sieblinien günstigster Kornzusammensetzung.

Fuller entwarf als erster eine Kurve der günstigsten Kornzusammensetzung, welche auch heute noch vielfach als Idealkurve betrachtet und als Richtlinie für die Verbesserung ungünstiger Zuschlagsgemische herangezogen wird[1]. Die Fuller-Kurve bezieht sich nicht auf den Zuschlagstoff allein, sondern umfaßt den gesamten Kornaufbau der Betontrockenmischung einschließlich Zement und besagt folgendes: Ein Beton weist dann die günstigste Kornzusammensetzung auf, wenn von der Mischung Zement und Zuschlag

1. bei Verwendung natürlichen Kiessandes 33,4 Gew.-%,
2. bei gebrochenen Zuschlägen 35,7 bis 36,1%,

rd. also $^1/_3$ aus Körnungen besteht, die kleiner sind als $^1/_{10}$ des größten Korndurchmessers.

Dabei folgt der Kornaufbau der feinen Anteile einer Ellipse und die Kornzusammensetzung der groben Bestandteile einer Geraden (Abb. 63).

[1] Will. B. Fuller u. Sandford E. Thompson: Gesetze der Zusammensetzung von Beton. Engng. News Rec., May 1907 S. 599 vgl. auch u. a. Dyckerhoff & Widmann (Spithaler, Gary): Dtsch. Ausschuß f. Eisenbeton 1922 Heft 51.

Fuller schreibt also eine regelmäßige Abstufung nicht nur der feinen Körnungen, sondern auch der groben Kies- und Splittbestandteile vor und bemißt den Feinsandanteil jeweils nach dem gröbsten Korn.

Demgegenüber haben Graf und andere[1] gefunden, daß die Kornzusammensetzung der groben Bestandteile von untergeordneter Be-

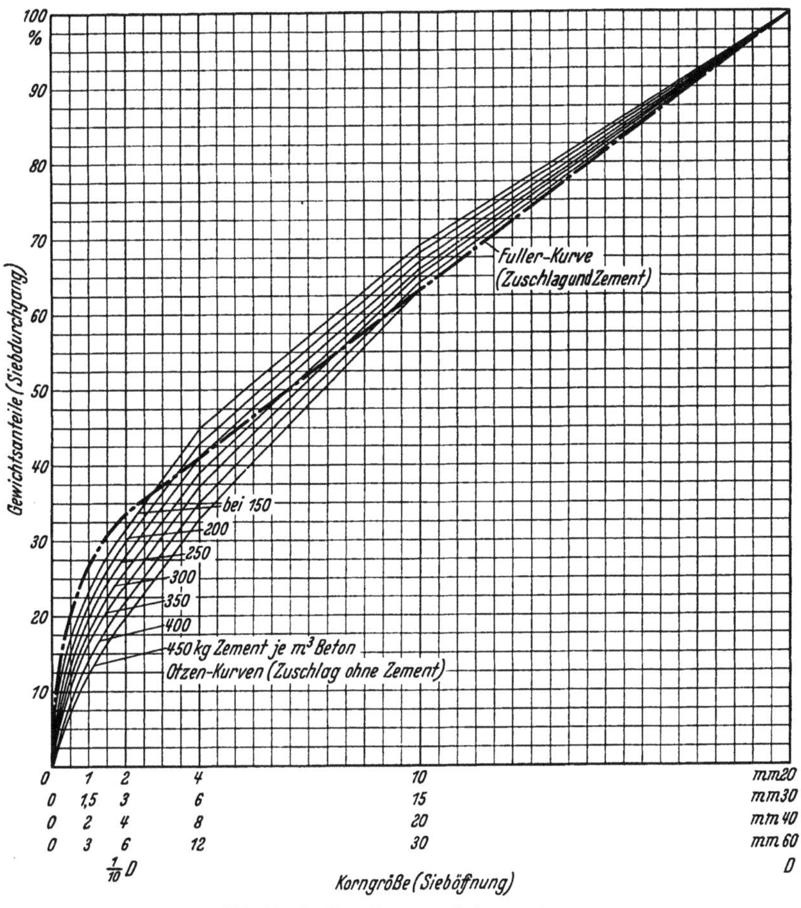

Abb. 63. Fuller-Kurve und Otzen-Kurve.

deutung ist und daß für die Festigkeit des Betons in erster Linie die Mörtelfestigkeit maßgebend ist. Die Mörtelmenge muß nur groß genug sein, etwa 40—60%, um die groben Zuschläge vollkommen zu umschließen.

Die Grafsche Kurve der zweckmäßigen Kornzusammensetzung beschränkt sich also auf den Mörtel, d. h. auf die Mischung Zement und

[1] Graf: Der Aufbau des Mörtels und Betons. 3. Aufl. S. 20ff. Berlin 1930. — Pfletschinger: Der Einfluß der Grobzuschläge auf die Güte von Beton. Zementverlag, Berlin 1929. — Hummel: Das Beton-ABC. Berlin 1935.

Sand bis 7 mm, und zwar ergibt sich bei Verarbeitung mit Flußsand der günstigste Linienzug (Abb. 64), wenn $^1/_4$ des gesamten Trockenmörtels durch das Sieb mit 0,2 mm Maschenweite, rd. $^1/_3$ durch das Sieb mit 1 mm Lochdurchmesser und rd. $^2/_3$ durch das Sieb mit 3 mm Lochdurchmesser hindurchfallen. Bei Verarbeitung von langsplitterigen Quetschsanden ist, wie die Abb. 64 zeigt, ein höherer Gehalt an Feinsand erforderlich.

Die Fuller- und die Grafsche Kurve gelten für die Gesamttrockenmischung einschließlich Zement. Der Kornaufbau des Zuschlagstoffes allein läßt sich daraus aber nicht ohne weiteres ablesen. Die Kurven für den Zuschlag ändern sich vielmehr mit dem Zementgehalt und müssen von Fall zu Fall besonders errechnet werden, ein Umstand, welcher die Anwendung dieser Kurve vor allem bei der Prüfung der Verbesserungsmöglichkeiten der Zuschlagstoffe erschwert.

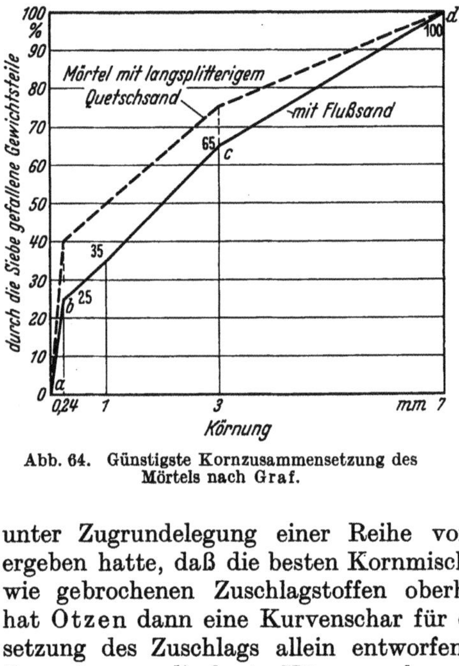

Abb. 64. Günstigste Kornzusammensetzung des Mörtels nach Graf.

Otzen hat deshalb berechnet, welchen Verlauf für verschiedene Zementgehalte die Sieblinien der Zuschlagstoffe allein zeigen müssen, um einen Beton zu ergeben, welcher in seinem Kornaufbau der Fuller-Kurve folgt[1]. Unter Benutzung dieser Fuller-Kurve für den Zuschlag und unter Zugrundelegung einer Reihe von Versuchen, bei denen sich ergeben hatte, daß die besten Kornmischungen sowohl aus natürlichen wie gebrochenen Zuschlagstoffen oberhalb der Fuller-Kurve liegen, hat Otzen dann eine Kurvenschar für die günstigste Kornzusammensetzung des Zuschlags allein entworfen (Abb. 63), aus der für jede Zementmenge die beste Körnung ohne weitere Umrechnung abgelesen werden kann.

Auch Hermann hat eine Kurve für die günstigste Zuschlagsmischung ohne Zement aufgestellt, indem er aus 5 Korngrößen (0/0,2, 0,2/0,6, 0,6/2, 2/7 und >7) experimentell aus dem Porenraum der einzelnen Körnungen und der Körnungsgemische diejenige Mischung ermittelte, welche den geringsten Porenraum ergab[2].

Zieht man nun praktisch eine dieser Kurven als Vergleichsmaßstab zur Bewertung des Korngrößenverhältnisses eines anfallenden Zuschlagstoffes heran, so findet man, daß nur ausnahmsweise einmal das Zu-

---

[1] Otzen: Beton im Straßenbau. Betonstraße 1928 Nr. 7, 8, 10 und 12 S. 170, 194, 250, 326 ff.

[2] Hermann: Über Beton zum Unterbau von Asphaltstraßen. Bauing. 1923 S. 18 ff.

schlagmaterial eine Sieblinie aufweist, die mit dieser Idealkurve genau übereinstimmt. Fast immer werden wir mehr oder weniger weitreichende Unterschiede finden, und es entstehen dann Zweifel, wie weit die Sieblinien von der Idealkurve abweichen können, ohne daß eine Beeinträchtigung der Betoneigenschaften zu erwarten ist. Man ist deshalb dazu übergegangen, anstatt eine einzelne Kurve als Vergleichsmaßstab zu wählen, aus der Summe aller möglichen Körnungskurven ein bestimmtes Gebiet abzugrenzen, welches alle günstigen Kornzusammensetzungen umfaßt.

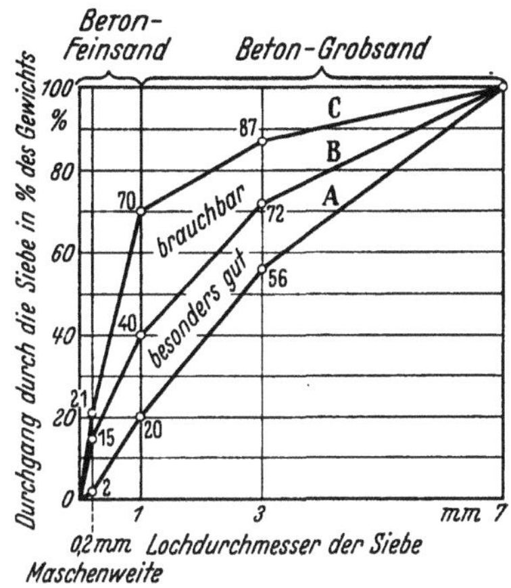

Abb. 65. Siebkurven aus den Eisenbetonbestimmungen für Sand.

Demzufolge sind in den Bestimmungen des Deutschen Ausschusses für Eisenbeton DIN 1045 für die Beurteilung der Sieblinien von Sand und Kies Felder für „besonders guten" und noch „brauchbaren" Sand bzw. Kiessand abgegrenzt, in denen die Sieblinien schwanken können. Es heißt in Abschnitt II § 7, Ziff. 2b: „Die Zusammensetzung des Sandes soll zwischen den Sieblinien *A* und *C* der Abb. 65 (DIN 1045, Bild 1) liegen, diejenige des Gemisches aus Sand und Feinkies oder Splitt zwischen den Linien *D* und *F* der Abb. 66 (DIN 1045, Bild 2). Die Sieblinie des Brechsandes sollte in der Regel nicht tiefer liegen als in der Mitte zwischen den Linien *A* und *B* der Abb. 65.

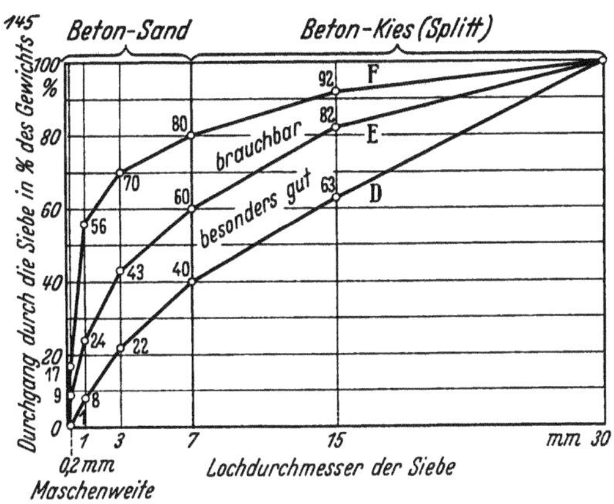

Abb. 66. Siebkurven aus den Eisenbetonbestimmungen für Kies.

In der Regel genügt es, den Anteil des Feinsandes (0—1 mm) und des Grobsandes (1—7 mm) festzustellen. Der Sand soll mindestens 20% und höchstens 70% Feinsand enthalten (Abb. 65). Im Gemisch aus Sand und Kies, Splitt oder Steinschlag sollen mindestens 40 % und höchstens 80% Sand (0—7 mm) sein (Abb. 66).

Als besonders gute Zuschläge gelten solche, deren Sieblinien zwischen den Linien *A* und *B* (Abb. 65) bzw. *D* und *E* (Abb. 66) liegen."

Für Straßenbeton, der im allgemeinen erdfeucht eingebracht wird, verwendet man, um seine Verarbeitbarkeit zu verbessern, zweckmäßig einen Zuschlag mit etwas höherem Sandgehalt. Die Richtlinien für Fahrbahndecken (Teil II *A*, 2, d) schreiben deshalb auch für die Zuschlagsmischung eine Kornzusammensetzung vor, deren Sieblinien, wie aus der Abb. 67 hervorgeht, zwischen den Kurven *J* und *K* verlaufen

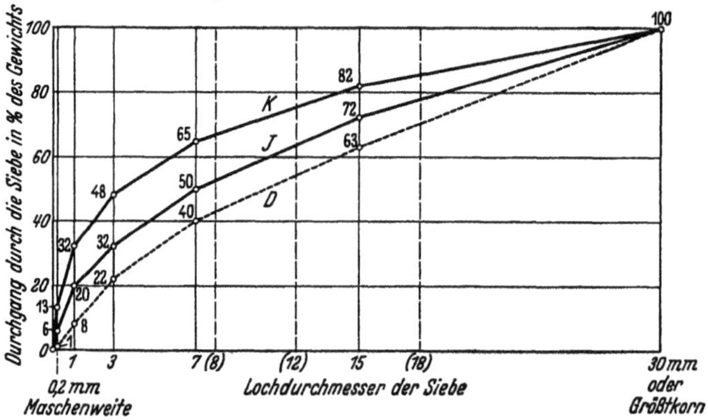

Abb. 67. Siebkurve für Beton für Fahrbahndecken.

oberhalb der Sieblinie *D* nach den Bestimmungen des Deutschen Ausschusses für Eisenbeton. Diese Kurven grenzen einen Raum um die Kurve *E* (nach DIN 1045) ab, welcher besonders günstige Korngemenge für Straßenbeton umfaßt.

In welchem Mengenverhältnis die einzelnen Korngrößen zueinander stehen in Kiessanden, welche entsprechend den Grenzkurven *D*, *E* und *F* zusammengesetzt sind, zeigt Abb. 69.

b) Feinheitsmodul und Körnungsfläche.

Die Beurteilung des Zuschlagstoffes nur durch Vergleich seines Sieblinienverlaufs mit einer Idealkurve kann aber nicht immer befriedigen. Wie die Praxis gezeigt hat, können nämlich Mörtel- und Betonzuschläge, auch wenn sie in ihrer Kornabstufung nicht einer Idealkurve entsprechen, und ihre Sieblinien auch nicht immer innerhalb der Grenzen für besonders guten Betonkies verlaufen, trotzdem gute Betonfestigkeiten liefern. Ein Straßenbeton z. B., in dem im Hinblick auf eine hohe Verschleißfestigkeit grobe Hartgestein-Splittkörner dicht gedrängt in einer leicht beweglichen Mörtelgrundmasse eingebettet sind, dessen Zuschlagskurve also unstetig, beispielsweise zum Teil unterhalb, zum anderen Teil oberhalb der Fuller-Kurve verläuft, weil das Mittelkorn fehlt, braucht deshalb in seiner Festigkeit noch keineswegs hinter einem der Fuller-Kurve entsprechend aufgebauten Beton zurückzubleiben. Es lag daher nahe, die Sieblinien in anderer Weise auszuwerten und für die Zuschlagstoffe einen Vergleichsmaßstab zu suchen, welcher vor allem die noch brauchbaren Mischungen bei unstetigem Sieblinienverlauf berücksichtigte.

Grundlegend sind hier die Untersuchungen von Abrams[1], welcher zur Kennzeichnung der Zuschlagstoffe den nach ihm benannten Fein-

[1] Abrams: The design of Concrete mixtures. Bulletin I. Chicago 1921.

heitsmodul eingeführt hat. Danach ist nicht mehr der Sieblinienverlauf als solcher ausschlaggebend, sondern als Wertmesser gilt die durch 100 geteilte Summe der Rückstände über den Sieben des Tylerschen Siebsatzes, bei dem jedes der aufeinanderfolgenden Siebe eine doppelt so große Sieböffnung hat wie das vorherige. Alle Zuschlagstoffe, welche die gleiche Summe der Siebrückstände, d. h. den gleichen Feinheitsmodul aufweisen und zwar fallen darunter nicht nur solche mit stetig ansteigenden Sieblinien, sondern auch Mischungen, in denen einzelne Körnungen völlig fehlen können, haben einen praktisch gleichen Wasseranspruch und geben dieselbe Festigkeit. Allerdings gilt diese Regel nur, wenn die Zuschläge in ihrem Körnungsaufbau nicht so weit voneinander abweichen, daß dadurch die Verarbeitbarkeit des Betons wesentlich verändert wird.

Der Abramssche Feinheitsmodul ist von der Zahl und Art der benutzten Siebe abhängig; er ist für den Tylerschen Siebsatz aufgestellt und sein Wert ist deshalb mit einer auf einem anderen Siebsatz entsprechend gewonnenen Kennziffer nicht ohne weiteres vergleichbar.

Hummel hat die Lehre von den Feinheitsziffern weiter entwickelt und gezeigt, in welcher Form der Feinheitsmodul auch bei Verwendung eines beliebigen Siebsatzes als Vergleichsmaßstab allgemein angewendet werden kann[1]. An Stelle der Summe der Siebrückstände auf dem amerikanischen Siebsatz wählt Hummel nämlich als Kennziffer die Größe der Fläche, welche nach Einzeichnung der Siebkurve in ein Koordinatensystem mit logarithmischer Abszissenteilung (Abb. 68) von dieser Siebkurve und nach oben von den Koordinaten begrenzt wird. Zwischen dieser Fläche und dem Abramsschen Feinheitsmodul besteht eine einfache Beziehung. Man kann sich nämlich die Hummelsche Körnungsfläche, wenn man von dem Tylerschen Siebsatz ausgeht, aus einzelnen Rechtecken zusammengesetzt denken, deren eine Seite jeweils der dem Siebrückstand entsprechenden Ordinate (Mittellinie) gleich ist und deren Grundlinie der bei der logarithmischen Teilung stets gleiche, nämlich die Länge $10 \cdot \log 2 = 3{,}01$ cm betragende Abstand zweier aufeinanderfolgender Sieböffnungen ist. Die Körnungsfläche hat demnach bei der von Hummel vorgeschlagenen Koordinatenteilung zahlenmäßig den 30,1 fachen Wert des Abramsschen Feinheitsmoduls. Für die Bestimmung dieser Körnungsfläche ist es nun aber vollkommen belanglos, mit welchen Sieben die Sieblinien ermittelt wurden oder welche Kornunterteilung man wählt; und darin liegt der Vorteil der Hummelschen Körnungsfläche, daß sie nämlich allgemein anwendbar ist, während die Anwendung des Abramsschen Feinheitsmoduls die Bestimmung der Siebrückstände auf dem Tylerschen Siebsatz zur Voraussetzung hat. Man berechnet die Körnungsfläche in der Weise, daß man die Fläche in 1 cm breite Streifen zerlegt und deren Mittellinien addiert, oder indem man die Inhalte der Trapeze, welche von den Koordinaten und den den einzelnen Körnungen entsprechenden Sieb-

[1] Hummel: Die Auswertung von Siebanalysen und der Abramssche Feinheitsmodul. Zement 1930 Nr. 15 S. 355. — Das Beton-ABC. Berlin 1935.

linienabschnitten gebildet werden, jeweils durch Multiplikation der Mittellinie mit dem Abstand zweier aufeinanderfolgender Sieböffnungen bestimmt und zusammenzählt, wie im folgenden Beispiel gezeigt wird:

In Abb. 68 sind verschiedene Sieblinien in dem von Hummel angegebenen Maßstab — Senkrechte (Siebrückstand) : 100% = 10 cm; Waagerechte (Korngröße) : log 1 = 10 cm — aufgezeichnet, so die Grenzkurven nach DIN 1045 (D, E, F) und den Richtlinien für Fahrbahndecken (J, K) sowie eine Sieblinie x in der Mitte zwischen E und F, und eine unstetig verlaufende Kurve y, welche einem Zuschlag ohne Mittelkorn entspricht. Für die Kurve J z. B. berechnet sich die — schraffiert umrandete — Hummelsche Körnungsfläche F wie folgt:

$$\text{Trapez I} = \frac{10,0 + 9,4}{2} \cdot 3,0 = 29$$

$$\text{„ II} = \frac{9,4 + 8,0}{2} \cdot 7,0 = 61$$

$$\text{„ III} = \frac{8,0 + 6,8}{2} \cdot 4,8 = 36$$

$$\text{„ IV} = \frac{6,8 + 5,0}{2} \cdot 3,7 = 22$$

$$\text{„ V} = \frac{5,0 + 2,8}{2} \cdot 3,3 = 13$$

$$\text{„ VI} = \frac{2,8 + 0,0}{2} \cdot 3,0 = 4$$

$$\text{Summe} = F_J = \mathbf{165}$$

Führt man dieselbe Berechnung auch für die übrigen Sieblinien durch, so erhält man die in Tab. 26 mitgeteilten Zahlen.

Mit ausreichender Genauigkeit läßt sich aus der Abb. 68 auch für eine Zuschlagsmischung, deren Sieblinie z. B. mit dem Grafschen Siebsatz ermittelt wurde, der Abramssche Feinheitsmodul F_m ermitteln. Hierzu ist in Abb. 68 auf der Abszisse auch noch der Tylersche Siebsatz abgetragen. Addiert man die Strecken, welche auf den Ordinaten zu den Sieböffnungen des Tylerschen Siebsatzes durch die Sieblinien abgeteilt werden, also angenähert jeweils die einzelnen Rückstände auf den Tyler-Sieben, und teilt die Summe durch 100, so erhält man den Wert für den Feinheitsmodul F_m.

Rechnerisch erhält man, wie oben ausgeführt, den Feinheitsmodul durch Division der Körnungsfläche nach Hummel durch 30,1.

Die Hummelsche Körnungsfläche besagt grundsätzlich dasselbe wie der Abramssche Feinheitsmodul: Alle Zuschlagstoffe, deren Sieblinien bei logarithmischer Abszissenteilung mit den Koordinaten gleiche Flächen begrenzen (vgl. J und y in Abb. 68 und Tab. 26), ergeben bei im übrigen gleichen Versuchsbedingungen praktisch die gleichen Betonfestigkeiten. Mit ansteigendem Feinkorngehalt nimmt der Abramssche Feinheitsmodul ab und die Körnungsfläche wird kleiner. Gute Kiessande haben im allgemeinen einen Feinheitsmodul von 5,0—5,8 und eine Körnungsfläche von 150—180 cm².

Erwähnt sei noch, daß auch das Sternsche Verfahren durch Bestimmung der Kornpotenzen eine Charakterisierung der Zuschlagstoffe anstrebt nach ähnlichen Gesichtspunkten[1].

c) Beurteilung der Kornzusammensetzung.

Im vorstehenden sind verschiedene Verfahren beschrieben, wie man einen Kiessand auf Grund seines Korngrößenverhältnisses bewerten kann, ob er als geeigneter Betonzuschlag anzusehen ist oder als unbrauchbar abgelehnt werden muß. Alle Verfahren bauen sich auf dem Ergebnis einer Siebanalyse auf, das in Form einer Sieblinie der Beurteilung zugrunde gelegt wird. Aus der Lage dieser Sieblinie im rechtwinkligen Koordinatensystem zu den Grenzkurven nach DIN 1045 für besonders gute oder noch brauchbare Zuschlagstoffe wird sich in der Mehrzahl der Fälle bereits ein Urteil über die Eignung eines Kiesmaterials herleiten lassen. Zeigen dagegen die Siebkurven einen unstetigen Verlauf infolge Fehlens bestimmter Körnungen, so wird eine Bewertung nach dem Abramsschen Feinheitsmodul oder nach der Hummelschen Körnungsfläche sich empfehlen. Praktischerweise wird man, wie Kristen[2] gezeigt hat, vor allem, wenn es sich um die im nächsten Abschnitt zu behandelnde Herstellung eines Zuschlags durch Zusammensetzung der einzelnen Körnungen oder um die Verbesserung eines angelieferten Kiesmaterials handelt, beide Verfahren heranziehen und den Sieblinienverlauf durch die Ermittlung der Körnungsfläche ergänzen.

Wie die Kornabstufung eines Zuschlags die Eigenschaften des Betons beeinflußt, wie insbesondere Verarbeitbarkeit und Festigkeit sich ändern, wenn die Kornzusammensetzung von der Sieblinie D (Abb. 68) zu feinkornreicheren Mischungen entsprechend der Sieblinie F übergeht, geht aus Tab. 26 hervor. Die mitgeteilten Zahlen wurden gefunden bei 2 Versuchsreihen mit weich angemachtem Beton aus Rheinkiessand, welcher jeweils nach den in Abb. 68 gezeichneten Grenzkurven D, E und F, der für Straßenbeton maßgeblichen Kurve J, einer zwischen E und F gewählten Linie x und schließlich unter Weglassung der Mittelkörnung nach der unstetig verlaufenden Siebkurve y zusammengesetzt wurde. Dabei wurde in Versuchsreihe 1 mit einem einheitlichen Wasserzementfaktor $w = 0{,}65$ gearbeitet, während in Reihe 2 die Konsistenz gleich gehalten wurde, entsprechend einem Ausbreitmaß nach DIN 1048 von $a = 50$ cm. Der Zementgehalt betrug in allen Fällen rund 300 kg je Kubikmeter Beton. Die beiden für die Versuche herangezogenen Zemente wichen in ihren Normeneigenschaften nur wenig voneinander ab.

In der Abb. 69 ist für die in Tab. 26 näher beschriebenen Betonmischungen oben die Kornzusammensetzung der verschiedenen Zuschläge, in der Mitte als Maß für die Betonkonsistenz das Ausbreitmaß des frischen Betons, und unten das Gefüge des fertigen Betons abgebildet.

---

[1] Stern: Zielsichere Betonbildung. Wien 1934.

[2] Kristen: Idealkurve, Feinheitsmodul und die neuen Bestimmungen. Zement 1931 S. 366.

Tabelle 26.

		Körnungslinie	D	J	E	x	F	y
			Steigende Feinheit					
Eigenschaften des Zuschlagstoffes	Kornzusammensetzung in Prozent der Körnungen	0—0,2	1	6	9	13	17	5
		0,2—1	7	14	15	27	39	30
		1—3	14	12	19	17	14	0
		3—7	18	18	17	13	10	5
		7—15	23	22	22	17	12	5
		15—30	37	28	18	13	8	55
	Summe		100	100	100	100	100	100
	Körnungsfläche nach Hummel, *F* cm²		186	165	150	127	104	166
	Feinheitsmodul nach Abrams		6,2	5,5	5,0	4,2	3,5	5,5
Reihe 1 mit gleichem Wasserzementfaktor	Eigenschaften des frischen Betons	Wasserzusatz %	9					
		Wasserzusatz *W*	0,65					
		Raumgewicht kg/l	2,42	2,40	2,38	2,35	2,34	2,39
		Zementgehalt kg/m³	308	306	304	300	298	305
		Ausbreitmaß, DIN 1048 cm	60	50	43	34	30	57
	Eigenschaften des Betons nach 28tägiger Erhärtung	Druckfestigkeit kg/cm²	185	230	252	247	235	211
		Biegefestigkeit kg/cm²	32	40	37	41	32	—
Reihe 2 mit gleicher Konsistenz	Eigenschaften des frischen Betons	Wasserzusatz %	7,25	8	9	9,75	11,25	8,25
		Wasserzusatz *W*	0,55	0,59	0,66	0,69	0,78	0,63
		Raumgewicht kg/l	2,46	2,40	2,37	2,33	2,22	2,39
		Zementgehalt kg/m²	302	304	297	298	292	300
		Ausbreitmaß, DIN 1048 cm	50					
	Eigenschaften des Betons nach 28tägiger Erhärtung	Druckfestigkeit kg/cm²	284	262	236	224	180	229
		Biegefestigkeit kg/cm²	38	40	50	44	44	—

3. Herstellung günstig gekörnter Zuschlagsmischungen.

Die Eignung natürlich vorkommender Kiessande in bezug auf Korngröße zur Herstellung von Beton ist sehr verschieden. Bei schnell fließenden Bächen wird sehr viel Feines abtransportiert, da schnell sich bewegende Flüssigkeiten (oder Gase) verhältnismäßig gröbere Anteile zu transportieren vermögen als langsam fließende (ein starker Sturm hebt schwere Gegenstände empor, ein leichter Wind nicht). Demgemäß sind die Kiese im Oberlauf vieler Flüsse arm an feinem Korn und bestehen

Abb. 68. Die Hummelsche Körnungsfläche.

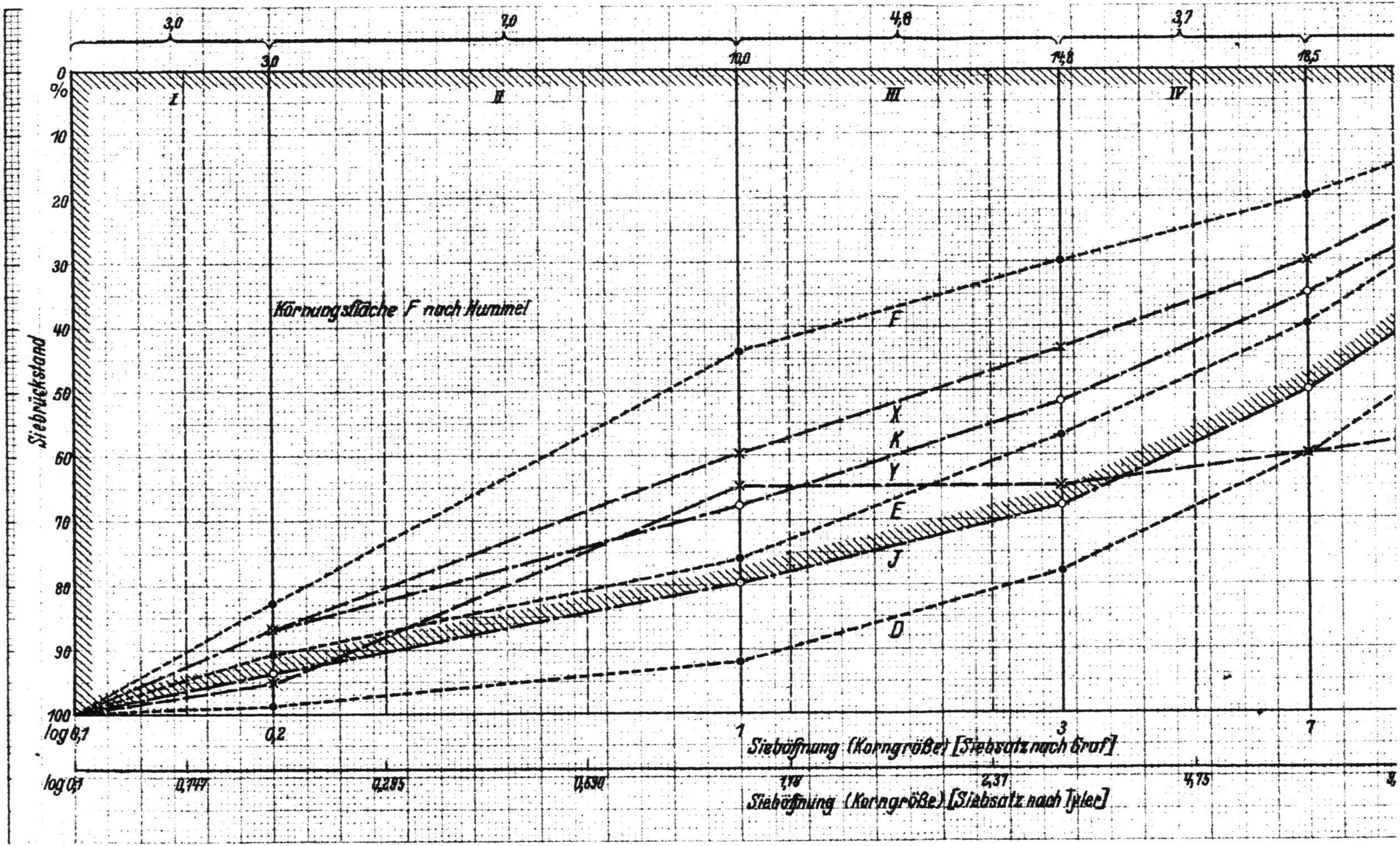

50 cm
43 cm
34 cm
30 cm

teilweise bloß aus groben Anteilen (Isarkies), da hier die Strömung sehr stark ist. Im Mittellauf mit mittlerer Strömungsgeschwindigkeit sind die Körner ziemlich regelmäßig abgestuft und deshalb für die Betonherstellung günstig (Rheinkies am Mittelrhein), während sich am Unterlauf der Ströme bei trägem Fluß nur feines Korn befindet und deshalb der Dünensand, der besonders fein und rundkörnig ist, als minder geeignet angesehen werden muß.

Bei Grubensanden, hauptsächlich aus alten Ablagerungen, sind die Verhältnisse ganz verschieden, je nach den zur Zeit der Ablagerung herrschenden Strömungsverhältnissen.

In den meisten Fällen ist deshalb eine Verbesserung der natürlich gewonnenen Kiessande notwendig. Schotter benötigen einen Zusatz von feinem Sand, und Splitt und Grubenkiese müssen häufig gewaschen werden. Wieweit eine derartige Verbesserung durch Waschen oder Zufügung der fehlenden Körnung notwendig ist, hängt ab von den Beanspruchungen, denen der Beton unterliegt, und von den wirtschaftlichen Verhältnissen. Hoch beanspruchter Beton verlangt natürlich ein besseres Zuschlagsmaterial als minder beanspruchter, für welch letzteren auch minder geeignete Sande verwendet werden können, wenn nur der Zementanteil genügend stark erhöht wird. Aber auch bei hoch beanspruchtem Beton kann man recht gute Ergebnisse durch Erhöhung des Zementanteils erzielen, wenn sich herausstellt, daß durch die Aufstellung einer Sieb-, Brech- oder Waschanlage die Baukosten zu stark erhöht würden. Bei großen und hoch beanspruchten Bauwerken, besonders wenn sie wasserdicht sein sollen, wie Molen, Talsperren, Schächten, Autobahnen, ist aber allein mit der Erhöhung des Zementanteils nicht auszukommen, sondern eine Korrektur des Zuschlags oder eine Zusammensetzung desselben an Ort und Stelle aus getrennt angelieferten Kiesen ist zweckmäßig. Auf diese getrennte Anlieferung der Körnungen ist zielbewußt hinzuarbeiten.

a) Verbesserung eines ungeeigneten Kiessandes.

Wie man vorzugehen hat, um einen Zuschlagsstoff in seinem Kornaufbau zu verbessern, soll im folgenden Beispiel erläutert werden:

Es steht ein gewaschener Grubenkiessand „MK" zur Verfügung, dessen Siebanalyse das in Tab. 27 angegebene Ergebnis hatte:

Tabelle 27. Beispiel eines Naturkieses.

Korngröße:	0/0,2	0/1	0/3	0/7	0/15	0/30
Gewichts-%	1	30	56	74	85	100

Wie aus dem Siebkurvenverlauf dieses Kieses zwischen den Grenzkurven *E* und *F* nach DIN 1045 in Abb. 70 hervorgeht, handelt es sich um ein sandreiches, zwar noch brauchbares, aber keineswegs besonders gutes Material. Die mit diesem Kiessand erreichbare Betonfestigkeit wird bei gleichem Zement- und Wasserzusatz hinter kiesreicheren Mischungen zurückbleiben. Der einfachste Weg, die Kornabstufung günstiger zu gestalten, ist der, aus einem Teil des Kiessandes den Kies abzusieben und die so gewonnene grobe Körnung dem ursprünglichen kiesarmen Material in solchen Mengen zuzusetzen, daß ein Zuschlag mit guter Kornfolge resultiert. Siebt man demnach den Kiessand „MK" auf

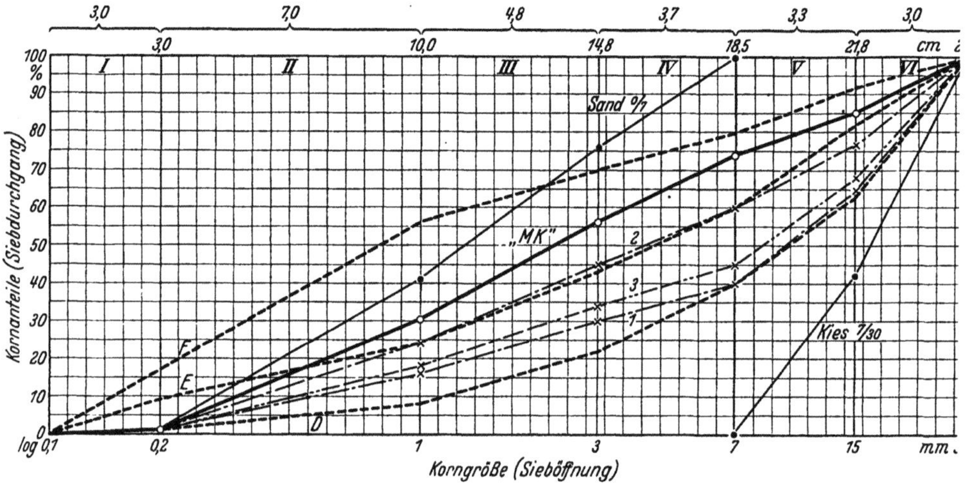

Abb. 70. Verbesserung eines ungünstig zusammengesetzten Kiessandes durch Zusatz von Kies 7/30 mm.

einem Sieb mit 7 mm Maschenweite ab, so fallen von 100 Gewichtsteilen des ursprünglichen Materials 74 Teile Sand 0/7 und 26 Teile Kies 7/30 an, welche folgende in Abb. 70 eingezeichnete prozentuale Kornzusammensetzung aufweisen:

Tabelle 27a.

Körnung:	0/0,2	0/1	0/3	0/7	7/15	7/30
Sand 0/7 . .	1	41	76	100	—	—
Kies 7/30 . .	—	—	—	—	42	100

Man erhält nun aus dem ursprünglichen Kiessand „MK" einen besonders günstig abgestuften Zuschlag, wenn der noch erforderliche Grobkornzusatz so bemessen wird, daß die Sieblinie zwischen die Grenzlinien *D* und *E* herabgedrückt wird, d. h. wenn der Gehalt an Sand bis 7 mm, wie aus der Abb. 70 leicht abzulesen ist, mindestens 40% und höchstens nur 60% des Gesamtzuschlags ausmacht. Diese 40—60% Sand sind, da der Sandgehalt des Kiessandes „MK" 74% beträgt, in

$$\frac{100}{74} \cdot 40 = 54 \quad \text{bis} \quad \frac{100}{74} \cdot 60 = 81$$

Teilen des Kiessandes „MK" enthalten. Es müssen also diese Mengen mit Grobkies auf 100 gebracht, also auf

54 Gewichtsteile „MK" 100 — 54 = 46 Gewichtsteile abgetrennter Grobkies

bzw. auf

81 Gewichtsteile „MK" 100 — 81 = 19, also jeweils die Ergänzung zu 100, Gewichtsteile abgetrennter Grobkies.

zugesetzt werden. Die Kornzusammensetzung des verbesserten Kiessandes liegt dann zwischen folgenden Grenzen:

Tabelle 28. Zum Beispiel der Verbesserung des Naturkieses.

Mischung	Körnung:	0/0,2	0/1	0/3	0/7	0/15	0/30
Kurve 1	54 Tl. „MK“	0,5	16,2	30,2	40,0	45,9	54,0
	+46 Tl. Grobkies	0,0	0,0	0,0	0,0	19,3	46,0
	Summe	1	16	30	40	65	100
Kurve 2 (der Abb. 70)	81 Tl. „MK“	0,8	24,3	45,4	60,0	68,9	81,0
	+19 Tl. Grobkies	0,0	0,0	0,0	0,0	8,0	19,0
	Summe	1	24	45	60	77	100

Diese Grenzen sind in Abb. 70 mit den Kurven 1 und 2 eingezeichnet. Sie begrenzen das Gebiet, welches alle günstigen, in der geschilderten Weise gewonnenen möglichen Kornzusammensetzungen umfaßt. Bei der Wahl des Mischungsverhältnisses aus diesem Bereich ist zu berücksichtigen, daß Verarbeitbarkeit und Wasserdichtigkeit des Betons um so besser ausfallen, je sandreicher der Zuschlag ist, je näher seine Sieblinie der Grenzkurve E verläuft, während andererseits aber die Festigkeit mit ansteigendem Feinkorngehalt sich vermindert.

Zur Bestimmung des günstigsten Sand : Kies-Verhältnisses kann man nun ebensogut, unter Umständen einfacher, von dem Abramsschen Feinheitsmodul bzw. von der Hummelschen Körnungsfläche ausgehen (vgl. S. 124). Der Kiessand „MK“ und der daraus abgesiebte Kies sind, wenn man, wie auf S. 126 beschrieben, die aus ihren Sieblinienabschnitten und den Koordinaten gebildeten Trapezflächen I—VI in Abb. 70 addiert, durch folgende Körnungsflächen gekennzeichnet:

Tabelle 29. Berechnung der Körnungsfläche des Beispiels.

Kiessand „MK“	abgetrennter Kies
Trapez I $= \frac{10{,}0+9{,}9}{2} \cdot 3{,}0 = 30$	I + II + III + IV $= 10{,}0 \cdot 18{,}5 = \mathbf{185}$
„ II $= \frac{9{,}9+7{,}0}{2} \cdot 7{,}0 = 59$	
„ III $= \frac{7{,}0+4{,}4}{2} \cdot 4{,}8 = 27$	
„ IV $= \frac{4{,}4+2{,}6}{2} \cdot 3{,}7 = 13$	
„ V $= \frac{2{,}6+1{,}5}{2} \cdot 3{,}3 = 7$	V $= \frac{10{,}0+5{,}8}{2} \cdot 3{,}3 = 26$
„ VI $= \frac{1{,}5+0{,}0}{2} \cdot 3{,}0 = 2$	VI $= \frac{5{,}8+0{,}0}{2} \cdot 3{,}0 = 9$
Summe $= F_{MK} = \mathbf{138}$	Summe $= F_K = \mathbf{220}$

Nach Hummel[1] haben besonders gute Kiessande für Eisenbeton eine Körnungsfläche von $F = 170\,cm^2$. Der Sand „MK“ und der ab-

[1] Hummel: Die Auswertung von Siebanalysen und der Abramssche Feinheitsmodul. Zement 1930 S. 364.

getrennte Kies sind also in einem solchen Verhältnis zusammenzusetzen, daß ihre Mischung diese Körnungsfläche ergibt. Ist X der Gehalt der günstigsten Mischung an dem Kiessand „MK“, so folgt

$$\frac{138}{100} \cdot X + \frac{220}{100} \cdot (100 - X) = 170\,.$$

Die Auflösung dieser Gleichung nach X ergibt dann $X = 61$. 61 Gewichtsteile des Ausgangsmaterials liefern demnach mit 39 Teilen des abgesiebten Kieses einen Zuschlag mit guter Kornabstufung. Die in Tab. 30 aus der Kornzusammensetzung der Komponenten berechnete Siebkurve dieser Mischung ist ebenfalls in der Abb. 70 als Sieblinie 3 eingezeichnet. Sie zeigt eine stetige Kornfolge an und läßt eine höchstmögliche Festigkeitsausbeute bei leichter Verarbeitbarkeit des Betons erwarten.

Tabelle 30. Zahlen zur Kurve 3 der Tafel 70.

Körnung:	0/0,2	0/1	0/3	0/7	0/15	0/30
3. 61 Tl. „MK“ . . .	0,6	18	34	45	52	61
+39 Tl. Grobkies . .	0,0	0	0	0	16	39
Summe	0,6	18	34	45	68	100

Die Absiebung von Kies aus einem Teil des zur Verfügung stehenden Kiessandes, um das fehlende Grobkorn zu gewinnen, ist praktisch natürlich nur dann durchführbar, wenn sich das Verfahren auch lohnt und die überschüssigen Sandmengen noch in anderer Weise Verwertung finden können. Ist das nicht der Fall, so versucht man zweckmäßigerweise, sich eine grobe Zusatzkörnung, Grobkies oder Hartgesteinsplitt zu beschaffen. Mit Hilfe der Lehre von der Körnungsfläche ist es dann leicht möglich, daraus Zuschlagsmischungen mit hohem Festigkeitsbildungswert zu gewinnen, und zwar gerade dann, wenn das zur Verfügung stehende Material etwa unstetig zusammengesetzt ist (Ausfallkörnung s. S. 124) oder der in Aussicht genommene Splitt und der vorhandene Sand nicht zueinander zu „passen“ scheinen und keine stetige Körnungskurve ergeben.

Angenommen, es fehle einem zur Verfügung stehenden, sehr sandreichen Kiessand das Mittelkorn 3—15 mm und auch in dem zur Verbesserung herangezogenen Splitt komme diese Körnung nur in ganz geringen Mengen vor, so kann eine Mischung mit gleichmäßig ansteigender Kornfolge, deren Sieblinie sich etwa zwischen den Kurven D und E regelmäßig einfügt, nicht zustande kommen. Trotzdem lassen sich aber Sand und Splitt so zusammensetzen, daß ihre Mischung bei gleichem Zement- und Wassergehalt an sich dieselbe Betonfestigkeit erreicht wie der im vorhergehenden Beispiel verbesserte Kiessand „MK“. Man braucht die Sand-Splitt-Mischung nämlich analog der auf S. 126 u. 132 durchgeführten Berechnung nur so einzustellen, daß sie die gleiche Körnungsfläche $F = 170\ \text{cm}^2$ erhält. Der Kiessand „H“ z. B. hat eine Körnungsfläche $F = 105\,\text{cm}^2$, wie sich aus der Abb. 71 in der beschriebenen Weise errechnen läßt, der Granitsplitt eine Körnungsfläche von $F = 227\ \text{cm}^2$. Man findet das Mischungsverhältnis für den Zuschlag mit $170\,\text{cm}^2$

Körnungsfläche zu, 46 Gewichtsteilen Kiessand „H“ und 53 Gewichtsteilen Granitsplitt. Den unstetigen Verlauf der Siebkurve dieser Mischung teilweise außerhalb des Feldes E zeigt Abb. 71.

Zuschläge mit Ausfallskörnungen, das sind solche, in denen einzelne Körnungen ganz oder teilweise fehlen, lassen sich im allgemeinen nicht so gut verarbeiten wie Korngemenge mit stetiger Abstufung, da leicht Entmischungen auftreten können. Durch Erhöhung des Feinkorngehaltes, in dem man unter Berücksichtigung des Festigkeitsabfalles beispielsweise von einem kleineren Körnungsrichtwert von etwa $F = 160$ cm² statt 170 cm² bei der Berechnung ausgeht, kann man aber dem Beton einen größeren Zusammenhalt verleihen und damit der Entmischungs-

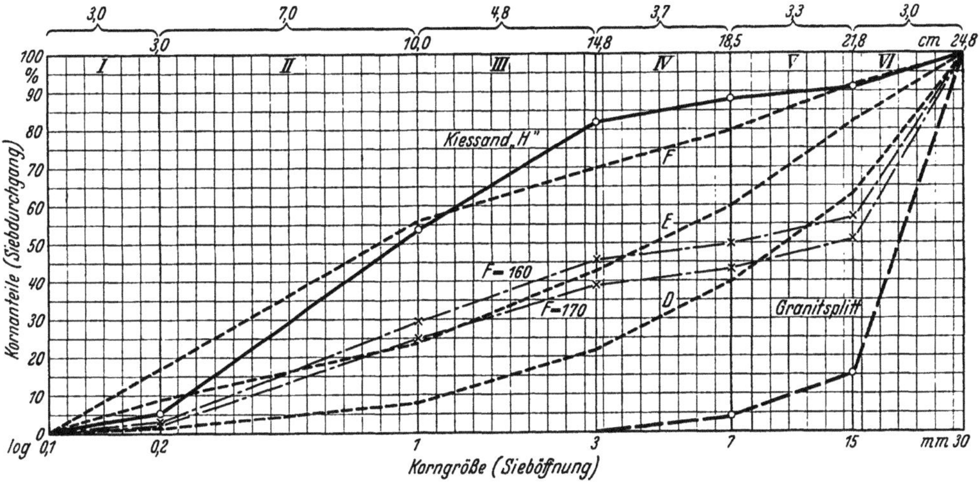

Abb. 71. Verbesserung eines ungünstig zusammengesetzten Kiessandes durch Zusatz von Granitsplitt 7/30 mm.

gefahr begegnen. Man hat es also in der Hand, die Zuschlagsmischung den jeweiligen besonderen Anforderungen bezüglich Festigkeit und Verarbeitbarkeit anzupassen.

b) Ermittlung der günstigsten Zuschlagsmischung aus Einzelkörnungen.

In Anbetracht des so weitgehenden Einflusses, den die Zusammensetzung des Zuschlags auf die Eigenschaften des Betons ausüben kann, muß verlangt werden, daß bei der Herstellung von hochwertigem Beton die feinen, mittleren und groben Körnungen, zumindest aber Sand und Kies getrennt auf die Baustelle angeliefert werden. Nur dann ist es möglich, durch sorgfältige Überwachung der Körnung, des Feuchtigkeitsgehaltes, der Zuteilung usw. eine stets gleichbleibende Kornzusammensetzung des Gesamtzuschlags zu gewährleisten. Es ist deshalb auch in den von der Direktion der Reichsautobahnen herausgegebenen Richtlinien für die Betonfahrbahndecken vorgeschrieben (Teil II, A. 2, a), daß die Zuschläge nach Korngrößen getrennt bezogen und gelagert werden sollen. Wie nun mehrere einzelne Körnungen zu einem Gesamtzuschlag mit günstiger Kornabstufung vereinigt werden können, soll an dem folgenden Beispiel gezeigt werden. Die günstigste Zuschlagsmischung kann entweder durch Rechnung gefunden werden oder aber man kann die Bestimmung auch experimentell durch Feststellung des Porenraumes durchführen.

α) **Rechnerisches Verfahren.** Die Ermittlung der Zuschlagsmischung wird in der Weise durchgeführt, daß man zunächst eine bestimmte günstige Kornzusammensetzung als Richtlinie auswählt und dann, mit

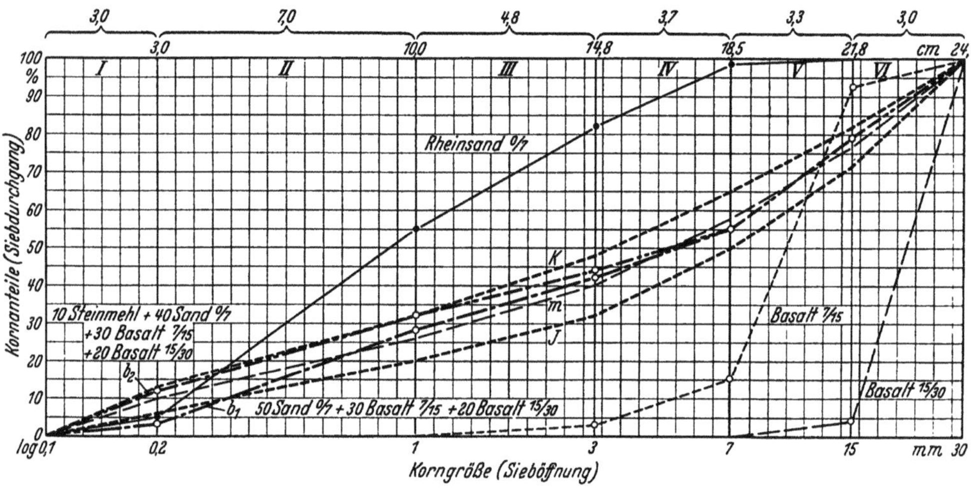

Abb. 72. Ermittlung der günstigsten Zuschlagmischung aus Rheinsand und 2 Basaltsplitten.

dem Feinkorn beginnend, aus der Zusammensetzung der Einzelkörnungen berechnet, wieviel von jeder Körnung in die Mischung eingebracht werden muß, damit der jeweilige Richtwert erreicht wird. Man erleichtert sich die Bestimmung dadurch, daß man die Sieblinien der Einzelkörnungen und Zuschlagsmischungen in der bekannten Weise (Abb. 72) aufzeichnet. Dadurch gewinnt man einen Überblick über den Gesamtkörnungsbereich und erkennt sofort, wieweit sich die Einzelkörnungen überlagern und wo etwa Unregelmäßigkeiten in der Kornfolge auftreten.

Zur Verfügung stehen z. B. 3 Körnungen:

1. Rheinsand 0/7
2. Basaltsplitt 7/15
3. Basaltsplitt 15/30

Diese 3 Zuschlagsstoffe haben folgende Kornzusammensetzung, die in der Abb. 72 durch die entsprechenden Sieblinien wiedergegeben ist.

Tabelle 31. Zahlen zur Kurventafel 72.

Korngröße:	0/0,2	0/1	0/3	0/7	0/15	0/30
Rheinsand 0/7	5	55	82	99	100	—
Basaltsplitt 7/15	—	—	3	15	93	100
Basaltsplitt 15/30	—	—	—	—	4	100

Als Richtlinie für die Zusammensetzung, die erreicht werden soll, sei beispielsweise die Mittellinie *m* zwischen den Grenzkurven *J* und *K* für besonders gute Straßenbetonzuschläge (Richtlinien für Fahrbahndecken, Teil II, A, 2, d) gewählt, welche folgender Kornzusammensetzung entspricht:

Tabelle 32. Weiteres Beispiel einer Kiesverbesserung.

Korngröße:	0/0,2	0/1	0/3	0/7	0/15	0/30
Gewichts-% .	10	26	40	58	77	100

Danach soll der Zuschlag von der Körnung 0/3 40% enthalten. In dem Rheinsand, welcher diese Körnung liefert, sind davon 82% vorhanden. Um 40% der Körnung 0/3 zu erhalten, hat man also von $\frac{100}{82} \cdot 40 = 49$ oder rd. 50 Gewichtsteilen Rheinsand auszugehen.

Der vorhandene Basaltsplitt 7/15 besteht zu 93% aus der Körnung 0/15, verlangt werden 77 Teile dieser Körnung, von denen aber bereits 50 Teile durch den Rheinsand eingebracht sind, so daß noch 27 Teile zugesetzt werden müssen. Da in 100 Teilen Basaltsplitt 93 Teile der Körnung 0/15 enthalten sind, müssen, um die 27 Teile 0/15 zu erreichen, $\frac{100}{93} \cdot 27 = 29$ oder rd. 30 Gewichtsteile Basaltsplitt 7/15 zugefügt werden.

Für die gröbste Körnung stehen dann noch, nachdem 50 Teile Rheinsand 0/7 und 30 Teile Basaltsplitt 7/15 in Ansatz gebracht sind, noch 20 Teile Basaltsplitt 15/30 zur Verfügung. Berechnet man, welche Mengen jeder Kornstufe durch die 50 Teile Rheinsand, 30 Teile Basaltsplitt 7/15 und 20 Teile Basaltsplitt 15/30 in den Zuschlag eingebracht werden und zählt diese Kornanteile zusammen, so erhält man, wie aus der folgenden Aufstellung hervorgeht, die Kornzusammensetzung des Gesamtzuschlags.

Tabelle 33. Kornzusammensetzung des Gesamtzuschlags.

Zusammensetzung der Mischung	Teile	Korngrößen					
		0/0,2	0/1	0/3	0/7	0/15	0/30
Rheinsand 0/7	50	3	28	41	50	50	50
Basalt 7/15	30	0	0	1	5	28	30
Basalt 15/30	20	0	0	0	0	1	20
Summe	100	3	28	42	55	79	100

Ein Vergleich dieser berechneten Kornzusammensetzung b_1, mit den gewählten Richtwerten zeigt, von der Feinstkörnung 0/0,2 abgesehen, eine nahezu völlige Übereinstimmung. Die entsprechenden Siebkurven in Abb. 72 b_1 und *m* weichen nur unwesentlich voneinander ab. Kann im Hinblick auf die Verarbeitbarkeit des Betons auf eine Erhöhung des Gehaltes an Feinstkorn 0/0,2, welches in Flußsanden, wie das Beispiel zeigt, nur selten vertreten ist, nicht verzichtet werden, so verfährt man in der Weise, daß man den notwendigen Feinstkornzusatz in Form von Traß, Sand-, Kalkstein- oder ähnlichem Gesteinsmehl nachträglich der Mischung hinzurechnet und den Sandanteil entsprechend vermindert. Im vorliegenden Falle setzt sich der Zuschlag dann zusammen aus

10	Gewichtsteilen	Steinmehl 0/0,2
40	„	Rheinsand 0/7
30	„	Basaltsplitt 7/15
20	„	Basaltsplitt 15/30

und hat folgendes Korngrößenverhältnis (Abb. 72b_2):

Tabelle 34.

Korngröße:	0/0,2	0/1	0/3	0/7	0/15	0/30
Gewichts-% . . .	12	32	44	55	79	100

Je nach der Zusammensetzung der einzelnen Zuschlagstoffe erhält die berechnete Mischung eine Kornabstufung, welche von der Soll-Kurve mehr oder weniger weit abweicht. Eine theoretische Übereinstimmung anzustreben durch entsprechende Auswahl und weitgehende Unterteilung der einzelnen Körnungen hieße des Guten zuviel tun, denn wie auf S. 124ff. ausgeführt ist, ist es gar nicht notwendig, daß die beiden Kurven sich decken; ausschlaggebend für die Betongüte ist im wesentlichen die Körnungsfläche. Hat die aus den vorhandenen Körnungen zusammengesetzte Zuschlagsmischung die gleiche Körnungsfläche wie die Soll-Kurve, so ist auch unter sonst gleichen Bedingungen mit derselben Festigkeit zu rechnen. Die Körnungsfläche gilt als Vergleichsmaßstab, und ihr Wert F umschreibt einfach und klar die Grenzen, wieweit das erreichbare Korngrößenverhältnis von dem vorgeschriebenen abweichen darf, ohne daß eine Beeinträchtigung der Betonfestigkeit zu befürchten ist.

In diesem Beispiel (Abb. 72) haben die Grenzkurven J und K und die als Soll-Kurve gewählte Mittellinie m folgende Körnungsflächen:

$$J = 165$$
$$\text{Mittellinie } m = 151$$
$$K = 139$$

Für die Mischung b_1 aus 50 Teilen Rheinsand 0/7, 30 Teilen Basaltsplitt 7/15 und 20 Teilen Basaltsplitt 15/30 ergibt die Summe der Trapeze I—VI eine Körnungsfläche von 153 cm², für die Mischung b_2 mit 10 Teilen Steinmehl eine Körnungsfläche von 146 cm². Im vorliegenden Falle sind also die Unterschiede von +2 bzw. —5 gegenüber dem Körnungsrichtwert von $F = 151$ cm² unter Berücksichtigung des Spielraums von $F_J = 165$ bis $F_K = 139$ als belanglos anzusehen.

β) **Experimentelles Verfahren.** Dieses gründet sich auf Feststellung und Ausfüllung der Hohlräume und leistet dem Verfasser bei derartigen Bestimmungen seit langer Zeit gute Dienste. Allerdings ist es immer empfehlenswert, wenn die Zahl der Körnungen nicht mehr als 4 ist, und die Körnung 0—3 mm nicht in zu großer Menge vertreten ist.

Das Verfahren ist einfach wie folgt:

Zur Verfügung stehen die 4 Rheinkieskörnungen

K. 0 mit 0— 1 mm Korngröße	K. 2 mit 3— 7 mm Korngröße
K. 1 „ 1— 3 „ „	K. 3 „ 7—20 „ „

Man geht aus von der gröbsten Körnung K. 3. Diese füllt man unter Einrütteln in ein Litermaß, welches voll gewogen wird. Die Gewichtsdifferenz zwischen leerem und vollem Litermaß ist das Litergewicht der Körnung, in diesem Falle (K. 3) = 1676 g[1].

Das mit der Kieskörnung 3 ausgefüllte Litermaß wird nun mit Wasser, das man langsam am Rand einlaufen läßt, gefüllt und erneut gewogen. Das Wasser füllt die Hohlräume aus, und die Zunahme des Gewichtes in Gramm ergibt die Hohlräume in Kubikzentimetern, d. h. den Porenraum (da 1 g Wasser 1 cm³ einnimmt). Der gefundene Porenraum muß nun durch die nächst kleinere Körnung K. 2 ausgefüllt werden. Zu diesem Zwecke wird von K. 2 das Litergewicht bestimmt (1657) und es werden davon so viel Gramm der Körnung 3 zugefügt, wie dem gefundenen Porenraum entspricht.

Wurde beispielsweise bei Körnung 3 eine Gewichtszunahme durch die Wasserfüllung von 370 g erzielt, so müssen diesem Liter der Körnung 3 370 cm³ der Körnung 2 zugesetzt werden. Bei einem festgestellten Litergewicht der Körnung 2 von 1657 g braucht man also zu der Ausfüllung 370 cm³ = 614 g.

Zweckmäßigerweise nimmt man stets 10% mehr als zur Ausfüllung des Porenraumes berechnet wurde, also hier 370 + 37 = 407 cm³.

1000 cm³ Körnung 2 wiegen 1657 g
407 „ „ 2 „ 675 g

Diese 675 g Körnung 2 werden nun mit 1 l der Körnung 3 gemischt und von der so entstandenen Mischung der Porenraum erneut

Tabelle 35. Ermittelung der günstigsten Zuschlagsmischung auf experimenteller Grundlage.

Eigenschaften der Mischungen					Berechnung der zuzusetzenden nächstfeineren Körnung					Resultierende Mischung				
Körnung	Angewandte Menge	Litergewicht	Porenvolumen gefunden	Porenvolumen + 10%	Körnung	Litergewicht	Auf 1 Liter (Spalte 3–5) zuzusetzende Menge		Auf die Gesamtmenge d. Mischung (Sp. 2) zuzusetz. Menge	Menge der Komponenten g K. 3	K. 2	K. 1	K. 0	Summe
	g	g	cm³	cm³		g	cm³	g	g					g
1	2	3	4	5	6	7	8	9	10	11	12	13	14	15
K. 3	1676	1676	370	407	K. 2	1657	407	675	675	1676	675	—	—	2351
K. 3 + K. 2	2351	1744	300	330	K. 1	1727	330	570	769	1676	675	769	—	3120
K. 3 + K. 2 + K. 1	3120	1822	240	264	K. 0	1778	264	470	805	1676	675	769	805	3925
K. 3 + K. 2 + K. 1 + K. 0	3925	1976	180	—	—	—	—	—	—	—	—	—	—	—
										42,7	17,2	19,6	20,5	100%

[1] Zweckmäßig ist es, 10 l Masse zu verwenden.

durch Einfüllen in ein Litermaß, Abwiegen, Auffüllen mit Wasser und erneutes Abwiegen bestimmt.

Das Litergewicht der neuen Mischung K. 3 + K. 2 wurde mit 1744 g, der Porenraum mit 300 cm³ gefunden. Es muß mit Körnung K. 1 ausgefüllt werden, deren Litergewicht ist also zu bestimmen und die erforderliche Kubikzentimeterzahl umgerechnet in Gramm zuzusetzen.

Ist der Porenraum der Mischung (K. 3 + K. 2) = 300 cm³ und das Litergewicht der Körnung 1 = 1727 g, so benötigt man von Körnung 1 300 + 30 = 330 cm³ = 570 g oder für die durch Mischung von K. 3 + K. 2 erhaltenen 2351 g : 769 g K. 1.

Diese werden der Mischung (K. 3 + K. 2) zugesetzt; so entsteht die Mischung (K. 3 + K. 2 + K. 1), von der wieder das Litergewicht und der Porenraum durch Auffüllen mit Wasser zu bestimmen und deren Hohlräume mit Körnung 0 auszufüllen sind.

Das Litergewicht von K. 3 + K. 2 + K. 1 = 1822, der Porenraum = 240 cm³ und das Litergewicht der Körnung 0 = 1778 g. Es werden also benötigt von Körnung 0 : 470 g (einschließlich 10% Zuschlag) für 1 l oder für die vorhandenen 3120 g : 805 g K. 0.

Im ganzen werden also gemischt (vgl. Tab. 35)

1676 g	Körnung 3 =	42,7%
675 g	„ 2 =	17,2%
769 g	„ 1 =	19,6%
805 g	„ 0 =	20,5%
3925 g	=	100,0%

Die Mischung hat demnach abgerundet folgende Kornzusammensetzung:

Tabelle 36.

Korngröße:	K_0 0/1	K_1 1/3	K_2 3/7	K_3 7/20
Gewichts-% .	20	20	17	43
Korngröße:	K_0 0/1	$K_0 + K_1$ 0/3	$K_0 + K_1 + K_2$ 0/7	$K_0 + K_1 + K_2 + K_3$ 0/20
Gewichts-% .	20	40	57	100

Ihre Sieblinie, die Porenraumkurve, vgl. Abb. 73, verläuft etwas unterhalb der Grenzkurve *E*.

Da nun der zugesetzte Zement zur Körnung 0 zu rechnen ist, kann diese durch den Zement ersetzt werden[1].

Nach Untersuchungen von Otzen[2] erreichen nach der Porenraumkurve abgestufte Zuschläge ein Maximum an Druckfestigkeit, wenn in der Unterteilung der Sandkörnungen nicht zu weit gegangen wird, sondern der Feinsand 0/1 als feinste Körnung gewählt wird. Denn sowohl zu viel wie zu wenig Feinstkorn wirkt auf die Druckfestigkeit

[1] Allerdings ist ein vollständiger Ersatz nicht nötig, da ja noch Raum zur Aufnahme eines Teiles des Zementes vorhanden ist, denn auch die dichteste Kiesmischung hat noch einen gewissen Porenraum. Im allgemeinen kann man aber diesen Porenraum außer acht lassen, da zuviel feinste Anteile infolge ihrer sehr großen Oberfläche schädlich wirken.

[2] Otzen: Beton im Straßenbau. Betonstraße 1928 Nr. 10 S. 250.

nachteilig. Otzen hat einen Naturkiessand durch Absiebung in die Einzelkörnungen 0/3, 3/7, 7/12, 12/25 und 25/40 zerlegt, und diese 5 Einzelkörnungen nach dem oben beschriebenen Verfahren der Porenraumkurve zu einer Zuschlagsmischung wieder zusammengesetzt. In einer zweiten Versuchsreihe wurde die Sandkörnung 0/3 in 0/1 und 1/3

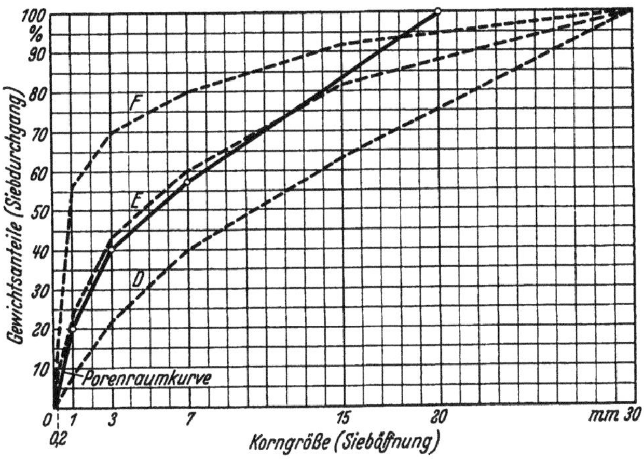

Abb. 73. Sieblinie der Porenraumkurve.

und in einer dritten Reihe noch in 0/0,2, 0,2/1 und 1/3 weiter aufgeteilt und aus diesen 6 bzw. 7 Körnungen ebenfalls die günstigsten Mischungen nach der Porenraumkurve ermittelt. Es entstanden also 3 Zuschlagsmischungen, die sich durch verschiedenen Feinstkorngehalt unterschieden. Die feinste Korngruppe, welche bei der Ermittlung der Porenraumkurve zur Einfüllung des letzten Porenraums angewendet wurde, umfaßte nämlich

im 1. Falle die Korngröße 0—3 mm
„ 2. „ „ „ 0—1 mm
und „ 3. „ „ „ 0—0,2 mm

Aus diesen Mischungen wurde Beton hergestellt.

Die Prüfungsergebnisse sind in der folgenden Tab. 37 zusammengestellt und zeigen folgendes: Bei Zerlegung des Feinen in die Körnungen 0/1 und 1/3 steigen Dichtigkeit und Festigkeit, bei weiterer Unterteilung in 0/0,2, 0,2/1 und 1/3 dagegen wird zwar der Porenraum geringer, gleichzeitig fällt aber durch die übermäßige Steigerung der Feinanteile (Oberfläche, Wasserbedarf) die Festigkeit. Es ist also nicht ratsam, in der Unterteilung des Feinsand über 0/1 hinauszugehen. Beachtenswert ist daran weiter noch die bedeutende Verbesserung — 33,5% in der Betondruckfestigkeit —, die ein Naturkiessand, Spalte 1, erfahren kann, wenn er durch Absiebung in Einzelkörnungen zerlegt und anschließend nach der Porenraumkurve bei richtigem Feinkorngehalt wieder zusammengesetzt wird. Die Zusammensetzung nach der Porenraumkurve, Spalte 3, hatte noch höhere Festigkeiten zur Folge als bei Einhaltung der Fuller-Kurve.

Tabelle 37. Zusammengesetzte Kiessande nach Grün.

	Naturkiessand	Zusammengesetzte Kiessande nach Grün. Unterteilung des Sandes bis: 0/0,2 0,2/1 1/3	0/1 1/3	0/3	nach Fuller
	1	2	3	4	5
Litergewicht . . . . . . kg/l	1,82	1,72	1,80	1,93	1,78
Hohlraumgehalt . . . . . %	26,7	31,0	26,0	20,3	28,3
Betondruckfestigkeit nach 28 Tagen (Mischung 1:5) kg/cm²	256	262	342	227	295

Zusammenfassung zu A. Kornzusammensetzung des Zuschlags.

Die Kornzusammensetzung des Zuschlagsstoffes in bezug auf Kornform und vor allen Dingen Korngröße ist von ausschlaggebender Bedeutung für die Festigkeit und Dichtigkeit des Betons. Während ungefähr gleich große Zuschlagsstoffe für Leichtbeton mit Vorteil zu verwenden sind, da sie ein poröses Gefüge ergeben (Bimsbeton), ist für festen Beton die Heranziehung gemischtkörniger Zuschlagsstoffe notwendig, wenn man ein dichtes Gefüge erzielen will.

Die gröbsten Teile müssen der Verwendungsart angepaßt sein und sollen bei Eisenbeton nicht über 30 mm Abmessung haben, damit leichtere Verarbeitbarkeit, besonders bei engmaschigen Eiseneinlagen, erreicht wird. Bei unbewehrtem Beton kann mit der Korngröße viel weiter, im allgemeinen bis zu 150 mm, gegangen werden, bei Massenbauwerken ist sogar die Einbetonierung großer Felsbrocken vorteilhaft, wenn der Fels nur hart genug ist. Gerade durch Einbetonierung großer Anteile, der viel mehr Beachtung geschenkt werden sollte, ist die Ersparnis von Zement und Erhöhung der Dichtigkeit und Widerstandsfähigkeit möglich[1].

Für jeden Zuschlagsstoff ist zunächst das Korngrößenverhältnis experimentell zu bestimmen. Bei der Probenahme ist auf Verhütung von Entmischungserscheinungen, die zu einem falschen Ergebnis der Analyse führen, zu achten. Als Siebgerät kann jeder beliebige Siebsatz verwendet werden. Empfehlenswert ist derjenige von Graf. Die Ergebnisse der Siebversuche werden zweckmäßig in Kurvenform aufgetragen. In den Bestimmungen des Deutschen Ausschusses für Eisenbeton sind die Kurven für besonders guten und die für noch brauchbaren Zuschlagsstoff vorgeschrieben. Darüber hinaus liefern der Abramssche Feinheitsmodul und die Körnungsfläche nach Hummel Wertziffern, welche eine weitergehende Beurteilung der Zuschlagsstoffe gestatten. Bei minder beanspruchten Bauwerken kann auch minder gut gekörnter Kies herangezogen werden. Die minder gute Körnung kann man durch hohen Zementzusatz ausgleichen, der auch bei verunreinigten Zuschlägen einen gewissen Ausgleich bietet. Werden besonders hohe Anforderungen an den Beton gestellt oder ist der Kies besonders ungünstig

[1] Grün: Die Verwendungsmöglichkeit besonders grober Zuschläge. Bauing. 1937 S. 112.

zusammengesetzt, so ist eine Verbesserung notwendig. Die Ermittlung der günstigsten Zuschlagsmischung kann erfolgen auf experimentellem oder rechnerischem Wege. Zweckmäßig ist in vielen Fällen die Anlieferung der einzelnen Korngrößen direkt vom Kieswerk und richtige Zusammensetzung auf der Baustelle oder bei Überschuß eines Naturkieses an feinem Korn der Zusatz von Splitt oder Grobkies.

B. Zementgehalt.

Nächst der Kornzusammensetzung der Zuschlagsstoffe ist wichtig für den Aufbau des Betons sein Zementgehalt, denn dieser beeinflußt nicht nur die Festigkeit, sondern die häufig ebenso wichtige Dichtigkeit, Schwindneigung und den Verschleißwiderstand. Im allgemeinen steigt natürlich die Festigkeit mit steigendem Zementzusatz. Aus dieser Tatsache läßt sich aber nicht die Forderung herleiten, einem möglichst hochwertigen Beton auch möglichst hohen Zementzusatz zu geben; denn wenn auch hohe Festigkeit erwünscht ist, ist ein sinnloses Herauftreiben der Festigkeiten keineswegs gefahrlos, da einerseits der Beton spröde wird und andererseits zum Schwinden neigt. Hierdurch wird sein Verschleißwiderstand verschlechtert, außerdem sein Dichthalten in Frage gestellt, da auftretende Schwindrisse Undichtigkeiten herbeiführen, auch dann, wenn der Beton keineswegs durch und durch zerreißt.

1. Einwirkung des Zementgehaltes auf die Festigkeit.

Die Auswertung zahlreicher in der Literatur verstreuter Versuche und eigene Versuche des Verfassers bewiesen, daß mit steigendem Zement-

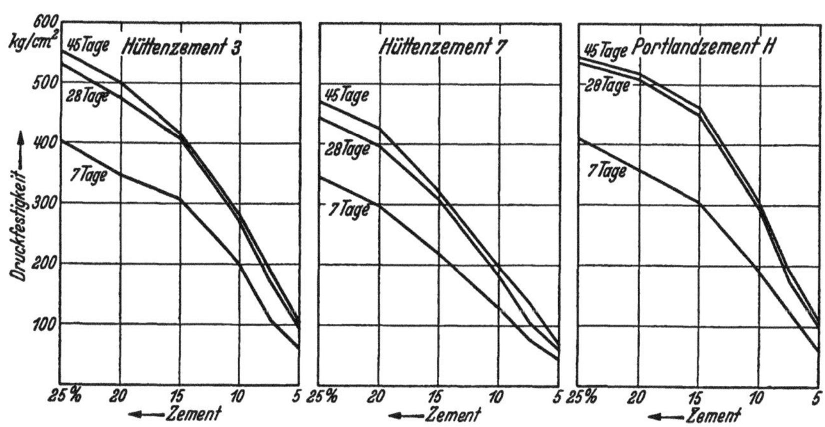

Abb. 74. Einwirkung steigenden Zementgehaltes auf die Festigkeit: Die Festigkeit steigt nicht gleichmäßig an.

gehalt die Festigkeiten nicht regelmäßig ansteigen, sondern bei einem mittleren Zementgehalt von 10—20% entsprechend einem Mischungsverhältnis 1:9 bis 1:6 ist die Ausgiebigkeit am größten (vgl. Tab. 38, Kurventafel 74 und die Verhältniszahlen in Kurventafel 75), mit anderen

Worten, die steigende Zementmenge vermag bei den sehr zementreichen Mischungsverhältnissen die Festigkeiten nicht mehr so stark heraufzu-

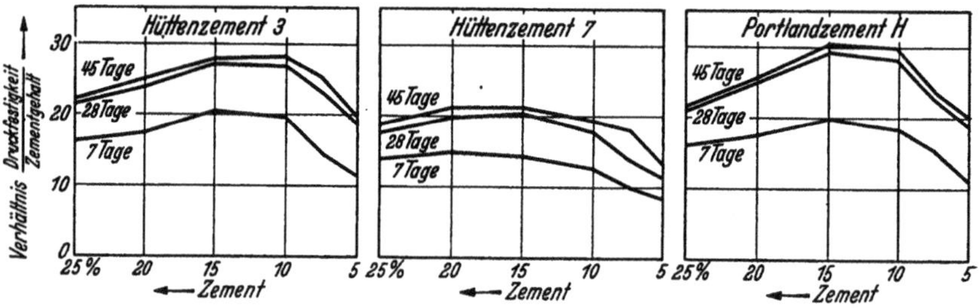

Abb. 75. Verhältniszahlen zu K.T. 74: Die Verhältniszahlen zeigen, daß die beste Ausnutzung bei 15% Zementgehalt des Betons liegt.

setzen. Bei sehr geringem und sehr hohem Zementzusatz ist der Zement am wenigsten ausgiebig, d. h. 1 kg in die Mischung eingebrachten

Tabelle 38. Betonfestigkeiten von Normenzement bei verschiedenen Mischungsverhältnissen (normalisierter Rheinkies, Würfel von 20 cm Kantenlänge).

Zementart	Zementgehalt in Gewichtsprozenten	Art der Probekörper	Druckfestigkeit kg/cm² nach Tagen				Verhältnis Druckfestigkeit / Zementgehalt nach Tagen		
			3	7	28	45	7	28	45
Hüttenzement 3	25	Normenwürfel	179	242	424				
	25	Betonwürfel 200 mm Kantenlänge	—	402	530	551	16,1	21,2	22,0
	20		—	346	475	500	17,3	23,8	25,0
	15		—	306	409	414	**20,4**	**27,2**	27,6
	10		—	196	267	280	19,6	26,7	**28,0**
	7,5		—	108	173	187	14,4	23,0	24,9
	5		—	56	92	98	11,2	18,4	19,6
Hüttenzement 7	25	Normenwürfel	127	182	337				
	25	Betonwürfel 200 mm Kantenlänge	—	344	443	469	13,8	17,7	18,7
	20		—	296	395	422	**14,8**	19,8	21,1
	15		—	215	307	317	14,3	**20,4**	**21,1**
	10		—	126	177	192	12,6	17,7	19,2
	7,5		—	75	104	135	10,0	13,9	18,0
	5		—	42	56	65	8,4	11,2	13,0
Portlandzement H	25	Normenwürfel	211	305	469				
	25	Betonwürfel 200 mm Kantenlänge	—	405	530	538	16,2	21,2	21,5
	20		—	352	503	513	17,6	25,2	25,6
	15		—	301	443	457	**20,0**	**29,5**	**30,4**
	10		—	186	284	298	18,6	28,4	29,8
	7,5		—	118	170	179	15,7	22,6	23,8
	5		—	56	94	101	11,2	18,8	20,2

Zementes vermag dem Beton nur weniger Festigkeit zu geben als bei mittlerem Mischungsverhältnis.

Eine mindere Ausnutzbarkeit hochwertiger Zemente, wie dies häufig behauptet wird, ist nicht gefunden worden. Die beste Ausnutzung liegt bei ungefähr 15% Zementgehalt, entsprechend 1:5 bis 1:6 Gewichtsteile. Tatsächlich wird ja in der Praxis dieser Gehalt im allgemeinen nicht überschritten; es sei denn für Putzarbeiten, wo besonders leichte Verarbeitbarkeit und hohe Wasserdichtigkeit bei geringem Sandgehalt verlangt wird, und für Autobahndecken, bei welchen höchste Anforderungen auf gute Verarbeitbarkeit bei geringem Wasserzementfaktor und höchste Festigkeit gestellt werden.

2. Einwirkung auf Dichtigkeit.

Die Dichtigkeit des Betons gegen Wasserdurchtritt ist nicht nur bei Talsperren, Schiffen[1] oder Wasserbehältern von Wichtigkeit, sondern auch bei solchen Bauten, die irgendwelchen Einflüssen, sei es durch Frost oder aggressive Einwirkung, ausgesetzt sind. Frost zerstört den Beton nur dann, wenn das Wasser keinen Raum mehr findet für die durch das Gefrieren eintretende Raumvermehrung, die $^1/_{10}$ beträgt. Es besteht also eine gewisse Beziehung zwischen der Wasseraufnahme eines Betons und dem Porenraum. Tatsächlich wurde beobachtet, daß ganz poröse Betone, die verhältnismäßig wenig Wasser festzuhalten vermochten, da die Kapillarwirkung infolge der großen Abmessung der Poren ausgeschaltet war, nicht zerstört worden sind, während andererseits weniger poröse Betone bei Frost zugrunde gingen, weil sie offenbar gerade diejenige Kapillarität hatten, durch die das Wasser von ihnen aufgesaugt und festgehalten wurde. Ähnliche Erscheinungen wurden bei Sulfateinwirkungen beobachtet: hier wird der Beton dadurch zerstört, daß sich das stark wasserhaltige Kalzium-Aluminium-Sulfat bildet, welches bei der Raumvergrößerung infolge starker Wasseraufnahme bei der Kristallisation den Beton zerstört. Bei Versuchen Strebels[2] haben sich Mischungen mit einem mittleren Zementgehalt am besten verhalten. Auch diese Erscheinungen sind derart zu erklären, daß bei der zementreicheren Mischung, die das schädliche Wasser mit höherer Kapillarität aufsaugen und festhalten, kein Platz zur Aufnahme der durch die Sulfateinwirkung auftretenden Quell- und Kristallisationsprodukte ist. Hierdurch zertreiben sie. Bei der zementarmen Mischung tritt das Sulfat bis an den Kern des Betons und zerstört das Binde-

[1] Eisenbetonschiffe wurden in der Zeit der Eisenknappheit in großem Umfange hergestellt und haben sich teilweise recht gut bewährt, besonders dann, wenn es sich nicht um Schiffe handelte, die sich schnell bewegen mußten, sondern um Pontons, Schwimmanstalten usw. So ruht seit 15 Jahren die Mannheimer Schwimmanstalt auf Eisenbetonpontons, die sich gut zeigten. Es scheint mir zweckmäßig, bei Eintritt von Eisenknappheit auf dieses überaus wichtige, schon recht gut erforschte, durchaus aussichtsreiche Gebiet zurückzukommen. Leider ist in den letzten Jahren auf diesem Gebiete nur noch wenig gearbeitet worden. (Vgl. Petry: Zur Frage des Eisenbetonschiffbaues. Zementverarbeitung Heft 13, Zementverlag 1920.)

[2] Strebel: Über das Verhalten von Zementen in Gipslösungen. Zement 1921 S. 385.

mittel durch Angriff auf vielen Punkten. Bei den mittleren Mischungen 1:5 kann einerseits das Wasser nicht so hemmungslos eindringen wie bei den zementärmeren Mischungen und außerdem haben die auftretenden Quellprodukte, welche bei den zementreicheren Mischungen schon beim ersten Entstehen Treiberscheinungen hervorrufen, noch Platz zu ihrer Bildung, und der Beton wird nicht sofort vernichtet. Die Dichtung des Betons gegen schädliche Einflüsse, zu welchen auch die einfachen Lösungserscheinungen durch salzarmes Wasser gehören, ist von größter Bedeutung. Als Hilfsmaßnahmen sei schon hier auf die Möglichkeit des Schutzanstriches und der Bekleidung mit Bitumenpappe oder Bleiabdeckung hingewiesen. Ausschlaggebend bleibt aber stets der richtige Aufbau bei entsprechendem Zementgehalt und zweckmäßiger Verarbeitung durch starke Verdichtung und nicht zu hoher Wassergehalt.

3. Einwirkung auf Schwindneigung.

Die Schwindneigung wird durch steigenden Zementgehalt steigend erhöht. Versuche des Verfassers an Betonen mit steigendem Zementgehalt zeigten diese Tatsache deutlich. Es ist deshalb nicht zweckmäßig, bei Bauwerken, bei welchen Schwinden unter allen Umständen vermieden werden muß, den Zementgehalt unbegrenzt zu steigern. Die Festigkeit soll nicht höher getrieben werden als notwendig, da ein Erhöhen der Festigkeit durch Erhöhen der Zementmenge oder durch Heranziehung von zu fein gemahlenem Zement die Schwindneigung steigert. Offenbar ist ausschlaggebend für das Schwinden letzten Endes nicht nur die Zementmenge, sondern — gleiche Zementart vorausgesetzt — die Oberfläche des Zementes, welche in den Beton hineingebracht wird. Bei gleichen Zementmengen wird also zu fein gemahlener Zement ähnlich wirken wie eine Erhöhung des Zementanteils: Festigkeit und Schwindneigung werden heraufgesetzt. Das Messen der Schwindneigung ist deshalb bei solchen Bauten, von welchen geringes Schwindmaß verlangt wird, anzuraten. Dies geschieht am einfachsten an Betonprismen von 50 cm Länge, entweder mit Nonusmaßstäben oder mit Meßuhren. Die Oberflächenmessung ist leicht irreführend, da die Oberfläche sich stets anders verändert als der Kern. Außer durch die Zementeigenart wird die Schwindneigung auch noch stark beeinflußt durch die Korngröße und Kornform des Zuschlags. Besonders die Rißbildung infolge Schwindens hängt mehr von dem Zuschlag als vom Zement ab. Schwindrisse entstehen stets dann, wenn die Zugfestigkeit des Betons durch seine Schrumpfneigung überwunden wird, d. h. jeder Beton schwindet, aber nicht jeder erhält Risse. Risse entstehen dann, wenn die bei der Schrumpfung eintretende Zugbeanspruchung die Zugfestigkeit übersteigt. Es ist dem Entstehen von Schwindrissen also vorzubeugen einerseits durch Erhöhung der Zugfestigkeit des Mörtels, andererseits durch Erhöhung des Wirkungsgrades des Mörtels dadurch, daß man seine Haftfähigkeit an den groben Zuschlagsstoffen erhöht.

Die Erhöhung der Zugfestigkeit kann zunächst von der Zementseite her dadurch erfolgen, daß man die Zugfestigkeit des Bindemittels heraufsetzt, also durch entsprechende Aufbereitung des Klinkers und durch Feinmahlung. Diesen Maßnahmen ist aber ein Ziel gesetzt dadurch, daß die beiden geläufigsten Maßnahmen zur Erhöhung der Zugfestigkeit: Feinmahlung und Erhöhung des Kalkgehaltes, auch die Schwindneigung vergrößern. Vom Zuschlag her kann die Zugfestigkeit des Betons erhöht werden durch Heranziehung sehr grober Anteile im Beton; diese verdrängen Zement und machen den Mörtel dadurch fetter und den Beton starrer, denn sie benötigen zur Festigung ja kein Bindemittel, sondern sie sind bereits von Natur aus verfestigt. Betone mit genügend vielen Anteilen an Grobem werden deshalb einen schwindrißfreieren Beton ergeben als solche mit zuviel feinen Anteilen.

Bei Durchsetzung des Betons mit groben Anteilen werden diese auch einen Teil der Schwindspannung übernehmen, da die groben Anteile naturgemäß eine größere Zugfestigkeit haben als der junge Beton. Auf diesen Umständen beruht auch die Tatsache, daß Talsperrenmauern aus Bruchsteinen trotz geringer Abmessung ohne jede Dehnungsfuge schwindrißfrei blieben. Im gleichen Sinne günstig wirkt die Erhöhung der Haftfestigkeit des Zementleims an den Zuschlagsstoffen: wenn diese eine rauhe Oberfläche haben, wird die Zugfestigkeit naturgemäß eine größere sein, als wenn der schwindende Zementleim ohne weiteres von ihnen, infolge einer glatten Oberfläche, abreißt und die dann auftretende Spannung damit also nicht auf sie überträgt.

Aus den bisher geschilderten Gründen verwendet man für Beton, der möglichst dicht, verschleißfest und frei von Schwindrissen sein soll. zweckmäßigerweise Splitt oder Schotter als Zusatz. Bei dem Bau von Autobahnen wird tatsächlich in der Verschleißschicht ein erheblicher Teil von Splitt als Zusatz gegeben, die Heranziehung möglichst groben Splitts ist zu empfehlen.

4. Einwirkung auf Verschleißfestigkeit.

Die Einwirkung steigt keineswegs mit steigendem Zementgehalt, da der Zementleim im Beton nicht die höchste Widerstandsfähigkeit gegen Abnutzung hat, sondern da diese Widerstandsfähigkeit dem Beton durch die groben Zuschläge gegeben wird. Von diesen ist einerseits zu verlangen, daß sie möglichst schlagfest sind, damit sie nicht leicht zertrümmert werden können; außerdem müssen sie natürlich hart sein, und schließlich ist eine große Rauhigkeit erwünscht. Bei Betonen, die verwendet werden sollen für besonders verschleißfesten Beton (Straßen-Bürgersteige, Treppen usw.), ist deshalb eine Prüfung der Zuschlagsstoffe auf die soeben erwähnten Eigenschaften vor der Verarbeitung zweckmäßig. In der Verschleißfestigkeit der einzelnen Zemente sind nur geringe Unterschiede, um so größere in der Verschleißfestigkeit der Zuschläge. Als besonders widerstandsfähig für Spezialarbeiten sei auf Eisengranalien und Karborundum verwiesen, die für Industriefußböden herangezogen werden. Ausreichende Verschleißfestigkeit haben gute Granite und Basalte, soweit diese nicht aus den obersten Lagen stammen. Auch Kiesbeton ist bei normalem Verschleiß befriedigend. Bei starkem Verschleiß, der auch hervorgerufen wird durch saugende Beanspruchung, beispielsweise durch schnellfahrende Autoreifen von Automobilen, ist der rundkörnige Kies dem gebrochenen Kies und den anderen gebrochenen Zuschlägen, wie Basaltsplitt, Granitschotter, unterlegen, da die überaus glatten Kiese vom Zementleim natürlich nicht so festgehalten werden können wie Körner mit rauher, unregelmäßiger Oberfläche. Auch die Schwindneigung wird durch diese Rauhheit günstig beeinflußt. Die Verarbeitbarkeit wird allerdings schlechter: der Beton erfordert höheren Wasserzusatz.

Zusammenfassung zu B. Zementgehalt.

Mit steigendem Zementgehalt steigt die Festigkeit, aber nicht dauernd. Ein allzuhoher Zementgehalt ist deshalb zur Erreichung besonders hoher Festigkeiten nicht notwendig, setzt im Gegenteil die Schwindneigung, unter Umständen auch die Wasserdichtigkeit und die Verschleißfestigkeit herab. Die beste Ausnutzung des Zementes wird erzielt ungefähr im Mischungsverhältnis 1 : 6 Gewichtsteilen. Für besonders bruchsicheren, verschleißfesten und dichten Beton kann aber bis zu 450 kg Zement je Kubikmeter Beton gegangen werden.

C. Höhe des Wasserzusatzes.

Das Abbinden des Zementes wird hervorgerufen dadurch, daß die Kalksilikate des Zementes Wasser anlagern. Je mehr Wasser angelagert wird, desto mehr wird das Gefüge aufgelockert, desto mehr Kalk wird abgespalten und desto leichter wird der Zementstein werden, da Wasser mit einem spezifischen Gewicht von 1 nur ein Drittel des spezifischen Gewichts von Zement (spez. Gew. = 2,9 bis 3,1) hat. Beim normalen Erhärten bindet der Zement nicht sofort die Gesamtmenge Wasser, die er binden könnte. Erhärteter Zement lagert aber immer noch weiteres Wasser an, deshalb muß auch erhärteter Beton hauptsächlich in der ersten Zeit des Bestehens naß gehalten werden. Tatsächlich ist ja wiederholt nachgewiesen worden[1], daß bereits erhärtete Zemente nach dem Mahlen nochmals erhärten. Sie nehmen also hierbei Wasser auf und der Zementstein wird wasserreicher. Bei Versuchen des Verfassers zeigten mit verschiedenem Wassergehalt angemachte Zementsteine Raumgewichte, die mit steigendem Wasserzusatz sanken (s. Tab. 39).

Ein wasserreicherer Zementstein wird nicht nur leichter, sondern auch weicher sein als ein wasserärmerer. Bei jedem Beton muß nun mehr Wasser zugesetzt werden, als der Zementstein benötigt, um die Verarbeitbarkeit sicherzustellen. Ein mit der theoretischen Menge von Wasser angemachter Beton würde unverarbeitbar sein. Für die meisten späteren Eigenschaften des erhärteten Betons ist die Herabsetzung des Wassergehaltes, also die Drückung des Wasser-Zement-Faktors von Vorteil. Geringer Wassergehalt wirkt

1. erschwerend auf die Verarbeitbarkeit,
2. erhöhend auf die Festigkeit, weil der wasserärmste Zementstein die größte Festigkeit aufweist,

[1] Grün: Über Hydratationsvorgänge. Zement 1933 Nr. 11 u. 12.

3. verbessernd auf die Dichtigkeit, weil das Wasser im Zementstein Raum einnimmt, beim Ablaufen nach dem Abbinden des Betons oder beim Austrocknen Poren hinterläßt und die Dichtigkeit, ebenso wie die Dichte herabsetzt,

4. verringernd auf die Schwindneigung, da das Verdunsten des Wassers zu einer Austrocknung führt und der Beton sich hierbei zusammenzieht,

5. erhöhend auf die Verschleißfestigkeit, da ein poröser Zementstein infolge seines Luft- und Wassergehaltes weniger widerstandsfähiger sein wird als ein dichter.

1. Einwirkung des Wasserzusatzes auf die Festigkeit.

In welcher Weise die Festigkeiten von Beton durch steigenden Wasserzusatz herabgesetzt werden, zeigt die Kurventafel 76[1]. Hier sind

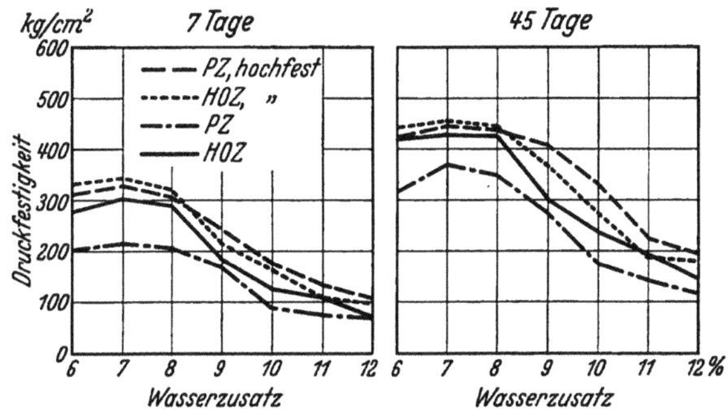

Abb. 76. Einwirkung steigenden Wassergehaltes auf die Mörtelfestigkeit. Mit steigendem Wassergehalt fällt die Mörtelfestigkeit für hochfesten und normalen Zement ungefähr gleichmäßig; der Abfall ist sehr stark.

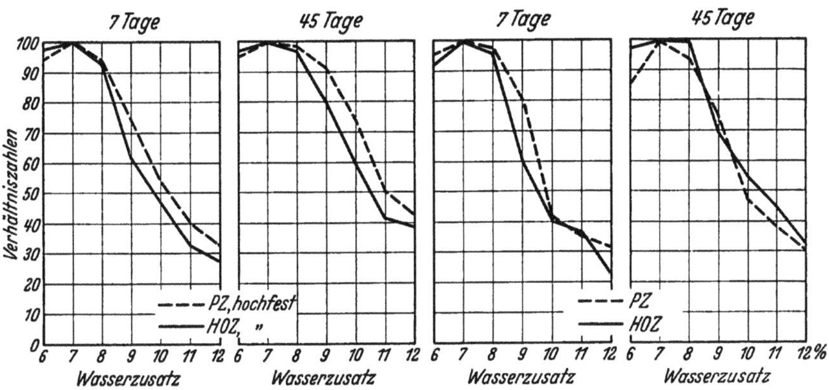

Abb. 77. Der starke Abfall der Festigkeit (auf 30% der Höchstfestigkeit bei 7% Wasserzusatz durch einen Zusatz von 12%) geht aus den Verhältniszahlen sehr deutlich hervor. Ein Aufholen findet zwischen 7 und 45 Tagen nur in geringem Maße statt.

verschiedene hochfeste Zemente normalen Zementen gegenübergestellt: es zeigt sich deutlich, wie stark mit steigendem Wassergehalt die Festig-

[1] Grün-Kunze: Festigkeiten von Beton mit verschiedenem Wasserzusatz. Zbl. Bauverw. 1928 Heft 3.

keiten fallen. Setzt man die Festigkeit von erdfeuchtem Beton (= 7% Wasserzusatz) gleich 100, so tritt die starke Festigkeitseinbuße durch den steigenden Wasserzusatz besonders deutlich hervor (Kurventafel 77). Bereits bei 9% Wasserzusatz (plastischer Beton) sind die Festigkeiten durchschnittlich auf zwei Drittel gefallen und fallen bei Gußbeton (12%) weiter, ungefähr auf ein Drittel der Festigkeit des erdfeuchten Betons mit 7% Wasser. Bemerkenswert ist, daß bei längerer Lagerung zwischen 7—45 Tagen kein Ausgleich stattfindet; mit anderen Worten, daß einmal durch hohen Wasserzusatz geschädigter Beton auch nach längerer Zeit wesentlich geringere Festigkeiten hat als erdfeuchter Beton. Zwischen hochfestem und normalem Beton wurde kein Unterschied gefunden. Beide werden also ungefähr gleich geschädigt.

2. Einwirkung der Höhe des Wasserzusatzes auf die Dichtigkeit.

Es ist zu unterscheiden zwischen Dichte und Dichtigkeit. Der Beton mit der größten Dichte, also mit dem höchsten Raumgewicht, welches in solchen Fällen ungefähr 2,5 beträgt, ist sehr stark gestampfter erdfeuchter Beton. Einen derartig hohen Verdichtungsgrad erreicht man durch starkes Stampfen mit Luftstampfern oder durch Verdichten mit Rammen, wie es beispielsweise beim Rammen von Betonpfählen bisweilen üblich ist. Auch durch starkes Rütteln kann eine hohe Verdichtung bei genügend stark wirkenden Maschinen erzielt werden. Derartige Betone sind im allgemeinen auch recht wasserdicht.

Naturgemäß wird durch den verschieden hohen Wassergehalt nicht nur die Festigkeit, sondern auch der physikalische Aufbau des Zementleims beeinflußt, also seine Porosität und Wasseraufnahme. Versuche mit einem Hochofenzement und einem Portlandzement, die einmal mit niedrigem, einmal mit hohem Wassergehalt angemacht wurden, zeigen deutlich die großen Unterschiede. Bei den Versuchen des Verfassers wurden die Zemente ohne Sandzusatz in drei verschiedenen Reihen mit so viel Wasser verrührt, daß einmal in Reihe I erdfeuchte, in Reihe II plastische und in Reihe III starkflüssige Konsistenz erreicht wurde. Die erhärteten Zementleime wurden dann auf Wasseraufnahme und Raumgewicht geprüft und folgende Zahlen gefunden:

Tabelle 39. Wasseraufnahme und Raumgewicht von Purzementen, die mit steigendem Wassergehalt angemacht wurden.

Reihe	Wasserzusatz	Hochofenzement		Portlandzement	
		Wasser-aufnahme	Raum-gewicht	Wasser-aufnahme	gewicht Raum-
	%	%		%	
I	25	2,5	2,04	—	—
erdfeucht	23	—	—	3,6	2,11
II	29	4,6	2,01	—	—
plastisch	28	—	—	9,1	1,98
III	35	8,9	1,90	—	—
flüssig	32	—	—	10,9	1,91

Die Zahlen zeigen, daß die Raumgewichte mit steigendem Wasserzusatz sinken, während die Wasseraufnahme sehr stark, von ungefähr 2,5 auf ungefähr 10%, steigt, ein Zeichen für die starke Beeinflussung des Zementleims. Auch bei Beton wurden ähnliche Verhältnisse festgestellt, indem Betonwürfel im Mischungsverhältnis 1 : 6,2 (300 kg Zement je Kubikmeter Beton) mit einem guten Rheinkies Körnung nach Kurve *E* der Eisenbetonbestimmungen in 4 Versuchsreihen hergestellt wurden. Folgende Zahlen wurden gefunden:

Tabelle 40. Wasseraufnahme und Raumgewicht von Beton mit verschiedener Konsistenz.

Plastizität		Wasseraufnahme %	Raumgewicht
erdfeucht . . .		4,0	2,26
Ausbreitmaß	ca. 30 cm	0,9	2,37
	ca. 50 „	1,15	2,325
	ca. 75 „	1,7	2,30

Hier zeigen die Zahlen, daß erdfeuchter Beton eine verhältnismäßig hohe Wasseraufnahme, also geringere Dichtigkeit, aufweist. Bei plastischem Beton geht die Wasseraufnahme von 4% des erdfeuchten Betons auf 0,9% herunter, bei steigendem Raumgewicht. Bei höheren Wasserzusätzen steigt dann die Wasseraufnahme wieder an. Als Folgerung ist hieraus zu ziehen, daß als undichtester und porösester normal gestampfter Beton anzusehen ist, während am dichtesten der plastische Beton sein wird. Auch bei Gußbeton wird die Dichtigkeit, wenn er nicht austrocknen kann, befriedigen. Selbstverständlich ändern sich die Verhältnisse zugunsten des erdfeuchten Betons, wenn dieser besser verdichtet wird, als dies beim Stampfen möglich ist, beispielsweise durch Rütteln.

Die Wasserdichtigkeit ist aber keineswegs gebunden an die Herstellung besonders stark verdichteten (erdfeuchten) Betons, sondern man kann auch mit plastischem Beton ohne besonders starke Verdichtung, also durch einfaches gutes Stochern, einen wasserdichten Beton erzeugen. Noch stärker wasserhaltiger Beton, also Gußbeton, wird wieder durchlässig, besonders dann, wenn er Gelegenheit hat, auszutrocknen. Bei erneuter Befeuchtung dichtet er sich stark nach, wird aber nicht wieder so dicht, als wenn er überhaupt nicht ausgetrocknet gewesen wäre. Um einen möglichst wasserdichten Beton herzustellen, ist also plastische Verarbeitung am Platze, Gußbeton nur dann, wenn keine Gelegenheit zur Austrocknung gegeben wird. Auch die Wasserdichtigkeit des plastischen Betons sinkt beim Austrocknen; auch hier findet eine Nachdichtung statt bei erneuter Befeuchtung. Aus diesem Grunde wird bei der Wasserdichtigkeitsprüfung in den ersten Stunden der Einwirkung eine viel größere Durchlässigkeit gefunden als später. Befinden sich Betonkörper einige Tage in der Prüfapparatur, so tritt gewöhnlich ein Gleichgewicht ein, d. h. die Selbstdichtung hört auf oder schreitet nur noch fast unmerklich fort und die wahre Dichtigkeit tritt in Erscheinung. Nach meinen Erfahrungen ist es zweckmäßig, bei derartigen Prüfungen mit filtriertem Wasser zu arbeiten, da unfiltriertes Wasser auf dem Beton allmählich eine Schicht von abfiltrierten Verunreinigungen zurückläßt, die den Beton auch dichtet und zu falschen Ergebnissen führen kann.

3. Schwindneigung.

Je höher der Wasserzusatz, desto stärker die Schwindung. Beton, von dem man geringe Schwindneigung verlangt, muß also hergestellt werden aus möglichst groben Zuschlagsanteilen mit geringem Wassergehalt bei starker Verdichtung. Zweckmäßig ist es, das Entstehen von Schwindrissen dadurch zu bekämpfen, daß man den Beton kurz nach der Entstehung vor Austrocknung schützt, wie sie hervorgerufen werden kann durch Sonnenbestrahlung, durch den viel zu wenig berücksichtigten „Zug", also durch Windbeanspruchung, oder in Neubauten durch offenstehende Fenster und Türen. Der Beton erhält bei zweckmäßigem Schutz durch die fortschreitende Erhärtung des Zementes höhere Zugfestigkeiten, die die Entstehung von Schwindrissen verhindern, wenn dann später durch die nun doch einsetzende Austrocknung die Schrumpfung beginnt.

4. Verschleißfestigkeit.

Die Verschleißfestigkeit ist am höchsten für den Zementstein bei geringem Wassergehalt. Die mit hohem Wassergehalt angemachten Zementsteine werden geringere Verschleißfestigkeit haben, da er leichter ist und mehr Poren, die mit Wasser oder Luft ausgefüllt sind, enthält. Besonders geringe Verschleißfestigkeit hat deshalb der Porenbeton, der zur Erreichung einer guten Wärmesperrfähigkeit (Wohnungsbau) dadurch hergestellt wird, daß man mit sehr hohem Wassergehalt Zement anmacht und durch geeignete Vorrichtungen unter Zusatz eines Schaummittels zu Schaum schlägt (Magnesiumzusatz zur Entwicklung von Wasserstoff; Wasserstoffsuperoxydzusatz zur Entwicklung von Sauerstoff, beides Gase, die den Beton aufblähen).

Zweckmäßig ist also Arbeiten mit geringem Wasserzusatz bei starker Verdichtung. Ausschlaggebend ist aber nicht die Verschleißfestigkeit des Zementes, sondern die des Zuschlagsstoffes, der ja von der Verschleißbeanspruchung am meisten getroffen wird. Erhöht werden kann die Verschleißfestigkeit auch durch Zusatz besonders fester Zusatzstoffe, durch Einbetonieren von Eisen in Form von durchlochten Platten und schließlich durch nachträgliche Behandlung mit Fluaten (vgl. S. 449).

Zusammenfassung zu C. Höhe des Wasserzusatzes.

Mit steigendem Wasserzusatz fällt die Festigkeit und bis zu einem gewissen Grade auch die Dichtigkeit. Erdfeuchter normal gestampfter Beton dagegen ist weniger dicht als plastischer Beton, während Gußbeton wieder größere Wasserdurchlässigkeit aufweist, besonders wenn er Gelegenheit zum Austrocknen hat. Die Schwindneigung wächst mit steigendem Wassergehalt, ebenso die Verschleißfestigkeit. Niedriger Wassergehalt ist deshalb für viele Zwecke anzustreben und die Dichte, Wasserdichtigkeit und Erhöhung der Festigkeit durch vermehrte Stampfung oder durch Rüttelverfahren zu erzwingen.

D. Zusatzgehalte.

Die wichtigsten Zusatzstoffe sind schon unter I (S. 96) in ihrer chemischen Zusammensetzung und Wirkung beschrieben. Es genügt, hier nur noch zu besprechen, wie der Prozentgehalt an Zusatzstoffen den Aufbau des Betons beeinflußt. In Frage kommen als Zusatzstoffe Hochofenschlacke, Traß und andere Puzzolane, sowie Sand- und Steinmehle. Fabrikmäßig werden alle 3 Zusatzstoffe dem Zement zugesetzt. Die Hochofenschlacke bei der Hüttenzementfabrikation, der Traß bei der Traßzementherstellung und Sand- und Steinmehle sowie Gaize, eine gebrannte Puzzolane, in Frankreich. In welcher Weise die verschiedenen Zumischungen auf die Druckfestigkeit des Zementes wirken, geht aus Abb. 58 hervor (S. 102). Bei den Versuchen wurde der mit den verschiedenen zu prüfenden Mehlen vermischte Portlandzement normengemäß eingeschlagen.

Die Zahlen zeigen, daß die eine Hochofenschlacke, und zwar eine tonerdereiche Hochofenschlacke, den Portlandzement sogar in der Anfangserhärtung (3 Tage) vollwertig zu ersetzen vermag. Erst bei einem Gehalt von 70% Hochofenschlacke an fällt die Festigkeit des zusammengesetzten Zementes unter diejenige des unvermischten Portlandzementes. Die tonerdearme Hochofenschlacke drückt die Festigkeiten mit steigendem Zusatz, und zwar nach 3 Tagen Erhärtung von ungefähr 300 kg des unvermischten Zementes auf 180 kg desjenigen Zementes, der aus 10 Teilen Portlandzement und 90 Teilen Hochofenschlacke besteht. Wenn hier also mit steigendem Zusatz ein allmähliches Fallen der Festigkeiten festgestellt wurde, erwies sich diese Schlacke doch noch als so stark reaktionsfähig, daß sie direkt als Zementersatz angesprochen werden kann. Bei 28tägiger Erhärtung (comb.) wirkt die Schlacke sogar bei hohen Prozentsätzen verbessernd.

Sehr viel stärker herabdrückend auf die Festigkeiten mit steigendem Gehalt wirken die anderen Puzzolane, die so stark drücken, daß sie als Zement„ersatz“ nicht mehr betrachtet werden können. Sie werden demgemäß auch stets nur in geringen Mengen herangezogen, beispielsweise gibt es Traßzement mit 30% Traßgehalt und solchen mit höchstens 50% Traßgehalt. Die Festigkeiten dieser Zemente liegen bereits stark unter den Festigkeiten der zu ihrer Herstellung verwendeten Portlandzemente gleicher Mahlfeinheit. In den Normenfestigkeiten finden sich häufig keine Unterschiede, da weit getriebene Feinmahlung bei den Handelsprodukten die Festigkeit günstig beeinflußt hat, bei verdünnterer Mischung tritt aber die schwächende Eigenschaft des Trasses deutlich in Erscheinung. In vielen Fällen schadet diese Herabsetzung aber nichts, denn der Zusatz von Traß wird ja keineswegs vorgenommen, um die Festigkeiten zu erhöhen, sondern man will andere günstige Eigenschaften, bessere Verarbeitbarkeit, höhere Salzwasserbeständigkeit, erreichen und kann ruhig einen Festigkeitsverlust in Kauf nehmen, wenn man diese anderen wünschenswerten Eigenschaften erreicht.

Gundius-Assarsson hat das Widerstandsvermögen des Portlandzementes gegen Wasser nach Vermischen mit verschiedenen Zusätzen untersucht[1].

Er hat die Lösungsfähigkeit des abgebundenen Zementes geprüft, indem er durch pulverisierten Zement mit einer gewissen gegebenen Geschwindigkeit Wasser durchsickern ließ und dieses analysierte. Er fand hierbei, daß in folgender Reihenfolge die Lösungsfähigkeit des Zementes herabgesetzt wurde:

Schieferasche,
Traß,
Hochofenschlacke,
wasserhaltige Kieselsäure,
Oxalsäure,
Arsentrioxyd.

Obwohl das Arsentrioxyd (Arsen k) am günstigsten wirkte, hat sich seine Einführung nicht durchgesetzt, da es zu giftig ist.

Als besonders wichtig sei auch hier auf Art und Festigkeit der Kalkbindung hingewiesen, die besonders bei Wasserbauten, wo Beton großen Mengen Wassers dauernd ausgesetzt ist (Talsperren), oder bei aggressiven Lösungen ausgesetzten Betons von Wichtigkeit sind. Bei Prüfung von nicht erhärtetem und erhärtetem Zement auf Auslaugbarkeit des in ihm vorhandenen Kalkes fand der Verfasser, daß Sandzemente trotz ihres hohen, in der Zementanalyse zum Ausdruck kommenden Kieselsäuregehaltes die stärkste Auslaugbarkeit hatten (vgl. Kurventafel 78), während durch den Hochofenschlackenzusatz und durch den Traßzusatz die Kalkauslaugbarkeit sehr stark herabgesetzt wurde. Die stark reaktionsfähigen Puzzolanen, wie Hochofenschlacke, können in großen Mengen zugesetzt werden, da sie nicht nur kalkbindend wirken, sondern auch in die Erhärtung eingreifen, so daß sie die Festigkeit nicht allzusehr drücken. Tatsächlich wird ja der hochofenschlackenhaltige Zement mit einem hohen Hochofenschlackengehalt bis zu 85% hergestellt. Die stark schlackenhaltigen Zemente haben dann zwar auch geringere Festigkeiten als die klinkerreichen, weisen dafür aber auch hohe Salzwasserbeständigkeit gegenüber den schlackenärmeren auf (vgl. Abb. 79). Die Kurventafel zeigt, daß mit steigendem Schlackengehalt die 3-Tage-Festigkeiten langsam herabgehen und daß die schlackenreicheren Mischungen nach 28 Tagen aufholen; dagegen ist eine sehr viel höhere Magnesiumsulfatbeständigkeit der schlackenreicheren Zemente gegenüber den schlackenarmen oder schlackenfreien festzustellen: Diese schlackenreichen haben nach 2 Jahren Magnesiumsulfatlagerung noch 300 kg Festigkeit, die schlackenfreien dagegen durchschnittlich ein Drittel, mit anderen Worten, sie weisen starke Schädigungen auf.

Bei Traßzumischung kann man in der Praxis in bezug auf die Zusatzhöhe nicht soweit gehen. Man arbeitet in der Regel mit 10 bis

[1] Gundius-Assarsson: Veränderung des chemischen Widerstandsvermögens des Portlandzements gegen Wasser durch Vermischen mit verschiedenen Zusatzmitteln. Zement 1932 S. 64.

30%. Will man die Salzwasserbeständigkeit von Zementen erhöhen, so ist es notwendig, den Traß nicht als Zementersatz zu nehmen, sondern als Zusatz zum Zuschlag zu rechnen. Entsprechend schreiben

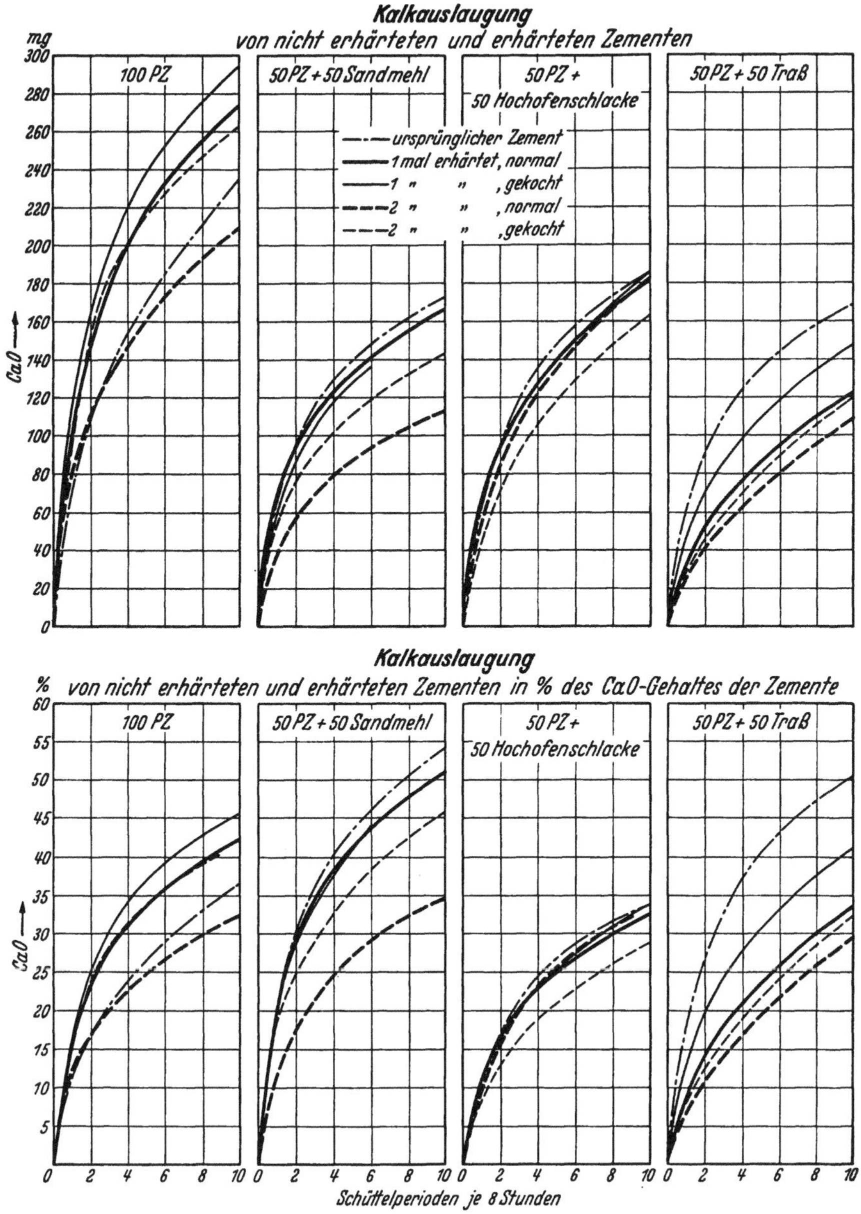

Abb. 78. Die Löslichkeit des im Zement enthaltenen Kalkes wird durch den Zusatz von Hochofenschlacke herabgesetzt (vgl. besonders die Prozentzahlen und das Tieferliegen der Hochofenschlacken-Kurven (3. Rechteck).

auch die Richtlinien für die Ausführung von Betonbauten im Meer- oder Moorwasser vor, daß der Traß als Zuschlag zu rechnen ist.

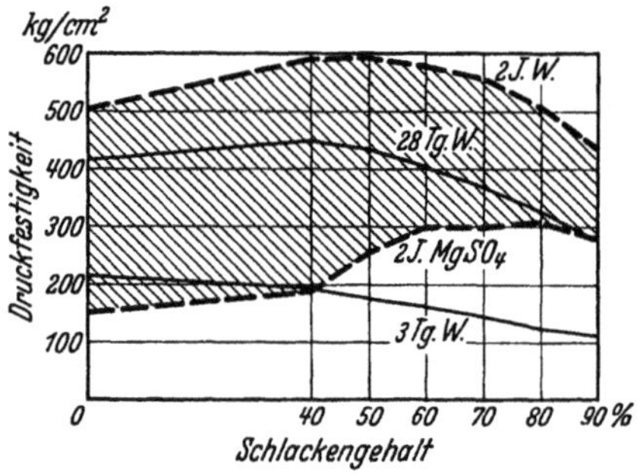

Abb. 79. Mit steigendem Schlackengehalt fallen die Festigkeiten nach 3 Tagen Wasserlagerung, dagegen steigt die Beständigkeit gegen Magnesiumsulfat. Nach 2 Jahren Wasserlagerung hat der Zement mit 20% Klinker und 80% Hochofenschlacke dieselbe Festigkeit wie der reine Portlandzement, die höher geschlackten Zemente haben höhere Festigkeiten. (Mittel aus 26 Schlacken.)

Falsch ist es, aus der Bruttoanalyse auf die voraussichtliche Salzwasserbeständigkeit der Zemente zu schließen oder gar aus dieser Bruttoanalyse Schlüsse auf die voraussichtliche Wechselwirkung zwischen Kieselsäure und Kalk zu ziehen. Derart aus den Bruttoanalysen hergeleitete Berechnungen sind ohne jedes Verständnis für chemische Vorgänge aufgestellt. Bei Wechselwirkungen zwischen Kalk und Kieselsäure ist stets der chemische Formzustand der beiden Komponenten, die in Wechselwirkung treten, zu berücksichtigen. In Traß beispielsweise ist ein großer Teil der Kieselsäure nicht reaktionsfähig und wirkt dementsprechend als Ballast. Die Berechnung derartiger Kieselsäure als kalkbindend muß deshalb abgelehnt werden. Das gleiche gilt für Hochofenschlacke, wenn diese nicht in reaktionsfähigem Zustand, beispielsweise als Stückschlacke, verwendet wird. Aus der Bruttoanalyse sind also derartige Verhältnisse niemals auch nur annähernd zu erkennen.

Zusammenfassung zu D. Zusatzgehalte.

Die Höhe des Zusatzes von Steinmehlen richtet sich ganz nach der Art des zuzusetzenden Materials. Stark in die Erhärtung eingreifende Mittel, wie Hochofenschlacke, können in größeren Mengen zugesetzt werden, schwach hydraulisch nur in kleineren Mengen; unhydraulische wirken überhaupt nicht als Zementersatz, obwohl sie die Dichtigkeit verbessern können, besonders dann, wenn der Zuschlagsstoff Mangel an feinem Korn aufweist, wie dies z. B. manchmal bei zu stark gewaschenen Sanden der Fall ist.

III. Die Verarbeitung des Betons.

Bei der Verarbeitung des Betons ist zunächst auszugehen von der Messung der Zuschlagsstoffe und des Wassers und der Vermischung der sachgemäß abgemessenen Einzelbestandteile. Nach der Mischung erfolgt der Transport zur Verarbeitungsstelle, der verschieden ist, je nachdem erdfeuchter, plastischer oder Gußbeton hergestellt wurde, und schließlich erfolgt die Verdichtung, die sich naturgemäß auch wieder nach der Konsistenz des Betons richtet und deren energische Durchführung für die Dichtigkeit des endgültigen Erzeugnisses von ausschlaggebender Bedeutung ist.

A. Messung der Einzelbestandteile und der Konsistenz.

Allgemeines.

Zement und Zuschlag sind sorgfältig, am besten nach Gewicht, abzumessen. Besonderer Wert ist auf die Abmessung des Wassers zu legen, da dieses die Konsistenz, die Verarbeitbarkeit, die Dichtigkeit des Betons ausschlaggebend beeinflußt.

1. Kies und Sand.

Die einzelnen Korngrößen müssen nach den durch das Experiment oder durch die Kurve festgestellten Verhältnissen zugeteilt werden. Man bringt zu diesem Zweck bei größeren Bauwerken die Zuschlagsstoffe, jede Korngröße für sich, in Silos und zapft aus diesen die jeweils notwendige Menge ab. Dabei kann man entweder in Raumteilen messen, in der Weise, daß man die Lore im Innern mit angenieteten Leisten versieht, bis zu denen jeweils aufgefüllt wird, oder man kann auf Gleiswaagen wiegen. Die letztere Arbeitsart ist die zuverlässigste. In den meisten Fällen genügt aber das Abmessen nach Raumteilen. Zu berücksichtigen ist, daß Sand in feuchtem Zustand einen weitaus größeren Raum einnimmt als im trockenen oder völlig nassen oder überfluteten Zustand. Abb. 80 zeigt, wie außerordentlich groß im einzelnen die Unterschiede sind, und beweist, daß bei Anwendung von feuchtem Sand mit ungefähr 5% Wasser am wenigsten Sand in den Beton eingebracht wird, an dessen Stelle aber ein Teil Wasser. Dieser Wasseranteil spielt im allgemeinen eine untergeordnete Rolle, da ja bei der Konsistenzmessung entsprechende Korrekturen angebracht werden können. Um so wichtiger ist aber die Tatsache, daß bei derartigem feuchten Sand eine Sandverarmung des Betons eintritt. Man muß also bei der Abmessung des Sandes seine Feuchtigkeit berücksichtigen und bei feuchtem Sand etwas mehr Sand heranziehen. Manche moderne Mischmaschinen messen den Sand unter Wasser, um dadurch die durch den Feuchtigkeitsgehalt hervorgerufenen Aufblähungen verschiedenen Grades auszuschalten, da der durch Feuchtigkeit aufgeblähte Sand unter Wasser wieder zusammensackt.

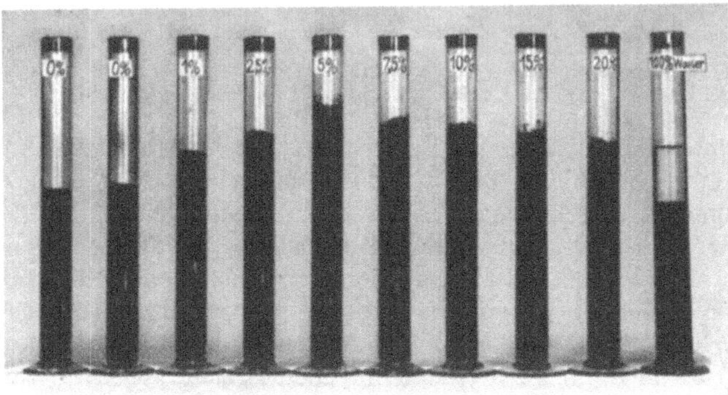

Abb. 80. Mit steigendem Wassergehalt bis zu 5 % nimmt das Volumen eines angefeuchteten Sandes dauernd zu, um bei höherem Wassergehalt wieder abzufallen.

2. Zement.

Die Normenzemente haben verschiedene Raumgewichte. Der leichteste Zement ist der Hochofenzement, der schwerste der Portlandzement; noch leichter ist der noch nicht genormte Traßzement. Bei der Verarbeitung ist eine große Raummenge an Zement natürlich von Vorteil, da der Zement, je leichter er ist, desto mehr porenfüllend wirkt. Eine Berücksichtigung dieser Verhältnisse in der Praxis in der Art, daß man bei leichtem Zement weniger nimmt, ist aber nicht statthaft. Es ist im Gegenteil vorgeschrieben, den Zement nach Gewichtsteilen zu verwenden, wobei jeder Sack mit 50 kg zu rechnen ist. Der Inhalt eines Portlandzementsackes, also von 50 kg, ist ungefähr 34 l, derjenige eines Hochofenzementsackes 42 l, der eines Traßzementsackes 41 l.

3. Wasser.

Die Messung des Wassers hat bei großen Bauausführungen automatisch zu erfolgen: die Mischmaschinen sind stets so eingerichtet, daß zwangsläufig stets die gleiche Wassermenge dem Beton zugeführt wird. Ändert man die Zementmarke, so muß der Wasseranteil erneut bestimmt werden, da verschiedene Zementmarken und -arten verschiedene Wassermengen erfordern. Auch wenn der Zuschlag sich in seiner Zusammensetzung oder gar in seiner Feuchtigkeit ändert, ist eine erneute Einstellung erforderlich. Wichtig ist, daß an der Mischmaschine ein erfahrener Mann steht, da dieser dann auf Grund seiner Kenntnisse in der Lage ist, kleine Schwankungen in der Feuchtigkeit, Kornbeschaffenheit des Zuschlags auszuschalten und durch in geringen Grenzen wechselnde Wasserzugabe gleiche Konsistenz des Betons einzuhalten.

4. Konsistenz oder Steife der Betonmischung.

Am richtigsten ist es, die Steife der Betonmischung stets zu messen, da sie ja letzten Endes ausschlaggebend für die Verarbeitbarkeit ist und allenfalls gemachte Fehler beim Wasserzusatz durch die Steifemessung sofort festgestellt und behoben werden können. Konsistenzmessung ist auf verschiedenerlei Weise möglich. Zunächst die Prüfung durch Augenschein. Ein Beton, der in der Hand sich eben noch ballen läßt, ohne auseinanderzufallen, oder der nach dem Ballen leicht auseinanderfällt, wird als erdfeucht bezeichnet und benötigt starke Verdichtung. Erdfeuchte Betone haben die höchste Festigkeit, aber, wenn sie nicht besonders stark verdichtet werden, die geringste Wasserdichtigkeit. Derartige Betone haben einen Wassergehalt von 6—8%. Steigert man den Wassergehalt auf 9—10%, so erhält man den plastischen Beton, welcher nicht mehr gestampft, dafür aber gestochert werden kann, niedrigere Festigkeit bekommt als der erdfeuchte Beton, dafür aber sich leichter verarbeiten läßt und eher dicht wird. Derartiger Beton ist schlammig; wenn man die Hand in ihn eintaucht, überzieht sie sich mit einer Zementschicht, und er fließt in der Schalung unter Einwirkung des Stocherns langsam zu einer fast ebenen Fläche aus.

Mit noch höherem Wassergehalt fallen die Festigkeiten weiter, die Verarbeitbarkeit wird aber leichter. Ein Teil des Wassers dient als Transportwasser. Der Beton fließt verhältnismäßig leicht und wird durch Gießrinnen von der Mischstelle an die Stelle der Verarbeitung gebracht.

Bei Gußbeton besteht die Gefahr der Schlammbildung, also der Entmischung, die in der Weise vor sich geht, daß der leichte Zement oben aufschwimmt. Dadurch verarmt der Beton naturgemäß an Zement, eine an sich schon unerfreuliche Erscheinung. Viel schlimmer ist aber bei dieser Separierung des Zementes die Tatsache, daß in solchen Fällen ein Zementschlamm sich auf dem Beton bildet, der zu einem sehr leichten und wenig widerstandsfähigen Zementstein erhärtet. Aus Bauwerken, in welchen sich diese Erscheinungen gezeigt hatten, wurde Zementstein herausgenommen, der ein spezifisches Gewicht von nur 1 hatte. Es ist selbstverständlich, daß derartige Einschüsse leichtbetonartiger Beschaffenheit die Widerstandsfähigkeit des Bauwerkes herabsetzen; auch dann, wenn der Wasserzusatz nicht so hoch war, daß sich leichter Zementstein bildete, sondern wenn der gebildete Zementstein verhältnismäßig wasserarm ist, also hohe Festigkeiten aufweist, bildet die Trennschicht eine unerwünschte und das Bauwerk in einzelne Blöcke zerlegende Arbeitsfuge.

Die Steifeprüfung nach den Bestimmungen des Deutschen Ausschusses für Eisenbeton (unter D) wird in folgender Weise durchgeführt:

Als Arbeitstisch dient eine 70:70 cm große, mit einem 2 mm dicken Blech abgedeckte Holztafel von 16 kg Gewicht, die sich an einem Ende mit Scharnieren bewegt und am anderen Ende einen Griff zum Hochheben hat. Eine Nase begrenzt die Hubhöhe auf 4 cm. Zur Aufnahme des Betons dient ein oben offener Trichter von 20 cm Höhe, mit oben 13 cm und unten 20 cm lichtem Durchmesser, der durch Aufstellen der Füße des Prüfenden auf zwei Nasen auf der Platte festgehalten und mit dem zu prüfenden Beton in zwei gleich hohen Schichten gefüllt wird. Jede Schicht wird mit einem Holzstampfer von 4 cm^2 Querschnitt zehnmal leicht verarbeitet. Nach Abziehen der Oberfläche mit einer Kelle und Reinigen der Tischplatte wird nach einer halben Minute der Trichter an den Griffen sorgsam hochgehoben, wobei der Beton beginnt, sich auszubreiten. Hierauf hebt man die Platte mit dem Beton 15mal an und läßt sie wieder fallen. Die zwei den beiden Tischkanten parallellaufenden Durchmesser des ausgebreiteten Betons werden gemessen, das Mittel aus beiden Messungen ist das Ausbreitmaß. Die Ausbreitmaße an plastischem Beton sind die folgenden:

Tabelle 41.

Verarbeitbarkeit	Wassergehalt %	Ausbreitmaß cm
schwer verarbeitbar . .	8	30—35
gerade „ . .	9—10	38—42
gut „ . .	11—12	48—53

Bei Prüfung von erdfeuchtem Beton ist das Verfahren nicht durchführbar, da dieser Beton sich nicht ausbreitet. Man prüft derartigen Beton mit dem Eindringgerät[1]. Bei diesem Verfahren wird ein 15kg schweres, unten abgerundetes Fallgewicht aus ca. 20cm Höhe auf den in einer Würfelform von 20cm Kantenlänge befindlichen Beton fallen gelassen und die Eindringtiefe gemessen. Auch die Prüfung des bereits eingebrachten und gestampften Betons ist auf die Weise möglich.

Für Gußbeton ist zweckmäßig die Prüfung mit einer Proberinne, die ein leichtes Feststellen ermöglicht, ob der Beton einerseits gut läuft und ob er andererseits sich nicht entmischt.

Zusammenfassung zu A. Messung der Betonbestandteile.

Im allgemeinen wird der Kies und Sand nach Raumteilen, der Zement in Säcken, also nach Gewichten zugegeben. Bei der Raumteilmessung ist darauf zu achten, daß Sand in feuchtem Zustand größeren Raum einnimmt als im trockenen Zustand. Man kann diese Verschiedenheit ausscheiden durch Abmessung des Sandes unter Wasser. Die Angabe des Mischungsverhältnisses kann wie folgt geschehen:

1. Raumteilmischung,
2. Gewichtsteilmischung,
3. Kilogramm Zement je Kubikmeter Beton,
4. Prozent Zement.

Die Raumteilmischung ist die älteste, aber unzuverlässigste und wird besser sowohl in Durchführung als auch in der Angabe für Verdingung usw. unterlassen. Die Gewichtsteilmischung ist die zuverlässigste, führt aber leicht zu Trugschlüssen, da die Angaben z. B. 1:4 im Vergleich zu 1:8 vortäuschen, daß 1:8 nur die Hälfte des Zementes hat als die Mischung 1:4. Bei 1:4 sind aber 26,6% oder 320 kg/m³, bei 1:8 15,0% oder 180 kg/m³ im Beton. Meist üblich ist die Angabe nach 3, wieviel Kilogramm Zement im Kubikmeter Beton sind. Am klarsten ist die Angabe nach 4 in Prozent, die sich allerdings nicht einführte.

Die Konsistenz des fertigen Betons bei erdfeuchter Verarbeitung kann mit einem Stempel, den man auf den Beton auffallen läßt und

[1] Vgl. Richtlinien für die Prüfung und Abnahme von Zementzuschlägen und Beton auf den Baustellen, Direktion der Reichsautobahnen, S. 15.

dessen Eindringtiefe dann mißt, festgestellt werden, während bei plastischem Beton Rütteltische üblich sind, bei denen der Beton, der in Form eines Kegels aufgebracht wird, auseinander fließt, so daß man das Fließmaß feststellen kann. Die als Vorbilder für die Konsistenz aus Amerika gekommenen Methoden der Messung mit 30 cm hohen Kegeln ohne Bewegung des Tisches sind nur noch selten üblich[1].

B. Mischen von Beton.

Da der Zement nur dann die Zuschlagsstoffe einwandfrei verkitten kann, wenn er sie alle faßt, ist eine sorgfältige Mischung eine der Hauptbedingungen. Bei kleineren Baustellen wird die Mischung von Hand vorgenommen, bei großen arbeitet man nur mit Maschinen, da die Maschinenmischung nicht nur weniger Arbeitskräfte beansprucht, sondern auch zu besseren Ergebnissen führt und sehr viel schneller durchgeführt werden kann als die Handmischung.

1. Die Handmischung.

Die Handmischung kommt meist nur in Betracht für erdfeuchten oder schwach plastischen Beton. Gußbeton wird naturgemäß niemals mit der Hand gemischt, sondern stets mit Maschinen, da bei Gußbetonausführungen große Betonmassen angewendet werden. Bei Mischung von Hand verfährt man in der Weise, daß man zunächst trocken die Zuschlagsstoffe vermischt und dann das Wasser zusetzt. Man wirft den Zement möglichst schon verteilt auf den etwas ausgebreiteten Sand, läßt dann die Mischung etwas durchrühren und auf einen Haufen schaufeln. Darauf wird der erste Haufen auf einen neuen Haufen geschippt und der Vorgang noch einmal wiederholt. Der Trockenbeton hat dann eine gleichmäßige graue Farbe angenommen. Beim nächsten Umsetzen durch Schaufeln wird dann mit einer Gießkanne Wasser zugesetzt, wobei zweckmäßigerweise außer den beiden schaufelnden Arbeitern noch ein dritter mit einem Rechen den Beton durch Hin- und Herrechen durchmischt. Auf kleinen Baustellen wird häufig der Fehler gemacht, daß der gemischte Beton sehr lange liegen bleibt, hauptsächlich dann, wenn ein Teil sofort verbraucht wird, ein anderer Teil also noch übrigbleibt. Ist der Beton bereits trocken geworden, hat er also angezogen, so muß er weggeworfen werden. Ein nochmaliges Befeuchten des Betons mit Wasser, um ihn wieder plastisch zu machen, ist durchaus unzulässig. Es führt nur zu einer untergeordneten Erhärtung, da sich der Zement selbstverständlich beim Anziehen größtenteils verausgabt hat. Bei besonders heißem Wetter kann dieses Anziehen unter Umständen sehr schnell stattfinden, wenn nämlich der Zement umgeschlagen ist, d. h. wenn er auf der Baustelle zum Schnellbinder wurde, ein Vorgang, der glücklicherweise selten eintritt. Es ist deshalb stets zweckmäßig, auf der Baustelle Abbindekuchen anzurühren, wie sie in den Normen vorgeschrieben sind, um zu ermitteln, ob der Zement nicht allzu schnell abbindet. Zement mit unter 1 Stunde Beginn der Erstarrung ist zurückzuweisen.

---

[1] Vgl. Grün: Der Beton. 1. Aufl. Berlin 1926.

2. Die Maschinenmischung.

Die Mischmaschinen zerfallen in zwei große Gruppen: in die Freifallmischer und die Zwangsmischer, denen sich dann noch der Vakuummischer und schließlich die kontinuierlich arbeitenden Mischer anschließen. Die Freifall-, Zwangs- und Vakuummischer arbeiten periodisch: ein Satz Beton wird eingebracht, mit dem nötigen Wasser vermischt und nach einer Zeit von etwa 1—2 Minuten herausgestürzt. Die kontinuierlichen Mischer dagegen arbeiten dauernd und liefern demgemäß den Beton nicht stoßweise wie die periodischen, sondern in einem fort.

a) Freifallmischer.

Bei den Freifallmischern wird der Beton in einer Trommel durch die Anziehungskraft der Erde gemischt: die sich drehende Trommel nimmt den Beton durch die Reibung an der steigenden Fläche oder mit Schaufeln mit in die Höhe, nach Überwindung der Reibung und Zentrifugalkraft fällt der Frischbeton nach unten und mischt sich dadurch. Bei gutem Mischen und normalen Stoffen genügt eine Mischzeit von 2 Minuten durchaus. Oft ist mit etwas weniger auszukommen.

b) Die Zwangsmischer.

Die Zwangsmischer arbeiten derart, daß das Mischgut durch entsprechende Einrichtung umgeschaufelt wird. Sie haben also das Prinzip einer Knetmaschine und werden für manchen sperrigen Zuschlagsstoff bevorzugt. Die Mischdauer ist die gleiche oder etwas kürzer als die der Freifallmischer.

c) Der Vakuummischer.

Der Vakuummischer, der erst neuerdings ausgebildet wurde, arbeitet in der Weise, daß die Stoffe im luftleeren Raum gemischt werden, und zwar nach dem Prinzip der Freifallmischer. Die Tatsache, daß die Mischung sich im luftleeren Raum vollzieht, spielt keine Rolle, dagegen um so mehr der Umstand, daß die Luft aus dem Beton völlig ausgesaugt, dieser also luftfrei wird. Außerdem erfährt der Beton bei Wiederherstellung des normalen Luftdrucks eine Kompression von 1 Atmosphäre. Mit dem Vakuummischer lassen sich sehr hohe Festigkeiten für den Beton erreichen, da dieser praktisch völlig porenfrei wird. Voraussetzung für die Porenfreiheit ist natürlich richtige Körnung der Zuschlagsstoffe.

d) Die kontinuierlichen Mischer

können Freifall- oder Zwangsmischer sein. Sie bestehen meistens aus Trommeln, werden also einen größeren Raum einnehmen als die zuerst genannten Mischer. Sie haben den Vorteil, daß sie dauernd, nicht nur stoßweise, Beton liefern und kommen selbstverständlich nur für große Baustellen in Frage.

3. Vormischung.

Bei Versuchen über die Notwendigkeit der Vormischung staubartiger Komponenten, für welch letztere sogar schon besondere Maschinen hergestellt werden (Trassia), wurde folgendes gefunden:

Es wurden vier verschiedene Mischungen in ganz verschiedenen Verhältnissen gemischt, und zwar Zement und Traß. Gearbeitet wurde in folgender Weise:

Zement und Traß wurden einerseits in der Kugelmühle nach Art der Traßzement-Herstellung innig vermahlen, andererseits wurden die zwei Bestandteile gemeinsam der Mischmaschine ohne Vormischung zugegeben: Es zeigte sich, daß die letztere sehr einfache Arbeitsweise keinerlei Nachteile gegen die viel umständlichere Vermahlung hatte. Aber auch die Vormischung von Zement und Traß in der Mischmaschine mit nachfolgender Kieszugabe und die wechselweise Vormischung von Kies und Traß oder Zement hat keine Vorteile.

Die Zahlen zeigten, daß eine Vormischung staubfeiner Bindemittelbestandteile nicht notwendig ist. Auch Graf kommt auf Grund umfangreicher Untersuchungen zu dem Ergebnis, daß bei gut arbeitender Mischmaschine eine Vormischung der Puzzolane (verwendet wurde Thurament) mit dem Portlandzement nicht notwendig ist. Krüger ist neuerdings zu gleichen Festigkeitsergebnissen gekommen und hat gezeigt, daß auch die Wasserdichtigkeit durch fehlende Vormischung nicht ungünstig beeinflußt wird. Dennoch zieht man häufig die Vormischung in der Fabrik vor (Traßzement), um die Gefahr der Verwechslung oder falschen Abmessung auf der Baustelle zu beseitigen.

Zusammenfassung zu B. Mischen.

Die einfachste Mischung ist die von Hand, bei deren Durchführung auf gute Aufsicht und auf genügend oft wiederholtes Umschaufeln gesehen werden muß. Die Handmischung wird übertroffen durch die Maschinenmischung, die die Einsparung von Arbeitslöhnen erlaubt und bessere Mischung garantiert. Es gibt Freifall- und Zwangsmischer, die periodisch arbeiten und bei welchen der Beton in geschlossenen Trommeln in einzelnen Sätzen gemischt und dann verarbeitet wird. Beim Zwangsmischer wird die Mischung erzwungen durch Schaufeln und Knetwerke, der Freifallmischer arbeitet nur durch den freien Fall und deshalb etwas weniger intensiv. Beim Vakuummischer wird nach Auspumpen der Luft gemischt, dadurch der Beton entlüftet und nach Wiederherstellung des Luftdrucks zusammengepreßt. Die kontinuierlichen Mischer liefern dauernd Frischbeton und beseitigen dadurch die stoßweise Anlieferung, die bei Großbauten lästig sein kann. Vormischung staubfreier Stoffe, wie Traß und Zement vor Zugabe des Kieses in besonderen Maschinen ist überflüssig, wird aber häufig, um Verwechslungen z. B. von Traß und Zement (Kies nur mit Traß ohne Zement erhärtet nicht!) zu verhüten, vorgezogen und in die Fabrik verlegt (Traßzement).

C. Transport des Betons.

Für den Transport des Betons zur Baustelle müssen zwei Bedingungen genügen. Er muß durchgeführt werden:

1. ohne Entmischung,
2. bevor die Erstarrung des Betons beginnt.

Wichtig ist also beim Transport, daß die Abbindezeit des Zementes nicht zu kurz ist und daß der Beton nicht zur Entmischung neigt und gut verarbeitbar ist.

Walz berichtet über interessante Versuche über Zusammenhang von Betonzusammensetzung und Verarbeitbarkeit und schildert verschiedene Apparate, von denen „nur eine beschränkte Anzahl der bei der Verarbeitung wichtigen Eigenschaften sich erfassen läßt". Bemerkenswert ist unter diesen Apparaten der Verformungsversuch mit Auflast nach Powers[1].

Abb. 81. Ansicht einer Gußbetonanlage mit dem eingebauten Gießturm.

Zusatzstoffe Ton und Traß haben die Mischung etwas geschmeidiger gemacht, ein höherer Zusatz als 3% aber keine Verbesserung ergeben, Ton dagegen zu starken Festigkeitsrückgängen geführt. Naturgemäß haben aber bei diesen Versuchen Betone mit gebrochenen Zuschlägen zur Erzielung gleicher Verarbeitbarkeit höhere Wassermengen erfordert als Kiesbeton und infolgedessen auch geringere Festigkeiten erreicht[2].

Von der Steife des Betons ausgehend, sind zunächst vier verschiedene Transportarten üblich, und zwar

für den Gußbeton: Fließen in der Rinne,

für den plastischen Beton: Fassen mit dem Greifer oder Pumpen,

für den erdfeuchten Beton: Fortbewegung mit dem Transportband oder der Lore, und schließlich ist für die beiden letzten Betonarten

---

[1] Proc. Amer. Concr. Inst. Bd. 28 (1932) S. 419ff.

[2] Walz: Betonzusammensetzung und Verarbeitbarkeit. Beton u. Eisen 1936 S. 296.

noch der Transport mit dem Wagen, durch den sog. Transportwagen üblich: der Beton wird in einer Zentralmischanlage für einen ganzen Bezirk hergestellt und mit geeigneten Transportwagen an Ort und Stelle gebracht.

1. Transport durch die Gießrinne, der Gießturm, der Gußbeton.

Beim Gußbeton wird (vgl. Abb. 81 u. 82) der Beton möglichst in der Mitte der Baustelle gemischt, die Mischung hochgehoben und durch Rinnen an Ort und Stelle geleitet. Das Transportmittel ist die Anziehungskraft der Erde und letzten Endes das im Überschuß zugeführte Wasser, das den Beton so beweglich macht, daß er dieser Anziehungskraft folgt. Der Vorteil des Gußbetons ist demgemäß schneller Arbeitsfortgang, die Nachteile bei nicht genügender Beaufsichtigung sind besonders bei zu hohem Wasserzusatz: Bildung von Arbeitsfugen. Der leichtere Zementschlamm schwimmt nach oben und bildet eine fettere, bei hohem Wassergehalt weiche Schicht, welche die einzelnen Gußlagen voneinander trennt.

Der schwere Zuschlag setzt sich in dem flüssigen Beton ab, und es bilden sich dicke Schichten von Zementschlamm (vgl. Abb. 83).

Der hohe Wasserzusatz setzt die Festigkeiten sehr stark herab. Bei der hohen Festigkeit von Zement ist aber die Herabsetzung meist von untergeordneter Bedeutung.

2. Die Zementpumpe.

Die Zementpumpe pumpt den Beton, der eine Steife zwischen Guß- und plastischem Beton hat, auf große Strecken ohne Entmischung (vgl.

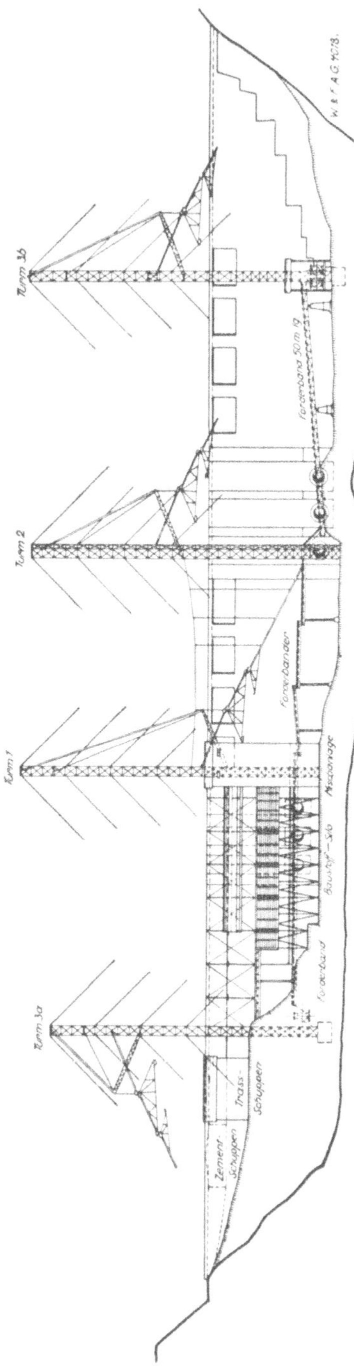

Abb. 82. Verteilung der Gießtürme bei einer Gußbetonbaustelle.

Abb. 84 u. 85). Das Verfahren hat den Vorteil, daß der Beton nicht so viel Wasser braucht wie der Gußbeton, daß er nicht leicht entmischt wird. Als Nachteil ist der Verschleiß der Pumpe anzuführen und die

Abb. 83. Entmischungserscheinungen in Gußbeton bei linkem Würfel. Deutliche Abscheidung starker Zementmengen.

Gefahr, daß bei plötzlichem Arbeitsstillstand (Maschinenbruch, Frost usw.) der Beton in den Röhren erstarrt und diese unbrauchbar macht. Schon 10 Minuten langes Stehen kann zu Schwierigkeiten führen.

Abb. 84. Betonpumpe zur Beförderung angemachten Frischbetons.

Nach dem Arbeiten müssen die Rohre stets sauber geputzt werden, um ein Rauhwerden der Wände durch Anhaften des Betons zu verhindern (durch Pumpen von Wasser, Ausputzen mit Lappen).

Beim Bau der Doppelschleuse Allerbüttel-Sülfeld wurde (vgl. Abb. 86) der Pumpbeton mehrere 100 m weit betoniert. Das Verfahren bewährte sich gut.

3. Der Greifer.

Der Greifer, der sich auch in den Zementfabriken und ähnlichen Betrieben in den letzten Jahren sehr weitgehend eingeführt hat, ist

Abb. 85. Baustelle, bei der Pumpbeton in die Schalung gefördert wird. Im Vordergrund die beiden Rohrleitungen für Beton.

Abb. 86. Einbringung von Pumpbeton (links durch die Rohrleitung) in die Schalung. Die Schalung wird mit Turmdrehkran verlegt.

eine praktische Einrichtung, um plastischen oder auch erdfeuchten Beton zu transportieren.

Als besonders brauchbares Gerät zum Einbringen von Beton haben sich die Turmdrehkrane erwiesen, da sie die Überwindung großer Höhen

Abb. 87. Bau der Staustufe Guttenbach, Transport des Betons in Klappkübeln von $^3/_4$ cbm Inhalt. Die Pfeiler wurden auf 22 m Höhe geschalt und der Beton mittels eingehängter Hosenröhre, in welcher sich die sichtbaren Kieskübel (auf dem Grunde sind zwei derselben zu sehen) entleerten, eingebracht. Bauausführende Firma: Züblin & Co., Stuttgart.

und die Bestreichung einer erheblichen Fläche bei ihrer großen Ausleitung gestatten. Der Beton wird entweder mit Klappkübeln oder mit Greiferkübeln eingebracht. Der Turmdrehkran erlaubt überdies noch den Transport großer Schalungsteile oder Bewehrungen. Beim Bau der Staustufe Guttenbach (Abb. 87) wurde mit Silokübeln von $^3/_4$ cbm Inhalt gearbeitet, die eine genaue Regelung des ausfließenden Stromes erlaubten, so daß man bei gleichzeitiger Schwenkung den Beton „genau an die Stelle bekam, wo er endgültig hinkommen sollte".

Abb. 88. Einbringung des Betons mit Drahtseilbahn in die Schalung von der stationär hergestellten Mischanlage.

Die Drahtseilbahnen (Abb. 88), wie sie beispielsweise für die Schleuse in Ymuiden verwendet wurden, sind eine Abart der Greifer. Sie arbeiten also periodisch im Gegensatz zur Rinne und zur Pumpe sowie zum Förderband, welche kontinuierlich fördern. Auch beim Greifer, besonders wenn dieser lange Strecken zurücklegt (Drahtseilbahnen), besteht eine gewisse Entmischungsgefahr. Der Beton muß deshalb, wenn er an Ort und Stelle angekommen ist und eine derartige Entmischung bemerkt wird, nochmals durchmischt werden.

4. Das Förderband und der erdfeuchte Beton.

Das Förderband bringt den Beton durch eine bewegte Ebene, meist aus einem endlosen Kautschukband oder einem Stahlband, das auf Rollen läuft, an Ort und Stelle (vgl. Abb. 89). Für das Förderband

Abb. 89. Betonierung mit Förderbändern: Die Förderbänder laufen auf der zu betonierenden Brücke (vgl. Abb. 90) zur Verteilung des Betons.

eignet sich naturgemäß nur erdfeuchter Beton, da plastischer vom Förderband nach den Seiten herablaufen würde. Das Transportband kann auch auf einer beweglichen Brücke laufen und an verschiedenen Stellen mit Abwurfvorrichtungen versehen werden, so daß es eine große Oberfläche bestreichen kann (Abb. 90). Der Vorteil des Förderbandes ist geringer Verschleiß; bei kurzen Längen, beispielsweise Autobahnen, leichte Beweglichkeit. Der Nachteil ist bei zu trockenem Beton leicht Entmischung, hauptsächlich dann, wenn große Mengen auf einmal geschüttelt werden. So hat sich beim Bau einer Schleuse, zu welcher erdfeuchter Beton durch Transportbänder auf große Entfernungen transportiert wurde, durch Herabrollen der Steine von den geschütteten Betonhaufen und Anhäufen dieser in Schichten am Rand der Haufen starke Undichtigkeit des Bauwerks gezeigt, weil der Beton nach der Verbringung an Ort und Stelle infolge der starken Verspannung der Schalung durch Drahtseile nicht mehr durchgemischt wurde. (Wirkung der Kieslagen als Filterkörper.)

Abb. 90. Betonierung einer Neckarbrücke mit Förderbändern. Die Förderbänder sind deutlich zu sehen (vgl. auch Abb. 89). Bauausführende Firma: Wayss & Freytag.

5. Die Schüttelrinne.

Eine Abart des Förderbandes ist die Schüttelrinne, die den Vorteil hat, daß sie auch plastischen Beton noch zu bewegen vermag, ohne daß Entmischung eintritt. Schüttelrinnen sind lange Rinnen, die stoßweise bewegt werden, wobei der Beton infolge seines Beharrungsvermögens, wenn er einmal in Bewegung gekommen ist, weiter rutscht und so an Ort und Stelle gelangt. Schüttelrinnen haben sich besonders bewährt, wenn man den Beton oder auch den Zuschlagsstoff vor der Verarbeitung anwärmen wollte. So wurde bei Abteufung des Schachtes auf „Auguste Viktoria“ bei einem Schacht, wo gegen eine Frostwand von —16° anbetoniert werden und deshalb der Beton erwärmt werden mußte, die Erhitzung des Zuschlags in einer Schüttelrinne, unter der ein Holzfeuer brannte, mit geringen Mitteln durchgeführt (vgl. Abb. 91).

Abb. 91. Heranbringung des Zuschlagsstoffes mit Schüttelrinnen bei einer Schachtabteufung unter gleichzeitiger Erwärmung des Zuschlags durch Holzfeuer unter der Schüttelrinne.

6. Der Transportbeton.

Eine ganz andere Art des Transportes von Beton ist der sog. Transportbeton, der schon vor Jahrzehnten in Hamburg durch Magens eingeführt wurde, der aber trotz seiner guten Eigenschaften sich in Deutschland merkwürdigerweise wenig durchsetzte. Beim Transportbeton wird in einem zentral gelegenen Betonwerk für eine ganze Stadt oder Landschaft der Beton unter Berücksichtigung der Korngröße der Zuschlagsstoffe, des notwendigen Zementes und des Wassergehaltes fix und fertig gemischt (Abb. 92). Der fertige Beton wird dann der Baustelle zugeführt und sofort verarbeitet; die Baustelle kann viele Kilometer weit von dem Betonwerk entfernt liegen, ohne daß dies dem Transportbeton etwas schadet. Begründet wird diese Tatsache durch die Beobachtung, daß dauernder Bewegung oder Erschütterung ausgesetzter Beton, auch dann,

Abb. 92. Herstellung von Transportbeton für einen großen Bezirk zur Verladung auf Lastautos.

wenn die Abbindezeit des Zementes weit überschritten wird, nicht zu erstarren beginnt, aber auch nicht an Erhärtungsvermögen verliert.

Allerdings muß unbedingt vermieden werden, daß der Beton längere Zeit womöglich wiederholt stehen bleibt und dann wieder gemischt wird. Bei Versuchen des Verfassers[1] ergaben sich bei dreimaligem Stehenlassen des Mörtels während 3 Stunden und darauffolgendem Mischen, also 9 Stunden nach dem Anmachen, Festigkeitsherabsetzungen für Hüttenzement mit 50%, während der träger abbindende Schlackenzement keine Schädigung zeigte.

[1] Grün: Versuche zur Verwertung der Hochofenschlacke für den Straßenbau. Straßenbau 1933 S. 307.

Haberkalt und Naehr stellten in Heft 10 der Mitt. des Eisenbetonausschusses des österr. Ing.- und Arch.-Vereins fest, daß beim Transport von frischem Beton eine verfestigende Wirkung eingetreten war. Mit steigendem Alter wurde die Festigkeit gegenüber dem nichttransportierten Beton geringer. Es muß nur dafür gesorgt werden, daß der Beton nach der Ankunft auf der Baustelle, wenn er sich etwas entmischt hat, nochmals kurz durchgemischt wird. Um die Entmischung auf dem Wege zu verhindern, werden besondere Wagen in den Handel gebracht, die den Beton während des Transportes dauernd in Bewegung halten (Abb. 93). Der Vorteil des Transportbetons ist:

1. die Möglichkeit, schon in der Betonfabrik diejenigen Korngrößen heranzuziehen, die man benötigt,

2. stets zweckmäßige und gleiche Mischung auch bei Belieferung kleiner Baustellen,

Abb. 93. Transportwagen, die den Beton während der Verbringung dauernd in Bewegung halten, um Entmischung zu verhindern.

3. sehr gute Festigkeiten des Transportbetons, da auf dem Transport durch die Erschütterung eine Entlüftung des Betons, also eine Verdichtung und so eine Annäherung an den Vakuumbeton stattfindet (vgl. Abb. 94).

Da bei länger andauernder Erschütterung die Abbindezeit hinausgeschoben wird, kann durch besondere Rührvorrichtungen, die neuerdings im Transportlastwagen angebracht werden, dafür gesorgt werden, daß der Beton nicht mit dem Erstarren beginnen kann. Gegebenenfalls kann durch Zusatz von Puzzolanen, also Hochofenschlacken, Traß, Ziegelmehl, der Beton von vornherein langsam bindend gemacht werden, um später eintretende Erschütterung unschädlich zu machen. Das letztere Verfahren hat man bereits in großem Umfange bei Talsperren durchgeführt, um auf den bereits geschütteten Beton beispielsweise Geleise verlegen und diese befahren zu können, ohne eine Schädigung des Betons gewärtigen zu müssen. Bei Versuchen von Abrams hatten Vibrationen keinen oder nur geringen Einfluß auf die Festigkeiten vorher gestampfter Betonkörper, erhöhten aber die Festigkeiten einfach eingefüllten Betons erheblich bis zu den Festigkeiten gestampften Betons.

Auch stoßweise Erschütterung erwies sich, allerdings nur bei trockenen Mischungen, als nützlich bei ganz frischem Beton. Bereits 2 bis

4 Stunden alter Beton wurde durch die stoßweise Erschütterung in trockener und nasser Mischung verbessert.

Die Zweckmäßigkeit der Arbeitsweise, durch Erschütterungen der Schalungswände den eingefüllten Beton zum „Setzen" und „Wasserabgeben" zu veranlassen, ist dadurch erwiesen.

Eine neue Ausbildung des Transportbetons ist der sogenannte „Liefermischer", d. h. eine auf einem Auto oder auf einem Anhänger montierte Mischanlage, welche den Beton unterwegs während der Verbringung vom Materiallager an die Baustelle mischt. Bei dieser Ausbildung (vgl. Abb. 94) braucht man überhaupt keine Mischanlage mehr, sondern nur ein Materiallager mit Abmessungsanlage, also mit Waagen, die ja automatisch registrierend eingerichtet sein können, so daß jederzeit Belege für die vorschriftsmäßige Zusammensetzung des Betons vor-

Abb. 94. Transportwagen für den auf Mischanlage Abb. 92 hergestellten Transportbeton: Der Betonbehälter dreht sich während der Fahrt, um Entmischung und Abbinden zu verhindern.

handen sind. Mischanlagen sind dann weder auf der Baustelle noch im Materiallager notwendig; die Mischung geschieht automatisch während des Transportes.

Zusammenfassung zu C. Transport.

Die einfachste Form des Transportes von Frischbeton ist das Fließenlassen in Rinnen. Bei diesem Verfahren müssen aber hohe Wasserzusätze gegeben werden, die die Festigkeiten herabsetzen. Etwas weniger Wasser braucht der Frischbeton beim Transport durch die Pumpe. Plastischer Beton wird zweckmäßigerweise durch Greifer, Kabelkrane, Schüttelrinnen oder Loren bewegt. Für den erdfeuchten Beton eignet sich besonders das Transportband, bei dem aber auf Verhütung von Entmischung beim Auflaufen des trockenen Frischbetons auf Haufen zu achten ist. Die zentrale Herstellung des Betons für ein ganz großes Baugebiet, beispielsweise eine Stadt, wird in Betonwerken durchgeführt: hier wird der Beton aus guten, zweckmäßig gekörnten Zuschlägen gemischt und dann in Spezialwagen stundenweit an Ort und Stelle gebracht[1].

[1] Stierlen: Fertig gemischt zur Baustelle gelieferter Beton. Beton u. Eisen 1931 Heft 8 Abb. 2, 4, 8 u. 15.

Feret: Recherches sur la Durée de Prise et le Regachage des Bétons. L'association Franco-Belge pour l'Essai des Matériaux, Ciments 1926, Paris, Rev. Matér. Constr.
Obst: Gelagerter Beton und Transportbeton. Betonwerk 1928 S. 489.
Wernekke: Beton als Handelsware. Betonwerk 1928 S. 770.
— Beton als Handelsware. Zement 1929 S. 553.
Obst: Deutscher Transportbeton. Betonwerk 1930 S. 45.
Neuzeitliche Betonherstellung. Reiseeindrücke aus Amerika. Zbl. Bauverw. 1930 S. 138.
Stierlen: Fertig gemischt zur Baustelle gelieferter Beton. Beton u. Eisen 1931 S. 145.
Einrichtung und Betriebsführung einer Fabrik für Transportbeton. Nach Engng. News Rec. Bd. 105 (1930) Nr. 2 S. 46ff., ref. Beton u. Eisen 1931 S. 221.
Fertig gemischter Beton. Baumarkt 1931 S. 855.
Transportbeton. Tonind.-Ztg. 1932 S. 253 u. 279.
Transportbeton mit Kieselgur-Zusatz. Beton u. Eisen 1932 S. 177.
Das pneumatische Betonierungsverfahren. Techn. Bl., Düsseld. 1928 S. 368.
Das pneumatische Betonierungsverfahren. Rhein.-Westf. Baugewerbe 1928 S. 799.
Bonwetsch: Zeitgemäße Förderanlagen für Beton. Zement 1931 S. 574.
Slater, W. A.: Einfluß der Überführungszeit fertig gemischten Betons. Chem. Zbl. 1931 II S. 3029.
Uferbauten aus Eisenbeton am Mississippi-Fluß. Beton u. Eisen 1931 S. 222.
Kleinlogel: Erfahrungen mit der Betonpumpe. Beton u. Eisen 1931 S. 363.
Bruckmann: Entwicklung der Betonierungseinrichtungen mit Kabelkranen. Bauing. 1932 S. 37.
Rothe: Der Fertigbeton als Lieferware, seine technische und wirtschaftliche Bedeutung, seine Herstellung und Lieferung. Zement 1932 S. 186ff.
Kindel, E.: Einfluß von Erschütterungen auf frischen Beton. Berlin 1932.
Hauenschild: Über den Einfluß mechanischer Bearbeitung auf abbindenden Beton. Zement 1932 S. 634.
Eberle: Über den Einfluß mechanischer Bearbeitung von abbindendem Beton. Betonstraße 1933 S. 5.
Wernekke: Transportbeton. Tonind.-Ztg. 1933 S. 848.
Probst: Fabrikmäßige Betonherstellung. Bauing. 1933 S. 490.
Vieser: Versuche mit Rüttelbeton. Zement 1933 S. 465.
Druckluftförderung von Zement. Bautechn. 1932 S. 398.
Der Einfluß des Förderns auf vorgemischten Beton. Beton u. Eisen 1932 S. 355.
Daub: Neues Verfahren für den Transport und die Verwendung von losem Zement auf Baustellen. Bautechn. 1933 S. 61.
Binswanger: Fortschritte des Pumpkretverfahrens. Bautechn. 1933 S. 68.

D. Die Schalung.

Der Schalung muß große Aufmerksamkeit gewidmet werden. Verschmutzte Schalung führt zu rauher Oberfläche des Betons und zu Schwierigkeiten bei der Entschalung. Die häufig beobachtete Kantenabsprengung an Blöcken sind auf das „Arbeiten" der Schalung während der Zement erstarrt, aber noch nicht erhärtet war, zurückzuführen. Einlagen von dreieckigen Latten zum Brechen der Kanten ist zweckmäßig.

Wird glatte Oberfläche des Betons verlangt, so arbeitet man entweder mit gehobeltem Holz oder besser noch mit Blechverkleidung also mit Blechbeschlägen. In dieser Weise wurde die Schleuse Ymuiden in Holland ausgeführt. Bei Bauwerken, in denen sich die gleiche Form häufig wiederholt, ist Blechschalung angebracht, wie dies auch schon bei vielen Talsperren und Rohrleitungen angewendet wurde.

Abb. 95. Gleitschalung zur Herstellung von Silos. Besondere Schalungsgerüste sind nicht notwendig, der erhärtete Beton dient als Träger der Schalung, so daß nur wenig Schalung notwendig ist.

Gleitschalungen werden mit Vorteil angewendet auch bei Silobauten u. dgl., bei welch letzteren dann eine Herrichtung von besonderen Holzgerüsten sowie Treppen und Leitergerüsten gar nicht notwendig ist (Abb. 95)[1].

E. Verdichtung des Betons.

Die Verdichtung des Betons wird an der Baustelle vorgenommen. Eine gewisse Vorverdichtung ist allerdings bei Transportbeton und Vakuumbeton schon vorhanden, insofern als bei derartigen Betonen Luft bereits aus dem Beton weitgehend entfernt und dadurch eine Vorverdichtung erreicht ist.

1. Stochern, Rütteln.

Die Verdichtung selbst wird durchgeführt beim Gußbeton und plastischen Beton durch Erschüttern der Schalung und durch Stochern. Durch das Stochern mit Eisen od. dgl. zwingt man den Beton, alle Winkel und Ecken auszufüllen und durch „Setzen“ ein möglichst dichtes Gefüge zu bilden.

Das Erschüttern der Schalung wird entweder durch Klopfen (Abb. 96) oder zweckmäßigerweise bei Großbauten durch Lufthämmer hervorgerufen, welche die Schalung in kurz aufeinanderfolgende Schwingungen versetzen. Das Rütteln des Betons selbst kann vorgenommen werden durch besondere Einrichtungen, die für diesen Zweck gebaut

[1] Techn. Bl. d. Wayss & Freytag AG. 1929 S. 5.

werden, meist Platten oder Eisenschienen, die ihrerseits wieder in Erschütterung versetzt werden, entweder durch aufmontierte Lufthämmer oder durch schnell exzentrisch sich bewegende eingebaute Gewichte (Abb. 97 u. 98). So hat man für Straßenbeton bereits besondere Vibratoren gebaut, die aber nur dann genügend starke Verdichtung herbeiführen, wenn sie schwer genug sind. Sie arbeiten entweder einfach mit erschütterten Platten, die als Hochfrequenz-Rüttler konstruiert sind (Vögele, Mannheim) oder aber als Walzen (Müller, Wetzlar), die über den Beton laufen und dabei stark vibrieren, und zwar mit einer Frequenz von 500–3000 (Abb. 99).

Abb. 96. Rüttelmaschine zur Erschütterung der Schalung. System: Robert Wacker, Dresden.

Bei Versuchen über die Festigkeit und Elastizität verschiedenartig eingestampften Betons kommt Klokner[1] zu dem Ergebnis, „daß weder durch Vibration noch durch Pervibration höhere Festigkeit oder ein höherer Elastizitätsmodul als bei händischer Einstampfung erreicht wurde". Er sucht die Ursache für dieses Ergebnis darin, daß die Betonmischung größere Wassermengen enthielt, als für Vibrationsbeton zuträglich ist. Die Ergebnisse und Ausführung zeigen, daß bei einer Durchführung von Versuchen mit Vibrationsbeton und handgestampften Beton nicht gleiche Wassermengen angewendet werden dürfen. Der Vibrationsbeton muß natürlich mit viel geringeren Wassermengen angemacht werden; er wird meines Erachtens dann bessere Eigenschaften haben als der handverdichtete.

Abb. 97. Kleiner transportabler Rüttler für Verdichtung kleiner Betonplatten, wie Decken u. dgl. System: Losenhausen.

Beim Stampfen oder Rütteln ist die Verdichtungswirkung natürlich nicht nur abhängig von der Kraft, mit der sie durchgeführt wird, sondern

[1] Klokner: Výskumný a zkušebni ústav hmot a konstrukci stavebnich při Českem vyoksém učeni technickém v Praze, Prag 1936 Heft 13.

auch von der Konsistenz und sonstigen Beschaffenheit des Betons. Bonwetsch und Walz[1] kommen bezüglich Straßenbeton zu folgenden Schlüssen:

Abb. 98. Transportabler Rüttler für Straßenverfestigung. System: Heinrich Frisch, Augsburg.

Abb. 99. Rüttelwalze zur Verdichtung von Straßenbeton. System: J. Vögele, Mannheim.

Während bei zu trockenem Beton die Verdichtungswirkung nachließ und die Decke besonders schwer zu schließen war, trat bei nässerem

---

[1] Bonwetsch u. Walz: Untersuchung von Straßenfertigern und Stampfgerät zur Herstellung einschichtiger Betonfahrbahnen. Aus dem Jahrbuch 1936 der Forschungsgesellschaft für das Straßenwesen.

Beton, der ein satteres Umhüllen der Längsbewehrung zuließ und den Deckenschluß erleichterte, zum Teil ein sichtbares Fließen des Betons in Richtung der Straßenneigung ein, besonders bei denjenigen Fertigern, die mit Schwing- oder Rüttelstoßverdichtern oder entsprechend wirkenden Glättelementen arbeiteten. Bonwetsch und Walz stellten vollkommene verschiedene Wirkung der einzelnen Arbeitsmaschinen, wie Dingler-Fertiger, Thiele-Fertiger, Vögele-Fertiger fest und ermittelten die Zahl der notwendigen Übergänge mit Stampfbohle, Schwingbohle usw. (Vgl. Originalliteratur.)

Walz[1] verlangt für eine gute Rüttlermischung nach Möglichkeit Hohlräume in dem Zuschlagsgemenge, wobei Zement- und Wassergehalt so abzustimmen sind, daß die einzelnen Teile des Betons von einem schmierigen, feuchten Zementleim oder einer feinen Mörtelschicht umhüllt werden. Bei derartiger Durchführung des Verfahrens werden dann Höchstwerte an Festigkeit und Dichtigkeit erhalten, wenn der Wassergehalt richtig abgestimmt ist. Rüttelbeton hat höhere Festigkeit als Stampfbeton gleichen Wassergehaltes, vor allem deshalb, weil er weniger Wasser enthalten kann und weniger Zement benötigt. Das Rüttelverfahren ist wirtschaftlicher und gleichmäßiger als das Handstampfverfahren und geht schneller. Die Größe der Schwingungszahl zwischen 2000 und 3800 ist von nebensächlichem Einfluß, obwohl höhere Schwingungszahlen etwas günstiger wirken. 2700 bis 3500 in einer Minute sind angebracht. Bei einer Rüttelkraft von 200 kg kann zweckmäßig zusammengesetzter Beton bis zu einer Schichthöhe von 20 cm genügend verdichtet werden, bei 400 kg auf 30 cm. Für die Gütesteigerung wichtiger als Rüttelzeit, Schwingungszahl und Rüttelkraft ist zweckmäßige Zusammensetzung.

Bezüglich der Zeit zur Erschütterung des Betons kommt Kindel[2] zu folgendem praktischen Ergebnis:

„Erschütterungen vor der 4. und etwa nach der 16. Stunde, gerechnet vom Einbringen des frischen Betons, sind niemals schädlich. Einwirkungen innerhalb dieser beiden Grenzzeiten sind um so gefährlicher, je magerer das Mischungsverhältnis und je zäher der Zementleim ist.

Für trockenen Rüttelbeton sollen Zuschläge mit möglichst wenig Hohlräumen gewählt werden. Für plastische und flüssige Konsistenz ist der Zuschlag im allgemeinen um so geeigneter, je gröber er ist. Je flüssiger der Beton, desto größer der Festigkeitsgewinn durch Erschütterung. Doch muß die Schalung dicht sein und der hohen Beanspruchung durch Erschütterung und Seitendruck des Betons genügen."

Bei gut arbeitenden Erschütterungsmaschinen geht die Erschütterung 30—40 cm in die Tiefe (Abb. 100). Für Betonwarenherstellung werden besondere Maschinen in den Handel gebracht (Abb. 101).

---

[1] Walz: Beitrag zur Anwendung von Rüttelverfahren beim Verarbeiten des Betons. Versuche über Oberflächenrüttlung. Beton u. Eisen 1935 S. 79.

[2] Kindel: Einfluß von Erschütterungen auf frischen Beton. Forsch.-Arb. Eisenbet., Berlin 1932 Heft 36.

Auch Graf[1] hält von dem Rütteln offenbar viel, denn er schreibt, „das Verdichten des Betons durch Rütteln ist bei Beton zweckmäßig, der sonst durch Stampfen verarbeitet wird; durch Rütteln ist eine be-

Abb. 100. Tauchrüttler zur Verdichtung von Beton, besonders in Säulen. System: Losenhausenwerk Düsseldorf

Abb. 101. Verdichtungsstampfer zur Herstellung von Betonwaren. System: Robert Wacker, Dresden.

stimmte Festigkeit mit geringerem Zementaufwand erreichbar, weil der Rüttelbeton etwas steifer gemacht werden kann als Stampfbeton und weil der Rüttelbeton gleichzeitig ein größeres Raumgewicht bekommt"[1].

2. Das Stampfen

des Betons wird entweder von Hand oder durch Luftstampfer oder schließlich durch besondere Maschinen vorgenommen.

a) Das Handstampfen

genügt durchaus für kleine Bauten, muß aber energisch durchgeführt werden, da es sonst, auch bei hohem Gewicht der Stampfer, ohne genügende Wirkung bleibt. Besonderer Wert zu legen ist auf das Fortsetzen der Stampfung auch in den Ecken. Ungenügend verdichteter Beton kann auch bei Massenbauwerken zu recht unangenehmen Folgeerscheinungen führen und sogar eine Zerstörung des Betons nach sich ziehen. Abb. 102 zeigt, wie eine von Hand undicht gestampfte Lage bei einem Drahtseilbahnfundament auf Helgoland eine weitgehende Porosität des Betons herbeigeführt und dadurch dem schädlichen Meerwasser den Zutritt in dieses geöffnet hat. Die Zerstörung des Betons an der betreffenden Stelle wird nur eine Frage von ganz kurzer Zeit sein. Besonders zweckmäßig sind natürlich Luftstampfer, die in ganz anderer Weise als die Handstampfung eine Verdichtung ermöglichen, da sie viel

[1] Graf: Über das Verdichten von Mörtel und Beton durch Rütteln. Beton u. Eisen 1937 S. 76. — Vgl. auch Hallensleben: Rüttelbeton. Bautechn. 1936 S. 802.

schneller und intensiver arbeiten als dies durch menschliche Kraft möglich ist. Für Würfel, die an Ort und Stelle zwecks Baukontrolle und Nachweis der Festigkeit für die Baupolizei hergestellt werden, ist

Abb. 102. Drahtseilbahnfundament von Helgoland in Zerstörung begriffen durch Meerwassereinwirkung: Die bei der Herstellung vor 20 Jahren schlecht gestampfte Ecke ist der Ausgangspunkt der Zerstörung.

eine ganz bestimmte Stampfweise vorgeschrieben (vgl. S. 247), deren Durchführung unbedingt notwendig ist, da sonst die der Baupolizei nachzuweisenden Festigkeiten nicht erreicht werden.

Abb. 103. Stampfmaschine zur Verdichtung von Betonstraßen mit Stempeln. System: Dingler, Zweibrücken.

b) Das Stampfen mit Maschinen

ist besonders wichtig für Straßenbeton und Betonwaren. Es gibt hier zwei verschiedene Arten, nämlich einmal das Stampfen mit Stampfern

Abb. 104. Stampfmaschine der Abb. 103 in Tätigkeit: Im Vordergrund sieht man die Aufbringung des Betons auf die Papierunterlage, die Eisenbewehrung und die Vorrichtung der Fugen.

und dann das Stampfen mit Bohlen. Der zunächst abgestrichene Beton wird bei den verschiedenen Verfahren in verschiedener Weise verdichtet.

Die Stempelstampfmaschine (Abb. 103 u. 104) übernimmt einfach das vom Handstampfer übliche Verfahren: einzelne in einer Reihe angeordnete schwere Stampfer werden durch an einer Welle sitzende Nokken der Reihe nach in die Höhe gehoben und fallen dann auf den Beton hinunter. Die Maschine selbst bewegt sich auf Rädern und schiebt so dauernd die Stampfer allmählich auf dem Beton vorwärts. Dabei müssen aber während der Vorwärtsbewegung die Stampfer hochgehoben werden, damit sie nicht den Beton vor sich herschieben

Abb. 105. Bohlenstampfmaschine: Im Vordergrund der verdichtete Beton, weiter vorne der Unterbeton und die darauf liegende Bewehrung punktgeschweißten Drahtgewebes.

und Grund für spätere Rißbildung legen. Diese Art der Maschinenkonstruktion ist seit alters her für Ölmühlen oder Pochwerke geläufig, wo Ölsaat oder eisenhaltige Schlacke zur Entfernung des Eisens durch herabfallende Stampfer zerstoßen werden. Die Stampfmaschine hat den Vorteil, daß der Beton rasch stark verdichtet wird, allerdings nicht so stark wie bei gut geführten Luftstampfern. Der Vorteil der maschinellen Stampfung ist die Einsparung von Arbeitskräften und das Wegfallen des Betretens des Betons durch Arbeiter, die sehr leicht den Beton mit dreckigen Füßen, besonders in lehmigen Gegenden, ver-

Abb. 106. Frankipfahl, hergestellt durch Rammen mit einem sehr schweren Stampfer beim Austritt aus dem Absenkrohr. Bemerkenswert ist die starke Verdichtung des Betons und die damit verbundene Herunterdrückung des Erdreichs (vgl. die verschieden abgebogenen Schichten bei der Rammung ausgegrabener Pfähle).

schmutzen, und gleichmäßige Verdichtung. Das Ideal müßte demgemäß eine Maschine mit Luftstampfern sein, die ähnlich angeordnet sind wie die Stampfer bei der Stempelstampfmaschine.

Die Bohlenstampfmaschine (Abb. 105) arbeitet nicht mit einzelnen Hämmern oder Stampfern, sondern mit einer schweren Bohle, die sich über die ganze Beton- (Straßen-) breite erstreckt, die durch einen aufmontierten Motor mit Federn auf den Beton aufgeschlagen wird. Nach meinen Erfahrungen verdichtet die Bohlenstampfmaschine nicht so stark wie die Stempelstampfmaschine, hat aber auch gute Ergebnisse gezeigt. Notwendig ist bei einer Bohlenstampfmaschine, die im übrigen genau so konstruiert ist wie die Stempelstampfmaschine, daß die Bohle nicht zu lang ist. Beim Bau von Straßen hat man deshalb schon Maschinen konstruiert, wie beispielsweise bei den Autobahnen, die nur die Hälfte der Bahn, also 3,50 m einstampfen; allerdings ist bei diesem Verfahren dann notwendig, die Straße doppelt zu betonieren und abzustampfen, der Arbeitsgang wird dadurch fast untragbar verteuert.

Das Rammen des Betons unter schweren Bären führt zu besonders starker Verdichtung und gewährt den Vorteil, daß man mit sehr groben Zuschlagsstoffen sehr trocken arbeiten kann und doch einen dichten

Abb. 107. Stampfmaschine nach Velten. Die Maschine arbeitet mit sehr schweren Stampfern zur Verdichtung von Erdreich und Beton.

Beton erhält. Es wird angewendet beispielsweise bei der Herstellung der Frankipfähle[1] (Abb. 106) und bei der Ramm-Maschine von Velten (Abb. 107), die von der Erdverdichtung auf Beton übertragen ist.

c) Selbstverdichtung

durch die eigentliche Schwere des Betons findet natürlich nur statt, wenn verhältnismäßig hohe Betonschichten aufeinanderliegen und das Gewicht des überliegenden Betons den unterliegenden Beton zusammenpreßt.

Bei Versuchen des Verfassers über die Wirkung des Betongewichts ergab sich eine deutliche Erhöhung der Festigkeiten durch nachträgliche Verdichtung des bereits geschütteten Betons. Wirklich wirksam wird aber die Erdanziehung erst, wenn durch starke Vibration (Erschütterung in sehr schneller Folge, 1000—2000 je Sekunde) die innere Reibung praktisch aufgehoben wird.

3. Hydraulische Verdichtung.

Die hydraulische Verdichtung durch Druck von Pressen spielt nur bei der Formsteinherstellung bis jetzt eine Rolle, beispielsweise bei der Herstellung von Gehwegplatten oder Asbestzementschiefer. Bei diesem Verfahren können durch Anwendung hoher Drucke dem Beton so starke Verdichtungsgrade gegeben werden, daß die Druckfestigkeit der fertigen Platten an 1000 kg/cm² beträgt und die Verschleißfestigkeit stark erhöht wird.

4. Der Straßenbeton.

Von ganz besonderer Art von Beton ist der Straßenbeton, der infolge des Baues der Straßen Adolf Hitlers von großer Bedeutung geworden ist.

[1] Vgl. Grün: Neuzeitliche Betonpfahlgründung. V.d.I.-Zeitschr. 1934, S. 663.

Die Platten zum Bau dieser Straßen haben Abmessungen, die sonst in der Geschichte des Betons nicht vorkommen. Denn sie stellen bei 20 m Länge, 20 cm Dicke und 7,50 m Breite strenggenommen nichts anderes dar als dünne, lange und schmale Betondielen. Demgemäß werden an den Beton besonders hohe Anforderungen gestellt, er muß schwindfrei sein, um Risse zu verhindern, widerstandsfähig gegen Abnutzung und gegen Bruch sowie gegen Verwitterung, Sonnenbestrahlung, Frostbeanspruchung, Durchbiegung bei Absenkung neu geschütteter Dämme u. dgl. An das Baumaterial werden also Anforderungen gestellt, wie sie kaum von einem anderen Baumaterial verlangt werden. Man denke z. B. an eine Granit- oder Marmorplatte von den beschriebenen Ausdehnungen. Grundsätzlich unterscheidet man

a) Betonfahrbahndecken,
b) Zementschotterdecken.

a) Betonfahrbahndecken.

Bei den Betonfahrbahndecken wird der Beton fix und fertig in der Mischmaschine gemischt, dann auf das Planum aufgetragen und verdichtet.

b) Zementschotterdecken.

Bei den Zementschotterdecken wird der Mörtel in der Mischmaschine gemischt und dann auf das Planum oder die Packlage aufgebracht, mit Schottersteinen bedeckt und ausgewalzt. Betonfahrbahndecken unterscheiden sich also von den Zementschotterdecken dadurch, daß bei den Betonfahrbahndecken der gesamte Beton durch die Mischmaschine gehen muß, während bei der Zementschotterdecke nur der Mörtel gemischt wird; bei der letzteren können also sehr viel größere Zuschlagsstoffe, die eine Mischmaschine gar nicht verdauen könnte, verarbeitet werden.

Zu a) Betonfahrbahndecken.

Die Beanspruchung des Straßenbetons ist eine ganz besondere. Aus diesem Grunde muß auch die Fahrbahn besonders verschleißfest sein. Auf die diesbezüglichen Verhältnisse weist Todt[1] hin, indem er ausführt, daß die Belastung bei der Autobahn durch Autoreifen eine vollkommen andere ist als bei den anderen Straßen durch langsam fahrende Pferdefuhrwerke: „Die Lastverteilung ist keinen Augenblick eine gleichmäßige. Jede kleine Unebenheit in der Fahrbahn wirft unter Mitwirkung der Federung die ganze Belastung einer Achse in die Höhe, wonach sie im nächsten Augenblick mit Wucht wieder herunterfällt und stoßartig einen bedeutend verstärkten Achsdruck ausübt. Durch die gleichzeitig starke Vorwärtsbewegung des Wagens, durch Anfahren, Bremsen, Schleudern treten weiter zusätzliche dynamische Beanspruchungen auf, so daß man rechnerisch auch bei Verwendung eines entsprechenden Stoßkoeffizienten kaum die tatsächlichen Belastungen richtig ermitteln kann. . . . Besondere Erwähnung verdient unter diesen zusätzlichen Beanspruchungen auch die Zugbeanspruchung des Fahr-

[1] Dr. Ing. F. Todt: Fehlerquellen beim Bau von Landstraßendecken aus Teer und Asphalt. Halle 1931.

bahngefüges, die dadurch entsteht, daß das Triebrad eines Kraftwagens eine Schubkraft auf das Fahrbahngefüge überträgt. Da der unbelastete Teil des Fahrbahngefüges dieser Schubkraft nicht ausgesetzt ist, entsteht im Trennungsquerschnitt eine trennende Zugbeanspruchung, die Belastung der Fahrbahn ist also nicht mehr eine einfache statische und druckhafte, sondern eine komplizierte dynamische." Weiter weist Todt auf die Saugwirkung der luftbereiften Wagen hin, die alle ungebundenen, leichten Bestandteile absaugt, und verlangt für eine neuzeitliche Straßenkonstruktion folgendes:

„1. Die Fahrbahn muß eine Tragkonstruktion besitzen, welche die entstehende Belastung mit ihren Erschütterungen aufzunehmen und

Abb. 108. Vorstrecken von Papierunterlagen bei Betonstraßenbau vor Aufbringung des Betons: Die Randbewehrung ist bereits vorgestreckt.

zu verteilen vermag, so daß der Untergrund nicht über das zulässige Maß beansprucht wird.

2. Wenigstens im oberen Teil dieser Fahrbahn müssen alle Materialien so gebunden sein, daß keinerlei Bestandteile abgesaugt werden können.

3. Der Verschleiß durch allmähliches Abschleifen soll möglichst gering sein.

Die beiden ersten Bedingungen sind die wichtigsten."

Für die Autobahn werden grundsätzlich zur Zeit nur Betonfahrbahndecken zugelassen. Das Planum muß sehr gut verdichtet werden und wird neuerdings, um Verschmutzungen zu vermeiden und ein „Arbeiten" der Platte auf der Unterlage zu ermöglichen — das man zur Zeit für wertvoll hält —, mit Papier bedeckt (Abb. 108).

Die Maschinen laufen auf Schienen, die auf Betonunterlage rechts und links der zukünftigen Betonfahrbahn angebracht sind. Vorneweg läuft die Mischmaschine, die den Beton dem Verteilerwagen zuführt, der den Beton auf das Planum ausschüttet. Dann folgt die Stampfmaschine und schließlich wird der Beton abgeglichen und die Fugen angebracht. Bei zweischichtiger Bauweise muß das Aggregat verdoppelt werden. Meistens werden dann punktgeschweißte Drahtgewebe zwischen

Ober- und Unterbeton angebracht und der Oberbeton zur Erhöhung der Verschleißfestigkeit etwas fetter, gegebenenfalls mit Basaltsplitt u. dgl. verarbeitet.

Dittrich[1] schreibt, daß als oberster Grundsatz bei der zweischichtigen Bauweise auch im Betonstraßenbau die alte Betonierregel „Frisch auf frisch“ eingehalten wird und daß bei Betriebsstörungen Unterbeton, der bereits angefangen hat zu erhärten, unnachsichtlich herausgebrochen werden soll.

Die fertige Straße wird abgedeckt, um Schwindrißbildung zu verhindern. Im allgemeinen wird trocken gearbeitet, um die Schwindrißbildung geringer zu halten. Zu trockenes Arbeiten ist aber, obgleich es ja erfahrungsgemäß zu hohen Festigkeiten führt, keineswegs immer am Platze. Es führt[2] leicht zu Schlaglöchern durch Ablösen des Oberbetons vom Unterbeton, hauptsächlich dann, wenn der Oberbeton lange nach Abbinden des Unterbetons aufgebracht wird. Bornemann fordert deshalb für die Unterschicht so viel Wasser, daß sie am Ende der Verdichtung deutlich „schwitzt“.

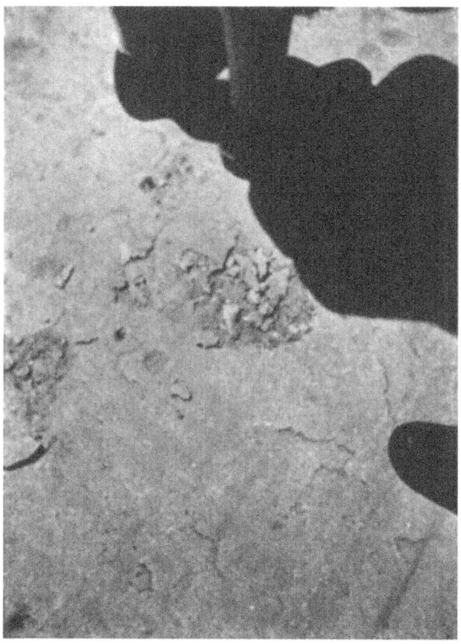

Abb. 109. Absprengung von einer Betonstraße in Süddeutschland, eingetreten durch Frost, der den noch nicht genügend erhärteten Beton getroffen hat.

Hier ist die Forderung zu erheben, daß zwischen Aufbringung des Oberbetons und Fertigung des Unterbetons möglichst kurze Zeit verstreicht (nicht über $1^1/_2$ Stunden).

Die Verdichtung selbst kann in folgender Weise geschehen:

Durch Stampfbohlen, das sind durch Federdruck auf die Straße aufschlagende Bohlen, die über die ganze Straßenbreite gehen. Bei dieser Arbeitsweise ist die Verdichtung verhältnismäßig gering.

Durch Stampfer, entweder Luftstampfer, ein Verfahren, das jetzt verlassen ist, oder Stampfmaschinen, bei denen mehrere Kilogramm schwere Stampfer wie in einem Pochwerk durch ihr eigenes Gewicht auf die Straße fallen und den Beton verdichten[3].

Durch Schwingbohlen, das sind durch einen Exzenter in Schwin-

[1] Dittrich (Referent beim Generalinspektor für das deutsche Straßenwesen): Der Bau der Betonfahrbahndecken auf den Reichsautobahnen. Straßenbau und Straßenunterhaltung, Straßenbaubeilage der „Verkehrstechnik“ 1936 Heft 6.

[2] Bornemann: Häufige, jedoch leicht vermeidbare Fehler im Betonstraßenbau. Betonstraße 1936 S. 206.

[3] Straßenfertiger der IBAG (Intern. Baumaschinenfabrik AG.), Neustadt a. d. Hardt.

gung versetzte Bohlen oder Platten, die 1500—2000 Schwingungen in der Minute machen. Auf diese Weise wird der Beton zum Setzen gezwungen.

Durch Schwingwalzen, die ähnlich wie die Schwingbohlen wirken (Hochfrequenzrüttler), sich aber langsam dabei drehen. Zweifellos hat die Verdichtung mit den Schwinggeräten, die auch in kleinsten Abmessungen, beispielsweise für die Herstellung der Balken, die zur Aufnahme der Schienen dienen, in den Handel gebracht werden, große Aussicht (vgl. Rüttelbeton, S. 173).

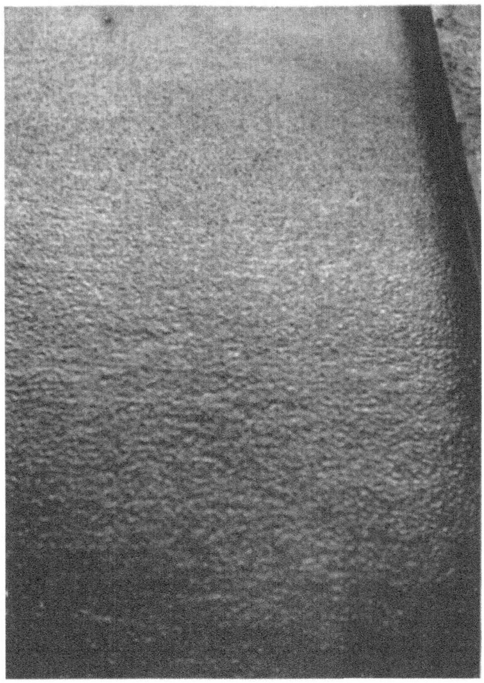

Abb. 110. Oberflächenzerstörung einer Betonstraßendecke, die vom Platzregen getroffen wurde, bevor der Zement abgebunden hatte.

Während der Verdichtung ist ein Betreten des Betons zu verhindern, da Fußstapfen (vgl. Abb. 109) zu unregelmäßiger Verdichtung führen. Auch vor Platzregen muß die fertige Betonstraße geschützt werden, da sonst die Oberfläche geschädigt wird (vgl. Abb. 110).

Es ist klar, daß ein derartig geschädigter Beton selbst durch nachträgliche Abscheidung des aufgebrachten Wassers nicht wieder hundertprozentig hergestellt werden kann, da das überstehende Wasser einen

Abb. 111. Baustelle zur Herstellung von Betonstraßen: links die Mischmaschine, in der Mitte der Verteilerwagen, rechts das Zelt, in dem die Maschinen arbeiten.

befriedigenden Deckenschluß verhindert und die oberste Betonschicht zum Schwinden geneigt macht. Zweckmäßig ist es deshalb, die Verdichtung selbst in fahrbaren Zelten oder Bauhütten vorzunehmen (Abb. 111) und in diesen auch alle Arbeiten vom Deckenschluß bis zur Fugenherstellung zu verlegen, so daß der Beton nach dem Stampfen überhaupt nicht mehr von Witterungseinflüssen getroffen werden kann. Anschließend hat dann eine gute Abdeckung zu erfolgen, die so erfolgen muß, daß eine Zugluftbildung, wie sie häufig unter Dächern möglich ist, ausgeschlossen bleibt. Bei Frostgefahr ist besonders sorgfältiger Schutz notwendig, da sonst Aussprengungen unausbleiblich sind. Der feste Beton ist gegen aggressive Säureeinwirkung zu schützen; wie schädlich sogar gewöhnlich etwas sulfathaltiges Kochsalz sein kann, zeigt Abb. 112, wo der Beton durch aufgestreutes Kochsalz zur Beweglichmachung der Weichen im Winter auf 1 cm Tiefe zerstört wurde.

Abb. 112. Oberflächenzerstörung einer Betonfahrbahn um eine Weiche herum, hervorgerufen durch Kochsalz, mit dem die Weiche im Winter beweglich gehalten wurde.

Im Beton selbst wirkt sich die Abbindewärme bis zu einem gewissen Grade aus; unter Umständen vermag auch Sonnenbestrahlung zu recht

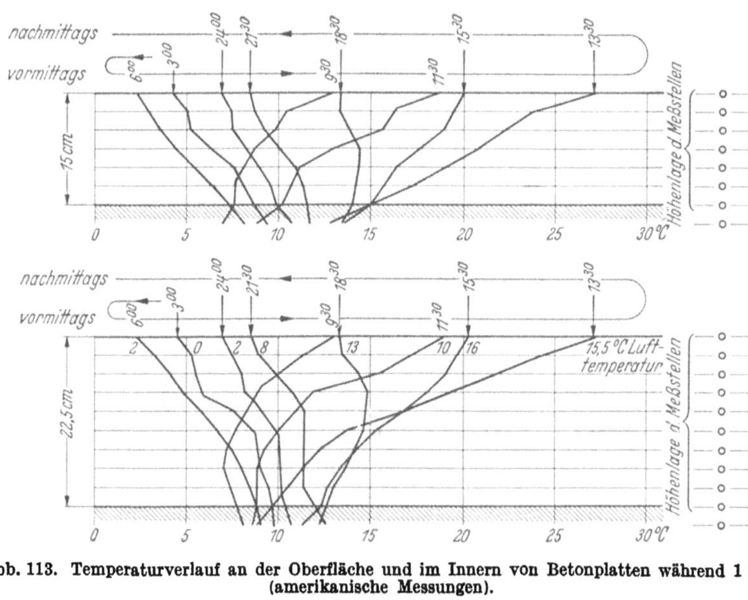

Abb. 113. Temperaturverlauf an der Oberfläche und im Innern von Betonplatten während 1 Tag (amerikanische Messungen).

erheblichen Spannungserscheinungen zu führen, die meist sehr viel weitgehender sind als diejenigen durch Schwindneigung des Zementes. Nach Mitteilung des Bureau of Publics Roads (USA.)[1] wurde das Temperaturgefälle, welches in Abb. 113 wiedergegeben ist, in Betonplatten von 15 und 22,5 cm Dicke gefunden. Die höchsten Temperaturunterschiede ergaben sich an den heißen Nachmittagen des Frühsommers, wenn die Erde noch kalt, die Luft dagegen warm war. Die Grenzwerte waren bei der 15 cm-Platte 12,8°, bei der 22,5 cm-Platte 18,3° Temperaturunterschied. Infolge Aufspeicherung von Wärme hatte die Oberfläche der Betonplatte häufig eine bis um 11° höhere Temperatur als die Luft.

Abb. 114. Autobahn mit versetzten Querfugen: Durch die Versetzung der Querfugen, die jetzt nicht mehr durchgeführt werden, sind die Innenecken der Platte teilweise abgebrochen. Auf der rechten Seite sieht man deutlich eine Reparaturstelle.

Bereczky und Koch[2] schätzen gemäß dem Verlauf der Temperaturlinien im Versuch in den ersten 24 Stunden bei 20° die jeweilige Wärmemenge bei

Hochofenzement	auf 15%
Portlandzement	auf 35%
Tonerdezement	auf 80%

der in 28 Tagen freigemachten Wärme.

Bei Prüfung der Abbindewärme verschiedener Zemente stellten Halcrow und Lea[3] erhebliche Unterschiede zwischen Portlandzement, Hochofenschlackenzement und Puzzolanzement fest und beweisen damit, daß es möglich ist, durch Puzzolanzusatz, beispielsweise durch Hochofenschlacke, die die Festigkeit am wenigsten herabsetzt, die Abbindewärme niedrig zu halten (vgl. Tab. 42 und Abb. 44 u. 45 auf S. 71/72).

Die Querfugen werden jetzt durchweg so hergestellt, daß sie von der rechten Platte in die linke Platte hinüberlaufen. Bei versetzten Fugen hat man ungünstige Erfahrungen gemacht, da bei starker Versetzung die Fuge aus der einen Platte sich in die andere Platte hinüber

[1] Forschungsarbeiten des Auslandes. Mitt. d. Forschungsges. f. d. Straßenwesen, e. V., März 1936 Nr. 5.

[2] Bereczky u. Koch: Beeinflussung der Betonqualität durch die Hydratationswärme der Zemente. Zement 1937 S. 87.

[3] Spezialzement. Second Congress on large dams, Washington, D. C. 1936.

Tabelle 42.

Type	Hitzeentwicklung cal./g							
	BRS. standard adiabatic calorimeter			BRS. simplified adiabatic calorimeter			Heat-of-solution method	
	1. Tag	3. Tag	7. Tag	1. Tag	3. Tag	7. Tag	7. Tag	28. Tag
Portland	47,4	76,0	88,1	50,0	76,6	86,4	95,0	99,7
„	38,6	62,3	74,3	43,7	63,2	74,3	79,4	94,4
„	31,9	57,0	67,4	34,8	53,8	66,5	72,0	113,9
„ blast-furnace .	22,8	50,2	63,2	24,1	54,0	66,5	68,9	102,4
„ „ „ .	25,9	48,7	58,9	26,6	49,6	62,3	62,1	87,5
Pozzolanic	21,2	32,9	37,7	20,1	34,4	42,4	65,2	79,7

fortsetzt, also in der Platte ohne Fuge ein Riß entsteht, und bei geringer Versetzung die Ecken abbrechen. Abb. 114 zeigt die Ausbesserungs-

Abb. 115. Absenkung einer Platte gegen die andere durch Absenken des Untergrundes.

stelle an einer Straße (rechts im Bild), an welcher deutlich zu erkennen ist, daß die ausgesprengten Ecken ausgemeißelt und wieder neu einbetoniert werden müssen.

Neuerdings ist man, um Verschiebungen der Platte bei allenfallsigem Absenken frischgeschütteter Dämme nach Möglichkeit zu vermeiden, dazu übergegangen, die einzelnen Platten zu verdübeln (Abb. 115 u. 116).

Die Verdübelung wird in der Weise vorgenommen, daß Eisenstäbe von einer Platte in die andere gehen, in einem Feld feststecken, im anderen dagegen durch Papprohre u. dgl. beweglich gehalten werden, so daß die Platte imstande ist, sich bei Temperaturänderungen zu strecken und zusammenzuziehen (Abb. 117). Die Fugen werden neuerdings 28 mm breit ausgeführt; es muß darauf gesehen werden, daß die Fugen vollkommen frei von Kiesstücken sind und nicht aus Versehen mit Beton teilweise gefüllt werden, da sonst Absprengungen (Abb. 118) zu befürchten sind. Da die bei hoher Temperatur herausgepreßte Fugenmasse ein unangenehmes Hindernis im Deckenbild und rhythmische Schwankungen des Betons beim Befahren hervorruft, verlangt man von der Fugenmasse ganz besonders viel Elastizitätsvermögen. Teilweise ist man auch schon früher dazu übergegangen, mit Preßfugen zu arbeiten (Abb. 118), dadurch, daß man entweder ein Feld über das andere betonierte, also immer ein Feld ausließ, oder

Abb. 116. Erweiterung der Mittelfugen durch Wandern der Platten nach der Seite auf einen frisch geschütteten Damm. Durch nachträgliche Verdübelung hat man versucht, die Platte zu halten, man sieht deutlich die Flickstellen.

daß man 20—30 cm breite Streifen freiließ, die dann später mit Beton ausgefüllt wurden. Auch diese Straßen liegen gut (Abb. 119), und es ist zu erwägen, einmal wieder Versuche bei sorgfältigster Ausführung mit dieser Arbeitsweise zu machen.

Für die Fugenherstellung hat sich neuerdings gut eingeführt das Verfahren von Wieland, nach welchem hohle Fugeneisen, die außen mit Bitumen angestrichen sind, einbetoniert werden. Nach Erhärten des Betons wird Dampf durch die Eisen durchgeleitet, worauf das Bitumen oder der Teeranstrich erweicht und ein Ziehen der Eisen leicht möglich ist (vgl. Abb. 120).

Bei abwechselnder Schrumpfung durch Austrocknung und Quellen, durch Benetzung des Betons sowie Hitze- oder Kälteeinwirkung werden sich die Fugen in ihrem Ausmaß verändern. Bei Preßfugen sind solche Veränderungen nicht oder nur in untergeordnetem Maße möglich, dennoch haben sich die Straßen mit derartigen Preßfugen, vorausgesetzt, daß diese gut ausgeführt waren, gut gehalten. Andererseits sind aber auch Absprengungen und Aufwölbungen beobachtet worden. Die Ausmaße, um denen sich die Fugen verschieben, hat Graf[1] festgestellt.

Abb. 117. Verdübelung mit beweglichen Dübeln und Verstärken der Ecken durch Bewehrung.

Graf kommt zu folgenden Schlüssen:

1. Bei 40 m langen Platten wurden verhältnismäßig kleinere Änderungen gefunden als bei kürzeren Platten.

2. Die tägliche Änderung der Fugenweite, bezogen auf die Einheit der Länge der angrenzenden Platten und auf 1° Unterschied der mittleren Temperatur der Platten, fanden sich im Mittel bei Frankfurt zu rd. 0,011, bei München zu rd. 0,008 mm. An den Unterschieden kann der verschiedene Untergrund (feiner Sand bei Frankfurt, Kiessand bei München) beteiligt sein.

3. Aus den bisherigen Feststellungen ist zu entnehmen, daß bei 20 m langen Platten durch Änderung der mittleren Plattentemperatur um 40° C (von —10° auf +30° C) eine Änderung der Fugenweite von $0{,}01 \cdot 20 \cdot 40 = 8$ mm möglich ist. Allerdings sind örtlich noch größere, auch kleinere Änderungen zu erwarten (hierzu ist zu bemerken, daß derartig große Änderungen der Plattentemperaturen wohl kaum vorkommen, da mir eine Erwärmung der gesamten Platte bis in das Innerste auf 30° in unseren Klimaten als unmöglich erscheint). Die unregelmäßige Erwärmung der Platte muß zwangsläufig zu Aufwölbungen der Platte selbst führen, die auch tatsächlich schon von Weil[2] bei geringen

[1] Graf: Aus Versuchen mit Betondecken der Reichskraftfahrbahnen, durchgeführt in den Jahren 1934 und 1935. Schriftenreihe der Forschungsgesellschaft für das Straßenwesen, Arbeitsgruppe „Betonstraßen", Heft 5 (1936).

[2] Weil: Einrichtungen zur Messung der Beanspruchung von Betonfahrbahnplatten. Schriftenreihe der Forschungsgesellschaft für das Straßenwesen, Arbeitsgruppe „Betonstraßen", Heft 6 (1936).

Temperaturunterschieden der oberen und unteren Plattenflächen als bemerkenswerte Durchbiegungen festgestellt wurden.

H. Butzer[1] errechnet das größte Fugenspiel für eine mittlere Feldlänge von 18,75 m und einen Temperaturspielraum von +45° bis −15° C zu 11,3 mm, kommt aber bei seinen bemerkenswerten Messungen auf einen Wert von nur 5,4 mm im ungünstigsten Falle. Nach seiner Ansicht entfällt demgemäß die Notwendigkeit, größere Fugenbreiten als 15—17 mm anzustreben. 25 mm, wie dies jetzt vorgesehen ist, hält er für zu weit. Die Fugenränder dürfen keine schwachen Punkte in der Betondecke bilden, und es muß eine klare Trennung zwischen den einzelnen Platten erzielt werden.

Abb. 118. Infolge der zu engen oder unreinen Fugen ist bei Herstellung des Betons bei kühlem Wetter und Ausdehnung im Sommer die Platte gestaucht und die Oberfläche des Betons gesprengt.

Die Einrichtungen eines Geräteparks für den Bau eines Deckenloses sind recht umfangreich. Sie stellen sich immerhin als reine Gerätekosten auf 200000 bis 300000 RM. Eine vollkommene Einrichtung eines Geräteparks geben Garbotz und Bonwetsch[2] (Abb. 121) wieder.

Zu b) Zementschotterdecken.

Die Zementschotterstraße wird zuweilen als zielbewußte Fortentwicklung der Steinschlagstraße betrachtet, bei der das Steingerüst als eigentlicher Träger der Verkehrslast zu gelten habe, während der Zementsandmörtel an Stelle des dem neuzeitlichen Verkehr nicht genügend Widerstand bietenden Sand-Lehmsandmörtel getreten sei. In dieser Weise beschreibt in der Einleitung das vom Deutschen Zementbund herausgegebene Buch „Betonstraßenbau in Deutschland" (Berlin 1936 S. 62) die Entwicklung der Zementschotterstraße und führt weiter aus, daß bei uns in Deutschland sich aus der Zementschotterstraße eine Straße entwickelt hat, die sich stark der Betondecke nähert.

[1] Vgl. Bautechn. Mitt. d. Bauuntern. Heinrich Butzler, Köln 1936 Heft 1/2.

[2] Garbotz u. Bonwetsch: Die letzten Auswirkungen des Reichsautobahnbaues auf die Entwicklung der deutschen Straßenbaumaschinen. Straßenbau 1936 S. 265. — Vgl. auch Garbotz: Die Nutzanwendung aus den Brandenburger Betondecken-Versuchen. Straße 1936 S. 588.

Beim Walzen der Zementschotterstraße arbeitet man zweckmäßigerweise so, daß man den Mörtel nicht ganz bis an die Oberfläche steigen läßt, um auf diese Weise nachträglich Abblätterungen zu vermeiden und vor allen Dingen eine möglichst griffige Straße zu bekommen (Tuffcrete).

Abb. 119. Betonstraße mit Knirschen-Fugen, gebaut vor 8 Jahren: Zuerst wurde die Platte rechts und links betoniert und nach deren Erhärtung der schmale Streifen eingefügt.

Um zu verhindern, daß während der verhältnismäßig langen Arbeitszeit ein Anziehen des Betons stattfindet, müssen möglichst langsam bindende Zemente genommen werden. Todt[1] verlangt folgendes:

„Der ideale Mörtelbildner im Straßenbau sollte jedoch wesentlich langsamer als Zement abbinden, so daß die endgültige Erhärtung der abgebundenen Tragkonstruktion erst nach vollendeter Verkehrskomprimierung erfolgt."

[1] Dr. F. Todt: Fehlerquellen beim Bau von Landstraßendecken aus Teer und Asphalt. Halle 1931.

Abb. 120. Herauslösung der vor dem Einbetonieren mit Pech angestrichenen Fugenbleche, die im Innern hohl sind, nach Durchtreten von Dampf (Verfahren von Wieland).

Solche Mörtelbildner hat man neuerdings wieder aus Hochofenschlacke mit gutem Erfolg hergestellt[1].

Mit besonders großen Steinen (auch unregelmäßiger Form) arbeitet die Concrelithbauweise von Streit[2], die den Grundgedanken hat, Rohsteine oder abgängige Pflastersteine ganz zu verwenden und dennoch eine geschlossene, ebene und griffige Decke, ähnlich der Betonstraße, herzustellen. Streit beschreibt sein Verfahren wie folgt:

„Die Steine werden in der Fahrbahnbefestigung so angeordnet, daß die Breitseite in der Straßenoberfläche liegt und die kleinste Fläche bzw. die Spitze nach unten gekehrt ist. Zuerst wird auf das vorbereitete Planum ein Betonbett ausgebreitet, dessen Stärke sich nach der Höhe der Steine und beabsichtigten Konstruktionsstärke der Gesamtdecke richtet. (Soll die Konstruktionsstärke der Decke etwa 20 cm betragen, so werden am besten Steine von 15 bis 20 cm Höhe verwendet. Die Betonschüttung, die im Mischungsverhältnis 1:6 und mit möglichst geringem Wasserge-

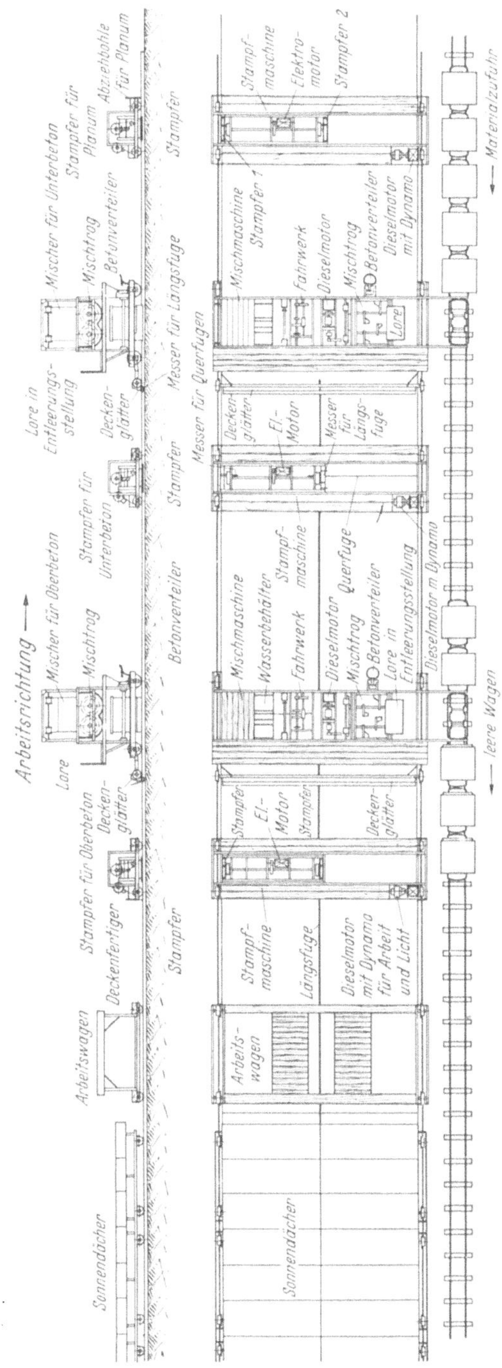

Abb. 121. Ansicht und Aufnahme von einer modernen Baustelle zur Herstellung von Betonfahrbahnen aus Ober- und Unterbeton.

---

[1] Grün: Versuche zur Verwertung von Hochofenschlacke für den Straßenbau. Der Straßenbau 1933, S. 307.

[2] Streit: Die Concrelithbauweise. Straßenbau 1934, S. 70.

halt einzubringen ist, erhält in diesem Falle eine Stärke von 9—10 cm.) In die Betonschicht werden die Steine derart gesetzt, daß möglichst Ecke gegen Seite stößt, so daß keine parallelen, engen Fugen, sondern vielmehr etwa dreieckige Lücken entstehen. Die Steine stützen sich also gegeneinander ab. (Ein Kanten und Verdrücken einzelner Steine ist infolge dieses Steinverbandes und der vollständigen Einbettung in Beton nicht möglich. Allein schon durch die feste Verspannung tritt eine Erhöhung der Tragfähigkeit der Konstruktion ein. Außerdem wird im Gegensatz zu der bisher üblichen Art des Zementmörtelfugenvergusses von Pflasterstraßen Zerstörung der Fugen durch Horizontalkräfte vermieden.) Die Steine werden unter Zugabe von Wasser in den Beton eingerammt. (Der Steinverband gestattet auch ein Walzen, was bisher aber noch nicht ausgeführt worden ist.) Durch das Rammen wird der Beton in den Lücken hochgedrückt. Er füllt die durch die unregelmäßige Form der Steine gebildeten Hohlräume aus. Soweit die Lücken nicht bis zur Oberfläche der Steine mit Beton gefüllt sind, erfolgt Ausfüllung von oben her[1]." (Vgl. Abb. 122 und Abb. 123.)

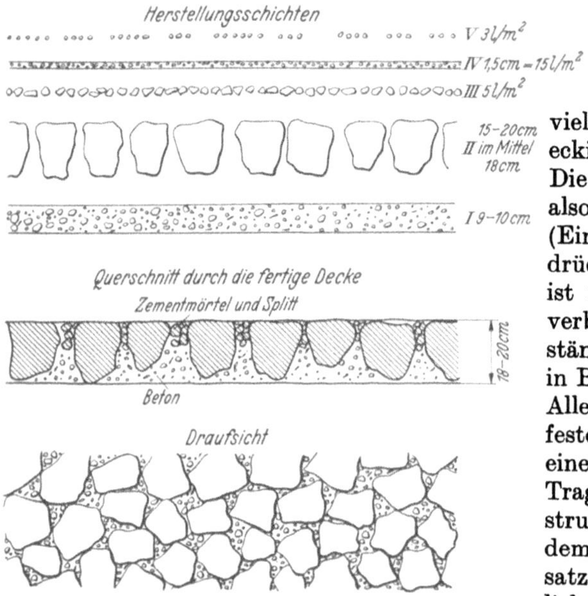

Abb. 122. Das von Streit beschriebene Verfahren zur Herstellung von Betonstraßen aus einzelnen Steinen (alte Pflastersteine, Concrelithbauweise).

Abb. 123. Einbürsten des Mörtels bei dem Streitschen Verfahren.

[1] Streit: Die Verwendung von Beton und Steinpflaster nach der Concrelithbauweise. Betonstraße 1934 S. 88 — Das Pflaster im Beton nach der Concrelithbauweise. Betonstraße 1936 S. 226.

In ähnlicher Weise arbeitet das Verfahren von Schneider[1].

Auch die Zementschotterstraße hat zweifellos eine große Zukunft, wenn sie erst einmal richtig ausgebildet und vor allen Dingen ein Arbeiterbestand vorhanden ist, der imstande ist, durch entsprechende Schulung richtig zu arbeiten.

Die Eignungsprüfung des Zementes für den Straßenbau geschieht nach einer besonderen Arbeitsweise, die Prüfung der Biegefestigkeit und Schwindneigung an Mörteln im Auge hat, aber mehr auf die Prüfung von Beton eingestellt werden sollte (vgl. Richtlinien)[2].

5. Leichtbeton.

Der Leichtbeton bzw. Leichtmörtel wird in zwei grundsätzlich voneinander verschiedenen Verfahrensarten hergestellt, entweder wird

a) nur Zement ohne oder mit ganz geringen Zuschlagsteilen verwendet, den man durch entsprechende Verfahren aufbläht, oder aber es wird

b) der Zement mit leichten Zuschlagsstoffen verarbeitet, die ihrerseits die Funktion übernehmen, den Beton leicht zu machen.

In beiden Fällen ist das Wesentliche des Verfahrens die Einführung von Luft in möglichst feiner Verteilung in das Steingefüge, da dieses dann, auch wenn es selbst eine gute Wärmeleitfähigkeit hat, wärmesperrend wird, weil die eingeschlossene, fein verteilte Luft eine besonders gute Isolierung ist[3].

Zu a) Das Aufblähen des Zementes wird durchgeführt dadurch, daß man die Zementpaste durch Zusatz von Schaummitteln besonders zäh macht und sie dann schaumig schlägt, in der gleichen Art wie Schlagrahm hergestellt wird. Solche schaumigen Erzeugnisse kommen unter verschiedenen Namen, wie Iporit u. dgl., in den Handel.

Der schaumig geschlagene Zementbrei wird dann erhärten gelassen. Er wird hierbei zu einem Gefüge, das einem Schwamm ähnelt mit sehr feinen Poren und verhältnismäßig geringen Festigkeiten. Meist werden Steine hergestellt, da die Schwindneigung des Erzeugnisses groß ist und die Erstellung monolithischer Bauten an der starken Neigung zur Rißbildung scheitert. Auch gasentwickelnde Zusatzstoffe für das Anmachwasser, wie Wasserstoffsuperoxyd (Elektrochemische Werke, Höllriegelskreuth b. München) oder Metallpulver (Aluminium und Magnesia), die mit dem Kalk des Zementes Wasserstoff entwickeln, sind üblich (Fa. Christiani & Nielsen, Hamburg).

Zu b) Bei der Herstellung von Beton durch Zufügung leichter Zuschlagsstoffe wird seit alters her in großem Umfange Bims verwandt.

---

[1] Schneider: Der Rütteldruck, eine neue Technik des Erd- und Betonbaues. Karlsruhe 1935.

[2] Vgl. auch Graf: Über die Herstellung und Prüfung von Prismen aus weich angemachtem Mörtel zur Ermittlung der Festigkeitseigenschaften von Straßenbauzementen. Berlin: Zementverlag 1936.

[3] Vgl. auch: Die Verwendung von Hochofenschaumschlacke (Hüttenbims und Thermosit), Betonsteinztg. 1937, S. 19. — Tiebel: Leichtbetone, Bauforschungen. Bd. I (1933): Beton und Mörtel, S. 4. Verlag: R. Müller, G. m. b. H., Eberswalde-Berlin.

(Über seine Entstehung vgl. S. 19.) Neuerdings stellt man auch Kunstbims her, indem man glühendflüssige Gesteinsmassen mit wenig Wasser behandelt. Das Wasser wird hierbei explosionsartig in Dampf verwandelt und bläht hierbei die Gesteinsmassen auf. Verlangt werden muß von dieser Gesteinsmasse demgemäß, daß sie in glühendflüssigem Zustand zäh ist, damit sie auch den nötigen Schaum bildet, und daß der entstehende Schaum möglichst fest ist. Als solche Gesteinsmassen kommen in Frage Hochofenschlacke, aus der die Schaumschlacke hergestellt wird, und weiter die Phosphorschlacke, die bei Herstellung von Phosphaten entsteht. Die erste Schaumschlacke wurde hergestellt von Schol in Oberscheld und unter dem Namen Thermosit vor 25 Jahren in den Handel gebracht. Dieser Name hat sich neuerdings auch für andere Schaumschlacke eingeführt. Hoher Tonerde- und Kieselsäuregehalt ist von Vorteil. Beide Erzeugnisse sind von guter Beschaffenheit, häufig je nach der Schlacke und der Verarbeitungsweise etwas schwerer als Bims. Die Schwindneigung der genannten Bimserzeugnisse ist naturgemäß nicht so stark wie diejenige der Erzeugnisse, die nur aus Zement ohne Zuschlag bestehen, dennoch muß auch hier mit einer gewissen Zusammenziehung gerechnet werden. Deshalb sollen derartige Bimserzeugnisse, hauptsächlich wenn sie in Platten angeliefert werden, nicht zu früh verarbeitet, zumindest nicht zu früh verputzt werden. Auch monolithische Arbeitsweise, hauptsächlich in Lochblechschalung oder Drahtnetzschalung (nach Schneider-Arnoldi), hat sich zum Bau von ganzen Siedlungen, die einfach gegossen werden, gut bewährt. Leichtbeton wird möglichst wenig verdichtet, es wird im Gegenteil durch Zufügung von Luft in den Zement (Schaumschlagen) oder von porösen Zuschlagsstoffen ein möglichst luftreiches Gebilde geschaffen.

Zusammenfassung zu E. Verdichtung.

Die einfachste Verdichtungsmöglichkeit für erdfeuchten Beton ist das Stampfen von Hand; überlegen ist diesem primitiven Verfahren natürlich sachgemäßes Stampfen mit Luftstampfern, mit Stampfmaschinen oder Rammen. Bei den Stampfmaschinen unterscheidet man solche, die mit Stempel stampfen, also das Stampfen von Hand nachahmen, und solche, bei denen eine Bohle gleich die ganze Betonbreite verdichtet. Die Stampfmaschinen sind vor allen Dingen beim Straßenbau üblich.

Plastischer Beton kann verdichtet werden durch Stochern oder durch Erschüttern der Schalung, und schließlich kann das Rütteln des Betons durch Vibratoren sowohl bei erdfeuchtem als auch bei plastischem Beton eine weitgehende Verdichtung herbeiführen. Eine Vorverdichtung des Betons wird beim Transportieren des Betons auf große Strecken in geeigneten Transportwagen hervorgerufen, da bei diesem Verfahren ein Teil der Luft entweicht. Zielbewußt kann diese Verdichtung auch herbeigeführt werden durch Mischen in einem Vakuummischer, um auf diese Weise die Luft aus dem Beton zu entfernen.

F. Der Putz[1].

Eine besondere Abart der Zementverwendung ist die Herstellung von Putz. Hier kommen in Frage:

1. Gewöhnlicher Zementputz.
2. Wasserdichter Putz.
3. Edelputz.
4. Terrazzo.

1. Gewöhnlicher Putz.

Meist wird gewöhnlicher Wandputz hergestellt aus verlängertem Zementmörtel, d. h. aus einem Mörtel, dem man auch Kalk zusetzt. Zweckmäßig ist es, bei Innenräumen in den Zuschlag auch noch etwas Bims, Schlackensand u. dgl. zu tun, um den Putz nagelbar zu machen, und eine gute Wärmehaltung des Putzes zu erzielen. Vor allen Dingen ist vor Aufbringung des Putzes sorgfältige Vorbereitung des Untergrundes erforderlich. Schlechte Erfahrungen werden immer gemacht, wenn der Untergrund zu naß ist oder arbeitet (z. B. schwindet). Im letzteren Falle treten starke Schwindrisse auf, wie sie beispielsweise bei der Verwendung von Porenbeton, der hergestellt ist aus Zement durch Aufblähen, schon häufig beobachtet worden sind (vgl. Seite 195).

Abb. 124. Risse in einem Hausputz durch falsch angebrachtes Fenster: Das Holzwerk des Fensters ist eingeputzt und ragt über den Putz hervor, beim Arbeiten durch Wärme und Wasser zersprengt das Holz den Putz.

Zwischen den verschiedenen Normenzementen bestehen im allgemeinen mehr Markenunterschiede als Unterschiede zwischen den Arten. Bei Hochofenzement müssen nach Mitteilung von Schlüter die Putzer auf die Verarbeitung eingestellt sein, da der Hochofenzement mehr Wasser als der Portlandzement benötigt und sich besonders bei kleinen Putzarbeiten für den Putzer das Auftragen des Mörtels schwieriger gestaltet. „Bei größeren und großen Putzflächen werden die Arbeitsschwierigkeiten jedoch leichter überwunden" (schriftliche Mitteilung).

Auch die zweckmäßige Gestaltung des Bauwerks selbst muß hier berücksichtigt werden. Bei der Weißenhof-Siedlung in Stuttgart sind

[1] Vgl. auch Schäfer: Neuere Entwicklung der Putztechnik. Stuckgewerbe 1928 Heft 7. — Spruck: Außenputzmörtel, Bauforschungen, Bd. I (1933): Beton und Mörtel, S. 33. Verlag: R. Müller, G. m. b. H., Eberswalde-Berlin.

durch Fehler in dieser Hinsicht schwere Schädigungen aufgetreten, weil Holzwerk der Fenster u. dgl. direkt in den Putz ohne Schutz eingelassen war und naturgemäß durch das „Arbeiten" beim Schwinden und Quellen den Putz zersprengten (Abbildung 124).

Abb. 125. Zu fett hergestellter Zementputz durch Schwindrisse zerstört.

In der Zeitschrift „Heim und Siedlung" 1936 Heft 1 wird auf S. 12 folgende Anweisung für sachgemäßen Fugenmörtel und rissefreien, dichten Außenputz gegeben:

Anweisung für sachgemäße Fugenmörtel und rissefreie, dichte Außenputze

(gültig für jedes Mauerwerk).

Vorbedingung für alle Mörtel und Putze:

a) lehmfreie[1], scharfe Sande und geeignete Bindemittel,

b) stets das richtige Mischungsverhältnis.

A. Mischungsverhältnis für Fugenmörtel: Raumteil = Rt.

1. im allgemeinen: 1 Rt. gut abgelöschter, treibfreier Kalk + 3 Rt. reiner Sand;

2. für besonders beanspruchtes Mauerwerk und Fundamente: 1 Rt. Zement + 1—2 Rt. gut abgelöschter Kalk + 6—9 Rt. reiner Sand.

Die Fuge soll nicht stärker als 10 mm sein.

B. Mischungsverhältnis für Außenputze:

Vorbemerkung: Es muß zweilagig geputzt werden!

1. Unterputz (Stärke ca. 15 mm): 1 Rt. Zement + 2 Rt. gut abgelöschter, treibfreier Kalk + 9 Rt. reiner Sand.

Unterputz anziehen lassen.

2. Oberputz (Stärke richtet sich nach Putztechnik): 1 Rt. gut abgelöschter, treibfreier Kalk + $2^1/_2$ Rt. reiner Sand (ohne Zement) oder im gleichen Mischungsverhältnis haben sich Spezialputzkalke bewährt, für welche jedoch die Sondervorschriften der Hersteller zu befolgen sind.

Ein zu hoher Zementgehalt ist wertlos, ja schädlich. Wie schädlich ein zu fetter Zementmörtel wirken kann, zeigt Abb. 125.

2. Wasserdichter Putz.

Wasserdichter Putz muß verhältnismäßig pur aufgebracht werden. Wichtig ist gutes Anrühren und starke Verdichtung, sowie die Nach-

[1] Unter lehmfreien, scharfen Sanden versteht man gemischtkörnige Sande, die keine staubfeinen Bestandteile enthalten. Die Anwesenheit von Lehm wird nachgewiesen durch Schlämmen einer entsprechenden Menge des Sandes mit Wasser in einem gewöhnlichen Glas. Gute lehmfreie Sande zeigen fast keine Trübung hierbei und setzen sich sofort klar ab.

behandlung. Trocknet der Putz zu schnell aus, so entstehen bei dem hohen Zementgehalt unbedingt sofort Schwindrisse, die so tief gehen, daß sie den Putz durchbrechen und seine Wasserdichtigkeit in Frage stellen. Es sind auch Zusatzmittel wie Biber, Ceresit usw. für derartigen Putz schon häufig herangezogen worden, die sich bewährten. Durch gute Verarbeitung wird auch ohne Zusätze Wasserdichtigkeit zu erzielen sein, wenn nur der Untergrund gut ist, vor allen Dingen jede Austrocknung möglichst lange Zeit nach der Herstellung verhindert wird.

3. Edelputz.

Auch bei Edelputz wird Zement in sehr großem Umfang verwendet, und auch hier setzt man häufig Kalk zu, um eine größere Geschmeidigkeit zu erzielen. Edelputz enthält Gesteinstrümmer, Muschelkalk, Granit, Porphyr, Glimmer und andere Gesteine und ist häufig durch Farbzusatz noch getönt oder gefärbt. Die Färbung findet mit gemahlenem Grünstein, Ocker od. dgl. statt. Auch bei den Edelputzen ist auf guten Untergrund, sorgfältige Verarbeitung und Verhinderung der Austrocknung größter Wert zu legen, da sonst abscheuliche Risse entstehen[1].

Zur Verhütung der so lästigen Ausblühungen empfiehlt Serkin[2] kalkarme Zemente (Hochofenzement, Tonerdezemente), Imprägnierung und Zusatz von Bariumverbindungen, besonders von Bariumhydroxyd, sowie allenfalls Traß.

4. Terrazzo.

Eine seit dem Altertum bekannte Abart des Putzes ist der geschliffene Putz, den man Terrazzo nennt. Terrazzo wird hergestellt aus Zement unter Zufügung von Gesteinskörnungen verschiedener Größe, wobei die Körner in weißer (Ulmer Weiß), roter (eisenhaltige Steine), gelber (Ocker) oder schwarzer (Marmor) Farbe gewählt werden. Der Putz wird dann entweder von Hand oder mechanisch geschliffen, so daß die Oberfläche des Terrazzo, die bekanntlich an Schwartenmagen oder Blutwurst erinnert, gesprenkelte Farben ergibt. Wird Terrazzo schlecht hergestellt, so treten dann Risse auf, und zwar deshalb, weil man nicht genügend auf die Güte des Unterbetons und vor allen Dingen auf das Dehnungsvermögen geachtet hat. John[3] empfiehlt folgendes:

1. Der Unterbeton darf nicht mit der Konstruktion des Gebäudes zusammenhängen, sondern ist als unabhängige, selbständige Platte auszubilden.

Es muß deshalb bei Eisenbetondecken auf diese zunächst Asphaltanstrich oder Dachpappe, auch an den Wänden entlang, aufgebracht werden, oder aber 1—2 cm starke Sandschicht, während man im letzteren Falle die Trennung von den Wänden durch $1^1/_2$ cm starke Latten vornimmt.

---

[1] Vgl. auch Neuzeitliche Sportanlagen. Zementverarbeitung Heft 24, Zementverlag.

[2] Serkin: Ausblühungen am Betonstein. Betonsteinztg. 1936 S. 17.

[3] John: Der rißfreie Terrazzobelag. Betonsteinztg. 1936 S. 49.

2. Die Stärke des Unterbetons soll mindestens 6—7, noch besser 8—10 cm betragen.

3. Das Mischungsverhältnis sei 1:5, bei Verwendung von gutem Normenzement.

4. Einlagen von Drahtgeflecht, punktgeschweißtes Drahtgewebe oder Eisenrundstäbe ist empfehlenswert. Bis 20 m^2 Oberfläche ist diese Einlage überflüssig.

5. Bei großen Flächen, also 40 m^2, ist Aufteilung in mehrere Flächen notwendig, um Schwindrisse zu vermeiden. Die Dehnungsfugen werden entweder mit eingelegten Dachpappestreifen, die man wieder herausnimmt, mit Metallstreifen oder am einfachsten durch Streifen aus Terrazzomosaikwürfel durchgeführt. Ausgießen mit Bitumenmasse.

6. Gute Stampfarbeit ist unbedingt erforderlich, sowie Aufbringung der Terrazzoschicht auf den Unterbeton, bevor dieser völlig abgebunden ist.

7. Bei Grundfeuchtigkeit muß der Unterbeton auf eine Isolierschicht von Beton 1:8 aufgebracht werden.

8. Heizanlagen, die sich in Fußböden befinden, müssen durch Kieselgur isoliert werden.

Meines Erachtens ist die Vorschrift gut, die Befolgung der Punkte 1 bis 4 aber sehr teuer, so daß man häufig den Terrazzoputz direkt auf eine nicht isolierte, mit dem Gebäude zusammenhängende Betonschicht aufbringen wird, dann aber Risse mit in Kauf nehmen muß.

5. Zementestrich.

Für Zementestriche gilt sinngemäß das gleiche wie für Terrazzofußböden. Allergrößter Wert ist hier auf Verhinderung schneller Aus-

Abb. 126. Betonboden geschützt durch Eisenplatten, die mit Mörtel gefüllt sind (Verfahren Ebener, Essen).

trocknung zu legen, nicht bloß durch Sonne, sondern auch durch Zug, wenn beispielsweise die Fenster in den Neubauten noch nicht eingebaut sind[1].

[1] Über Betonestriche vgl. auch Betonarbeiten Heft 2: Befestigung der Geh- und Fahrwege in Höfen und Einfahrten. Zementverlag 1935. — Wand- und Fußbodenplatten aus Beton. Zementverarbeitung Heft 2. Zementverlag 1931.

Als Zusätze, um die Oberfläche zu härten, werden einerseits Hartgußmaterial oder Graugußkörner, welch letztere natürlich weniger wirksam sind, verwendet, andererseits aber auch Quarz und Korund. In dieser Weise hergestellte Oberflächen sind außerordentlich hart und bei zweckmäßiger Aufbereitung auch griffig, besonders dann, wenn Korund mit verarbeitet wird. Böden, die nur Grauguß enthalten, werden

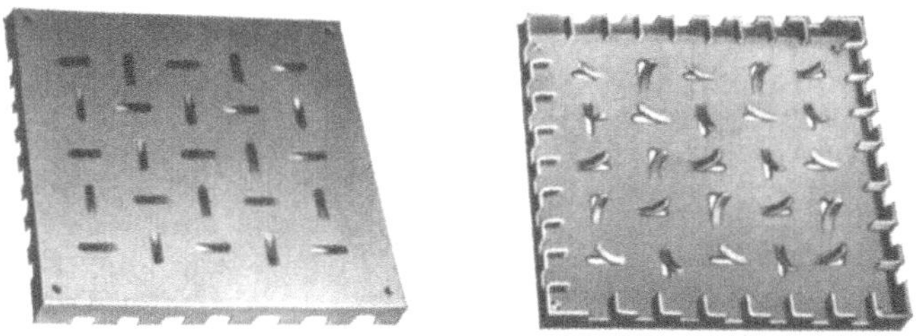

Abb. 127. Die mit Mörtel auszufüllenden Eisenblechplatten, vgl. Abb. 126.

im Gebrauch leicht glatt. Gearbeitet wird in der Weise, daß auf den normalen Unterbeton eine Ausgleichschicht bis zu 2 cm aufgebracht wird (im Mischungsverhältnis 1:3), auf die dann eine Hartschicht von ungefähr 1 cm kommt. Mit Erfolg ist man auch dazu übergegangen, die Oberfläche selbst direkt aus Stahl herzustellen und Stahlplatten, die mit Zungen versehen sind, mit Beton zu füllen bzw. einzubetonieren (Stelcon-Anker-Platten) (Abb. 126 und 127).

G. Unterwasserbeton.

Da bei Unterwasserbeton eine Verdichtung nur durch das Eigengewicht möglich ist, diese Verdichtung aber noch bis zu einem gewissen Grade aufgehoben wird, da ja alle Stoffe unter Wasser leichter sind, ist bei dieser Art der Herstellung besonders sorgfältige Arbeit notwendig. Die Zuschlagsstoffe müssen sehr zweckmäßig abgestuft sein, und eine Entmischung ist ganz besonders sorgfältig zu verhüten. Das Einbringen des Unterwasserbetons geschieht meist durch Rohre, wobei entweder die Rohre, die stets bis auf den Grund herabreichen müssen, fahrbar und herausziehbar, oder aber nur herausziehbar sind. Nach der ersten Methode wurde bei der Grundfundierung für die große Hafenanlage in Helgoland in großem Umfange gearbeitet und gute Erfolge erzielt. Nach der zweiten Methode arbeitet das Kontraktor-Verfahren.

1. Sackbeton.

Das Einbringen von Beton in Säcken wird verhältnismäßig selten durchgeführt, hat aber beim Bau der großen Mole in Helgoland doch eine erhebliche Rolle gespielt[1]. Bei diesem Verfahren wurde wie folgt gearbeitet:

Die Betonmischung wurde nur so weit angefeuchtet, daß der Zement nicht mehr staubte und dann in Jutesäcke eingebracht, die, ganz

[1] Eckardt: Über den Bau des Hafens in Helgoland. Bautechn. 1929 S. 552.

gefüllt, zugebunden wurden. Diese Säcke wurden dann unter Wasser oder bei tiefer Ebbe über Wasser in Verbände gelegt (vgl. Abb. 128). Auf diese Weise wurden 1,50 m starke Dämme bis 60 cm über Normalwasserstand gebaut. Der Beton erhärtete in der Hochwasserzeit und war beim nächsten Niedrigwasser schon so fest, daß er als Begrenzung für den Schüttbeton dient, der dann eingebracht wurde.

Abb. 128. Einbringen von Sackbeton.

2. Schüttbeton.

Die Herstellung dieses Schüttbetons wurde gleichfalls in Helgoland durchgeführt und hat sich, obwohl auch sie selten angewendet wird, gut bewährt. Bei dem Verfahren wurde nach Eckardt der Trockenbeton über Wasser geschüttet und durch Schaufeln langsam auf eine Böschung geschoben, so daß er von dieser ins Wasser rollte. Als Schalung nach den Seiten bei dem Bau der Mole dienten die Sackdämme, die nach obenerwähntem Verfahren hergestellt wurden. Trotz des

Abb. 129. Herstellung von Schüttbeton im Meerwasser beim Bau der Mole von Helgoland.

Wellenschlages wurde bei diesem Verfahren der Frischbeton nicht im Wert geschädigt. „Das Verfahren hat einen einwandfreien Beton ergeben" und bewährte sich bei Wassertiefen bis zu 2 m (vgl. Abb. 129).

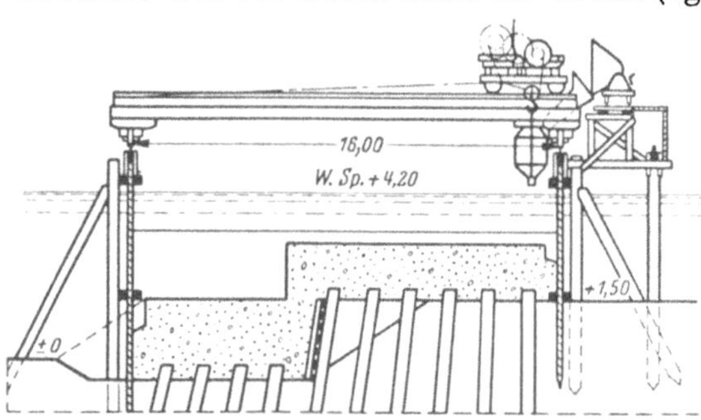

Abb. 130. Herstellung von Unterwasserbeton: Einfüllen des Betons in mit Klappen unter Wasser zu öffnenden Kästen.

3. Senkkastenbeton.

Bei diesem Verfahren wird der Beton in Kästen (vgl. Abb. 130), die sich unter Wasser öffnen, an Ort und Stelle gebracht. Das Verfahren hat gute Ergebnisse gezeigt. Es können sich aber leicht Zementschlammschichten bilden, die natürlich vor der Weiterbetonierung entfernt werden müssen.

Abb. 131. Kasten aus Beton zum Bau der Mole in Helgoland, der später versenkt und mit Beton gefüllt wird.

Die Betonierung in Senkkästen und Taucherglocken sei hier auch erwähnt. Letztere wird genau wie die Betonierung über Tag durchgeführt. Es ist nur auf größte Sorgsamkeit zu achten, da schlecht einge-

Abb. 132. Der Kasten der Abb. 131 beim Abschwimmen nach Helgoland.

brachter Taucherglockenbeton zu recht unangenehmen Störungserscheinungen infolge unregelmäßiger Beschaffenheit führen kann. So zeigten sich bei dem Beton der zweiten Hafeneinfahrt in Wilhelmshaven überaus starke Zerstörungserscheinungen, obgleich dieser Beton mit Klinker verblendet war. Das Meerwasser brachte den Beton zum Treiben, so daß die Klinkerwand sich aufbauchte und entfernt werden mußte. Nach dieser Entfernung zeigte sich der Beton stark zertrieben, durch die aggressive Einwirkung des Meerwassers. Die starke Entmischung, welche festgestellt wurde (vgl. Abb. 133), hat zweifellos zu dem schnellen Auftreten dieser Treiberscheinungen beigetragen.

Abb. 133. Entmischter poröser Beton aus Portlandzement, Traß und Kalk, der hinter Klinkerverblendung zerstört wurde.

4. Trichterbetonierung.

a) Mit beweglichen Rohren.

Bei diesem Verfahren wird der Beton in ein Rohr eingebracht, welches in einer Plattform hängt, die in der Richtung der herzustellen-

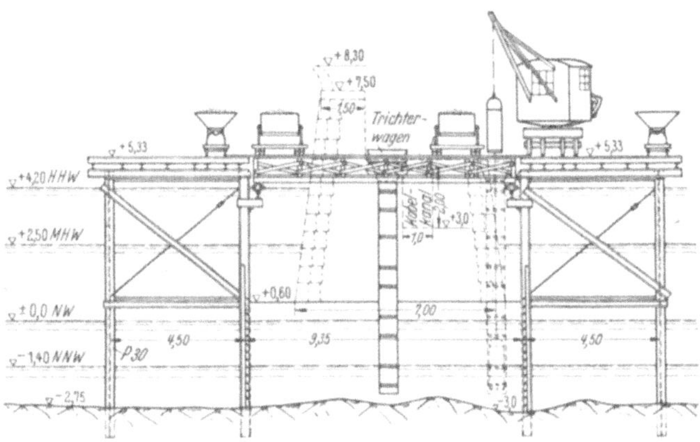

Abb. 134. Herstellung von Trichterbeton beim Bau der Mole von Helgoland.

den Betonmauer od. dgl. verschiebbar ist. Die Aufhängevorrichtung ist ihrerseits quer zur Fahrtrichtung der Plattform verschiebbar, so daß der Trichter die ganze Baustelle bestreichen kann. Während des Betonierens beschreibt der Trichter durch Vorwärtsbewegen der Plattform und durch Hin- und Herfahren auf dieser Plattform mäanderartige Wege. Der Beton wird erdfeucht eingebracht und in 1 m Höhe geschüttet. Bei größeren Bauten laufen natürlich mehrere Trichter hintereinander. Größter Wert ist bei diesem Verfahren (vgl. Abb. 134—136) auf die erstmalige Füllung des Trichters zu legen, die am besten mit einer Büchse durchgeführt wird, die einen auf-

Abb. 135. Ansicht zu Abb. 134.

klappbaren Boden hat. Die Betonsäule im Rohr darf nicht abreißen, um eine Entmischung des Betons zu verhindern. Die Ausführung eines ähnlichen Verfahrens beschreibt Oberregierungsrat F. Trier[1]. Hier wird ein am unteren Ende mit einer Platte verschließbares Rohr durch eine seitliche Führung allmählich auf den Grund herabgelassen. Schließlich wird die Bodenplatte entfernt und weiter betoniert unter allmählichem Hochziehen des Rohres.

b) Betonierung mit feststehendem Rohr (Kontraktorverfahren)[2].

Bei diesem Verfahren wird der Beton in ein nicht vom Ort sich bewegendes,

Abb. 136. Gerüst und Seitenaufnahme zu Abb. 134 und 135. (Die Abb. 130 bis 136 Aufnahme Eckard.)

[1] Vgl. Beton Meddeladen fram Svenska Betonfoereningen Jg. 1921 Heft 2 S. 43ff.

[2] Trier: Verwendung von Unterwassergußbeton in Schweden. Bautechn. 1930 S. 109. — Nakonz: Unterwasserschüttbeton. Bautechn. 1930 S. 35. — Habicht: Erfahrungen mit Gußbetonschüttungen unter Wasser. Beton u. Eisen 1928 S. 60.

aber hochziehbares Rohr unter dem Wasserspiegel eingebracht. Das Rohr bleibt dauernd im Beton stecken. Der Beton befindet sich in dichten Schalungen, damit Ausspülungen vermieden werden. Das Rohr selbst besteht aus verschiedenen Zügen, die mit Flanschen verbunden sind, und kann mit fortschreitendem Hochziehen durch Abschrauben der einzelnen Teile verkürzt werden; auch Abschweißen ist möglich. Zunächst wird das Rohr auf die Bausohle aufgesetzt und dann der Trichter, der gegen das Rohr zu mit einer Klappe nach unten geschlossen ist, mit Beton gefüllt. Nach dem Öffnen der Klappe läuft der Beton im geschlossenen Strom in das Rohr und treibt Luft und Wasser zu dessen unteren Ende heraus. Der Trichter wird sofort mit bereitgehaltenem Beton nachgefüllt, so daß er nicht leerlaufen kann und stets gefüllt ist. Ein Absinken der Betonsäule wird unter allen Umständen verhindert und das Rohr immer bloß so weit angehoben, daß die Betonsäule nicht abreißt. Beim Weiterarbeiten wird dann dafür gesorgt, daß der Beton immer 1 m über dem unteren Rohrende steht. Der gegossene Beton breitet sich fast waagerecht aus, er hat nur eine leicht gewölbte Oberfläche, und der neu gegossene Beton kommt mit dem Wasser überhaupt nicht in Berührung, da er durch die allmählich nach oben getriebene Oberschicht dauernd vor dem Frischwasserzutritt geschützt wird. Diese Oberschicht ist deshalb natürlich minderwertig und muß abgekratzt werden, ein an sich aber minimaler Verlust. Als größte Fließbreite kann ungefähr 3 m von der Rohrmitte angenommen werden. Es können demgemäß Betonkörper von ca. 25—30 m² Grundfläche mit einem Rohr gegossen werden. Bei größerer Grundfläche ist Zwischenschalung erforderlich oder die Ver-

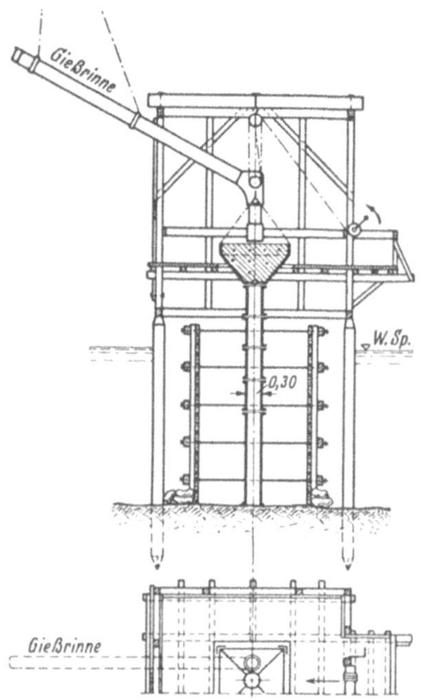

Abb. 137. Durchführung von Unterwasserbeton nach dem Kontraktorverfahren.

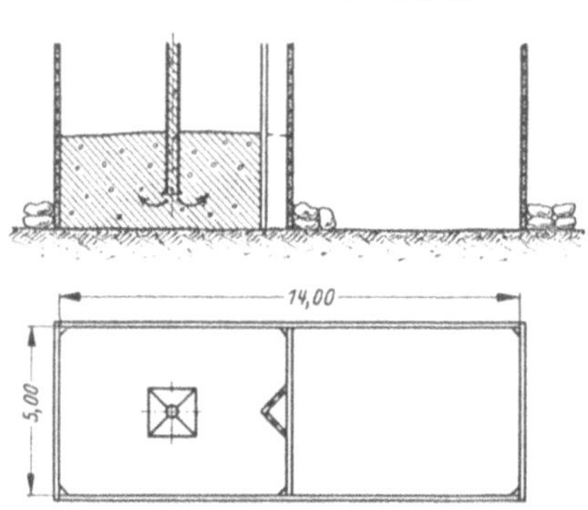

Abb. 138. Durchführung von Unterwasserbeton nach dem Kontraktorverfahren. Der Beton wird in einen Trichter eingefüllt und verdrängt das Wasser aus der Schalung allmählich nach oben, nur die oberste Betonschicht kommt mit dem Wasser in Berührung.

wendung mehrerer, nebeneinander arbeitender Rohre (vgl. Abb. 137 und 138).

Bei der Sitzung der Weg- und Wasserbauabteilung der schwedischen Technologenvereinigung[1] berichtet Dir. Krogh über das Kontraktorverfahren, bei welchem der Unterwasserbeton die gleiche Zuverlässigkeit besitzt wie der im Trocknen ausgeführte.

Eine Untersuchung des Wassers, in welchem betoniert wird, ist zweckmäßig, da Wasser mit organischen und manchen anderen schädlichen Substanzen (Moor, Zucker) das Abbinden zu verzögern oder das Erhärten zu verhindern vermögen.

Erhärtender Beton muß vor Überspülung mit Wasser geschützt werden, bis er steinartig geworden ist. Durch sehr starken Regen, der einen neu hergestellten Bau vor Fertigstellung des Daches traf, war durch Auswaschung des Zementes der Beton teilweise bis auf 25 cm Tiefe erweicht. Nach Abschlagen der losen Außenteile wurde der stehengebliebene Kern durch einen umschnürten Beton wieder gefestigt[2].

Zusammenfassung zu G. Unterwasserbeton.

Die Einbringung von Beton unter Wasser führt bei sorgfältiger Arbeit zu guten Ergebnissen. Die häufig beobachteten Entmischungserscheinungen, Schlammbildung durch Aufschwimmen des Zementes und minderwertige Erhärtung durch Ersaufen des Betons oder Wegspülung des Zementes sind zurückzuführen auf minderwertige Arbeit. Bei sorgfältiger Arbeit: sachgemäße Schüttung in nicht zu dicken Schichten oder Gefüllthalten des Rohres bei Trichterbetonierung, kann mit dem Unterwasserbeton ein ausgezeichnetes Gefüge und gute Erhärtung erzielt werden. Feststellung, ob das Wasser das Erhärten nicht verhindert, ist zweckmäßig.

H. Das Einpressen von Zement.

Das Einpressen von plastischem Zementleim in Schotterschichten zu deren Verstärkung findet Verwendung sowohl bei der Wiederherstellung von Bauwerken, deren Mörtel aus irgendwelchen Gründen zerstört ist, als auch bei der Neuherstellung von Beton.

1. Verwendung von aufsteigendem Zementguß.

Beim Abteufen eines Förderschachtes in Taufkirchen[3] wurde eine wasserdichte Betonauskleidung trotz hohen Wasserzuflusses in folgender Weise erzielt:

Vor das Gebirge wurde eine Auskleidung von Betonformsteinen gehängt und der Raum zwischen dieser und der Gebirgswand mit Schotter vollgepackt. Darauf wurde der Schacht mit Sand gefüllt und das Wasser bis zum Grundwasserspiegel aufsteigen gelassen. Durch vorher angebrachte Zementleitungen wurde nun hinter die Betonformsteine reiner

[1] Krogh: Einige Gesichtspunkte für die Unterwasserbetonierung. Beton u. Eisen 1927 S. 328.

[2] Kleinlogel: Bautenschutz 1932 S. 137.

[3] Gottfr. Schneiders u. Adolf Schneiders: Anregungen über die Verwendung von aufsteigendem Zementguß bei Betonbauten. Bauing. 1932 S. 497.

Zementbrei eingepreßt, so daß er in dem Schotter von unten nach oben aufstieg. Hierdurch wurden die Poren zwischen dem Schotter und die Fugen zwischen den Formsteinen geschlossen (Abb. 139). Es wird also

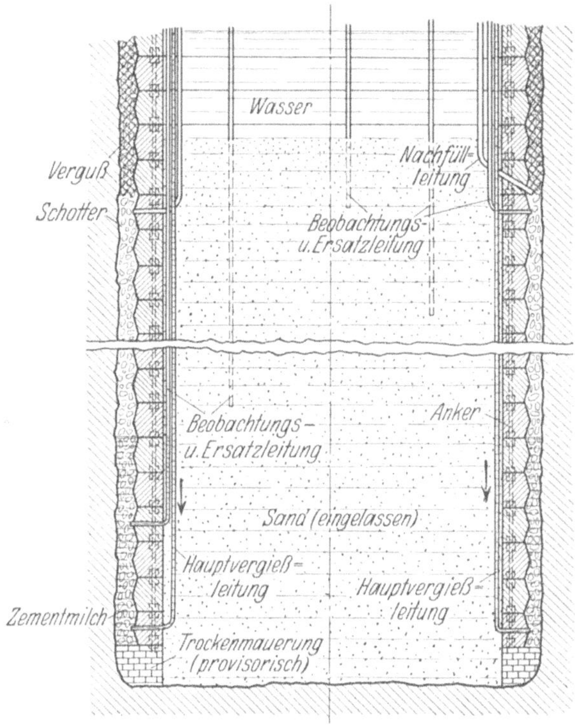

Abb. 139. Herstellung von aufsteigendem Zementguß.

in umgekehrter Weise als beim Bau der Zementschotterstraßen zunächst der Schotter eingebracht und die Hohlräume zwischen diesem mit Zementleim gefüllt. Das Verfahren eignet sich bei entsprechender Um-

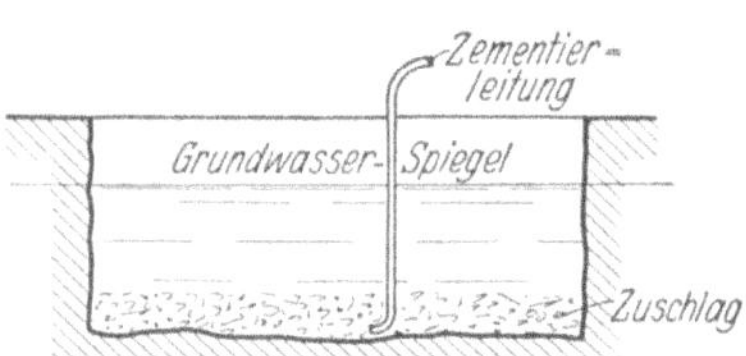

Abb. 140a. Zementieren des Bodens eines Schachtes.

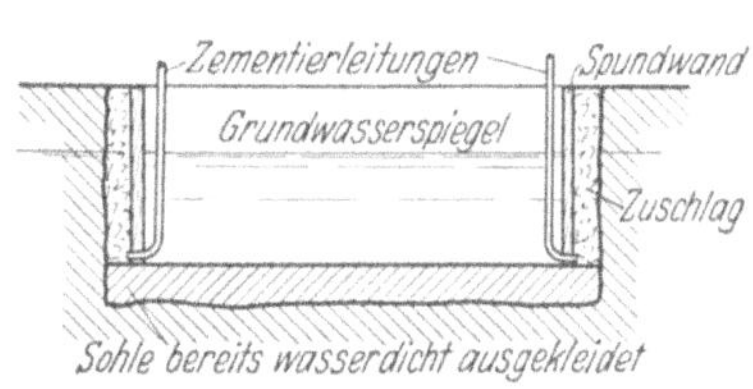

Abb. 140b. Zementieren der Seitenwand.

änderung zur Betonierung von Kellersohlen u. dgl. unter Wasser (vgl. Abb. 140a u. b). Das Verfahren wird auch empfohlen für Betonarbeiten im offenen Wasser, und zwar in der Weise, daß Zementier-Rohrleitungen bis zum Meeresgrund eingehängt werden, um diese herum der grobe

Zuschlag abgestürzt und nach Abdichtung der Oberfläche des Steinwalles durch Sand und Lehm dieser durch Einpressen von Zementleim gedichtet wird (Abb. 141).

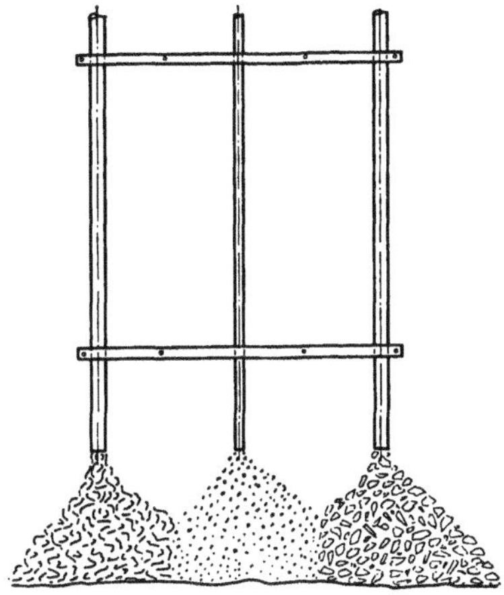

Abb. 141. Einwirkung und Verteilung von Mörtel und Zuschlag.

2. Das Zementieren (Versteinern).

Das Einpressen von Zementbrühe in bereits bestehende Bauwerke vermag diese selbst bei starker Beschädigung zu retten. Bei Bodensicherung werden Bohrlöcher oft 20—30 m tief abgesenkt und in diese der Zementleim eingepreßt. Auch die Verdichtung von wasserführenden Bodenschichten, in welche Schächte abgeteuft werden sollen, ist auf diese Weise möglich. An Stelle des Zementleims verwendet Johsten, nach dem Vorbild ähnlicher Arbeiten im Kalibergbau, Lösungen von Wasserglas und Chlorkalzium. Diese werden nacheinander eingepreßt. Beim Zusammentreffen scheidet sich gallertartige Kieselsäure ab, die den Boden dichtet und seine Tragfähigkeit erhöht. Das Verfahren ist auch in Fällen anwendbar, wo Zement schlecht erhärtet oder schwer einzupressen ist. Auch Dichtung zerklüfteten Gesteins, beispielsweise zur Sicherung des Betons unter Talsperrenmauern usf., ist auf diese Weise möglich (Abb. 142). Bei derartigen Arbeiten wird mit Zementschlamm unter oft hohen Drukken (50 atü) gearbeitet und völlige Versteinerung und Verdichtung erzielt. Bei Bauwerken wird die zu sichernde Wand in verschiedener Höhe angebohrt und dann, von unten beginnend, in die einzelnen Bohrlöcher immer so lange Zementleim eingepreßt, bis dieser aus dem nächsthöheren Rohr heraustritt (Abb. 143).

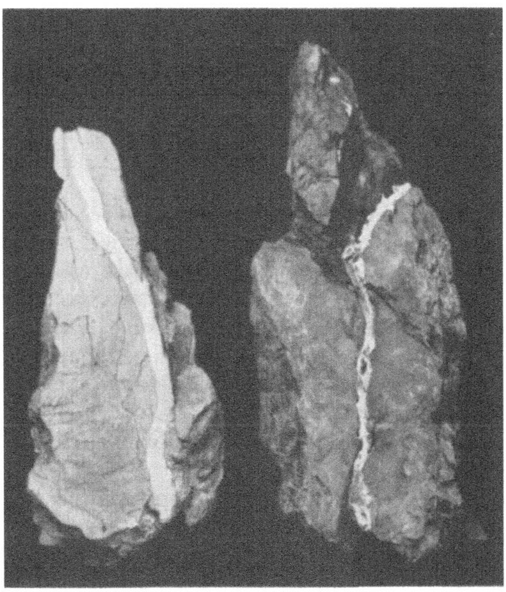

Abb. 142. Durch Einpressen von Zement unter hohem Druck geschlossene Kluft in einem künftigen Gebirge unter einer Talsperrenmauer.

Das Verhältnis des Zementes beim Einpressen geben für einen Fall der Ausfüllung eines Spaltennetzes im Ton Sartorius und Kirchhoff[1] mit 50 kg Portlandzement auf 25—30 l Wasser an. Sie empfehlen bei Ton einen niedrigen Einpreßdruck, da das Spaltennetz nur wasserdicht ausgefüllt werden soll (1—2,5 Atmosphären).

Das Mauerwerk der Klodnitzbrücke[2], welches nach den Ermittlungen bei den Wiederherstellungsarbeiten vor 81 Jahren in der Weise hergestellt worden war, daß man außen einen Ring aus Ziegelsteinen aufgeführt und in den Hohlräumen von oben abwechselnd eine Karre Kalk und eine Karre Bruchsteine gekippt hatte, zeigte sich im Jahre 1929

Abb. 143. Fundament der Klodnitzbrücke, das später durch Einpressen von Zement verfestigt wurde: Anbringung der Bohrlöcher.

stark zerstört. Bei der Wasseruntersuchung zeigte sich nach Untersuchungen des Verfassers 500 mg Sulfat sowohl im Wasser der Klodnitz als auch im Grundwasser. Im Kalk war Gipsbildung festgestellt; allerdings war die Anreicherung von Sulfat noch nicht sehr hoch. Die Wiederherstellung wurde wie folgt durchgeführt:

1. Bearbeitung des alten Ziegelmauerwerks mit Preßluftmeißeln zur Beseitigung der mürben Ziegelsteine und Ausräumung des losen Mörtels aus den Fugen.

2. Reinigung mit Sandstrahl und Besetzung mit Bohrlöchern, 1 bis 2,50 m lang.

3. Aufschleudern eines Zementputzes von 3 cm Stärke mit der Zementkanone und Glattstreichen mit einem Richtscheit.

4. Beseitigen des Steinmehls aus Bohrlöchern durch Ausspülen mit Druckwasser.

---

[1] Sartorius u. Kirchhoff: Die Böschungsrutschungen am Mittellandkanal im tiefen Einschnitt bei Wenden und die Maßnahmen zu ihrer Beseitigung. Bautechnik 1936 S. 730.

[2] Reichsbahnoberrat Roloff, Oppeln: Instandsetzung der Klodnitzbrücke bei Laband. Bautechn. 1930 S. 430.

5. Einpressen von Bleifluat zur Sicherung des Kalkmörtels, da Vorversuche gezeigt hatten, daß die Löslichkeit eines Kalkmörtels durch Fluatierung auf $^1/_{20}$ seiner ursprünglichen Löslichkeit herabgedrückt war.

6. Einpressen von Wasserglas, um Reste des Bleifluats unschädlich zu machen. Nachspülen mit Druckwasser (hierbei traten weiße Kristalle aus, die sich aus Bleifluat und Wasserglas gebildet hatten).

7. Einpressen von reinem Zement, um die Haarrisse zu erfassen. Danach Einpressen von Zement mit Sand bis 2 mm 1:3 (Druck bis zu 6 Atmosphären). Beim Einpressen des Druckwassers zeigte sich Austreten des Wassers aus allen anderen Bohrlöchern, also völlige Durchlässigkeit des Pfeilers.

Die Kosten des Verfahrens betrugen 44 RM/m^3. Beim Aufreißen des Mauerwerks zeigten sich die Bohrlöcher und Hohlräume einwandfrei geschlossen mit festem Zementmörtel, der alte Kalkmörtel war noch feucht.

Bei Dichtungsarbeiten an der Norris-Staumauer (USA.), deren Untergrund aus Kalkbänken mit feinen mit Lehm oder Ton ausgefüllten Klüften bis auf 10 m Tiefe besteht, ging man systematisch in der Weise vor, daß man Gruppen von Löchern bohrte, in diese Wasser unter hohem Druck einpreßte, um das Lehm- oder Tonmaterial herauszuspülen, bis das Wasser nicht mehr getrübt war, worauf man dann Zement einpreßte. Bemerkenswert bei diesem Verfahren war die Besichtigung der ausgespülten Spalten, die mit einem durch eine 100-Watt-Lampe erhellten Teleskoprohr, das oben und unten Spiegel hatte, vorgenommen wurde[1].

Eine übersichtliche Zusammenstellung über neuzeitliche Abdichtungsverfahren gibt Joosten[2].

Weiter teilt Musterle[3] mit, daß auch hier 25—30 l Wasser auf 50 kg Zement genommen wurden, da bei geringerer Wassermenge Verstopfung der Pumpen eintrat. Infolge des hohen Wassergehaltes wurde die Zementschlempe teilweise fortgespült, so daß es notwendig wurde, zunächst das Sickerwasser abzuleiten bzw. seinen Zutritt zu verhindern. Er kommt zu dem Schluß, daß Ausbesserungen in Spalten, solange sie strömendes Wasser führen, einen erheblichen Aufwand an Material und Zeit erfordern und nicht immer eine Gewähr für das Gelingen gegeben ist. Es ist deshalb das Auftreten strömenden Wassers an den Klüften zu verhindern.

Zusammenfassung zu H. Das Einpressen von Zement.

Das Einpressen von Zement kann durchgeführt werden entweder in Schotterschichten, um diese zu verdichten, oder in klüftige Gesteine, um Wasserdurchtritt zu verhindern (Schächte, Untergrund von Tal-

---

[1] Bemerkenswerte Dichtungsmaßnahmen für die Norris-Staumauer. Bauing. 1936 S. 90.

[2] Joosten: Neuzeitliche Abdichtungsverfahren mit Einpressen von Dichtungsmitteln. Dtsch. Wasserwirtsch. 1937.

[3] Musterle: Zementeinpressungen zur Wasserabdichtung an einem Grundablaß der Bleilochsperre. Bautechn. 1937 S. 117.

sperren), oder schließlich in beschädigte Bauwerke, um diesen die alte Festigkeit wieder zu verleihen. Es wird teilweise mit sehr hohen Drucken von bis zu 60 atü gearbeitet. Bei sachgemäßer Durchführung sind die Erfolge ausgezeichnet; allerdings muß bei klüftigem Gestein häufig mit großem Zementverbrauch, dessen Umfang vorher nicht vorauszusagen ist, gerechnet werden.

J. Baukontrolle.

Die Baukontrolle im Betonbau wird leider, sehr zum Schaden der Firmen, die den Bau errichten, häufig stark vernachlässigt. Ihre Durchführung ist unbedingt notwendig, nicht nur, um tatsächlich eine Kontrolle über den in das Bauwerk eingebrachten Beton zu haben, sondern auch, weil rechtzeitig erkannte Fehler zur rechten Zeit abgestellt werden können. Weiter auch zum Nachweis der Festigkeiten gegenüber der Baupolizei und zur Bemessung der Schalungsfristen, und schließlich zur Rückendeckung bei Schäden, die allenfalls später auftreten und die keineswegs immer auf mangelhafte Bauausführung zurückzuführen sind[1].

Besonders eindringlich weisen Emperger und Kugi[2] auf die systematische Betonkontrolle hin und auf den ablehnenden Standpunkt, „welchen auch heute noch weite Fachkreise gegenüber dieser einnehmen". Über die häufig gefühlsmäßig durchgeführte Beurteilung eines Zuschlagsstoffes schreibt er folgendes:

„Ein erfahrener Fachmann wird gewiß imstande sein, eine ihm richtig scheinende Zusammensetzung des Betons anzugeben. Selbst er muß aber wissen, daß dieses technische Gefühl nicht hinreichend genau ist, und daß er sich im Interesse des Rufes des Betonbaues vergewissern sollte, ob er nicht irregeführt worden ist." Diese klassischen Worte können nur unterstrichen werden: Mit dem Gefühl allein sind keine technischen Erfolge zu erzielen, dieses muß unterstützt und kontrolliert werden durch Versuche mit Waage und Rechenstab. Zu prüfen sind:

1. Der Zement.
2. Die Zuschläge.
3. Das Wasser.
4. Der Beton.

1. Der Zement.

Wenn Normenzemente verwendet werden, ist eine weitgehende Sicherung schon dadurch geboten, daß diese Zemente regelmäßig durch die zuständigen Institute untersucht und auf diese Weise das In-den-Handel-Kommen von Fehlfabrikaten verhindert wird. Dennoch ist bei großen Bauwerken eine Normenprüfung der Zemente mindestens von Zeit zu Zeit erforderlich, damit man über die Zementqualität und die Gleichmäßigkeit des Erzeugnisses unterrichtet ist. Unbedingt notwendig

[1] Vgl. auch Mischen und Verarbeiten von Beton. Zementverarbeitung Heft 1. Zementverlag 1926. — Eignungsprüfung des Betons. Bautechn. Mitt. Dtsch. Betonvereins Nr. 5 (1935).

[2] Emperger u. Kugi: Die Zusammensetzung des Betons in ihrer Einwirkung auf die Steife des Mischgutes und auf seine Würfelfestigkeit. Mitt. über Versuche, ausgeführt vom österr. Eisenbetonausschuß, Wien 1936 Heft 17.

ist die dauernde Nachprüfung des Erstarrungsbeginns, anzuraten diejenige der Raumbeständigkeit.

a) Prüfung der Raumbeständigkeit.

Nach den Richtlinien für die Prüfung und Abnahme von Zementzuschlägen und Beton auf den Baustellen, herausgegeben von der Direktion der Reichsautobahnen, ist auch eine beschleunigte Raumbeständigkeitsprüfung durch die Kochprobe vorgeschrieben. Nach meinen Erfahrungen ist die Durchführung dieser Raumbeständigkeitsprüfung bei anderen Bauten nicht unbedingt notwendig, da praktisch Zemente, die diese Prüfung nicht bestehen, kaum mehr in den Handel kommen und selbst ein Nichtbestehen der Kochprobe bei anderen Bauten als bei Meerwasserbauten ohne Schaden für das Bauwerk ist. Dennoch empfiehlt es sich in solchen Fällen, sofort nach Feststellen der nicht bestandenen Kochprobe, die Mängelrüge einzubringen, d. h. dem Lieferer des Zementes das Nichtbestehen der Kochprobe mitzuteilen und dieses Nichtbestehen zu rügen.

b) Prüfung der Abbindezeit.

Um so wichtiger ist der Erstarrungsbeginn, da ein sog. Umschlagen von Zement vorkommt, hauptsächlich bei heißem Wetter. Umschlagen heißt Verändern der Abbindezeit im Sinne der Verkürzung und damit Verwandlung des Zementes in einen Schnellbinder. Es kann also ein Zement, der in der Fabrik oder auf dem Transport vor der Ankunft auf der Baustelle noch normal war, zu einem Schnellbinder werden. Hierdurch kann die Erhärtung des Zementes im Beton verhindert werden, wenn dieses Umschlagen nicht bekannt war, denn der umgeschlagene Zement, der nun eine Abbindezeit von nur wenigen Minuten hat, bindet dann bereits in der Mischmaschine oder in der Lore ab und der größte Teil seiner Energie geht verloren.

Das bekannteste Verfahren ist die Fingernagelprobe, bei welcher mit dem Fingernagel an einem Kuchen, welcher in der üblichen Weise aus 100 g Zement und 23—30% Wasser angerührt ist, der Beginn des ersten Widerstandes gegen das Eindringen festgestellt wird. Die gleichfalls in der Praxis häufig durchgeführte Probe mit einer Bleistifthülse (Eindrücken einer Bleistifthülse am Rand des Kuchens und Beobachtung allenfallsiger Risse) ist unzuverlässig.

Schnellbinder dürfen unter gar keinen Umständen für normale Bauten verwendet werden, sondern sind zur Verfügung zu stellen. Zu unterscheiden ist aber zwischen Schnellbinder und schnell erhärtendem Zement. Im Sprachgebrauch der Baustelle wird häufig schnell erhärtender Zement Schnellbinder genannt. Dieser Mißbrauch kann leicht zu Verwechslungen führen. Schnellbinder ist ein Zement, der weniger als 1 Stunde Erstarrungsbeginn hat, der also entsteht aus normalem Zement im Hochsommer bei großer Hitze durch das Umschlagen oder der bewußt durch hohen Tonerdegehalt hergestellt wurde, um auf diese Weise einen Zement zu erhalten, der zum Streichen von Gesimsen oder für ähnliche Arbeiten, bei denen schnelle Erstarrung erforderlich ist, verwendet wird. Schließlich werden auch Schnellbinder erzeugt aus normalem Zement durch Anmachen mit Kalziumchloridlösungen, einer Mischung von Kalziumchlorid und Aluminiumchlorid, wie sie unter dem Namen „Tricosal“ in den Handel kommen, und ähnlichen Beschleunigungsmitteln; sie finden Anwendung beim Dichten von Wassereinbrüchen usw.

Im Gegensatz zu diesen normal erhärtenden, aber schnell erstarrenden Zementen stehen die hochwertigen oder hochfesten Zemente, die zwar höhere Festigkeiten bekommen als die normalen Handelszemente, aber genau wie diese langsam erstarren, also „Normalbinder“ sind. Solche schnell erhärtenden Zemente „Schnellbinder“ zu nennen ist falsch. Sie heißen „hochwertige Zemente“, da sie zwar langsam abbinden (erstarren), aber hohe Festigkeiten bekommen.

c) Heißer Zement.

Heißer Zement wird häufig angeliefert in Zeiten hohen Zementbedarfs, wenn nämlich der Zement keine Zeit hatte, abzukühlen. Unangenehm bei der Lieferung von heißem Zement ist bisweilen das Platzen der Säcke, da das Papier stark austrocknet und mürbe wird. Heißer Zement ist keineswegs immer unbrauchbar. Die Brauchbarkeit richtet sich nach der chemischen Zusammensetzung und nach den Gründen, die zum Heißwerden führten. Ist der Zement nach dem Austreten aus dem Ofen in heißem Zustand sofort gemahlen worden, hat also der Klinker nicht abgelagert, so kann der Zement unter Umständen die Kochprobe nicht bestehen oder verhältnismäßig schnell abbinden. Ist der Zement aus kaltem, also abgelagertem Klinker hergestellt und erst heiß geworden durch das Mahlen, so ist die Wärme, die ja nur durch das Mahlen erzeugt ist, häufig ohne schädigenden Einfluß. Kalkhohe Zemente verhalten sich meistens in diesem Falle ungünstiger als kalkarme, welch letztere auch im heißen Zustand normale Eigenschaften aufweisen. Da der Abnehmer nicht in der Lage ist, zu unterscheiden, wie die Erhitzung des Zementes entstanden ist, ist bei Verwendung von heißem Zement die Kochprobe und Abbindezeitbestimmung sorgfältig durchzuführen. Sind diese bestanden, so ist die Hitze ohne jeden Schaden[1].

d) Abgelagerter Zement.

Klumpiger Zement entsteht durch zu langes Ablagern hauptsächlich in feuchter Luft. Auch klumpiger Zement kann häufig noch gebraucht werden, wenn die Klumpenbildung nicht allzu stark fortgeschritten ist. Man siebt dann die Klumpen ab und zerdrückt sie. Notwendig ist aber in solchen Fällen der Qualitätsminderung die Herstellung einiger Probekörper oder die normengemäße Prüfung des Zementes. Ist der ganze Sack fest geworden, so genügt es oft, den Sack einfach aufzustoßen, um den ganzen Zement pulverförmig zu machen. Bei guter Lagerung verträgt ein Zement recht lange Lagerzeiten, es muß aber dann dafür gesorgt werden, daß die Säcke auf Holz liegen und nicht nasse Wände

[1] Grün u. Muth: Verarbeitung von frischem, noch warmem Zement. Baumarkt 1925 S. 1328. — Krüger: Heißer Zement. Hauptversammlung des Vereins deutscher Portlandzementfabrikanten, Berlin 1936 und Diskussionsbericht.

berühren. Hitze bei der Lagerung schadet nichts, erhöht allerdings bei manchen Zementen die Gefahr des Umschlagens.

Bei Lagerung in heißem Raum vor Verarbeitung des Zementes ist ebenfalls Prüfung der Abbindezeit am Platze. Grün[1] hat nachgewiesen, daß bei Lagerung folgende Festigkeitsänderungen eintraten (Abb. 144):

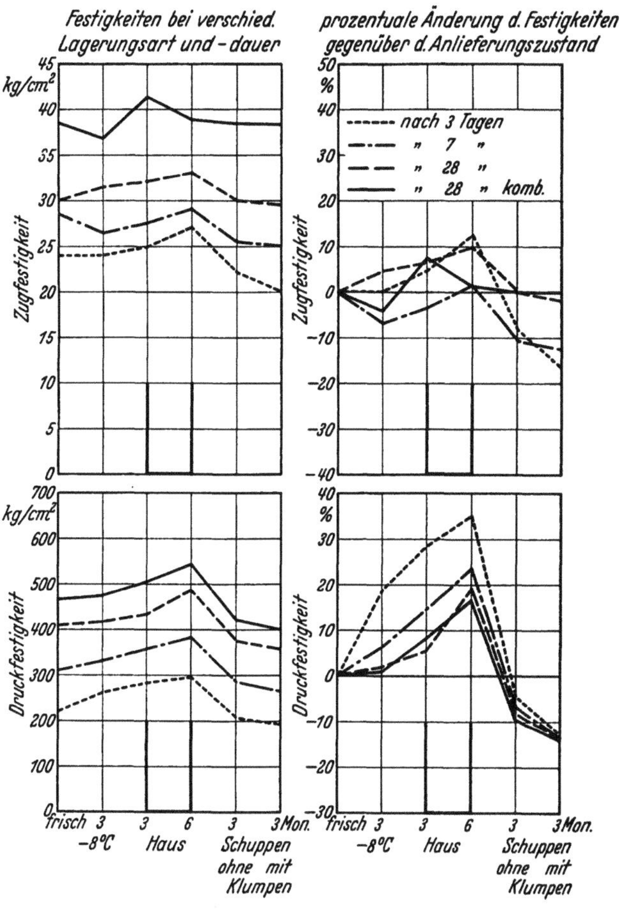

Abb. 144. Wirkung der Ablagerung von Zement bis zu 6 Monaten bei Untertemperatur (−8°) im Haus und im Freien: Während Untertemperatur und Hauslagerung die Festigkeit heraufsetzt, setzt die Lagerung im Freien die Festigkeit um 10% herab. Die Hinzufügung der zerdrückten Klumpen ist wenig schädlich.

2. Zuschläge.

Die Zuschläge sind zu prüfen

a) auf Reinheit,

b) auf Gleichmäßigkeit.

---

[1] Grün, R.: Die Ablagerung von Zement. Tonind.-Ztg. 1925 Nr. 1 u. 34 — Der Einfluß der Lagerung auf die Eigenschaften von Normenzementen. Zbl. Bauverw. 1930 Heft 27.

Über die zweckmäßige Kornform und Zusammensetzung bei der Auswahl der Baustoffe für die betreffenden Bauwerke, also über die Eignungsprüfung, ist schon das Notwendige gesagt. Die hier gemachten Ausführungen beziehen sich demgemäß nur auf die Baukontrolle.

a) Reinheit.

Der einmal als zweckmäßig erkannte Reinheitsgrad muß während der ganzen Dauer der Bauausführung aufrechterhalten bleiben. Schädliche Beimengungen von Lehm und Ton dürfen also das einmal festgesetzte Maß unter keinen Umständen überschreiten. Auf der Baustelle ist für die Autobahnen in den genannten Richtlinien folgende Prüfmethode vorgeschrieben:

500 g des Zuschlagsstoffes werden in einen Meßzylinder von 1 Liter Inhalt und rd. 7 cm lichter Weite eingefüllt und der Inhalt nach Zugabe von Wasser bis zur Marke 750 cm³ gründlich durchgeschüttelt. (Dem Wasser setzt man zweckmäßigerweise ein Peptisierungsmittel zu; 0,5 g Natriumoxalat je Liter.) 5 Stunden nach dem Durchschütteln wird die über dem Zuschlag abgesetzte staubfeine Schicht (Abschlämmschicht) gemessen. Aus deren Höhe läßt sich die Brauchbarkeit des Zuschlagsstoffes annähernd beurteilen. Hierbei ist zu beachten, daß in der Abschlämmschicht, insbesondere bei der Untersuchung von Sand, auch Feinsand des Zuschlags enthalten sein kann. Im Zweifelsfalle ist eine eingehende Schlämmanalyse zu veranlassen.

Organische Bestandteile werden erkannt durch Übergießen des Zuschlags mit 3proz. Natronlauge. Man nimmt zweckmäßigerweise 100—150 m³ Zuschlagsstoff, den man mit 2—3proz. Natronlauge übergießt, durchschüttelt und 24 Stunden stehen läßt. Hellbraune bis dunkelbraune Verfärbung der Lauge läßt auf Verunreinigung organischer Herkunft schließen, die den Zuschlag unbrauchbar machen.

Nach meinen Erfahrungen ist diese Prüfung aber nicht zuverlässig, da manche schädlichen Bestandteile nicht genügend färben. Auch Zuschläge, welche die Lauge gelb bis braun färben oder erheblichen Gehalt an Schluff enthalten, sind häufig brauchbar, geben sogar Betone, die sich infolge ihrer „innerlichen“ Beweglichkeit gut verarbeiten lassen. Ausschlaggebend für die Beurteilung ist der Festigkeitsversuch im Mischungsverhältnis, das angewendet werden soll am besten mit der zu gebrauchenden Zementmarke.

Oberbaurat Spindel[1] kommt in seiner Arbeit zu dem Schluß, daß „Stoffe wie Ton und Glimmer im Zuschlagsmaterial alle mühsam gefundenen Zusammenhänge zwischen Kornpotenz, Wasserzementfaktor, Konsistenz, Festigkeit und Dichtigkeit ungemein stören und Wissenschaft und Praxis vor neue Rätsel stellen“. Nach seinen Erfahrungen ist der Ton im Zuschlag meist bedenklich, weil

1. der Prozentgehalt des Tones, auf den Zement bezogen, naturgemäß ein etwa fünf- bis zwölffacher ist als der gestattete Prozentgehalt vom Zuschlagsstoff gerechnet;
2. der Ton sehr viel Wasser aufnimmt und den Wasserzementfaktor stark erhöht;
3. der Ton meist noch andere schädliche Verunreinigungen enthält, die als solche nicht leicht erkannt werden;
4. auch der nicht haftende Ton schließlich doch am Zuschlagsstoff

[1] Spindel: Forschung und Praxis im gemeinsamen Aufbau der bisherigen und künftigen Betongüte. Monatsnachr. österr. Betonvereins, Wien 1937 IV. Jg.

mehr oder weniger haftet und dessen gute Bindung mit dem Zement beeinträchtigt. Derartiger tonhaltiger Beton ist, insbesondere bei mageren Mischungen, zumeist wenig oder gar nicht frostbeständig, wie bekanntlich auch viele natürliche Sandsteine mit einem gewissen Tongehalt.

b) Prüfung der Korngrößen.

Bei Nachprüfung der Korngrößenverhältnisse darf die Entnahmeprobe nicht zu klein sein. Zweckmäßigerweise werden mindestens an sechs verschiedenen Stellen je 10 kg entnommen und gut durchgemischt. Der Siebversuch wird an 5 kg durchgeführt. Man verwendet Siebe mit 0,2, 3, 7, 30 und 50 mm Lochweite. Nach den obengenannten Richtlinien sind folgende Siebe vorgeschrieben: 0,2, 1, 3, 7, 15, 30 und 50 mm Lochweite, wie diese in dem Siebsatz der Techn. Hochschule in Stuttgart vereinigt sind (vgl. Abb. 118). Gesiebt wird bis nichts mehr durchfällt. Die Kornanteile werden einfach durch Wiegen ermittelt. Allzu starkes Abweichen von der Sieblinie (bei Autobahnen —5%, bei anderem Beton können die Grenzen etwas weiter gesteckt werden) ist bei dem Lieferwerk zu rügen und durch entsprechende Korrekturen für gleichmäßige Körnung des Kieses Sorge zu tragen.

3. Das Wasser.

Eine Prüfung des Wassers erfolgt von Zeit zu Zeit mit Lackmuspapier, wenn angenommen werden kann, daß Verunreinigungen in dem Wasser vorkommen, um festzustellen, wie die Reaktion ist oder ob sie sich verändert (saures Wasser färbt blaues Lackmuspapier rot, alkalisches Wasser dagegen färbt rotes Lackmuspapier blau). Organische Verunreinigungen zeigen sich meist sofort durch die Verfärbung des Wassers an. Wenn ein unreines Wasser verwendet werden muß, empfiehlt es sich, obgleich der Beton gegen Verunreinigungen im Anmachwasser recht unempfindlich ist, durch Kontrollwürfel, die bereits nach 3 Tagen geprüft werden können, die Einwirkung auf den Beton im Vergleich zu reinem Wasser zu ermitteln. Beim Absinken der Festigkeiten ist das Wasser durch gutes Wasser zu ersetzen.

4. Der Beton.

Beim Beton ist zu prüfen:

a) Die Steife des Betons.
b) Die Temperatur.
c) Kornzusammensetzung und Zementgehalt.
d) Erhärtungsfähigkeit.

a) Steife des Betons.

Die Steife des Betons wird geprüft beim erdfeuchten Beton durch den Fallstab, bei plastischem Beton durch den Rütteltisch, bei Gußbeton durch die Gießrinne (vgl. S. 156).

b) Die Temperatur.

Der Temperatur des Betons wird meist nicht genügend Beachtung geschenkt. Im Sommer kann eine hohe Abbindewärme des Zementes, beispielsweise bei Verwendung von Tonerdezement, recht unangenehm wirken, und es kann, selbst wenn der Zement nicht Schnellbinder war, durch Heranziehung heißer Zuschlagsstoffe schädliche Abbindebeschleunigung hervorgerufen werden. Es ist deshalb zweckmäßig, durch ein Thermometer von Zeit zu Zeit, sowohl im Sommer als auch im Winter, die Betontemperatur zu messen. In einfachen Fällen genügt ein Eintauchen der Hand. Hohe Temperatur ist auch schädlich bei Abteufung von Gefrierschächten, da allzu hohe Temperatur des eingebrachten Betons, verbunden mit der die Temperatur weiter steigernden Abbindewärme, so weit erwärmen können, daß unter Umständen die Frostwand durchbricht[1]. Bei tiefen Temperaturen, also im Winter, ist eine Nachprüfung der Betontemperatur unbedingt notwendig. Ein Absinken der Betontemperatur kurz nach der Mischung läßt darauf schließen, daß gefrorene Zuschlagsstoffe verwendet wurden; diese Tatsache wird unter allen Umständen zu Mißerfolgen führen, da die gefrorenen Zuschlagsstoffe stets die Betontemperatur soweit herabdrücken, daß selbst bei Heizung des Bauwerkes eine befriedigende Erhärtung ausgeschlossen ist. Einwirkung von Kälte und Frost auf Beton s. S. 238.

c) Kornzusammensetzung und Zementgehalt.

Die Kornzusammensetzung und der Zementgehalt lassen sich nach meinen Erfahrungen am leichtesten in der Weise prüfen, daß man den Frischbeton zunächst mit Wasser auswäscht, um auf diese Weise den Zement zu entfernen. Man gießt dabei das Auswaschwasser durch ein 900-Maschensieb und fügt das auf diesem Sieb Zurückbleibende dem Beton wieder zu. Da der Zement praktisch nur sehr geringe Rückstände auf dem 900-Maschensieb hat, wird bei diesem Verfahren der Kies praktisch zementfrei. Allerdings gehen die feinsten Anteile des Kieses mit dem Zement ab; da diese aber von der Kiesuntersuchung her bekannt sind, können sie leicht in Rechnung gestellt werden. Der so gewonnene Zuschlag wird dann getrocknet und einer Kornanalyse unterworfen. Man erhält auf diese Weise Zementgehalt und Kornzusammensetzung.

In Zweifelsfällen oder bei besonders wichtigen Bauwerken kann natürlich eine Feststellung des Zementgehaltes durch die Analyse stattfinden, die besonders dann durchgeführt werden muß, wenn der Beton, dessen Zementgehalt ermittelt werden soll, bereits erhärtet ist. Man kann dann aus dem Kalkgehalt der Analyse, wenn Kalkgehalt des Zuschlags und des Zementes bekannt ist, den Zementgehalt errechnen. Das Verfahren versagt, wenn die Zuschlagsstoffe aus kohlensaurem Kalk bestehen, also ganz oder teilweise Kalksteine sind (Isarkies), oder wenn Kalksteinbrocken oder andere verhältnismäßig lösliche Gesteine, wie beispielsweise Hochofenschlacke, in dem Zuschlagsstoff enthalten sind. Man kann in manchen derartigen Fällen aus dem Kieselsäuregehalt oder Tonerdegehalt der Analyse den Zementgehalt errechnen. Bei vielen derartig löslichen Zuschlagsstoffen, besonders bei Hochofenschlacke und bei manchen anderen Schlacken, wie Bimsstein u. dgl.,

[1] Grün: Untersuchungen über den Abbindeverlauf und die Erhärtung von Beton in Gefrierschächten. Zement 1928 Nr. 37ff.

ist aber eine zuverlässige Ermittlung des Zementanteils in erhärtetem Beton ausgeschlossen[1].

d) Erhärtungsfähigkeit.

Die Erhärtungsfähigkeit wird geprüft an Betonkörpern, welche entweder 10 oder 20 cm Kantenlänge haben und in eisernen Würfelformen an der Baustelle hergestellt werden; auch Blöcke von 70 cm Länge, 15 cm Breite und 10 cm Höhe (vgl. die genannten Richtlinien für den Bau der Reichsautobahnen) oder Balken anderer Abmessung sind üblich. Bei 20-cm-Würfel wird mit einem 12 kg schweren eisernen Stampfer mit 12 cm Seitenlänge gestampft, wobei der Stampfer 15 cm frei herabfallen soll (vgl. Bild 4 auf S. 17 der Richtlinien), und auf jede Stampf-

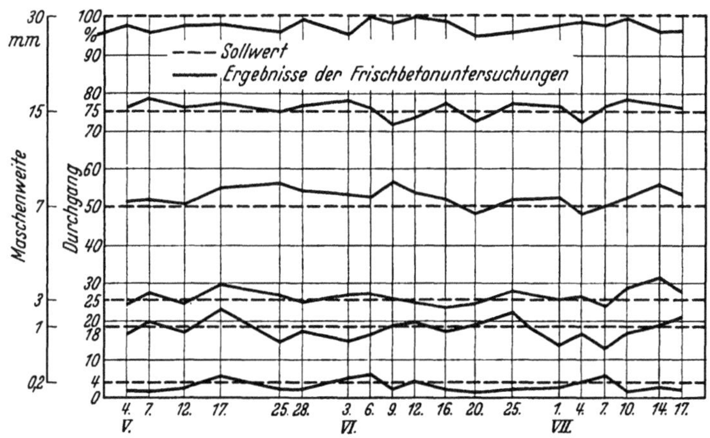

Abb. 145. Bauüberwachung beim Betondeckenbau der Reichsautobahnen: Bei einer guten Kontrolle sind nur geringe Abweichungen vorhanden.

stelle 3 Stöße kommen. Da der Beton zweimal durchgestampft wird, kommen demgemäß 6 Stöße je Stampfstelle. Nach der Entfernung des Aufsatzkastens wird der überstehende Beton abgestrichen und mit der Kelle abgezogen. Die so hergestellten Körper werden mit feuchten Tücher bedeckt, nach 24 Stunden entfernt, bei den Blöcken nur die Seitenwand, nach weiteren 24 Stunden die Restform. Nach 28 Tagen wird geprüft. Nach meinen Erfahrungen ist bereits eine Prüfung nach 7 Tagen, sogar nach 3 Tagen zweckmäßig, da man sehr viel schneller in den Besitz brauchbarer Zahlen kommt, die allerdings für das fertige Bauwerk nicht maßgebend sind, aber einen Schluß auf die voraussichtliche Erhärtungsfähigkeit des Betons zulassen[2]. Die Lagerung geschieht entweder im Zimmer, also bei etwa 18° (Betonfestigkeit) oder im Freien beim Bauwerk (Bauwerksfestigkeit zur Feststellung der Entschalungsfristen).

Schlechte Festigkeiten erhält man bei Verwendung von Holzformen, wenn diese, wie das meist der Fall ist, aus schlechtem Holz angefertigt

[1] Grün: Mörtelbindemittel, Berl-Lunge, Chemisch-technische Untersuchungsmethoden, III. Bd., 8. Aufl., S. 301.

[2] Petry: Die Baukontrolle im Eisenbetonbau. Stuttgart 1929.

sind und sich während der Erhärtung des Zementes verziehen. Sie haben dann häufig nicht parallele Flächen. Man nehme deshalb immer die normengemäß vorgeschriebenen Eisenformen.

Wie gering die Abweichungen bei einer guten Kontrolle sein können, zeigen die Mitteilungen Hillebrands[1] (Abb. 145).

Zusammenfassung zu J. Baukontrolle.

Die Baukontrolle ist von außerordentlicher Wichtigkeit für jedes Bauwerk; auch bei kleinen Bauwerken darf sie nicht unterlassen werden. Sie erstreckt sich auf Untersuchung des ankommenden Zementes, besonders auf Abbindezeit und Erhärtungsfähigkeit: Anmachen von Kuchen, Durchführung der Kochprobe genügt gewöhnlich, weiter auf die Zuschlagsstoffe, ihre Reinheit, Gleichmäßigkeit und richtige Kornzusammensetzung, schließlich auf das Wasser und seine Verunreinigungen, und endlich auf den fertigen Beton. Bei letzterer ist dauernd die Steife, die Temperatur, schließlich Kornzusammensetzung und Zementgehalt und vor allen Dingen die Erhärtungsfähigkeit durch Anfertigung von Kontrollwürfeln oder -balken zu prüfen.

K. Betonwaren (Betonsteine).

Die Erzeugnisse, die heute in den Betonwerken hergestellt und beispielsweise als Rohre, Pfähle, Grabsteine usw. in den Handel kommen, nennt man Betonsteine; früher nannte man sie Zementwaren[2].

Das früher tief eingewurzelte Vorurteil gegen den sog. „Kunststein" kann heute bei vernünftig geleiteten Verwaltungen als überwunden gelten. Man hat neuerdings nicht nur wichtige Restaurierungsarbeiten, wie beispielsweise beim Dresdener Zwinger und auf Schloß Wilhelmshöhe sowie auf der Akropolis in Athen unter Verwendung von Kunststein ausgeführt, sondern sogar ganze Nachbildungen alter, nicht zu ersetzender Kunstwerke, die, um Verwitterungen zu vermeiden, in Museen untergebracht werden mußten, um diese Kunstwerke der Bevölkerung näherzubringen, geschaffen, wie z. B. die Jupitersäule in Mainz, die aus weißem Portlandzement Dyckerhoff hergestellt wurde (Abb. 146).

Man muß unterscheiden zwischen solchen Betonwaren, die aus dichten Zuschlägen hergestellt werden, also Rohren, Unterzügen, Schornsteinen usw., und solchen, die poröse Zuschläge herziehen, wie Bimsplatten, Drainagerohren usw. Schließlich gibt es noch Zementholz, welches unter Verwendung von Holzschliff entsteht. Betonrohre und sonstige Waren werden entweder mit der Hand oder mit Maschinen gestampft, oder sie werden gerüttelt oder geschleudert. Wichtig für alle diese Zementwaren ist hierbei möglichst große Dichte durch Verwendung sachgemäß gekörnter Zuschläge.

Eine besonders interessante Ausführungsart von Betonrohren ist diejenige nach dem Prinzip der A. T. G., nach welchem Bewässerungs-

---

[1] Hillebrand: Bauüberwachung beim Betondeckenbau der Reichsautobahnen. Straße 1936 S. 596.

[2] Über die wichtigen Rohre siehe besonderen Abschnitt: M. Betonrohre, S. 226.

rohre direkt im Boden hergestellt werden. Zur Herstellung dient ein Rohrpflug, welcher Beton in den Boden einpreßt und (vgl. Abb. 147) zu Rohrleitungen führt, die im Boden entstehen und nach vorgelegten Stücken eine durchaus befriedigende Wasserdurchlässigkeit haben, um als Bewässerungsrohre zu dienen. Der Pflug selbst ist in Abb. 148 wiedergegeben[1].

Abb. 146. Aus „Kunststein" nachgebildete Säule der Römerzeit unter Verwendung von weißem Portlandzement Dyckerhoff.

Stoof[2] empfiehlt für Rohre und sonstige von angreifenden Wässern berührte Betonbauten, vor allen Dingen bei der Herstellung, möglichst dichte und feste Betonmischungen, nicht zu wenig oder mangelhaftes Bindemittel, unter Umständen Traßzusatz, auch Tonerde- oder Hochofenzement, gute Verbindung der Arbeitsfugen sowie des Verputzes mit der Unterlage, sowie mehrmalige Aufbringung von Anstrichen bzw. Tränkstoffen (Teerpräparate, reines Erdölbitumen, Fluoride, Wasserglas). Asbestzement verhält sich nach seinen Angaben ähnlich wie Beton, jedoch scheinen bei diesem bei schnell fließendem Wasser die Asbestfasern den Zutritt zu den tiefer gelegenen Schichten zu verhindern[3].

Poröser Beton ist nicht nur zu fordern für wärmehaltende Stoffe, wie Bimsdielen, sondern auch zur Herstellung von Drainagerohren, als Unterlage für Holzpflaster usw. In den letzteren Fällen wird Kies, also Schotterzuschlag herangezogen. Rister und Drögsler berichten über eine derartige Herstellung porösen Betons und teilen mit, daß es

[1] Vgl. auch Wichmann: Die Verwendung von Beton und Eisenbeton im Meliorationsbauwesen. Zementverarbeitung Heft 7. Zementverlag 1926.

[2] Stoof: Korrosionsschäden durch industrielle Abwässer und ihre Verhütung. Wasser Bd. 10 (1935).

[3] Über Asbestzementschiefer vgl. auch Asbestzementschiefer. Zementverarbeitung Heft 12. Zementverlag 1919. — Normen über Asbestzement vgl. Tonind.-Ztg. 1936 Nr. 13/14, Entwurf DIN E 274.

Abb. 147. In der Erde hergestelltes poröses Rohr für Drainage aus Beton.

Abb. 148. Pflug zur Herstellung des Rohres von Abb. 147.

ihnen gelungen sei, aus einem glatten Kies von 8—12 mm Korngröße ohne jeglichen Feinsand unter Zufügung von 350 kg Zement je Kubikmeter einen Grobbeton als Unterlage für Holzpflaster herzustellen, welcher bei 350 kg Festigkeit ein Raumgewicht von 2,2 bei 15% Hohlrauminhalt hatte, Biegefestigkeit war 30 kg, Scherfestigkeit 20 kg, die Wasserdurchlässigkeit je 2,6 sek/l. Die Wasseraufnahme nur 5%. Gearbeitet wurde in der Weise, daß zunächst dem trockenen Kiesel ein Teil des Wassers zugesetzt wurde, bis er feucht aussah, dann kam der Zement und schließlich der Rest des erforderlichen Anmachwassers. Auf diese Weise wurde ein Herausspülen des Zementes verhindert. Auf der Baustelle konnte die übliche Reihenfolge des Anmachens beibehalten werden. Der Wasserzementfaktor war 0,4. Die Durchlässigkeit war so groß, daß bei Unterhalten von Platten aus diesem Beton unter einen Wasserstrahl dieser sofort durchdrang, ohne sich besonders auszubreiten, wie durch ein grobes Sieb.

Hummel[1] gibt eine Übersicht über die Herstellung poröser Betonwaren und berichtet hauptsächlich über Einkornbeton zur Herstellung von Mauersteinen, die er auch geeignet hält zur Herstellung monolithischer Mauern.

[1] Hummel: Herstellung poröser Betonwaren mit Hilfe von Einkornbetonen. Betonsteinztg. 1937 S. 33.

Organische Zuschlagsstoffe dienen zur Herstellung der bekannten Platten mit Holzschliff, die für Trennwände, Verbindungswände usw. dienen. Diese Holzfasern lassen sich nicht im Rohzustand mit Zement verarbeiten. Sie werden deshalb häufig mit Magnesiumoxyd und Magnesiumsulfat als Bindemittel zu den sog. Heraklithplatten gepreßt. Diese Heraklithplatten werden hergestellt durch Tränken des Holzes mit Magnesiumsulfat, Vermischen mit gebrannter Magnesia und Verpressen und Trocknen bei hoher Temperatur. Ein anderes Verfahren verwendet Zement als Bindemittel und ermöglicht dessen Heranziehung durch Behandlung der Holzfasern mit Wasserglas, Kalziumchlorid u. dgl. Platten nach dem obengenannten Verfahren haben den Vorzug, daß sie unentflammbar, wetter- und wasserbeständig sind und gut isolieren. Sie verbinden geringes Gewicht mit hoher Tragfähigkeit und dennoch hohe Widerstandsfähigkeit gegen Stoß und Schlag; dabei können sie auf dem Bauplatz gesägt werden (vgl. Abb. 149).

Abb. 149. Holzplatte mit Zement als Bindemittel.

Schornsteine aus Betonformsteinen wurden häufig mit bestem Erfolg in der Weise hergestellt, daß Hohlblocksteine, die später mit Beton ausgegossen wurden, aufeinandergesetzt und durch diese Eisen hindurchgezogen wurden (vgl. Abb. 150). Im Innern ist selbstverständlich, hauptsächlich im unteren

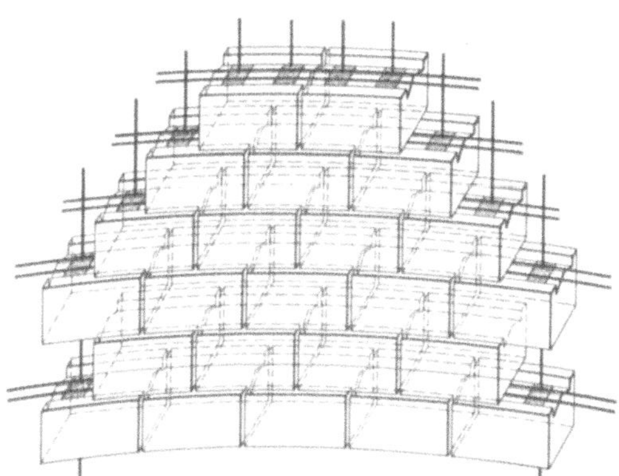

Abb. 150. Formstein mit Eiseneinlagen, die später mit Mörtel vergossen werden, zur Herstellung von Kaminen.

Teile, Isolierung und Auskleidung mit Schamotte notwendig (System Ferbeck).

Asbestzement ist ein unter Verwendung von Asbest als Zuschlag mit hohem Zementzusatz hergestelltes plattenförmiges Erzeugnis, welches in der Weise aufbereitet wird, daß man zunächst den Zement mit einem großen Wasserüberschuß mit der Asbestzementfaser zu einem dünnen Brei in Holländer, wie sie zur Papiererzeugung dienen, mischt, dann auf Sieben die festen Bestandteile absaugt und schließlich die so erzeugte Pappe unter hohem Druck preßt. Es entstehen auf diese Weise Platten, Rohre, Wellpappen, Formstücke usw. Hersteller u. a. Deutsche Asbestzement AG. Berlin-Rudow, (Eternit) Torfitwerk Hemelingen-Bremen (vgl. Abb. 151 u. 152). Fulgeritwerke u.a.

Abb. 151.

Abb. 152.

Abb. 151 u. 152. Rohre zur Entlüftung u. dgl. aus Asbestzement.

Über Zement- und Betonwaren vgl. auch:

Beton und Eisenbeton in der Landwirtschaft. Zementverarbeitung Heft 10. Zementverlag.
Zementdachsteine. Zementverarbeitung Heft 11. Zementverlag 1927.
Eisenbetonschornstein. Zementverarbeitung Heft 16. Zementverlag.
Betonplastik. Zementverarbeitung Heft 23. Zementverlag 1927.
Maste aus Eisenbeton. Zementverarbeitung Heft 26, Zementverlag.
Frühbeetkästen. Zementverarbeitung Heft 10b. Zementverlag 1928.
Neuzeitliche Gewächshausbauten. Zementverarbeitung Heft 10c. Zementverlag 1928.
Matthies: Schlackensteine. Betonwerk 1937 S. 39.
Beton in Haus, Hof und Garten. Zementverarbeitung Heft 18. Zementverlag 1925.

L. Betonpfähle.

Bei Betonpfählen unterscheidet man fertige Pfähle (Abb. 153), die wie gewöhnliche Betonwaren hergestellt, transportiert und dann gerammt werden, und die sog. Ortpfähle. Die letzteren werden an Ort und Stelle hergestellt, und zwar entweder als Bohrpfähle oder als solche mit eingerammter Form. Bei den Pfählen mit eingerammter Form wird der Bohrkern nicht aus dem Bohrloch herausgeschafft, sondern der Pfahl direkt als Blechhülse, die mit einer Rammjungfer aus Holz gefüllt ist, in das Erdreich eingerammt (Mastpfahl). Nach Entfernung der Rammjungfer werden Eisenbewehrung und Beton eingebracht. Bei den Bohrpfählen wird unter Herausschaffung des Bohrkernes ein Mantelrohr bis zur Erreichung tragfähigen Untergrundes abgesenkt und dieses entweder sofort oder nach Erweiterung des Fußes mit einem Bankettbohrer zur Erhöhung der Tragfähigkeit mit Beton gefüllt (Aba - Lorenz - Pfahl, Abb. 154 und 155). Nach anderen Verfahren wird das Mantelrohr wieder herausgezogen (Bauarten: Strauß, Michaelis, Wolfsholz, Grün & Bilfinger, Brechtel, Keller u. a.).

Abb. 153. Fertige Pfähle bei der Schleuse in Ymuiden.

Abb. 154. Bankettfuß des Lorenz-Pfahls.

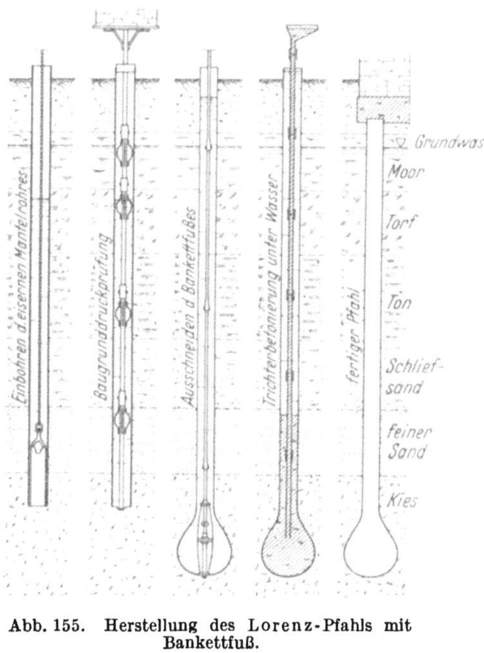

Abb. 155. Herstellung des Lorenz-Pfahls mit Bankettfuß.

Schließlich gibt es noch eine Arbeitsweise mit eingerammtem Vortreibrohr, das wieder gewonnen wird unter Belassung der Spitze im Bohrloch. Hierbei wird das Vortreibrohr unter gleichzeitigem Einfüllen des Betons herausgezogen (Vibropfahl, Siemens und Züblin). Schließlich hat bei einem anderen Verfahren das Mantelrohr keine Spitze (Frankipfahl, Abb. 156). Das Mantelrohr wird vor Beginn des Stampfens mit einer Schicht von ungefähr 80 cm Beton gefüllt und mit einem sehr schweren Bär, der auf den Beton schlägt, nach unten gezogen.

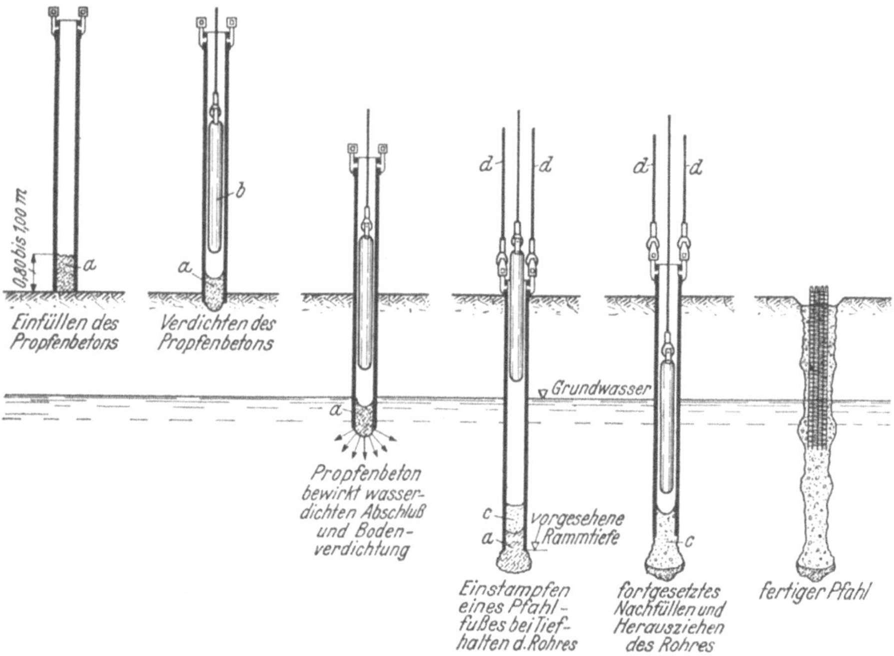

Abb. 156. Herstellung des Franki-Pfahls durch Einrammen eines Eisenrohrs, das unten mit einem Betonpfropfen verschlossen ist und dann unter Einfüllen von Beton gezogen wird.

Merkwürdigerweise nimmt nun der Beton das Rohr mit nach unten. Nachdem die gewünschte Tiefe erreicht ist, wird das Rohr festgehalten und unter Nachfüllung von Beton weitergerammt. Der Beton drückt nun das Erdreich desto mehr zusammen, je nachgiebiger es ist, und bildet so einen unregelmäßigen, aber fest sitzenden starken Pfahl guter Tragfähigkeit[1] (vgl. Abb. 156).

M. Betonrohre.

Sachgemäß verlegte Betonrohre werden durch mechanische Beanspruchung nicht beschädigt. Ihr einziger Feind ist die chemische Zerstörung durch Vernichtung des den Beton bindenden Zementes.

Von außen tritt diese chemische Beanspruchung wie bei jedem anderen Beton aus dem Grundwasser oder aus der Aufschüttmasse an die Rohre heran und vermag sie infolge ihrer Dünnwandigkeit natürlich schneller zu vernichten als Fundamentbeton.

[1] Grün: Neuzeitliche Betonpfahlgründung. Z. VDI 1934 S. 663.

Von innen kann das abgeleitete Wasser infolge seines Gehaltes an Salzen oder Säuren, die natürlich infolge der Eigenart der verschiedenen Abwässer besonders vielseitig sind, den Beton vernichten entweder direkt durch den Gehalt an aggressiven Bestandteilen oder durch nachträgliche Entstehung einer chemischen Verbindung (Schwefelsäure aus Schwefelwasserstoff)[1].

a) Zerstörung von außen.

Allgemeine Maßnahmen.

1. Dükerbildung.

Die Rohrleitung kann durch Füllen mit dem abgeleiteten Wasser in einen Düker verwandelt werden, vorausgesetzt, daß dieses unschädlich ist. Auf diese Weise wird dem schädlichen Wasser von außen der Eintritt in die Rohrleitung durch den Innendruck verlegt und der Beton geschützt.

2. Ableitung.

Man kann durch eine etwas tiefer verlegte Drainageleitung das schädliche Wasser ableiten und so die eigentliche Leitung vor dem Zutritt des schädlichen Wassers bewahren.

3. Abhaltung.

Die Abhaltung des schädlichen Wassers durch Lehm- oder Betonumstampfung verhindert gleichfalls dessen schädliche Wirkung. In einfacheren Fällen genügt Schutzanstrich mit Pech oder Bitumen, das in Solventnaphtha gelöst ist. Dieser Anstrich vervielfacht die Lebensdauer der Rohre.

4. Widerstandsfähiger Zement.

Zwischen den einzelnen Zementen sind ganz offenbar Unterschiede in bezug auf Widerstandsfähigkeit gegen die einzelnen Wässer. Diese Unterschiede lassen es geboten erscheinen, für jeden speziellen Fall den richtigen Zement heranzuziehen. Salzwasserbeständige Zemente sind keineswegs in allen vorkommenden Wässern gleich widerstandsfähig. Während beispielsweise Tonerdezement hohe Widerstandsfähigkeit gegen Kohlensäure und Sulfat aufweist, ist er weniger widerstandsfähig gegen Alkali. Alkalibeständiger sind wiederum Hüttenzemente, also die hochofenschlackenhaltigen Zemente. Sie eignen sich also besonders bei Arbeiten in Sulfat, während sie bei freier Schwefelsäure wieder dem Tonerdezement unterlegen sind. Erzzemente sind besonders widerstandsfähig gegen Sulfat und übertreffen in dieser Beziehung die Portlandzemente. Auch Erzzemente, die mit Hochofenschlacke vermahlen werden, weisen gleichfalls hohe Widerstandsfähigkeit gegen Sulfat auf. In Kohlensäure sind die Tonerdezemente den Hüttenzementen, besonders aber dem Portlandzement überlegen. Die diesbezüglichen Einzelheiten müssen in der Fachliteratur nachgelesen werden.

[1] Grün: Betonrohre, Vortrag auf dem Intern. Kongreß in London vom 19. bis 24. April 1937, International Association für Testing Materials, Group B: Inorganic Materials, London 1937 S. 59.

5. Dichter Beton

ist in allen Fällen unumgänglich notwendig, um Durchsickern des Wassers zu verhindern. Zunächst ist also durch genügend hohen Zementzusatz für dichtes Gefüge zu sorgen. Besonders notwendig ist stark verdichteter Beton bei aggressiven Wässern. Hier haben sich besonders gut gestampfte Rohre, vor allen Dingen geschleuderte Rohre und die sehr wasserundurchlässigen Asbestzementrohre gut bewährt.

6. Umkleben

der Stöße mit Bitumenpappe, in schwierigen Fällen der ganzen Rohre, verhindert das Eindringen des Wassers an den Stößen und setzt auf diese Weise die sehr schädliche Strömungsgeschwindigkeit herab.

Die hier aufgestellten Maßnahmen gelten für alle aggressiven Wässer. Im einzelnen ist bezüglich Wirkung und zusätzliche Maßnahmen folgendes zu sagen:

a) Salzarmes Wasser löst den Zement je schneller desto kalkreicher er ist und desto leichter es infolge der Porosität des Betons zu ihm gelangen kann. Abhilfe: Zement, der wenig Kalk in Lösung schickt.

b) Kohlensäurehaltiges Wasser wirkt noch schädlicher als salzarmes Wasser durch Kalklösung. Abhilfe: Neben widerstandsfähigem Zement usw. Umpacken der Rohrleitung mit Kalksplitt oder Beton.

c) Freie Schwefelsäure, wie sie in Moor vorkommt, führt zu Treiberscheinungen und Zermürbung. Poröser Beton wird innerhalb weniger Jahre, dichter Beton erst viel später zerstört. Die Herstellung der Rohrleitung ist trotz der zu erwartenden Zerstörung in den meisten Fällen wirtschaftlich möglich, da dichter Beton viele Jahrzehnte hält. Wird dauernde Beständigkeit der Rohrleitung ohne Rücksicht auf die Kosten gefordert, so ist von der Verwendung von Betonrohren abzusehen.

d) Sulfat aus Schlacke der Auffüllmasse oder aus dem Grundwasser führt zu Treiberscheinungen. Abhilfe: Möglichst hoher Zementgehalt und geringer Kalkgehalt, Umstampfung mit Beton. Bei sehr hohem Sulfatgehalt Vermeidung von Betonanwendung.

e) Magnesia aus dem Boden zerstört bei ungefähr 2%. Abhilfe: Umpackung mit neutralem Boden.

b) Zerstörung von innen.

Allgemeine Maßnahmen.

1. Gefälle.

In Rohren, in welchen stetig Abwasser aus Haushaltungen geleitet wird, bildet sich nach kurzer Zeit eine Sielhaut, die den Beton nachhaltig gegen die Zerstörung schützt. Eine Zerstörung dieser Sielhaut muß verhindert werden. Sie geschieht leicht durch den meist mitgeführten Sand, der bei starkem Gefälle die Sielhaut gleich einem Sandstrahlgebläse entfernt und so den Beton immer wieder für die aggressiven Einflüsse bloßlegt. Bei schwachem Gefälle ist die Gefahr geringer. Das Gefälle darf deshalb nicht zu stark sein, gegebenenfalls ist die Zuleitung von Sand zu verhindern.

2. Belüftung.

In allen Wässern mit organischen Substanzen, also bei Mischkanalisation und besonders bei Zuleitung von Abwässern aus Zellstoffabriken entstehen große Mengen Schwefelwasserstoff, die an sich nicht schädlich sind, sich aber unter Mitwirkung von Schwefelbakterien leicht zu Schwefelsäure oxydieren. In vielen Fällen wurden deshalb die Betonrohre bei Zutritt von wenig Luft stark zerstört infolge dieser Bildung von Schwefelsäure, die sich mit dem Kalk des Betons unter Oxydation zu Gips verband. Es muß deshalb entweder

1. jeder Zutritt von Luft verhindert werden, um dem Schwefelwasserstoff jede Möglichkeit, sich zu oxydieren, zu nehmen, oder aber es ist
2. die Leitung sehr stark zu lüften, um den Schwefelwasserstoff so schnell wie möglich zu entfernen und dadurch seine Oxydation in der Leitung zu verhindern.

3. Die Zuleitung

von Säuren, wie sie häufig aus Beizereien (Salzsäure), Fettspaltereien (Schwefelsäure und Ölsäure) usw. stattfindet, muß unter allen Umständen verhindert werden. Die Säuren sind also durch entsprechende Maßnahmen zu entfernen. Die Neutralisation des Wassers wirkt in allen Fällen günstig, beseitigt aber beispielsweise bei Anwesenheit von Schwefelsäure die Schädlichkeit nicht völlig, da der sich bildende Gips immer noch zu Zerstörungen führen kann (Gipstreiben).

4. Schutzanstrich

oder besonders Imprägnierung verlängert bei Anwendung an der Innenseite die Lebensdauer des Betons, obwohl durch die schleifende Wirkung des Sandes mit seiner allmählichen Entfernung zu rechnen ist.

5. Dichter Beton,

erzielt durch reichlichen Zementzusatz (300 kg/cbm), gut gekörnte Zuschlagsstoffe (Kurve nach den Bestimmungen des Deutschen Ausschuß für Eisenbeton) und gute Verdichtung (ausgezeichnete Stampfarbeit, Schleudern, Rütteln, Wickeln, Asbestzementrohre) ist auch beim Schutz von innen von Vorteil. Gut verdichteter Beton hat nach Aussage aller beteiligten maßgebenden Stellen eine so lange Lebensdauer, daß in den meisten Fällen mit Wirtschaftlichkeit der Betonrohrverlegung gerechnet werden kann.

6. Kontrolle der Wässer

durch analytische Untersuchung ist wichtig. Eine wirksame Kontrolle ist die Einlegung von porösen Betonblöcken in die Siele der verdächtigen Betriebe mit regelmäßiger Nachschau. Der poröse Beton ist dann zu einer Zeit zerstört, wo die Rohrleitung noch nicht angegriffen ist, kennzeichnet den tatsächlich gefährlichen Betrieb und gibt die Möglichkeit zur Verhinderung der Unregelmäßigkeiten.

Zu den einzelnen Wässern ist folgendes zu sagen:

Salzarme Wässer kommen in Innenableitungen, außer in Mooren, selten vor. Abhilfe: siehe oben.

Kohlensäurehaltiges Wasser ist gleichfalls verhältnismäßig selten. Die Thermalbäder in Wiesbaden haben gut hergestellten Beton nicht zerstört. Die einzige Abhilfe ist unbedingte Verhinderung der Zuleitung.

Sulfat, wie es sich aus neutralisierter Schwefelsäure bildet, muß bei stärkerer Konzentration vom Beton ferngehalten werden (vgl. oben: Schutzanstrich).

Salzsäure aus Beizereien wirkt ähnlich wie Schwefelsäure, allerdings ohne Treiberscheinungen, und muß deshalb neutralisiert werden (Kalkmilch). Die Chloride sind dann unschädlich.

Ölsäure zermürbt allmählich den Beton. Bei genügendem Fettüberschuß bildet sich allerdings bald eine Schutzschicht, die die Schädlichkeit herabsetzt. Da das Fett Bitumenanstriche zerstört, sind in solchen Fällen Anstriche von Kunstharz (Bakelit u. dgl.) zu wählen.

Zusammenfassung.

Sachgemäß hergestellte Betonrohre haben auch gegen starke chemische Beanspruchung eine sehr hohe Widerstandskraft und lange Lebensdauer. Nach Ergebnis zahlreicher vom Ministerium und anderen Stellen unterstützten Rundfragen bei den Kulturbaubeamten, Stadtverwaltungen und Behörden ist durchweg die Ansicht vorhanden, daß Zerstörungen aus früheren Jahren zurückzuführen sind auf minderwertige Qualität der Zementrohre: Schlecht gekörnten Sand, geringen Zementgehalt und unregelmäßige Verdichtung. Zementrohre aus dichtem Beton mit hohem Zementgehalt hatten durchweg eine überaus hohe Lebensdauer; auch schlechte Rohre haben sich häufig überraschend gut gehalten. Bitumen- oder Pechanstriche werden durchweg empfohlen und haben sich gut bewährt, vorausgesetzt, daß sie aus guten Rohstoffen erzeugt und doppelt aufgebracht sind. Auch in Moorwasser ist hohe Widerstandsfähigkeit festgestellt worden, die so weit geht, daß selbst bei den gefährlichen Wässern, wenn auch mit Zerstörung gerechnet werden muß, bei nicht allzu hohen Verlegungskosten durch eine zu erwartende Lebensdauer von 30 Jahren die Rentabilität der Verlegung von Betonrohren gesichert ist. Bei höherem Gehalt an freier Säure einiger ausnahmsweise besonders aggressiver Hochmoore und bei der Unmöglichkeit, die Säurezuleitung zu verhindern (Chemische Fabriken), müssen entweder gemauerte Kanäle aus Klinkern mit Verfugung durch säurefesten Kitt errichtet, Tonrohre verlegt oder die Zementrohre mit Steinzeugschalen geschützt werden[1].

[1] Vgl. auch Grün: Betonrohre, Betonsteinztg. 1937 S. 101.

IV. Erstarrung des Betons.

Bei dem Festwerden des Betons unterscheidet man zwei voneinander verschiedene, aber ineinander übergehende Vorgänge, nämlich zunächst die Erstarrung und dann die steinartige Erhärtung. Es gibt also 3 Stufen, nämlich die flüssige und bildsame des sog. Frischbetons, die erstarrte des eben abgebundenen, aber noch nicht erhärteten Betons (in diesem Stadium ist der Beton am empfindlichsten) und schließlich die steinartig Erhärtete[1].

Der zunächst flüssige und bildsame Beton, dem irgendwelche mechanische Angriffe, also Erschütterung oder Befahren mit Feldbahngleisen bei erdfeuchtem Beton, oder Stochern oder Verziehen der Schalung bei plastischem Beton, nichts schadet, geht zunächst in den puddingartigen Zustand über, also er gerinnt und die Bildsamkeit hört auf. Jetzt schließen sich in diesem zweiten Stadium in den Beton gestoßene Löcher nicht mehr, und Erschüttern sowie Frost lockert das Gefüge. Diese Beschädigung kann leicht eintreten, da der Beton noch nicht fest, sondern lediglich erstarrt ist, wie geronnenes Eiweiß, ohne steinartige Festigkeit aufzuweisen. Dieser überaus empfindliche Zustand dauert bei normaler Temperatur im Frühling oder Herbst ungefähr 8—12 Stunden, im Winter länger. Nach Ablauf dieser Zeit ist der Beton bereits steinartig erhärtet und setzt mechanischen Einwirkungen schon einen erheblichen Widerstand entgegen. Nach noch längerer Zeit, also beispielsweise nach 1 Tag, ist dann die Festigkeit so groß, daß Beschädigungen nur noch schwer möglich sind. Der Beton wird dann immer fester, so daß dann im weiteren Verlauf von wenigen Tagen die Entschalung vorgenommen werden kann. Im Winter verlängert sich die angegebene Zeit, hauptsächlich bei sehr kühlen Temperaturen, um ein Vielfaches, da der Beton bei 1—5° C nur überaus langsam erhärtet, unter 1° überhaupt nicht und zwischen 5—10° nicht besonders schnell. Nachfolgende Tabelle gibt ungefähr eine Übersicht:

Tabelle 43. Erhärtungszeiten von Beton zu verschiedenen Jahreszeiten.

Stadium	Es befindet sich der Beton im Zustand als	Sommer Stdn.	Frühling Herbst Stdn.	Winter Stdn.
I	Bildsamer Beton: Frischbeton .	2	3	6
II	Erstarrter Beton: Steifbeton .	12	24	48
III	und erreicht das Stadium des erhärteten Betons: Festbeton, nach insgesamt . .	14	27	44 oder länger

[1] Der größeren Klarheit wegen hat man das ursprünglich jahrzehntelang benutzte Wort „Abbinden“ durch „Erstarren“ ersetzt und sagt demgemäß an Stelle von „Abbindebeginn“ „Erstarrungsbeginn“.

Die Übergänge sind ganz allmählich, hauptsächlich von II nach III, denn in der zweiten Hälfte der für Stadium II angegebenen Zeitdauer ist der Beton schon fast steinartig erhärtet, befindet sich also eigentlich zwischen Stadium II und III.

Die Kurventafel 157 zeigt deutlich diese Verhältnisse.

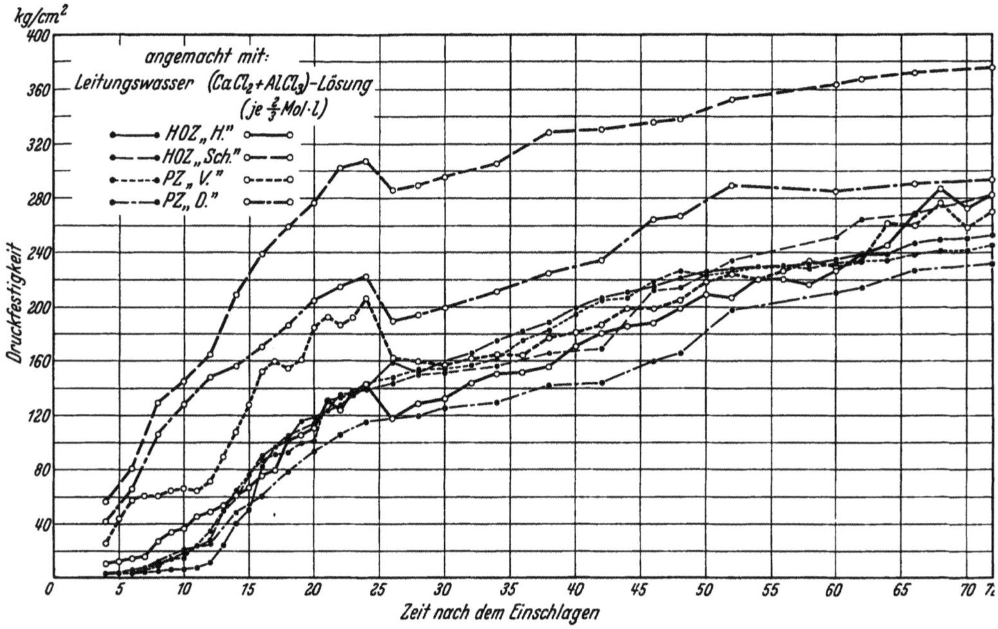

Abb. 157. Anfangsfestigkeiten von Mörtel, erhöht durch Anmachen mit verdünnter Kalziumchloridlösung, im Vergleich zu den entsprechenden Festigkeiten beim Anmachen mit reinem Wasser: Die Erhöhung ist teilweise sehr stark.

Zusammenfassend seien die 3 Stadien nochmals geschildert:

I. Der unabgebundene Beton (die ersten 0—2 Stunden) ist gegen Stoß, Schlag, Erschütterung unempfindlich, da er nachgibt (Breiform).

II. Der abgebundene (erstarrte), aber noch nicht erhärtete Beton (etwa 3—18 Stunden) hat die Plastizität des unabgebundenen Betons verloren, seine Empfindlichkeit ist groß, da dieser zwar erstarrte, aber noch nicht erhärtete Beton mechanische Beanspruchungen nicht zu überstehen vermag. Er kann mit einem Gelatinepudding verglichen werden, welcher zwar im Gegensatz zu der noch warmen flüssigen Puddingmasse seine Form zu wahren imstande ist, der aber leicht zerschnitten werden kann, ohne nach erfolgter Zerschneidung die Öffnung wieder zu schließen (Puddingbeschaffenheit, Klipper).

III. Der erhärtete — also steinhart gewordene — Beton hat eine gegen mechanische Formänderung schon recht erhebliche Widerstandskraft; diese wächst dauernd mit der fortschreitenden Erhärtung, und zwar am Anfang der Erhärtungszeit schneller als gegen das Ende zu.

A. Mechanismus der Erhärtung des Zementes.

Zur Erklärung der Erhärtung des Zementes gibt es zwei voneinander verschiedene Theorien:

Die Theorie von der kristallinen Erhärtung, die bis zur Einführung der Kolloidchemie in die Zementwissenschaft durch Michaelis allgemeine Gültigkeit hatte und die heute noch besonders im Ausland viele Anhänger hat, nimmt an, daß durch das hinzutretende Anmachwasser kristallisierende Hydrate entstehen, deren Kristallgewirr eine Verkittung der Zuschlagsstoffe und Zementkörner herbeiführt.

Die Theorie der kolloiden Erhärtung von Michaelis, die durch mikroskopische Untersuchungen von Ambronn und seinen

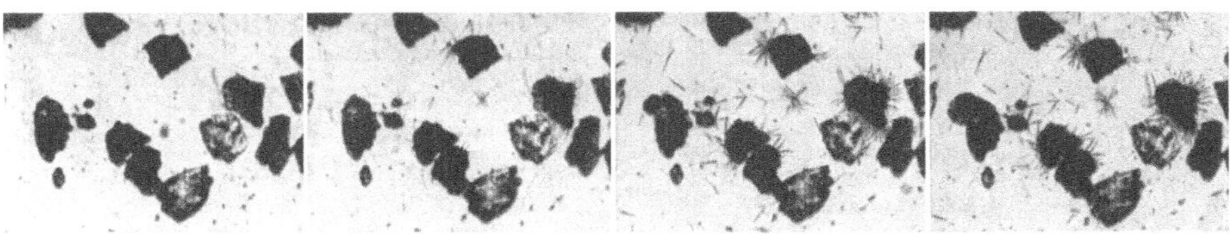

Abb. 158. Darstellung des Erhärtungsmechanismus von Portlandzement durch Aufnahme des Präparates während 40 Stunden: Es ist deutlich zu sehen, wie sich die Klinkerkörnchen mit Kristallen, teilweise auch mit Gelen umgeben.

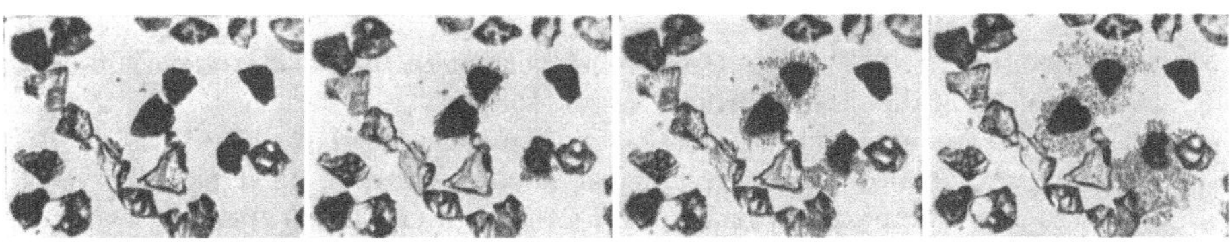

Abb. 159. Erhärtungsmechanismus bei Hochofenzement. Die Klinkerteilchen (dunkel) unterscheiden sich deutlich von den glasig-hellen Schlackenteilchen. Im Laufe der Aufnahme während 48 Stunden des gleichen Präparats sieht man deutlich an den Klinkerstückchen Gele und Nadeln entstehen. Auch im Gesichtsfeld scheiden sich aus der Lösung gelartige Bindungen ab.

Schülern gestützt wird, betrachtet die Erhärtung als einen ähnlichen Vorgang, wie das Festwerden von Leim, also als Schrumpfung von Gelmassen, die ursprünglich durch Wasseraufnahme gequollen waren. (Kolloid leitet sich von lat. colla, der Leim, ab[1].)

Zunächst bilden sich unter Abspaltung von Kalk übersättigte Lösungen, die zu Gelen erstarren[2]. Diese Gele haben nun die Eigenschaft,

[1] Kühl: Zementchemie in Theorie und Praxis. Abriß in 6 Vorträgen, gehalten im staatl. Forschungsinstitut für Baumaterial Moskau. Zement u. Beton, Berlin 1929. — Trenel: Physikalisch-chemische bzw. kolloid-chemische Anschauungen über Zusammensetzung und Abbinden von Zement; über die chemischen Ursachen der Betonzerstörung und über Betonschutz. Berlin 1930. — Kühl u. Wang Tao: Die Reaktion von Portlandzement und Wasser. Zement 1932 Nr. 8—10.

[2] Das Wort Gele hängt mit der Bezeichnung Gelee, gefroren, erstarrt, zusammen und die Gele selbst haben ungefähr die Beschaffenheit der uns in großem Umfang aus der organischen Natur bekannten Gele, die wir als Gelee, Klipper, Pudding usw. bezeichnen, wie sie beispielsweise beim Auskochen von Kalbsfüßen entstehen und die uns allen für die Einbettung von Speisen als Aspik, Sülzkotelett bekannt sind.

beim Austrocknen steinartig zu erhärten. Aus der Natur sind uns solche Gele, z. B. Kieselsäuregel als Achat, als sehr hart bekannt. Die Austrocknung geschieht nach Kühl von innen her, in der Art, daß in jedem einzelnen Klinkerkörnchen die noch unzersetzten Zementanteile Wasser aufnehmen und dieses Wasser aus den sie herumlagernden Gelen ziehen, die dann fest werden[1]. Es handelt sich also um einen kolloidchemischen Ausflockungsvorgang, bei dem sich um jedes Zementteilchen gelförmige Hydrosilikate und Hydroaluminate bilden, welche sich miteinander verkitten und dann infolge Wasserabsaugung durch den Zementkern schrumpfen und erhärten[2]. Die von Kühl angenommenen Formeln seien der Vollständigkeit halber im folgenden wiedergegeben:

	Frischer Zement	Anmachwasser	Abgebundener Zement
1.	$3\,CaO \cdot Al_2O_3$ (Trikalziumaluminat)	$+ 10^1/_2\,H_2O$	$= 3\,CaO \cdot Al_2O_3 \cdot 10^1/_2\,H_2O$ (Trikalziumhydroaluminat)
2.	$2\,(3\,CaO \cdot SiO_2$ (Trikalziumsilikat)	$+ x\,H_2O)$	$= 3\,CaO \cdot 2\,SiO_2\,aq + 3\,Ca(OH)_2$ (Kalziumhydrosilikat, Kalkhydrat)
3.	$3\,(2\,CaO \cdot SiO_2$ (Bikalziumsilikat)	$+ x\,H_2O)$	$= 3\,CaO \cdot 2\,SiO_2\,aq + Ca(OH)_2$
4.	$4\,CaO \cdot Al_2O_3 \cdot Fe_2O_3$ (Brownmillerit)	$+ x\,H_2O$	$= 3\,CaO \cdot Al_2O_3 \cdot 10^1/_2\,H_2O + CaO \cdot Fe_2O_3\,aq$ (Trikalziumhydroaluminat)

Gleichzeitig bildet der Gips das kristalline Kalziumsulfataluminat, das aus der Wechselwirkung zwischen Zement und Sulfatlösung bekannt ist (vgl. S. 357). Die Gele selbst vermögen im Lauf langer Zeiträume in Kristalle überzugehen[3] (Abb. 158).

Bei den hochofenschlackenhaltigen Zementen sind die Reaktionen ähnlich; bei Hochofenschlacke ist aber nach Kaempfe die Konzentration des Kalziumhydroxyds in der flüssigen Phase im Vergleich zum Portlandzement, bei dem stets gesättigtes Kalkwasser vorliegt, stark herabgedrückt. Die Ursache ist in der Kalkbindung durch die Schlacke zu suchen[4] (Abb. 159).

Die bisherigen Darstellungen zeigen auch hier wieder, daß die Zeit, die vergeht von der Bildung der weichen Erstarrungsprodukte der Gele bis zu deren Austrocknung, also Versteinerung, für den Beton besonders gefährlich ist, da er nach der Erstarrung vor der Steinwerdung zwar nicht mehr bildsam und weich, aber noch leicht zerstörbar ist.

Zusammenfassung zu A. Mechanismus der Erhärtung des Zementes.

Zement erhärtet dadurch, daß die in ihm vorhandenen wasserfreien Salze Wasser aufnehmen und zu ähnlichen, meist kalkarmen, wasserhaltigen Salzen sich umsetzen. Der sich abscheidende freie Kalk wird

[1] Link u. Pulfrich: Kolloid-Z. Bd. 34 (1924) S. 117.

[2] Kühl: Die Reaktion zwischen Portlandzement und Wasser. Zement 1932 Nr. 8/10.

[3] Grün, R.: Über Hydratationsvorgänge. Vortrag im Kaiser Wilhelm-Institut für Silikatforschung. Zement 1933 Nr. 11 u. 12.

[4] Kaempfe: Die Reaktion zwischen Hochofenschlacke und Wasser. Zement 1935 S. 257 ff.

an der Oberfläche durch die Kohlensäure der Luft in Kalziumkarbonat verwandelt. Bei Anwesenheit von Puzzolanen geht er mit diesen Verbindungen ein. Bei starker Erhitzung des Betons auf Rotglut und darüber wird das Wasser wieder ausgetrieben und der Zement verliert seine Festigkeit. Bei der Bildung der oben genannten wasserhaltigen Salze entstehen Gele und Kristallbildung, welche die als Zuschlagsstoff eingebrachten Sand- und Kiesmengen verkitten.

B. Druckfestigkeit.

Die Druckfestigkeit eines jungen Betons bis zu seiner steinartigen Erhärtung ist, wie die Kurventafel 157 (S. 232) zeigt, sehr gering. Der Beton muß deshalb in dieser Zeit sorgfältig vor Erschütterung und mechanischer Beschädigung bewahrt werden, da Risse nicht mehr zusammenzulaufen vermögen und Risse bleiben, und da solche Risse natürlich bei geringster Beanspruchung entstehen. Eine solche Beanspruchung, die vollkommen ungewollt eintreten kann und schon viel Schaden angerichtet hat, ist beispielsweise das „Arbeiten" der Schalung, das besonders dann eintritt, wenn diese vor Einbringung des Betons stark ausgetrocknet war, wobei häufig auch kurze Anfeuchtung vor dem Einbringen des Betons zu einer vollkommenen Durchnässung nicht genügte. Das ausgetrocknete Holz nimmt dann aus dem Beton Wasser in großen Mengen auf und fängt an zu arbeiten, ein Vorgang, der bei scharfen Kanten von Unterzügen u. dgl. zum Abdrücken dieser Kanten führt, die dann bei Entfernung der Schalung an dieser hängenbleiben oder später abfallen. Sehr gute Durchfeuchtung des Holzes, besonders im Hochsommer, ist deshalb bei Bauwerken, die solche Kanten enthalten, notwendig. Vorzuziehen ist häufig ein Einlegen von Latten mit dreieckigem Querschnitt, wodurch dann Kanten, die so hohe Beanspruchung bei Bewegen der Schalung aufzunehmen hätten, gar nicht erst entstehen.

Über die Erhärtung während längerer Zeit sind folgende Erfahrungen bemerkenswert:

Bei Versuchen von Schruff mit einem Hochofenzement der Zusammensetzung 40 Klinker, 58 Schlackensand, 2 Gips wurden folgende Festigkeitsanstiege während 5 Jahre beobachtet:

Tabelle 44. Zug- und Druckfestigkeit nach längerer Erhärtung (während 5 Jahren).

Zugfestigkeit			Druckfestigkeit		
1 Jahr	2 Jahre	5 Jahre	1 Jahr	2 Jahre	5 Jahre
42,5	48,8	54,0	599	643	693

Bei den Versuchen wurden die noch warmen Klinker mit nassem Schlackensand vermischt, die Mischung getrocknet und gemahlen, um allenfallsigen freien Kalk im Klinker — es handelte sich um Schachtofenklinker — abzulöschen.

Interessante Ergebnisse über die Erhärtung während langer Zeiträume lieferte die Arbeit, die vom Materialprüfungsamt Berlin-Dahlem

(Prof. Burchartz) durchgeführt wurde zwecks Zulassung der Hochofenzemente. Die Ergebnisse finden sich in Kurventafel 160 und zeigen ein langsames Ansteigen der Festigkeit auch noch nach $2^1/_2$ Jahren.

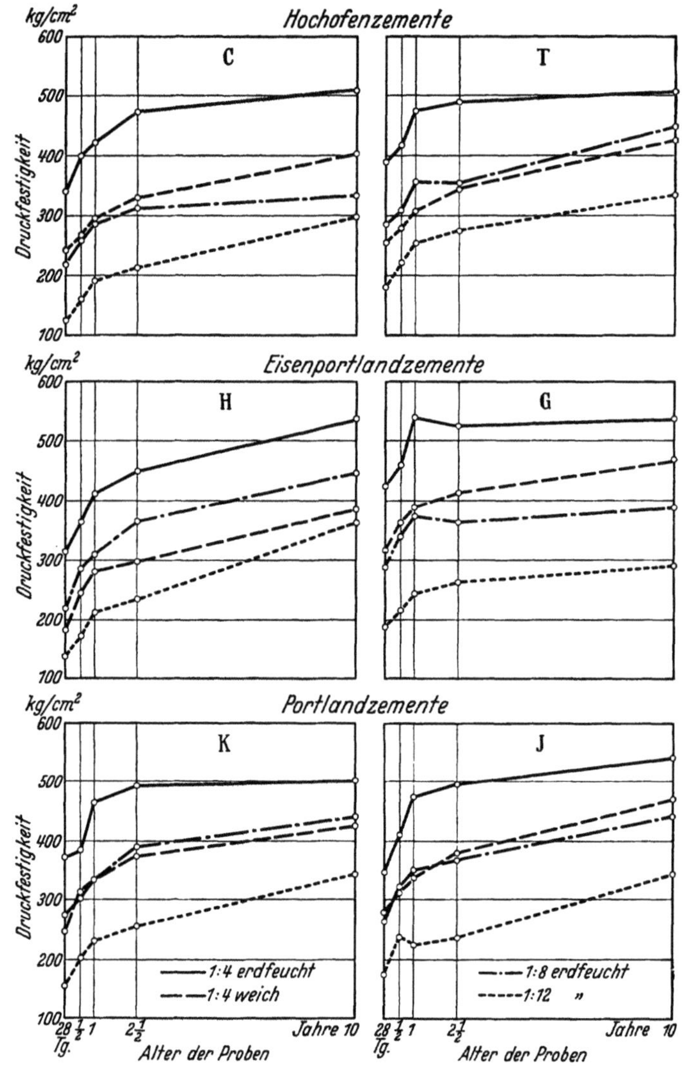

Abb. 160. Erhärtung von erdfeuchtem und weichem Zementmörtel bis zu 10 Jahren. Auch zwischen $2^1/_2$ und 10 Jahren findet noch ein Festigkeitsanstieg statt.

C. Hitzewirkung.

Der Einfluß von Wärme auf erhärtenden Normenzementbeton ist günstig, solange keine Austrocknung erfolgt.

Nach Versuchen im Concr. constr. Engg. vom Juni 1931 S. 359 wurden folgende Betone hergestellt:

Reihe 1:	Bestandteile erwärmt auf 15°	Lagerung bei 15°
Reihe 2:	„ „ „ 70°	„ „ 15°
Reihe 3:	„ „ „ 70°	„ „ 70°

Folgende Zahlen wurden gefunden:

Tabelle 45. Einfluß von Wärme auf die Druckfestigkeit von erhärtenden Normenzementbeton.

	Reihe 1	Reihe 2	Reihe 3
1 Tag	88	91	174
7 Tagen	256	160	214

Die Zahlen zeigen sehr günstige Einwirkung der Wärme. Ein Beweis, daß die Anwärmung der Zuschlagsstoffe von großem Vorteil ist. In der 3. Reihe wurden 7 Probekörper schon nach 2 und 3 Stunden gedrückt und Festigkeiten von 23 und 53 kg, also recht erhebliche Zahlen gefunden. Der auf 70° angewärmte Beton nimmt also in den ersten Stunden erheblicher an Festigkeit zu als der auf 15° erwärmte. Besonders günstig wirkt natürlich die Lagerung bei hoher Wärme. Ein Beton aus warmen Bestandteilen „bei 70° gelagert hat beispielsweise nach 5 Stunden dieselbe Festigkeit wie bei 15° warmem Beton nach 24 Stunden. Allerdings muß warm angemachter Beton während des Erhärtens gegen Wärmeverluste geschützt werden, da sonst hohe Schwindspannungen auftreten können. Darauf verweist auch, daß nach 7 Tagen in Reihe 1 die Festigkeiten viel höher sind als in Reihe 2 und 3.

Graf[1] findet, daß Tonerdezement von Lafarge bei hoher Temperatur sehr viel schlechter erhärtet als der gleichfalls geprüfte Portlandzement. Folgende Zahlen wurden gefunden:

Beton mit rd. 300 kg/m³ Zement im Alter von 7 Tagen.

1. Mit Tonerdezement von Lafarge.

a) Alle Proben in den Formen mit Cellophan und Ölpapier gegen Austrocknung geschützt

bei 17—20° erhärtet	592 kg/cm²
„ 35° „	527 „
„ 45° „	317 „
„ 60° „	334 „

b) 1 Tag wie unter a) behandelt, dann unter Wasser

von 45°	241 „

2. Mit Portlandzement Dyckerhoff-Doppel.

a) Behandlung wie bei 1 a)

bei 17—20° erhärtet	262 kg/cm²
„ 35° „	302 „
„ 45° „	308 „
„ 60° „	365 „

[1] Graf: Einige Bemerkungen über wichtige Eigenschaften des Zementes und des Betons zu massigen Bauwerken. Beton u. Eisen 1936 S. 18.

Auch bei Einlagerung von Mörtelkörpern in große Betonblöcke[1] wurde ein Zurückbleiben des Tonerdezementkörpers im Gegensatz zu den Portlandzementkörpern ermittelt.

Feuchte Hitze, soweit sie auch dem Menschen erträglich ist, schadet also Normenzementen nichts, um so mehr aber trockene Hitze, wenn der Beton nicht gegen Austrocknung geschützt ist. Der Schutz muß sehr sorgfältig vorgenommen werden, da bei Hitzeeinwirkung der Beton leicht sein Wasser verliert und dann, ohne zu erhärten, austrocknet. Die Festigkeitsabfälle können sehr groß sein, auch Schwindrisse treten auf. Die Nacherhärtung eines während oder kurz nach dem Abbinden austrocknenden Betons durch spätere Befeuchtung ist gering, der Schaden also schwer gutzumachen. Sonnenbestrahlung muß deshalb vom frischen Beton durch nasse Sandauflage u. dgl. abgehalten werden. Starke Bestrahlung führt nicht nur zu geringen Festigkeiten, sondern auch zu ziemlich tiefgehenden Abblätterungen und Mürbwerden. Auch Zug und Wind wirkt in ähnlichem Sinn.

D. Frostwirkung.

Bei Frost kann Beton nicht erhärten. Gefriert also ein nicht erhärteter Beton, so bleibt die Erhärtung aus und setzt erst wieder ein, nachdem der Frost aufgehört hat. Einem gefrorenen Beton ist genügend reichliche Zeit zum Auftauen zu lassen, da der Frost unter Umständen weit in das Innere des Betons hineingedrungen sein kann, und der Auftauungsprozeß hauptsächlich bei großen Massen äußerst langsam verläuft. Der aufgetaute Beton ist noch nicht erhärtet, da die Erhärtung während der ganzen Frostperiode geruht hat. Täuschungen sind also leicht möglich; mit Zeit darf hier nicht gespart werden. Die Festigkeiten werden durch das Gefrieren leicht geschädigt, hauptsächlich wenn das Abbinden schon im Gang war, als der Frost einsetzte, oder wenn der Frost sehr stark war, da dann die auftreibende Wirkung des Frostes das Betongefüge lockert. Abblätterungen der oberen Schichten sind dann häufig.

Auch bei Tonerdezement wurde durch Frost eine, wenn auch geringere Verzögerung der Erhärtung beobachtet. Da aber Tonerdezement beim Abbinden in den ersten 24 Stunden eine verhältnismäßig große Wärmemenge entwickelt, wird nur starker Frost diese Verzögerung herbeiführen, da bei schwachem Frost die freiwerdende Abbindewärme das Absinken der Temperatur des Betons unter 0° zunächst verhindert, vorausgesetzt, daß die Zuschlagsstoffe nicht sehr kalt waren. Auch aus Portlandzement wird beim Erhärten Wärme frei; die Wärmemenge ist aber geringer und tritt erst nach einiger Zeit auf, ihre Wirkung ist deshalb weniger günstig in obigem Sinn. Der Tonerdezement ist außer den Vorteilen, die ihm die auftretende Abbindewärme gewährt, an sich auch während des Abbindens unempfindlicher gegen Frost.

[1] Graf: Ein Beitrag zu der Frage: „Erfolgt die Erhärtung des Betons im Innern massiger Konstruktionsglieder langsamer als im Probewürfel?“ Bauing. 1930 S. 726.

Mit Chlorkalzium oder Kochsalz u. dgl. versetztes Anmachwasser darf nach amerikanischen Forschungen für Tonerdezement nicht verwendet werden[1].

Zu wenig beachtet wird meist die Tatsache, daß Temperaturen über 0° bis 10° die Erhärtung um so stärker verlangsamen, je näher sie bei 0° liegen. Gessner stellte bei Erhärtung von Beton bei 0° bis +5° Erhärtungsverzögerungen fest, welche zu Festigkeiten führten, die bei hochfestem Zement nicht einmal die Hälfte, bei normalem Portlandzement nur ein Drittel derjenigen Festigkeiten ergaben, die bei Temperaturen von 15—20° erreicht wurden.

Es wurden gefunden:

Beim Erhärten bei	0—5°	15—20°
	nach 5 Tagen	
für hochwertigen Portlandzement .	92	207 kg/cm²
„ gewöhnlichen „	26	74 „

nach 14 Tagen waren die Unterschiede gering, der Portlandzement hatte

bei 0—5°	bei 15—20°
81	115 kg/cm²

Druckfestigkeit; die niedrigen Temperaturen bis 0° schädigen also besonders die Anfangsfestigkeit[2].

Auch Haegermann stellte gegenüber bei 20° gelagerten Körpern, an solchen, die bei 14,5° gelagert waren, Zurückbleiben um 25% nach 2 Tagen und 12% nach 3 Tagen fest. Zwischen anderen Betonproben, die bei 18—20° gelagert waren, und solchen, welche 5—7° (mit Nachtfrost) ausgesetzt waren, zeigten sich nach 30 Tagen Unterschiede von 30—66%. Tonerdezement verhielt sich günstiger[3].

Bei Versuchen des Verfassers, die zur Aufklärung der Anfangserhärtung bei verschiedener Temperatur durchgeführt wurden, zeigte sich, daß die tiefen Temperaturen in verschiedener Weise die Normenzemente treffen und daß der Tonerdezement verhältnismäßig unbeeinflußt sehr gut weitererhärtet. Besondere Unterschiede zwischen den Zementarten wurden nicht gefunden, dagegen verhielten sich die verschiedenen Zementmarken verschieden. Im allgemeinen werden Zemente mit hoher Abbindewärme, also besonders energisch erhärtende Portlandzemente, unempfindlicher sein als die sog. „kalten" Zemente. Ebenso sind Massenbauwerke weniger empfindlich als dünne Bauteile, da in ihnen sehr viel mehr Abbindewärme frei wird als in gering dimensionierten Stützen und Decken. Bei der Bauplatzkontrolle ist beim Schließen von Betonfestigkeit auf Bauwerksfestigkeit besondere Vorsicht geboten, da, je nach den Umständen, im Bauwerk andere Verhältnisse herrschen können als im Laboratorium. Es ist also zu fordern, daß Druckwürfel und Biegebalken, aus welchen auf die Bauwerksfestigkeit, die tatsächlich bis zu einem gewissen Zeitpunkt erreicht ist, geschlossen werden

[1] Engineering 1924 S. 393; Auszug: Bauing. 1925 S. 153.

[2] Gessner, A., Prag: Über die Erhärtung von Beton bei niedrigen Temperaturen über dem Nullpunkt. Beton u. Eisen 1925 S. 161.

[3] Dr. Haegermann, Karlshorst: Über die Tätigkeit des Vereinslaboratoriums im Jahre 1924. Zement 1925 S. 574.

soll, nicht in der geheizten Baubude, sondern neben dem Bauwerk selbst unter gleichen Verhältnissen liegen. Dabei können unter Umständen die Bauwerksfestigkeiten die Würfelfestigkeiten noch übersteigen, da das Bauwerk selbst nicht so energisch vom Frost getroffen wird wie kleine freistehende Würfel.

Vom Straßenbauamt Wiesbaden (Magistratsbaurat Schoenemann) wurde mitgeteilt, daß eine Straßendecke, trotzdem diese aus Doppelzement hergestellt war, weil sie nach dem Betonieren zuschneite, nicht genügend erhärtete. Nach den Bestimmungen des Deutschen Ausschusses für Eisenbeton darf bei hartem Frost oder kurzem Frost von mehr als 3° nur unter besonderen Maßregeln gearbeitet werden. Als solche ist die Anwärmung der Zuschläge, des Zementes und des Wassers und schließlich Erhitzen der Arbeitsstelle zu nennen. Zu hohe Hitzegrade sind natürlich zu vermeiden.

In Amerika und Rußland hat man durch derartige Maßnahmen erreicht, daß selbst Betonbauwerke, die bei tiefem Frost hergestellt wurden, durchweg befriedigend erhärteten.

Besondere Beachtung ist den Schalungsfristen zu schenken, wenn während der Erhärtung kaltes Wetter oder Frost eingetreten ist. Diese müssen dann mindestens um die Dauer der sehr kalten Zeit verlängert werden, und man muß vor der Wiederaufnahme der Arbeiten, besonders vor der Fortsetzung der Ausschalung, den Beton prüfen, ob er abgebunden hat und nicht etwa nur gefroren ist. Bei vom Verfasser durchgeführten Versuchen hat gewöhnlicher Betonkiessand, wenn er nur mit Wasser angemacht und gefrieren gelassen wird, im gefrorenen Zustand ohne jeden Zementanteil eine Druckfestigkeit von ungefähr 60 kg und macht ganz den Eindruck eines Betons. Bei Untertemperaturen von 1—5° ist für jeden Tag dieser Untertemperatur die Schalungsfrist um 1 Tag zu verlängern. Das Anbetonieren an gefrorene Bauteile ist verboten[1]. Bei Schachtabteufung läßt sich aber das Anbetonieren an gefrorenen Schwemmsand usw. nicht vermeiden, da ein Auftauen des Schachtes natürlich unmöglich ist, weil er sonst ersaufen würde.

Bei Untersuchungen über den Abbindeverlauf für Beton in Gefrierschächten wurde vom Verfasser folgendes gefunden:

Beim Anbetonieren von 16° warmem Beton in geringen Mengen (Laboratoriumsversuche) an eine —8° kalte Frostwand aus Fließsand, begann der Beton erst nach 108 Stunden, also nach über 4 Tagen, zu gefrieren: der Beton war also erhärtet, bevor der Frost in das Innere des Betons eindrang (vgl. Kurventafel 161). Bei Nachmessung im Schacht[2] zeigte sich, daß erst nach 15 Tagen, also lange nach der Erhärtung, der über Tag (durch Anwärmen des Zuschlagsstoffes in Schüttelrutschen) auf 20° gebrachte Beton die Nullinie erreichte, also zu gefrieren begann. Man kann also durch Anwärmen der Zuschlagsstoffe beim Betonieren, selbst unter sehr ungünstigen Verhältnissen, sehr viel erreichen.

Man hat auch schon versucht, durch den frischen und nassen Beton mittels Elektroden neben der Abbindewärme eine weitere Temperatur-

[1] Vgl. Bestimmungen des Deutschen Ausschusses für Eisenbeton 1932.
[2] Vgl. Glückauf 1930 Nr. 18.

erhöhung zu erzwingen. Am besten bewährt haben sich Platten-Elektroden auf der Oberfläche oder Anbringung 1 mm starker Eisenblechstreifen an der Schalung, unter Verbindung der beiden gegenüberliegenden Längsreihen mit einem Pol des Netzes. Die Stärke des da-

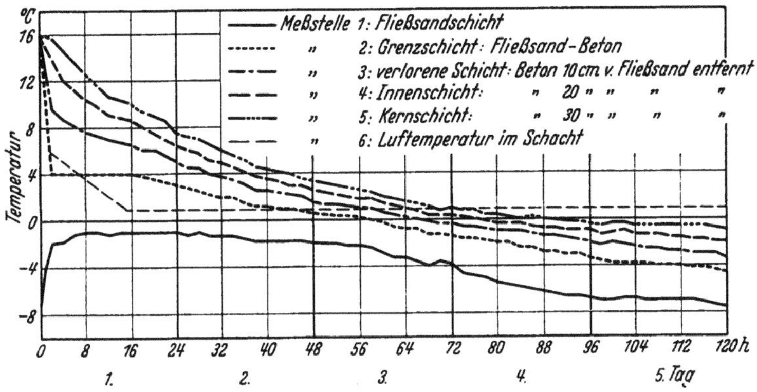

Abb. 161. Abbindetemperatur von Beton, der gegen eine gefrorene Wand beim Abteufen eines Schachtes im Gefrierverfahren betoniert wurde. Erst nach ungefähr 72 Stunden ist der Beton so weit abgekühlt, daß er zu gefrieren beginnt. Auf diese Versuche hin konnte gegen die Frostwand betoniert werden, ohne Befürchtung, daß der Beton nicht erhärtete.

zwischenliegenden Betons darf nicht mehr als 70 bis höchstens 130 cm betragen. In anderen Fällen wurden 50—60 cm lange Rundeisen von etwa 10 mm Durchmesser in Abständen von 25 cm in den Beton eingesetzt, die 10 cm aus dem Beton herausragen[1].

Zur Vermeidung der Frostschädigung sind folgende Maßnahmen am Platze:

a) Hoher Zementzusatz,

bei schwierigen Verhältnissen Tonerdezement.

b) Erwärmung der Zuschlagsstoffe,

gegebenenfalls auch des Wassers und des Zementes; dabei hat sich bei tiefen Temperaturen und Betonieren gegen Frostwände in Schächten[2] die Erwärmung der Zuschlagsstoffe als besonders vorteilhaft erwiesen, da mit den großen Mengen von Zuschlagsstoffen natürlich auch große Mengen von Wärme in den Baukörper eingebracht werden. Die Anwärmung des Anmachwassers wird meist überschätzt, da ja prozentual nur wenig Anmachwasser verwendet wird, seine Wirkung also beschränkt ist. Bei Zusatz von sehr heißem Wasser ist Vorsicht geboten, da heißes Wasser den Zement, wenn es ihn trifft, zum augenblicklichen Abbinden bringen kann. Es ist in solchen Fällen Zusatz des Anmach-

[1] Elektrische Beheizung von Beton bei Frost. Betonsteinztg. 1937 S. 54.

[2] Vgl. Bergassessor Schmid: Der Neubau des eingestürzten Schachtes Auguste Viktoria 3. Glückauf 1935 Nr. 45. — Grün: Untersuchungen über den Abbindeverlauf und die Erhärtung von Beton in Gefrierschächten. Zement 1928 Nr. 37 ff. — Grün-Beckmann: Untersuchungen über die Abbindetemperaturen von Beton und ihre Nutzanwendung beim Ausbau eines Gefrierschachtes. Zement 1932 Nr. 3.

wassers zu den Zuschlagsstoffen und nachträglicher Zusatz des Zementes anzuraten.

Besondere Vorsicht ist geboten bei gefrorenen Zuschlagsstoffen, die vollkommen trocken aussehen (wie ja auch beispielsweise gefrorene Straßen im Winter stauben) und bei deren Verwendung mit einer schweren Schädigung des Betons gerechnet werden muß.

c) Abhilfe durch Salzzusatz (Kalziumchlorid und Aluminiumchlorid) zum Anmachwasser.

Da bei Anwesenheit mancher Salze im Anmachwasser die Abbindewärme sehr plötzlich freigesetzt, ja sogar erhöht und so ein schnelles

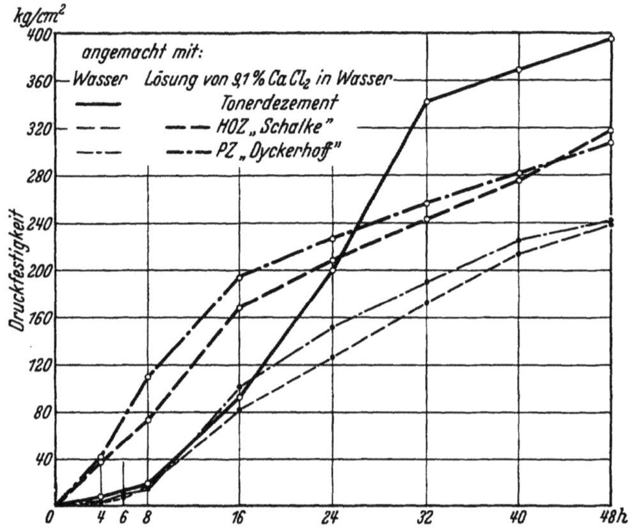

Abb. 162. Einwirkung von Kalziumchlorid als Anmachwasser auf zwei Normenzemente. Die Anfangserhärtung wird dadurch so beschleunigt, daß in den ersten 24 Stunden der Zement höhere Festigkeiten hat als der Tonerdezement, später treten die Festigkeiten allerdings zurück (hierzu vgl. auch Abb. 157).

Erhärten des Betons herbeigeführt wird, kann man solche Salze bisweilen vorteilhaft beim Betonieren bei Frost verwenden. Kurventafel 162 zeigt die starke Erhöhung der Anfangsfestigkeit bei einer Salzart, aber gleichzeitig das verschiedene Verhalten der Zemente, welch letzteres gebieterisch Vorversuche bei Anwendung von Lösungen von Kalziumchlorid oder Mischsalzen fordert[1].

d) Erwärmung des ganzen Bauwerks.

In Amerika wurden große Bauten dadurch schnell hochgeführt, daß man ein mit dem Bau wachsendes Zelt um dieses herum errichtete und heizte.

[1] Grün: Einwirkung von Salzlösungen auf die Anfangserhärtung von Zement. Vortrag auf dem Internat. Kongreß für industrielle Chemie, Brüssel, 24. Sept. 1935. Zement 1936 Nr. 1 — Erfahrungen mit Spezialzementen. Vortrag auf der Tagung der Arbeitsgruppe für Spezialzemente des Intern. Talsperrenkomitees der Weltkraftkonferenz. Z. angew. Chem. 1936 S. 85.

Bei nicht zu tiefen Temperaturen von 5—8° und stärkeren Bauteilen ist bei Anwärmung der Zuschlagsstoffe, die leicht auf Schüttelrinnen von 10—12 m Länge, unter denen ein Holzfeuer brennt, vorgenommen werden kann, damit zu rechnen, daß die Erhärtung eintritt, bevor der Außenfrost Zutritt in das Innere des Bauwerks hat.

Literatur.

Honus: Versuche über Abbinde- und Erhärtungsfähigkeit von Betonwürfeln in der Kälte. Zement 1926 S. 294ff.

Kayser: Frostversuche mit Beton- und Mörtelproben bei großen Kältegraden. Bautechn. 1926 S. 22ff.

Graf: Versuche über den Einfluß niedriger Temperaturen auf Widerstandsfähigkeit von Zementmörtel und Beton. Bautechn. 1927 S. 589.

Amerikanische Betonblockversuche. Rock Prod., April 1927 S. 79, ref. Tonind.-Ztg. 1927 S. 766.

Graf: Über das Verhalten von Mörtel und Beton bei niederen Temperaturen. Beton u. Eisen 1927 S. 244.

Vierheller: Hochwertiger Zement und kaltes Wasser. Zement 1927 S. 998.

— Betonieren bei Frost mit Schmelzzement. Baumarkt 1926 S. 27.

McGraw: Insuring Quality Concrete in Cold Weather. Concrete, Nov. 1927 S. 22.

Graf: Über das Verhalten von Mörtel und Beton bei niederen Temperaturen. Beton u. Eisen 1927 S. 244.

Betonieren bei starkem Frost beim Bau des Toltec-Dammes in den Zuni-Mountains, New-Mexico. Nach Engng. News Rec. v. 19. April 1928; ref. Beton u. Eisen 1928 S. 311.

Graf: Über das Verhalten von Mörtel und Beton bei tiefen Temperaturen. Bericht über die XXX. Hauptversammlung des deutschen Betonvereins 1927 S. 88.

Über die Frostbeständigkeit von Baustoffen. Tonind.-Ztg. 1928 S. 658.

Gessner: Über den Einfluß von niedrigen Temperaturen und Frost auf die Festigkeitseigenschaften hochwertigen Portlandzementes. Zement 1928 S. 10.

Kilian: Winterarbeit im Tief- und Betonbau. Zement 1928 S. 103.

Vierheller: Hochwertiger Zement und kaltes Wasser. Zement 1928 S. 892.

Dahlgren: Eine Betonausführung bei Frost. Zement 1929 S. 1446.

Betonieren einer Betonbrücke bei Frost. Bautechn. 1930 S. 20.

David: Über Winterarbeiten im Eisenbetonbau. Zement 1930 S. 79.

Einsturz eines zweistöckigen Anbaues infolge mangelhafter Betonerhärtung bei kühler Witterung. Bauing. 1930 S. 15.

Petry: Winterarbeit im Beton- und Eisenbetonbau. Bauing. 1930 S. 175.

Frost und Gefriererscheinungen im Lichte der Straßenbauforschung. Bauing. 1930 S. 765.

Mayer: Frost-Beton. Bauing. 1930 S. 816.

Über die Ursachen der Zerstörungserscheinungen an Straßendecken infolge Frost. Bauing. 1930 S. 831.

Heim: Winterarbeit im Baugewerbe. Beton u. Eisen 1930 S. 66.

Orthaus: Der Einfluß „naßkalter Witterung" auf die Frühhochfestigkeiten von hochwertigem Beton mit verschieden hohem Wasser- und Zementzusatz. Beton u. Eisen 1930 S. 113.

Mangold: Bauausführung eines Eisenbetonschornsteins bei stärkstem Frost. Beton u. Eisen 1930 S. 399.

Smitka: Betonierung bei Frost unter Benutzung von Gasbrennern. Beton u. Eisen 1930 S. 404.

David: Empfindlichkeit von Betonbaustoffen beim Erhitzen im Winterbau. Zement 1931 S. 218.

Pogány: Einfluß niedriger Temperaturen auf das Abbinden und Erhärten des Betons. Zement 1931 S. 478.

Böhm: Über die Winterarbeiten beim Neubau der Rodauner Zementwerke. Bautenschutz 1930 S. 121.

Haegermann: Frostunbeständiges Gestein im Mörtel und Beton. Bautenschutz 1931 S. 73.
Pogány: Untersuchung der Frosteinwirkung auf Beton. Zement 1931 S. 246.
Kathrein: Zur Frage der Frostbeständigkeit von Zementmörteln. Tonind.-Ztg. 1931 S. 829.
Hirsch: Hängt die Frostbeständigkeit der Ziegel von der Porosität und der Festigkeit ab? Tonind.-Ztg. 1932 S. 290.
Brund u. Bohlin: Elektrische Erwärmung von Beton. Beton u. Eisen 1932 S. 138.
Schönleben: Gefrieren und Tauen und ihr Einfluß auf die Zerstörung der Straßendecken. Straßenbau 1932 S. 96.
Hoffmann: Der Wert des Gesteinsprüfungszeugnisses hinsichtlich des Gutachtens über Frost- und Wetterbeständigkeit. Straßenbau 1932 S. 111.
Pohl: Ein Winterbauverfahren im Betonbau. Bauing. 1932 S. 192.
Tölke: Die Sicherung von Betonstaumauern gegen klimatische Einflüsse. Bauing. 1932 S. 194.
David: Winterarbeit bei starkem Frost in Nordamerika und Wasserzusatzfragen bei Winterbeton. Zement 1932 S. 218.
— Baustoffeigenschaften beim Betonieren mit warmem Beton. Zement 1932 S. 281.
Rothe: Die Winterarbeit im Betonbau. Zement 1932 S. 594.
Mayer: Erfahrungen mit Winterbeton. Bauing. 1933 S. 57.
Ginsburg, A. M.: Erfahrungen mit Winterbeton. Beton u. Eisen 1933 S. 34.
Réthy: Die Fortschritte des Elektrobetons. Beton u. Eisen 1934 S. 277.
Goertz: Zerstörung von Beton durch Ausfrieren von Kreidesteinen. Bautenschutz 1935 S. 113.

Zusammenfassung zu D. Frostwirkung.

Starker Frost verhindert das Erhärten des Betons, schwacher Frost und kühle Temperaturen über 0° verlängern die Erhärtungszeit sehr stark. Das Gefrierenlassen von Frischbeton hat sich nicht bewährt, da hierdurch sein Gefüge gelockert wird und das Wasser ausfriert, also eine Entmischung stattfindet; das Gefrieren von Frischbeton ist also unter allen Umständen zu verhindern. Nach Eintreten der Anfangserhärtung (ungefähr 100 kg/cm²) schadet das Gefrieren nicht mehr, verhindert allerdings die Weitererhärtung. Kühle Temperaturen wirken nur verzögernd, aber nicht zerstörend. Bei Anwärmen der Zuschlagsstoffe ist besonders bei Massenbauwerken der Frost von geringerer Gefährlichkeit, als allgemein angenommen wird, da bei der hohen spezifischen Wärme der Zuschlagsstoffe die großen Wärmemengen, die in den Beton hineingebracht werden, dem Zement das Erhärten gestatten, bevor der Frost ihn trifft.

E. Wasserüberflutung.

Wasserüberflutung sofort nach dem Einbringen des Betons setzt die Festigkeiten herab, bleibt aber ohne ernstliche Schädigung, wenn

1. eine Ausspülung des Zementes verhindert wird,
2. das Wasser frei von schädlichen Bestandteilen ist.

Durch Abstellung der Wasserhaltung und Überflutung von Betonsäulenfüßen kurz nach deren Herstellung wurde eine Erhärtung des Betons verhindert und die Standfestigkeit des Bauwerks erheblich gefährdet (vgl. Abb. 163). Bei Nachprüfung im Laboratorium zeigte sich die in Tab. 45 zahlenmäßig festgelegte Herabsetzung der Festigkeit durch die Überflutung mit dem schädlichen Wasser, die viel stärker ist als diejenige mit gewöhnlichem Wasser. Bei den Versuchen wurde wenig verdichteter Betonmörtel herangezogen. Stark verdichteter Beton ist gegen derartige Überspülung unempfindlicher, vorausgesetzt natürlich, daß keine zu starke Strömung auftritt. Überflutung in dem Stadium II (S. 232) ist stets zu vermeiden.

Abb. 163. Säulenfuß, der von schädlichem Wasser überflutet wurde, in der Schalung nach dem Abbinden, aber kurz vor der Erhärtung. Man sieht deutlich den Stand des eingedrungenen Wassers. Der zerstörte Beton ist herausgerieselt (vgl. auch Tab. 46).

Tabelle 46. Hochofenzement, Portlandzement und hochwertiger Portlandzement in gewöhnlichem Wasser und Wasser der Baustelle. Druckfestigkeit nach 3 Tagen 1:5 G.-T.

	Gewöhnliches Wasser kg/cm²	Wasser der Baustelle kg/cm²
I. Hochofenzement:		
nach 1 Stunde	10	4
„ 2 Stunden	15	7
„ 3 „	15	9
„ 4 „	18	9
„ 5 „	18	14
„ 24 „ Luft, dann Wasser	25	—
II. Portlandzement:		
nach 1 Stunde	8	0
„ 2 Stunden	8	2
„ 3 „	11	4
„ 4 „	13	11
„ 5 „	15	16
„ 6 „	15	18
„ 7 „	20	22
„ 8 „	21	22
„ 9 „	24	22
„ 10 „	23	23
„ 11 „	24	25
„ 12 „	25	22
III. Hochwertiger Portlandzement		
nach 1 Stunde	20	16
„ 2 Stunden	20	18
„ 3 „	26	18
„ 4 „	26	23
„ 5 „	30	25
„ 24 „ Luft, dann Wasser	42	—

— nicht geprüft.

V. Erhärtung des Betons.

Von erhärtetem Beton kann man bereits 14—20 Stunden nach dem Einbringen sprechen, denn ein derartiger Beton hat schon steinartige Eigenschaften und dementsprechend verhältnismäßig hohe Widerstandsfähigkeit gegen Frost und Erschütterung. Mit steigendem Alter wächst seine Widerstandsfähigkeit gegen Druck- und Zugbeanspruchung, da seine Zug- und Druckfestigkeit zunächst sehr schnell, dann etwas langsamer zunimmt. Nach über einjähriger Erhärtung wurde bisweilen ein geringes Absinken der Druckfestigkeit, das aber nur wenige Prozent betrug, festgestellt, worauf dann wieder ein Nacherhärten ermittelt wurde. Für die Praxis in Frage kommen meistens die Festigkeiten bis zu 45 Tagen. Bei Betrachtung des Erhärtungsvorganges interessieren hier zunächst die Beziehung zwischen Bauwerksfestigkeit und Laboratoriumsfestigkeit, weiter die Entschalungsfristen, schließlich noch die Nachbehandlung des bereits erhärteten Betons[1].

A. Das Verhältnis der Bauwerksfestigkeit zur Würfelfestigkeit.

Bei der Kontrolle werden am Bauwerk bei dessen Herstellung geringe Betonmengen entnommen, in Würfel oder Balkenform gestampft und die Festigkeiten geprüft. Die Verhältnisse bei der Herstellung der Erhärtung derartiger Probewürfel sind naturgemäß anders als im Bauwerk, und zwar weil sowohl

1. die Herstellungsweise der Würfel,
2. der Wasser-Zement-Faktor,
3. die Tagestemperatur bei der Erhärtung

ganz anders sind als im Bauwerk. Aus den Würfelfestigkeiten kann deshalb in sehr vielen Fällen nicht direkt auf die Bauwerksfestigkeit geschlossen werden.

1. Verschiedenheit der Stampfarbeit.

Bei erdfeuchtem Beton wird die Würfelform selbstverständlich in ganz anderer Weise gestampft als im Bauwerk selbst. Für die Stampfung der Würfel ist hier Einbringung in 2 Schichten und folgende Stampfart vorgeschrieben[2]:

Bei Würfeln von 20 cm Kantenlänge auf jede der 4 Stampfstellen 3, bei Würfeln von 30 cm Kantenlänge auf jede der 9 Stampfstellen

---

[1] Über Vorausbestimmung der Betonfestigkeit siehe Graf: a. a. O., ferner Grün: Zement, Berlin 1927. — Palotas: Vergleich der verschiedenen Formeln zur Vorausbestimmung der Würfelfestigkeit von Beton. Zement 1935 S. 565.

[2] Vgl. Bestimmung des Deutschen Ausschusses für Eisenbeton 1932.

3 Schläge. Die einzelnen Stampfstellen sind der Reihe nach, wie in Abb. 164 angegeben, zweimal zu stampfen, so daß jede Stampfstelle im ganzen 6 Schläge und jede Schicht beim Würfel mit 20 cm Kantenlänge 24 Schläge, beim Würfel mit 30 cm Kantenlänge 54 Schläge erhält.

Nach dem Stampfen wird der Aufsatzrahmen entfernt, der überstehende Beton beseitigt und die Oberfläche mit stählernem Lineal bündig mit den Formrändern so abgezogen, daß die Oberfläche eben und möglichst glatt wird.

Im Bauwerk wird natürlich in ganz anderer Weise gestampft, entweder mit Lufthämmern, also intensiver, oder bei Betonstraßen mit

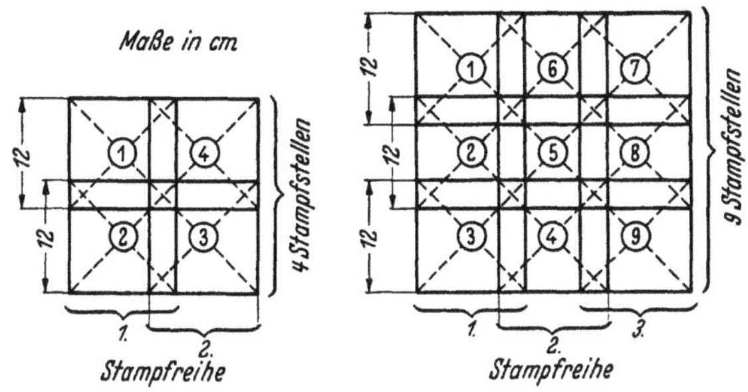

Abb. 164. Stampffolge der bei Anfertigung von Normenbetonproben, links 20-cm-, rechts 30-cm-Würfel.

Maschinen, schließlich durch Handstampfung, also unter Umständen weniger intensiv. Die Bauwerksfestigkeiten werden also andere sein als die Würfelfestigkeiten. Bei weichem oder flüssigem Beton steht der Beton in den Würfeln nicht unter dem Druck überstehenden Betons wie im Bauwerk. Er hat auch andere Erhärtungszeiten, da er früher zur Ruhe kommt, und wird auch aus diesem Grunde andere Festigkeiten aufweisen. Es muß deshalb unterschieden werden zwischen der Bauwerksfestigkeit (W_b) und der Würfelfestigkeit.

2. Der Wasser-Zement-Faktor.

Bei Herstellung von Würfeln sind Eisenformen, die verhältnismäßig dicht sind, vorgeschrieben. In diesen kann natürlich überschüssiges Wasser nicht abfließen. Der plastische und der Gußbeton ist demgemäß gezwungen, dabei mit einem hohen Wassergehalt, also mit einem schlechteren Wasser-Zement-Faktor, zu erhärten als im Bauwerk. Die Festigkeiten werden dementsprechend schlechter sein, denn im Bauwerk läuft ein Teil des Wassers weg und verbessert auf diese Weise den Wasser-Zement-Faktor, erhöht also die Festigkeit.

3. Temperatur bei der Erhärtung der Würfel.

Im Bauwerk wird sich der Beton bei tiefer Temperatur langsamer abkühlen als in den kleinen Würfeln. Es wird sich bei Hitze langsamer erwärmen und wird hauptsächlich bei Massenbauwerken in seinem Innern ganz andere Temperaturen hervorbringen als der Würfel. Aus diesen Gründen müssen, falls man die Würfel tatsächlich unter den gleichen Temperaturbedingungen halten will, wie sie im Bauwerk herrschen, die Bauwerkstemperaturen dauernd geprüft und die Würfel unter entsprechenden Verhältnissen im Temperaturschrank gehalten werden, ein Weg, den der Verfasser bei der Feststellung von Betonfestigkeiten in Schachtwänden mit Erfolg beschritten hat: Hierbei wurden Thermometer in den Beton einbetoniert, die Temperatur dauernd abgelesen und die Probewürfel in einem regulierbaren Kälteschrank dauernd unter gleichen Temperaturbedingungen gehalten, wie sie im Bauwerk herrschen. Auf diese Weise war es möglich, klarzustellen, welche ungefähre Festigkeiten der Bauwerksbeton tatsächlich hatte. In der Praxis lassen sich natürlich im allgemeinen, wenn es sich nicht um ganz besondere Verhältnisse handelt, diese Versuchsbedingungen nicht einhalten, so daß infolge verschiedener Temperaturbedingungen die Bauwerksfestigkeiten andere sein werden als diejenigen der Würfelfestigkeiten.

Für die Eignungs- und Güteprüfung der Baustoffe sind die Würfel in einem vor Zugluft geschützten Raum unter feuchte Tücher zu legen, bei Entformung nach frühestens 24 Stunden. Die an solchen Würfeln ermittelten Festigkeiten haben natürlich mit den Bauwerksfestigkeiten nichts zu tun. Sie zeigen bloß die zu erwartende Güte des Betons an.

Eine wirklich zuverlässige Methode, die Bauwerksfestigkeit festzustellen, ist allein die Festigkeitsprüfung des aus dem Bauwerk herausgenommenen Betons. Erfolgt das Herausnehmen durch Ausstemmen, so sind Festigkeiten zu erwarten, die unter den Bauwerksfestigkeiten liegen, da durch das Herausstemmen der Beton naturgemäß geschädigt wird, hauptsächlich dann, wenn es sich um ein zementarmes oder minderwertiges Erzeugnis handelt. Man kann diese Schädigung sehr stark herabdrücken durch Heranziehung eines gelernten Steinmetzen, der in ganz anderer Weise auf Grund seiner Erfahrungen und Übung imstande ist, aus einem Betonklotz einen Würfel herauszuschneiden als ein Handlanger. Die rücksichtslose Behandlung durch ungeübte und ungelernte Arbeiter beim Herausstemmen der Würfel gibt zu schweren Täuschungen in bezug auf die tatsächliche Güte des Betons Veranlassung, da eben durch die unsachgemäße Behandlung der Beton in ganz anderer Weise beschädigt wird, als wenn er mit scharfen Meißeln meistermäßig herausgearbeitet wird.

Eine zweite Art der Feststellung der Bauwerksfestigkeit durch Herausnehmen des Betons ist das Heraussägen oder Bohren von Kernen (vgl. Abb. 165) mit Steinsägen oder Hartbohrern, die mit Widia oder Diamanten besetzt sind oder mit Schrot arbeiten. Bei Betonstraßen wird es neuerdings in größerem Umfang eingeführt. Nach diesem Verfahren wurde vor mehreren Jahren vom Verfasser die Bauwerksfestigkeit einer 5 m dicken Molenmauer, welche auf ihrer Oberfläche beim Verladen durch heruntergefallene Düngesalze stark beschädigt war, durch den ganzen Kern hindurch festgestellt, ohne daß große Bauarbeiten oder Beseitigung von Betonmassen notwendig gewesen wären. Der Beton wird bei diesem Verfahren durch eine Bohrkrone, d. h. ein Rohr, welches an der Vorderseite mit Diamanten besetzt ist, fast ohne Lockerung des

Gefüges in Kernschichten von 12 cm Durchmesser und 20 cm Länge herausgesägt; nach Absägen der Stirnflächen kann leicht die Druckfestigkeit, weiter die Dichte, chemische Zusammensetzung usw. geprüft werden[1]. Auch das Einbringen von Formen bei Herstellung des Betons selbst sei hier erwähnt. Nach diesem Verfahren wird eine Form, z. B. ein Pappzylinder, mit einbetoniert, die dann samt dem in ihr befindlichen Beton aus dem Betongefüge herausgenommen werden kann. Bei Straßen ist auch das Herausschneiden eines Stückes der Platte, solange der Beton noch weich ist, leicht möglich.

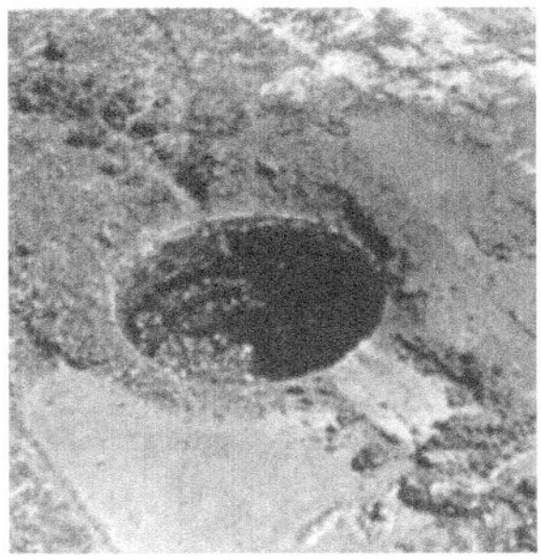

Unten: Straßenbeton.
Oben: alte Bitumenunterlage.

Abb. 165. Mit einer Bohrkernmaschine aus einer Straße herausgesägte Kerne. Diese nachträgliche Prüfung zeigt in diesem Falle deutlich, daß der auf einer alten Bitumenstraße aufgebrachte Beton entgegen dem Bauvertrag viel zu dünn, statt 15 cm bloß 6 cm, hergestellt worden war.

B. Entschalungsfristen.

Die Entschalung des Betons ist immer der kritischste Punkt bei der Herstellung eines Betonbauwerkes, da sich meist bei ihr schon allen-

Abb. 166. Brücke in der Schalung (s. auch Abb. 167).

fallsige Fehler herausstellen. Die Entschalung hat sich nicht nur zu richten nach der Festigkeit des Betons, sondern sie muß auch so vor-

[1] Grün: Untersuchung einer Beton-Kaimauer. Tonind.-Ztg. 1932 Nr. 22.

genommen werden, daß die einzelnen Teile des Bauwerkes statisch richtig belastet werden, da aus unsachgemäß vorgenommener, nicht in der Reihenfolge durchgeführte Entschalung durch falsches Unterspannungssetzen des Betons Bauunfälle hervorgerufen werden können. Abb. 166 u. 167 zeigt eine Brücke, die einstürzte, weil der zu ihrer Errichtung hergestellte Beton nicht sachgemäß gemischt und außerdem die Entschalung nicht in der richtigen Reihenfolge vorgenommen wurde. Selbstverständlich muß vor der Entschalung festgestellt werden,

Abb. 167. Brücke von Abb. 166 nach der Entschalung, zusammengestürzt infolge ungünstigem Korngrößenverhältnis des Basaltsplittbetons und infolge falscher Reihenfolge beim Entschalungsvorgang.

ob der Beton genügend erhärtet ist, und zwar sowohl durch Zerdrücken der Kontrollwürfel, die an der Baustelle gelagert haben, als auch durch Abklopfen des Betons selbst. Die Bestimmungen des Deutschen Ausschusses für Eisenbeton sagen u. a. folgendes:

Kein Bauteil darf ausgeschalt, d. h. keine Schalung oder Stützung beseitigt werden, als bis der Beton erhärtet ist, ehe der verantwortliche Bauleiter sich durch Untersuchung des Bauteils davon überzeugt und die Ausschalung angeordnet hat. Dabei sollen Notstützen, d. h. besonders angeordnete Notstützen, die zu diesem Zweck beim Bau der Schalung so angebracht werden, daß sie beim Ausschalen nicht berührt zu werden brauchen, stehenbleiben. Bei günstiger Witterung (niedrigste Tagestemperatur über 5°) gelten nach den Bestimmungen des Deutschen Ausschusses für Eisenbeton folgende Ausschalungsfristen als Minumum (s. Tab. 47).

Bei großen Stützweiten und Abmessungen sind diese Ausschalungsfristen unter Umständen bis auf das Doppelte zu verlängern. Bei Anwendung von Gleit- oder Wanderschalungen und ähnlichen Verfahren können die Fristen der Tafel, Spalte 2 sinngemäß herabgesetzt werden.

Tabelle 47. Ausschalungsfristen für Beton nach den Bestimmungen des Deutschen Ausschusses für Eisenbeton.

1	2	3	4
Verwendete Zementart	Für die seitliche Schalung der Balken und die Einschalung der Säulen oder Pfeiler	Für die Schalung der Deckenplatten	Für die Stützung der Balken und weitgespannten Deckenplatten
Handelszement[1] . . .	3 Tage	8 Tage	3 Wochen
Hochwertiger Zement .	2 Tage	4 Tage	8 Tage

C. Nachbehandlung.

Ein Schutz vor Frost für bereits erhärteten, aber noch immerhin frischen Beton ist hauptsächlich bei großen Oberflächen wünschenswert, da sonst leicht doch noch Abblätterungen erfolgen. Hitze und

Abb. 168. Betonstraße: Links lange Zeit nach der Herstellung mit Strohmatten belegt (zweckmäßig), rechts kurz nach der Herstellung mit an den Seiten und an den Stirnwänden nicht abgedichteten Dächern. Die Dächer sind dem Bauvorgang nicht schnell genug gefolgt. Infolgedessen trocknet der Beton zu stark aus und bekommt jetzt Schwindrisse.

ganz besonders Zug vermag die Nacherhärtung sehr weitgehend zu stören und begünstigt die Schwindung. Es müssen deshalb Bauwerke mit großer Oberfläche, beispielsweise Betonstraßen, so gut wie irgend möglich vor Hitze und Austrocknung geschützt werden. Es geschieht dies (vgl. Abb. 168 u. 169) zunächst durch fahrbare Dächer, später durch Abdecken mit Strohmatten (Abb. 170) u. dgl.

Bei Versuchen des Sonderausschusses über die Nachbehandlung von Straßendecken hat Rabe[2] umfangreiche Ermittlungen angestellt über

[1] Mit Handelszement wird in diesen Bestimmungen der gewöhnliche, nicht hochwertige Zement (Zementnormen § 1 Ziff. 1) bezeichnet.

[2] Rabe: Neuere Forschungsergebnisse über die Nachbehandlung des Betons bei Straßenbauten in den USA. Straßenbau 1934 S. 199.

die Einwirkung der Nachbehandlung, wobei Bitumenanstriche, Wasserglas und Kalziumchloridanstrich, Erdbedeckung u. dgl. durchgeführt wurde. Im ganzen genommen stand die feuchte Nachbehandlung so-

Abb. 169. Abdeckung des Frischbetons mit fahrbaren Dächern. Hier sind im Gegensatz zu Abb. 168 die Dächer dem Bauvorgang gefolgt.

wohl in der Höhe der Bewertung als auch der Gleichförmigkeit der Ergebnisse an erster Stelle. Sonnensegel haben sich am besten bewährt. Bei anderen ähnlichen Versuchen wurden folgende Zahlen gefunden:

Tabelle 48. Druckfestigkeiten bei verschiedener Nachbehandlung von Beton.

Lfd. Nr.	Behandlungsweise	Druckfestigkeit nach 35 Tagen kg/cm²	Wertziffer
1	Bitumenüberzug, Untergrund trocken	280	104
2	Feuchte Sonnensegel, eine Lage	277	103
3	Feuchte Erddecke, 10 cm stark	270	100
4	Bitumenüberzug, Untergrund trocken	265	98
5	Bitumenüberzug, 2,5 cm Erddecke	245	91
6	Feuchte Erddecke, 5,5 cm stark	243	90
7	Einteichen	231	85
8	Ölpapier A trocken	222	82
9	Ölpapier B trocken	209	77
10	Keine Behandlung	165	61

Die in Deutschland üblichen fahrbaren Dächer haben den Nachteil, daß sie oft wie der Fuchs eines Schornsteins wirken, also starke Zugluft erzeugen. Sie müssen deshalb an den Enden geschlossen werden. Dittrich teilt mit, daß in Amerika derartige Dächer nicht üblich sind, sondern Auflegen von Strohdecken usw. direkt auf den Beton (mündliche Mitteilung). Meist wird Auflegen von Sonnensegeln, Matten (die nicht verfault sein dürfen), Aufbringung von nassen Säcken, Sägemehl oder Sand zweckmäßig sein.

Dabei ist zu beachten, daß nasser Sand sehr schwer ist. Einsturz von Decken wurde schon herbeigeführt durch allzu große Anhäufung von Sand auf den jungen Beton. Besonders gefährdet sind stets Zementestriche, die nicht nur Schwindrisse enthalten, sondern unter Umständen sich auch von der Unterlage lösen und schlecht erhärten, wenn sie sofort nach Herstellung stark austrocknen. Diese Austrocknung wird nicht nur durch

Abb. 170. Abdeckung mit Schilfmatten, die neuerdings für zweckmäßiger als die Dachabdeckung gehalten werden, da kein Zug entstehen kann.

Sonne, sondern ganz besonders durch Zug und Wind herbeigeführt. Im Frühjahr, auch wenn die Tagestemperatur noch gar nicht besonders hoch ist, und besonders im Sommer, müssen deshalb Zementestriche auch im Innern von Bauwerken entweder durch Abdeckung oder durch Schließen der Fenster vor schneller Austrocknung geschützt werden. Die meisten Fehlschläge bei der Herstellung von Zementestrichen sind darauf zurückzuführen, daß sie hergestellt wurden, bevor Fenster und Türen in das Bauwerk eingebracht waren, wodurch dann starker Zug entstand. Auch allzufrühe Inbetriebnahme der Zentralheizung muß vermieden werden. Das Naßhalten muß recht lange durchgeführt werden, hauptsächlich bei großen Flächen, von denen Schwindrißbildung befürchtet wird.

VI. Einwirkungen auf erstarrten und erhärteten Beton.

Beim steinartig erhärteten Beton ist die Widerstandsfähigkeit gegen chemische und physikalische Beanspruchung unvergleichlich größer als beim erst erstarrten Beton des Stadiums II und nimmt mit steigender Erhärtungsdauer zu, dennoch können diese Faktoren Schädigungen herbeiführen, besonders wenn sie besonders intensiver Natur sind (konzentrierte Lösungen) oder lange Zeit hindurch einzuwirken vermögen (Einwirkung sulfathaltigen Grundwassers usf.).

Die verschiedenen Einwirkungsarten sind im nachfolgenden der Reihe nach besprochen, und zwar zunächst die physikalischen Einwirkungen: Frost, Hitze und Austrocknung, Feuer; Erschütterung, Zug und Druck, Stoß und Schlag, Abnutzung, Elektrizität, dann die ungleich wichtigeren chemischen Einflüsse der Basen, Säuren, Salze und organischen Verbindungen.

Schutzmaßnahmen sind jeder Besprechung angefügt, die im Handel vorkommenden Schutzmittel sind in einem besonderen Kapitel behandelt.

A. Physikalische Einwirkungen. Temperatureinflüsse.

1. Frost und kühle Temperaturen.

Bei der Einwirkung des Frostes ist für eine Schädigung ausschlaggebend der Zustand, in welchem sich der Beton befindet beim Eintritt der tiefen Temperatur. Als solche Zustände sind oben schon gekennzeichnet: Stadium I der Frischbeton, Stadium II der erstarrte Beton von 3 bis etwa 12 oder 18 Stunden, also der bereits fest gewordene, aber noch nicht erhärtete Beton, und Stadium III der steinartige Beton.

Besonders empfindlich sind naturgemäß die Zustände unter I und II, während der steinartig erhärtete Beton, wenn er einigermaßen dicht ist, als vollkommen frostbeständig angesehen werden kann. Nur sehr häufiges Auftauen und wieder Gefrieren vermag einen derartig steinartig erhärteten Beton dann, wenn er porös ist, allmählich wie ein poröses Naturgestein zur Verwitterung zu bringen. Bei tiefen Temperaturen und stark wasserhaltigem Beton ist es zweckmäßig, daß man den Frost so lange fernhält, bis der Beton eine Druckfestigkeit von 100 kg/cm² erreicht hat. Wird ein derartiger steinartiger Beton von Frost getroffen, so tritt eine Weitererhärtung nicht ein, sondern die Erhärtungsenergien schlummern, bis die Temperaturen wieder über ungefähr 5° ansteigen. Die Weitererhärtung geht nach diesem Anstieg in normaler Weise weiter.

Entgegen der Forderung von Gruner[1], Talsperrenbeton in frostreichem Klima sowohl von der Wasser- als auch von der Talseite aus mit einer Bruchstein- oder Hausteinverkleidung zu versehen, stellt Petry fest, daß die in 1750 m Höhe gelegene Vermuntstaumauer keinerlei Frostschäden zeigte; sie war hergestellt mit 150 kg Zement je Kubikmeter Beton und 2 m dicker Vorsatzbetonschicht mit 225 kg Zement je Kubikmeter auf der Luftseite, auf der Wasserseite dagegen 300 kg Zement stampffähiger, plastischer Verarbeitung und hat sich seit 1930 gut gehalten. Zu nasser Beton muß also vermieden werden, trockener dagegen hält ohne weiteres.

2. Hitze.

Auch bei Einwirkung der Hitze ist wichtig das Stadium, also der Zustand, in dem der Beton getroffen wird. Im Zustand 1, also im breiförmigen Zustand, tritt durch Hitze eine Schädigung nicht ein, wenn diese nicht über etwa 80° ansteigt. Lediglich die Abbindezeit wird verkürzt. Im 2. Zustand, also im erstarrten, noch nicht steinartigen Beton ist die Unempfindlichkeit noch größer, solange nicht durch Austrocknung das zum Weitererhärten nötige Wasser entzogen wird. Nur Putzbeton wird in diesem Zustand stärker geschädigt, da Schwindrisse einzutreten vermögen. Vgl. Näheres über die Verhältnisse S. 144. Bei Temperaturen von über 100° tritt infolge des Austrocknens von Wasser hauptsächlich bei jüngerem Beton Festigkeitsabfall auf.

Bei Erhitzen von Zugkörpern während 120 Stunden im elektrischen Ofen zeigten sich erhebliche Festigkeitsabfälle schon bei 150°. Die verschiedenen Zementarten verhielten sich ähnlich; die Festigkeiten bei einem Portlandzement, der sich am besten verhalten hatte, betrugen:

Tabelle 49. Einfluß von Erhitzung auf die Zugfestigkeit von Beton.

Erhitzt 120 Std. auf	Anfangsfestigkeit 25 kg/cm²	Erhitzt 120 Std. auf	Anfangsfestigkeit 25 kg/cm²
150°	15 kg/cm²	250°	7 kg/cm²
200°	14 „	300°	9 „

Es betrug der Abfall bei 5tägiger Erhitzung auf 150° 40—65%, bei 14tägiger Erhitzung auf 600° waren alle Körper zermürbt[2]. Es ist anzunehmen, daß bei größeren Betonmassen, wie sie allein in der Praxis vorkommen, die Schädigungen geringer sind[3].

3. Feuer.

Bei der Beurteilung der Feuerwirkung ist zu unterscheiden zwischen der Wirkung der Hitze auf den Zement und derjenigen auf den Zuschlagsstoff. Die letztere ist im allgemeinen wesentlich wichtiger. Bei Mörtelversuchen fanden Grün und Beckmann die Festigkeits-

[1] Vgl. Jber. dtsch. Betonvereins 1935 S. 21.
[2] Nietzsche: Zementmörtel in hohen Temperaturen. Zement 1924 S. 447.
[3] Wernekke: Behandlung von Beton in trockener Gegend. Zement 1926 S. 377.

veränderungen der Kurventafel 48 und bei verschiedenen Gesteinen die der Kurventafel 171[1].

Bei den Brandproben an Eisenbetonbauten, die von Gary für den Deutschen Ausschuß für Eisenbeton[2] ausgeführt wurden, stellte Gary fest, daß zwischen feuerbeanspruchten und nicht von Feuer berührten

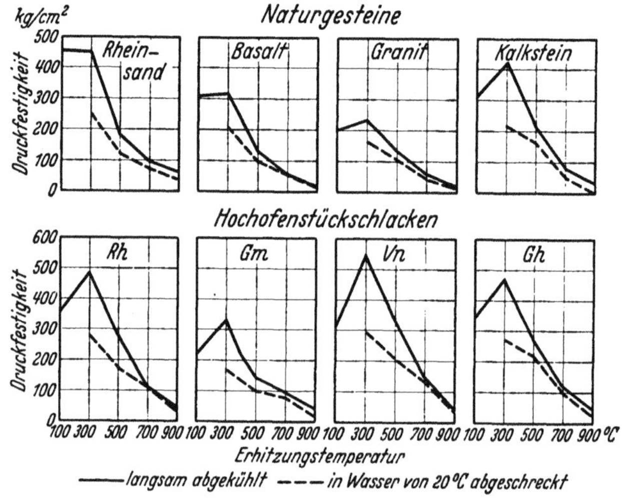

Abb. 171. Einwirkung von Hitze auf verschiedene Zuschläge: Deutlich zu sehen ist die starke Schädigung durch schnelles Abkühlen (Spritzarbeiten bei Feuersbrunst).

Betonkörpern, soweit sie Basalt und Granit als Zuschlag enthielten, keine wesentlichen Druckfestigkeitsunterschiede vorhanden waren, während Kiesbeton ein Viertel seiner Festigkeit verloren hatte. (Platzen der Quarzkörner. Der Verfasser.) Amerikanische Versuche an 15 Fuß 8 Zoll hohen belasteten Säulen, von denen 12 Fuß = etwa 4 m in einem eigens zu diesem Zweck gebauten Ofen starker Feuerwirkung ausgesetzt waren und welche teilweise mit Wasser bespritzt wurden, ergaben folgende bestimmte Reihenfolge für die Güte der Zuschlagsstoffe:

Tabelle 50. Einfluß von Erhitzung auf verschiedene Zuschläge.

	Erscheinungen	Beurteilungen
1. Quarzkies, Feuerstein	Springen und Absplittern	Kieselsäurereiche Gesteine im allgemeinen ganz ungeeignet
2. Sandstein, Granit	—	Etwas besser als Quarz
3. Kohlenschlacken	Springt nicht, leitet aber die Wärme zu gut	Schützt die Eisen nicht
4. Hochofenschlacken	—	Besser als 1—3
5. Kalkstein	Bei sehr langer Brenndauer: Kalzinieren	Sehr haltbar, gut isolierend
6. Ziegelsteinstücke	—	Sehr gut
7. Basalt, Trachyt	—	Gut

Feines Korn erwies sich besser als grobes[3].

[1] Grün-Beckmann: Verhalten von Beton bei hohen Temperaturen unter besonderer Berücksichtigung von hochofenschlackenhaltigem Beton. Arch. Eisenhüttenwes. Jg. 3 (1929/30) S. 677/84.
[2] Deutscher Ausschuß für Eisenbeton, Heft 33 (1916), Heft 41 (1918).
[3] Proc. Amer. Concrete Inst. Bd. 21 (1925) S. 284.

Nach den eingangs erwähnten „Brandproben", die an zu diesem Zwecke errichteten zweistöckigen Eisenbetonhäusern vorgenommen wurden, kommt Gary zu dem Schluß: „Beide Versuchshäuser haben bei den wiederholten scharfen Brandproben unter ungünstigsten Umständen eine auch für viele Fachleute überraschende Widerstandsfähigkeit erwiesen. Ganz besonders die Eisenbeton- und auch die Kunststeintreppe haben sich vorzüglich bewährt."[1]

Auch Brandversuche an einem Lagerhaus der Buderusschen Eisenwerke, die unter gleichzeitiger hoher Belastung durchgeführt und bei welchen Temperaturen über 1000° erreicht wurden, erwiesen „trotz der übergroßen Inanspruchnahme der Baustoffe", daß „die Hitze den Zusammenhang der Bauteile nicht bis zum Einsturz lösen konnte"[2]. Vgl. auch Abb. 172 u. 173 vom Brand des Lagerhauses Karstadt, Hamburg.

Abb. 172.

Abb. 173.

Abb. 172 u. 173. Brand des Lagerhauses Karstadt, Hamburg: Zwar sind die Kanten durch die sich ausdehnenden Eisen abgesprengt, die Standfestigkeit ist aber nicht wesentlich erschüttert, und das Bauwerk konnte durch Aufspritzen von Torkretputz wiederhergestellt werden.

Nach Mörsch[3] reicht die gewöhnliche Betondeckung von einigen Zentimetern hin, um das Eisen vor der für seine Tragfähigkeit gefährlichen Temperatur in gewöhnlichen Brandfällen zu schützen.

In den Vereinigten Staaten von Nordamerika wurden 1917 (neugeprüft 1922) bereits Normen für die Prüfung der Feuerbeständigkeit von Bauteilen aufgestellt, in welchen Erhitzungsdauer, Temperaturhöhe, Art und Zeit der Wasserbespritzung für die heißen Bauteile usw. festgelegt sind[4].

[1] Deutscher Ausschuß für Eisenbeton, Heft 41.
[2] Gary: Deutscher Ausschuß für Eisenbeton, Heft 46.
[3] Mörsch, Prof. E.: Der Eisenbetonbau. I. Bd. S. 153. 5. Aufl. 1920.
[4] Amer. Soc. Test. Mater. Stand. 1924 S. 732.

Nach Versuchen über die Feuerbeständigkeit von Beton, die in dem obenerwähnten Ofen unter Belastung durchgeführt wurden, kam das Komitee zu folgenden Schlüssen[1]:

Säulen: Falls das Zuschlagsmaterial Neigung zum Platzen im Feuer zeigt, sind möglichst runde Säulen zu verwenden. Bei eckigen Säulen sind die Kanten zu brechen. Die senkrechte Bewehrung soll durchaus gebunden und beim Stampfen so an ihren Platz gehalten sein, daß sie stets $1^1/_2$ Zoll (= 3,75 cm) von der Oberfläche entfernt bleibt. Unter besonderen Bedingungen, also bei Feuergefährlichkeit, sind über dem Eisen außerdem noch 2,5 cm Betonmaterial nötig.

Balken und Binder: Die Unterseite von wichtigen Tragbalken soll $1^1/_2$ Zoll Schutzbeton unter dem Eisen haben. Auch hier ist in Fällen der Feuergefährlichkeit, wie bei den Säulen, besondere Überdeckung nötig. Von der Seite sollen die Eisen gleichfalls $1^1/_2$ Zoll entfernt sein. Winkelbügel in den Balken, wo die Bewehrung starken Druckbeanspruchungen ausgesetzt ist, sind von Vorteil.

Bei unwichtigen Säulen kann bisweilen weniger schützendes Material verarbeitet werden, weil die Folgen von Beschädigungen nicht ernst sind.

Platten: Die Schutzdeckung von Platten und Wänden muß $^3/_4$ Zoll (18,8 mm) sein, wenn nichtplatzender Zuschlag verarbeitet wird, sonst 1 Zoll (= 25 mm). Falls längere Dauer einer Feuersbrunst zu gewärtigen ist, muß eine stärkere Schutzschicht vorgesehen und Zuschläge vermieden werden, die springende Bestandteile enthalten, wenn nicht die Platte mit einer zweiten Schicht von Eiseneinlagen gebunden ist. Die größere Dichte eines Betons aus Material, das springt, ist nicht wirksam, wenn es nicht so zusammengehalten ist, daß es nicht abfallen kann.

Dichtes Geflecht und dünne Betonstellen müssen an solchen Stellen, wo schnelle Erhitzung Brüche durch ungleiche Ausdehnung hervorrufen können, vermieden werden.

Dehnungsfugen: Diese müssen so dicht zusammengeschlossen werden, daß nicht an Säulen und Boden von ungleichmäßiger Erhitzung Schädigungen bei schwerem Feuer auftreten können.

4. Austrocknung (Schwinden und Rißbildung).

Das Abbinden und Erhärten des Betons ist in der Hauptsache zurückzuführen auf die Bildung von Gelen, also gelatineartigem Kalziumsilikat und Kalziumaluminathydraten, die stark wasserhaltig sind. Trocknen diese Gele aus, so ziehen sie sich naturgemäß zusammen, d. h. sie schwinden. Durch diese Schwinderscheinungen treten im Beton Spannungen auf, welche die Zugfestigkeit beanspruchen. Ist die Haftung und die Zugfestigkeit sowie die Elastizität gering, so tritt die gefürchtete Rißbildung ein, welche besonders bei Fußböden (Terrazzo) und bei Betonbelägen von Autobahnen von Wichtigkeit ist. Die Austrocknung[2] setzt, gerade wenn sie den Beton sehr früh trifft, die Festigkeit herab. Es ist deshalb wichtig, besonders bei Zementen mit Anteilen an langsam erhärtenden Stoffen, die Austrocknung möglichst lange hinauszuschieben. Graf gibt Festigkeitsrückgänge von Zementen, die zeigen, daß bei Lagerung in sehr trockener Luft über Wasser absorbierender konzentrierter Schwefelsäure überaus starke Festigkeitseinbußen bei manchen Zementen eintreten (Abb. 174). Die Zemente erholen sich aber bei erneuter Befeuchtung und es erscheint mir nicht angängig, Schlüsse aus dem Verhalten bei dieser raffinierten Arbeitsweise zu ziehen, da Zemente dieser Eigenart sich in der Praxis seit vielen Jahrzehnten ausgezeichnet bewährten.

---

[1] Proc. Amer. Concrete Inst. Bd. 21 (1925) S. 284.

[2] Graf: Neuere Untersuchungen mit Zement und Beton zu großen und wichtigen Bauwerken. Z. VDI 1936 S. 1129.

Bezüglich Rißsicherheit von Beton weist Hummel[1] auf die drei Wege hin, die zu diesem Zweck beschritten werden können, nämlich:

1. Erhöhung der Zugfestigkeit.
2. Verringerung des Schwindmaßes.
3. Erhöhung der Dehnungsfestigkeit.

Er führt aus, daß die dauerlastähnlichen Schwindspannungen durch die Kriecherscheinungen verringert werden, da durch das Kriechen eine Entlastung herbeigeführt wird. Er verweist auf die Möglichkeit der Beeinflussung der Betonelastizität ohne Veränderung der Betonfestigkeit im günstigen Sinne, dadurch, daß entsprechende Zuschlagsstoffe

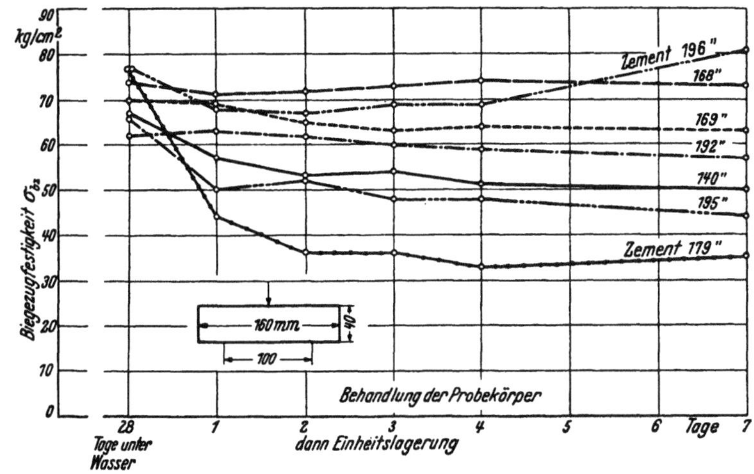

Abb. 174. Verschieden hohe Biegefestigkeiten von Zementen bei Austrocknung. Deutlich ist zu sehen, daß die Zemente durch die Austrocknung stark geschädigt werden. (Aus Graf: Neuere Untersuchungen mit Zement und Beton zu großen und wichtigen Bauwerken. Z. VDI 1936 S. 1129.)

ausgewählt werden. Es sind beispielsweise für Straßenbeton stark kriechende Zemente und Zuschläge mit hoher Elastizität zu verwenden.

Heinlein[2] teilt mit, daß die meisten Risse im ersten und dritten Jahr des Bestandes eintreten und daß der Hochsommer die gefährlichste Zeit ist, besonders wenn starke Hitze mit Gewitterregen wechseln. Die Zerstörung schreitet an den Kreuzungsstellen von Rissen, sowie an jenen von Rissen und Fugen am schnellsten vorwärts.

Baravalle[3] berichtet über die Bestimmung der Rißtiefe mittels dünnflüssiger Farblösungen (4proz. Nigrosin-Farblösung in Alkohol) und weist auf die Wichtigkeit der Abbindewärme und der späteren

[1] Hummel: Beeinflussung der Elastizität von Beton. Protokoll des Vereins deutscher Portlandzementfabrikanten. Zementverlag Berlin 1936 S. 100.

[2] Heinlein: Praktische Fragen der Betonstraßenerhaltung. Neuere Mitteilungen über Betonstraßenbau, herausgeg. vom Österr. Betonverein anläßlich des 7. Österr. Straßentages, S. 19.

[3] Baravalle: Betonierungs- und Bewegungsfugen in Ingenieurbauten. Zweiter Kongreß der Intern. Vereinigung für Brückenbau und Hochbau, Berlin-München 1.—11. Okt. 1936, Vorbericht, Deutsche Ausgabe, S. 327.

Außentemperatureinwirkung durch die Art der Dehnungsfugeneinteilung hin. Er unterscheidet Baudehnungsfugen, die nur während der Bauausführung oder mehrere Wochen offenbleiben und dann zubetoniert werden, und bleibende Dehnungsfugen.

Thomas[1] hat mit einem besonders konstruierten Apparat, der die Messung von Beton, der mit Federn unter Zugbelastungen gehalten wurde, gestatte, folgendes festgestellt:

Bei gewöhnlichem Portlandzement wird der Spannungszuwachs infolge starker Kriecherscheinungen allmählich kleiner. Bei hochwertigem Portlandzement dagegen wachsen die Spannungen stetig, bis die Zugfestigkeit erreicht ist und Risse entstehen. Bei Tonerdezement wächst die Spannung so schnell, daß schon kurz nach Versuchsbeginn keine Rißsicherheit mehr vorhanden ist. Hoher Wassergehalt hat nicht notwendig höhere Rißneigung zur Folge. Der Zuschlag beeinflußt deutlich die Rißsicherheit. Nach Entstehung der Risse tritt Zunahme der Rißbreite hauptsächlich durch Kriecherscheinungen in der Berührungsschicht zwischen Beton und Eisen ein, so daß der Beton an den Eisen entlang vom Riß weggleitet. Allerdings schließen sich die Risse bei der Entlastung wieder bis zu einem gewissen Grade, wofür der Ausdruck „federnd" nicht befriedigend ist, weil die Schließbewegung nicht im gleichen Verhältnis wie die Verringerung der Last eintritt. Feine Risse heilen mit der Zeit oft völlig aus, wenn die Körper feucht sind.

Freyssinet[2] empfiehlt Unterspannungsetzen des Eisens, um durch Erzeugung der nötigen Vorspannung eine Ausnutzung von Stahl mit hoher Streckgrenze zu bekommen. Nach seiner Ansicht ist dichter Beton und Erzeugung einer schnellen Erhärtung von Wichtigkeit; die letztere Maßnahme besonders, um die Geräte, die zum Unterspannungsetzen des Betons dienen, schnell wieder frei zu bekommen. Als solche Mittel empfiehlt er Rütteln, Druckeinwirkung und bei Portlandzement und Schlackenzement Erwärmung auf 100°. Als Zeitdauer, um eine ausreichende Erhärtung zur sicheren Aufnahme der Vorspannung zu erreichen, gibt er für guten Portlandzement $1^1/_2$ Stunden, gerechnet vom Zeitpunkt des Einbringens in die Schalung, an. Bei Schlackenzement 2—5 Stunden. Die Erwärmung soll mit Wasserdampf ausgeführt werden, bei Anwendung zweckmäßig ausgebildeter Schalung. Die Abbindewärme führt dazu, daß die Temperatur des Betons nicht selten die des Dampfes beträchtlich überschreitet und der Dampfverbrauch gering ist (10000—20000 cal/cbm Beton zur Erwärmung von 10 auf 100°).

Freyssinet verweist weiter darauf, daß für Betonstraßen die Anwendung von Bewehrung oft eher schädlich als nützlich ist und empfiehlt auch hier die Anwendung gespannter Bewehrung, welche die Biege-

---

[1] Thomas: Rißerscheinungen im Eisenbeton. Zweiter Kongreß der Intern. Vereinigung für Brückenbau und Hochbau, Berlin-München 1.—11. Okt. 1936, Vorbericht, Deutsche Ausgabe, S. 233.

[2] Freyssinet: Praktische Weiterentwicklung der Verfahren zur mechanischen Behandlung von Beton. Zweiter Kongreß der Intern. Vereinigung für Brückenbau und Hochbau, Berlin-München 1.—11. Okt. 1936, Vorbericht, Deutsche Ausgabe, S. 205.

festigkeit erhöht und das Reißen verhindert. Der Eisenverbrauch stellt sich hierbei nur auf 4—5 kg/qm. Die Straße kann 2 Stunden nach Einbringung des Betons benutzt werden.

Gehler[1] verweist auf die Wichtigkeit der Betongüte, mit deren Steigen die Rißsicherheit wächst, und schreibt: „Da aber die Sprödigkeit bei Verwendung von Zement mit hoher Druckfestigkeit größer (oder das Verhältnis der Zugfestigkeit Z zur Druckfestigkeit D kleiner) wird, vermag sich diese Gütesteigerung der Würfelfestigkeit hinsichtlich der Rißsicherheit bei den heute üblichen Zementarten leider nur in geringem Maße auszuwirken[2]."

Ein bemerkenswertes Beispiel, von wie großer Tragweite das Verhältnis Zugfestigkeit zu Schwindmaß sein kann, gibt Graf[3], indem er folgendes mitteilt:

Eine Betonwerksteinfabrik, die jahrelang gute Ware geliefert hatte, ging zu einem neuen Zement über und bekam mit diesem infolge von Schwindrißbildungen unbrauchbare Ware. Bei Gegenüberstellung der beiden Zemente wurden folgende Zahlen gefunden:

Tabelle 51. Verhältnis von Zugfestigkeit und Schwindung bei verschiedenen Zementen.

Zement	*a*	*b*
Zugfestigkeit im Alter von 28 Tagen . . . . . . kg/cm²	36,4	26,1
Schwinden von Prismen 7×7×17 cm bis zum Alter von 30 Tagen (ausgehend vom Zustand am Ende der Lagerung in feuchter Luft) . . . . mm/m	0,46	0,54

Das Schwindmaß bei Zement *a*, welcher der ursprünglich gut funktionierende Zement war, war geringer, bei hoher Zugfestigkeit, gegenüber dem Schwindmaß des Betons *b*, dagegen ist das Schwindmaß des Betons *b* bei kleinerer Zugfestigkeit größer und hat deshalb zu Schwindrissen geführt, weil beim Schwinden die Zugfestigkeit überwunden und so Risse herbeigeführt wurden.

Bezüglich des Zementeinflusses auf das Schwinden kommt Kühl[4] zu folgenden hauptsächlichsten Schlüssen:

1. Längeres Lagern auch an trockener Luft verlängert die Schwindneigung.

2. Höherer Wasserzusatz vermindert die Anfangsschwindung und erhöht die Endschwindung.

---

[1] Gehler: Anwendung des hochwertigen Stahles im Eisenbetonbau. Zweiter Kongreß der Intern. Vereinigung für Brückenbau und Hochbau, Berlin-München 1.—11. Okt. 1936, Vorbericht, Deutsche Ausgabe, S. 265.

[2] Vgl. auch Bornemann: Erhöhung der Zugfestigkeit und Verminderung der Rißbildung des Betons. Zweiter Kongreß der Intern. Vereinigung für Brückenbau und Hochbau, Berlin-München 1.—11. Okt. 1936, Vorbericht, Deutsche Ausgabe, S. 177. — Graf: Einheitliche Feststellung des Schwindmaßes von Straßenbauzementen. Zement 1936 Heft 19.

[3] Graf: Über einige Aufgaben der Eisenbetonforschung aus älterer und neuerer Zeit. Beton u. Eisen 1934 S. 165.

[4] Kühl: Die Abhängigkeit des Schwindens der Portlandzemente von physikalischen und chemischen Einflüssen. Tonind.-Ztg. 1935.

3. An trockener Luft ist die Schwindung am größten. Die Unterschiede sind aber gering, solange der Feuchtigkeitsgehalt zwischen 0 und 40% liegt. In wassersatter Luft geringe Schwindung.

4. Längeres Feuchthalten der Versuchskörper verzögert den Eintritt der Schwindung am Anfang, nicht aber am Ende.

5. Bei völlig dichtem Luftabschluß ist die Schwindung äußerst gering.

6. Kieselsäuregehalt des Zementes ist ohne wesentlichen Einfluß.

7. Hoher Tonerdemodul vergrößert die Schwindung.

8. Zemente mit geringem Kalkgehalt bleiben in der Anfangsschwindung zurück, in der Endschwindung sind erhebliche Unterschiede im Kalkgehalt ohne Einfluß.

9. Gipszusatz kann die Schwindneigung verringern.

10. Chlorkalzium erhöht die Schwindneigung.

Haegermann[1] hat Versuche durchgeführt über das Ausmaß der Schwindung durch Zusatz von Chloriden, besonders im Hinblick auf das Verbot der Forschungsgemeinschaft für Betonstraßen, die den Zusatz von Chloriden zu Zement für den Straßenbau untersagt hat. Die Zusatzmengen sind auf das Zementgewicht bezogen. Der Mörtel bestand aus 1 Tl. Zement, 1 Tl. Quarzmehl, 2 Tl. Normensand und 0,6 Tl. Wasser. Geprüft wurde an 4×4×16-cm-Prismen, die 2 Tage unter feuchten Tüchern, 5 Tage unter Wasser, dann in der Einheitslagerung, d. h. über Schwefelsäure $d + 1{,}33$ lagerten. Folgende Ergebnisse wurden gefunden:

Tabelle 52. Einfluß von Chloriden auf das Schwinden von Zementmörtel.

Lösung	Alter in Tagen	Zusatzmenge in Prozenten				
		0	1	3	5	
Kochsalz (NaCl)	28	−0,39	−0,44	−0,46	−0,50	
	56	−0,65	−0,83	−0,86	−0,97	
	180	−0,76	−0,93	−1,04	−1,30	
		0	1/2	1	2	3
Bariumchlorid ($BaCl_2$)	28	−0,58	−0,60	−0,48	−0,46	−0,49
	56	−0,82	−0,97	−0,80	−0,80	−0,81
	180	−0,93	−1,04	−1,00	−1,00	−0,98
		Chlorkalzium ($CaCl_2$)				
Zement I	28	−0,60	−0,62	−0,58	−0,49	−0,50
	56	−0,84	−0,94	−0,85	−0,76	−0,88
	180	−0,93	−0,99	−0,94	−0,89	−0,91
Zement II	28	−0,52	−0,62	−0,63	−0,59	−0,53
	56	−0,84	−0,93	−0,97	−0,79	−0,77
	180	−0,91	−1,02	−1,08	−0,93	−0,87
Zement III	28	−0,37	−0,49	−0,49	—	−0,49
	56	−0,56	−0,74	−0,76	—	−0,70
	180	−0,72	−0,83	−0,87	—	−0,84

Demnach wirkt das Natriumchlorid besonders stark schwindungserhöhend; aber alle Chloride beeinflussen im allgemeinen die Schwin-

[1] Haegermann: Raumänderungen von Beton. Protokoll des Vereins deutscher Portlandzementfabrikanten, Zementverlag Berlin 1936 S. 128.

dung im positiven Sinne, allerdings nicht bei allen Zementen. So verhält sich gegen Kalziumchlorid der Zement III ungünstiger als die anderen. Die Einflüsse sind also von Zement zu Zement verschieden. Eine weitere Verfolgung der Fragen erscheint mir wünschenswert.

Der Feuchtigkeitsgehalt der Luft wirkt in der Weise auf die Schwindung, daß bei starker Austrocknungsmöglichkeit für den Mörtel dieser stark schwindet. Haegermann[1] fand für die verschiedenen Feuchtigkeiten folgende Zahlen:

Tabelle 53. Längenänderung und Gewichtsabnahme von Prismen 4×4×16 cm in Luft von verschiedenem Feuchtigkeitsgehalt.

Relative Feuchtigkeit in Prozenten	Längenänderung			Gewichtsabnahme (Wasserverlust) in g			Einstellung des Feuchtigkeitsgehaltes mit
	Alter in Tagen						
	28	56	180	28	56	180	
0	−0,84	−0,95	−0,99	36,6	41,9	45,0	konz. H_2SO_4, $d:1,84$
35	−0,77	−0,92	−0,97	31,3	34,3	40,2	$CaCl_2$
45	−0,68	−0,88	−0,96	28,0	31,4	36,4	K_2CO_3
50	−0,60	−0,84	−0,95	26,3	29,1	37,0	H_2SO_4, $d = 1,33$
55	−0,55	−0,78	−0,94	24,0	27,0	31,9	$Ca(NO_3)_2$
65	−0,42	−0,65	−0,86	20,2	24,0	27,4	NH_4NO_3
75	−0,28	−0,45	−0,67	16,3	19,4	22,4	NaCl
86	−0,14	−0,25	−0,31	11,1	14,9	16,4	KCl
92	−0,06	−0,09	−0,11	7,8	8,9	10,1	Na_2CO_3
Wasserlagerung	+0,07	+0,11	+0,11	3,4	5,0	5,3	Wasser
				Zunahme bei Wasserlagerung			

Die Zahlen zeigen fast völliges Verschwinden der Schwindung bei hoher relativer Feuchtigkeit. Bemerkenswert ist, daß nach 180 Tagen bei 0—65% relativer Feuchtigkeit das Endschwindmaß nur wenig verschieden ist. Wie stark die Korngröße die Austrocknungsgeschwindigkeit und damit auch das Schwindmaß beeinträchtigt, zeigt Haegermann in der gleichen Arbeit, indem er nachweist, daß Körper mit großer Oberfläche bezogen auf Volumeinheit schneller austrocknen und demnach stärker schwinden als große Körper mit kleinerer Oberfläche.

Diese Ergebnisse sind an sich selbstverständlich, dürfen aber nicht, wie dies häufig geschieht, bei der Übertragung von Schwindergebnissen aus dem Laboratorium bei starker Austrocknung an kleineren Körpern auf die Praxis mit ihren größeren Verhältnissen vergessen werden.

Daß der Temperatureinfluß sich auf die Schwindung weit schneller auswirkt (selbst bei kleineren Prismen) als die Austrocknung, welch letztere ja zum Schwinden führt, zeigt Haegermann in der gleichen Arbeit an einigen Beispielen, indem er nachweist, daß bei Steigerung der Temperatur um 8° sich ein Prisma trotz Fallen der Luftfeuchtigkeit von 70 auf 40% um 0,12 mm/m ausdehnt. Ebenso weist er auf die Längenänderung der Zuschlagsstoffe hin und berechnet, daß eine

[1] Haegermann: Raumänderungen von Beton. Protokoll des Vereins deutscher Portlandzementfabrikanten. Zementverlag Berlin 1936 S. 128.

Betonplatte von 20 m Länge sich bei 30° Temperaturunterschied um 6 mm ausdehnt bzw. zusammenzieht, während eine Granitplatte bei den gleichen Verhältnissen Längenänderungen von $\pm 5{,}2$ mm aufzuweisen hätte, immer natürlich unter der rein theoretischen Voraussetzung, daß sie sich (was in der Praxis niemals der Fall ist) frei bewegen können.

Auch Ros[1] hat gezeigt, daß „die Unterschiede in der Art und Größe der Schwinderscheinungen, welche sich beim reinen Zementbrei 1 : 0 infolge Verwendung verschiedener schweizerischer Zementmarken und Änderung der Dosierung am ausgesprochensten zeigen, beim Baumörtel und Beton in nicht so deutlicher Weise in Erscheinung treten und mit zunehmendem Alter einen noch weitgehenderen Ausgleich erfahren". Mit zunehmendem Feinsandgehalt war eine starke Erhöhung des Schwindmaßes festzustellen.

Die erste Schwindung tritt schon ein im unverarbeiteten Beton durch das allmähliche Aufsaugen des Wassers durch den Zement. Sie ist unbeträchtlich, da der Beton erst nach dieser Schwindung verarbeitet wird. Die nächste Schwindung erfolgt durch die Wasserabsaugung durch die Schalung und die Wasserverdunstung[2]. Dann folgt die Schwindung während des Abbindens durch die Verdichtung des Wassers, welches gebunden wird[3]. Ein Teil des Anmachwassers bleibt nun noch in den Kapillaren des Mörtels als lose gebundenes oder Porenwasser. Entweicht dies, so führt es weiteres Schwinden herbei. Das Schwinden des bereits festen Betons setzt sich nach Jesser aus zwei Vorgängen zusammen, nämlich aus der Schwindung infolge der Weitererhärtung und aus der Raumveränderung infolge des Feuchtigkeitsgehaltes. Beide überdecken sich, die letztere ist reversibel.

Folgende Maßnahmen sind geeignet, der Rißbildung entgegenzuwirken:

a) Erhöhung der Zugfestigkeit des Betons.

b) Erhöhung der Haftfestigkeit durch Anwendung stark leimender Zemente.

c) Erhöhung der Haftfestigkeit durch Anwendung rauher Zuschlagsstoffe (Granit).

d) Anwendung schwindschwacher Zemente.

e) Starke Dimensionierung der Betonteile (Straßendecken).

f) Sehr starke Eisenbewehrung (meist zu teuer).

g) Starke Befeuchtung des Betons, um höhere Zugfestigkeit zu erzielen, bevor die Spannungen auftreten.

h) Wasserarmhaltung der Gele und Poren durch trockene Verarbeitung.

i) Verwendung solcher Zemente, die wenig innere Bewegung, also besonders geringes Wachsen beim Befeuchten nach Austrocknen und geringe nachfolgende Schwindung zeigen.

---

[1] Ros: Die Schwindmaße der schweizerischen Portlandzemente. Zürich 1929 und Cementbulletin, Nov.-Dez. 1936 Nr. 6.

[2] Spindel: Über die Schwindung von Zement und Beton. Beton u. Eisen 1936 Heft 15.

[3] Stig. Giertz-Hedström: Das Wasser im Beton. Zement 1931 S. 672.

Zu a. Die Erhöhung der Zugfestigkeit des Betons ist möglich durch verhältnismäßigen Zementreichtum bei Anwendung von Zementen mit hoher Zugfestigkeit. Ein gutes Verhältnis von Zug und Druck allein genügt nicht, wenn dieses erreicht ist durch Herabsetzung der Druckfestigkeit; Heraufsetzung der Zugfestigkeit bei Gleichhaltung der Druckfestigkeit ist vonnöten. Kalkhohe Zemente zeigen geringe Zugfestigkeiten bei hoher Druckfestigkeit; eine Steigerung der Druckfestigkeit durch Erhöhung des Kalkgehaltes ist also zu vermeiden[1]. Hoher Gehalt an gutem Zement (420 kg je Kubikmeter Beton) bei genügend starker Abmessung der Bauteile ist wohl das einfachste Mittel, die Schwindrißbildung in geringen Grenzen zu halten.

Zu b. Die Haftfestigkeit des Zementes am Zuschlag ist von großer Bedeutung, wird aber meistens überhaupt nicht berücksichtigt. Sie kommt in einem untergeordneten Maße bei der Prüfung der Zugfestigkeit nach den Normen zum Ausdruck. Zemente, die einen besonders leimigen und schmierigen Mörtel liefern, sind häufig von Vorteil. Unbedingt zu vermeiden ist die Heranziehung von Zuschlagsstoffen, deren Korn mit Gesteinsstaub oder Lehm bedeckt ist. An diesem vermag selbst ein gut leimender Zement nicht zu haften, und bei auftretenden Schwindspannungen reißt der Zuschlag von dem Zementleim ab.

Zu c. Es ist naturgemäß, daß an einem rauhkörnigen Zuschlag der Zement besser zu haften vermag als auf einem glatten. Kiese sind ebenso wie rundkörnige Sande in ihrer Oberfläche durch die jahrtausendelange Rollarbeit im Flußbett oder am Strand glatt poliert. Die Überlegenheit scharfkörniger Sande, die naturgemäß einen frischen Bruch haben, gegenüber den rundkörnigen, ist wohl weniger auf die so oft behauptete „Verzahnung“ derartiger Sande als auf ihre noch nicht geschliffene, also noch rauhe Bruchfläche zurückzuführen. Die ausgezeichnete Beschaffenheit mancher Solidititstraßen ist wohl in erster Linie auf die sorgsame Auswahl gut gekörnter und rauher Zuschlagsstoffe (Granit) zurückzuführen. Allerdings benötigen derartige Zuschlagsstoffe, besonders wenn sie auch den feinen Anteil bilden, hohen Wasserzusatz und sind schwerer zu verarbeiten. Deshalb empfiehlt sich häufig die gleichzeitige Verwendung rundkörniger und splittriger Zuschläge.

Zu d. Bei Anwendung schwindschwacher Zemente ist naturgemäß nicht nur das Schwindmaß, sondern auch die Zug- und Betonfestigkeit von Wichtigkeit. Hochzugfeste Zemente können aus den oben angeführten Gründen natürlich ein größeres Schwindmaß vertragen als Zemente mit geringerer Biegefestigkeit. Prüfmethoden für das Schwindmaß sind neuerdings in den „Richtlinien für Fahrbahndecken“[2] angegeben. Hiernach werden Prismen von 200 zu 40×40 mm im plastischen Verfahren mit gemischtkörnigem Sand hergestellt und mit Nirostastäbchen zur Messung versehen. Die Messung erfolgt nach 28 Tagen Lagerung über Pottasche, also in trockener Luft, auf der Apparatur von Graf-Kaufmann (vgl. Abb. 38). Zur Zeit sind im all-

[1] Gensbaur: Festigkeitsrückgänge des Zements und des Betons. Ergebnisse der Diskussion über die Kl.-Lagerung. Dtsch. Baumeister-Ztg., Karlsbad 1929.
[2] Direktion der Reichsautobahnen, Ausgabe April 1936.

gemeinen für Straßenbauzemente folgende Zahlen üblich: etwa 60 bis 65 kg Biegefestigkeit und darüber und bis zu ca. 450 bis 500 μ Schwindung nach 28 Tagen. Bei Zementen mit besonders guter Biegefestigkeit kann dieses Schwindmaß noch überschritten werden. Der Zementanteil wirkt natürlich bis zu einem gewissen Grade erhöhend auf das Schwindmaß, da stärkere Schwindung eintreten wird, wenn mehr Gele vorhanden sind. Es braucht aber in solchen Fällen ein hohes Schwindmaß nicht zu Rissen zu führen. Glanville, der auf diese Tatsache aufmerksam gemacht hat, berichtet auf S. 665 im Zement 1935 nach der Übersetzung von Hummel: „Die durch das Schwinden entwickelten Spannungen sind bei den üblichen Unterschieden in den Mischungen nicht sehr verschieden, d. h. die Spannungen im 1:1:2-Beton unterscheiden sich nicht viel von denjenigen im 1:2:4-Beton. Der Wassergehalt hat keinen großen Einfluß. Der Grund fand sich in den verschiedenen Elastizitätsmoduln, den verschiedenen Schwind- und Kriechmaßen der Mischungen. Diese Eigenschaften wirken sich so aus, daß sie sich gegenseitig aufwiegen[1]."

Zu e. Es ist naturgemäß, daß eine besonders große Betonmasse, also z. B. eine Straßendecke, weniger schnell austrocknet als eine kleine. Außerdem ist der Widerstand gegen Rißbildung bei Austrocknungsbeanspruchung und bei mechanischer Beanspruchung naturgemäß höher als die entsprechende Widerstandsfähigkeit schwacher Betonteile, also dünner Straßendecken. Bei den Autobahnen ist heutzutage aus diesem Grunde eine Dicke von 20 cm vorgeschrieben, zumal offenbar ist, daß ein großer Teil der in Autobahnbelägen auftretenden Risse nicht nur auf Schwindung, sondern auch auf mechanische Beanspruchung zurückzuführen ist. Es scheint keineswegs ausgeschlossen, daß die auf glatter Planung (man betoniert heutzutage auf Papierunterlage) aufliegende Betonplatte beim schnellen Anfahren oder schnellem Halten von schweren Lastkraftwagen teilweise mitgenommen und dadurch abgerissen wird. Die Betonierung auf gewellter Planung wäre deshalb gegebenenfalls probeweise zu versuchen, um der Decke eine Haftung zu ermöglichen und die Schwindspannung aufzuteilen.

Zu f. Die Eisenbewehrung in einem normalen, stark bewehrten Eisenbetonwerk ist so stark, daß sie die Schwindrißbildung mit Erfolg verhindert. Einlegung einer Eisenbewehrung in einen Beton, der aus anderen statischen Gründen gar keine Bewehrung braucht (Straßendecke), nur zum Zweck der Verhinderung von Schwindrissen, würde nach Ansicht maßgebender Statiker viel zu teuer werden. Bewehrung mit schwachem Eisen, beispielsweise mit punktgeschweißtem Stahldrahtgewebe ist nach der Ansicht der maßgebenden Statiker für Verhinderung auftretender Risse ohne Wert und hat nur den Zweck, nach Eintreten von Rissen die Betonteile zusammenzuziehen. Man ist deshalb teilweise neuerdings von derartigen schwachen Eisenbewehrungen abgegangen und hat den Bau von einschichtigen Straßen, der natürlich einfacher ist, vorgenommen.

[1] Glanville: Shrinkage Stresses, Techn. Paper 11 Building Research. Über die plastische Nachgiebigkeit vgl. J. Roy. Brit. Archit. vom 26. 1. 1929 und den Minut. Proc. Instn. civ. Engr. vom 15. 11. 1927 sowie Beton u. Eisen 1930 S. 220.

Zu g. Das lange vernachlässigte Feuchthalten des Betons, also die Annässung, der Schutz gegen Sonnenbestrahlung und Wind oder Zug ist von ausschlaggebender Bedeutung. Bei Neubauten ist das häufig beobachtete Reißen von Zementestrichen zurückzuführen auf die Austrocknung, die durch Zugluft infolge der noch offenstehenden Fenster hervorgerufen wird. Wind und Zug müssen auch bei kühlem Wetter ferngehalten werden.

Zu h. Sehr wasserreiche Betone haben nicht nur sehr wasserreiche Gele, sondern vor allen Dingen sind die Poren mit Wasser, das zum Abbinden des Betons gar nicht notwendig ist, gefüllt. Bei Entweichen dieses Wassers tritt ein Schrumpfen der Oberfläche ein, die zur Austrocknung des Zementes und damit zur Erhöhung der Schwindung führt. Trockene Verarbeitung bei starker Verdichtung, starkes Stampfen und besonders Rütteln ist deshalb für schwindschwachen Betonen am Platze.

Zu i. Stark quellende und schrumpfende Zemente werden bei abwechselnder Benässung und Austrocknung sich stark zusammenziehen; es ist deshalb wünschenswert, solche Zemente heranzuziehen, die weniger stark „arbeiten". Man hat diesen Erfolg schon durch Zusatz von Bitumen zum Anmachwasser oder zum Zement zu erzwingen versucht, nach dem Vorbild, daß ein stark harzhaltiges Holz, wie Pitchpine, weniger stark schwindet als ein fettarmes, wie Tanne. Die diesbezüglichen Versuche sind aber noch im Anfangsstadium[1].

5. Erschütterung.

Bei Beton im Stadium I (breiförmig) ist Erschütterung unschädlich, im Gegenteil, sie verdichtet das Gefüge und wird demgemäß neuerdings zur Verdichtung des Betons in ganz großem Umfange mit bestem Erfolg angewendet (vgl. S. 173).

Im Stadium II (erstarrt) ist die Erschütterung außerordentlich schädlich. Der Beton ist in diesem Falle dann schon erstarrt ohne erhärtet zu sein, und sein Gefüge wird naturgemäß aufgelockert und zerstört, ohne daß eine nachträgliche Bindung wieder zu erfolgen vermag, wobei der Zement einen großen Teil seiner Energien bereits verausgabt hat. Es ist aber auch möglich, gegen Erschütterung im Stadium II unempfindliche Betone herzustellen, wenn man ganz langsam erstarrende Bindemittel nimmt, die natürlich nur zu brauchen sind für Talsperren oder große Bauwerke mit längerer Errichtungsdauer. So hat beispielsweise Link empfohlen, entweder sehr große Mengen von Traß und Kalk oder den von ihm erfundenen Link-Kalk, eine Mischung von Hochofenschlacke und Ziegelmehl u. dgl. heranzuziehen und diesen mit Kalk bzw. Portlandzement zusammen zu verarbeiten. Derartiger Beton erhärtet sehr langsam und vermag deshalb auch längere Zeit eine gewisse Erschütterung, beispielsweise das Befahren bei Talsperren mit Wagen auf Gleisen, zu ertragen, da beim steigenden Baufortschritt durch den aufgebrachten Beton der noch nicht abgebundene Unter-

[1] Dyckerhoff: Vortrag auf der Sitzung des Vereins deutscher Portlandzementfabrikanten in Goslar 1933, Zementverlag 1933, Protokoll S. 6.

beton zur Ruhe kommt und dann nachträglich langsam erhärten kann. Über die Ermüdung von Beton durch oftmals wiederholte Belastung siehe Graf[1].

Im Stadium III ist die Widerstandsfähigkeit von Beton gegen Erschütterungen auch stärkster Art, z. B. Explosionen, sehr groß. Bei der bekannten großen Explosionskatastrophe bei der I. G. Farbenindustrie in Oppau haben sich durchweg Bauwerke aus Eisenbeton besser bewährt als jede andere Konstruktionsart. Während Ziegelbauwerke vollkommen in sich zusammenstürzten, wurden Mauern aus Eisenbeton und ebenso Schornsteine nur teilweise etwas von ihrem Platz gerückt, so daß sie nach Wiedergeraderichtung für den Neubau des Werkes verwendet werden konnten (Mitteilung Goebel)[2].

6. Zug und Druck.

Zug- und Druckfestigkeiten des Betons hängen ab von
der Zementfestigkeit,
der Zementmenge,
dem Zuschlagsmaterial, seiner Temperatur, Feuchtigkeit, Festigkeit und Korngröße,
dem Wassergehalt,
der Verarbeitungsart,
den Erhärtungsbedingungen und
dem Alter.

Die hier obwaltenden Verhältnisse sind ausführlich auf S. 113 ff. besprochen. Die Erhärtung in den ersten Tagen ist naturgemäß am energischsten, der Festigkeitszuwachs nimmt dann allmählich ab, bis schließlich ein gewisses Gleichgewicht sich einstellt. Bisweilen sind hier geringe Festigkeitsabfälle nach 1—2 Jahren, die später aber wieder eingeholt werden, festgestellt worden: diese sind aber bedeutungslos. Wie die Festigkeit bei längerer Dauer der Erhärtung verläuft, zeigt die Kurventafel 160[3] (S. 236). Zweckmäßig ist es häufig, in solchen Fällen statt des gewöhnlichen Koordinatensystems logarithmische Kurveneinteilung anzuwenden, da hierdurch die Termine für die Anfangsfestigkeit auseinandergezogen, die für die Endfestigkeit mit einer langsamen Steigerung zusammengedrängt und dadurch die Kurven übersichtlich gemacht werden.

Wie selbst geringe Schwankungen in den Erhärtungsbedingungen auf die Festigkeit sich auswirken können, ergeben vom Verfasser durchgeführte Versuche. Bei diesen wurde Normensandmörtel 1:3 im Winter einmal im Laboratorium bei Zimmertemperatur, die nachts durch Abstellen der Heizung etwas abfiel, andererseits im Brutschrank bei 21° lagern gelassen. Folgende Zahlen wurden gefunden:

---

[1] Graf: Festigkeit des Betons und Eisenbetons bei dauernder und oftmals wiederholter Belastung. Zweiter Kongreß der Intern. Vereinigung für Brückenbau und Hochbau, Vorbericht, Deutsche Ausgabe, S. 167.

[2] Vgl. auch Vieser: Grundlagen des bautechnischen Luftschutzes. Zementverlag Berlin 1935.

[3] Burchartz: Versuche mit Hochofenzement. Zbl. Bauverw. 1926 S. 241.

Tabelle 54. Festigkeiten von Zementen nach Lagerung bei verschiedenen Temperaturen.

	Zugfestigkeit					Druckfestigkeit	
	3 Tage		7 Tage	28 Tage	28 Tage	3 Tage	28 Tage
	W	*L*	*W*	*W*	komb.	*L*	*L*
Zimmertemperatur im Winter	9	15	19	24	28	122	282
21°	14	17	26	26	28	158	308

Wird bei Zug- und Druckeinwirkung die Zug- und Druckgrenze überschritten, so wird der Beton zerstört. Bei Zugeinwirkung ist die Zerstörung endgültig. Bei Druckeinwirkung kann, falls der Beton seine Form nicht wesentlich geändert hat, nochmals eine Nacherhärtung eintreten, vorausgesetzt, daß einige Feuchtigkeit vorhanden ist. Die Erklärung für diese Tatsache ist, daß durch den Druck Zementkörner, welche noch in dem Beton unhydratisiert vorhanden waren, vermahlen werden, die sich dann hydratisieren und erneut abbinden. Die so auftretende Nacherhärtung vermag natürlich die ursprüngliche Festigkeit nicht mehr zu erreichen.

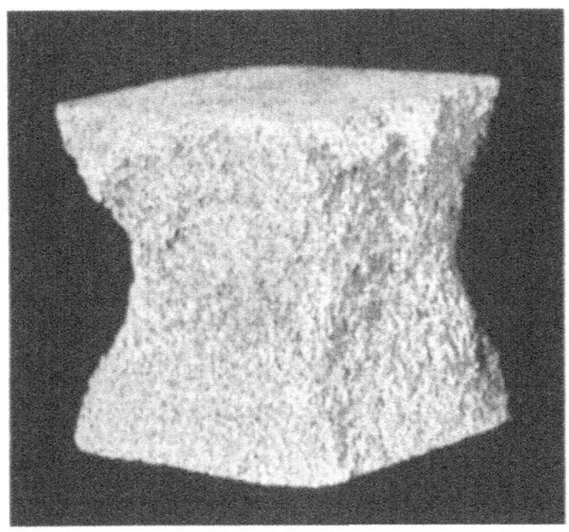

Abb. 175. Normenkörper ordnungsgemäß gedrückt.

Die bei der Prüfung von Mörtelwürfel im Laboratorium gefundenen Festigkeiten sind strenggenommen nicht die eigentlichen Mörteldruckfestigkeiten, da bloß ein Teil des Mörtels auf Druck beansprucht wird, die 4 Seiten des Würfels dagegen sich ausbiegen und abgeschert werden. Aus diesem Grunde entsteht auch das bekannte Bild von mit der Spitze aufeinandersitzenden Pyramiden (vgl. Abb. 175), welche einerseits diese Scherwirkung, andererseits aber auch die ordnungsgemäße Struktur des Würfels, die dazu berechtigt, die gefundenen Zahlen als Vergleichsversuch zu verwenden, anzeigt. Würfel, die nicht dieses Zerstörungsbild zeigen, bei denen beispielsweise bloß eine Seite abgeschert ist, wofür auf der anderen Seite ein waagerechter Riß erscheint, deuten auf unbefriedigende Arbeitsweise der Presse hin (einseitige Belastung).

7. Festigkeit des Betons bei dauernder und oftmals wiederholter Belastung.

Die Festigkeit eines Betons bei dauernder und oftmals wiederholter Belastung ist keineswegs gleich der im Druck beruhenden festgestellten Festigkeit. Graf[1] schreibt in der Zusammenfassung seiner Arbeit u. a. wie folgt:

[1] Graf: Festigkeit des Betons und Eisenbetons bei dauernder und oftmals wiederholter Belastung. Zweiter Kongreß der Intern. Vereinigung für Brückenbau und Hochbau, Vorbericht, Deutsche Ausgabe, S. 167. — Über die wichtige Möglichkeit, die Widerstandsfähigkeit des Betons durch vorgestreckte Eisen stark zu machen, vgl. S. 260, sowie auch Lenk; Herstellung und Anwendung von Spannbeton, Beton und Eisen 1937, Heft 10.

„Die bisher vorliegenden Untersuchungen zeigen, daß die Widerstandsfähigkeit des Betons gegen oftmals wiederkehrende Lasten (Ursprungsbelastung) bei Druck, Zug und Biegung mindestens die Hälfte der beim gewöhnlichen Bruchversuch auftretenden Festigkeit erreicht. Treten zu den oftmals wiederkehrenden Lasten noch ruhende Lasten hinzu, so werden die Grenzen der bewegten Lasten, welche noch beliebig oft ertragen werden, kleiner. Der Widerstand gegen ruhende Belastungen ist zu mindestens vier Fünftel der Festigkeit zu schätzen, die beim gewöhnlichen Bruchversuch auftritt."

8. Stoß und Schlag.

Die Einwirkung von Stoß und Schlag ist zwar ähnlich der Druckeinwirkung, keineswegs aber gleich mit dieser. Zwar kann ein Stoß mit plötzlich auftretendem Druck verglichen werden; der Vergleich trifft aber nicht völlig zu, denn bei elastischem Beton kann ein Stoß in Schwingungen umgesetzt werden, da der Beton nur stellenweise nachgibt. Der gleiche Schlag vermag einen unelastischen Beton, trotz höherer Druckfestigkeiten, zu zerstören, da Rißbildung eintritt. Als Vergleich sei das Verhalten von Glas und Zelluloid genannt. Das Glas hat eine sehr große Härte und Druckfestigkeit, die dem Zelluloid nicht annähernd in gleichem Maße innewohnt. Dennoch wird Zelluloid einen Stoß ohne Schädigung ertragen, dem Glas sofort erliegt.

Traß-, auch Ziegelmehlzusatz vermag den Beton gegen Stoß zu sichern, da Traß den Beton infolge seines weichen Kornes elastisch macht. Die Druckfestigkeit wird allerdings durch einen hohen Traßgehalt gleichzeitig herabgesetzt; diese Herabsetzung wird in den meisten Fällen aber ohne Bedeutung sein. Zwar sind die hohen Druckfestigkeiten der Betone aus hochwertigen Zementen für manche Zwecke begehrenswert; die hierbei entstehenden glasharten, aber auch spröden Betone vermögen jedoch keineswegs allen Zwecken zu dienen, denn die Druckfestigkeit ist nicht der einzige Ausdruck für die Güte des Betons.

Passow d. Ä. fand, daß die Druckfestigkeit nicht der Zerschmetterungsfestigkeit proportional ist, sondern daß Betone mit geringen Druckfestigkeiten hohe Zerschmetterungspunkte, also gute Elastizität haben können. Besonders stellte er Heraufsetzung des Zerschmetterungspunktes durch Traß und Hochofenschlackensand fest[1].

Außer durch Hochofenschlacke und Traßzusatz kann die Stoßfestigkeit eines Betons auch durch geeignetes grobkörniges Zuschlagsmaterial, z. B. Ziegelbrocken, erhöht werden. Elastische Zuschläge ergeben naturgemäß auch elastischere Betone als spröde Zuschläge. Auch hier muß in der Praxis mehr Wert auf das Zuschlagsmaterial und seine Eigenschaften gelegt werden, als das bisher üblich ist.

Näheres über die Prüfung von Schotter auf Widerstandsfähigkeit gegen Schlagbeanspruchungen geben Burchartz und Saenger an[2].

---

[1] Passow: Druckfestigkeit, Zugfestigkeit, Zerschmetterungsfestigkeit. Zement 1918 S. 279.

[2] Burchartz u. Saenger: Verfahren zur Prüfung von Schotter auf Widerstandsfähigkeit gegen Schlagbeanspruchungen. Straßenbau 1933 S. 13.

Bei den Versuchen wurde gearbeitet mit dem Fallwerk von Baurat Föppl. Der zu prüfende Zuschlagsstoff mit einer bestimmten Körnung (3—6 cm) wird in einen Mörser gebracht, der Schotter (3 kg) mit einem Stempel belastet und auf ihn 20 Schläge mit einem Rammbären (von 50 kg Gewicht) aus 50 cm Höhe ausgeübt. Der Grad der Zertrümmerung

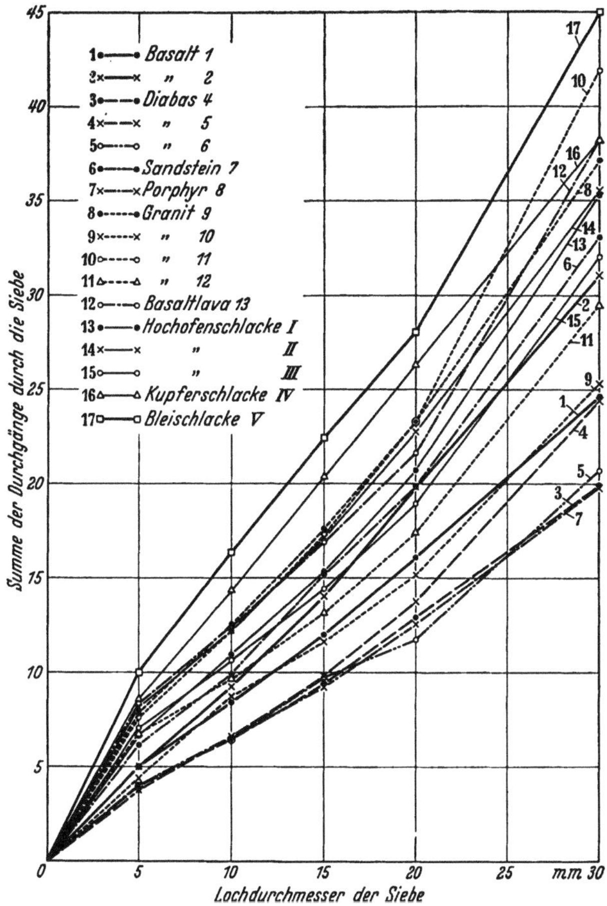

Abb. 176. Verschieden starke Zertrümmerung einiger Gesteine bei Prüfung mit der Fallramme. Beurteilt wird der Durchgang durch das Sieb mit 10 mm Lochdurchmesser. Am besten verhalten sich Diabas, Porphyr und Basalt, weniger gut Hochofenschlacke, einige Granite sowie Sandstein, am schlechtesten Kupfer- und Bleischlacke.

wird durch eine Siebanalyse festgestellt. Wie außerordentlich verschieden die einzelnen Zuschlagsstoffe sich bei einer in dieser Weise ausgeführten Versuchsreihe verhalten, zeigt die Kurventafel 176.

Die Widerstandsfähigkeit gegen Stoß und Schlag ist vor allen Dingen von Wichtigkeit beim Bau von Straßen, darf aber auch hier nicht überschätzt werden. Dennoch hat bei der heutigen Gummibereifung auch die Herstellung elastischen Betons, wie er beispielsweise durch Verwendung von Ziegelbrocken, gegebenenfalls durch Verwendung von besonders zu diesem Zweck gebrannten Ziegelmaterials, erzeugt werden kann, eine gewisse Bedeutung[1].

Auf den sehr hohen Einfluß der Betonelastizität auf das Verhalten des Betons besonders in bezug auf Rißbildung, beispielsweise bei Straßen oder Decken, kurz bei großen Flächen, weist in einem sehr bemerkenswerten Artikel Hummel hin[2]. Er führt zunächst die drei Wege zur Erhöhung der Rißsicherheit an, nämlich

1. die Steigerung der Beton- bzw. Zementzugfestigkeit,
2. die Verringerung des Zementes bzw. Betonschwindmaßes,
3. die Erhöhung der Dehnungsfähigkeit

(vgl. auch Dr. Abeles[3]), und folgert dann aus seinen Versuchen, daß bei praktisch gleicher Druckfestigkeit Betone aus verschiedenen Zuschlagsgesteinen erheblich verschiedene E-Modul-Reihen aufweisen, d. h. also, daß Beton bei ziemlich gleicher Druckfestigkeit und vollkommen gleicher Gebrauchsspannung ganz verschieden zusammendrückbar sein kann. Er sieht in der Wahl des Zuschlagsgesteins, bei im übrigen gleicher Kornzusammensetzung, ein aussichtsreiches Mittel, sowohl die Zusammendrückbarkeit als auch die Dehnungsfähigkeit von Beton praktisch wirksam zu beeinflussen, und verweist darauf, daß die dauerlastähnlichen Schwindspannungen durch die Kriecherscheinungen verringert werden.

9. Abnutzung.

Häufig wird die Abnutzung in Parallele gesetzt mit der Widerstandsfähigkeit gegen Stoß und Schlag, ein Vergleich, der nicht immer berechtigt ist. Bisweilen wurde zur Prüfung der Abnutzung eine Trommel benutzt[4]. Gary führte das Sandstrahlgebläse ein, Bauschinger eine Schleifscheibe, auf welcher ein Normendruckkörper unter bestimmter Belastung der Abnutzung durch eine sich drehende Stahlscheibe, auf die man in bestimmter Weise Schmirgel schüttet, aufgedrückt wird. Den Gewichtsverlust zeigt die Abnutzung an.

Bei Versuchen von Gary mit hochwertigen und gewöhnlichen Zementen in der Trommel zeigte sich zwar in großen Umrissen ein Gleichlaufen der Druckfestigkeit mit der Abnutzung durch Rütteln, aber hier hatten manche minder gute Zemente geringeren Gewichtsverlust, also größere Widerstandsfähigkeit gegen Abnutzung als andere mit hohen Druckfestigkeiten. Enttäuschend war besonders der Abnutzungswiderstand einiger Zemente mit besonders hohen Druckfestigkeiten. Abb. 177 zeigt die Tatsache, daß der Widerstand gegen Abnutzung nicht mit wachsender Festigkeit ansteigt.

Besonders reich ist die amerikanische Literatur an Arbeiten über Abnutzung, da diese naturgemäß für die dort in weitestem Umfange

[1] Graf: Die Druckelastizität und die Zugelastizität des Betons. Heft 227 der Forsch.-Arb. Ing.-Wes. — Dr.-Ing. Schreye, Essen: Elastizität und Festigkeit des Betons auf Grund von Würfelversuchen und relativen Spannungen.

[2] Hummel: Beeinflussung der Beton-Elastizität. Zement 1935 S. 665.

[3] Abeles: Über die Verwendung hochwertiger Baustoffe im Eisenbetonbau. Beton u. Eisen 1935 Heft 8 u. 9.

[4] Vgl. Abnutzbarkeit natürlicher Gesteine. Mitt. Mat.-Prüf.-Amt 1915 S. 387.

eingeführten Betonstraßen von größter Wichtigkeit ist. Da auch bei uns die Betonstraßen die Straßen der Zukunft sein werden[1], sei einiges vom Wichtigsten aus den umfangreichen schwer zugänglichen amerikanischen Arbeiten angeführt:

Anfangs wurden Versuchsmethoden gewählt, die Stoß und Schlag als Beanspruchungsart hatten.

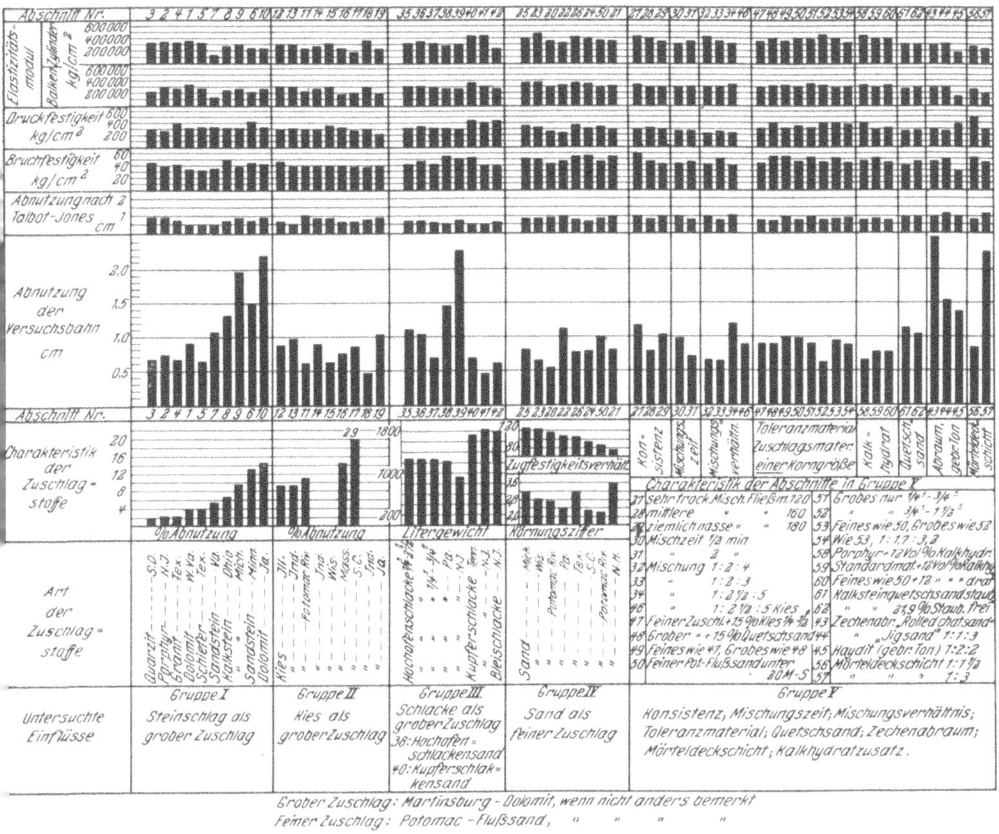

Abb. 177. **Jacksonsche Tabelle: Amerikanische Versuche, die das Verhältnis der Bruchfestigkeit zur Abnutzung usw. zeigen.**

1. Prüfung mit Stollenhämmern[2].

Ein Hebel, der am Ende 8 Zapfen mit Gleitschutzstollen trägt, die hammerartig auf einen Betonklotz treffen, wird durch eine Nase 90 mal je Minute gehoben und aus 4 Zoll Höhe auf den zu prüfenden Klotz (Zylinder von 6 Zoll Durchmesser) fallen gelassen. Der Gewichtsverlust wird bestimmt und dient als Maßstab. Wichtigste Ergebnisse:

1. Der Abnutzungskoeffizient wird hauptsächlich durch die feinen Anteile des Zuschlags beeinflußt.

[1] Grün: Der Beton. S. 51. Berlin 1926.
[2] Impact Tests on Road Concrete. Engng. News Rec. Bd. 2 (1920) S. 128.

2. Bei guter Beschaffenheit des feinen Anteils und weniger guter des groben ist Mischung 1:2:3 empfehlenswert.

3. Bei weniger guter Beschaffenheit des feinen Anteils und guter des groben kann Mischung 1:2:4 genommen werden.

4. Zwischen der so festgestellten Abnutzbarkeit und der Druckfestigkeit bestehen keine Beziehungen.

2. Prüfung in der Mühle[1].

In einem zu diesem Zweck hergestellten kugelmühlenartigen Behälter werden eigens hergestellte Betonplatten (gleichsam als Panzerplatten) eingebaut und in die Mühle Stahlkugeln

10 Stück von $3^3/_4$ Zoll und
135 „ „ $1^7/_8$ „

eingebracht (Gewicht 200 lbs). Die Maschine macht dann 1800 Umdrehungen (30 je Minute), 900 nach jeder Seite. Der Maßverlust der Platten ist Maß für die Abnutzung. Wichtige Schlüsse aus den 10000 Untersuchungen:

1. Hoher Wasserzusatz beim Anmachen vermehrte die Abnutzbarkeit.
2. Zwischen Druckfestigkeit und Abnutzbarkeit bestehen bestimmte Beziehungen, die sich durch eine Formel ausdrücken lassen.
3. Die höchste Druckfestigkeit haben Lava, Flint und Klinker, denen mittlere Abnutzung gegenübersteht.

Mittlere Druckfestigkeit haben Granit, Kalkstein, Kies, Hochofenschlacke und Basalt, welche dementsprechend etwas größere Abnutzung zeigen, mit Ausnahme von Granit, der eine besonders geringe Abnutzung aufweist.

Sandstein hatte auffallend gute Druckfestigkeit.

3. Prüfung auf Radstöße[2].

Ein beschwerter, an der Unterseite mit zwei Vollgummistreifen versehener Kasten wird gehoben und auf den Betonklotz fallen gelassen. Hubhöhe und Fall sollen betragen:

bei $^1/_8$ Zoll	$^1/_2$ Zoll	$^7/_8$ Zoll Hubhöhe
800 mal	1000 mal	1500 mal

Die Belastung des Kastens entspricht dem Hinterrad eines 5-Tonnenwagens.

Es wurden die verschiedenen Prüfmethoden für Zuschlagsstoffe und Betone auf Abnutzung verglichen.

Gearbeitet wurde in folgender Weise:

Auf einer kreisförmigen Bahn von 625 Fuß (= 190 m) Umfang wurden in 62 Abschnitten die zu prüfenden Betone aus dem gleichen Zement hergestellt; dann wurden zwei einspurige, mit Elektromotoren betriebene Wagen mit zwei Rädern, die durch auf Eisenschienen laufende Räder gestützt und gelenkt wurden, 50000- und 75000 mal umlaufen gelassen. Diese Beanspruchung entsprach dem mehrjährigen Verkehr einer belebten Autostraße. Die Abnutzung in der Laufspur wurde mit einem Apparat, der die Tiefe der eingefressenen Laufspur gegenüber der unveränderten Straße zu messen erlaubte, festgestellt; schließlich wurde an Gipsabzügen die endgültige Abnutzung gemessen. Die Räder hatten Gummibereifung, die bei einer Versuchsreihe ohne, das andere Mal mit Kettengleitschutz versehen waren. Ohne Gleitschutz wurde fast keine Abnutzung, mit Gleitschutz erhebliche Beschädigung des Betons festgestellt (6—25 mm Tiefe).

Die wichtige Tafel, welche graphisch 1. die Elastizitätskoeffizienten und Druckfestigkeiten, 2. Verhalten des Zuschlags bei Prüfung nach dem „Standard Deval abrasion test“ (dieser bedient sich einer Trommel, s. S. 50), 3. Abnutzung des Betons, gemessen mit dem Talbot-Jones-Rattler, 4. den mit der geschilderten „Jackson-Methode“ bei Gleitschutzanwendung festgestellten Abnutzungsmaß gegenübergestellt, ist in Übersetzung und Umrechnung auf S. 273 wiedergegeben.

[1] Talbot, Jones Rattler, Abrams: Proc. Amer. Soc. Test. Mat. 1921 S. 1013.
[2] Engineering 1922 S. 172.

Sie zeigt, daß weder die Deval-Prüfung noch der Talbot-Jones-Rattler imstande ist, das tatsächliche Abnutzungsmaß eines Betons zu bestimmen, und daß die von Abrams und anderen behaupteten direkten Beziehungen zwischen Druckfestigkeit und Abnutzungsmaß nicht bestehen.

Als wichtigste Schlüsse sind gezogen:

1. Wenn die groben Zuschläge dem Muttermörtel gleich oder überlegen sind, wird das Abnutzungsmaß durch den Muttermörtel bestimmt.
2. Weiche Steine als grober Zuschlag haben natürlich eine große Abnutzung des Betons im Gefolge, auch wenn der Muttermörtel gut ist. Steine mit einer Abnutzbarkeit über 7% sollen für Straßen nicht benutzt werden[1].
3. Kieszuschlag ist dem Bruchsteinzuschlag gleichwertig.
4. Kies- und kieselhaltige Stoffe sind kalkhaltigen Zuschlägen überlegen.
5. Rundkörnige Kiese sind ebenso gut wie teilweise oder ganz eckiges Material.
6. Geringe Mengen von Schiefer im Groben haben hohe und unregelmäßige Abnutzung zur Folge.
7. Die übliche Abnutzungsprüfung (welche sich einer Trommel bedient) gibt ein Maß für den tatsächlichen Abnutzungswiderstand grober Zuschläge.
8. Hochofenschlacke eignet sich gut, wenn ihr Raumgewicht je Kubikfuß 70 lbs (= 1122 g/l) beträgt.
9. Große Mengen leichter, schaumiger Bestandteile in Hochofenschlacken ergeben große Abnutzung.
10. Bessere Ergebnisse werden mit kleinerer Schlackenkörnung erzielt.
11. Als Ersatz für Natursand sind Hochofenschlacken und Quetschsande im allgemeinen ungeeignet.
12. Kupfer- und Bleischlacken sind als Zuschlag brauchbar.
13. Gröberer Sand ist unter sonst gleichen Bedingungen besser als feiner.
14. Das Zugfestigkeitsverhältnis[2] eines Sandes steht in keiner Beziehung zum Abnutzungswiderstand des mit ihm hergestellten Betons.
15. Der Talbot-Jones-Test gibt im allgemeinen kein Bild von der Abnutzung, wie sie unter dem Verkehr erfolgt.
16. Weder Druck- noch Biege- und Bruchfestigkeit ist ein Maß für Widerstandsfähigkeit gegen Abnutzung.
17. Ein Zusatz von Kalkhydrat, wie er in der Arbeit angewandt wurde (12 Vol.-% des Zementgehaltes), erhöht die Abnutzung nicht.
18. Die Erhöhung des Zementgehaltes über das Verhältnis 1:2 (Sand) gibt keine wesentliche Beeinflussung der Abnutzung, dagegen zeigen magere Mischungen merkliche Zunahme der Abnutzung.
19. Unter gleichen Bedingungen ist sowohl eine sehr trockene als auch eine sehr nasse Mischung schlechter als eine von mittlerer Konsistenz.

Da von verschiedenen Bodenbelägen derjenige für den Verkehr am günstigsten sein wird, auf welchem ein Gefährt mit der geringsten Kraft bewegt werden kann, sollen im nachfolgenden amerikanische Versuche über den Benzinverbrauch für Lastautos auf Wegen mit verschiedenen Belägen angeführt werden. Danach kann man eine Tonne mittels einer Gallone (etwa 4 l) Benzin befördern:

auf gewöhnlicher Landstraße	14	Meilen
„ makadamisierter Straße	21	„
„ geteerter Straße	28,5	„
„ Ziegelbelag	29,7	„
„ Betonweg	31,0	„

[1] Über die amerikanischen Abnutzungsnormen für Zuschlagsstoffe s. Amer. Soc. Test. Mat. Stand. 1924.

[2] Zur Feststellung des Zugfestigkeitsverhältnisses werden von dem zu untersuchenden Sand (verwendet wird nur der Anteil unter 2 mm) Normenzugkörper mit Portlandzement (1:3 G.-T.) hergestellt und nach 7 und 28 Tagen geprüft. Mit demselben Portlandzement werden Zugkörper unter Verwendung von Normensand (Standard-Ottawa-Sand) angefertigt. Der zu prüfende Sand muß mindestens 75% der mit Normensand erreichten Zugfestigkeit ergeben.

Entsprechend diesen Erkenntnissen wurden auch trotz der hohen Kosten der Betonstraßen in Amerika sehr große Mengen von Zement für Straßenbau verwandt, mit anderen Worten, die meisten erstklassigen Straßen wurden mit Betondecken versehen (Abb. 178).

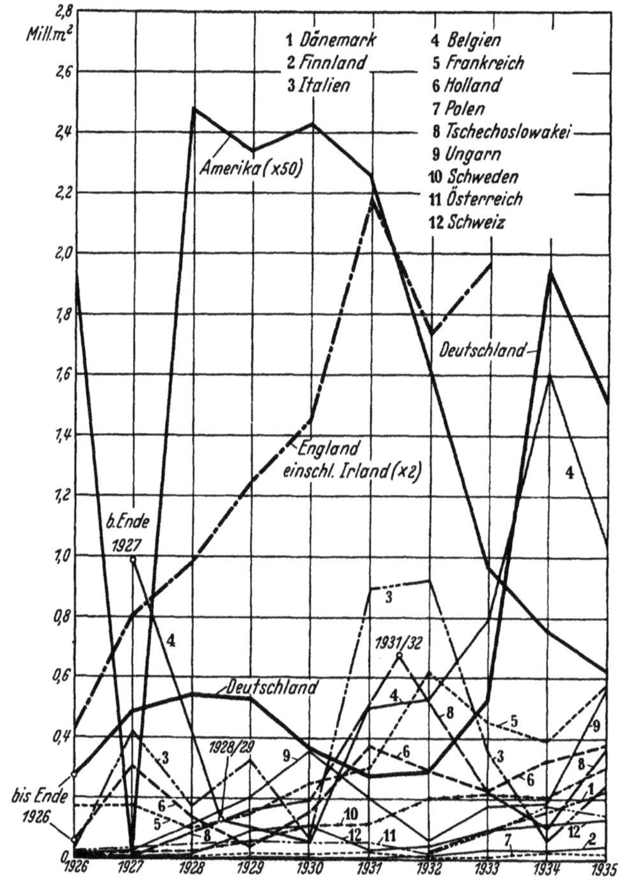

Abb. 178. Der Umfang des Betonstraßenbaues in den wichtigsten Staaten: Der Beginn des Baues der Straßen des Führers wirkt sich ab 1933 für Deutschland stark aus. (Bemerkenswert ist die noch größere Ausdehnung des Betonstraßenbaues in England und besonders in Amerika: Die Zahlen für England sind mit 2, die für Amerika mit 50 (!) zu multiplizieren.)

Die Zahlen für England müssen mit 2, die Zahlen für Amerika mit 250 multipliziert werden. Der Kurvenverlauf zeigt den gewaltigen Umfang, den bereits im Jahre 1928 der Betonstraßenbau in Amerika angenommen hat, und weiter den großen Anstieg des deutschen Straßenbaues nach Inangriffnahme des Baues der Reichsautobahnen. Auch die Höhe der englischen Zahlen ist bemerkenswert.

Uchida[1] stellt fest, daß die Abnutzung eines Tonerdezementes nach

[1] Uchida: An Investigation of Abrasion in Cements and Mortars (Paper No. 90) — On the Hardess of Cement with or without Admixtures (Paper No. 91). Tokio 1929.

2 Tagen ebenso ist wie die von Portlandzement nach 14 Tagen. Er verlangt passenden Wasserzusatz, Weglassung von Beimischungen zum Portlandzement und stellt höhere Widerstandsfähigkeit der Mörtel gegenüber dem reinen Zement fest und größere Widerstandsfähigkeit von Mörtel mit grobem Sand gegenüber feinem Sand. Alles Angaben, die dem Fachmann geläufig sind.

Für die Prüfung der Oberflächenhärtung, die naturgemäß besonders für Straßen oder Fußböden in Frage kam, hat das Bureau of Public Roads der Vereinigten Staaten eine Prüfungseinrichtung ausgearbeitet, die aus einem tischartigen Balkengerüst besteht, auf dem das Abschleifaggregat sitzt, welches direkt den Betonboden bearbeitet, der geprüft werden soll. Dieses Aggregat besteht aus 3 Scheibenrändern aus gehärtetem Stahl von 8 Zoll (= 20,32 cm) Durchmesser mit schmalen, abgerundet geschliffenen Rändern von $^1/_4$ Zoll (= 0,63 cm), die in einer horizontalen Spurscheibe tangential im gleichseitigen Dreieck so angeordnet sind, daß sie senkrecht auf dem Betonboden stehend in einem Spurkreis von 21 Zoll (= 53,34 cm) umlaufen. Ihre Belastung erhalten sie durch drei symmetrisch verteilte Sektorgewichte von je 45,35 kg. Die Tiefe der Abnutzungsrinne gibt einen Maßstab für die Härte der Oberfläche[1].

Bei den Versuchen zeigten sich gewaltige Unterschiede bei Verwendung verschiedener Zuschlagsstoffe und bei verschiedener Nachbehandlung.

In Deutschland ist man neuerdings vom Sandstrahlgebläse abgekommen[2] und führt die Prüfung wieder mit der Bauschingerschen Schleifmaschine durch[3].

Neuerdings ist an Stelle der Prüfung an 7-cm-Würfeln diejenige von 10-cm-Würfeln bei Betonuntersuchungen empfohlen[4].

Jetzt ist man dazu übergegangen, die Abnutzung in ganz großem Umfange zu prüfen, dadurch, daß beispielsweise an den Techn. Hochschulen Stuttgart, Karlsruhe und Berlin belastete Autoreifen direkt auf einer Zirkusbahn laufen, oder daß die Autobahn selbst, wie bei den Braunschweiger Versuchen, mit Lastwagen mit verschiedener Bereifung dauernd befahren und die so beanspruchten Bodenbeläge untersucht werden[5]. In einem Bericht von F. H. Jackson und J. T. Pauls vom Bundesstraßenamt der USA.[6] sind folgende Ergebnisse an einer

---

[1] Vgl. Eine praktische Art, die Oberflächenhärte von Betonstraßen zu prüfen. Betonstraße 1930 S. 169.

[2] Burchartz: Über die Beziehung zwischen der Abnutzung beim Schleifversuch und bei der Prüfung mittels des Sandstrahlgebläses. Straßenbau 1931 S. 471. — Gaber u. Hoeffgen: Versuche mit dem Sandstrahlgebläse zur Erzielung genauer Ergebnisse. Mitt. dtsch. Mat.-Prüf.-Anst. 1930 Heft 6—8.

[3] O. Graf: Untersuchungen über den Abschleifwiderstand von Baustoffen, insbesondere von Gesteinen. Die einheitliche Prüfung der Gesteine nach DIN-DVM Entwurf 2107. Straßenbau 1930 S. 579. — Prof. Krüger: Abnutzbarkeit durch Schleifen. Mitt. Mat.-Prüf.-Amt., Berlin.

[4] Vgl. Prüfverfahren für natürliche Gesteine. Tondind.-Ztg. 1935 Nr. 77 S. 950. — Abnutzbarkeit durch Schleifen, vgl. DIN 2108, März 1933.

[5] Vgl. Denkschrift 1—5 über die Versuchsstraßen des Deutschen Straßenbauverbandes bei Braunschweig, 1926—1930.

[6] Concrete vom Juli 1924.

Versuchsstraße, die in Kreisform von 186 m Umfang mit 62 Probestrecken von je 1,20 m Breite und 3 m Länge gebaut war, gefunden worden:

Kiesbeton ist im allgemeinen gleichwertig mit Steinschlagbeton. Kies aus runden Teilen ist gleichwertig mit Kies, der ganz oder zum Teil aus eckigen oder gebrochenen Teilen besteht. Kleine Mengen schaliger Teile im groben Gemengteil des Betons verursachen außerordentliche und ungleiche Abnutzung. Hochofenschlacke ist brauchbar, wenn sie ein Betongewicht von mindestens 1100 kg/cm³ ergibt. Große Mengen leichter poriger Hochofenschlacke im Beton verursachen außerordentlich starke Abnutzung, etwas günstiger wirkt feinere Schlacke, Kupfer- oder Bleischlacken sind genügend brauchbar. Schlacken- und Steingrus ist im allgemeinen kein geeigneter Ersatz für natürlichen Sand im Beton. Grobe Sande und grobe Ersatzgemengteile sind widerstandsfähiger als feine Sande. Weder die Bruch- noch die Scherfestigkeit des Betons ist ein Maßstab für den Widerstand gegen Abnutzung. Ein mäßiger Zusatz von hydraulischem Kalk zum Beton hat keinen Einfluß auf die Abnutzung. Eine fettere Mischung von Zement zu Sand als 1:2 verbessert den Beton nicht mehr erheblich; eine magere Mischung verschlechtert ihn merklich. Weder besonders trockene noch besonders nasse Mischung wirkt anders als mittlere Verhältnisse.

Neuerdings hat Ebener, Essen, ein neues Verfahren vorgeschlagen zur Abnutzungsprüfung mit sich drehenden, belasteten Kugeln, welches meines Erachtens Aussicht auf gute Bewährung hat und zur Zeit dem DVM. zur Begutachtung vorliegt.

Obwohl die Angaben bezüglich der Beziehung zwischen Abnutzbarkeit und Druck einerseits, Druck- und Biegefestigkeit andererseits sich widersprechen und ein Teil der Forscher derartige Beziehungen sogar auf Grund von Formeln feststellen will, kann auf Grund neuerer Erkenntnis festgestellt werden, daß strenge Beziehungen nicht bestehen. Selbstverständlich wird ein besonders hochfester Beton auch eine größere Widerstandsfähigkeit gegen Abnutzung haben als ein sehr poröser oder weicher oder minderfester Beton. Die Beziehungen sind aber nur sehr lose, es kann sehr wohl bei Beton sonst gleicher Wertigkeit der eine sehr widerstandsfähig, der andere weniger widerstandsfähig gegen Abnutzung sein, oder sehr gegen Abnutzung widerstandsfähiger Beton kann geringere Druckfestigkeit haben als solcher, der druckfester, aber abnutzbar ist. Die Erhöhung der Widerstandsfähigkeit gegen Abnutzung kann zweifellos durch besonders widerstandsfähige und harte Körner herbeigeführt werden, die keineswegs den ganzen Beton zu durchziehen brauchen, sondern nur in die Oberschicht einzubringen sind, so arbeitet man beispielsweise in Deutschland, um die Betonstraßen griffiger und widerstandsfähiger gegen Abnutzung zu machen, in der Oberfläche mit Granitzuschlag oder Basaltsplitt, bei stärker beanspruchten Teilen, wie Bahnhofstreppen, Fabrikfußböden usw., zieht man für die Oberschicht Karborund-Zumischungen + Eisensplitter (Stahlbeton) und andere ähnliche Zuschläge heran, die, mit gutem Sand verarbeitet, eine überaus widerstandsfähige Oberfläche bilden. Auch eine Mischung der genannten Härtungsstoffe ist bisweilen am Platze, besonders bei Heranziehung von Eisengranalien, da diese allein sehr bald unter der Abnutzung zu einem überaus glatten Belag führen.

10. Elektrizität.

Bei Einwirkung von Elektrizität ist zu unterscheiden zwischen derjenigen Elektrizität, die von außen auf den Beton einzuwirken vermag, und zwischen demjenigen Strom, den er selbst gegebenenfalls erzeugt oder der die Eiseneinlagen verändert.

a) Einwirkung von außen.

Bei Versuchen von Burges[1] wurde festgestellt, daß bei Elektrizitätswirkung auf Beton dann eine stärkere Schädigung eintrat, wenn eine 3proz. Salzlösung vorhanden war. Bei gewöhnlichem Wasser als Versuchslösung wurden nur 1,2 und 11,7 g Gewichtsverlust an den verwandten Eisenbelägen festgestellt, bei 3proz. Salzlösung dagegen 10,5 und 24,7 g, also ein ungeheuer viel höherer Betrag. Burges empfiehlt deshalb bei Eisenbetonmischung keinen Salzzusatz zu verwenden, eine Empfehlung, die man ausdehnen kann auf die Zemente, denen man heute bisweilen in den Fabriken bereits Salzzusätze zugibt, und auf schnelles Erstarren erzwingende Flüssigkeiten (S. 87ff), welche ja ausnahmslos die Stromleitung stark begünstigen, da sie aus Chlorid und Hydraten bestehen.

b) Einwirkung von innen.

Viel wichtiger als die Stromeinwirkung von außen ist heute die Stromeinwirkung, die dadurch entsteht, daß sich aus den Zuschlägen und den Bewehrungseisen ein chemisches Element bildet. Diese Möglichkeit ist vorhanden bei Koksgehalt des Zuschlagsstoffes, also bei Verwendung von Koksaschen und Kohlenaschen.

Der Verfasser hat an Eisenstäben, die in Koksaschebeton eingebettet waren, bei Befeuchtung verhältnismäßig hohe Spannungen beobachtet. Dementsprechend treten durch Elektrizitätswirkung bei derartigen Eisen, die in Koksaschen liegen, starke Verrostungserscheinungen auf. Auch das beobachtete überaus starke Verrosten von Eisenbewehrungen in porösem Beton unter Steinholzwirkung ist eben auf diese Erscheinung zurückzuführen. Diese Verrostung tritt besonders dann ein, wenn das Steinholz durch aufgelegtes Linoleum am Austrocknen verhindert wird; es bildet sich dann eine Art Trockenelement: in ganz kurzer Zeit lösen sich die in den porösen Beton eingebetteten, mit Magnesiumchloridlauge in Berührung gekommenen Eisen gleichsam auf und verschwinden völlig oder bis auf Stricknadeldünne unter Zurückbleiben eines dicken Roststranges, der unter Aufquellung den Beton zersprengt, da das gebildete Eisenoxyd viel mehr Raum einnimmt als das ursprüngliche Eisen.

Bei Versuchen der Materialprüfungsanstalt Darmstadt über den elektrischen Widerstand von Beton zeigte O. Berndt, daß magerer Beton einen größeren Widerstand aufwies als fetter, der Widerstand mit steigender Temperatur abnahm, und daß Kiessandbeton einen größeren Widerstand aufwies als Schotterbeton.

---

[1] Einfluß von Elektrolyse auf Beton. Betonwerk 1929 S. 21.

Jedoch waren die Widerstandsgrößen verhältnismäßig so gering, daß nur künstlich ausgetrockneter Beton als Isolator angesehen werden kann. Eine ungünstige Beeinflussung der Druckfestigkeit durch den Stromdurchgang fand nicht statt[1].

Versuche des gleichen Verfassers mit bewehrtem Beton zeigten eine Erhöhung des Gleitwiderstandes der Eiseneinlagen um 11—37% nach Elektrizitätseinwirkung unter gleichzeitiger Verrostung der Eisen bis zur Rißbildung im Beton. Teilweise hatte narbiges Anfressen der Eisen stattgefunden, während die ohne Elektrizitätswirkung gewesenen Eisen völlig rostfrei geblieben waren. Blitzschlagähnliche Entladungen schädigten den Beton nicht; auch an Stellen, wo der Blitz gezwungen war, das Eisen zu verlassen und durch den Beton zu gehen, entstanden nur verglaste Blitzröhren ohne Schädigungen des Betons. Bei feuchtem Beton blieb die Blitzröhrenbildung aus, ein Zeichen, daß hier der Stromübergang auf großer Querschnittsfläche erfolgt war. Ein Mürbewerden des Betons, wie es in amerikanischen Arbeiten behauptet war[2], wurde niemals festgestellt, Schädigung durch vagabundierende Ströme ist kaum zu erwarten, da diese lange vor Einwirkung auf den Beton eiserne Rohrleitungen usw. schädigen, also erkannt und beseitigt werden, ehe eine Einwirkung auf die Eiseneinlagen des Betons möglich ist.

B. Chemische Einwirkungen[3].

Die wichtigste Einwirkungsart, welche für den erhärteten Beton in Betracht kommt, ist der Einfluß chemischer Körper. Das Abbinden des Betons wird herbeigeführt hauptsächlich durch chemische Umsetzungen; diese sind mit dem Schluß der Abbindezeit nach 6 oder 8 Stunden keineswegs beendet, sondern sie setzen sich dauernd weiter fort, was im Ansteigen der Festigkeiten, deren zeitweise geringem Fallen um wenige Prozent und Wiederansteigen zum Ausdruck kommt. Der Beton ist also in chemischem Sinne keineswegs ein „toter Körper“, sondern es finden dauernd in ihm weitere Umsetzungen statt. Es ist natürlich, daß bei dieser Sachlage auch chemische Verbindungen, falls sie von außen herantreten können, in diese chemischen Reaktionen einzugreifen, diese unter Umständen zu verändern oder neue einzuleiten vermögen.

Führen die herbeigeführten Veränderungen zu einer Zersetzung des kittenden Zementes, so tritt Schädigung und schließlich Zerfall des Betons ein. Die besprochene Einwirkungsart kann nur stattfinden, wenn Flüssigkeit zugegen ist, denn die hier in Betracht kommenden Reaktionen finden nur in Lösung statt. Zwar kommen in der Natur drei Aggregatzustände vor:

[1] Versuche über den elektrischen Widerstand von unbewehrtem Beton. Dtsch. Ausschuß f. Eisenbeton 1911 Heft 6. — Berndt, Wirtz u. Preuß: Versuche über den Einfluß von Elektrizität auf Eisenbeton. Dtsch. Ausschuß f. Eisenbeton 1912 Heft 15.

[2] Kundson: Elektrolytische Zersetzung von Eisenbeton. Proc. Amer. Inst. electr. Engng. 1907 S. 33. — Langsdorf: Engng. News Rec. 1909 S. 458, usf.

[3] Vgl. auch Grün: Schädliche Einwirkungen auf Beton und ihre Verhütung. Zementverarbeitung Heft 21, Zementverlag 1926.

1. der feste (z. B. Eis),
2. der flüssige (z. B. Wasser) und
3. der gasförmige (z. B. Dampf).

Feste Körper vermögen aber in den Beton nicht einzudringen, und trockene Gase sind ohne Wirkung.

In Fällen, wo feste Körper auf den Beton schädlich einwirken (z. B. sulfathaltige Erze und Kohlenschlacken), ist es stets das Wasser, welches die schädlichen Bestandteile (in diesem Falle Sulfat) aus den festen Stoffen herauslöst und dem Beton zuführt. Ebenso wirken Gase nur bei Gegenwart von Wasser, indem sie sich auflösen, wie beispielsweise das HCl-Gas (Chlorwasserstoff) in Wasser zu Salzsäure oder Chlorwasserstoffsäure.

Angriff von Flüssigkeiten in der Wasserlinie.

Bei Besichtigung von zerstörten Bauwerken, die nur teilweise in das Wasser eintauchten, zeigt sich immer wieder, daß die Gefahr in der Wasserlinie am größten ist. Die meisten Zerstörungen wurden direkt über der Wasserlinie festgestellt. Diese Tatsache erklärt sich damit, daß eben an diesen Stellen durch Aufsteigen der Lösung und Verdunsten der Flüssigkeit eine dauernde Konzentration der Flüssigkeit stattfindet, die gleichzeitig mit der sprengenden Wirkung der auskristallisierten Salze zu schneller Zerstörung des Betons führt. Im Laboratorium hat Bach[1] festgestellt, daß Körper, die bereits $2^1/_2$ Jahre in Magnesiumsulfatlösung lagerten, ohne angegriffen zu werden, nach einem weiteren halben Jahr Zerstörungen zeigten, nachdem sie zur Hälfte in den Luftraum herausgehoben wurden. Er weist auf den krassen Unterschied in dem Verhalten der in der angreifenden Flüssigkeit ganz und der nur halb eingetauchten Probekörper ausdrücklich hin und betont die Wichtigkeit des Schutzes gerade der außerhalb des aggressiven Wassers befindlichen Bauteile, „in welchen das Wasser kapillar eindringt und beim Verdunsten die Poren mit dem schädlichen Stoff bis zum Bersten gefüllt zurückläßt“.

Auch bei einer durch Kohlensäure beschädigten Talsperre, der 1919 in Betrieb gesetzten Staatl. Kraftanlage, Wehranlage „Tunhörd“[2], war die Zerstörung am größten da, wo der Wasserstand dauernd wechselte. Alljährlich mußten besonders an diesen Stellen Reparaturen vorgenommen werden.

Schließlich fand Graf bei Laboratoriumsversuchen ähnliche starke Zerstörungen in der Wasserlinie und kurz darüber[3].

Einteilung der chemischen Verbindungen.

Aus dem oben Gesagten geht hervor, daß ein Unterschied zwischen der Einwirkung von festen, flüssigen oder gasförmigen Körpern auf

[1] Bach: Verhalten von Traßzement in aggressivem Wasser. Tonind.-Ztg. 1928 S. 1058.

[2] Halvorsen u. Kristen Friis: Aarsaker til skader paa betonbygverk i vand og hvilke midler har vi idag til bekjaempelse av saadanne skader. Kopenhagen 1930.

[3] Graf: Bemerkungen zu Versuchen über das Verhalten von Mörtel und Beton bei Lagerung in angreifenden Flüssigkeiten. Bautenschutz 1932 S. 8.

Beton nicht besteht, weil stets der flüssige Formzustand notwendig ist, wenn eine Einwirkung auf Beton stattfinden soll und weil dieser flüssige Formzustand durch Lösung der festen oder gasförmigen Körper stets herbeigeführt werden kann; deshalb ist bei der Besprechung der chemischen Körper ein Unterschied in bezug auf den Aggregatzustand flüssig und gasförmig nicht gemacht, sondern diese sind in denjenigen Gruppen besprochen, in welche sie chemisch gehören. Als solche Gruppen kommen in Frage diejenigen drei, in welche sich alle chemischen Körper einordnen lassen, nämlich

1. die Basen,
2. die Säuren,
3. die Salze: das Vereinigungsprodukt von Basen und Säuren.

Dazu kommen noch gewisse organische Körper, die nicht den Charakter von Gasen, Basen oder Säuren haben, nämlich die Verbindung der aliphatischen (Paraffine, Öle) und der aromatischen (Benzol, Naphthalin, Anthrazen) Reihen, die durchweg wenig schädlich für Beton sind und allenfallsige Schädlichkeit durch Zumischung von Säuren (Phenol-Karbolsäure u. dgl.) erhalten.

Die Unterschiede zwischen den genannten drei Gruppen lassen sich am besten an Hand nachfolgenden Schemas erklären:

$$\underset{\text{Natronlauge}}{NaOH} + \underset{\text{Salzsäure}}{HCl} = \underset{\substack{\text{Kochsalz}\\ \text{Natriumchlorid,}\\ \text{Chlornatrium}}}{NaCl} + \underset{\text{Wasser}}{HOH}$$

Die Base: Natronlauge ($NaOH$), bekannt als Seifenstein, hat ätzende Eigenschaften; sie zerstört Ölfarbenanstriche und andere organische Substanzen und wird deshalb zum Abbeizen von angestrichenem Holzwerk u. dgl. verwandt.

Die Säure: Salzsäure (HCl) löst Metall unter Wasserstoffentwicklung auf, sie „brennt" auf der Haut und wirkt gleichfalls auf alle organische Substanzen zerstörend.

Beide vereinigen sich unter Freiwerden von Wärme zu dem Salz: Kochsalz, in welchem die alle organische Substanzen schädigenden Eigenschaften der beiden Ausgangsprodukte Lauge und Säure nicht mehr vorhanden sind, und welches bekanntlich als anorganisches Salz zum Leben unbedingt notwendig ist. Bei der Vereinigung der Lauge und Säure wird Wasser frei; dieses hat sog. amphoteren Charakter, ist also gleichzeitig Base und Säure.

Das Charakteristikum für die Lauge ist demgemäß, daß sie eine OH-Gruppe (die Hydroxyl-Gruppe) enthält, welche durch einen Säurerest (im vorliegenden Falle durch Cl aus der Salzsäure) ersetzt werden kann, wobei sie sich in ein Salz verwandelt.

Die Säure hat als Charakteristikum ein oder mehrere Wasserstoffatome, die ersetzt werden können durch ein Metall (im obigen Falle Natrium), wobei auch wieder das Salz entsteht ($NaCl$ = Kochsalz). Die Base reagiert alkalisch, d. h. sie färbt rotes Lackmuspapier blau, die Säure reagiert sauer, d. h. sie färbt blaues Lackmuspapier rot.

Demgemäß sind Basen alkalisch reagierende Verbindungen von Metallen (Natrium, Eisen, Tonerde) mit der Hydroxyl-Gruppe (OH), die das Bestreben haben, sich mit Säuren zu Salzen zu verbinden.

Die Säuren sind sauer reagierende Verbindungen der Metalloide mit Wasserstoff (manchmal auch außerdem mit Sauerstoff), in welchen der Wasserstoff ersetzbar ist durch Metalle, und die das Bestreben haben, sich mit den Basen zu Salzen zu verbinden.

Salze sind die Endprodukte der Verbindung von Base und Säure.

Zementleim ist (in der Hauptsache) ein **Salz,** in welchem die starken Basen Kalk und Magnesia mit der schwachen Säure Kieselsäure unter gleichzeitiger Wasseranlagerung verbunden sind (Hydratbildung), mit einem Überschuß der Base Kalk.

Entsprechend diesem Charakter werden die Einwirkungen der einzelnen Verbindungsgruppen auf den Beton die folgenden sein: **Basen** werden ihn nicht angreifen, da sie mit ihm verwandt sind; **Säuren** dagegen lösen ihn auf, da sie zunächst den Basenüberschuß „Kalk" angreifen, um im weiteren Verlauf die schwache Kieselsäure aus ihrer Verbindung zu verdrängen, um sich mit der stärkeren Base Kalk zu vereinigen.

Auf manche Salze wirkt der Zement des Betons, da er noch den Charakter einer Base hat, aufspaltend, indem der Basenrest des Zementes sich mit dem Säurerest des Salzes vereinigt. Diese Aufspaltung tritt dann ein, wenn die Base des Salzes eine schwächere Base ist als die stärkere Base Kalk des Zementes. Aus diesem Grunde werden Magnesiumsulfat, Magnesiumchlorid oder Magnesiumnitrat und die entsprechenden Eisen- und Tonerdesalze, in denen die sehr schwachen Basen Magnesia, Eisenoxyd oder Aluminiumoxyd den „Rest" der starken Säuren Schwefelsäure (aus Sulfat), Salzsäure (aus Chlorid) und Salpetersäure (aus Nitrat) nur lose festzuhalten vermögen, von Beton sehr rasch zerstört. „Der Kalk überwältigt die schwächeren Basen und nimmt ihnen den Säurerest weg." Hierbei „vergiftet" sich der Beton, denn der freie Kalk verändert sich in ein Salz, weiter geht der als kieselsaurer Kalk gebundene Kalk in eine andere Verbindung über und vermag dann den Mörtelsand nicht mehr zu verkitten. Besonders schädlich bei diesem Vorgang ist, wenn die neu gebildeten Verbindungen mehr Raum einnehmen als die ursprünglichen, beispielsweise bei der Bildung des Kalzium-Aluminium-Sulfats (vgl. S. 345), denn dann wird durch die eintretende Raumvergrößerung der Beton zertrieben.

Öle. Eine besonders für die Praxis wichtige Klasse von Flüssigkeiten bilden die Öle, die sich von den anderen bisher besprochenen Flüssigkeiten dadurch unterscheiden, daß sie ihren flüssigen Formzustand nicht der Gegenwart von Wasser verdanken. Da ein sehr wichtiger Teil dieser Verbindungen, nämlich die fetten Öle und Fette, als Salze angesprochen werden können, seien sie, obgleich sie sich von den wässerigen Flüssigkeiten in vielen grundlegenden Eigenschaften (Verbrennbarkeit) unterscheiden, unter „Salzen" (S. 390) besprochen.

Es gibt zwei Arten von Ölen.

1. Fette Öle, z. B. Pflanzen- oder Tieröle. Diese stellen Salze einer Ölsäure (Stearinsäure, Palmitinsäure usw.) dar mit einer „Base“ (Glyzerin) (s. S. 390).

Sie werden, da die Base „Glyzerin“ schwächer ist als die Base „Kalk“, durch den Kalk des Betons aufgespalten und wirken, da sich der Kalk mit der Fettsäure zu einem neuen Salz (der „Seife“) verbindet, schädlich. „Ranzige“ Fette enthalten bereits freie Fettsäure und wirken deshalb besonders nachteilig (s. S. 390).

2. Mineralöle. Die aus Naphtha und Kohle durch Destillation gewonnenen Öle sind in der Mehrzahl chemisch indifferent und bleiben ohne Einwirkung.

Wechselwirkung „Chemische Verbindung — Zement“.

Aus den vorstehenden Ausführungen ergibt sich die Tatsache, daß die Einwirkung der Säuren, Salze oder sonstigen Verbindungen stets eine Wechselwirkung zwischen der einwirkenden Flüssigkeit und dem Zement ist. Aus dieser Tatsache ergeben sich die selbstverständlichen Folgerungen, daß die Einwirkung desto stärker sein wird

1. je reaktionsfähiger das System: Flüssigkeit — Zement, und
2. je größer die Möglichkeit für die Wechselwirkung in diesem System ist.

Die Möglichkeit dieser Wechselwirkung wird natürlich erhöht bei stärkerer Konzentration der Lösung oder höherer Temperatur derselben, schließlich auch, wenn große Lösungsmengen mit dem Beton in Berührung kommen; sie wird dagegen erniedrigt, wenn man den Beton abschließt von der Lösung durch Erhöhung der Dichtigkeit und durch Abschluß mit Schutzanstrich, Schutzpaste u. dgl.

Reaktionsfähigkeit in dem System: Zement — einwirkende Flüssigkeit.

In diesem System ist von der Seite des Zementes her eine Wirkung besonders deshalb überhaupt vorhanden, weil der Zement im chemischen Sinne ein ungesättigtes, wasserlösliches Salz ist, in welchem der ungesättigte Anteil aus freien oder schwach gebundenem Kalk besteht. Außerdem vermag unter bestimmten Verhältnissen auch noch die Tonerde schädliche Verbindungen einzugehen (Kalk-Tonerde-Sulfat, Zementbazillus s. S. 345).

Dementsprechend wird zum Schutz gegen alle Salze oder Säuren, die mit Kalk zu reagieren vermögen, eine Herabdrückung des Kalkgehaltes des Zementes von Vorteil sein, da hierdurch die Reaktionsfähigkeit des Zementes verringert und damit seine Beständigkeit erhöht wird. Aus dieser Erkenntnis ergeben sich für die verschiedenen Zemente folgende allgemeine Richtlinien:

Normenportlandzement (ca. 65% Kalkgehalt): Da zwei Drittel des ganzen Zementes aus Kalk besteht, ist die Reaktion mit freien Säuren oder Salzen, die mit dem Kalk Verbindungen eingehen, energisch. Die Beständigkeit des Portlandzementes hängt nicht bloß ab von der chemischen Zusammensetzung, sondern auch von dem physikalischen Aufbau. Schachtofenzemente, die schwach gebrannt sind, also ein leichtes Korn und viel freien Kalk haben, sind sehr viel reaktionsfähiger als scharf gebrannte Drehofenzemente, die keinen allzu hohen Kalkgehalt aufweisen. Infolge des Übergangs der Portlandzementindustrie von Schachtöfen ohne künstlichen Zug auf solche mit Gebläse oder Absaugung ist auch beim Schachtofenzement in der letzten Zeit die Widerstandsfähigkeit erhöht worden. Der Übergang zum Drehofen hat weiter die Widerstandsfähigkeit der Portlandzemente erhöht.

Eine Abart des Portlandzementes, die aber auch unter die Normen fällt, also als Normenzement behandelt werden kann, ist der Erzzement. In diesem Zement ist ein großer Teil der Tonerde durch Eisen ersetzt. Die schädliche Einwirkung der Tonerde, die besonders bei Einwirkung von Sulfat (Meerwasser) in Frage kommt, wird ausgeschaltet, und die Erzzement genannten Erzeugnisse haben eine sehr hohe Beständigkeit gegen derartige Sulfate.

Hüttenzement, Mischung von Portlandzement mit Hochofenschlacke. Im Hüttenzement ist ein Teil des Portlandzementes ersetzt durch die gegenüber dem Portlandzement kalkärmere und infolgedessen reaktionsträgere Hochofenschlacke. Das Mahlprodukt hat demgemäß geringere Kalkmengen (Eisenportlandzement mit 30% Schlacke ca. 59% CaO, Hochofenzement mit bis zu 85% Schlacke bis zu ca. 49% CaO) und wird mit steigendem Schlackengehalt reaktionsträger. Da die Hochofenschlacke aber gleichfalls erhärtet, hat Zement mit bis zu 70% Schlackengehalt noch ungefähr die gleiche Festigkeit wie schlackenfreier Zement, besonders wenn der mit Hochofenschlacke versetzte Zement etwas feiner gemahlen ist, um die Erhärtungsenergie der an sich reaktionsträgen Hochofenschlacke zu erhöhen. Mit weiter steigendem Schlackengehalt steigt die Reaktionsträgheit des Zementes und damit wird die Festigkeit geringer. Gleichzeitig steigt aber mit steigendem Schlackengehalt die Beständigkeit, besonders dann, wenn der abgebundene Zement erst spät mit der angreifenden Flüssigkeit zusammengebracht wird, da der freie Kalk des Portlandzementes mit der Hochofenschlacke Verbindungen eingeht und dadurch auch seinerseits gebunden wird. Die Hochofenschlacke wirkt also nicht bloß herabsetzend auf den Kalkgehalt, sondern auch bindend auf den aus dem Portlandzementanteil bei Wasserzusatz freiwerdenden Kalk.

Traßzement, Mischung von Portlandzement mit Traß. Da Traß nur 2% Kalk hat, also fast kalkfrei ist, wird durch den Traßzusatz der Kalkgehalt des Zementes in der Bruttoanalyse noch mehr gedrückt als durch die viel höhere Kalkmengen enthaltende Hochofenschlacke. Da der Traß aber wesentlich reaktionsträger ist als Hochofenschlacke und in bezug auf Festigkeit nur sehr schwach eingreift, ist nur ein geringer Traßzusatz zu Zement möglich, ohne daß starke Festigkeitssenkungen eintreten. Außerdem ist infolge der Reaktionsträgheit des Trasses die Wechselwirkung zwischen Portlandzement und Traß nur gering. Es ist deshalb besonders für Traßzement zu fordern, daß die schädliche Flüssigkeit recht spät, nach mehreren Monaten, zur Einwirkung kommt, der Traßgehalt muß gering gehalten werden (bis 20% Traß).

Tonerdezement. In den Tonerdezementen mit nur 45% Kalk ist der Kalkgehalt noch weiter herabgedrückt als in den Puzzolanzementen. Sie haben naturgemäß auch eine sehr hohe Widerstandsfähigkeit gegen Salze, die mit dem Kalk reagieren (beispielsweise Sulfate), sind aber minder geeignet bei Einwirkung mancher Alkalilösungen (Kali, Natron), da sich aus ihnen Natrium-Aluminate und ähnliche Salze zu bilden vermögen, die in Wasser löslich sind[1].

Möglichkeit der Wechselwirkung.

Die Wechselwirkung im System „Zement—einwirkende Flüssigkeit“ ist nicht nur von der chemischen Verwandtschaft im System abhängig, sondern auch von der Möglichkeit der Einwirkung, d. h. also einerseits von der Oberfläche des Zementes, andererseits von der Konzentration und der Einwirkungsmöglichkeit der angreifenden Lösung.

Dichtigkeit des Betons. Die Oberfläche des Zementleims ist um so größer, je poröser der Beton ist; dichter Beton hält sich also besser als poröser. Die Dichtigkeit wird (vgl. S. 113ff.) erreicht durch Heranziehung genügender Zementmengen, richtige Kornzusammensetzung der Zuschlagsstoffe, gute Verdichtung und geringen Wassergehalt: ein Stück Würfelzucker löst sich fast augenblicklich in Wasser auf, ein Stück Kandiszucker nur im Laufe von Tagen. Allerdings ist bei sehr porösem Beton bei Einwirkung von raumvergrößernd wirkenden Salzen bisweilen längere Beständigkeit festgestellt worden, weil in solchen Ausnahmefällen in einem porösen Beton mehr Platz für die treibend wirkenden, schädlichen Verbindungen ist als im dichten. Letzten Endes bewährt sich aber der dichte Beton in der Praxis stets am besten.

Aber das Problem ist nicht nur ein physikalisches, sondern auch ein chemisches. Richtige Zusammensetzung des Betons, besonders in bezug auf Zementgehalt, also auf Zementart, ist Grundbedingung für lange Lebensdauer. In dem Bericht des Kaiser Wilhelm-Instituts für Silikatforschung über die Tagung der Arbeitsgruppe „Spezialzemente“ des Internat. Talsperrenkomitees, in welchem die Notwendigkeit der Herstellung von Spezialzementen besprochen ist, sagt Prof. Eitel bezüglich der verschiedenen Seiten des Problems wie folgt:

„Das Primäre ist der Beton, das Sekundäre der Zement. Aber soll man deshalb dieses sekundäre Element vernachlässigen? Das hieße behaupten, daß wir mit den heutigen Normenzementen am Ende der Entwicklung angelangt sind. Hierzu fehlt uns aber jede Veranlassung.“

Konzentration der Lösung und Lösungsmenge. Mit steigender Menge der schädlichen Salze in der Flüssigkeit wächst auch im allgemeinen deren Gefährlichkeit. Die Einwirkungsweise kann allerdings auch bei niedriger Konzentration die gleiche Stärke wie bei hoher Konzentration erreichen dadurch, daß die Flüssigkeit strömt.

---

[1] Haegermann-Hart: Einwirkung von Wasser- und Salzlösungen auf den Tonerdezement. Zement 1925 S. 204.

Solche verdünnte Lösungen vermögen, wenn große Lösungsmengen dauernd an den Beton herangebracht werden und dieser zu reagieren vermag, diesen dadurch stark zu schädigen, daß sie entweder ihn auflösen, besonders bei Kohlensäuregehalt des Wassers, oder dadurch, daß sie ihn vergiften. Bei chemischer Verwandtschaft zwischen dem Kalk des Betons und den Salzen der Lösung werden diese von dem Kalk aus der Lösung ausgefällt und dauernd im Beton angereichert. Beispielsweise tritt bei der Wirkung des Meerwassers, das nur wenige Bruchteile eines Prozents von Magnesiumsulfat (Bittersalz) enthält, nach folgender Formel die Umsetzung ein:

$$\underset{\text{leicht löslich}}{\overset{\text{Bittersalz}}{MgSO_4}} + \underset{\text{löslich}}{\overset{\text{Kalk}}{CaO}} = \underset{\text{schwer löslich}}{\overset{\text{Gips}}{CaSO_4}} + \underset{\text{unlöslich}}{\overset{\text{Magnesiumhydrat}}{Mg(OH)_2}}$$

Es bildet sich nach einem bekannten chemischen Satz das am schwersten lösliche Salz, also Magnesiumhydroxyd, welches als schleimige Gallerte ausfällt und den Beton überzieht, während der Kalk des Betons selbst sich in den schwer löslichen Gips ($CaSO_4$) verwandelt, der in weiterer Folge zum Zertreiben des Betons führt. Der Kalk des Betons zieht also aus der schädlichen Flüssigkeit den Sulfatanteil heraus, speichert ihn als Gips auf und vergiftet sich hierdurch auch dann, wenn ganz verdünnte Lösungen einwirken.

Temperatur der Lösung. Von Einfluß auf die Einwirkungsmöglichkeit ist auch die Temperatur; bei tiefen Temperaturen spielt sich die Reaktion langsamer ab als bei höheren. Im allgemeinen sind deshalb auch bei höheren Temperaturen die Einwirkungen stärker als bei niedrigeren. Am schädlichsten wirken häufig starke Temperaturschwankungen.

Art der Einwirkung. Die Art der Einwirkung (Abb. 179) ist charakteristisch für die Art der Einwirkungslösung. Freie Säure, wie beispielsweise Kohlensäure oder Salzsäure, lösen den Beton einfach auf, ohne zunächst den Kern anzugreifen (Nr. 7). Bei starker Säure wird der Kern dann allmählich durchdrungen und geht zugrunde. Kohlensäure wirkt nur auf die Außenfläche. Bei Natriumsulfat- und Magnesiumsulfatwirkung tritt hierzu noch Treiben, welches zunächst die Ecken (Nr. 4) aufbläht und in weiterer Folge (Nr. 5) absprengt. Schließlich zertreibt der ganze Körper, wie Nr. 6 (Schwefelsäure) oder Nr. 2 (Leinöl) zeigt. Schutzanstriche vermögen je nach ihrer Art günstig zu wirken (Nr. 9) oder sie schützen den Beton nur wenig (Nr. 8).

Schutzanstrich und Verhinderung der Anreicherung der Lösung. Völlig verhindert werden kann die Wechselwirkung durch Abdeckung des Betons mit Anstrichfilmen oder Bitumenauflegung. Besonders wichtig ist die schnelle Wegführung schädlicher Lösungen durch bautechnische Maßnahmen, ein Punkt, der schon bei der Errichtung der Bauten von Wichtigkeit ist und auf dessen Bedeutung Goebel[1] wiederholt und eindringlich hingewiesen hat.

Es ist also bei Betrachtung des Systems „Zement — einwirkende Lösung" nicht bloß die Zusammensetzung der einwirkenden Lösung, sondern auch die chemische Zusammensetzung des Zementes und die

[1] Graf u. Goebel: Schutz der Bauwerke. Berlin 1930.

Möglichkeit der Wechselwirkung anzusehen: bei Erhöhung der chemischen Verwandtschaft und der Einwirkungsmöglichkeit wird die Beständigkeit des Betons herabgesetzt. Wir sind durch Anpassung der Auswahl des Zementes, an die jeweilige chemische Zusammensetzung

Abb. 179. Vergleich der verschiedenen Zerstörungsarten. Es sind gelagert Körper *1* in Wasser, Körper *2* in Leinöl (starke Treibneigung), Körper *3* in Salzsäure, Körper *4* in Natriumsulfat, Körper *5* in Magnesiumsulfat, Körper *6* in Schwefelsäure, Körper *7* schlechter Schutzanstrich, Körper *8* besserer Schutzanstrich, Körper *9* guter Schutzanstrich (Körper *7*, *8* und *9* in Schwefelsäure).

der einwirkenden Flüssigkeit und durch Herabsetzung der Einwirkungsmöglichkeit in der Lage, die Lebensdauer des Betons auch bei schädlichen Lösungen oft um ein Mehrfaches zu verlängern oder völlige Beständigkeit herbeizuführen.

Besprechung der einzelnen chemischen Verbindungen und Lösungen.

Die einzelnen chemischen Körper, die zur Einwirkung auf Beton kommen, sind nach folgender Einteilung behandelt (die in Klammer beigefügten Zahlen verweisen auf die Seite):

I. Basen:

1. Natronlauge (Natriumhydroxyd, Seifenstein) (291).
2. Kalilauge (Kaliumhydroxyd) (292).
3. Ammoniakwasser (Salmiakgeist, Gaswasser) (292).
4. Kalkwasser (Kalkteig, Ätzkalk) (295).
5. Barytwasser (Bariumhydroxyd) (295).
6. Strontiumhydroxyd (295).
7. Alkalische Wässer (296).

2. Säuren:

a) anorganische:

1. Salzsäure (297).
2. Schwefelsäure (Vitriolöl) (299).
3. Schweflige Säure (302).
4. Salpetersäure (304).
5. Phosphorsäure (306).
6. Schwefelwasserstoff (308).
7. Kohlensäure (313).
8. Chlor (321).
9. Brom (323).
10. Jod (324).
11. Flußsäure (324).
12. Schwefel (324).

b) organische:

13. Essigsäure (Eisessig) (327).
14. Milchsäure (328).
15. Ameisensäure (331).
16. Formaldehyd (332).
17. Gerbsäure (332).
18. Zucker (333).
19. Gärflüssigkeiten (335).
20. Fruchtsäure (337).
21. Weinsäure (337).
22. Oxalsäure (340).
23. Alkohol (340).
24. Methylalkohol (Methanol) (341).
25. Glycerin (342).
26. Ölsäure (s. Öle, S. 390).

3. Salze:

a) anorganische Salze:

Sulfate:

1. Natriumsulfat (Glaubersalz) (345).
2. Kaliumsulfat (355).
3. Ammoniumsulfat (357).
4. Kalziumsulfat (360).
5. Strontiumsulfat (364).
6. Kupfersulfat (Kupfervitriol) (365).
7. Magnesiumsulfat (Bittersalz) (365).
8. Zinksulfat (372).
9. Aluminiumkaliumsulfat (Alaun) (372).
10. Aluminiumsulfat (373).
11. Bleisulfat (373).
12. Mangansulfat (373).
13. Eisensulfat (Eisenvitriol) (373).

14/15. Nickel- und Kobaltsulfat (374).

Chloride:

1. Natriumchlorid, Kochsalz (374).
2. Kaliumchlorid (376).
3. Ammoniumchlorid (376).
4. Kalziumchlorid (376).
5. Strontiumchlorid (377).
6. Magnesiumchlorid (378).
7. Quecksilberchlorid, Sublimat (382).
8. Eisenchlorid (382).
9. Aluminiumchlorid (382).
10. Alle übrigen Chloride (383).
11. Natriumbromid (383).

Nitrate:

1. Natriumnitrat, Natronsalpeter (Chilesalpeter) (383).
2. Kaliumnitrat (383).
3. Ammoniumnitrat (384).
4. Kalziumnitrat (Kalksalpeter) (385).
5. Nickelnitrat, Bleinitrat (385).

Sulfide (385).

Karbonate:

Ammoniumkarbonat (387).
Natriumkarbonat (Soda) (388).
Kaliumkarbonat (Pottasche) (388).

Fluoride (388).

Silikate:

Natriumsilikat (Natronwasserglas) (388).
Kaliumsilikat (Kaliwasserglas) (388).

Andere Salze:

Kaliumdichromat (389).
Kaliumpermanganat (389).

b) organische Salze:

Fette Öle und Fette (390).

4. Nichtfette Öle (395).

α) Erdöl (396).
β) Braunkohlenöl (396).
γ) Steinkohlenteeröle (398).
δ) Ätherische Öle (399).

5. Kolloidale Lösungen (400).
6. Salzarme Wässer (400).
7. Technisch wichtige, verschiedene Salze, Säuren und Basen enthaltende Flüssigkeiten (403).
   a) anorganische technische Flüssigkeiten:
      1. Bergwerkswasser (404).
      2. Chlorkalk (405).
      3. Gaswasser (406).
      4. Grundwasser (406).
      5. Heißes Wasser (408).
      6. Meerwasser (411).
      7. Mineralwasser (423).
      8. Naphthalinwasser (425).
      9. Pökellauge (425).
      10. Quellwasser (426).
      11. Flußwasser (426).
      12. Kanalwasser (427).
      13. Rauchgase (429).
   b) organische technische Flüssigkeiten:
      14. Bier (430).
      15. Grünfutter (430).
      16. Gärungsflüssigkeit (431).
      17. Heringslake (431).
      18. Jauche, Urin, Fäkalien (432).
      19. Melasse (433).
      20. Milch (433).
      21. Moorwasser (433).
      22. Rübensaft (440).
      23. Sauerkraut (440).
      24. Schlempe (441).
      25. Sirup (441).
      26. Wein (441).
      27. Kohle (442).

1. Basen.

Basen sind Lackmuspapier blau färbende[1], alkalisch reagierende Verbindungen, die mit Säuren Salze bilden und dadurch die Säure abstumpfen. Sie können gewissermaßen als das Gegenteil der Säuren bezeichnet werden. Da Beton ein Körper ist, in welchem die basischen Eigenschaften weitaus überragen, indem im Beton die starke Base Kalk mit der schwachen Säure Kieselsäure verbunden, außerdem noch überschüssiger Kalk vorhanden ist, können Basen dem Beton als wesensverwandt nicht viel anhaben und bleiben stets unschädlich, wenn sie nicht mit anderen schädlichen Salzen, z. B. Sulfaten, vermischt sind, was allerdings bisweilen vorkommt.

Es sind unter Basen besprochen:

1. Natronlauge.
2. Kalilauge.
3. Ammoniakwasser.
4. Kalkwasser.
5. Barytwasser.
6. Strontiumhydroxyd.
7. Alkalische Wässer.

---

[1] Die Prüfung einer Flüssigkeit auf ihre Reaktion gegen Lackmus ist einfach und sollte auch von Laien stets durchgeführt werden. Lackmuspapier ist in jeder Apotheke für ein paar Pfennige zu haben.

Es färben:

Basen: blau (unschädlich, wenn nicht mit schädlichen Salzen vermischt).
Säuren: rot (stets schädlich).
Salze: verschieden.
  Saure Salze: rot (schädlich).
  Basische Salze: blau (meist unschädlich).
  Neutrale Salze: entweder gar nicht, oder blau oder rot;
    wenn rot: schädlich,
    „ blau: meist unschädlich.
    „ gar nicht: verschieden.

Daraus folgt, daß blaue Verfärbung meist auf Unschädlichkeit, vor allem wenn keine Mischsalze vorliegen, schließen läßt; rote Verfärbung zeigt stets Schädlichkeit an. Keine Farbänderung läßt keinen Schluß zu, nicht verfärbende Salze können unschädlich (Kochsalz) oder sehr schädlich (Natriumsulfat) sein.

1. Natronlauge.

Laugen in chemischem Sinne sind stark ätzende Auflösungen der Alkalien (Kaliumhydroxyd, Natriumhydroxyd) in Wasser. Fälschlich werden auch bisweilen in der Praxis stark konzentrierte Lösungen verschiedener neutraler Salze als Laugen bezeichnet, so z. B. die Magnesiumchloridlösung, welche zur Steinholzherstellung gebraucht wird, kurzweg als „Lauge" oder die in der Kaliindustrie abfallenden konzentrierten Lösungen als „Endlaugen". Allgemein nennt man auch die bei Kristallisationsprozessen nach dem Auskristallisieren des reinen Produktes übrigbleibenden Salzlösungen „Mutterlaugen". Über die Einwirkungsweise dieser verschiedenen sogenannten Laugen, die sich aus den verschiedensten Salzen zusammensetzen können, ist unter diesen, sie bildenden Salzen von Fall zu Fall nachzusehen.

Natronlauge ist eine Lösung von Ätznatron in Wasser, die chemische Bezeichnung ist Natriumhydroxyd ($NaOH$). Dies kommt in Stücken oder in weißen, fingerdicken runden Stangen oder in Perlen in den Handel. Das technische Produkt heißt Seifenstein. Natriumhydroxyd ist neben Kaliumhydroxyd die stärkste bekannte Base; es löst sich in jedem Verhältnis unter Wärmeentwicklung in Wasser; es ergibt deshalb verdünnte und stark konzentrierte Lösungen.

Alle Lösungen ätzen kräftig, lösen deshalb organische Stoffe unter Zerstörung auf; deshalb Vorsicht bei der Verarbeitung, hauptsächlich auf die Augen. Kaliumoxyd und Natriumoxyd werden auch „Alkalien" genannt.

Vorkommen. Natronlauge wird in chemischen Fabriken für zahlreiche Reaktionen, ferner in großem Ausmaß zur Seifenfabrikation, Farbenfabrikation und Kunstseideherstellung verwendet; sie dient außerdem zum Abbeizen von Ölfarbenanstrichen.

Wirkungsweise. Als starke Base wirkt das Natriumhydroxyd in seinen Lösungen nicht nachteilig auf Beton.

Versuche. Bei Versuchen mit 5proz. Natronlauge fand Grün[1] nach 1 Jahr bei Portlandzement und Hochofenzement 1:5 keine wesentliche Veränderung. Bei weiteren Versuchen Grüns ergaben sich für die einzelnen Basen mit 1proz. Lösungen nach 1 Jahr folgende Zahlen:

Zugfestigkeit; die Körper waren 1:3 mit Rheinsand eingeschlagen und kamen nach 7 Tagen in die Lösung:

Tabelle 55. Festigkeiten von Portlandzement und Hochofenzement bei Lagerung in verschiedenen basischen Lösungen.

	Wasser	Kalilauge	Natronlauge	Kalkwasser
Portlandzement	42	41	37	40
Hochofenzement	39	42	38	34

Eine Schädigung durch Kalilauge blieb also aus; mit Natronlauge traten geringe Festigkeitsrückgänge ein, die aber praktisch ohne Bedeutung sind.

[1] Handb. S. 51.

Die Einwirkung verschiedenprozentiger Laugen auf verschiedene Zemente zeigen die Kurventafeln Abb. 180.

Erfahrungen. Portlandzementputz 1:1 auf Ziegelmauerwerk hat sich auf Gewerkschaft Siegfried während über 9 Jahre in Behältern $3 \times 3 \times 2$ m, die zur Aufbewahrung von Kalilauge dienten, bewährt.

Maßnahmen. Keine besonderen Maßnahmen.

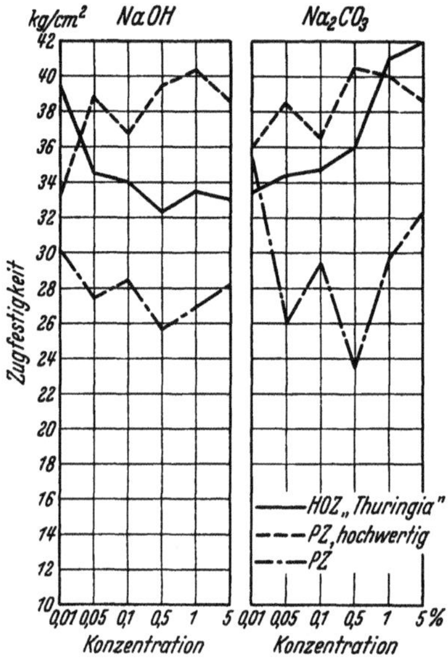

Abb. 180. Einwirkung von Natronlauge und Sodalösung auf verschiedene Zemente bei verschiedener Konzentration. Eine Schädigung findet nicht statt. Ergebnisse: M. P. A. Dresden.

2. Kalilauge.

Lösung von Ätzkali (K_2O) in Wasser. Chemische Bezeichnung: Kaliumhydroxyd (KOH), eng verwandt mit Natriumhydroxyd.

Wirkungsweise, Versuche, Erfahrungen, Maßnahmen wie Natronlauge.

3. Ammoniakwasser.

Ammoniakwasser ist eine Lösung des Gases Ammoniak (NH_3) in Wasser, in welchem es sich begierig in großen Mengen löst. Die konzentrierte Lösung des Ammoniaks in Wasser heißt Salmiakgeist (nicht zu verwechseln mit Salmiak NH_4Cl, der sehr schädlich ist; s. diesen). Je nach der Menge des gelösten Ammoniaks riecht das Ammoniakwasser mehr oder weniger stark nach Ammoniak. Der Geruch ist stechend, zu Tränen reizend (Vorsicht). Das für die Praxis wichtigste hierhergehörige Wasser ist das Gaswasser, dessen Zusammensetzung stark schwankt, da sie sich nach den zur Verkokung kommenden Kohlen richtet. Im nachfolgenden seien einige Analysen wiedergegeben, um die Unterschiede zu zeigen[1].

Tabelle 56. Basenanteile im Gaswasser verschiedener zur Verkokung kommender Steinkohlen.

Bestandteile in 1 Liter gemessen in Gramm	Zwickauer Kohle	Ruhrkohlen	Saarkohlen	Englische Kennelkohle
Ammoniumthiosulfat .	1,036	5,032	0,296	2,80
Schwefelammonium . .	0,340	6,222	1,428	3,03
Ammoniumbikarbonat .	1,050	2,450	—	—
Ammoniumkarbonat . .	4,560	33,120	5,856	39,16
Ammoniumsulfat . . .	0,462	1,320	—	0,19
Chlorammonium . . .	**19,495**	**3,745**	**1,926**	**14,23**
Ferrozyanammonium .	0,26	0,35	0,12	0,41
Rhodanammonium . .	1,32	1,52	0,98	1,80

[1] Haas: Über Beschädigungen von Eisenbeton durch Gaswasser. Chem.-Ztg. 1922 S. 39.

Von diesen Salzen sind das Ammonsulfat und das Chlorammonium (= Ammoniumchlorid) die gefährlichsten. Die Angriffsfähigkeit des Gaswassers steigt aber mit steigendem Gehalt an diesen Salzen.

Vorkommen. Ammoniak entsteht in Gasfabriken und Kokereien bei der Verkokung von Steinkohle. Es ist dem Rohgas beigemischt und wird aus diesem herausgewaschen. Das Waschwasser enthält das Ammoniak, bisweilen auch Ammoniumsalze. Der Salmiakgeist wird außer in der chemischen Industrie verwendet zum Abbeizen von Ölfarbenanstrichen, in stark verdünntem Zustand beim Hausputz zum Reinigen von Ölfarbenanstrichen (Türen, Simsen usw.).

Wirkungsweise. Ammoniak wirkt nicht nachteilig auf Beton. Bisweilen sind aber in dem Ammoniak der Kokereien oder Gasfabriken noch schädliche Salze, besonders Ammonsalze vorhanden; dann ist natürlich nachteilige Einwirkung zu erwarten. Vorsicht ist deshalb bei Ammoniak stets geboten.

Versuche. Donath fand bei gelbem frischem Gaswasser, welches neben Ammoniak Schwefelammon und Ammoniumkarbonat enthielt, keinen nachteiligen Einfluß bei Luftabschluß, hält aber Schädigung bei Luftzutritt für möglich[1].

Nach Untersuchung des Materialprüfungsamtes der Techn. Hochschule Dresden hat die Festigkeit von Betonwürfeln, die in Gasreinigungskästen eingebettet waren, zugenommen[2]. Grün fand bei einjähriger Lagerung von Betonkörpern 1:3 folgende Zugfestigkeiten:

Tabelle 57. Festigkeiten von Betonkörpern aus Portlandzement und Hochofenzement bei Lagerung in Lösungen von Ammoniak und verschiedenen Ammonsalzen.

	Wasser	Ammoniak 1%	Ammoniumnitrat 5%	Ammoniumsulfat 5%	Ammoniumchlorid 5%
Portlandzement	42	41	29	21	32
Hochofenzement	39	37	29	18	26

also keine Schädigung durch Ammoniak, wohl aber eine solche durch Ammonsalze, besonders durch Ammoniumsulfat. Zu den gleichen Ergebnissen kam Mohr[3].

Erfahrungen sind in vielen Fällen im günstigsten Sinne gemacht worden. Ein 30 auf 50 m großer Eisenbetonbehälter, der aus Portlandzementbeton 1:4 hergestellt und mit Siderosthen-Lubrose geschützt war, hat sich im Gaswerk Tiefstak seit über 18 Jahren gut bewährt[4].

Beim Abbruch eines 75 m³ fassenden Ammoniakbehälters wurde nach 15jähriger Benutzung festgestellt, daß der Putz nicht angegriffen, der Kern fest und die Eisen rostfrei waren[5].

---

[1] Zbl. hydr. Zemente 1911 S. 47.

[2] Gasreiniger aus Eisenbeton. Tonind.-Ztg. 1923 S. 346.

[3] Mohr: Über die Einwirkung von Ammonsalzlösungen auf Beton. Bauing. 1925 S. 284.

[4] Mitteilung des Werkes.

[5] Mitteilung des Deutschen Beton-Vereins.

Eine einzige bekannte Beschädigung eines Gaswasserbehälters wird auf den Gehalt desselben an Ammoniumsalzen, vor allem aber auf unsachgemäße Herstellung des Behälters, zurückgeführt[1]. Drei Gasreiniger auf der Zeche Hannover (Krupp) mit 7 × 7 m Grundfläche aus dem Jahr 1916, und drei weitere auf Zeche Radbod aus dem Jahr 1918 mit 9 × 9 m Grundfläche haben sich gut bewährt[2]; ebenso ein Reiniger von 3,9 × 4,9 m Grundfläche und 2 m Höhe in Altenburg. Die Ersparnis bei letzterem wurde gegenüber einem Gußeisenplattenbehälter auf einen sehr erheblichen Betrag berechnet.

Maßnahmen. Bei der Herstellung von Beton, welcher Ammoniakwasser ausgesetzt wird, ist stets auf große Dichte zu achten. Kommt Gaswasser zur Einwirkung, besonders beim Behälterbau, so sei, da das Gaswasser oft Spuren schädlicher Salze enthält, folgendes Arbeitsverfahren empfohlen, welches auch für Behälter für andersartige verdächtige Flüssigkeiten mit Erfolg angewendet werden kann:

1. Gute Fundierung, um Setzungen zu vermeiden, da auch geringe Risse Rosten des Eisens im Gefolge haben.

2. Reichliche Armierung, gleichfalls zum Hintanhalten von Rißbildung. Die Armierung soll möglichst in zahlreiche kleine Querschnitte aufgeteilt sein.

3. Dichtestes Korngefüge der Zuschläge, um einen dichtesten Beton zu erzeugen, bei genügender Anwesenheit der groberen Körnungen, welche günstig auf die Verteilung des anwesenden Zementes einwirken. Auf die richtige Verteilung der einzelnen Korngrößen im Zuschlag ist mehr Wert zu legen, als dies häufig geschieht, sie ist unter Umständen wichtiger als die Güte des Zementes und von größter Bedeutung für die Qualität des Betons (s. S. 113ff.).

4. Auftragen einer Deckschicht von etwa 10 mm Stärke und ungefähr der gleichen Zusammensetzung wie der Kernbeton, aber ohne grobe Stücke, vorausgesetzt, daß es sich um Eisenbeton handelt. Bei Stampfbeton muß diese Deckschicht fetter sein. Die Schicht ist auf die noch feuchte und im Erhärten begriffene rauhe Fläche des Kernbetons aufzutragen, nachdem dieser gründlich genäßt und von lockerer Anlagerung befreit ist.

5. Aufbringen einer zweiten Deckschicht auf die erste, solange diese noch feucht ist, im Mischungsverhältnis 1:1, in einer Stärke von 1,5 bis 2 mm. Dieser Putz darf nicht zu feucht angemacht werden, um Schwindung zu vermeiden, und ist nach Eintritt genügenden Abbindens durch Stahlkellen zu glätten. Er ist sehr gut feucht zu halten; Staub und Zugluft muß ferngehalten werden.

Als zweite Deckschicht kann auch reine Zementschicht aufgetragen und mit weichem Handbesen verfegt werden. Bei letzterer Arbeitsart muß aber ein nicht zum Schwinden neigender Zement herangezogen werden. Längeres Stehen des Behälters an der Luft vor Benutzung,

---

[1] Ott: Chem.-Ztg. 1917 S. 161, 1918 S. 195. — Haas: Über Beschädigungen von Eisenbeton durch Gaswasser. Chem.-Ztg. 1922 S. 39.

[2] Erbaut von Dr. C. Otto & Co., Bochum; Aufsatz von A. Roßberg: Gas- u. Wasserfach 1923 S. 154, sowie 1922 S. 239; Ref.: Tonind.-Ztg. 1923 S. 346.

um den freien Kalküberfluß in kohlensauren Kalk überzuführen und wiederholte Füllung mit Wasser zur Beschleunigung dieser Reaktion und zur Auslaugung, ist wichtig. Dabei muß aber streng jede Zugluft ferngehalten werden, um Schwindrisse zu vermeiden.

6. Falls der Beton in sehr kurzer Zeit in Benutzung genommen werden soll, ist Überziehen des Betons mit einem Schutzfilm durch Anstrich oder Aufspritzen zweckmäßig, um den jungen Beton vor schnellem Zutritt des Wassers zu schützen. (Über Schutzanstriche s. S. 449.)

4. Kalkwasser.

Kalkwasser ätzt als Base. Stärker ätzend ist das aus dem gebrannten Kalk (Kalziumoxyd) entstehende Kalkhydrat, das mit Wasserüberschuß den zur Mörtelbereitung verwendeten Kalkteig bildet. Die chemische Formel des trocknen Kalkhydrates ist $Ca(OH)_2$ (trocken gelöschter Kalk). Das Kalkhydrat löst sich nur in geringen Mengen in Wasser und gehört mit dem Barium- und Strontiumhydroxyd zu den alkalischen Erden; diese sind viel schwächere Basen als das Kalium- und Natriumhydroxyd (die sogenannten Alkalien).

Vorkommen. Entsteht auf jedem Bauplatz, wo gebrannter Kalk mit Wasser übergossen wird, durch Auflösung des gelöschten Kalkes in Wasser. Gelöschter Kalk wird nicht nur zur Mörtelbereitung, sondern auch in großem Umfange in chemischen Fabriken zur Neutralisation von Säuren, in Leimfabriken und Gerbereien zur Aufspaltung organischer Verbindungen verwendet.

Wirkungsweise. Ohne Einwirkung, da Kalkhydrat selbst einen Bestandteil des Betons bildet.

Versuche. Die Versuche s. unter „Natronlauge", S. 291, Tab. 55; sie zeigen keine wesentliche Beeinflussung der Betonfestigkeiten.

Erfahrungen. Betongruben zur Aufbereitung von gelöschtem Kalk haben sich bewährt. Die schon berichtete Zerstörung von Kalkgruben in Leimfabriken ist wohl auf andere Ursachen als auf die Kalkeinwirkung zurückzuführen. Verfasser hat Klärbehälter zur Aufnahme von Kalkhydratwasser mit zahlreichen übelriechenden organischen Resten in Leimfabriken gesehen, die nach Jahren keinerlei Angriffe zeigten.

Maßnahmen. Keine besonderen Maßnahmen.

5. Barytwasser (Bariumhydroxyd).

Die chemische Formel für Bariumhydroxyd, dessen Auflösung im Wasser das Barytwasser darstellt, ist $Ba(OH)_2$. Dies ist eng verwandt mit Kalziumhydroxyd und verhält sich genau wie dieses.

Vorkommen in chemischen Fabriken und Laboratorien durch Auflösung von Ätzbaryt.

Wirkungsweise, Versuche, Erfahrungen, Maßnahmen wie Kalkwasser.

6. Strontiumhydroxyd, $Sr(OH)_2$.

Für dieses gilt genau das gleiche, was früher von Bariumhydroxyd gesagt ist, da die sog. „Alkalischen Erden": Bariumoxyd, Strontiumoxyd, Kalziumoxyd (Ätzkalk) nahe verwandt sind. (S. deshalb unter Barytwasser.)

7. *Alkalische Wässer* (Mineralwässer).

Alkalische, einfache und alkalisch-muriatische Säuerlinge. Diese sind eigentlich keine Basen im chemischen Sinne, sie seien aber, da sie alkalisch reagieren und alkalisch genannt werden, hier mitbesprochen. (Über Mineralwässer s. a. S. 423.)

Die alkalischen Wässer, wie sie in der Natur vorkommen, sind stets sehr stark verdünnte Lösungen, die zahlreiche Salze und Basen, vor allem Natriumkarbonat und Kalziumkarbonat, daneben lösliches Natriumsulfat in verschiedenen Mischungsverhältnissen enthalten.

Vorkommen. Alkalische Wässer sind Naturerzeugnisse, welche für Heilzwecke verwendet werden. Als Beispiele seien Appolinaris, Karlsbader, Fachinger, Neuenahrer, Emser und Selterswasser genannt.

Wirkungsweise. Die hauptsächlich in alkalischen Wässern vorkommenden Salze Natrium- und Kalziumkarbonat sind ohne schädliche Wirkung. Nachteilig wirken können die Sulfate, besonders, wenn die Lösungen zur Gewinnung der Brunnensalze eingedampft werden und so die Konzentration sich erhöht. Von größerer Bedeutung kann die Kohlensäure werden, hauptsächlich wenn viel schnellströmendes Wasser dauernd mit dem Beton in Berührung kommt, da sie den Kalk des Zementes auflöst und so das Betongefüge zerstört. Auch Eisenkarbonate sind in diesem Sinne schädlich.

Versuche. S. unter Kohlensäure (S. 313).

Erfahrungen. Kohlensäurehaltige Wässer haben häufig Beton zerstört.

S. Kohlensäure und Sulfate sowie Mineralwässer (S. 313, 345, 423).

Maßnahmen. Es empfiehlt sich, dicht zu arbeiten, um ein Eindringen der Salze in den Beton zu vermindern, denn auch bei chemischer Wirkungslosigkeit der Salze kann bei sehr undichtem Beton, besonders bei heißen Lösungen, der Kristallisationsdruck der Salze, die sich im Gefüge des Betons ausscheiden, Abblätterung hervorrufen, oder an Eiseneinlagen können Rosterscheinungen auftreten.

Bei Anwesenheit von viel Kohlensäure im Wasser und schneller Strömung großer Mengen ist außerdem Zusatz von Traß oder einer anderen Puzzolane, in schwierigen Fällen kalkarmer Zement anzuraten. Auch hier ist dichtes Gefüge und undurchlässige Oberfläche nötig, sowie Schutz des jungen Betons durch Anstrich.

2. Säuren.

a) Anorganische[1]. Alle freien Säuren außer Oxalsäure (diese siehe S. 340) greifen Beton an und zerstören ihn im Laufe der Zeit, wenn nicht durch Verschlammung u. dgl. Schutzschichtbildung eintritt. Die Zerstörung erfolgt dadurch, daß die Säure mit der Base des Zementes, dem Kalk, ein Salz bildet; dieses wird dann, da alle Kalksalze außer oxalsaurem und phosphorsaurem Kalk wasserlöslich sind, aus dem Beton herausgelöst, und dieser zerfällt infolge der hierdurch bewirkten

[1] Ein Teil der anorganischen Säuren wird auch Mineralsäuren genannt. Mineralsäuren heißen solche Säuren, welche als Mineralbildner auftreten, z. B. Schwefelsäure in Gips, Salzsäure in Kochsalz und Kainit usw., Salpetersäure in Salpeter.

Auflösung des kittenden Zementes. Bei Schwefelsäure können außerdem noch Treiberscheinungen auftreten, wie sie auch bei den Sulfaten beschrieben sind (S. 313).

Besonders schädlich sind starke und heiße Säuren. Die bekanntesten stärkeren Säuren sind Salzsäure, Schwefelsäure und Salpetersäure. Weniger schädlich sind die schwächeren Säuren wie Schwefelwasserstoff und Kohlensäure.

Es sind unter anorganischen Säuren besprochen:

1. Chlorwasserstoffsäure oder Salzsäure.
2. Schwefelsäure und unterschweflige Säure (wie Schwefelsäure).
3. Schweflige Säure.
4. Salpetersäure.
5. Phosphorsäure und Superphosphat.
6. Schwefelwasserstoff.
7. Kohlensäure.
8. Chlorwasser.
9. Bromwasser.
10. Jodwasser.
11. Flußsäure.
12. Schwefel.

1. Chlorwasserstoffsäure, Salzsäure.

Chlorwasserstoffsäure, Salzsäure (HCl) ist ein Gas, dessen wässerige Lösung in der Praxis kurzweg als „Salzsäure" bezeichnet wird. Die konzentrierte Lösung entwickelt an der Luft farblose, zum Husten reizende Dämpfe. Die Salze der Salzsäure heißen Chloride oder salzsaure Salze oder chlorwasserstoffsaure Salze.

Vorkommen. Sie tritt auf in Laboratorien und chemischen Fabriken und wird für zahlreiche Reaktionen benutzt.

(Werke: Farbenfabriken, Färbereien, Beizereien, Verzinkereien.)

Wirkungsweise. Die Salzsäure führt den Kalk des Betons in Kalziumchlorid über. Da dieses ganz besonders leicht in Wasser löslich ist, wirkt die Salzsäure besonders stark zerstörend, nur sehr verdünnte Lösungen bleiben einige Zeit ohne Einfluß.

Versuche. Während Fugenputz aus purem Portlandzement 1proz. Schwefelsäure noch vertrug, wurde er durch gleichkonzentrierte Salz- und Salpetersäure zerstört[1]. Grün stellte fest, daß von 5proz. Salzsäure Betonkörper nach 1 Woche stark angefressen, nach 4 Monaten völlig zerstört waren, während fluatierte Körper gleicher Herstellungsart nicht angegriffen wurden. (Über Fluatisierung u. dgl. s. S. 449.) Versuche des Material-Prüfungsamtes Lichterfelde (Prüfungszeugnis Nr. 59844 und 61793) zeigten für verschiedene Säuren folgende Ergebnisse für Beton 1:4 Portlandzement:

Tabelle 58. Festigkeiten von ungeschütztem und fluatiertem Beton in verdünnten Säuren.

Lagerung 14 Tage Luft, dann 38 Tage Säure		Unbehandelter Beton	Mit Murolineum behandelter Beton[2]
Salzsäure	0,5%	Druckversuche unmöglich	177 kg je cm²
Salpetersäure	0,5%	Körper zerstört	209 „ „ „
Schwefelsäure	0,5%	197 kg je cm²	240 „ „ „
Essigsäure	1,0%	177 „ „ „	250 „ „ „

Während der Lagerung wurde das Bad 4mal erneuert.

[1] Erdmenger: Tonind.-Ztg. 1878 S. 379.

[2] Murolineum besteht aus verschiedenen Fluaten und ähnlichen Salzen.

Bemerkenswerte Versuche über die verschiedene Art von Säureeinwirkung, die im Materialprüfungsamt in Dresden durchgeführt wurden, zeigen die folgenden Tafeln (Abb. 181)[1].

Erfahrungen. Nachdem durch die schwach sauren Abwässer einer Färberei deren Fußboden einmal zerstört worden war, hat sich eine weitere Ausführung in Portlandzement 1:1, die sehr sorgfältig erfolgt war, mehrere Jahre gehalten. (Protokolle des Vereins D.P.Z.-Fabrikanten.)

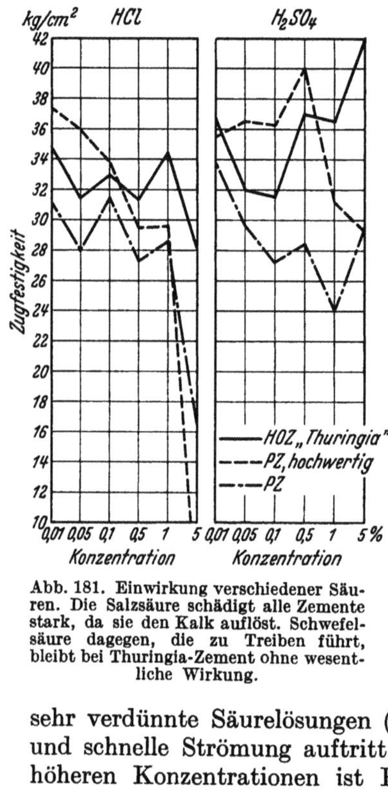

Abb. 181. Einwirkung verschiedener Säuren. Die Salzsäure schädigt alle Zemente stark, da sie den Kalk auflöst. Schwefelsäure dagegen, die zu Treiben führt, bleibt bei Thuringia-Zement ohne wesentliche Wirkung.

Ohne Zerstörungserscheinungen blieb ein 30 m³ fassender Behälter aus Eisenbeton (Eisenportlandzement 1:4 Elb-Travekies) mit 120 mm Wandstärke, der dauernd gefüllt ist mit einer 60 °C warmen Lösung von Zinksulfat und Natriumsulfat mit einem Gehalt von 3% freier Salz- und Salpetersäure. Der Putzmörtel erhielt Zeresitzusatz und Asphaltanstrich und ist durch Holzverkleidung gegen mechanische Beschädigung geschützt (Mitteilung des Hochofenwerkes Lübeck).

In einem Säureaufbewahrungsraum der Verzinkerei Hilgers wurde der Betonfußboden durch die abtropfende Salzsäure wiederholt beschädigt, auch nachdem ein Asphaltüberzug angebracht war. Die Aufbringung von Awa-Asphalt schaffte Abhilfe, der Boden hielt sich gut[2].

Maßnahmen gegen Salzsäureeinwirkung sind stets notwendig. Gegen sehr verdünnte Säurelösungen (unter 0,15%) genügt, falls nicht Hitze und schnelle Strömung auftritt, Fluatierung und Schutzanstrich. Bei höheren Konzentrationen ist Fluatierung, Murolineum, Awa-Patent-Mörtelzusatz[3], Schutzanstrich Awa-Asphalt, Preolit, Margalith od. dgl. nötig. Bei stärkerer Säure muß zur Verkleidung mit Stellaplatten, Knauffschen Platten oder Bi-Platten der Steinzeugwarenfabrik Friedrichsfeld, Glastafeln oder Klinkern od. dgl. gegriffen werden, die mit säurefestem Kitt auszufugen sind. Als Kitte kommen u. a. in Frage: 1. der Spezialkitt der Steinzeugwarenfabrik Friedrichsfeld b. Mannheim, 2. der dauernd plastische Kitt von K. Gössel, Karlsruhe i. Baden, 3. Glyzerin-Bleiglätte-Kitt (aus 5 kg trockener Bleiglätte durch inniges Vermischen mit $^1/_2$ l Glyzerin vom spez. Gewicht 1,2; Abbindezeit 1—2 Stunden), 4. der Säurekitt „Höchst“ der I. G. Farbenindustrie, Leverkusen.

---

[1] Vgl. 25 Jahre Thuringia-Zement (1906—1931). Unterwellenborn 1931.
[2] Bautechn. 1923 S. 223.
[3] Beton u. Eisen 1923 S. 139.

2. *Schwefelsäure* (alter Name: *Vitriolöl*).

Schwefelsäure (H_2SO_4) ist in konzentriertem Zustand eine ölige Flüssigkeit, die sich beim Mischen mit Wasser erhitzt. Verdünnte Schwefelsäure sieht aus wie Wasser; in Bergwerkswässern und Moorwässern führt sie saure Reaktion (Rotfärben von blauem Lackmuspapier S. 282) herbei. Ihre Salze heißen schwefelsaure Salze oder Sulfate (Vitriole).

Vorkommen. In den meisten chemischen Fabriken und Laboratorien, außerdem in Bergwerks- und Haldenwässern, sowie in Kanälen, wo sie sich aus den Sulfiden der Erze, Verbrennungsschlacken, Kohlen- oder aus Schwefelwasserstoff durch Oxydation bei Luftzutritt bildet, ferner in Moorwasser.

Abb. 182. Einwirkung von Chlorkalk und Sulfat auf die Wand eines Holländers bei der Papierfabrikation. Der Holländer war zunächst durch Platten im Innern geschützt, ein Teil derselben fiel ab. Nach wenigen Tagen war die Wand schon einige Millimeter tief aufgelöst. Die Platten mit der Zahl *6* sind erst nach Entnahme des Betonstücks aus dem Holländer abgesprengt, die starke Schutzwirkung der Platte ist ersichtlich.

Wirkungsweise. Die Schwefelsäure bildet aus dem Kalk des Betons Kalziumsulfat (Gips). Da dies in Wasser bekanntlich schwer löslich ist, wird es nicht so leicht aus dem Betonverband herausgelöst wie das z. B. bei der Einwirkung von Salzsäure entstehende, sehr leicht lösliche Kalziumchlorid. Deshalb vermag es die Poren des Betons zu verstopfen und eine Schutzschicht zu bilden. Die Schwefelsäure ist deshalb bei geringen Konzentrationen unschädlicher als Salz- und Salpetersäure.

Bei längerer Einwirkung, die vermehrte Gipsbildung im Gefolge hat, wird aber Gipstreiben herbeigeführt, welches den Beton zersprengt.

Versuche. Die geringere Schädlichkeit der verdünnten Schwefelsäure wird durch die Versuche und die Praxis bewiesen (s. Versuche unter Salzsäure Abb. 191).

Bei Untersuchungen von J. C. Witt[1] zeigte sich, daß 5% SO_3 noch keinen ernstlichen Verlust an Festigkeit verursachten. Bei höherem

[1] Chem. Zbl. Bd. 4 (1923) S. 450.

Gehalt (9—10%) fand Festigkeitsrückgang und Zerfallen des Zementes statt. Nach meinen Erfahrungen ist bei 5% SO_3 unbedingt mit baldiger Zersetzung zu rechnen.

Ein Zusatz von bis zu 20% — auf das Zementgewicht bezogen — Si-Stoff (Abfall der Alaunfabrikation) machten nach Versuchen H. Kaysers[1] Portlandzementbeton widerstandsfähiger gegen Schwefelsäure.

Mohr[2] fand bei Portlandzement teilweise ungünstigen Einfluß von Traßzusatz, Hochofenzemente waren bei seinen Versuchen widerstandsfähiger als die Portlandzemente, auch wenn diese letzteren getraßt waren.

Abb. 183. Durch Einwirkung von Schwefelsäure zerstörter Pfeiler. (Aufn. Prof. Mohr, L'hafen.)

Haegermann-Hart[3] stellen geringe Beeinflussung des Tonerdezementes durch Gips, Magnesiumsulfat und Magnesiumchlorid fest; daraus ist auf höhere Beständigkeit dieses Bindemittels auch gegen Schwefelsäure zu schließen.

Berl-Löblein[4] fanden „sehr hohe Widerstandsfähigkeit" der Schmelzzemente gegen 15% Kochsalz ($NaCl_2$), 12% Bittersalz ($MgSO_4$) und 10proz. Lösung von saurem Kaliumsulfat ($KHSO_4$), die mit steigendem Tonerdegehalt zunimmt.

Erfahrungen. Zerstörungserscheinungen zeigten sich nach 5 Monaten an den Eisenbetonbehältern einer Sulfitspritfabrik, die mit einer 100° heißen Flüssigkeit von 0,3% Schwefelsäuregehalt gefüllt waren, trotz Auskleidung mit Steinzeugplatten (die zweifellos nicht dicht gehalten hatten). Auch an den von der gleichen Flüssigkeit durchrieselten Neutralisationstürmen traten nach 8 Monaten Schäden auf[5].

Gegen manchmal bis zu 100° heißes Wasser von Zellstoffabriken, das neben Kalziumbisulfit über 5 g Schwefelsäure im Liter enthalten

[1] Kayser: Si-Stoff als Mörtelzusatz. Bauing. 1923 S. 391. — Grün: DRP. 362023.

[2] Mohr: Über die Einwirkung von Ammonsalzlösungen auf Beton. Bauing. 1925 S. 284.

[3] Haegermann u. Hart: Einwirkung von Wasser und Salzlösungen auf den Tonerdezement. Zement 1925 S. 204.

[4] Berl u. Löblein: Beitrag zur Kenntnis der tonerdereichen Schmelzzemente. Zement 1926 S. 642ff.

[5] Handb. S. 54.

kann, wurden die Fugen früher mit Portlandzement ausgekleidet, mit dem Erfolg, daß nach 6 Monaten starke Ausbesserungen notwendig waren. Bei Schmelzzement hielt der Fugenputz 6 Monate[1].

Sehr interessante Einblicke auf die Geschwindigkeit, mit der eine Säurewirkung auf den Beton stattfindet, gab die Untersuchung eines Holländers, bei welchem wenige Wochen lang einige Platten abgesprungen waren. Abb. 182, welche an einem Stück Beton aufgenommen ist, bei dem nachträglich die nicht abgesprungenen Platten noch abgeschlagen wurden, zeigt, daß trotz der kurzen Einwirkungszeit (6 Wochen) der nicht durch Platten geschützte Beton stark aufgerauht und ungefähr 5 mm tief weggewaschen ist.

Abb. 184. Durch Bildung von Sulfat zerstörter Pfeiler aus Klinker in Zementmörtel. (Aufn. Prof. Mohr u. Goebel.)

Bewährt hat sich ein Kanal zur Aufnahme von 30proz. 50° heißer Schwefelsäure, der mit säurefesten Steinzeugplatten in Portlandzement, ausgefugt mit säurefestem Kitt, ausgekleidet war[2].

In Iserlohn wurden von den sauren Beizwässern der Metallwarenindustrie, welche trotz Verbotes dem städt. Leitungsnetz zugeführt worden waren, die Zementröhren der städt. Kanalisation nach einigen Jahren völlig zerstört, und zwar auch unter dem zum Schutz angebrachten Asphaltüberzug.

In Osnabrück wurde durch Moorwasser, welches aus einem schwefelkieshaltigen Moorboden stammte, ein Kanal hauptsächlich an den Stellen des wechselnden Grundwasserstandes zerstört. Der gleiche Kanal blieb an denjenigen Stellen, die in Kies gebettet waren, erhalten[3].

Pfeiler, gemauert aus säurefesten Klinkern in Portlandzementmörtel, die eine Bühne zur Aufnahme von Schwefelsäurekesseln trugen, wurden durch die abtropfende Schwefelsäure schwer beschädigt. Der Mörtel trieb und sprengte ganze Mauerwerksteile ab. Teilweise mußten die Pfeiler ganz entfernt werden; soweit der Kern noch gut war, wurde er nach Entfernen des schlechten Mauerwerks und mehrwöchigem

[1] Erfahrungen mit Schmelzzement. Betonsteinztg. 1936 S. 177.
[2] Handb. S. 54. [3] „Steinzeug", Verlag v. Oldenbourg.

Stehenlassen des guten Kernes zur allenfallsigen Beobachtung weiterer Treiberscheinungen mit einem Eisengestell ummantelt und das abgebrochene Mauerwerk durch Hochofenzement-Beton 1:4 ersetzt (Abb. 183 u. 184). Der Beton wurde durch sorgfältige Abdeckung gegen Säurezutritt möglichst geschützt und mehrmals mit Inertol gestrichen[1].

Diese geschilderten Maßnahmen bewährten sich gut, neue Zerstörungen traten nicht auf.

Maßnahmen. Abhilfe wie bei Salzsäure (S. 297).

Für Reparaturarbeiten an Bauwerken, welche der Schwefelsäure oder Sulfatbeschädigung ausgesetzt sind, ist folgendes zu beachten: Bei Schwefelsäure- oder Sulfatbeschädigung ist ein langes Stehenlassen der Bauteile vor Aufbringung neuen Betons usw. erforderlich, da die Treiberscheinungen auch nach Aufhören des Sulfatzutritts noch weitergehen. Ihr Endpunkt muß abgewartet werden. Bei Einwirkung von Säuren, die nicht zu Treiben führen (Salpetersäure), ist dieses Abwarten unnötig[2].

3. Schweflige Säure.

Schweflige Säure (SO_2) ist ein unsichtbares, aber stark stechend riechendes, erstickend wirkendes Gas, welches sich verhältnismäßig leicht durch Aufnahme von Sauerstoff zu Schwefelsäure oxydiert. SO_2 in wässeriger Lösung H_2SO_3. Es löst sich leicht in Wasser zu einer farblosen, stechend riechenden Flüssigkeit. Die Salze heißen Sulfite (nicht Sulfide, S. 385).

Vorkommen. Entsteht bei der Verbrennung von Schwefel, kommt deshalb in Rauchgasen vor, besonders wenn diese aus stark schwefelhaltigen Kohlen (Saarkohlen, Braunkohlen, engl. Kohlen) stammen. Aus dem gleichen Grunde entsteht sie in großen Mengen bei der Röstung (Erhitzung an der Luft zur Entfernung des Schwefels) von schwefelhaltigen Erzen (solche Erze nennt man Kiese). Technisch wird sie in ungeheuren Mengen hergestellt zur Schwefelsäurefabrikation aus Kiesen, Gips oder Schwefel.

Wirkungsweise. Schweflige Säure wird vom Beton beispielsweise aus Rauchgasen leicht als schwefligsaurer Kalk (Kalziumsulfit) aufgenommen, der sich bald zu Kalziumsulfat (Gips) oxydiert. Die Einwirkungsweise ist also genau die gleiche wie bei Schwefelsäure, sie tritt aber, da schweflige Säure ein Gas ist, während Schwefelsäure eine Flüssigkeit darstellt, an ganz anderen Orten und in anderer Weise auf (Tunneldecken). Die starke Verwitterung mancher Natursteine beruht teilweise aus der vergiftenden Wirkung der schwefligen Säure, die mit den Rauchgasen aus den Haushaltfeuerungen in ungeheuren Mengen in die Luft geht. Vgl. auch „Rauchgase“ S. 429.

Versuche. Grün hat Mörtelkörper 1:5 in einem dicht verschlossenen Kasten gelagert, in welchem an jedem zweiten Tag Schwefel verbrannt und auf diese Weise eine stark schwefligsäurehaltige Atmosphäre hergestellt wurde. Die Körper wurden von Zeit zu Zeit in Wasser getaucht. Die in der Säureatmosphäre gelagerten Körper zeigten gegenüber den

[1] Goebel: Bauing. 1925 S. 297.

[2] Vgl. auch Rister u. Drögsler: Über den Einfluß von Schwefelsäure, Ammoniumnitrat und Humussäure auf die Festigkeit verschiedener Zemente. Mitt. der Wiener Städt. Prüfanstalt für Baustoffe 1936, Folge 1, S. 1.

an gewöhnlicher Luft gelagerten Körpern erhebliche Festigkeitssteigerungen (Tab. 59).

Tabelle 59. Lagerung von Beton in schwefliger Säureatmosphäre.

Zement	Lagerung	Zugfestigkeit			Druckfestigkeit		
		7 Tage	28 Tage	3 Mon.	7 Tage	28 Tage	3 Mon.
PZ. Ae.	in Luft	12	13	21	65	88	117
„ „	gasförmig schwefl. Säure	—	19	46	—	111	213
HOZ. Aa.	Luft	17	17	25	88	116	140
„ „	gasförmig schwefl. Säure	—	25	43	—	133	234

Die Körper waren eingeschlagen mit Normalsand und nach 7 Tagen in die schweflige Säureatmosphäre gebracht.

Die Festigkeitssteigerungen sind auf das Zunehmen der inneren Spannung zurückzuführen. Voraussichtlich wäre bei Fortdauer der Versuche eine Zersprengung der Körper eingetreten. Sie zeigen, daß Beton gegen die Einwirkung der schwefligen Säure beständiger ist als viele Natursteine. Die weitgehenden Zerstörungserscheinungen am Kölner Dom an Trachyt („Domtöter") und Sandstein beispielsweise sind zum Teil zurückzuführen auf die schweflige Säure aus den Lokomotiven des nebenan gelegenen Hauptbahnhofs[1].

Abb. 185. Tunnel aus Bruchsteinmauerwerk, wo der Mörtel durch die Lokomotivgase zerstört war: Das Bild ist im Winter aufgenommen. Die Eiszapfen zeigen deutlich an, daß da, wo die Lokomotivgase gegen die Decke geblasen wurden, der Tunnel infolge der Zerstörung undicht geworden war.

Erfahrungen. In verschiedenen Tunneln der Eifel wurden die aus Bruchstein gemauerten Wölbungen durch die Rauchgase so gründlich zerstört, daß Wiederherstellung nötig war, die in Hochofenzementbeton ausgeführt wurde[2]. Ein bezeichnendes Bild über Art und Umfang von Mörtelzerstörung durch Rauchgase gibt eine Aufnahme aus einem Tunnel der Eifel, die im Winter gemacht wurde: Überall, wo der Mörtel durch die heiß gegen die Decke

[1] Grün: Die Verwitterung von Steinen. Denkmalspflege 1931 Nr. 5 — Verwitterung der Bausteine. Chem.-Ztg. 1933 Nr. 41.
[2] Mitteilung Wolfsholz, Düsseldorf.

geblasenen Lokomotivgase zerstört war, ist der Tunnel undicht geworden und durchgetretenes Tropfwasser ist zu Eiszapfen erstarrt, die deutlich zeigen, daß nur an der direkten Wirkungsstelle der Gase die Mörtelzerstörung vollkommen ist (Abb. 185).

Abb. 186. Bild aus einem Kokslöschturm mit stark zerstörtem Mörtel. Boden und Ablaufrinne für das Löschwasser. (Schwefelsäureeinwirkung.)

Auch in Kokslöschtürmen spielt die Zerstörung durch schweflige Säure eine sehr große Rolle (vgl. Abb. 186). Man verkleidet deshalb den Beton entweder mit Klinker in säurefestem Kitt oder mit Holz.

Maßnahmen. Bei kalter gasförmiger schwefliger Säure genügt im allgemeinen dichtes Arbeiten, um Risse zu vermeiden und Eindringen des Gases in das Innere des Betons, besonders zu den Eisen zu verhindern, kalkarmer Zement ist vorteilhaft, Fluatierung anzuraten. Heiße schweflige Säure (Abb. 186) erfordert besondere Maßnahmen: Hoher Gehalt des Betons an kalkarmen Zement, Plattenschutz.

Liegt die schweflige Säure, z. B. in chemischen Fabriken, in wässeriger Lösung vor, so sind die gleichen Maßnahmen wie bei Schwefelsäure zu treffen.

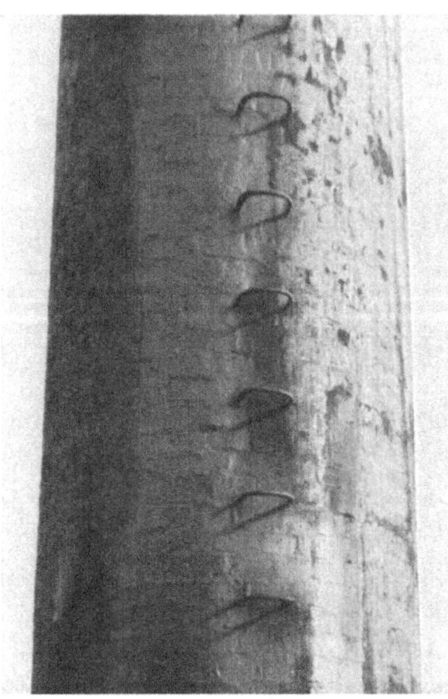

Abb. 187. Durch nitrose Gase beschädigter Schornstein. (Aufn. Prof. Mohr, L'hafen.)

4. Salpetersäure.

Salpetersäure (HNO_3) ist eine wasserhelle Flüssigkeit, die stark verbrennend wirkt. Besonders rauchende Salpetersäure, die infolge des in ihr gelösten Stickoxydes fuchsrot aussieht und rote Dämpfe entweichen läßt, zerstört sofort durch Oxydation (Verbrennung) alle organischen Körper. (Vorsicht vor den sehr giftigen roten Dämpfen von Stickoxyd.)

Vorkommen. Gleichfalls in chemischen Fabriken, Sprengstoff- und Düngerfabriken.

Wirkungsweise. Obgleich die Salpetersäure eine etwas schwächere Säure als die Schwefelsäure ist, wirkt sie bei kurzer Einwirkung schädlicher als diese auf Beton, da sie das Kalziumoxyd des Betons in das sehr leicht lösliche Kalziumnitrat überführt, also auflöst.

Versuche. Mohr[1] lagerte Portlandzement und Hochofenzement in 0,5- und 2,5proz. Salpetersäure und fand Schädigung sämtlicher Zemente in folgenden Zahlen:

Tabelle 60. Lagerung von Beton aus Portlandzement und Hochofenzement in verschieden stark konzentrierter Salpetersäure.

Mischungsverhältnis	1:1:0	1:2:0	1:3:0	1:4:0	1:1:0,25	1:2:0,25	1:3:0,25	1:4:0,25[2]
				0,5 proz. Salpetersäure.				
PZ. A . . .	523	528	501	201	655	533	509	316
„ B . . .	543	651	384	220	462	497	427	255
HOZ. C . .	520	521	347	171	—	—	—	—
„ E . .	325	—	—	159	—	—	—	—
„ D . .	697	—	—	285	—	—	—	—
				2,5 proz. Salpetersäure.				
PZ. A . . .	435	445	320	53	481	365	453	247
„ B . . .	459	432	300	165	319	393	328	158
HOZ. C . .	422	441	229	95	—	—	—	—
„ E . .	223	—	—	139	—	—	—	—
„ D . .	434	—	—	144	—	—	—	—

Die Körper waren erst im Alter von 28 Tagen in die Flüssigkeit gekommen.

Erfahrungen. Durch nitrose Gase, aus welchen sich unter Einwirkung von Wasserdampf Salpetersäure bildete, wurden an einem Schornstein auf der Badischen Anilin- und Sodafabrik tiefgehende Zerstörungen des Zementmörtels hervorgerufen, die die völlige Abtragung des Schornsteins erzwangen. Der Gehalt des Mörtels an Salpetersäure war auf 20% gestiegen (Abb. 187). Die Wiederherstellung wurde mit säurefesten Steinen in Hochofenzementmörtel 1:3 durchgeführt, bei gleichzeitiger Einbringung eines säurefesten Futters in Steulerkitt; das Mauerwerk wurde außerdem mit Inertolanstrich versehen. Dennoch sind seit einigen Jahren Zerstörungserscheinungen aufgetreten, die allerdings diesmal einen erneuten Abbruch des Schornsteins nicht erzwingen werden; die Zerstörungserscheinungen verliefen infolge der Schutzmaßnahmen nur langsam[3].

Die außerordentlich starke Zerstörungskraft der Salpetersäure beweisen auch besonders starke Zerstörungen, die durch ganz verdünnte Lösungen an einer Stützmauer hervorgerufen wurden (Abb. 188).

Auch Salpetersäuretürme, die 25 m hoch und 6 m im Durchmesser sind, wurden durch Salpetersäure völlig zerstört[4]. Bei der Wiederherstellung wurden die Fundamente durchbrochen ausgeführt, um überall den Beton beobachten zu können; außerdem und vor allen Dingen

[1] Bauing. 1925 S. 290.
[2] Zement: Normalsand: Traß.
[3] Mohr u. Goebel: Bauing. 1925 S. 294.
[4] Mohr u. Goebel: Bauing. 1925 S. 285, 298.

Abb. 188. Zerstörungen an einer Stützmauer durch stark verdünnte Salpetersäure. (Aufn. Prof. Mohr, L'hafen.)

wurde durch Anbringung geeigneter Tropfschalen und Decksteine der Zutritt der Säure zum Beton verhindert[1].

Maßnahmen. Wie bei Salzsäure (S. 297).

5. Phosphorsäure, Superphosphat.

Vorkommen. Phosphorsäure kommt hauptsächlich vor in Superphosphat, einem Düngemittel, das durch Behandlung mit Schwefelsäure aufgeschlossen ist.

Das Superphosphat hat stets geringe Mengen freier Phosphorsäure, außerdem Sulfate (Gips und Ferrosulfat), die bei Zutritt von Wasser gefährlich werden können.

Wirkungsweise. Wie Säure und Sulfate. Die schädliche Wirkung der reinen Phosphate ist wohl sehr gering. Im Superphosphat werden in der Hauptsache die Sulfate und die Spuren von Schwefelsäure die beobachtete schädliche Wirkung hervorrufen.

Versuche. In „Schutz der Bauwerke gegen chemische und physikalische Angriffe" von Graf und Goebel, Berlin 1930, teilt auf S. 35 Lucas eine Methode mit, nach der der abgebundene und wieder fein pulverisierte Zement unter wechselnden Bedingungen mit der zu prüfenden Lösung geschüttelt und dann die aus dem Zement in Lösung gegangene Menge Kalk bestimmt. Nach diesem Verfahren wurden 15 g Zement mit 600 cm^3 Phosphorsäure von 0,5% 24 Stunden geschüttelt. Der Rückstand wurde abfiltriert, mit 400 cm^3 Phosphorsäure ausgewaschen, der in Lösung gegangene Kalk bestimmt und das Zementpulver mit 600 cm^3 Phosphorsäure geschüttelt. Der Verfasser teilte folgende Zahlen mit:

[1] Siehe Fußnote 4 S. 305.

Tabelle 61. Vergleich des bei Schüttelung in Lösung gegangenen Kalkes bei Tonerdezement und Normenzementen.

	Tonerdezement I.	Normenzemente II.	Normenzemente III.
	Von dem vorhandenen Kalk sind herausgelöst in Proz.		
Nach der 1. Schüttelung und Filtration	11,60	7,20	7,49
„ „ 2. „ „ „	18,15	16,07	13,00
„ „ 3. „ „ „	24,59	20,21	36,36
„ „ 4. „ „ „	31,68	47,28	60,17
„ „ 5. „ „ „	38,17	67,32	82,76
„ „ 6. „ „ „	44,89	87,67	93,10
„ „ 7. „ „ „	51,86	94,48	98,03
„ „ 8. „ „ „	58,75	97,50	98,91

Die Zahlen zeigen, daß der Tonerdezement wesentlich weniger Kalk in Lösung geschickt hat als die Normenzemente, daß aber die Phosphorsäure alle drei Zemente stark schädigt. Bei parallelgehenden Lagerungsversuchen zeigte sich dem Aussehen nach der Zement 1 als am widerstandsfähigsten. Die Druckversuche werden nicht mitgeteilt.

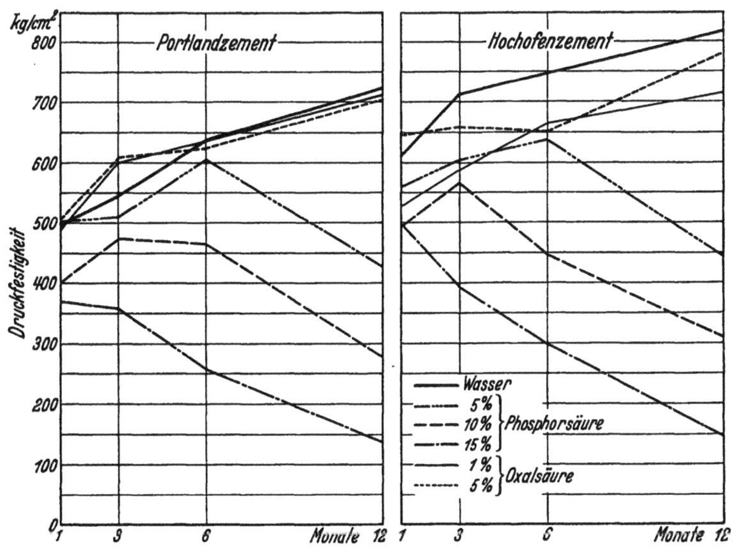

Abb. 189. Einwirkung von Phosphor- und Oxalsäure auf Mörtel: Die Phosphorsäure zerstört den Mörtel, da der Kalk in lösliche saure Phosphate übergeführt wird, die Oxalsäure bleibt ohne Wirkung, da das gebildete Kalziumoxalat unlöslich ist.

Der Verfasser schreibt aber über Druckversuche wie folgt: „Diese Versuche zeigen auch, daß es nicht richtig ist, lediglich aus Druckfestigkeitsversuchen auf chemische Angriffe zu schließen, wie dies heute noch vielfach geschieht. In Zweifelsfällen können nur chemische Methoden Aufschluß geben. Denn vielfach tragen die äußerlich noch unveränderten, durch höhere Druckfestigkeiten ausgezeichneten Versuchskörper den Todeskeim bereits in sich: die in den Poren abgelagerten, durch chemische Prozesse neu gebildeten Substanzen können kristallisieren und Kristallisationskräfte entwickeln oder sie können sich hydratisieren, wie es das Kalziumsulfat ($CaSO_4$) macht, Kristallwasser (H_2O) anlagern und so eine weit volumreichere Verbindung ($CaSO_4 \cdot 2\,H_2O$ in diesem Falle) bilden, die alsdann sprengend wirkt."

Grün[1] fand durch Phosphorsäure Schädigung bereits nach 6 und 12 Monaten (vgl. Abb. 189), die sich auch gleichfalls auf Portlandzement und Hochofenzement erstreckte. Die Schädigung ist zweifellos zurückzuführen auf die Bildung saurer Phosphate des Kalziums, da normales Phosphat kaum wasserlöslich ist.

Erfahrungen. In seit 15 Jahren, allerdings mit mehrjähriger Unterbrechung, zur Superphosphatlagerung benutzten Räumen wurde bei Nachforschung festgestellt, daß hauptsächlich an den Kanten der Stützpfeiler der Zement herausgelöst war. Die Kiesel ließen sich mit der Hand herauskratzen. Eine tiefgehende Schädigung, die zur Unbrauchbarkeit geführt hätte, war aber nicht vorhanden[2].

Maßnahmen. Schutz des Betons durch Anstrich und Holzverschalung zur Verhinderung der Beschädigung bei gleichzeitiger Verhinderung von Wasserzutritt.

6. Schwefelwasserstoff.

Schwefelwasserstoff (H_2S) ist ein sehr giftiges, übelriechendes Gas (Geruch nach faulen Eiern), das sich in Wasser zu Schwefelwasserstoffwasser löst. Im chemischen Sinne ist es eine schwache Säure, seine Salze heißen „Sulfide" und werden mit dem Wort „Schwefel . . ." bezeichnet; so nennt man z. B. das Eisensalz (Eisensulfid), Schwefeleisen oder Ferro- oder Ferrisulfid (Ferro von zweiwertigem, Ferri von dreiwertigem Eisen).

Sowohl der Schwefelwasserstoff als auch die Sulfide neigen zur Verbindung mit dem Sauerstoff (Oxydation) der Luft, wobei dann Schwefelsäure bzw. Sulfate entstehen.

Vorkommen. Außer in chemischen Fabriken in Kanalwässern, wo Schwefelwasserstoff entsteht bei der Verfaulung schwefelhaltiger organischer Stoffe; bei der Granulation von Hochofenschlacke mit Wasser tritt gleichfalls Schwefelwasserstoff, bei Luftgranulation schweflige Säure auf.

Wirkungsweise. Die Gefährlichkeit des Schwefelwasserstoffs beruht auf der genannten Neigung zur Oxydation; die eintretenden Umsetzungen und Schäden sind die bei Schwefelsäure beschriebenen (S. 299).

Sulfide und Schwefelwasserstoff, die sich infolge Luftabschluß nicht oxydieren können, sind verhältnismäßig ungefährlich.

Allerdings hat Rodt[3] nachgewiesen, daß auch Schwefelwasserstoff wie jede freie schwache Säure lösliche Kalksalze zu bilden, also den Beton bei Gegenwart von Wasser auszulaugen vermag (Bildung von Kalziumsulfhydrat).

---

[1] Grün: Über die Einwirkung einiger Salze, Säuren und organischer Substanzen auf Zement und Beton. Z. angew. Chem. 1930 S. 496.

[2] Mitteilung von Dr. A. Schuster in Firma Zimmer, Wiesbaden.

[3] Rodt, V.: Die Einwirkung von Schwefelwasserstoff auf Kalkmörtel, Zementmörtel und Beton. Mitt. a. d. Staatl. Mat.-Prüf.-Amt Dahlem. Zement 1925 S. 481.

Versuche. Gary[1] stellte fest, daß Schwefelwasserstoff auf Kalk und Zementmörtel einwirkt, und daß das entstehende Endglied stets das Oxydationsprodukt Kalziumsulfat (schwefelsaurer Kalk, Gips) ist. Erschwert wurde der Angriff, wenn an Stelle des Kalkhydrats im Beton Kalziumkarbonat vorlag, der Beton also schon längere Zeit an der Luft gestanden hatte (Karbonisierung des freien Kalkes).

Erfahrungen. In einem Brauereikanal, der schwefelwasserstoffhaltige Abwässer wegführte, wurde der obere Teil der ihn bildenden Betonröhren zerstört. Der Beton war mit Sulfat angereichert, welches durch Oxydation des Schwefelwasserstoffes entstanden war (Bericht Heyer).

Bei der Abwässerkläranlage einer niederrheinischen Stadt wurde vom Verfasser folgendes festgestellt:

In einem Faulbecken, welches an manchen Stellen Holzbohlendecken trug, weil vor einigen Jahren infolge eines Unglücksfalles ein Schachtmeister ertrunken war, entwickelten sich große Mengen Schwefelwasserstoff. Der Beton war überall da, wo sich keine Bohlen befanden, vollkommen einwandfrei, obwohl das Becken ungefähr 10 Jahre in Betrieb stand. Da, wo aber die Kanäle überdeckt waren mit Holzbohlen, zeigten sich nach Entfernung dieser Holzbohlen in der Wasserlinie und bis 15—20 cm darüber sehr starke Zerstörungserscheinungen des Betons bei gleichzeitiger analytisch festgestellter hoher Gipsanreicherung. Es war also folgender Vorgang eingetreten:

An den völlig freien Stellen war der Schwefelwasserstoff durch Wind und Zugluft sofort entfernt worden und war wirkungslos geblieben. An den abgedeckten Stellen aber hatte infolge nicht luftdichter Abdichtung die zutretende Luft in dem stagnierenden Gemisch „Sauerstoff : Schwefelwasserstoff" nach der Formel

$$H_2S + 4\,O = H_2SO_4$$

vermutlich über den Weg von Kalzium-Hydro-Sulfid den Schwefelwasserstoff oxydiert (Schwefelbakterien) und so Schwefelsäure und Gips gebildet; diese hatten dann den Beton zerstört (Erfahrungen des Verfassers 1925).

An dem 4 km langen und 1 m breiten Fäkalienzuleitungskanal der Stadt Dortmund aus Portlandzementbeton nach dem Rieselfeld Lippe traten nach zweijährigem Bestehen Gewölbeeinstürze von 5—2 m Länge ein. Auch die Entlüftungsschächte waren teilweise zerstört. Die von der Flüssigkeit bedeckten Teile blieben erhalten (Bericht Otto Kiesler, Düsseldorf).

Der mächtige Eisenbetonbehälter, in welchem sich auf der Dortmunder Union der wassergranulierte Schlackensand mit dem heißen schwefelwasserstoffhaltigen Granulationswasser sammelt, ist bis heute nach 10 Jahren trotz des hohen Schwefelwasserstoffgehaltes des Wassers noch nicht zerstört. Dieses Bauwerk ist aus Hochofenzement errichtet.

Gensbauer berichtet über Zerstörungen von Eisenbeton aus Portlandzement durch Granulationsgase. Grün wies nach, daß eine An-

[1] Deutscher Ausschuß für Eisenbeton, H. 52. Berlin: Ernst & Sohn 1922.

reicherung mit Sulfat eingetreten war, die auf Einwirkung der bei der Granulation entstehenden Gase von schwefliger Säure (entstanden durch Verbrennen von Schwefel und Schwefelwasserstoff der Schlacke) auf den Beton zurückzuführen ist; denn an Stellen, wo nur Schwefelwasserstoff vorhanden war, traten nur geringe Schädigungen auf[1].

In Australien wurden an einem Wellenbrecher nach $4^1/_2$ Jahren Zerstörungserscheinungen festgestellt, die auf Schwefeleinwirkung infolge Zersetzung von Seetangen zurückgeführt werden[2]. Auf Helgoland beobachtete Verfasser Betonzermürbung des nur wenige Jahre alten, allerdings etwas porösen Betons nach wenigen Jahren unter Anhäufung faulenden Tangs (1930).

Abb. 190. Betonkanal, beschädigt durch Sulfatbildung im Beton.

In einem städtischen Betonkanal in Gelsenkirchen waren erhebliche Zerstörungen eingetreten, und zwar hauptsächlich in und über der Wasserlinie. Die Untersuchung des noch unzerstörten Betons ergab einen Sulfatgehalt (SO_3) von 0,29 bzw. 0,30%, während der zerstörte Beton 1,51 bzw. 1,51% SO_3 aufwies (s. Abb. 190). Die Wiederherstellung erfolgte in Hochofenzementbeton in dichtester Mischung[3].

Der große Abwasserkanal der Bad. Anilin- und Sodafabrik, der aus Eisenbeton bestand, wurde durch den Schwefelwasserstoff weitgehend zerstört. Der Kanal war an Sohle und Seitenwänden mit Knauffschen Platten in Zementmörtel 1:2 belegt gewesen, die Kanaldecke bestand aus Eisenbeton 1:4. Die Platten waren in großem Umfange abgefallen, der Verlegungsmörtel in eine weiche Masse verwandelt, teilweise auch hinter den scheinbar noch festsitzenden Platten. Die Platten hatten

[1] Beton u. Eisen 1923 S. 27 u. 267.
[2] Chem. Zbl. Bd. 1 (1924) S. 440 — J. Soc. Chem. Ind. Bd. 42 (1923) S. 433—434 (Adelaide, Univ.).
[3] Erfahrung des Verfassers.

sich mit einer Schicht von reinem Schwefel überzogen. Auch die Decke war tiefgehend zerstört, das Bewehrungseisen in brüchiges Schwefeleisen verwandelt.

Eine Analyse des Verlegungsmörtels der Platten zeigte bei 31,7% CaO den enormen Gehalt von 51,3% SO_3 (Schwefelsäureanhydrid), also nicht nur völlige Umwandlung des Kalkes in Kalziumsulfat (Gips), sondern noch einen SO_3-Überschuß von 6%, der zweifellos auch die Tonerde und das Eisen in Sulfat verwandelt hat, so daß also in dem „Mörtel" nur noch Gemische der einzelnen Sulfate mit abgeschiedener Kieselsäure vorlagen.

Die Wiederherstellung wurde nach Entfernung der morschen Teile, tüchtiger Durchwässerung und Wartezeit im Mischungsverhältnis 1:4 G-T. mit Hochofenzementbeton durchgeführt, und zwar wurden statt der Knauffschen Platten Sandsteinplatten 120 × 95 × 15 cm gewählt, die mit Teer getränkt waren und mit Teer vergossen wurden. Die Decke wurde in säurefestem Klinkermauerwerk mit Hochofenzementmörtel zugewölbt, die Fugen mit Kitt verstrichen. Außerdem wurde durch zahlreiche Lüftungsschächte (alle 30 m) für genügenden Abzug der Gase gesorgt; die Schwefelablagerungen sind nun auch ausgeblieben[1].

Im Jahre 1926 wurde für den Ableitungskanal von schwefelwasserstoffhaltigen Wässern des Thermalbades von Aix-les-Bains Schmelzzement verwendet. Der Beton hat sich bis heute bewährt[2].

In einem gemauerten Kanal einer Margarinefabrik am Niederrhein waren starke Ausfressungen des Fugenputzes aufgetreten infolge vermutlicher Schwefelwasserstoffeinwirkung, da aus den langsam abfließenden chemischen Abfällen Faulschlamm entstanden war. Tatsächlich wurde analytisch Gipsanreicherung festgestellt. Bei Lagerung von Mörtelkörpern in den Kanälen, also unter vollkommen natürlichen Verhältnissen, ergab sich folgendes Bild:

Die Körper wurden in der üblichen Weise nach $1^1/_2$jähriger Lagerung geprüft und folgende Zahlen gefunden:

Tabelle 62. Druckfestigkeiten von Mörtelwürfeln bei Lagerung in gewöhnlichem Wasser und Abwasser einer Margarinefabrik.

Zementart	1:3 Normensand		1:3 Rheinsand	
	Wasser	Abwasser	Wasser	Abwasser
PZ. Ph.	598	529	675	626
PZ. Dy.	565	477	614	506
HOZ. Fr.W.H. . .	625	600	677	631
HOZ. Rh.	595	535	642	545

In Prozent der Wasserfestigkeit umgerechnet sind die Zahlen die folgenden:

[1] Mohr: Über die Einwirkung von Ammonsalzlösungen auf Beton. Bauing. 1925 S. 284. — Goebel: Zerstörung von Betonbauten durch chemische Angriffe und konstruktive Abwehrmaßnahmen. Bauing. 1925 S. 294.

[2] Erfahrungen mit Schmelzzement. Betonsteinztg. 1936 S. 177.

Tabelle 63. Zahlen der Tabelle 62 in Prozent der Wasserfestigkeit umgerechnet.

Zementart	Normensandmörtel	Rheinsandmörtel
PZ. Ph.	88	93
PZ. Dy.	84	82
HOZ. Fr.F.W.	96	93
HOZ. Rh.	90	85

Die Gewichtsverluste betrugen:

Tabelle 64. Gewichtsverluste der Mörtelkörper aus Tabelle 62.

Zementart	Normensandmörtel %	Rheinsandmörtel %
PZ. Ph.	2,0	3,0
PZ. Dy.	3,8	5,5
HOZ. Fr.W.H.	2,0	3,1
HOZ. Rh.	2,7	2,2

Bei Gegenüberstellung des Sulfatgehaltes der Oberfläche gegenüber dem Kern wurden folgende Zahlen gefunden:

Tabelle 65. Sulfatgehalt der Oberfläche und des Kerns der Mörtelkörper aus Tabelle 62.

Zementart	Außen %	Kern %
PZ. Ph.	2,5	1,4
PZ. Dy.	3,8	2,8
HOZ. Fr.W.H.	4,6	3,9
HOZ. Rh.	3,6	3,6

Die Zahlen zeigen eine geringe Herabsetzung der Festigkeit bei gleichzeitiger Anreicherung der Oberfläche mit Sulfat[1].

Über eine gute Bewährung von dicht hergestellten Eisenbetonrohren berichtet Oberbaurat Müller[2]. Eine Eisenbetondruckrohrleitung von 1300 mm Lichtweite hat sich in einem Boden mit großen Mengen von Schwefeleisenverbindungen gegenüber einer gleich alten flußeisernen Rohrleitung von 1100 mm Lichtweite gut bewährt[3]. Dichtes Gefüge von geschleudertem Beton und Eisenbetonrohren läßt naturgemäß dieses für Leitungsbauten in aggressiven Böden oder für die Ableitung schwefelwasserstoffhaltiger Wässer besonders geeignet erscheinen.

Maßnahmen. Der Schwefelwasserstoffzerstörung unterliegen nach dem Vorgesagten naturgemäß vor allen Dingen Behälter, Kanäle oder Rohrleitungen, in denen organische Substanzen verfaulen, da der Schwefelwasserstoff durch diese Verfaulungsvorgänge entsteht, und zwar dann, wenn Luft in geringen Mengen zutritt und das Gemisch Luft-Schwefelwasserstoff stagniert und sich dann der Schwefelwasserstoff (H_2S) zu Schwefelsäure (H_2SO_4) oxydiert. Zu dieser Oxydation

[1] Erfahrung des Verfassers 1934.

[2] Müller: Die Verwendung von flußeisernen Röhren im Grundwasser. Bauamt u. Gemeindebau 1929 S. 288.

[3] Marquardt: Geschleuderte Beton- und Eisenbetonrohre. Bautechn. 1930 S. 587.

sind offenbar Mikroorganismen notwendig, welche nur in Kanälen, in Meeren u. dgl. einwirken können (Schwefelbakterien), die aber beispielsweise bei Granulationsbehältern, in welchen organische Stoffe zur Ernährung der Bakterien fehlen, nicht vorkommen. Es muß dafür gesorgt werden, daß entweder Luft in die gefährdeten Kanäle nicht eindringen kann, oder aber durch sehr starken Luftzug muß der Schwefelwasserstoff dauernd entfernt und der Beton entsprechend geschützt werden. Die Abhilfe ist im übrigen die gleiche wie bei Schwefelsäure (S. 299).

7. *Kohlensäure.*

Kohlensäure, Kohlenstoffdioxyd CO_2, ist ein farbloses Gas, das schwerer wie die Luft ist (Erstickungsgefahr in Gärkellern, Hundsgrotte auf Capri) und sich in Wasser in um so größeren Mengen auflöst, je höher der Druck ist, der auf der Flüssigkeit lastet. Deshalb ist in Seewasser in tieferen Lagen erheblich mehr Kohlensäure gelöst als in den Oberflächenschichten.

Das Perlen von Sekt, Bier und Sodawasser nach Lösen des Flaschenverschlusses beruht auch auf dem Entweichen der Kohlensäure nach Aufhebung des Druckes, da infolge der Druckverminderung die Flüssigkeit die vorher gelöste Kohlensäure nicht mehr festzuhalten vermag.

Vorkommen. Kohlensäure kommt hauptsächlich in Mineralquellen in großen Mengen vor. Auch das gewöhnliche Quellwasser enthält in vulkanischen Gegenden häufig recht erhebliche Kohlensäuremengen, auch wenn die Vulkane seit vielen Jahrzehntausenden erloschen sind (z. B. Rheinland, Bonn, Andernach). In der Luft kommt gleichfalls Kohlensäure in geringen Mengen vor, die aber genügen, um freien Kalk von abgebundenem Mörtel und Beton wenigstens auf der Oberfläche in kohlensauren Kalk überzuführen, da der freie Kalk des Betons als starke Base eine große Affinität (chemische Verwandtschaft) zur Kohlensäure hat und mit ihr das Salz: das Kalziumkarbonat (kohlensaures Kalzium, kohlensaurer Kalk) zu bilden trachtet.

In gebundenem Zustand kommt die Kohlensäure als kohlensaurer Kalk in ungeheuren Mengen als gebirgsbildender Bestandteil vor (Kalksteingebirge, Kreide). Sie wird bei zahlreichen chemischen Prozessen aus diesen Gesteinen freigemacht und kommt in Stahlflaschen komprimiert für Bierpressionen, Sodawasserbereitung in den Handel.

Sie entsteht bei der Verbrennung von Holz, Koks und Kohlen (daher der Name), sowie bei Gärprozessen (Wein, Bier).

Wirkungsweise. Als Säure wirkt die Kohlensäure natürlich nur in wässeriger Lösung als Mineralwasser, Moorwasser, Gärflüssigkeit (gasförmige Kohlensäure ist unschädlich) wie jede andere Säure, indem sie den Kalk des Betons herauslöst. Dabei führt sie ihn über den Umweg kohlensaurer Kalk, der in Wasser unlöslich ist, in doppeltkohlensauren Kalk über, welcher sich leicht auflöst. Natürlich ist für diese Reaktion ein großer Überschuß notwendig, nur große Mengen kohlensäurehaltigen Wassers wirken also schädlich (Strömung oder dauerndes Durchsickern z. B. bei Talsperren) und diese nur, wenn sie längere Zeit einwirken, da Kohlensäure eine sehr schwache Säure ist.

Ohne weiteres klar wird die Einwirkung der Kohlensäure nach folgendem Schema:

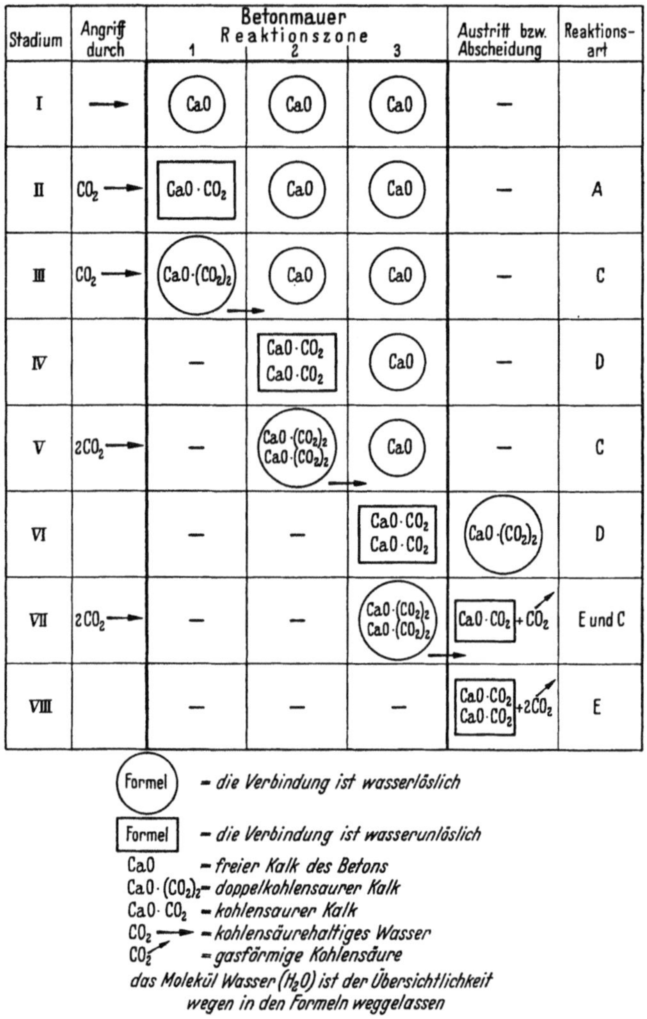

Abb. 191. Schema der Zerstörung einer Betonmauer von links nach rechts durch kohlensäurehaltiges Wasser.

Hier ist schematisch eine Betonmauer gezeigt, wie sie beispielsweise bei Tunneln oder Talsperren von einer Seite unter dem Druck des kohlensäurehaltigen Wassers gesetzt wird. Dieses tritt von links in die Mauer ein und trifft (Stadium I) den freien und den lose gebundenen Kalk des Zementes im Beton. Zunächst bildet sich aus diesem freien unlöslichen Kalk „kohlensaurer Kalk“, und es tritt eine Festigkeitserhöhung und Selbstdichtung des Betons ein. (Diese Tatsache der Karbonisierung ist ja auch die Ursache für die höhere Festigkeit der

Körper in gemischter Lagerung gegenüber den Körpern in Wasserlagerung bei der Normenprüfung.) Bei weiterem Zutritt von Kohlensäure (Stadium III) wird nun der unlösliche einfach kohlensaure Kalk in löslichen doppeltkohlensauren Kalk verwandelt und tritt unter dem Druck des nachdrängenden Wassers in gelöster Form in das Innere der Betonmauer, wo er wieder auf freien Kalk trifft, mit dem er sich in unlöslichen kohlensauren Kalk umsetzt. Die weiße Zone der Kalkanreicherung kann auch tatsächlich bei derartig geschädigtem Beton mehrere Zentimeter tief im Innern des Betons mit bloßem Auge erkannt

Abb. 192. Tunnel unter einem moorigen Wald. Die Stalaktiten sind gebildet durch das kohlensäurehaltige Wasser aus dem Kalk des Betons. Sie traten schon nach wenigen Wochen auf, ehe der Tunnel überhaupt benutzt wurde.

werden. Bei weiterem Zutritt von kohlensäurehaltigem Wasser verwandelt sich der kohlensaure Kalk wieder in löslichen doppeltkohlensauren Kalk und wird nun durch die Mauer hindurchgepreßt. Hinter dem abtransportierten Kalk wird der Beton kalkarm und mürbe. An der Luftseite tritt der doppeltkohlensaure Kalk in gelöster Form aus, verliert ein Molekül Kohlensäure und scheidet sich als einfach kohlensaurer Kalk in Form von Stalaktiten (Abb. 192) oder dicken porösen Schichten ab, wie sie in Abb. 193 dargestellt sind.

Die Kohlensäureeinwirkung bleibt aber nicht bei der Lösung des Kalkhydrates stehen, sondern sie vermag die Kalziumhydrosilikate des erhärteten Zementes zu zersetzen, indem sie den Kalk herauslöst und die unlösliche Kieselsäure zurückbleibt[1].

Versuche. Bei bis 4jähriger Lagerung verschieden vorbehandelter Betonkörper im Stadtpumpbrunnen Bonns, dem alljährlich etwa

[1] Steopoe: Die Einwirkung der Kohlensäure auf erhärteten Zement. Zement 1935 Nr. 50.

$2^1/_2$ Millionen Kubikmeter kohlensäurehaltiges Wasser entnommen werden, zeigte sich, daß alle Körper an Gewicht eingebüßt hatten. Am besten bewährt hatten sich die mit Fluaten und Oxalsäure angestrichenen sowie die Körper aus dem kalkarmen Romanzement[1]. Bei anderen Versuchen in einem Säuerling des Brohltals zeigten Traß enthaltende Betonkörper besseres Verhalten als die traßfreien[2].

Abb. 193. Betonpfeiler, verblendet mit Mauerwerk, durch welchen kohlensäurehaltiges und sulfathaltiges Wasser gepreßt wurde. Der weiße Belag ist kohlensaurer Kalk aus dem Beton.

Die Kohlensäure dringt in an der Luft gelagerten Betonen im allgemeinen nur von außen ein, während im Innern der Kalk unkarbonisiert als hydratisierter freier Kalk gegenwärtig bleibt. Goslich stellte an 10 Jahre alten Würfeln fest, daß die Masse eines 7-cm-Würfels zum allergrößten Teil aus hydratisiertem Zement bestand, und zwar war sie fast ebenso groß wie die in Wasser gelagerten Würfel. Folgende Kohlensäuregehalte für einen wassergelagerten und einen luftgelagerten Körper wurden gefunden:

Tabelle 66. Kohlensäuregehalt im Kern und in der Schale von Betonwürfeln nach Wasser- und Luftlagerung.

	Wassergelagert %	Luftgelagert %
Kern	1,2	1,8
Schale	3,6	4,3

Aus den Analysen wurden für den luftgelagerten Körper folgende Zahlen berechnet[3]:

Tabelle 67. Analyse von Schale und Kern des luftgelagerten Körpers aus Tabelle 64.

	Schale		Kern	
CO_2	17,8	40,5	7,69	17,48 $CaCO_3$
CaO	22,7		9,79	
Hydratwasser	9,2	59,5	10,74	82,52 hydratisierter Zement
CaO, Al_2O_3 usw. . . .	50,3		71,78	

[1] Schiffner: Prot. Ver. dtsch. PZ.-Fabrikanten 1899 S. 121.
[2] Wagner: Prot. 1900 S. 180.
[3] Goslich: Die Mitwirkung der CO_2 beim Erhärten von Portlandzement. Zement 1923 S. 262.

Grün lagerte Körper im Pumpbrunnen der Stadt Bonn, der einen sehr hohen Kohlensäuregehalt von ca. 150 mg/l aufwies. Durch den Brunnen wurden jährlich viele Millionen m³ Wasser hindurchgepumpt, so daß die Körper, die sich in Lagergestellen befanden, dauernd von neuem Wasser umspült wurden. Nach 5jähriger Lagerung zeigten sich sehr deutliche Unterschiede zwischen den Zementarten, und zwar hatte sich weitaus am besten der Tonerdezement bewährt, der überhaupt keine Angriffe zeigte. Geringe Anfressungen zeigten die Körper aus Hochofenzement und stärker waren die Körper aus Portlandzement beansprucht. Eine günstige Einwirkung des Trasses zeigte sich nicht.

Erfahrungen. Die Wände der Wasserbehälter der Stadt Leipzig wurden von R. Wolle in den Jahren 1900—1909 mit Portlandzement und Romanzement verputzt und mit und ohne Anstrich mit verschiedenen Schutzmitteln beobachtet.

Nach 9 Jahren wurde folgender Befund festgestellt:

Portlandzementbeton mit und ohne Fluatierung:	Starke Zerstörung.
Romanzementbeton ohne Fluatierung:	Fast keine Einwirkung.
„ mit Fluatierung:	Völlig unberührte Erhaltung.
Siderosthen-Lubrose-Anstrich:	Bewährung beim Schutz alter Putzflächen.
Inertol:	Bewährung wie bei Siderosthen (während der hier nur 2 Jahre dauernden Beobachtung).

Der Portlandzementputz von drei großen Hochbehältern im Rheinland war nach 8-, 9- und 21jähriger Benutzung stark zerstört. Die Analyse ergab:

8,01%	Kalziumoxyd,
10,01%	Eisenoxyd,
25,84%	Tonerde,

ein Zeichen, daß der Kalk zum größten Teil herausgelöst, das Eisen des Wassers dagegen ausgefallen war[1].

Nur 9 mg Kohlensäure im Liter enthaltendes, aber sehr weiches, also salzarmes Quellwasser zerstörte in Eisfeld die Betonwände des Hochbehälters auf 10 cm Tiefe[2].

Gegen das 30 mg Kohlensäure im Liter enthaltende, also stark aggressive Leitungswasser Frankfurt a. Main, welches Portlandzementbeton schon in 1 Jahr zerstörte, bewährte sich von 46 Anstrichen, welche probeweise in dem 30000 m³ fassenden Hochbehälter angebracht wurden, Inertol (ein aus veredeltem Teer hergestelltes Erzeugnis) weitaus am besten[3].

Bei einer Doppelschleuse in Süddeutschland, bei der durch Anwendung von zu wenig Wasser beim Anmachen des Betons, durch ungenügende Stampfarbeit und Entmischungserscheinungen poröser Beton entstanden war, löst das salzarme Flußwasser, trotz nur ganz geringen Gehaltes an aggressiver Kohlensäure, beim Durchtreten durch die poröse Wand, obgleich diese durch einen Torkretputz geschützt ist, den Kalk aus dem Beton und führt zu dessen Zermürbung. Besonders

[1] Handb. S. 56. [2] Wass. u. Abwass. Bd. 4 (1911) S. 96.
[3] Scheelhase: Tonind.-Ztg. 1908 S. 1546.

charakteristisch sind derartige Lösungserscheinungen für die Zerstörung von Talsperren. In Schweden werden die Schmelzwässer der Gletscher direkt den Talsperren zugeleitet. Sie lösen infolge ihrer Salzarmut auch bei geringen Mengen von Kohlensäure porösen Beton verhältnismäßig schnell auf. Dabei bedeckt sich dann unter gleichzeitiger Kalkverarmung des Kerns die Talsperre selbst von außen her mit einer dicken Kruste von Kalkkarbonat. In Deutschland sind die Verhältnisse dadurch etwas günstiger, daß die Gletscherwässer zunächst die Voralpen durchfließen, die bekanntlich in der Hauptsache aus kohlensaurem Kalk bestehen. Hierdurch werden sie ihrer aggressiven Kohlensäure beraubt und gleichzeitig mit Kalk angereichert, so daß ihre Gefährlichkeit wesentlich geringer ist.

Bei der Tunhövd- und Ringedaalsvand-Staumauer in Norwegen wurden starke Abblätterungen beobachtet, die hauptsächlich an der Wasserseite nach Absinken des Wasserspiegels auftreten und alljährlich ausgebessert werden mußten:

1. Tunhövd-Staumauer (errichtet 1919). Für den Beginn der Zerstörung wird zunächst der Frost verantwortlich gemacht, der in dem mit Wasser gesättigten Beton zunächst Auflockerung veranlaßt, so daß dann das kohlensäurehaltige Wasser kalklösend wirken kann. Die Analyse des Leckagewassers zeigte, daß erhebliche Mengen von Kalk je Tag aus dem Beton herausgelöst wurden. Die Zerstörungen traten hauptsächlich in den Stampffugen auf. Unterhalb der Stampffuge wurde hierbei der Beton wenig beschädigt, oberhalb derselben dagegen breitete sich die Zerstörung mit unwiderstehlicher Gewalt aus: „Zunächst färbte sich der fette Außenbeton über den Stampffugen leicht braun und wurde nach und nach stark durchlässig. Dann entstanden braune Adern und schließlich zerfiel die ganze Masse zu Sand. Wenn die Zerstörung an den Stampffugen Fuß gefaßt hatte, wurden die übrigen Teile der Außenfläche von innen her angefressen, da diese infolge eines aufgebrachten Glattstrichs mit wasserdichtem Anstrich geschützt waren.“ Die Wirkungslosigkeit eines wasserdichten Anstrichs, wenn dieser sich auf porösem Beton befindet, ist also erwiesen.

Dr. Tölke schreibt wie folgt: „Die Tunhövd-Staumauer ist wieder ein beredter Zeuge dafür, wie wenig geeignet Stampfbeton für Betonmauern ist. In der Stampfrichtung selbst ist die Verdichtung der oberen Partien einer Stampfrichtung gewöhnlich gut, die unteren Teile werden dagegen nur schwach gestampft, da auf sie infolge der Verteilung des Stampfdrucks nur ein Bruchteil der Stampfwirkung entfällt. In den Stampffugen begegnen sich somit zwei Betonarten von ganz verschiedener Güte. Unterhalb der Stampffuge ist der Beton ausgezeichnet, oberhalb derselben durchlässig. Je höher die Stampfschichten gewählt werden, um so schwerer wird die mechanische Verdichtung und um so größer die Ungleichmäßigkeit[1]. Auch auf die unglückselige Nesterbildung, die gefährliche Angriffspunkte bilden und die durch schlechte Mischung oder Entmischung (Herabrollen der großen Anteile in den Betonhaufen an den Rand) hervorgerufen werden können, sei hingewiesen.“

[1] Vgl. Civil Engng., April 1932, ref. Bauing. 1932 S. 585.

2. Ringedaalsvand-Staumauer. Die aus Bruchsteinmauerwerk bestehende 16 m hohe Mauer wurde 7 Jahre nach Fertigstellung mit Gußbeton 1:5:6 auf 36 m erhöht. Trotz Verblendung war infolge schlecht hergestellter Arbeitsfugen die Durchlässigkeit sofort vorhanden und wurde immer größer. 1928 ergab sich bereits ein Jahresverlust von rd. 10 Millionen Kubikmeter. Aus Gegenüberstellung der Analyse des Stauwassers des Sickerwassers wurde berechnet, daß in diesem einen Jahr 30 t feste Teile aus dem Beton herausgewaschen waren. Trotz hoher Festigkeit von 500 kg/cm² (Bohrverfahren[1]) war die Wasserdichtigkeit so gering, daß die genannten Sickerverluste möglich waren und nur Vorlegung einer 2 m dicken Dichtungsschürze, längs der ganzen Wasserseite durchgeführt, Abhilfe bringen konnte. Diese Dichtungsschürze wurde nicht direkt, sondern mit Hohlräumen aufgebracht, um auf diese Weise das Sickerwasser von der Mauer fernzuhalten (vgl. Abb. 194)[2].

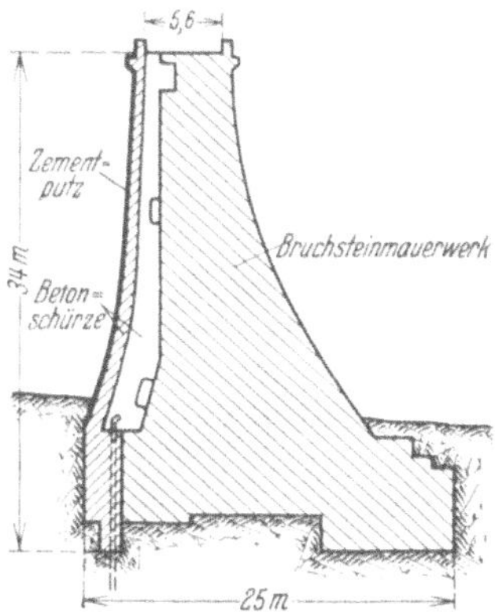

Abb. 194. Talsperre aus Bruchsteinmaucrwerk, stark beschädigt durch kohlensäurehaltiges Wasser. Durch eine vorgemauerte Betonschürze wurde das Bruchsteinmauerwerk geschützt und vor weiterer Zerstörung bewahrt.

Grün[3] kommt zu folgendem Schluß: „Die Lösung von Beton kann in zweierlei Weise vor sich gehen:

1. durch kalkarmes Wasser, welches den Kalk einfach auflöst, oder

2. durch kohlensäurehaltiges Wasser.

Bei dieser letzteren Umsetzung findet eine chemische Reaktion statt, indem der Kalk zunächst über kohlensauren Kalk (unlöslich) in löslichen doppeltkohlensauren Kalk umgesetzt wird, der dann wieder in kohlensauren Kalk sich zurückverwandelt, welch letzterer in den Drusen und Hohlräumen des Betons sowie auf der Oberfläche zurückbleibt."

Die Kalkabscheidung von Beton braucht aber keineswegs immer aus Kalk zu bestehen, der aus dem Beton herausgelöst ist. Haegermann beispielsweise berichtet[4] über Auftreten von Kalkabscheidungen, die sich aus dem Kalkhydrat des Betons mit dem Bikarbonat des Flußwassers unter Bildung unlöslicher Karbonate abgeschieden hat.

Diese Beobachtung wird von Reg.-Baurat Ehrenberg[5] bestätigt, der auch auf den hohen Gehalt an doppeltkohlensaurem Kalk im Kanalwasser verschiedener Schleusen der märkischen Wasserstraßen hinweist.

Auch Hartmann[6] berichtet über Kalkabscheidungen an einer Sperrmauer, durch welche das Wasser innerhalb einer Arbeitsfuge hindurch-

[1] Grün: Untersuchung einer Beton-Kaimauer. Tonind.-Ztg. 1932 Nr. 22.
[2] Zerstörungserscheinungen an Kaimauern in Skandinavien. Bauing. 1932 S. 585.
[3] Grün: Lösungserscheinungen an Beton. Bauing. 1930 S. 451.
[4] Haegermann: Über eine Kalkabscheidung an Beton unter Wasser. Bautenschutz 1930 S. 13.
[5] Ehrenberg: Weitere Beobachtungen von Kalkabscheidungen unter Wasser. Bautenschutz 1030 S. 105.
[6] Hartmann: Kalkabscheidungen an einer Betonstaumauer. Zement 1932 S. 340.

getreten ist, und macht den starken Kalkgehalt des Wassers für diese Kalkabscheidung verantwortlich. Eine gewisse zusätzliche Erhöhung durch den Kalkgehalt des Betons wird aber hier zweifellos vorhanden gewesen sein.

Bei der Schleuse Hüntel wurde starke Auslaugung des mageren Betons festgestellt[1]. Die aggressive Kohlensäure hat den Kalk des Betons in pulverförmigen kohlensauren Kalk verwandelt oder ihn als lösliches Bikarbonat weggeführt. Die Zementteilchen des Schotterbetons waren in jahrzehntelanger Arbeit von dem Wasser fast restlos vernichtet. Die Wiederherstellung fand unter Zusatz von Traß statt.

Nach Mitteilung von Dr. Virgin haben sich in Lehm gebettete Rohre besser gehalten als solche, die in Sand verlegt waren, eine Beobachtung, die aus der Strömungsmöglichkeit des Wassers und seiner ständigen Erneuerung sich ohne weiteres erklären läßt. Bei Betrachtung über die Möglichkeit und Schnelligkeit der Kalkauslösung[2] wurde ermittelt, daß bei einer Lösungsmöglichkeit des Wassers von 0,6 g CaO je Liter, wie dies bei einem Stausee beobachtet wurde (Hälfte der größtmöglichen Sättigung), die Zerstörung des porösen Betons nach rd. 1 Jahr vor sich gehen muß, wenn Herauslösung von 20% des Kalkgehaltes des Zementes genügen, um den Beton zu vernichten. In Wirklichkeit hält Beton länger, da die Konzentration des Wassers, das den Kalk gelöst hat, nur am Anfang so hoch wie oben angegeben ist und später etwas absinkt. Die weiter gezogene Schlußfolgerung, daß es bei nicht sehr dichtem Beton keine Rolle spielt, ob das Wasser arm oder reich an Kohlensäure ist, deckt sich nicht mit meinen Erfahrungen, nach welchen stark kohlensäurehaltiges Wasser viel schädlicher ist als kohlensäurearmes.

Daß die Wirkung von Kohlensäure auch eine gewisse Längenänderung des Mörtels im Gefolge hat, teilt Platzmann mit[3]. Nach dieser Mitteilung sollen in Kohlensäure gelagerte Probekörper mehr schwinden als die kohlensäurefrei-, also luftgelagerten Körper, nachdem bei Portlandzement vorher eine geringe Ausdehnung eingetreten war.

Maßnahmen. Um ein richtiges Bild über die Aggressivität des Wassers zu bekommen, ist zunächst die Feststellung des p_H-Wertes notwendig, außerdem die Untersuchung des Wassers[4]. Außerdem empfiehlt Edmunds[5] die Bestimmung der Aggressivität durch den Marmorlösungsversuch nach Heyer, also die Untersuchung von über kohlensaurem Kalk aufgefangenen Wassers.

Im allgemeinen liegen aber die Verhältnisse bezüglich des Grades der Schädlichkeit ähnlich wie bei Sulfatwirkung. Wie dort ist es auch

[1] Jehn: Bruch der alten Schleuse Hüntel. Untersuchung und Instandsetzung. Bautechn. 1930 S. 438, 478.

[2] Die Einwirkung kohlensäurehaltigen Wassers auf Beton. Zement 1931 S. 823.

[3] Platzmann: Die Einwirkung von Kohlensäure auf Zementmörtel. Bautenschutz 1932 S. 44.

[4] Entnahmevorschrift: Richtlinien für die Ausführung von Bauwerken aus Beton im Moor, in Moorwässern und ähnlich zusammengesetzten Wässern, aufgestellt vom Deutschen Ausschuß für Eisenbeton 1930. Berlin 1931, S. 5 (Verlag: W. Ernst & Sohn).

[5] Edmunds: Gleichgewichte zwischen Karbonathärte und freier Kohlensäure in natürlichen Wässern. Chem.-Ztg. 1934 S. 328.

hier außerordentlich schwer, den häufig erfragten „zulässigen Gehalt“ eines Wassers an angreifender Kohlensäure allgemein festzustellen. Haegermann[1] gibt die Schädlichkeitsgrenze mit 3 mg/l an. Klut[2] berichtet über ein sehr weiches Quellwasser mit einem durchschnittlichen Gehalt von 9 mg/l, das Zerstörungen an einem Betonhochbehälter hervorbrachte, und Plate[3] über ein Flußwasser, das bei 8 mg den Beton zerstörte.

Hierzu ist zu sagen, daß aggressive Kohlensäure immer verdächtig ist und daß in vorkommenden Fällen nur eine eingehende Berücksichtigung aller vorhandenen Daten zu einer zweckmäßigen Arbeitsweise oder zu richtigem Schutz führen können.

Diese Ansicht teilt auch in einer längeren Zusammenfassung, in welcher er eigene Versuche anführt, Spurny[4], indem auch er schreibt, „daß das Urteil über die Verwendbarkeit von Portlandzementbeton in solchen Böden und Wässern nur von Fall zu Fall auf Grund geologischer und chemischer Untersuchungen getroffen werden muß“ (vgl. auch die dort gegebene ausführliche Literaturangabe).

Die Maßnahmen können entweder das Wasser oder den Beton oder beide treffen. Die Schädlichkeit des Wassers wird leicht herabgemindert durch Laufenlassen des Wassers über Packungen von kohlensaurem Kalk oder Einbettung der Rohre u. dgl. in kohlensaurem Kalk. So wurde auf Anraten des Verfassers beim Bau der Schleuse in Frankfurt, deren Bodenpflaster aus Beton von unten her dauernd von kohlensäurehaltigem Wasser durchströmt wird, zunächst Packungen von Kalksplitt eingebracht, um das durchtretende aggressive Wasser zu entsäuern und gleichzeitig zu härten. Derartige Maßnahmen verlängern die Beständigkeit und Lebensdauer des Betons überaus.

Der Beton selbst muß in der üblichen Weise möglichst dicht hergestellt werden, um ein Durchtreten des Wassers nach Möglichkeit zu verhindern, denn Wasser, welches den Beton nur bespült, ätzt diesen zwar stark an, vermag ihn aber im Innern nicht zu verderben. Weiter ist kalkarmer Zement, also Tonerdezement oder Hochofenzement, oder ein besonders beständiger Eisenportland- oder Portlandzement als besonders günstig heranzuziehen. Kann das Bauwerk lange Zeit stehenbleiben, ehe es in Benutzung genommen wird, so ist auch die Verwendung von Traß empfehlenswert. Fluatisierung vermag gleichfalls die Anätzbarkeit herabzusetzen, wenn auch naturgemäß der Schutz selbst in das Innere des Betons verlegt werden muß. Schließlich ist ein Schutzanstrich von Vorteil, besonders bei jungem Beton.

8. Chlor.

Chlorgas ist ein grünliches Gas, das sich in Wasser auflöst. Das Chlorwasser bzw. der Chlorkalk wird hergestellt durch Einleiten des Chlorgases in Wasser bzw. Überleiten über gelöschtem Kalk; im letz-

[1] Haegermann: Spezialzement-Forschung. Tonind.-Ztg. 1935 S. 1113.
[2] Klut: Untersuchung des Wassers an Ort und Stelle. 1931.
[3] Plate: Die Instandsetzung der Bremer Weserschleuse. Bautechn. 1934 S. 44.
[4] Spurny: Zur Kenntnis zementgefährlicher Böden. Geol. u. Bauwes., März 1936 Heft 1.

teren Falle bildet sich Kalziumhypochlorid, das als Chlorkalk gehandelt wird. Chlorgas riecht erstickend.

Vorkommen. Chlor wird besonders als Chlorwasser oder auch in Form von Chlorkalk benutzt und dient in chemischen Werken zu Bleichzwecken. In besonders großem Umfang wird Kalziumhypochlorid oder Natriumhypochlorid in Zellstoffabriken zum Bleichen der Papierfaser benutzt.

Wirkungsweise. Chlorwasser zerstört alle organischen Substanzen durch Oxydation (Verbrennen). Dabei bildet sich, wie auch bei längerem Stehen des Chlorwassers, Salzsäure. Die Einwirkungsweise des Chlorwassers ist demgemäß diejenige von verdünnter freier Salzsäure, also zerstörend. Bei Chlorkalk kommt hierzu noch die Bildung löslicher Hypochloride, die durch den Beton hindurchzutreten vermögen und diesem seinen Kalk entziehen, worauf sich dann aus dem Hypochlorid unter Einwirkung der Kohlensäure der Luft unter Entweichen von Chlorgas Kalziumkarbonat bildet, welches sich als kohlensaurer Kalk auf der Außenfläche des Betons niederschlägt (vgl. Chlorkalk).

Abb. 195. Außenwand eines Holländers (vgl. Abb. 182), hergestellt aus porösem Beton: Sowohl die Plattenverkleidung im Innern als auch der feine Putz von außen vermochten den Durchtritt des Wassers, das in großen Mengen den Kalk aus dem Beton herauslöste, nicht aufzuhalten, die Holländer mußten abgerissen werden.

Versuche. Portlandzementkörper wurden im Laufe eines Jahres zu Chlorkalkbrei zerstört; Hochofenzementbeton bewährte sich besser[1].

Erfahrungen. Die Betonfüße von Bromerzeugungstürmen wurden durch heiße Endlauge und freies Chlor und Brom im Verlauf von 4 Jahren unter Rißbildung und Zerbröckelung des 2 cm starken Putzes zerstört[2].

Chlorkalkkammern in Eisenbeton haben sich nach Hadamowsky, wenn sie mit einem Schutzanstrich von Steinkohlenteer, in welchem Asphalt gelöst war, geschützt waren, seit 18 Jahren bewährt. Besonders gute Erfahrungen wurden mit einem Hochofenzement gemacht[3].

Für Chlorierungsapparate, in welchen Kalkmilch mit Chlor gemischt wird, wurden nicht einmal Schutzanstriche verwendet[3].

---

[1] Hochofenzement und seine Verwendung im Salzbergbau. Baumarkt 1908 S. 643.

[2] Angabe der Kupferschiefer bauenden Gewerkschaft Eisleben.

[3] Hadamowsky: Chlorkalkkammern aus Beton. Zement 1925 S. 68.

In einer Papierfabrik waren die Holländer aus porösem Beton hergestellt. Die Dichte sollte erreicht werden durch einen dichten Putz von außen und innen und durch Plattenauskleidung. Nach kurzer Betriebsdauer (wenige Monate) war bereits der Fugenputz zwischen den Platten verschwunden, und an der Außenseite der Holländer zeigten sich starke Aussinterungen, die immer mächtiger wurden (Abb. 195). Die chemische Untersuchung zeigte, daß eine starke Auslaugung des Betons stattfand; die Ausscheidung auf der Außenseite bestand aus kohlensaurem Kalk mit etwas Chlor. Die Zerstörung ist demnach wie folgt zu erklären:

Die Bleichflüssigkeit hat zunächst einen hohen Gehalt an aktivem Chlor in Form von Kalziumhypochlorid (Chlorkalk). Nach Vollendung des Bleichvorganges wird dieser unterbrochen durch Zusatz von Kalziumbisulfit, welcher das Chlor verbraucht, wobei sich dann aber Sulfat bildet. Der poröse Beton wird durchdrungen abwechselnd von der Chlorkalkbrühe und dem sulfathaltigen Wasser. Der Kalk löst sich als Kalziumhypochlorid auf, tritt an der Außenseite aus, wobei das Chlor entweicht und sich gewöhnlicher kohlensaurer Kalk bildet. Abwechselnd mit diesem Vorgang findet eine Vergiftung durch das Sulfat statt, welches später Treibgefahr zur Folge hat. Obgleich im vorliegenden Falle die Vergiftung durch Sulfat noch nicht so weit vorgeschritten war, daß ein Treiben des Betons zu befürchten gewesen wäre, wurden zur endgültigen Beseitigung der Gefahr die aus porösem Beton bestehenden Holländer abgebrochen und durch neue ersetzt.

Maßnahmen. Sorgfältige Arbeitsweise, Verwendung kalkarmen Zementes und geeigneter Schutzanstrich machen nach den Erfahrungen der Praxis auch Eisenbeton selbst für stark der Chloreinwirkung ausgesetzte Bauwerke geeignet. Grundbedingung ist stets, daß der Beton vollkommen dicht ist, also dem Chlor oder seinen Lösungen das Zudringen zu den Eisen nicht gestattet. Alleinige Anbringung eines dichten Putzes auf minderwertigen Beton genügt nicht, da ein solcher Putz niemals rissefrei zu halten ist.

9. *Brom.*

Brom ist ein flüssiges Metalloid (wie Quecksilber ein flüssiges Metall ist), das braune Dämpfe ausstößt und stark verbrennend wirkt. Brom löst sich in Wasser (gleich Chlor) zu Bromwasser und wirkt auf Beton wie Chlor bzw. Chlorwasser unter Bildung von Bromwasserstoffsäure, die Ähnlichkeit mit Chlorwasserstoffsäure (Salzsäure) hat, aber etwas schwächer ist als diese und seltener vorkommt. Die Salze der Bromwasserstoffsäure heißen Bromide oder Bromsalze.

Vorkommen. In der chemischen Industrie als Oxydationsmittel.

Erfahrungen. Durch Einwirkung von Bromdämpfen bei gleichzeitiger Einwirkung von Brom und Chlorid und bromhaltiger Endlauge wurde Beton an Bromerzeugungs-Türmen bald zersetzt. Eine Verblendung mit Klinker schaffte bald Abhilfe[1].

---

[1] Kleinlogel: Einflüsse auf Beton. S. 86. Berlin 1930.

10. Jod.

Jod bildet kleine glänzende braune Blättchen und wirkt schwächer verbrennend als Brom. Es löst sich schwer in Wasser und bildet allmählich die Jodwasserstoffsäure, welche Ähnlichkeit hat mit der Bromwasserstoffsäure und Chlorwasserstoffsäure (Salzsäure), aber ganz bedeutend schwächer ist als diese. Die Salze der Jodwasserstoffsäure heißen Jodide oder Jodsalze (z. B. Jodkali).

Vorkommen. Wie Brom, auch als Heilmittel.

Versuche und Erfahrungen liegen bei der Seltenheit des Jods nicht vor, die Abwehrmaßnahmen werden die gleichen sein wie bei Brom, infolge der schwächer sauren Eigenschaften der Jodwasserstoffsäure ist aber ihre Angriffsfähigkeit voraussichtlich erheblich geringer; genügend dicht verarbeiteter Beton wird ihr also widerstehen, eine einfache Fluatisierung und Anstrich ist anzuraten.

11. Flußsäure.

Fluorwasserstoffsäure ist ein Gas, welches sich in Wasser zu einer rauchenden, stark ätzenden Flüssigkeit löst, die auf der Haut schwere Verbrennungserscheinungen hervorruft und infolge ihrer enormen Angriffsfähigkeit auf Glas usw. in Paraffin- oder Platinflaschen aufbewahrt werden muß. Ihre Salze heißen Fluoride.

Vorkommen. Flußsäure wird aus Flußspat hergestellt und dient zum Ätzen von Glas, in höchst verdünnter Lösung als Konservierungsmittel für Marmelade und Fruchtsaft.

Wirkungsweise. Flußsäure ist die einzige Säure, welche aus dem Beton nicht den Kalk, sondern die Kieselsäure, und zwar zu Kieselfluorwasserstoffsäure auflöst.

Versuche und *Erfahrungen* unbekannt.

Maßnahmen. Bei der stark lösenden Wirkung der Flußsäure ist Schädigung des Betons bei verdünnten Lösungen zum mindesten auf der Oberfläche zu erwarten. Schutz ist deshalb am Platz, der besonders gut, in schwierigen Fällen durch gegen den Beton isolierte Bleiplatten vorgenommen werden muß, falls man nicht eine oberflächliche Schädigung und zeitweise Ausbesserung in Kauf nehmen will.

Andere Schutzmittel werden durch die Flußsäure zerstört.

Über die Fluatwirkung, die häufig herangezogen wird, um die Beständigkeit des Betons gegen Abnutzung und aggressive Lösungen zu erhöhen, vgl. S. 449.

12. Schwefel.

Schwefel ist ein gelbliches, gut kristallisierendes Metalloid mit verhältnismäßig tiefem Schmelzpunkt, das leicht verbrennt zu der stechend riechenden schwefligen Säure. Es kommt in den Handel als Stangenschwefel und Schwefelblumen.

Vorkommen. Schwefel kommt vor als Verwitterungsprodukt von Schwefelkiesen, weiter in vulkanischen Aschen und über Tag in vulkanischen Gegenden, beispielsweise in Sizilien; in chemischen Fabriken wird Schwefel in großem Umfange benutzt, ebenso zur Fabrikation von Schwarzpulver.

Wirkungsweise. Schwefel oxydiert sich, wenn er fein verteilt ist, an der Luft nur sehr langsam zu Schwefelsäure, bei hoher Temperatur dagegen verbrennt er mit blauer Flamme. Er hat die Eigenschaft, zunächst in einen anderen Formzustand überzugehen, wird bräunlich und teigig und schmilzt bei 114,4° zu einer gelblichen Flüssigkeit.

Versuche. Schwefel wurde schon häufig empfohlen zum Schutze des Betons gegen aggressive Flüssigkeiten, und zwar soll man zweckmäßigerweise den Beton mit flüssigem Schwefel tränken, auf diese Weise seine Wasseraufnahmefähigkeit herabdrücken und ihn so schützen vor den schädlichen Wässern. So ist in Texas[1] ein Verfahren zur Herstellung von faserstoffhaltigen Zementmassen zum Patent angemeldet worden[2], nach welchem Gegenstände aus Zement und Asbestfaser mit geschmolzenem Schwefel imprägniert werden sollen.

Im Gegensatz zu diesen Angaben stehen die Ergebnisse einer Arbeit von F. H. Bates[3]. Er findet, daß ein Mörtel 1:2 je nach der Behandlungsart 8—18% Schwefel zu absorbieren vermag und daß beim Mischungsverhältnis 1:5 die Absorptionsfähigkeit steigt auf 12—39,7%, je nachdem die Gegenstände nur getaucht oder getaucht und imprägniert wurden. Die Wasseraufnahme fiel hierbei für den Mörtel 1:2 von 10,5 des nicht imprägnierten Gegenstandes auf 3,7% des getauchten imprägnierten, bei Mörtel 1:5 von 16,6 auf 5,8% für den in Schwefel getauchten und imprägnierten, während gleichzeitig die Festigkeit den doppelten bis dreifachen Betrag annahm. Bei Lagerung der Körper in einem Boden mit einem hohen Gehalt an Magnesiumsulfat zeigte sich völlige Zerstörung fast aller Steine. Bates kommt demgemäß zu dem Schluß, daß durch die Behandlung mit Schwefel die Lebensdauer von Zementerzeugnissen nicht erhöht werden kann.

Im Gegensatz zu Vorstehendem stehen die Angaben von Kobbe[4], der bis zu sechsfache Erhöhung der Druckfestigkeit des geschwefelten Betons festgestellt hat und auf bedeutende Erhöhung der Widerstandsfähigkeit gegen Säuren und die sehr aggressive Eisenchloridlösung hinweist.

Eine Übersicht über die amerikanischen Versuche gibt Saenger[5], der über umfangreiche Arbeiten berichtet, bei welchen zur Imprägnierung Schwefel verschiedener Temperatur und verschiedener Einwirkungsdauer benutzt wurden. Auch Saenger findet bedeutende Festigkeitserhöhungen, besonders bei dem porösen Material, wie die folgende Tab. 68 zeigt.

Bei den Lagerungsversuchen von Saenger fällt auf, daß bei Lagerung in $2^1/_2$proz. Salpetersäure während 24 Stunden die nicht imprägnierten Zemente beständig bleiben, sogar teilweise an Festigkeit zunehmen. Dieses Ergebnis ist unwahrscheinlich und deutet darauf hin, daß die Säure verbraucht war und nicht mehr wirkte. Bei Lagerung in Rüböl

[1] Vgl. Chem. Zbl. 1927 I S. 1058. [2] A. P Nr. 1594417 vom 22. 5. 1924.

[3] Ind. Engng. Chem. Bd. 18 (1926) Nr. 3 S. 309. Vgl. Ref. Über die Widerstandsfähigkeit von mit Schwefel vorbehandelten Zementdrainsteinen gegen die Einwirkung von Sulfaten. Zement 1926 S. 373.

[4] Engng. News Rec. vom 10. 6. 1926 S. 940.

[5] Saenger: Mit Schwefel getränkter Zementmörtel. Zement 1933 S. 537.

Tabelle 68. Ergebnisse der Festigkeitsversuche von Saenger. Alter der Proben 28 Tage. Mittel aus je 3 Versuchen.

Zementart	Mischungsverhältnis in Gtl.	Steife	Druckfestigkeit in kg/cm² nach der übergeschriebenen Dauer der Behandlung in geschmolzenem Schwefel verschiedener Temperatur						
			nicht behandelt	Schwefelbad von 130—150° C, 3 Stunden	6 Stunden	24 Stunden	Schwefelbad von 160—180° C, 3 Stunden	6 Stunden	komb. Schwefelbad 6 Stunden
Portlandzement A	1+3	erdfeucht 7,5% H_2O	661	700	778	1080	818	883	909
		weich 12,5% H_2O	252	299	707	1212	364	386	623
		flüssig 15,6% H_2O	227	245	500	1100	315	317	584
	1+5	erdfeucht 6,5% H_2O	434	533	613	951	—	—	—
		weich 12,5% H_2O	161	243	470	881	—	—	—
	1+8	erdfeucht 5,0% H_2O	225	738	921	975	—	—	—
		weich 12,7% H_2O	70	125	264	720	—	—	—
Portlandzement B	1+3	erdfeucht 7,5% H_2O	646	704	740	837	722	765	810
		weich 12,5% H_2O	325	388	422	775	393	400	648
		flüssig 15,6% H_2O	294	363	578	991	337	342	737
	1+5	erdfeucht 6,5% H_2O	451	537	584	931	—	—	—
		weich 12,5% H_2O	154	283	417	827	—	—	—
	1+8	erdfeucht 5,0% H_2O	204	684	734	865	—	—	—
		weich 12,7% H_2O	67	212	379	599	—	—	—
Hochofenzement C	1+3	erdfeucht 7,5% H_2O	484	524	545	899	559	579	601
		weich 12,5% H_2O	219	242	312	417	293	385	439
		flüssig 15,6% H_2O	202	221	318	429	229	351	364
	1+5	erdfeucht 6,5% H_2O	281	385	485	886	—	—	—
		weich 12,5% H_2O	120	235	284	450	—	—	—
	1+8	erdfeucht 5,0% H_2O	155	612	640	829	—	—	—
		weich 12,7% H_2O	40	153	278	590	—	—	—

dagegen zeigte sich Zerstörung der nicht imprägnierten Zemente bei Erhaltung des mit Schwefel imprägnierten Mörtels. Die Abnutzung wird durch die Schwefelimprägnierung wesentlich herabgesetzt. Die Zerstörung durch die aggressive Flüssigkeit wird nicht verhindert, aber hinausgezögert, also die Lebensdauer des Betons verlängert. Anzeichen einer beginnenden Zerstörung bei der Luftlagerung der imprägnierten Mörtel wurde nicht festgestellt, dagegen waren die wassergelagerten Körper nach 2 Jahren rissig. Saenger schließt daraus, daß mit Schwefel imprägnierter Zementmörtel für Bauteile, die Feuchtigkeit und sonstigen Verwitterungseinflüssen ausgesetzt sind, nicht geeignet ist und läßt die Frage, ob für innere Bauteile die Imprägnierung zulässig ist, offen.

Erfahrungen. Erfahrungen mit geschwefelten Zementen sind noch nicht gemacht worden, da infolge der wiederholt festgestellten, nicht eindeutigen Wirkung eine Anwendung im großen noch nicht durchgeführt wurde.

Maßnahmen. Schwefel, hauptsächlich in sehr fein verteilter Form in Schlacken oder Kiesen, oxydiert sich an der Luft, bildet schweflige Säure in gebundener oder freier Form und wirkt demgemäß zerstörend wie diese. Schwefel als Schutzmittel in geschmolzener Form vermag zwar die Festigkeiten von Mörtel überaus stark zu erhöhen; das ungünstige Verhalten von Mörtel bei feuchter Lagerung während längerer Zeiträume läßt aber die Anwendung von Schwefel bei gewöhnlichen Normenzement nicht angebracht erscheinen. Ob vielleicht Tonerdezement sich auf diesem Gebiete günstiger verhält, ist noch nicht untersucht.

Angeschlossen sei hier noch eine Bemerkung über die sog. Metallzemente. Bei diesen Erzeugnissen handelt es sich um eine Mischung von fein gepulvertem Schwefel mit Steinmehlen u. dgl. Bearbeitet werden diese Erzeugnisse durch Schmelzen, und verwendet zum Vergießen von Fundamentschrauben u. dgl. Diese Anwendungsart des Schwefels ist seit Jahrhunderten bekannt und führt zu befriedigenden Ergebnissen. Die Bezeichnung derartiger Vergußmassen als Zement ist aber falsch, denn unter Zement versteht man nur hydraulische Erzeugnisse, die bei Zugabe von Wasser erhärten.

b) Organische Säuren. Auch die organischen, d. h. kohlenstoffhaltigen und durch Verbrennen zerstörbaren Säuren vermögen Beton anzugreifen in der gleichen Weise wie die anorganischen, indem sie mit dem Kalk des Betons ein Salz bilden und ihn dabei evtl. auflösen. Die organischen Säuren sind aber ausnahmslos schwächere Säuren als die hauptsächlichsten anorganischen Säuren (Salzsäure, Schwefelsäure und Salpetersäure), ihre angreifende Wirkung ist deshalb geringer, aber dennoch, zumal da bei Beton oft lange Zeiträume der Einwirkung in Betracht kommen, sehr zu beachten.

Unter organischen Säuren sind besprochen:

13. Essigsäure.	20. Fruchtsäure.
14. Milchsäure.	21. Weinsäure.
15. Ameisensäure.	22. Oxalsäure.
16. Formaldehyd.	23. Alkohol.
17. Gerbsäure.	24. Methylalkohol.
18. Zucker.	25. Glyzerin.
19. Gärflüssigkeiten.	26. Ölsäure (s. Öle, S. 390).

13. Essigsäure.

Die Essigsäure (CH_3COOH), in konzentriertem Zustand Eisessig genannt, ist das Oxydationsprodukt von gewöhnlichem (Äthyl-)Alkohol, aus welchem sie leicht unter Luftzutritt entsteht. (Schnellessigfabrikation aus Sprit, Weinessigherstellung aus Traubenwein.) Sie ist eine farblose Flüssigkeit, der Eisessig erstarrt bei niederer Temperatur zu schönen, farblosen Nadeln (daher der Name). Der in der Nahrungsmittelindustrie gebrauchte Essig ist verdünnte Essigsäure mit allerlei würzenden Bestandteilen. Die Salze der Essigsäure heißen Azetate.

Vorkommen. Essigsäure tritt beim Sauerwerden organischer Substanzen (Bier, Wein), sowie bei der Holzdestillation und in der chemischen Großindustrie auf. Sie ist die stärkste organische Säure und wird nicht nur für zahlreiche chemische Prozesse, sondern auch zum Konservieren von Nahrungsmitteln (saure Gurken) usw. in großen Mengen verwendet.

Wirkungsweise. Essigsäure löst den Kalk des Betons zu leicht löslichem Kalziumazetat und zerstört dadurch das Gefüge.

Versuche. Der Zementmörtel (1:5) von in 2% Essigsäure eingelagerten Zugkörpern wurde im Verlaufe eines Jahres nach Versuchen Grüns geschädigt, und zwar bei Portlandzement erheblich stärker als bei Hochofenzement[1].

Tabelle 69. Druckfestigkeit von Portlandzement und Hochofenzement bei Lagerung in Wasser und Essigsäure.

	Portlandzement	Hochofenzement
Lagerung in Wasser	20	16
Lagerung in Essigsäure	7	14

Bei anderen Vergleichsversuchen Grüns zwischen Tonerdezement, Portlandzement und Hochofenzement trat eine fast sofortige Zerstörung der verwendeten Tonerdezemente (Ciment Fondu aus Frankreich und deutscher Tonerdezement) auf, zu einer Zeit, als in der 5proz. Essigsäure die Portlandzement- und Hochofenzementkörper keine Einwirkung zeigten.

Erfahrungen. Die zerstörende Wirkung der Essigsäure ist aus Essigfabriken und chemischen Fabriken längst bekannt.

Maßnahmen. Auch bei seltener Einwirkung verhältnismäßig verdünnter Säure, also beispielsweise Speiseessig, der 3proz. Essigsäure darstellt, ist schon eine Schädigung der Betonoberfläche zu erwarten. Es empfiehlt sich deshalb auch bei diesen sehr einfachen Fällen ein guter Schutzanstrich. Aber auch diese Schutzanstriche werden nach Versuchen Grüns sehr schnell zerstört. Es ist deshalb bei besonders aggressiver Einwirkung Aufbügelung des Schutzfilmes oder Einbrennen mit der Lötlampe zu empfehlen[2].

Starke kalte, erst recht aber heiße und verdünnte heiße Säure verlangt unbedingt Plattenverkleidung mit Auskittung der Fugen mit säurefestem Kitt, wie dieser auch bei den anorganischen Säuren bereits empfohlen wurde. Besonders geeignet erwiesen sich bei Essigsäure, Gärflüssigkeit u. dgl. gute keramische Platten und schließlich bei Lagerbehältern größeren Ausmaßes Glasplatten.

14. *Milchsäure.*

Milchsäure $CH_3 \cdot CHOH \cdot COOH$, kommt als sirupöse 50proz. Flüssigkeit in den Handel. Ihre Salze heißen Laktate.

Vorkommen. Milchsäure entsteht beim Sauerwerden von Milch, Bier, Sauerkraut, Saftfutter und bei Zersetzung zahlreicher organischer Substanzen (Käsebereitung) neben zahlreichen anderen ähnlichen Säuren.

Wirkungsweise. Sie verwandelt im Beton den freien und den lose gebundenen Kalk unter Verdrängung der schwächeren Kieselsäure in das schwer lösliche Kalksalz.

Versuche. Bei Versuchen wurden sowohl Portlandzement als auch Hochofenzement, letzterer etwas weniger, sowohl durch saure Milch als auch durch Sauerkraut und Milchsäure im Verlauf eines Jahres geschädigt. Bei Lagerung von Sauerkraut in kleinen Betonbehältern

[1] Handb. S. 58.
[2] Vgl. Beton in Spritfabriken. Betonwerk 1931 S. 625.

unterblieb die ordnungsgemäße Gärung durch den Kalkeinfluß des Betons[1].

Bei eingehenden Versuchen von Mrozek und Dyrenfurth[2] wurden verschiedene Arten von Mörteln, und zwar Hochofenzement-, Portlandzement, Alka-Zement- und Erzzement-Mörtel, schließlich noch Stahlbeton, also ein Zement mit Zusatz von Stahlspänen, in der Weise auf Beständigkeit geprüft, daß die Prismen nach Lagerung in Milchsäure verschiedener Konzentration photographiert und die Kalkanreicherung der Milchsäure gemessen wurde. Abb. 196 bis 199 zeigt die Einwirkung 15proz. Milchsäure auf die verwendeten Prismen nach 7 bzw. 8 Tagen. Die Zerstörung war vollendet bei Erzzement nach 6 Tagen, bei Portlandzement nach 9 Tagen, Alka-Zement nach 12 und Hochofenzement nach 25 Tagen. Prolapin und Lithurin setzen die Widerstandsfähigkeit etwas hinauf. In der Zusammenfassung kommen die Verfasser zu folgenden wichtigen Schlüssen:

Kalkreiche Zemente, ebenso wie auch eisenreiche Zemente sind freier Säure gegenüber wenig widerstandsfähig.

Nach den Ergebnissen scheinen vom chemischen Standpunkt aus die kalk- und eisenarmen Zemente sich am besten zu bewähren. Besonders gilt dies für den Hochofenzement, der in allen 3 Versuchsreihen noch am besten abschneidet.

Prolapin und Lithurin hatten nicht den ihnen zugeschriebenen Erfolg. Die Widerstandsfähigkeit der Mörtel wurde durch diese Schutzmittel zwar erhöht, jedoch nicht in dem Maße, daß von einem durchaus wirksamen Säureschutz gesprochen werden kann.

Abschließend sagten beide Forscher, daß ihres Erachtens Hochofenzement bei dichter Mischung und Zusatz von Prolapin und Lithurin Milchsäurelösungen gegenüber so widerstandsfähig sein dürfte, daß er für die Praxis genügend lange haltbar bleibt.

Erfahrungen. Bei zu frisch in Benutzung genommenen großen Betonbehältern auf Fehmarn war das Kraut nicht genügend durchgegoren, während in den älteren Betonbehältern die Gärung gut war. Das Kraut zeigte an den Wänden grüne Verfärbung (Eisensulfidbildung aus dem Eisen des Zementes), die bei Entnahme der Masse verschwand. Auch Pitchpineholzverkleidung, selbstredend auch Glasplattenbelag, hat sich bewährt[3], ebenso Awa-Zusatz[4].

In Futtertürmen aus Eisenbeton in vielen Ausführungen hat sich Beton durch Jahre beständig erwiesen. Die Verwandlung des Grases anstatt in Heu in Dauerfutter in diesen Türmen hat mannigfache Vorzüge, auf die in der 1. Auflage schon wiederholt hingewiesen ist, wird aber erst in neuerer Zeit von der Landwirtschaft erkannt werden. Ausschlaggebend für diese Erkenntnis sind die Bemühungen des Zement-

---

[1] Grün: Einfluß von Milchsäure auf Beton. Beton u. Eisen 1923 S. 287.

[2] Vgl. Mrozek u. Dyrenfurth: Die Eignung verschiedener Zementmörtel für die Verwendung in milchwirtschaftlichen Betrieben. Aus den Instituten für Chemie und Maschinenwesen der Preuß. Versuchs- und Forschungsanstalt für Milchwirtschaft in Kiel.

[3] Handb. S. 59. [4] Bautechn. 1923 S. 223.

bundes, durch Gewährung von Sondervorteilen (Verleihung von Schalungen) Futtertürme und Grünfuttersilos nicht bloß auf Gütern, sondern auch beim Einzelbauern einzuführen. Das schwer zu bekämpfende Vorurteil gegen Grünfutter wurde dadurch allmählich beseitigt, und Futtertürme werden in neuerer Zeit in steigendem Maße hergestellt[1].

Abb. 196. Portlandzement in 15proz. Milchsäure nach 8 Tagen.

Abb. 197. Hochofenzement in 15proz. Milchsäure nach 7 Tagen.

Abb. 198. Hochofenzement in 15proz. Milchsäure nach 14 Tagen.

Die Milchsäure, die in großen Käsereien schon oft zur Zerstörung geführt hat, vermochte während 6 Jahre einen Boden aus Schmelzzementbeton nicht anzugreifen[2].

In einem Molkereigebäude wurde der Zementestrich und der darunterliegende Kiesbeton durch die aus den Käsemaschinen herauslaufende ausgepreßte Molkenbrühe stark geschädigt, der Beton erweichte und die Eisen rosteten. Die eintretende Pfützenbildung verstärkte den Angriff[3].

Maßnahmen. Verdünnte Milchsäure, wie sie in Molkereien, chemi-

[1] Technische Auskünfte des Betonvereins 1923 — Zement 1923 S. 115, 1924 S. 101 — Zbl. Bauverw. 1924 S. 437 — Baumarkt 1925 S. 12. — Grünfuttersilos. Zementverlag 1927.

[2] Erfahrungen mit Schmelzzement. Betonsteinztg. 1936 S. 177.

[3] Burke u. Place: Corrosin of Structural Steel within Concrete. Concrete Bd. 29 (1926) Nr. 2 S. 23 u. 24, ref. Beton u. Eisen 1927 S. 22.

schen Fabriken usw. auftritt, erfordert sehr dichten Beton, kalkarmen Zement, bei längerer Dauer der Einwirkung Fluatierung und Anstrich, der von Zeit zu Zeit erneuert werden muß; bei starken Säuren Plattenbelag. Bei Sauerkraut genügt dichtes Arbeiten, unter Umständen mit einem geringen Zusatz von Bitumen oder Seife oder Oleaten. Holzverkleidung ist notwendig, um das Sauerkraut vor Verfärbung zu schützen. Bei fettem Beton genügt Fluatierung, Anstrich mit Wein-

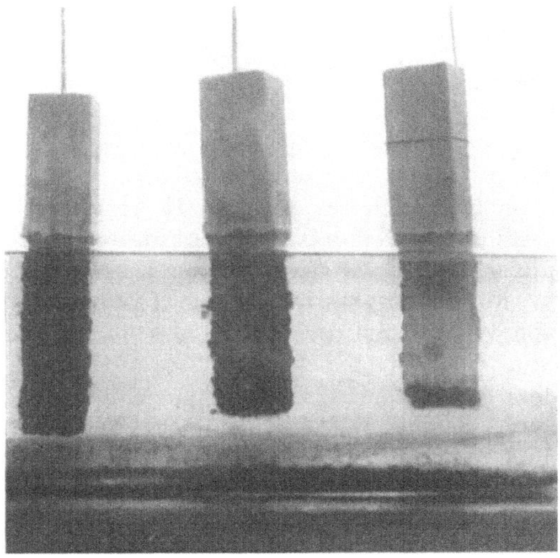

Abb. 199. Stahlbeton in 15proz. Milchsäure nach 7 Tagen.

säurelösung zur Verwandlung des löslichen Kalkes in unlösliches Kalziumtartrat wird empfohlen, ist aber nicht immer notwendig. (Über Futtertürme vgl. Veröffentlichung des Deutschen Zementbundes.)

Als Maßnahmen empfiehlt Nitzsche[1]:

1. Aggressivbeständiger Zement bester Festigkeit.
2. Sorgfältige Zusammensetzung des Korngemenges.
3. Intensivste Stampfarbeit.
4. Vorschriftsmäßig ausgeführte Fluatierung.

15. Ameisensäure.

Die Ameisensäure (HCOOH) hat einen erstickenden Geruch, ist farblos auch in wässeriger Lösung. Ihre Salze heißen Formiate. Sie ist ein Oxydationsprodukt von Formaldehyd, welches als giftiges Gas zur Desinfektion von Wohnräumen (Wanzen, ansteckende Krankheiten) verwendet wird.

Vorkommen. Ameisensäure wird nach ihrem Vorkommen in den Ameisen, aus welchen sie früher gewonnen wurde, so genannt. Ihre konzentrierte Lösung zieht Blasen auf der Haut, in verdünnter wässe-

[1] Beton u. Eisen 1923 S. 244.

riger Lösung wird sie in Papierfabriken und zum Konservieren organischer Körper verwendet.

Wirkungsweise. Als sehr schwache Säure ist ihre zerstörende Wirkung gering, immerhin aber vorhanden.

Versuche nicht vorhanden.

Erfahrungen. Bei Verwendung von Holzschleifsteinen, die aus Portlandzement, feinstem Sand und Schmirgel hergestellt waren, wurden die Schleifsteine zerstört infolge der beim Schleifen gedämpften Holzes entstehenden Ameisensäure[1].

Maßnahmen. Dichtes Arbeiten und ein Schutzanstrich wird in den meisten Fällen genügen. Bei konzentrierter Säure ist Plattenbelag notwendig.

16. Formaldehyd.

Formaldehyd ist ein erstickend wirkendes Gas, das in wässeriger Lösung, aus der es durch Erhitzen frei gemacht werden kann, unter dem Namen Formalin u. dgl. bekannt ist. Es vermag sich zu Ameisensäure zu oxydieren, und seine Lösung hat dann die gleichen Eigenschaften gegenüber Beton wie diese (s. oben).

Vorkommen. Formaldehyd wird für die Tötung von Bakterien bei Verseuchung von Wohnungen und zur Konservierung organischer Präparate verwendet.

Ein besonders großes Gebiet ist dem Formaldehyd erschlossen für die Herstellung des Bakelit, d. i. ein Kondensationsprodukt aus Phenol und Formaldehyd, welches wie Kunsthorn oder Holz aussieht und aus dem heutzutage bereits Radio- und Schalterkästen, Tassen und Trinkbecher, Teller und elektrische Schalter, ja sogar große Unterplatten für Elektromontage und viele andere Gegenstände hergestellt werden. Bakelit ist also der Stoff der Zukunft und wird in größtem Maße die Verwendung von Formaldehyd fordern.

Wirkungsweise und Schutzmaßnahmen. Nach „Technische Auskünfte aus dem Gebiete des Beton- und Eisenbetonbaues", Ausgabe D 1924 S. 11 verhält sich Formaldehyd ähnlich wie ätherische Öle und Alkohole. Im Laufe der Zeit wird sich dann in der Formaldehydlösung Ameisensäure bilden, die als ziemlich starke Säure auf den Beton ungünstig einwirkt (S. 332). Bakelithaltige und ähnliche Anstriche (Midosit) werden aufgelöst, sind daher unbrauchbar. In Frage kommt Bitumen- oder Pechanstrich oder das Brandtsche Verfahren[2]; nach diesem wird der Beton heiß fluatiert und dann mit Eironitanstrich versehen[3]. Bei starker Dauerwirkung Auskleidung mit Platten oder Metall (Aluminium).

17. Gerbsäure.

Gerbsäure (Digallussäure) kommt meistens nur in verdünnten Lösungen (Tannin) zur Einwirkung und ist eine schwache Säure.

Vorkommen. In der Eichenlohe, zum Gerben von Häuten zu Leder.

[1] Vgl. Tonind.-Ztg. 1927 S. 216.

[2] DRP. 313191, Klasse 37 f, Gruppe 3, Bauunternehmung C. Brandt, Hamburg, Glockengießerwall 2.

[3] Eironit ist ein metallisches Pulver, das mit Wasser verrührt und dann aufgestrichen wird. Deutsche Eironit Ges. m. b. H. Beckum i. W.

Wirkungsweise. Zerstört allmählich durch Herauslösen des Kalkes den Beton, die Gerbbrühe verdirbt dabei selbst, vor allem durch den Eisengehalt des Zementes, der Schwarzfärbung herbeiführt.

Versuche nicht vorhanden.

Erfahrungen. Durch Inertol geschützter Beton hat sich in jahrelangem Gebrauch bewährt. Jetzt werden auch die drehbaren Fässer für Schnellgerbung, die früher mit sehr kurzer Lebensdauer aus Holz hergestellt wurden, in Eisenbeton ausgeführt[1].

Gerbstoffextrakt (natriumsulfathaltig) greift erfahrungsgemäß Zement an. Neuerdings ist man dazu übergegangen, die alten Holztröge durch Schmelzzementbetontröge zu ersetzen[2].

Maßnahmen. Ein Schutz des Betons wie bei allen schwachen Säuren ist am Platz. Wenn man eine geringe Anätzung, wie beispielsweise bei Fußböden, in Kauf nehmen will, genügt dichte Verarbeitung und hoher Gehalt geeigneter Zemente[3].

18. Zucker.

Zucker, ein Kohlehydrat, ist eine schwache Säure. Es gibt verschiedene Arten von Zucker: Milchzucker, Traubenzucker usw., Rohr- und Rübenzucker ($C_6H_{12}O_6$). Der letztere, der auch in der Formel ausgedrückt ist, ist der häufigste und wichtigste. Die Salze des Zuckers heißen Sacharate.

Vorkommen. Nicht nur rein in Werken zur Herstellung von Zucker, Mus und Süßigkeiten, sondern auch in Zuckerrohr, Rüben, Sirup, Most, Melasse, also auf Gutshöfen usw.

Versuche. In 20proz. Zuckerlösung gelagerter Beton gab an diese im Verlauf von 3 Monaten erhebliche Kalkmengen unter Lockerung des Betongefüges ab (Donath).

Zuckerlösung mit nur 3% Gehalt erniedrigte die Festigkeiten eines 1:5 angemachten Betons bei einjähriger Lagerung um etwa 13%[4].

Nitzsche kommt bei der Prüfung der Einwirkung von Zuckerlösung auf abgebundenen Zement auf Grund umfangreicher Versuche zu folgenden Schlüssen:

1. Der Angriff der Zuckerlösung auf Zementmörtel ist erheblich, die Festigkeitsverluste gegenüber Leitungswasserlagerung betragen bei den Körpern mit

Tabelle 70. Festigkeitsverluste von Portlandzement und Hochofenzement bei Lagerung in Zuckerlösung.

	PZ.	HOZ.
1tägiger Lagerung . . .	85,5%	47,8%
7 „ „ . . .	66,0%	33,9%
28 „ „ . . .	61,6%	42,6%

2. Die aggressivfreie Vorlagerung an feuchter bzw. Zimmerluft mindert die Angreifbarkeit um ein gewisses Maß herab.

[1] Kohrt: Gerbfaß in Eisenbeton. Beton u. Eisen 1924 S. 169.
[2] Erfahrungen mit Schmelzzement. Betonsteinztg. 1935 S. 177.
[3] Vgl. Beton u. Eisen 1923 S. 115. [4] Grün: Handb. S. 62.

3. Nach sechsmonatiger Einwirkungsdauer der Zuckerlösung erwies sich die Angreifbarkeit des hochkalkigen Zementes merklich größer als die des niederkalkigen.

4. Inertolanstrich gewährt wesentlichen Schutz; die den Ziffern unter 1 entsprechenden Zahlen für P.Z. sind:

15,9%	gegenüber	85,5%
1,6%	„	66,0%
7,1%	„	61,6%

Erfahrungen. Melasse, die zeitweise auf +15° erhitzt wurde, hat im Verlauf eines Jahres den Zementputz eines Behällters zerstört. Wiederherstellung mit Traßzusatz bewährte sich[1].

Ein Eisenbetonfußboden war durch ständige Befeuchtung mit Sirup zerstört worden[1]. Mächtige Melassebehälter der Fabrikanlage Kronos in Eleonis wurden mit Kesslerschen Fluaten gegen die Melassewirkung geschützt[2].

Auch Hundeshagen[3] berichtet über gewaltige Betontankanlagen mit einem Schutzanstrich aus Teer auf Portlandzementverputz, die, trotz sie mit Melasse gefüllt waren, ohne jede Schädigung blieben. Er führt die Widersprüche im Schrifttum zurück auf die Tatsache, daß bei der Melasse die geringe Beweglichkeit der Masse der Diffusion entgegenwirkt und sich mit der Zeit auf der Betonoberfläche eine Zersetzungsschicht bildet, die schützend wirkt.

Streng zu unterscheiden von der Wirkung des Zuckers auf erhärteten Beton ist seine viel schädlichere Wirkung beim Zusatz zum Anmachwasser, da in letzterem Falle das Abbinden und Erhärten überhaupt verhindert wird (vgl. S. 87). Burchartz und Rodt haben festgestellt, daß Zucker das Abbinden und Erhärten von Zement bei Zusätzen zum Anmachwasser stark schädigt. Bereits 0,25% Zuckerlösung im Anmachwasser führt zu weitgehender Zerstörung des Mörtels (Abb. 200). Burchartz schreibt über diese Körper mit 0,25—0,5%, 1—3% Zuckerzusatz folgendes:

Sämtliche Betone zeigen bereits nach 24 Stunden Wasserlagerung Risse, waren mürbe und zerfielen bei der geringsten Berührung; bei 0,1% Zucker wurden im Mörtel 1:3 geringe Festigkeitsanstiege ermittelt[4].

Nach Clair, Boston[5] wurden, um das Abbinden eines Zementestrichs zu verzögern, um am anderen Tage noch glätten zu können, 0,8, 0,4, 0,2 und 0,1% Zucker auf den Zement berechnet, dem Beton zugesetzt. Der Beton mit mehr als 0,4% Zuckerzusatz mußte beseitigt werden, der Beton mit 0,4% hatte starken Verschleiß. Kein Verschleiß war nur an Stellen ohne Zuckerzusatz.

Zusammenfassend ist also zu sagen: Die Wirkung des Zuckers auf bereits erhärteten Beton ist zwar schädigend, aber lange nicht in dem

[1] Grün: Handb. S. 62.

[2] Santo Rini: Die Melassebehälter der Fabrikanlage „Kronos“ in Eleusis bei Athen. Beton u. Eisen 1924 S. 193.

[3] Kleinlogel: Einflüsse auf Beton. S. 541. Berlin 1930.

[4] Burchartz u. Rodt: Einfluß von Zucker auf das Abbinden und Erhärten von Zement. Zement 1924 S. 509.

[5] Engng. News Rec. vom 21. III. 1929 S. 473.

Maße wie diejenige des Zuckers im Anmachwasser, die als geradezu katastrophal bezeichnet werden muß, da sie auch bei geringen Prozentsätzen jede Erhärtung verhindert.

Maßnahmen. Ein Schutz des Betons ist hauptsächlich bei feuchtem Zucker oder feuchten zuckerhaltigen Stoffen oder gar bei Flüssigkeiten unbedingt notwendig.

Abb. 200. Körper aus Portlandzement, mit zuckerhaltigem Wasser angemacht. 18 Tage in Leitungswasser gelagert: Von links nach rechts: 1. Proben mit 0,25proz. Zuckerlösung angemacht, 2. Normale Mörtelkörper zum Vergleich, 3. Proben mit 0,5proz. Zuckerlösung angemacht, 4. Aneinander festgebackene Zugkörper mit 0,5proz. Zuckerlösung angemacht. (Versuche von Burchartz und Rodt.)

Schutzanstriche genügen, wenn keine mechanische Beanspruchung auftritt, auch Zusatz wasserabweisender Stoffe und Fluatierung wurde empfohlen[1]. In schwierigen Fällen (heiße Lösung, mechanische Einwirkung) Plattenbelag.

19. Gärungsflüssigkeiten.

Die Gärung verläuft ganz verschieden, je nach der Art der zur Vergärung kommenden Stoffe, den Gärungsbedingungen (Temperatur, Konzentration) und der Bakterien- oder Hefeart. Demgemäß führt sie zu verschiedenen, oft aber ähnlichen Zwischen- und Endprodukten, die aber meist Alkohol enthalten, während Kohlensäure als Nebenprodukt entweicht.

Vorkommen. Die Gärung tritt bei allen kohlehydrathaltigen Flüssigkeiten auf, in welche Hefen als Gärungserreger eingebracht werden.

Wirkungsweise. Neben dem 1. gewöhnlichen (Äthyl-)Alkohol können noch entstehen 2. höhere Alkohole und 3. ätherische Öle (Bouquettstoffe des Weins), 4. Gerbsäure (Rotwein), 5. Essigsäure (saurer Mosel), 6. Milchsäure (Kefirgärung), 7. primäre Phosphate, 8. Lupulinsäure, Buttersäure usw. Die Stoffe 4—8 sind an anderer Stelle besprochen, ihre Wirkung ist meist gering, da sie nur in geringen Mengen vorhanden sind, nur Essigsäure und Milchsäure vermögen in stärkerer

[1] Vgl. Dtsch. Bauztg. 1924 S. 168.

Konzentration aufzutreten und können dann schädigend wirken. 2. und 3. werden leicht durch den Beton verdorben (s. Weinsäure). Der Alkohol ist unschädlich, nicht aber die Essigsäure (s. diese); vor allem ist von Nachteil die schädigende Einwirkung des alkalischen Betons auf den Gärungsprozeß, der gestört wird. Beton für Gärbottiche muß deshalb immer von der Gärflüssigkeit durch geeignete Ummantelung ferngehalten werden.

Versuche. Versuche haben stets die schädliche Beeinflussung des Betons und der Gärflüssigkeit dargetan. Paraffinabschluß des Betons hat sich als unbrauchbar erwiesen, da sich unter der Paraffinschicht Blasen bilden, die mit einer übelriechenden Flüssigkeit gefüllt sind und das Paraffin von der Betonunterlage abheben und so die Schicht zerstören[1]. Auch Teeranstriche bewährten sich nicht.

Erfahrungen. Ungeschützter Beton der Gärbottiche einer Sulfitspritfabrik wurde schon nach 5 Monaten zerstört.

Mit Ebonplatten ausgekleidete Eisenbetonbehälter haben sich in der Holstenbrauerei in Altona seit zwei Jahrzehnten bewährt[2].

Ebenso hat die Aluminiumauskleidung von Gärgefäßen der Schultheiß-Patzenhofer Brauerei allen Anforderungen entsprochen.

Glasauskleidung eignet sich hier nicht, da wegen der Glätte des Glases die Hefe nicht haftet. Vielleicht ist an Mattglas zu denken.

Nach dem Verfahren Rostock & Baerlischer, Klosterneuburg, werden Gärkeller mit einem Gesamtfassungsraum bis 20000 hl, Einzelbottiche bis 30 hl hergestellt, die auf 50 cm hohen Sockeln stehen, damit unter den Sockeln kalte Luft zur gleichmäßigen Hefeablagerung durchstreicht. Auch Lagertanks für 0,8 at Überdruck werden nach dem gleichen Verfahren erbaut[3].

Maßnahmen. Der Beton muß bei Behälterbau von der Gärflüssigkeit ferngehalten werden, wenn diese Gärflüssigkeit empfindlich ist, also z. B. bei Wein-, Bier- und Schnapsherstellung. Geschieht dies, so ist die Herstellung von Gärbottichen ohne weiteres möglich und ratsam. Die Größe der Behälter muß in gewissen Grenzen bleiben, damit die Hefeentwicklung nicht geschädigt wird[4].

Der Abschluß des Betons kann mit Erfolg geschehen durch:

1. Imprägnierung,
2. Auskleidung,
3. Einsetzen eines neutralen Gefäßes.

1. Nach Schuhmacher und Koch, Berlin, wird Pech mit der Lötlampe eingebrannt.

Ein anderes Imprägnierungsverfahren ist das der Standfaßwerke Klosterneuburg, Wien, nach dem seit Jahrzehnten viele Gär- und Lagerbottiche erbaut werden.

---

[1] Handb. f. Eisenbeton Bd. 5, 3. Aufl. S. 287.

[2] Besichtigung des Verfassers.

[3] Eisenbetonbehälter für die Gärung und Lagerung von Wein und Bier. Zement 1923 S. 114.

[4] Obst: Werden Betonbehälter durch Speiseöle und Tran korrodiert? Zement 1926 S. 112. — Riederer: Allg. Brauer- u. Hopfen-Ztg. 1921 Nr. 236.

Der Mammutanstrich von Coblitz & Koch, Berlin, wird bei 200° auf die heiße Wand aufgebracht.

2. Ebonplatten (eine Asphaltart), (Borsarie-Zürich), werden eingesetzt und an den Rändern verschmolzen.

Aluminiumplatten beeinträchtigen gleichfalls die Gärung nicht, müssen aber gegen die alkalische Wirkung des Betons vor Verlegung geschützt werden.

3. Durch Einbringen von Streckmetall und schichtenweises Aufbringen einer Schutzmasse entsteht ein neutrales Gefäß im Innern des Betonbehälters (Dornkaat-Verfahren).

Nach Kleinlogel[1] hat sich folgender Schutz für Bierbehälter bewährt:

Auf die Betonwandungen wird eine Zwischenschicht aus Asphaltpappe gebracht und darüber Streckmetall gespannt. Letzteres dient als Putzträger für eine $1^1/_2$—2 cm starke, heiß aufgebrachte Pechschicht, welche schließlich mit einer besonderen Glasurschicht spiegelglatt abgezogen wird. Die Kühlung des Lagerbieres wird einfach durch Einbau von Kühlbehältern über den Lagerfässern bewerkstelligt. Diese werden mit einer auf etwa 3—5° Kälte heruntergekühlten Salzsole gefüllt, welche das Bier gleichmäßig kühlt.

Handelt es sich nicht um Gefäße, sondern nur um auftropfende Gärflüssigkeiten (Fußboden), so genügt dichtes Arbeiten mit Awa-, Biber- u. dgl. Zusatz, allenfalls Plattenbelag.

20. Fruchtsäfte.

Diese enthalten allerlei organische Säuren, welche sich wie Weinsäure verhalten (s. diese weiter unten). Bisweilen sind die Fruchtsäfte mit Flußsäure haltbar gemacht. Diese wird dann bei Behälterbau durch den Beton bzw. die Glasplatten im Laufe der Zeit abgestumpft, und die Säfte verderben. Es ist in solchen Fällen von der Betonverwendung abzusehen.

Vorkommen. Aus verschiedenen Früchten.

21. Weinsäure.

Die Weinsäure und ihr saures Salz, der Weinstein, stellen weiße, in Wasser lösliche Pulver dar. Die Salze heißen Tartrate.

Vorkommen. Im Wein als saures, weinsaures Kalium (Kaliumtartrat), (Weinstein), in Fruchtsäften, Fruchtwein und in konzentriertem Zustand in chemischen Fabriken.

Wirkungsweise. Da das Kalziumsalz der Weinsäure, welches sich naturgemäß bei der Einwirkung auf Beton bildet, sehr schwer löslich ist, ist die Weinsäure auch verhältnismäßig unschädlich, zumal sie in der Praxis (Wein usw.) nur in sehr verdünnten Lösungen vorkommt.

Versuche. Jeannerat lagerte Prismen in Wein und erhielt nach 6 Wochen folgende Festigkeiten:

---

[1] Kleinlogel: Einflüsse auf Beton. S. 70. Berlin 1930.

Tabelle 71. Biege- und Druckfestigkeit von Portlandzement und Tonerdezement bei Lagerung in Wein.

	Biegefestigkeit kg/cm²	Druckfestigkeit kg/cm²
Portlandzement. . . .	29—31 (35)	134—140 (140)
Tonerdezement	56,5 (60)	260 (266)

Die in Klammern beigefügten Zahlen sind die Festigkeiten bei Lagerung in reinem Wasser. Die Festigkeiten wie auch der Augenschein ergaben, daß der Tonerdezement dem Wein etwas besser widerstand als der Portlandzement.

Erfahrungen. Weinfässer aus Beton haben sich seit 50 Jahren bewährt[1]. In Ländern mit erheblicher Erzeugung billiger Weine wird dieser in großen Mengen in Betonbehältern aufbewahrt, und zwar dienen nicht nur in Zement gemauerte unterirdische Behälter für diesen Zweck, sondern auch überirdisch angelegte zylindrische Gefäße aus Eisenbeton. Vor Ingebrauchnahme wird der Innenputz tartrisiert oder silikatisiert.

In Bordeaux befinden sich in einem Keller 52 viereckige Eisenbetonbehälter mit 6 mm Glasauskleidung zur Aufnahme von je 400 hl, insgesamt also 20000 hl Wein. In Roquecourbe befinden sich zahlreiche Weinbehälter für je 550 hl, in Debreczin solche bis 800 hl und in Saint Couat sind durch Aufbau 3stöckiger Behälter 2500 hl Wein auf nur 41 qm Bodenfläche untergebracht[2].

Ein vor 12 Jahren in Kingstown aus 8 Zellen $5{,}10 \times 3{,}90 \times 3{,}35$ m ausgeführter Weinbehälter hat sich bis auf eine Zelle gut gehalten; die Innenseiten der Zellen waren nur mit fettem Zementmörtel verputzt[3].

Auch in Argentinien sind große Weinbehälter seit 40 Jahren im Gebrauch, die nur mit einem Zementverputz versehen sind und keine innere Auskleidung haben; sie haben sich gut bewährt. Allerdings lagern die argentinischen Weine im allgemeinen nicht länger als höchstens 1 Jahr, und die Behälterwände, die mit dem Wein in Berührung kommen, sind verhältnismäßig klein, auf die Weineinheit berechnet, da die Behälter gewaltige Abmessungen haben. Qualitätsweine können auch bei derartigen Bedingungen selbstverständlich nicht ohne Schaden gelagert werden. Die Gärbehälter haben im allgemeinen 130—200 hl Inhalt, Behälter für Weinaufbewahrung 300—4000 hl und mehr. Die Behälter haben nur Einsteigöffnungen und sind allseitig geschlossen und werden teils übereinander, teils unterirdisch in einer Menge von 6—10 Stück in einem Guß aus Eisenbeton hergestellt. Im Innern sind sie mit einem Zementputz 1:3 und darüber mit einem 3 mm starken Glattstrich aus reinem Zement versehen. Vor Ingebrauchnahme werden die Behälter mit verdünnter Schwefel- oder Weinsteinsäure abgewaschen und gut nachgespült, um die alkalische Reaktion der Behälterwände infolge freien Kalkes zu verhindern. Der Wein überzieht die Behälter

[1] Schäfer: Weinbottiche aus Beton. Baumarkt 1920 S. 167.

[2] Eisenbetonbehälter für die Gärung und Lagerung von Wein und Bier. Zement 1923 S. 114.

[3] Weinbottiche aus Eisenbeton. Concrete London 1923 Heft 3; ref. Beton u. Eisen 1923 S. 243.

in kurzer Zeit mit einer Weinsteinschicht, worauf dann eine Wechselwirkung nicht mehr möglich ist. Abb. 201 zeigt eine der unterirdischen

Abb. 201. Unterirdischer Gang zwischen Weinbehältern.

Gassen zwischen den Behältern einer Kellerei von 40000 hl. Abb. 202 einen 600-hl-Bottich für Weißwein im Bau[1].

Maßnahmen. Nötig ist eine der unter 1. und 2. im folgenden erwähnten Vorbehandlungen oder Glasauskleidung.

Abb. 202. Die Behälter von oben vor der Fertigstellung.

1. Tartrisieren: Die sauber gewaschenen Wände werden mit einer 25proz. Lösung von Weinsäure 3mal nach jedesmaligem Trocknen angestrichen, und der Behälter mit Wasser gefüllt einige Tage stehengelassen. Auf 1 m^2 sind etwa 160 g Lösung nötig[2].

[1] Weinbehälter aus Beton in Argentinien. Bauing. 1926 S. 429.
[2] Handb. S. 60.

2. Silikatisieren (dieses hat sich gleich dem Tartrisieren in Spanien bewährt): Die Wände (oder Fußböden) werden mit 25proz. Lösung von Kaliwasserglas (35° Bé) gestrichen, einige Tage trocknen gelassen, der Anstrich mit 40proz. Lösung wiederholt und nach nochmaligem Trocknen mit 50proz. Lösung nachgestrichen, darauf gut ausgewaschen[1].

3. Glasauskleidung ist bei Behälterbau für unsere deutschen wertvollen Weine, welche durch die Einwirkung des Betons leiden würden, notwendig.

22. Oxalsäure (Kleesäure).

Sowohl die Oxalsäure als auch das Kleesalz (oxalsaures Kali) sind weiße Pulver, die sich leicht in Wasser lösen. Ihren Namen hat die Kleesäure vom Vorkommen im Sauerklee. (Giftig!) Ihre Salze heißen Oxalate.

Vorkommen. Wird in Bleichereien und chemischen Fabriken, hauptsächlich in Form ihres sauren Salzes, des giftigen Kleesalzes, gebraucht.

Wirkungsweise. Da das von der Oxalsäure mit Kalk gebildete Kalziumoxalat völlig unlöslich ist und bei seiner Bildung keine Raumvermehrung hervorruft, kann die Säure nicht lösend oder Treiben erregend auf den Beton wirken und ist unschädlich.

Versuche. Bei Lagerung von Körpern in Oxalsäure wurden keine Festigkeitsabfälle, im Gegenteil Zunahmen festgestellt[2].

Durch neuere Versuche Grüns[3] wurde die Tatsache, daß Oxalsäure, dadurch, daß sie den Kalk in unlösliches Kalziumoxalat überführt, als einzige Säure nicht betonzerstörend wirkt, bestätigt (vgl. Kurventafel Abb. 189). Phosphorsäure dagegen wirkt, obwohl auch sie ein schwerlösliches Salz bildet, infolge der Bildung von löslichen sauren Phosphaten schädlich.

Erfahrungen. Nachteilige Erfahrungen sind nicht bekannt.

Maßnahmen. Maßnahmen sind nicht nötig, bei Eisenbeton natürlich starke Überdeckung und dichte Mischung, um Rosten des Eisens hintanzuhalten. Oxalsäure kann bisweilen zum Anstreichen von Beton, um dessen freien Kalk in unlösliches Kalziumoxalat zu binden und die Salzwasserbeständigkeit zu erhöhen, dienen. Nicht zu vergessen ist, daß Oxalsäure giftig ist, zum Anstrich von Nahrungsmittelbehältern u. dgl. also nicht verwendet werden darf.

23. Alkohol (Äthylalkohol).

Reiner Alkohol (C_2H_5OH) ist eine brennbare, farblose Flüssigkeit, die leichter beweglich ist als Wasser und wasserentziehend wirkt. Der genießbare Alkohol als Äthylalkohol ist wohl zu unterscheiden von Methylalkohol, der zu dauernden Gesundheitsstörungen oder zum Tod führt.

Alkohol vermag als Säure Salze zu bilden, die Alkoholate heißen.

Vorkommen. Entsteht bei der alkoholischen Gärung von Stärke und Zucker und wird wegen seiner anfeuernden und berauschenden Wirkung

[1] Mastbaum: Chem.-Ztg. 1921 S. 561. [2] Handb. S. 58.

[3] Grün: Über die Einwirkung einiger Salze, Säuren und organischer Substanzen auf Zement und Beton. Z. angew. Chem. 1930 S. 496.

aus allerlei zucker- und stärkehaltigen Stoffen (Weintrauben, Äpfeln, Kirschen, Kartoffeln, Gerste) hergestellt. In den direkt durch Gärung entstehenden Flüssigkeiten sind nur wenige Prozent Alkohol enthalten, da dieser für die die Gärung erzeugenden Hefen ein Gift ist und sie abtötet. Hoch alkoholhaltige Getränke (Schnaps) oder reiner Alkohol werden gewonnen aus den vergorenen Flüssigkeiten durch Destillation. Alkohol hat einen niedrigeren Siedepunkt als Wasser (76° gegen 100°), entweicht deshalb beim Erhitzen und wird in der Vorlage als Sprit u. dgl. aufgefangen (z. B. Kognak aus Wein).

Wirkungsweise. Chemisch vermag Alkohol, da er eine äußerst schwache Säure ist, Beton nicht zu schädigen. Er unterstützt aber nicht, wie Wasser, die Erhärtung des Betons, und dieser nimmt deshalb nicht in ihm an Festigkeit zu. Absoluter oder auch sehr hochprozentiger Alkohol entzieht dem Beton einen Teil seines Wassers, führt deshalb zu Festigkeitsrückgängen und nimmt auch dichtem Beton durch Austrocknung seine Flüssigkeitsdichtung (Auslaufen anfangs dichter Behälter).

Versuche. Bei Versuchen wirkte absoluter Alkohol ohne Zerstörung des Betons festigkeitsmindernd[1].

Erfahrungen. Leichentröge einer Universitätsanatomie ließen trotz Plattenauskleidung den mit Phenol und Formaldehyd versetzten Alkohol entweichen. Sehr dichtes erneutes Verlegen der Platten brachte Abhilfe[2].

Auch bei Lagerung von Methylalkohol und Äthylalkohol in Betonbehältern wurden zwar keine chemischen Angriffe beobachtet, dagegen traten Verluste ein[3].

Maßnahmen. Bei Fußböden u. dgl. ist von Zeit zu Zeit für Durchnässung zu sorgen, falls absoluter Alkohol in Betracht kommt, um den Beton vor zu großer Austrocknung zu schützen.

Bei Behälterbau ist verdünnter Alkohol unter 50% ohne Nachteil. Bei stärkerem Alkohol ist die Dichtung nur durch das Brandtsche Verfahren oder durch sehr sorgfältig und eng verlegte Platten in besonderem Kitt möglich, da die meisten Imprägnierungs- und Anstrichmittel (Margalit, Inertol) versagen, da sie sich auflösen, und ungeschützter Beton nicht dicht zu halten vermag[4].

Für Schnaps, Wein, Bier kommt als schädlicher Bestandteil nicht der Alkohol, sondern die Säure, Kohlensäure und der Zucker in Betracht.

24. *Methylalkohol* (Methanol).

Methylalkohol (CH_3OH), neuerdings Methanol genannt, um die Verwechslung mit Äthylalkohol zu verhindern, ist ein furchtbares, zunächst berauschendes, dann zur Erblindung und zum Tod führendes Gift.

Vorkommen. Kommt im Holzteer und bei zahlreichen chemischen Prozessen vor.

---

[1] Grün: Handb. S. 62.

[2] Schäfer: Auskleidung von Leichentrögen. Baumarkt 1920 S. 665.

[3] Gassner: Über die Anwendung von Zement und Beton in der chemischen Industrie. Zement 1924 S. 472.

[4] Aussprache im Deutschen Beton-Verein 1909.

Wirkungsweise. Als Säure ist Methanol so schwach, daß es nicht anders auf den Beton einzuwirken vermag als Äthylalkohol.

25. Glyzerin.

Glyzerin ist ein wichtiger Bestandteil der meisten Fette, die aus dem tierischen oder pflanzlichen Körper stammen. Es ist eine schwache Säure, wirkt aber der starken Fettsäure gegenüber als Base. Die fetten Öle sind demgemäß Verbindungen der Base: Glyzerin mit der Säure: Fettsäure. Es gibt viele Dutzende von Fettsäuren, dagegen tritt meistens nur eine Base, nämlich das gewöhnliche Glyzerin, mit diesen in Verbindung. Den stärkeren Basen, beispielsweise Kalk gegenüber wirkt das Glyzerin als Säure.

Vorkommen. Das Glyzerin kommt in Fettspaltereien vor, in denen meistens mit starker Säure (Schwefelsäure) die Fette in Fettsäure und Glyzerin aufgespalten und dann weiterverarbeitet werden.

Wirkungsweise. Die Wirkungsweise des Glyzerins ist ähnlich wie die des Zuckers, d. h. das Glyzerin bildet mit dem Kalk des Betons leicht lösliche Kalk-Glyzerin-Verbindungen, die zu einer Zerstörung des Betons infolge Kalkentziehung führen.

Versuche. Hundeshagen[1] lagerte Betonstücke und Zement in destilliertem Wasser, 10proz. Zuckerlösung, 20proz. Glyzerinlösung und 10proz. Ammoniumchloridlösung. Folgende Ergebnisse wurden an zwei Zementen, nämlich normaler Handelszement N und hochwertiger Zement D festgestellt:

Destilliertes Wasser	Nichts Auffallendes.
10proz. Zuckerlösung	Schnell beginnende, weißschlammige Zersetzung bei schnellerer Zersetzung des hochwertigen Zementes.
20proz. Glyzerinlösung	Gleichfalls schnell einsetzende weißschlammige Zersetzung, beim hochwertigen Zement stärker als beim normalen.
10proz. Ammoniumchloridlösung	Starker Ammoniakgeruch und deutliche Zersetzungserscheinungen.

Folgende Kalkgehalte in der abfiltrierten Flüssigkeit wurden festgestellt:

Tabelle 72. Kalkgehalte von Flüssigkeiten, in denen Handelszemente und hochfeste Zemente gelagert waren.

	Zement N	Zement D
Wasser, destilliertes	0,99	1,83
10proz. Zuckerlösung	2,00	16,50
10proz. Glyzerinlösung	5,95	7,50
20proz. Ammoniumchloridlösung . .	18,22	37,11

Die Zahlen zeigen eine stärkere Kalklösung bei dem hochwertigen Zement gegenüber dem normalen Zement und große Ähnlichkeit in der Zucker- und Glyzerinwirkung.

Erfahrungen nicht vorhanden.

Maßnahmen. Verhinderung des Zutritts des Glyzerins zum Beton und gleiche Maßnahmen wie beim Zucker.

[1] Kleinlogel: Einflüsse auf Beton. S. 534. Berlin 1930.

3. Salze.

In chemischem Sinne gibt es: saure, basische und normale Salze.

Saure Salze enthalten freie Säure, sie sind deshalb den entsprechenden Säuren in ihrem Verhalten ähnlich; wenn sie auch etwas schwächer wirken, erübrigt sich ihre Besprechung, da das unter den einzelnen Säuren Gesagte für sie maßgebend ist.

Basische Salze, die selten vorkommen, verhalten sich wie die entsprechenden normalen Salze und sind dort nachzuschlagen.

Der Bildungsgang eines Salzes sei auch hier nochmals an einem Beispiel erläutert:

$$\underset{\text{Base}}{MgO} + \underset{\text{Säure}}{H_2SO_4} = \underset{\text{Bittersalz}}{MgSO_4} + \underset{\text{Wasser}}{H_2O}$$

Die schwache Base: Magnesiumhydroxyd, die im Wasser praktisch unlöslich ist, löst sich in Schwefelsäure zu dem leicht wasserlöslichen Salz: Magnesiumsulfat unter Abspaltung von Wasser. Die ursprünglichen Eigenschaften der aufbauenden Stoffe, also die Schwerlöslichkeit der Base und die verbrennende Wirkung der Säure, sind in dem Endprodukt, dem Magnesiumsulfat, verschwunden. Zwar ist Magnesiumsulfat noch schädlich für Beton, weil es sich mit der starken Base „Kalk" umzusetzen vermag, die Schädlichkeit ist aber wesentlich geringer als diejenige der Schwefelsäure.

Normale Salze enthalten weder freie Säure noch Basen.

Salzhaltige Flüssigkeiten sind deshalb viel weniger gefährlich als säurehaltige, und es ist irreführend und falsch, dann von „säurehaltig" zu sprechen, wenn nur ein Salz vorhanden ist. Säurehaltige Wässer sind nur solche, die freie Säure enthalten. Eine Flüssigkeit, die beispielsweise schwefelsaures Natrium = Natriumsulfat enthält, ist nicht schwefelsäurehaltig, sondern sulfathaltig. Wirklich säurehaltige Wasser kommen in der Natur selten vor, da allenfalls auftretende Säure sich stets sofort mit dem allenthalben vorkommenden Kalk zu Kalziumsalz, also z. B. Schwefelsäure zu Kalziumsulfat (Gips) absättigt. Moorwasser ist eine der wenigen in der Natur vorkommenden Flüssigkeiten, welche freie Säure (Schwefelsäure) enthalten kann, und zwar deshalb, weil Hochmoore infolge der geologischen Bodenverhältnisse völlig frei sind von Kalk: Die aus dem Schwefelgehalt der Pflanzen durch Oxydation entstehende Schwefelsäure kann sich deshalb nicht abstumpfen, d. h. Kalksalze bilden.

Unter den normalen Salzen gibt es nun solche, die neutral reagieren, andere die sauer und schließlich solche, die basisch reagieren[1].

Saure Reaktion zeigt, daß in dem Salz der Säureteil stärker ist als der Basenteil; solche Salze sind ohne weiteres gefährlich für Beton, da in dem Salz die Säure sich leicht frei machen kann (Kupfersulfat).

---

[1] Saure Reaktion zeigt sich durch Rotfärben von blauem Lackmuspapier, basische durch blaue Färbung, neutrale durch Unverändertbleiben. Eine kleine Vorprobe bei unbekanntem Wasser ist zu empfehlen; die Reaktionsprüfung durch einfaches Befeuchten ist von jedem Laien leicht auszuführen.

Basische Reaktion zeigt, daß die Base stärker ist. Solche Salze werden meist unschädlich sein, da Beton ja selbst ein basischer Körper ist und gleiche Pole sich abstoßen (Natriumkarbonat oder Soda).

Neutrale Reaktion zeigt ungefähr gleiche Stärke von Base und Säure an; es kommt dann auf die Eigenschaften des Säurerestes an, der die Einwirkungsfähigkeit des Salzes bestimmt (Natriumchlorid ungefährlich, Natriumsulfat gefährlich).

Eine kurze Besprechung der Einwirkungsmöglichkeit der einzelnen Säurereste in neutralen Salzen sei vorweggenommen.

Sulfate (Salze der Schwefelsäure) sind stets gefährlich, da sie zur Bildung des Kalziumaluminiumsulfats, also zu Treiberscheinungen, führen.

Chloride und Nitrate sind viel weniger schädlich, hauptsächlich dann, wenn eine starke Base (Natrium, Kalium) an ihrer Bildung beteiligt ist, welche infolge ihrer „Stärke" den Säurerest sehr festhält. Bei schwachen Basen (Kupfer, Quecksilber) werden sie gefährlicher wegen der Möglichkeit des Freiwerdens der Säure.

Karbonate (kohlensaure Salze), sowie die Salze der anderen schwachen Säuren (organische Säuren) sind meist unschädlich (Ausnahme: die Fette), und zwar um so mehr, je schwächer die sie bildende Säure ist.

Von der Basenseite her sind nur die Salze des Ammoniums schädlich, und zwar entspricht ihre Schädlichkeit ohne Ausnahme der Schädlichkeit der Säure, da das Ammoniak durch den Kalk des Betons aus seinen Verbindungen vertrieben, die Säure also gleichsam frei gemacht wird und als solche schädlich wie alle Säuren wirkt.

Nach diesen als allgemeine Richtlinien notwendigen und nützlichen Vorbemerkungen soll in die Besprechung der einzelnen Salze eingetreten werden.

Die Salze werden besprochen gruppiert nach den Säuren, da diese für die Schädlichkeit ausschlaggebend sind, und in den einzelnen „Säure-Unterabteilungen" in der Reihenfolge des periodischen Systems.

a) Anorganische Salze.

Als Säure-Unterabteilungen sind behandelt:

Sulfate	(Salze der Schwefelsäure),
Chloride	(„ „ Salzsäure),
Nitrate	(„ „ Salpetersäure),
Sulfide	(„ „ Schwefelwasserstoffsäure),
Karbonate	(„ „ Kohlensäure),
Fluoride	(„ „ Flußsäure),
Silikate	(„ „ Kieselsäure),
Chromate	(„ „ Chromsäure),
Manganate	(„ „ Mangansäure).

Sulfate

sind, soweit sie wasserlöslich sind, gefährlich, da sie zur Bildung des treibenden Kalziumaluminiumsulfats führen. Wasserunlöslich ist nur Bariumsulfat (Schwerspat), kaum löslich ist Bleisulfat. Besprochen sind:

1. Natriumsulfat (Glaubersalz),
2. Kaliumsulfat,
3. Ammoniumsulfat,
4. Kalziumsulfat,
5. Strontiumsulfat,
6. Kupfersulfat (Kupfervitriol),
7. Magnesiumsulfat (Bittersalz),
8. Zinksulfat,
9. Aluminiumkaliumsulfat (Alaun),
10. Aluminiumsulfat,
11. Bleisulfat,
12. Mangansulfat,
13. Eisensulfat (Eisenvitriol),
14. Nickelsulfat,
15. Kobaltsulfat,

1. Natriumsulfat.

Natriumsulfat (Glaubersalz, schwefelsaures Natron) Na_2SO_4, enthält meist 10 Mol Kristallwasser (= 56%), das bei Berechnung der Konzentration in Betracht zu ziehen ist. Es trägt seinen Namen nach dem Chemiker Glauber, sieht weiß aus und löst sich leicht in Wasser.

Vorkommen. Findet sich in Meerwasser, Salzablagerungen aus alten Meeresteilen, also in Kalilagerstätten, und demgemäß kommt es auch bei Meeresbauten, in konzentrierter Form in Kalibergbauten sowie in Kalisalze oder Sole verarbeitenden Fabriken zur Einwirkung.

Wirkungsweise. Bei der Einwirkung auf Beton verbindet sich der Kalk desselben mit dem Schwefelsäurerest des Natriumsulfats zu Kalziumsulfat nach der Formel:

$$\underset{\text{Kalkhydrat}}{Ca(OH)_2} + \underset{\text{Glaubersalz}}{Na_2SO_4} = \underset{\text{Gips}}{CaSO_4} + \underset{\text{Natronlauge}}{2\,NaOH}.$$

Der entstandene Gips führt zu Gipstreiben, da sich aus ihm und der Tonerde des Zementes das Kalziumaluminiumsulfat, eine alaunähnliche Verbindung, bildet, welche mit 30 Molekülen Wasser auf 1 Molekül Verbindung, also mit einem großen Überschuß an Wasser kristallisiert. Infolge dieses großen Wassergehaltes hat natürlich die neuentstandene Verbindung unverhältnismäßig viel mehr Platz nötig als die alten Bestandteile. Sie verschafft sich diesen Platz, indem sie das Gefüge des Betons zersprengt; der hierzu nötige große Kristallisationsdruck ist bei jeder Kristallbildung ohne weiteres vorhanden; es sei nur an die großen Kräfte erinnert, die beim Gefrieren von Wasser auftreten. (Zersprengung von stärksten Gefäßen und Wasserleitungsrohren.) Die Zusammensetzung des Kalziumaluminiumsulfats entspricht vermutlich der Formel:

$$Al_2O_3 + 3\,CaO + 3\,CaSO_4 + 30\,H_2O. \qquad \text{(Michaelis)}$$

Nach Zersprengung des Betons kann das Wasser in dessen Inneres eintreten. Da nun das Kalziumaluminiumsulfat nicht wasserbeständig ist, zerfällt es durch den Wasserzutritt wieder zu Gips und Tonerdehydrat, welch letzteres sich in schleimiger Form ausscheidet, während der Gips auskristallisiert. Die Zerstörung eines Betons in dieser Form[1] geht bei allen Sulfatzerstörungen in gleicher Weise vor sich.

Die Sulfatzerstörung ist die gefährlichste und am häufigsten auftretende Betonzerstörung. Da ihr Auftreten an das Befallenwerden des Betons mit einer Krankheit erinnert und da die Kristalle des Kalziumaluminiumsulfats feine weiße Nadeln bilden, die eine gewisse Ähnlichkeit haben mit den krankheitserregenden Spaltpilzen, die man wegen

[1] Der Zerstörungsmechanismus ist nicht unbestritten. Die wiedergegebene Theorie erklärt aber den Zerstörungsvorgang: 1. Treiben, 2. Zerfall, zur Genüge.

ihrer Stäbchenform Bazillen nennt, hat Michaelis, der Entdecker des Kalziumaluminiumsulfats, scherz- und vergleichshalber dieses den „Zementbazillus" genannt, ein Name, der ihm heute noch häufig beigelegt wird.

Abb. 203 zeigt den Zementbazillus nach Passow in starker Vergrößerung. Seine Wirkung geht aus der Bilderreihe hervor, die einen Körper in verschiedenen Stadien der Zerstörung wiedergibt.

Der Grad der Einwirkung hängt ab von folgenden Faktoren:

1. Konzentration der Sulfatlösung.
2. Mörteldichte und Mischungsverhältnis.
3. Zementart und Zuschlagsmaterialien.
4. Einwirkungsdauer und -art.

Zu 1. Konzentrierte Lösungen wirken stets energischer als verdünnte; das Nachlassen der schädlichen Wirkung nimmt aber keineswegs ab in gleichem Maß mit dem fallenden Salzgehalt, d. h. gegenüber einer 5proz. Lösung ist eine 1proz. Lösung nicht etwa nur $^1/_5$ so wirksam, sondern ihr Einfluß ist unverhältnismäßig viel größer, da der Beton dem Wasser das Sulfat entzieht und sich damit anreichert; infolgedessen vermögen durch diese Konzentration des Salzes im Beton auch stark verdünnte Lösungen, wenn sie stets erneuert werden, ebenso stark zu wirken als wie stärkere Lösungen. Selbst Wässer mit nur 1000 mg im Liter (0,1%) Natriumsulfat zerstören noch Beton in nur wenig längerer Zeit als 5proz. Lösungen.

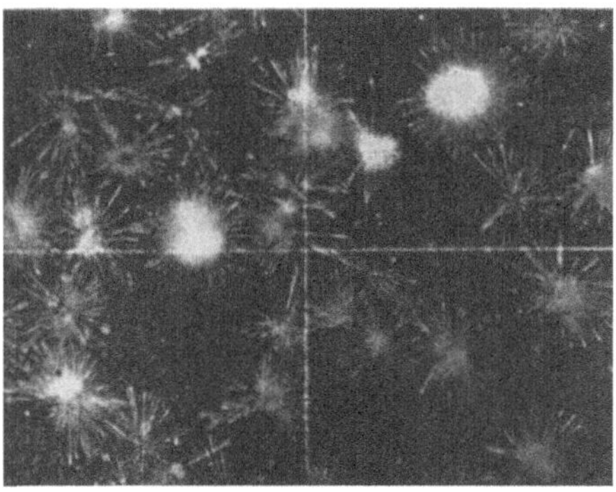

Abb. 203. Kalziumaluminiumsulfat, das sich im Beton bei Sulfateinwirkung bildet und ihn zerstört. (Zementbazillus.)

Der zulässige Gehalt des Wassers an Sulfaten wird ganz verschieden angegeben. Häufig hört man von 300 mg/l. Nach Spurny[1] wird dieser Gehalt auch beispielsweise von der Prüfanstalt für Baustoffe der Stadt Wien angegeben und dann die Verwendung von niederkalkigem Zement anstatt Portlandzement empfohlen. Steigt der Sulfatgehalt über 0,05%, so ist die Verarbeitung von Hochofenzement zu empfehlen. Wird aber hohe Anfangsfestigkeit gefordert, dann ist Tonerdezement zu verwenden. Auch Herrmann[2] gibt dieselben Daten. Ebenso Oelmüller-Spitta[3], der aber darauf hinweist, daß unter Umständen bei frischem Beton auch geringere Mengen schädigend wirken können.

Nach meinen Erfahrungen läßt sich eine solche Grenze nicht angeben, denn es hängt die Wirkung vollkommen ab von der Art der

[1] Spurny: Zur Kenntnis zementgefährlicher Böden. Geol. u. Bauwes., März 1936 Heft 1.
[2] Vgl. Widerstandsfähigkeit von Beton. Baumarkt 1932 Heft 41.
[3] Oelmüller-Spitta: Untersuchung und Beurteilung des Wassers und des Abwassers. 1931.

Einwirkung des Wassers. Bei Zerstörung der Weserschleuse bei Dörverden hat ein Wasser mit nur 100 mg gebundener Schwefelsäure, weil es durch den porösen Beton durchgedrückt wurde, den Beton zermürbt, während an anderen Orten höhere Gehalte, wie beispielsweise 500 oder 600 mg oder noch mehr, unwirksam blieben, wenn der Beton sich beispielsweise durch Schutzschichtbildung schützen konnte oder zweckmäßig hergestellt war. Auch das Materialprüfungsamt Berlin[1] gibt an, daß Portlandzementbeton durch 70–130 mg SO_3/Liter zerstört werden kann, und findet sich hier in Übereinstimmung mit der Baudirektion des Achensee-Kraftwerkes.

Zusammenfassend ist also zu sagen, daß eine bestimmte Grenze überhaupt nicht besteht, sondern daß von Fall zu Fall der Fachmann über die Wirkungsmöglichkeit befragt werden muß, der dann bei der Beantwortung der Frage alle Verhältnisse wie Zement- und Kalkgehalt des Betons, Dichtigkeit, Druck des Wassers, Strömungsgeschwindigkeit usw. zu berücksichtigen hat. Bei 70 mg SO_3 übersteigendem Gehalt ist eine derartige Begutachtung herbeizuführen.

Zu 2. Es ist nachgewiesen, daß beim Vergleich verschiedener Mischungsverhältnisse beispielsweise die Körper 1:3 und 1:8 zuerst zugrunde gehen, diejenigen 1:5 am längsten aushalten. Der Grund hierfür ist darin zu suchen, daß die dichtesten Körper 1:3 in ihrem Innern

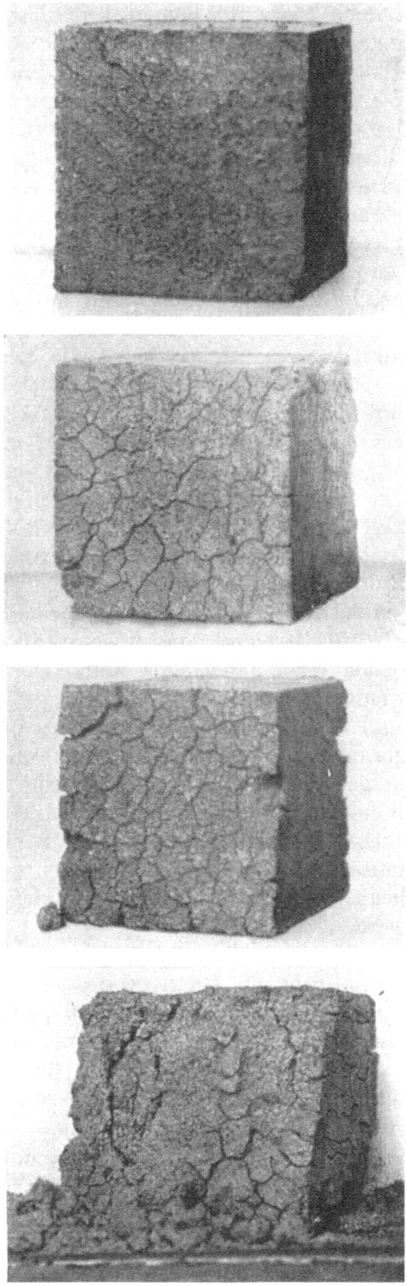

Abb. 204. Allmähliches Zermürben eines Körpers in Sulfatlösung: Zunächst Eintreten von Netzrissen, dann Zermürbung und schließlich Zerstörung des Betons unter gleichzeitiger Ausdehnung (Treiben).

[1] Plate: Die Instandsetzung der Bremer Weserschleuse. Bautechn. 1934 S. 41.

keinen Platz für den auskristallisierten Kalkalaun haben und infolgedessen sofort zertreiben. In den etwas poröseren Körpern 1:5 ist etwas Platz vorhanden, so daß trotz Bildung des Kalkalauns zunächst dieser Platz ausgefüllt und der Körper nicht zertrieben wird, da die auftretenden Spannungen von dem Beton eben noch ertragen werden können. Diesen letzteren vermag der Körper 1:8, trotz genügenden Innenraumes, infolge seiner geringeren Festigkeit nicht mehr zu widerstehen, er zertreibt gleichfalls bald. Aus diesem Verhalten darf aber nicht geschlossen werden, daß Beton in Salzwasser in einem mittleren verdünnten Mischungsverhältnis hergestellt werden soll, denn die oben geschilderten Versuche sind mit dem sehr porösen Beton ergebenden Normalsand, der einem Sand der Praxis nicht entspricht, durchgeführt; im Laufe der Zeit würden die Körper 1:5 gleichfalls zertrieben sein. Zweckmäßig ist es stets, ziemlich fett zu arbeiten (1:3 bis 1:2) und unter allen Umständen — das ist von der allergrößten Wichtigkeit — ein Zuschlagsmaterial auszuwählen, das einen möglichst dichten Beton ergibt (S. 113 u. f.). Dann wird das Salzwasser an dem Eindringen in den Beton gehindert und vermag auf diesen gar nicht oder erst in langen Zeiträumen zu wirken (Diffussion).

Versuche. Bei Versuchen sowohl mit konzentrierten Natriumsulfatlösungen[1] als auch mit nur 1 proz. Lösung[2] wirkten diese auf alle Zementarten zerstörend, auf Hochofenzement aber erheblich weniger und später als auf Portland- und Eisenportlandzement. Aber auch die verschiedenen Hochofenzemente unter sich verhalten sich verschieden, es gibt weniger und stärker widerstandsfähige[3]; von besonderer Haltbarkeit sind die Spezialhochofenzemente[4], das sind solche, die mit nur ganz geringem Klinkerzusatz (bei unter Umständen hohem Gipszusatz) hergestellt sind, oder solche, die als Portlandzementanteil besondere Klinker, also beispielsweise kalkarme oder tonerdearme (Erzzement) enthalten. Auch die Art der Schlacke spielt eine wichtige Rolle. Es müssen also zur Herstellung von auf Sulfatwirkung od. dgl. sehr stark beanspruchten Zementen besonders geeignete Schlacken herangezogen werden[5].

Tonerdezement hat sich in Magnesiumsulfat sehr gut gehalten, seine Bewährung in Alkali, also auch in Natriumsulfat, ist aber bestritten, da bei Gegenwart von Alkali leichtlösliche Aluminate entstehen können, die die Beständigkeit beeinträchtigen.

Rick weist darauf hin[6], daß durch Kristallisation von Natriumsulfat Glasgefäße zersprengt wurden, betont die Wichtigkeit reiner

[1] Guttmann: Kali 1916 Nr. 22.

[2] Passow z. Schönberg: Mitt. d. chem.-techn. Versuchsstation Blankenese. Tonind.-Ztg. 1917 S. 393. — Passow: PZ. u. HOZ. 1915 S. 30 — Leitfaden über HOZ. 1914 S. 45. — Müller: Zement 1915 S. 239.

[3] Grün: Einfluß der chemischen Zusammensetzung der Schlacken und Klinker auf Erhärtung und Sulfatbeständigkeit. Zement 1923 S. 297.

[4] Grün: Handb. S. 45. — Nitzsche: Techn. Ind., Zürich 1919 S. 81.

[5] Grün: Zemente mit hydraulischen Zuschlägen. Internat. Kongreß in Zürich 1931.

[6] Rick: Zur Frage der Schädlichkeit von Natriumsulfat. Tonind.-Ztg. 1932 S. 649.

Kristallisationsvorgänge für Sprengwirkung, die unter Umständen naturgemäß bei Beton in ähnlicher Weise eintreten können. Natriumsulfat verhält sich bei Anwesenheit von anderen Lösungen verschieden. So hat Thirvalson und seine Mitarbeiter[1] gezeigt, daß Natriumsulfatlösung aus Portlandzement nach und nach die ganze CaO-Komponente herauslöst und daß diese Wirkung durch Gegenwart von Kalziumchlorid verringert, durch Natriumchlorid vergrößert wird.

Miller kommt auf Grund von Versuchen in 1proz. Natriumsulfatlösung bei wöchentlicher Erneuerung[2] zu der Erkenntnis, daß je reicher die Mischung an Zement ist, um so widerstandsfähiger der Beton wird, und weiter, daß die Tonerdezemente unter allen Bedingungen größere Widerstandsfähigkeit gegen Sulfatwasser gezeigt haben als einer von den Portlandzementen. Die verschiedenen Portlandzemente verhielten sich ganz verschieden. Der schlechteste hatte nach 32 Wochen noch 31% der Wasserfestigkeit, der Tonerdezement 101%.

Bei Versuchen von Prüssing[3] erwies sich Erzzement allen anderen untersuchten Zementen (Portlandzement, Eisenportland- und Hochofenzement) wesentlich überlegen. Auch ich konnte gute Beständigkeit dieses Bindemittels bei gleicher Lagerung feststellen. Bemerkenswert bei den Versuchen von Prüssing ist noch, daß bei der Prüfung von Portlandzement mit verschieden feiner Mahlung der grob gemahlene Portlandzement sich wesentlich schlechter verhielt als der fein gemahlene. Während der fein gemahlene Portlandzement (4,2% Rückstand auf dem 5000-Maschensieb) nach einjähriger Natriumsulfatlagerung (16%) noch 38 kg/cm² Festigkeit hatte, hatte der grob gemahlene (26,8% Rückstand) nur noch 5 kg/cm² Festigkeit. Nach 2 Jahren waren die grob gemahlenen Portlandzemente zerfallen, nur der fein gemahlene hatte noch eine Festigkeit von 21 kg/cm² Zugfestigkeit, zerfiel aber gleichzeitig im weiteren Verlauf der Versuche, während der Erzzement nach $7^1/_2$ Jahren noch 59 kg/cm² Zugfestigkeit aufwies.

Nagai[4] kommt in seiner Arbeit, in welcher er Prismen von $4 \times 4 \times 16$ cm gemessen, in verschiedene Sulfat- und Chloridlösungen gelagert und wieder gemessen hat, zu folgenden Schlüssen:

Sulfatlösungen greifen die geprüften Zemente in bemerkenswerter Weise an. Magnesiumsulfat ist am schädlichsten, besonders bei den Zementen der Portlandzement-Type. Chloridlösungen greifen nicht so stark an. Die gemischten Portlandzemente sind beständiger als die gewöhnlichen Portlandzemente. Weiter schreibt Nagai über seine Ergebnisse in Natriumsulfat, Magnesiumsulfat, Natriumchlorid und Magnesiumchlorid bei Lagerung größerer Prismen von $4 \times 4 \times 20$ cm, daß besonders ein normaler Portlandzement und ein hochwertiger Portlandzement durch die 10proz. Natriumsulfatlösung ausgedehnt und zer-

[1] Chem. Zbl. 1925 II S. 683. [2] Concrete Chicago, May 1927 S. 27.
[3] Prüssing: Chemische Widerstandsfähigkeit von Zement. Zement 1928 S. 385.
[4] Nagai, Matsuoka u. Nomi: Studies on Expansion and Corrosion of Hardened Mortar of Various Cements. II. Reprint from the J. Soc. chem. Ind., Japan Bd. 38 (1935) Nr. 10.

setzt wurde, und daß gemischte Zemente, wie z. B. ein Hochofenzement und ein gemischter, stark kieselsäurehaltiger Portlandzement gute Widerstandsfähigkeit gezeigt haben, ebenso ein Tonerdezement, welch letzterer allerdings in seiner Biege- und Druckfestigkeit etwas geschädigt wurde. Folgende Tabelle gibt die gefundenen Festigkeiten wieder:

Tabelle 73. Festigkeiten verschiedener Zemente bei Lagerung in Wasser und anschließender Lagerung in Lösung verschiedener Sulfate und Chloride.

Zementsorte	40 Wochen Wassereinsatz	4 Wochen Wassereinsatz und dann 36 Wochen in Salzlösung von			
		10% Na_2SO_4	10% $MgSO_4$	10% CaCl	10% $MgCl_2$
Stark tonerdehaltiger Zement	169,4	77,6	141,6	84,2	149,9
Schnell sehr fest werdender Portlandzement	184,7	zers.	113,7	187,5	140,5
Gewöhnlicher Portlandzement	177,2	zers.	115,6	212,8	124,0
Hochofenzement	212,8	200,8	171,5	258,9	248,7
Stark kieselsäurehaltiger gemischter Portlandzement	167,1	193,0	122,5	214,5	176,6

Probst und Dorsch fanden[1] auf Grund von Festigkeitsprüfungen Zunahme der Beständigkeit in folgender Reihenfolge: Hochwertiger

Abb. 205. Einwirkung von Natriumsulfatlösung auf verschiedene Zemente. Die obere Reihe zeigt Normenzugkörper, die mit Normensand hergestellt worden sind, die untere Reihe besteht aus den gleichen Körpern mit Rheinsand. Die Zahlen bedeuten: *1* Gewöhnlicher Portlandzement nach 8monatiger Lagerung, *2* Hochwertiger Portlandzement nach 6monatiger Lagerung, *3* Hochofenzement nach 8monatiger Lagerung, *4* Portlandjurament nach 7monatiger Lagerung, *5* Tonerdezement nach 6monatiger Lagerung.

Portlandzement, gewöhnlicher Portlandzement, Hochofenzement, Portlandjurament, Tonerdezement. (Portlandjurament ist ein mit Schiefer-

[1] Probst u. Dorsch: Die Einwirkung chemisch aggressiver Lösungen auf Zement und Mörtel. Zement 1929 S. 292.

schlacke und Hochofenschlacke vermahlener Portlandzement.) (Abb. 205.) Die von den beiden Forschern gefundenen Zahlen waren die folgenden:

Tabelle 74. Festigkeiten verschiedener Zemente bei Lagerung in Natriumsulfatlösung.

	Natriumsulfatlösung	
	nach Tagen	Zugfestigkeit kg/cm²
Gewöhnlicher Portlandzement mit Normensand	153	zertrieben
Gewöhnlicher Portlandzement mit Rheinsand	153 250	47,8 22,9
Hochwertiger Portlandzement mit Normensand	100 200	45 zertrieben
Hochwertiger Portlandzement mit Rheinsand	100 200	68 50
Hochofenzement mit Normensand	140 200	43,65 zertrieben
Hochofenzement mit Rheinsand	130 220	45,75 58,50
Portlandjurament mit Normensand	120 200	44,85 31,30
Portlandjurament mit Rheinsand	110 200	55 69,4
Tonerdezement mit Normensand	100 200	36,76 46,80
Tonerdezement mit Rheinsand	100 200	48,4 61,9

In welcher Weise Natriumsulfat in den verschiedenen Konzentrationen auf verschiedene Zemente einwirkt, wurde vom Materialprüfungsamt Dresden (Prof. Gehler) festgestellt (vgl. Kurventafel 206).

Bezüglich der Gefährlichkeit des Natriumsulfates ist darauf hinzuweisen, daß auch noch Lösungen mit 300 mg SO_3, entsprechend ca. 600 mg Natriumsulfat, als schwach gefährlich bezeichnet werden müssen, während solche mit 1000 mg, also 0,1%, stark angreifend wirken.

Erfahrungen. Die Pfeiler der Elbbrücke in Magdeburg, die zu einer gewissen Berühmtheit gekommen sind, fingen gleich nach ihrer Herstellung an zu wachsen und sind unter völligem Zerreißen nach und nach 8 cm höher geworden. Sie mußten abgebrochen werden. Als Grund für die Zerstörung erwies sich der Gehalt des schnellströmenden Grundwassers an Natriumsulfat. Dieses enthielt auf den Liter 1700 mg SO_3, entsprechend 3020 mg Na_2SO_4, d. h. 0,3% wasserfreies Natriumsulfat, welches den fehlerhafterweise aus Portlandzement ungeschützt hergestellten Beton in so kurzer Zeit trotz der starken Verdünnung völlig zerstört hatte[1]. Bei den Versuchen für den Neubau erwies sich

[1] Dr. Henneking: Zbl. Bauverw. 1922 S. 141.

Erzzement und Hochofenzement dem Portlandzement in dem betreffenden Grundwasser als überlegen[1].

Verhalten in der Praxis. Nach Erlaß des Reichsverkehrsministers vom 20. V. 1924, in welchem die Zulassung des Hochofenzementes aus Werken, die dem Verein deutscher Hochofenzementwerke angehören, wiederholt ausgesprochen ist, ist nach einer Rundfrage bei den maßgebenden Stellen, Baupolizeibehörde und Praktiker, über das Verhalten des Hochofenzementes gegen chemische Einflüsse folgendes gesagt:

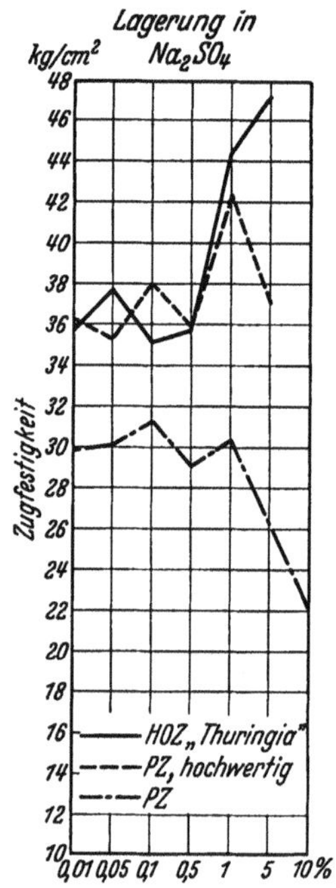

Abb. 206. Wirkung von Natriumsulfat verschiedener Konzentration auf verschiedene Zemente.

Gegen chemische Einflüsse erwies sich der Hochofenzement widerstandsfähiger als der Portlandzement. Er wird deshalb für gewisse Industriebauten gern verwendet. Auch bei Bauten im Moor und an der See hat er sich bewährt; jedoch sind im letzteren Falle die Ausspülungen der Oberfläche frischen Betons wegen des längeren Erhärtungsvorganges unter Umständen stärker als bei Portlandzementbeton.

Maßnahmen. Die Maßnahmen richten sich völlig nach der Konzentration der Lösung und der Einwirkungsweise (schnellfließend, Tropfwasser, stehend, heiß, kalt).

Bei konzentrierten Lösungen oder bei verdünnten Lösungen, die schnell fließen, sich also dauernd erneuern, ferner bei dauerndem Auftropfen auch verdünnter Lösungen, falls eine Verdunstung möglich ist, findet eine Anreicherung des Betons, der dem Sulfat ja den Schwefelsäurerest entzieht, statt, und ein energisch wirkender Schutz ist am Platze.

1. Baugestaltung. Der Schutz hat zunächst zu bestehen in einer weitgehenden Fernhaltung der Flüssigkeit vom Beton. Diese kann erzielt werden durch Plattenbelag oder Klinkerverkleidung, bei Pfeilern durch geeignete Abdeckung, die mit Tropfnasen versehen sein muß, um ein Herunterrieseln des Salzwassers an dem Beton zu vermeiden, und in Fällen geringerer Beanspruchungen durch Anstrich (siehe S. 451) (der von Zeit zu Zeit zu erneuern ist — alle 4—5 Jahre wird meist genügen). Auch Umstampfen des Betons mit einer Lehmschicht, Aufkleben von Teerpappe und Asphaltanstrich in bis viermaliger Wiederholung oder Umkleidung mit Mauerwerk in dichten guten Ziegeln (Klinkern) unter Verwendung von Mörtel aus kalkarmem Zement oder Erzzement ist in schwierigen Fällen, d. h. bei starkem Salzgehalt, hohem Druck oder ständigen Zufluß neuer Lösung am Platze.

Auf die überaus wichtige, meist stark vernachlässigte Möglichkeit, Bauwerke durch entsprechende Gestaltung vor dem Zutritt der schädlichen Flüssigkeit, besonders auch vor Konzentrationserhöhung

[1] Dr. Henneking: Zbl. Bauverw. 1922 S. 168.

durch Verdunstung der aggressiven Wässer in Pfützen zu schützen, habe ich bereits ausführlich wiederholt hingewiesen. Nähere Angaben über dieses wichtige Kapitel finden sich in dem Buch „Schutz der Bauwerke" von Goebel und Graf (Berlin 1930).

2. Zementart. Gleichzeitig ist für den Beton selbst kalkarmer Zement in genügenden Mengen zu verwenden. Einen Überblick über die für die Salzwasserbeständigkeit der Zemente in Sulfatwasser oder sonstigen Wässern wichtigen Gehalte an Kalziumoxyd und Tonerde gibt Tab. 75. Gleichzeitig zeigt diese Tabelle Neubildungen, die zur Erhärtung führen, und die Nebenreaktionen (Kalkabspaltung), soweit sie für die Salzwasserbeständigkeit des erhärteten Zementes wichtig sind:

Tabelle 75. Die für die Salzwasserbeständigkeit der Zemente wichtigen Prozentgehalte an Kalziumoxyd und Tonerde der verschiedenen Zementarten und die hauptsächlichsten Reaktionen, die zur Erhärtung derselben führen.

Zementart	%-Gehalt an Kalk (CaO)	%-Gehalt an Tonerde Al_2O_3	Erhärtung durch Bildung wasserhaltiger	Nebenreaktion
Portlandzement	65	7	kalkarmer Silikate	Entstehung von freiem Kalk
Eisenportlandzement	58	9	„ „	Der größte Teil des entstehenden freien Kalkes wird durch den Puzzolangehalt gebunden
Hochofenzement	52	15	„ „ und kalkreicher Aluminate	
Tonerdeschmelzzement	45	40	kalkreicher Aluminate und Tonerde	Keine

Der Kalkgehalt fällt vom Portlandzement zum Tonerdezement und entsprechend steigt die Beständigkeit gegen Sulfat. Die Beständigkeit der kalkreichen Zemente kann noch erhöht werden durch Ersatz eines Teils der Tonerde durch Eisenoxyd (Erzzement). Der beim Abbinden von Portlandzementklinker, also im Portlandzement, Eisenportland- und Hochofenzement entstehende freie Kalk wird im Eisenportland- und Hochofenzement durch die anwesende Puzzolane (Hochofenschlacke) teilweise gebunden. Der Hochofenzement mit seinem hohen Tonerdegehalt, der aus der Schlacke stammt, ist in seinem Schlackenteil bis zu einem gewissen Grade ein Übergang zum Tonerdeschmelzzement. Im Tonerdezement entsteht beim Abbinden überhaupt kein freier Kalk.

Um größere Dichte zu erzielen, kann noch ein Traßzusatz[1], der bei Hochofenzement 10—20% des Zementgewichtes betragen soll, gegeben werden. Grün empfiehlt Verwendung von Traß und Hochofenzement zusammen und setzt die verschiedene Wirkung von Traß einerseits und Hochofenschlacke andererseits ausführlich auseinander, indem er dem Traß mehr dichtende, der Hochofenschlacke dagegen kalkbindende

[1] Der Zement. S. 52ff. Berlin 1927. — Der rheinische Traß, seine Eigenschaften und Anwendung im Bauwesen, herausgegeben von der Fa. Tuffstein- und Basaltlavawerke AG., Kruft.

Eigenschaften zuschreibt[1]. So wurde beispielsweise die Nordschleuse Bremerhaven mit 300 kg Hochofenzement, 50 kg Traß und 1200 l Kies = 1,1 m³ fester Betonmasse ausgeführt. Ebenso wurde beim Bau der Aggertalsperre von 18400 t Hochofenzement 5200 t Traß verwendet.

Die Vereinigung verschiedener Puzzolanarten, also energisch wirkende (Hochofenschlacke) und dichtend wirkende (Traß) wurde bereits beim Portlandjurament durchgeführt[2], welcher aus Portlandzement mit Zusätzen von Hochofenschlacke und Schieferschlacke besteht. Auch der Zusatz von Steinmehlen hat sich in manchen Fällen bewährt; allerdings wirkt Steinmehl nur dichtend, greift also in die Erhärtung gar nicht oder nur in ganz geringem Maße ein[3].

Bezüglich der Verwendung von Tonerdezement in alkalihaltigen Wässern steht Ansicht gegen Ansicht. Haegermann[4] berichtet, daß Tonerdezement in Alkalisulfat nicht so beständig ist wie in Magnesiumsulfatlösung. Verfasser machte die gleiche Beobachtung.

Auch Orthaus beschäftigte sich mit dem Problem[5] und schreibt dem Tonerdezement sehr große Widerstandsfähigkeit gegen Ammonsalz und -sulfat zu. Die Frage der Widerstandsfähigkeit des Tonerdezementes gegen alkalihaltige Lösungen scheint aber noch nicht einwandfrei geklärt.

3. Dichtes Arbeiten und Alter. Sinkt der Sulfatgehalt unter 300 mg, so ist die Gefährlichkeit nur noch unter besonderen Umständen (Konzentrationsmöglichkeit durch Verdunsten usw.) erheblich. Im allgemeinen wird dann dichtes Arbeiten möglichst mit kalkarmem Zement, bei Portlandzement Verwendung mit Traßzusatz, genügen. Auch hier bringt ein Schutzanstrich größere Sicherheit, da er den besonders empfindlichen jungen Beton vor dem Sulfatzutritt schützt. Wird später der Schutzanstrich durch mechanische oder sonstige Einwirkungen zerstört, so wird der Beton genügend gefestigt sein, um jetzt den verdünnten Lösungen widerstehen zu können. Der Beton selbst ist natürlich aus guten Zuschlagsmaterialien, die in bezug auf die Korngröße im richtigen Verhältnis stehen müssen (S. 113ff.), mit genügendem Zementzusatz (350 kg auf 1 m³) herzustellen. Gutes Verdichten bei ziemlich plastischer Beschaffenheit muß weiter für genügende Dichte sorgen. Reiner Gußbeton ist, wenn der Beton Gelegenheit hat, von Zeit zu Zeit stark auszutrocknen, zu vermeiden.

Aus Schlacken laugt das Regenwasser dauernd Sulfat an, welches in der Nähe befindlichen Beton zu zerstören vermag. Schlackenaufschüttungen an Stellen, in welchen später Beton in Form von Fundamenten u. dgl.

---

[1] Grün: Traßzement — Hochofenzement. Bautechn. 1936 S. 183.

[2] Klebs: Portlandjurament. Tonind.-Ztg. 1928 S. 1384.

[3] Grün-Beckmann: Beeinflussung des Kalkgehaltes und der Eigenschaften von Portlandzement durch Aschen und Steinmehlzusätzen. Tonind.-Ztg. 1933 S. 822.

[4] Haegermann u. Hart: Einwirkung von Wasser und Salzlösungen auf den Tonerdezement. Zement 1925 S. 204.

[5] Orthaus: Der Tonerdeschmelzzement und seine Verwendung bei Eisenbetonausführungen und Putzarbeiten. Bericht über die XXX. Hauptversammlung des Deutschen Betonvereins 1927, S. 194.

eingebracht werden soll, sind also unbedingt zu vermeiden (Abb. 207); ebenso Auffüllung von Betonrohrleitungen u. dgl. mit Schlacken.

In der Sitzung des DVM. am 3. 12. 1936 teilt Hermann folgendes mit: In den Normen für Steine aus Kohlenschlacke sind 1% SO_3 zugelassen. In Berlin sind sehr starke Schädigungen aufgetreten dadurch, daß die Schlacke 0,5% SO_3 hatte, bei allerdings magerem Mischungsverhältnis. Auch Schlackensteine, die im Bauwerk nicht zertrieben, die aber mit Betonleisten umgeben, diese zersprengten, haben also gezeigt, daß sie sich vergrößern. In Berlin sind demgemäß nur 0,3% SO_3 für Kohlenschlacken zugelassen.

Abb. 207. Durch sulfathaltiges Wasser aus einer Schlackenhalde zerstörtes Backsteinmauerwerk. Das Bild zeigt deutlich die Treiberscheinungen und die Tatsache, daß Backsteinmauerwerk nicht beständiger ist als Beton, sondern häufig schneller zugrunde geht.

2. Kaliumsulfat.

K_2SO_4, schwefelsaures Kalium, ist kristallwasserfrei und weiß. Es kommt seltener vor als das Natriumsulfat, verhält sich aber sowohl, was *Vorkommen*, *Verwendungsart*, *Einwirkungsweise* und *Maßnahmen* gegen seine Schädigungen betrifft, genau wie dieses, da ja alle Salze von Kalium und Natrium sich in weitaus den meisten Beziehungen völlig gleich verhalten.

Erfahrungen. Eine Kaimauer, auf welcher schwere Krane zum Verladen von Kunstdünger, der aus Kaliumsulfat, Natriumnitrat usw. be-

Tabelle 76. Analysen der Betonproben b und d[1].

	Probe b	Lösliches	Probe d	Lösliches
SiO_2 unlöslich	65.93		69,20	
löslich	4,18	18,6	4,57	21,7
gesamt	70,11+		73,77+	
Al_2O_3	2,52	11,1	1,71	8,1
Fe_2O_3	1,13	4,9	1,32	6,3
MnO	0,09	0,4	0,11	0,5
CaO	6,45	28,6	11,32	54,0
$CaSO_4$	5,05	22,2	0,65	3,0
SO_3	2,97+		0,38+	
CaS	0,09	0,4	0,25	1,1
MgO	3,12	13,8	1,14	5,3
Glühverlust	11,50		9,78	
CaO gesamt	8,60+		11,78+	
S	0,04+		0,11+	
Summe	100,06	100,0	100,05	100,0

[1] Der Beton d ist zwischen den beiden Proben b an der Oberfläche des Betons entnommen. Die Mauer war aus Hochofenzement hergestellt (d), die Schienen waren in Portlandzement verlegt (b).

stand, auf Schienen dauernd hin und her fuhren, zeigte nach wenigen Jahren starke Zerstörungserscheinungen, trotzdem sie mit Klinker verblendet war. Der Fugenputz der Klinkerverblendung war an zahl-

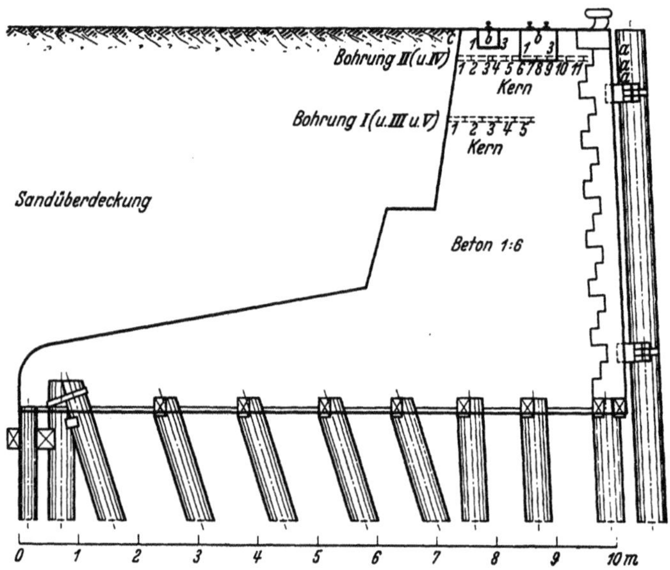

Abb. 208. Schnitt durch eine Kaimauer mit Anordnung der Bohrung zur Prüfung des Kerns der von außen geschädigten Mauer ohne große Bauarbeiten.

reichen Stellen herausgequollen, der Mörtel, in welchen die Schienen verlegt waren, war völlig erweicht und der Beton der Mauer selbst an der Oberfläche abgesprengt[1].

Eine analytische Untersuchung des Mörtels ergab überaus starke Anreicherung für den Portlandzementbeton, während der Hochofenzementbeton weniger stark verändert war. Die Abb. 208 zeigt die Entnahmestelle des Betons, die Tab. 76 die gefundenen Analysen.

Bohrung I, Kern 5.

Aus der Mauer wurden, da der Betrieb nicht gestört werden durfte und ein Abreißen natürlich zwecklos war, mit dem Diamantbohrer auf eine Länge von 6—8 m Kerne von 10 cm Durchmesser herausgebohrt und diese auf Druckfestigkeit geprüft und analysiert. Es zeigte sich, daß im Kern die Mauer vollkommen unbeschädigt war, die Kerne im allgemeinen gute Festigkeiten hatten und keine wesentliche Veränderungen aufwiesen. Nur an einer Stelle war die Flüssigkeit in den Arbeitsfugen des Betons in das Innere der Mauer herabgesickert und hatte den Beton zerstört. Nach dieser sehr einfachen Feststellungsweise, deren Wiederholung sich für ähnliche Zwecke eignet, war von vornherein zu übersehen, daß die Wiederherstellung verhältnismäßig einfach und sich ermöglichen ließ mit verhältnismäßig geringen Mitteln.

[1] Vgl. Grün-Manecke: Untersuchung einer Beton-Kaimauer. Tonind.-Ztg. 1932 Nr. 22.

Abhilfe brachte Neuausbetonierung der beschädigten Stellen und vor allen Dingen Abdeckung und gute Entwässerung der Mauer. An manchen Stellen der Mauer hatten sich nämlich zwischen den Schienen und Unebenheiten starke Pfützen gebildet, in denen dauernd konzentriertes Kaliumsulfat stand, das dann langsam aber sicher den Beton zersetzte.

Eine besondere Besprechung erübrigt sich (s. Natriumsulfat, S. 345).

3. Ammoniumsulfat und Ammoniumsalze.

Ammoniumsulfat $(NH_4)_2SO_4$ ist ein weißes Salz, das sich beim Erhitzen verflüchtigt und leicht in Wasser löst; es enthält kein Kristallwasser. Das „Radikal" Ammonium (NH_3) hat viele Ähnlichkeit mit den Alkalimetallen Kalium und Natrium, ist auch eine Base und bildete gleich diesen eine Lauge: das Ammoniumhydroxyd, den Salmiakgeist, der gleich diesen ätzende Eigenschaften hat und deshalb beispielsweise zum Abbeizen von Ölfarbe usw. verwendet wird. Das flüchtige Ammoniumhydroxyd wird im Gegensatz zu Kalium- und Natriumhydroxyd leicht durch stärkere Basen aus seinen Salzen ausgetrieben, die sich dann mit dem übrigbleibenden Säurerest verbinden. Infolgedessen wirken alle Ammoniumsalze, besonders diejenigen der starken Säure, auf den Beton fast ebenso zerstörend ein wie eine freie Säure, denn der freie oder leicht abspaltbare Kalk des Betons spaltet das Ammoniumsalz auf unter Freisetzung von Ammoniak (Geruch) und verbindet sich mit dem Säurerest des Ammoniumsalzes, genau so als ob die freie Säure direkt auf den Beton eingewirkt hätte.

Auch bei Ammonsalzen schwacher Säuren, wie beispielsweise Ammoniumazetat, d. i. essigsaures Ammonium, findet eine Umsetzung des Kalkes mit der schwachen Säure unter Entwicklung von Ammoniak statt und der Beton wird zerstört, falls das entsprechende Kalziumsalz wasserlöslich ist, da sich dann der Kalk herauslöst. Unschädlich sind nur solche Ammonsalze, mit deren Säurerest der Kalk ein unlösliches Salz bildet, also Ammoniumoxalat, Ammoniumfluorid und Ammoniumkarbonat, diese wirken sogar unter Umständen günstig, da sie den freien Kalk des Betons in unlösliches Kalziumoxalat, Fluorkalzium oder Kalziumkarbonat überführen[1].

Vorkommen. In chemischen Fabriken, bei der Düngerfabrikation, in Kokereien, Sprengstoffwerken.

Wirkungsweise. Die Einwirkungsweise des Ammoniumsulfats ergibt sich nach obigen Ausführungen von selbst. Unter dem Einfluß des freien Kalkes oder der leicht aufspaltbaren Kalkverbindungen des Betons entweicht Ammoniak, und der bleibende Schwefelsäurerest verbindet sich mit dem Kalk zu Gips, welcher Gipstreiben des Betons (Bildung des Kalkalauns) herbeiführt. Der Beton zerfällt unter Treiberscheinungen. Folgendes ist die Reaktion:

CaO	$+$	$(NH)_2SO_4$	$=$	$CaSO_4$	$=$	NH_4OH
Kalk des Betons		Ammoniumsulfat		Gips, der Treiben des Betons hervorruft		Ammoniak, das stechend riecht und gasförmig entweicht (Salmiakgeist)

[1] DRP. 368266.

Versuche. Bei Lagerungsversuchen verschiedener Zemente fanden Probst und Dorsch[1] höhere Beständigkeit der kalkarmen Zemente

Abb. 209. Einwirkung von Ammoniumsulfatlösung auf verschiedene Zemente. Die Körper der oberen Reihe sind mit Normensand, die der unteren Reihe mit Rheinsand hergestellt. Die Zahlen bedeuten: *1* Gewöhnlicher Portlandzement nach 8monatiger Lagerung, *2* Hochwertiger Portlandzement nach 6monatiger Lagerung, *3* Hochofenzement nach 8monatiger Lagerung, *4* Portlandjurament nach 7monatiger Lagerung, *5* Tonerdezement nach 6monatiger Lagerung.

gegenüber den kalkreichen (vgl. Abb. 209 u. Tab. 77). Nach folgenden Zeiten (Tagen) wurde der Beginn der Zerstörungserscheinung festgestellt:

Tabelle 77. Festigkeiten verschiedener Zemente bei Lagerung in Ammonsulfat und Natriumsulfat.

Lösung	Gewöhnlicher Portlandzement		Hochwertiger Portlandzement		Hochofenzement		Portlandjurament		Tonerdezement	
	mit Normensand	mit Rheinsand	mit Normensand	mit Rheinsand	mit Normensand	mit Rheinsand	mit Normensand	mit Rheinsand	mit Normensand	mit Rheinsand
Ammoniumsulfat.	10	30	6	3	25	41	41	45	190	190
									noch keine merklichen Zerstörungen	
Natriumsulfat . .	58	72	41	41	152	220	212	212	190	190
									noch keine merklichen Zerstörungen	

Bei Lagerung von Betonkörpern aus Portlandzement und Hochofenzement trat bei konzentrierter Ammoniumsulfatlösung schon nach 24 Stunden starker Ammoniakgeruch auf. Die Festigkeiten der Körper sanken schnell, in den starken Lösungen wurden die Körper

[1] Probst u. Dorsch: Die Einwirkung chemisch aggressiver Lösungen auf Zement und Mörtel. Zement 1929 S. 292.

schon nach 3 Monaten völlig zerstört[1]. Das als gefährlich bekannte Magnesiumsulfat wirkte in dieser Zeit kaum sichtbar.

Zwischen technischer und chemisch reiner Ammonsulfatlösung war kein Unterschied, auch die Körper aus niedrigkalkigen Hochofenzementen erweichten in den stärkeren Lösungen völlig unter gleichzeitigem Wachsen.

Bei Versuchen von Mohr in 0,5- und 2,5proz. Ammonsulfatlösung zeigten Hochofenzementkörper und Portlandzementkörper mit Traß viel geringere Treiberscheinungen als Portlandzementkörper, besonders ein Hochofenzement hatte sich gut gehalten. In allen Körpern hat sich der Sulfatgehalt angereichert, während sich erhebliche Mengen Kalk und Sesquioxyde gelöst hatten, aus den Portlandzementen reichlicher als aus den Hochofenzementen. „Alle Körper trugen aber den Todeskeim in sich[2]."

Abb. 210. Betonwand einer Abwasserrinne, durch Ammonsulfat zerstört.

Aus den Ergebnissen einer Schnellmethode schließt Mohr, daß auch Tonerdezement, wenn auch in geringerem Maße wie Portlandzement und Hochofenzement, angegriffen werden wird[2].

Erfahrungen. In einem chemischen Werk wurden die Betonwände von Sandsteinrinnen, welche selten von Abwässern der Ammonsulfatfabrik bespült wurden, schwer beschädigt (Abb. 210 und 211). Dabei war der magere Unterbeton (1:10) sehr viel weitgehender zerstört als der fettere dichtere Oberbeton (1:6). Die Wiederherstellung erfolgte nach Entfernung des alten Betons und Abwarten bis zum Aufhören der nachträglichen Absprengungen in Hochofenzementbeton mit Rheinkies, der durch Sandsteinplattenbelag noch besonders geschützt wurde[3].

Maßnahmen. Unbedingter Schutz gegen Zutritt auch schwacher Ammonsulfatlösung ist geboten. Als solcher Schutz sind Sandstein-

---

[1] Grün: Zement 1921 S. 425.

[2] Mohr: Über die Einwirkung von Ammonsalzlösungen auf Beton. Bauing. 1925 S. 284.

[3] Goebel: Zerstörung von Betonbauten durch chemische Angriffe und konstruktive Abwehrmaßnahmen. Bauing. 1925 S. 294.

platten, Knauffsche Platten oder Klinker anzusehen. Diese sind in dichtem Mörtel mit möglichst schmalen Fugen zu verlegen, die Fugen sind mit säurefestem Kitt zu dichten. Auch nur periodische Befeuchtung ist gefährlich, unter Umständen gefährlicher als dauernde Berührung.

Abb. 211. Betonwand über einer Abwasserrinne aus Sandstein, durch ammonsulfathaltiges Wasser zerstört.

4. Kalziumsulfat (Gips)[1].

Kalziumsulfat ($CaSO_4$) kommt in der Natur als Gipsstein und Anhydrit vor. Ersterer wird zum Brennen des mit Wasser abbindenden Gipses, letzterer zur Schwefelsäureherstellung benutzt. Kalziumsulfat löst sich nur schwer und langsam in Wasser, und zwar in kälterem Wasser leichter als in heißerem.

Vorkommen. In chemischen Fabriken, Gipsgruben usw., in Kohlenschlacken, aus welchem es sich leicht durch Regenwasser herauslöst; ferner in Neutrallauge der Sulfitspritfabriken.

Besonders bemerkenswert ist, daß Gips auch in Gebirgen oft in verhältnismäßig schwachen Adern, dann wieder in starken Schichten vorkommt, so daß bei der Errichtung von Bauten in Gebirgen (Tunnelbau, Stollenbau, Kanalbau, Straßenbau) darauf geachtet werden muß, daß der Beton nicht mit dem Kalziumsulfat oder mit der betreffenden Ader in direkte Berührung kommt. Beim Bau eines Stollens durch ein gipshaltiges Gebirge wurde der Stollenbeton nach kurzer Zeit zerstört.

[1] Vgl. auch Rister u. Drögsler: Über den Einfluß von Gipswasser und Magnesiumsulfatlösung auf die Festigkeit verschiedener Zemente. Mitt. der Wiener Städt. Prüfanstalt für Baustoffe 1935, Folge 1, S. 5.

Kalziumsulfat entsteht ferner in Schwefelkiesgruben durch Einwirkung von Wasser auf den Kies (Schwefelsäure) und Umsetzung des schwefelsäurehaltigen Wassers mit dem Kalk der Gangart zu Gips = Gipswasser.

Kalzium gehört zu den Erdalkalien zusammen mit Strontium und Barium.

Abb. 212. Beton einer Abwasserrinne, durch Sulfate zerstört.

Wirkungsweise. Trotz der geringen Löslichkeit des Gipses in Wasser ist Kalziumsulfat dem Beton gefährlich, da bei der energischen Einwirkung des Sulfatrestes auf Beton die geringen Gipsmengen des Gipswassers, falls dies sich immer erneuert, zur Zerstörung völlig genügen.

Versuche. Nach Versuchen Guttmanns hat eine Schachtlauge, die neben wenig Magnesiumchlorid und viel Natrium- und Kaliumchlorid Gips enthielt, den Festigkeitsanstieg von Eisenportlandzement und Hochofenzementbeton wenig aufgehalten. Grün fand durch Gipswasser Schädigungen, besonders von Portlandzementbeton, nämlich nach 1 Jahr:

	Portlandzement	Hochofenzement
Wasser	19,5	16,0
Gipswasser	9,0	14,5

(Mittel aus 4 Körpern 1:5)

also stärkere Schädigung des Portlandzementes[1].

[1] Handb. S. 43.

Mohr fand Festigkeitsanstiege, die häufig die Vorzeichen des Zertreibens sind, da sie die wachsende innere Spannung des Betons erkennen lassen[1].

Bei Versuchen von Rengade[2] hat sich Tonerdezement als ganz besonders widerstandsfähig gegen Gips gezeigt, während andere Zemente und Kalkmörtel zerstört wurden.

Auch Höhl kommt bei 2jähriger Lagerung von Tonerdezementkörpern in folgenden Lösungen zu guten Ergebnissen:

Tabelle 78. Druckfestigkeit von Tonerdezementkörpern bei zweijähriger Lagerung in Luft und verschiedenen Flüssigkeiten.

Lagerflüssigkeit	in Proz.	Druckfestigkeit nach 2 Jahren kg/cm²
1. Luft	—	1068
2. Wasser	—	744
3. Natriumhydroxyd	1	842
4. Gaswasser	—	781
5. Ammoniumchlorid	5	804
6. Ammoniumsulfat	5	829
7. Ammoniumkarbonat	10	884
8. Zuckerlösung	5	630
9. Oxalsäure	5	711
10. Gerbsäure	5	549
11. Milchsäure	5	512
12. Natriumchlorid	10	762
13. Kalziumchlorid	10	737
14. Gipswasser, gesättigt	—	788
15. Maschinenöl, Voltol	—	814
16. Leinöl	—	702
17. Chlorkalk	10	728
18. Natriumsulfat	10	701

Er findet also wesentliche Herabsetzungen hauptsächlich bei Gerbsäure und Milchsäure und kann die wiederholt behauptete geringe Widerstandsfähigkeit des Tonerdezementes in Wasser nicht bestätigen.

Tonerdezement als Vorsatzbeton wurde von der Emschergenossenschaft geprüft[3] und festgestellt, daß bei Ummantelung aus Tonerdezementbeton die Bauwerke stark konzentrierter Magnesiumsulfatlösung auf die Dauer keinen Widerstand zu bieten vermögen.

Erfahrungen. Bach und Framm stellen fest, daß die umfangreichen Zerstörungen des Emschertunnels, die von außen nach innen erfolgt waren, auf den Gipsgehalt der Sickerwasser, die aus Schlackenhalden stammten, wo sie den Gips aufgenommen hatten, zurückzuführen waren[4].

---

[1] Mohr: Über die Einwirkung von Ammonsalzlösungen auf Beton. Bauing. 1925 S. 284.

[2] Rengade: Dix années d'efforts dans la fabrication des ciments. Ciment 1927 S. 407.

[3] Vgl. Baudirektor Dr. Helbing: Die Emschergenossenschaft im Jahre 1928.

[4] Helbing u. Bach: Mitteilungen über die Beobachtung von Betonbauten. Emscher-Genossenschaft 1919.

Sickerwasser in einem Bergwerk, welches 1,578 g Salz im Liter enthielt, die zu 36,15% aus Kalziumsulfat und zu 1,55% aus Magnesiumsulfat bestanden, zerstörten einen Stollen aus Betonplatten nach 4 bis 5 Jahren. Ein anderes Sickerwasser mit nur 1,0478 g Salz im Liter, mit 46,48% Kalziumsulfat und 10,91% Magnesiumsulfat, das aus Eisenerzen stammte, wirkte noch schneller zerstörend[1].

Dyckerhoff & Widmann teilen mit, daß bei einem Stollenkraftwerk Wasser mit einem Sulfatgehalt von 740—1485 mg SO_3/Liter einen Beton aus 1 Raumteil Portlandzement, 0,7 Raumteile bayer. Traß, 3 Raumteile Kies, 3—4 Raumteile Kalkschotter nach mehreren Jahren

Abb. 213. Betonrinne, zerstört durch Ammonsalzwirkung.

vollkommen zerstört hatte. Gebaut war der Stollen 1921, 1929 wurden die ersten starken Zerstörungen festgestellt, 1934 war Neubau erforderlich. Die ursprünglich vorgeschlagene Herstellung in Klinkermauerwerk unter Verwendung von Erzzement war abgelehnt worden, bei der Wiederherstellung wurde sie durchgeführt.

Das heiße Ablöschwasser von Braunkohlenasche zerstörte im Laufe von 4 Jahren eisenbewehrte Pfeiler aus Portlandzementbeton in einem Aschenkeller[0]. Verkleidung der Pfeiler mit Klinker in Hochofenzement schaffte Abhilfe. Auch im Neutrallaugebehälter einer Sulfitspritfabrik war nach 5 Monaten der Portlandzementputz völlig zerstört[2].

Beim Bau des Stollens für das Neckarkraftwerk Aistaig[3] war eine Zerstörung des Betons durch reines Gipswasser des Gebirges vorauszusehen. Es wurde deshalb von vornherein mit entsprechender Vorsicht gearbeitet und folgende Mischungen von dem Gutachter Dr. Herrmann vorgeschlagen:

[1] Loebell: Prot. 1901 S. 111. — Handb. S. 40.
[2] Handb. S. 48.
[3] Schaller: Vom Stollen-Neckarkraftwerk Aistaig. Bautechn. 1927 S. 13.

1 R.T. Erzzement : 3 R.T. Kies : 3—4 R.T. Schotter.
1 R.T. Hochofenzement : 3 R.T. Kies : 3—4 R.T. Schotter.
1 R.T. Portlandzement : 0,7 R.T. Traß : 3—4 R.T. Schotter.

Man entschied sich im Anhydritgebirge für die Portlandzementmischung und verwendet an Stelle des Kieses Kalkgrus von 4—6 mm Korngröße. An einer kurzen Stollenstrecke, die infolge Stockung der Traßzufuhr ohne Traßzusatz, also im Mischungsverhältnis 1:4 betoniert wurde, zeigten sich bereits 1923 deutliche Zersetzungserscheinungen, also nach 3 Jahren.

Maßnahmen. Kalkarmer Zement, Tonerdezement und dichtes Arbeiten (s. Natriumsulfat).

Eine kurze Übersicht über die Maßnahmen findet sich auch in dem Buch „Zement und Gips“ von Schmidt und Hähnle (Stuttgart 1927), die auf Grund ihrer Untersuchungen zu folgenden Schlüssen gekommen sind:

„Kalkreiche Bindemittel werden durch Gips oder Sulfat zerstört, fette undurchlässige Zementmörtel sind widerstandsfähiger als magere. Erzzement zeigt eine hinreichende Sulfatbeständigkeit. Kalkarme Bindemittel sind gegen Sulfat viel widerstandsfähiger als kalkreiche. Man wird deshalb überall, wo chemische Einflüsse zu erwarten sind, dem kalkarmen Bindemittel den Vorzug geben[1].“

Zusammenfassend berichtet auch Fammler[2] über Gipsgefahren bei Betonarbeiten, er schreibt: „Daher wird sich Hochofenzement infolge seines geringen Kalkgehaltes, Erzzement wegen seines geringen Tonerdegehaltes stets als ganz besonders widerstandsfähig gegenüber Sulfatwasser erweisen.“ Weiter wird Schmelzzement empfohlen und bei Portlandzementverwendung ein Traßzusatz als Zugabe im Sinne eines Schutzmittels, nicht aber als Zementersatz. „Der Zementgehalt der Betonmasse darf also hier durch den Traßzusatz in keiner Weise berührt werden.“

In der Zeitschrift „Die Wasserkraft“ Heft 10 vom 15. V. 1924 schreibt Oberregierungsrat Bürner über den Ausbau des Kesselbergstollens beim Walchensee-Kraftwerk folgendes:

„Die Ausmauerung der Anhydritstrecke erfolgte in einem 4 Stein starken Klinkerring in Spezialhochofenzementmörtel mit Traß und Zeresitzusatz 1:0,3:2. Spezialhochofenzement wurde deshalb gewählt, weil er infolge des geringen Kalkgehaltes erfahrungsgemäß außerordentlich widerstandsfähig gegen die Einwirkung von Sulfatwässern ist. Die Ausbrüche in der Sohle wurden mit Bruchsteinen in dem gleichen Mörtel ausgemauert. Besonderer Wert und Sorgfalt wurde auf die Dichtigkeit der Fugen gelegt.“

5. Strontiumsulfat.

Strontiumsulfat ($SrSO_4$), ein weißes Salz, hat als Erdalkalisalz große Ähnlichkeit mit Kalziumsulfat. Es löst sich gleichfalls schwer in Wasser.

---

[1] Vgl. auch Ref. Tonind.-Ztg. 1927 S. 596.
[2] Fammler: Gipsgefahren bei Betonarbeiten. Rhein.-Westf. Baugewerbe. 1928 S. 638.

Vorkommen. In chemischen Fabriken usf., viel seltener als Kalziumsulfat.

Wirkungsweise. Grün stellte bei Versuchen die gleichen Schädigungen durch Strontiumsulfat fest wie durch Kalziumsulfatwasser.

Maßnahmen. Maßnahmen s. Kalziumsulfat.

6. Kupfersulfat.

Kupfersulfat ($CaSO_4$), Kupfervitriol, schwefelsaures Kupfer, ist ein blaues Salz, das sich in Wasser leicht löst und mit 5 Mol Wasser kristallisiert.

Vorkommen. In chemischen Fabriken für Beizzwecke, für Herstellung von Dauerelementen (Telegraphendienst), bei der Oxydation von Kupferkies an der Luft.

Wirkungsweise. Wie alle Sulfate führt das Kupfersulfat Umwandlung des Kalkes in Gips, also Gipstreiben herbei (s. Natriumsulfat).

Versuche. Kleinlogel stellte schon bei 2proz. Kupfersulfatlösung Zerstörung fest. Grün fand höhere Beständigkeit, wie folgende Zahlen zeigen (Lagerdauer 1 Jahr):

	Portlandzement	Hochofenzement
Wasser	42	39
5proz. Kupfersulfatlösung	37	41

(Zugfestigkeit 1 : 3)

Erfahrungen. Erfahrungen unbekannt.

Maßnahmen. Wie bei den anderen Sulfaten.

Kleinlogel empfiehlt bei geringer Konzentration (unter 1%) dichten Beton unter Verwendung von Traß, oder Beton aus kalkarmem Hochofenzement sowie aus Tonerdezement und Schutzanstrich, bei höherer Konzentration Fernhaltung des Sulfats.

7. Magnesiumsulfat.

Magnesiumsulfat, schwefelsaure Magnesia, Bittersalz, $MgSO_4$, ein weißes Salz, trägt seinen Namen von seinem bitteren Geschmack. Sein Vorkommen im Meerwasser verursacht vor allen Dingen dessen Unbekömmlichkeit beim Genuß (Durchfall).

Das gewöhnliche Bittersalz kristallisiert mit 7 Mol. = 51% Wasser (zu berücksichtigen bei Versuchen), der Kieserit mit nur 1 Mol.

Vorkommen. Im Meerwasser und infolgedessen im Steinsalz- und Kalibergbau und in den Kaliwerken, in manchen Quellen (Hunjady Janos), die dann als Abführmittel dienen.

Wirkungsweise. Das Magnesiumsulfat ist für Portlandzement, Eisenportlandzement und Hochofenzement neben Natriumsulfat und Ammoniumsulfat das gefährlichste Sulfat, da die Magnesia, an welche in ihm der Schwefelsäurerest gebunden ist, eine schwächere Base ist als der Kalk. Infolgedessen setzt sich im Magnesiumsulfat der Kalk besonders leicht an die Stelle der Magnesia, d. h. er verbindet sich mit dem Sulfatrest zu Gips, während die Magnesia gallertartig ausfällt (schmierige Beschaffenheit des Betons bei $MgSO_4$-Zerstörung).

Magnesiumsulfat kann als das Standardsalz für Zement- und Mörteluntersuchungen in bezug auf Einwirkung gegen Sulfat betrachtet werden, und das mit Recht, denn es erlaubt die Beurteilung der Widerstandsfähigkeit der Zemente, da es verhältnismäßig schnell zur Zerstörung führt; dabei ist es andererseits doch nicht so stark zerstörend, daß es die Ergebnisse verwischt, wie z. B. Ammoniumsulfat. Die bisweilen für Versuche verwendete Gipslösung wirkt langsamer, da ihre Konzentration nicht über 2% erhöht werden kann infolge der Schwerlöslichkeit des Gipses in Wasser; das bisweilen herangezogene Ammoniumsulfat zerstört zu schnell und läßt auf diese Weise überhaupt keine Unterschiede zwischen den einzelnen Zementen oder Mörtelarten erkennen. Aus diesem Grunde wurde das Magnesiumsulfat auch stets schon für derartige Versuche herangezogen. Diese Versuche gingen in die Hunderte. Eine übersichtliche Zusammenstellung der Literatur findet sich bei Wittekindt[1]:

Hier können naturgemäß sowohl in bezug auf Versuche als auch in bezug auf Literaturauswahl und Erfahrungen nur wenige Beispiele angegeben werden.

Versuche. Bei umfassenden Versuchen mit Natrium- und Magnesiumsulfat von 0,5—20% fand Nitzsche, daß sowohl die einzelnen Zemente als auch die Zementarten sich verschieden verhielten. Hochofenzement war aber viel widerstandsfähiger als Portlandzement[2].

Bei Vergleichsversuchen Muths mit 10proz. Magnesiumsulfatlösung trieb nach 28 Tagen der Portlandzement und der Eisenportlandzement, nach 3 Monaten waren auch die Hochofenzemente zerstört, nur die Spezialhochofenzemente[3] hatten ausgehalten, aber auch diese waren nach 1 Jahr zerfallen[4].

Guttmann fand bei Versuchen mit Handelszementen, daß der Hochofenzement den Eisenportlandzement und den Portlandzement an Beständigkeit übertrifft, schließt aber auf Grund seiner Beobachtungen auch nur auf eine relative Beständigkeit[5].

Auch Grün fand eine erheblich größere Beständigkeit der Hochofenzemente gegenüber den Portlandzementen und zeigt die starke Abhängigkeit der Beständigkeit der Hochofenzemente von der Zusammensetzung der Schlacken und Klinker; er empfiehlt Hochofenzemente, die statt Portlandzementklinker Erzzementklinker enthalten[6], und stellt fest, daß ausschlaggebend für die Beständigkeit die Schlacken sind. Kieselsäurearme Schlacken mit hohem Tonerde- und Mangangehalt haben sich am schlechtesten bewährt. Die günstigste Schlacke hatte mittlere Tonerdehöhe bei mittlerem Kieselsäuregehalt.

Es wurden folgende Zahlen gefunden (Lagerdauer 1 Jahr):

---

[1] Wittekindt: Untersuchungen an Zementen in betonschädlichen Lösungen. Tonind.-Ztg. 1935 Nr. 49—58.

[2] Techn. Ind., Zürich 1919 Heft 7/8.

[3] HOZ. mit geringem Gehalt besonderen Klinkers, also ganz besonders kalkarme Zemente.

[4] Passow: HOZ. und PZ. 1. Heft. Berlin 1915.

[5] Kali 1916 Nr. 22.

[6] Grün: Einfluß der chemischen Zusammensetzung der Schlacken und Klinker auf Erhärtung und Sulfatbeständigkeit des Hochofenzementes. Zement 1923 S. 297. — Zemente mit hydraulischen Zuschlägen. Intern. Verband für Materialprüfung, Kongreß Zürich 6.—12. 9. 31, Verlag I. V. M. Zürich 1931.

Tabelle 79. Festigkeit von Zementmörteln aus verschiedenen Zementen und mit verschiedenen Mischungen bei Wasser- und Sulfatlagerung.

Lagerung nach 1 Jahr	Spez. Hochofenzement D.	Hochofenzement R.	Hochofenzement A.	Hochofenzement D.	Hochofenzement O.	Hochofenzement T.	Portlandzement H.	Portlandzement G.	Misch-Verhältnis
Wasser	269	352	328	332	375	300	348	339	1:3
Na_2SO_4 5% . .	296	331	326	230	69	299	43	48	1:3
$MgSO_4$ 5%. . .	271	337	294	282	177	264	172	202	1:3
Wasser	45	79	68	50	35	36	28	64	1:8
Na_2SO_4 5% . .	47	46	72	0	0	0	0	0	1:8
$MgSO_4$ 5%. . .	8	0	0	4	0	0	0	0	1:8

Bei Versuchen Grüns[1] mit hochfestem Hochofenzement und normalem Portlandzement und Tonerdezement in 5proz. Magnesiumsulfatlösung zeigte der Beton aus Tonerdezement keine Festigkeitsrückgänge, bei den hochfesten Hochofenzementen geringe Festigkeitsabfälle und die stärkste Schädigung bei den normalen Portlandzementen.

Bei Vergleichsversuchen zwischen Portlandzement-Traß- und Hochofenzementbeton stellten Helbing und Bülow enorme Anreicherung des Portlandzement-Traßbetons mit SO_3 fest (Portlandzement allein wurde nicht untersucht) und kamen zu dem Schluß, daß Mischungen von Portlandzement und Traß oder von Hochofenzement widerstandsfähiger sind als reine Portlandzemente, und daß vielfach ein sachgemäß ausgeführter Beton aus Portlandzement-Traß oder aus gutem Hochofenzement ohne weitere Schutzmittel standhalten wird[2].

Burchartz[3] stellte völlige Zerstörung fast aller geprüften Körper (1 PZ., 1 EPZ., 1 HOZ.) fest. Diese hatten nach 1 Jahr keine Festigkeiten mehr, mit Ausnahme von zwei Körpern aus Hochofenzement, die noch etwas Festigkeit besaßen. Am günstigsten verhielt sich unter den geprüften drei Zementen, Portlandzement, Eisenportland- und Hochofenzement, der Eisenportlandzement. Burchartz schließt aber, daß bei den Versuchen von einer größeren Widerstandsfähigkeit ein oder des anderen geprüften Zementes nicht gesprochen werden kann.

Shelton[4] führte Versuche über die Einwirkung von Natrium- und Magnesiumsulfat auf gewöhnlichen und weißen Portlandzement in frischem und hydratisiertem Zustand aus. Er stellte bei beiden Zementen die Bildung von nadelförmigem Trikalziumsulfoaluminat, also Zementbazillus, fest. Im hydratisierten Zement entstanden gleichfalls Kalziumsulfoaluminate und außerdem Gipskristalle, während sich die vorhandenen Kalkhydratkristalle in wenigen Tagen in Gele verwandelten[5].

[1] Vgl. Der Beton. 1. Aufl. S. 18. Berlin 1926.

[2] Baudir. Helbing u. Obering. v. Bülow: Chemische Angriffe auf Beton. (Mitt. der Emscher-Genossenschaft.) Bauing. 1925 S. 76.

[3] Versuche über die Einwirkung von Magnesiumsulfatlösung auf Zement. Mitt. Mat.-Prüf.-Amt 1917/18 S. 206.

[4] Shelton: Einwirkung von Natrium- und Magnesiumsulfat auf Portlandzement. Ind. Engng. Chem. Bd. 18 S. 854—856. Saskatoon, Canada, Univ.

[5] Vgl. auch Chem. Zbl. 1927 I S. 2593.

Zimmermann[1] brachte Beton und Mörtelkörper in eine Lösung von $2^1/_2$% Magnesiumsulfat, und zwar teils ganz, teils halb in diese Lösung eingetaucht. Er verwendete Würfel mit 20 cm Kantenlänge und für die Eintauchversuche Prismen von 10 × 10 × 30 cm. Die Lagerdauer betrug 28 Monate. Verwendet wurde Portlandzement, zwei Hochofenzemente (darunter war einer mit sehr geringer Normenfestigkeit von 116 kg/cm² nach 7 Tagen) und rheinischer Traß. Zimmermann fand, daß die nur zur Hälfte eingetauchten Körper schwerer geschädigt wurden als die ganz eingetauchten, und kommt zu dem Schluß, daß Traß unter allen Umständen als Zuschlag gerechnet werden muß, da er bei Verwendung als Zementersatz die Beständigkeit nicht erhöht, sondern bei zu hohem Zusatz Festigkeit und Widerstandsfähigkeit herabsetzen. Magere Mischungen sind weniger widerstandsfähiger als die fetten. Bei den halb eingetauchten Körpern werden die nicht eingetauchten Teile am schwersten geschädigt. Die Zermürbung der Körper erfolgte ziemlich rasch, nachdem die Zerstörung einmal begonnen hatte. Betonkörper, welche vor dem Eintauchen eine Lufterhärtung durchgemacht hatten, waren widerstandsfähiger als solche, die nach 24 Stunden in die Lösung kamen.

Batta machte Versuche mit der Einwirkung von Sulfatlösung auf vier verschiedene Zemente, darunter einen Supercilor. Seine Zemente hatten folgende Zusammensetzung:

Tabelle 80.

	Portlandzement	Ciment de laitier à froid	Ciment fondu	Supercilor
SiO_2	22,73	25,03	7,70	24,40
Fe_2O_3	5,09	2,02	10,46 soit 9,41 FeO	2,17
Al_2O_3	3,96	12,98	41,64	15,53
CaO	61,92	50,62	38,00	42,81
MgO	0,54	4,53	—	3,21
Perte au feu	4,35	0,98	2,01	0,15
SO_3	1,37	3,99	0,94	12,10

Der Supercilor war also ein sehr stark gegipster Schlackenzement. Batta stellt fest, daß die unter dem Mikroskop beobachtete Kristallbildung für die verschiedenen Zemente verschieden ist. Am stärksten ist sie bei Portlandzement[2].

Über die Wirkung der hydraulischen Zuschläge auf die Magnesiumsulfatbeständigkeit ist ein Teil meiner Ergebnisse in meiner Arbeit „Zemente mit hydraulischen Zuschlägen“[3] niedergelegt. Auch hier ist gefunden, daß Traß lediglich als Zuschlag gerechnet werden darf, wie dies ja auch in den Richtlinien für die Ausführung von Bauwerken im Moor und in Moorwasser vorgeschrieben ist, und festgestellt, daß

[1] Zimmermann: Über die Einwirkung von Magnesiumsulfatlösung auf Mörtel und Beton. Protok. d. Verhandl. d. Ver. dtsch. Portlandzementfabrikanten 1922 S. 195.

[2] Batta: Contribution à l'étude de l'action du sulfate de magnésie dissous sur divers ciments. Laboratoire de chimie industrielle de l'université de Liège.

[3] Vgl. Intern. Verband für Materialprüfung, Zürich 1931.

zwischen den einzelnen Hochofenschlacken Unterschiede in bezug auf die Erhöhung der Salzwasserbeständigkeit bestehen, daß aber im allgemeinen mit steigendem Ersatz des Portlandzementes durch Schlacken die Salzwasserbeständigkeit steigt, wenn auch die Anfangsfestigkeit etwas gedrückt wird. Eine Übersicht über die Beeinflussung der Salzwasserbeständigkeit gibt Kurventafel 79 (S. 154), in welcher auf der linken Ordinate der reine Portlandzement, nach rechts derjenige Zement, in dem steigende Mengen von Portlandzement durch Hochofenschlacke ersetzt worden sind, aufgetragen sind. Die 3-Tags-Kurve zeigt, wie mit steigendem Ersatz des Portlandzementes durch Schlacken die Festigkeit bei Wasserlagerung langsam sinkt. Nach 28 Tagen haben die Festigkeiten schon etwas aufgeholt, da die schlackenhaltigen Zemente stärker nacherhärten als der Portlandzement ohne Schlacke: der Zement mit 40% Portlandzement und 60% Schlacke hat ungefähr dieselbe Festigkeit wie reiner Portlandzement. Nach 2 Jahren ist der Ausgleich noch weiter fortgeschritten. Hier hat der Zement mit nur 20% Portlandzement und 80% Schlacke die gleiche Festigkeit (500 kg) wie der reine Portlandzement.

Bei Magnesiumsulfatlagerung ist der reine Portlandzement viel mehr geschädigt als alle schlackenhaltigen Zemente. Infolgedessen steigt die Magnesiumsulfatkurve von 150 kg für den reinen Portlandzement auf 300 kg für die stark schlackenhaltigen Zemente von 60—80% Schlacke an. Die schraffierte Fläche zeigt den Unterschied zwischen Wasserlagerung und Magnesiumsulfatlagerung. Die Verjüngung der Fläche nach rechts zeigt, daß die schlackenreichen Zemente viel weniger geschädigt sind als die schlackenarmen. Die Herstellung von Spezialzementen ist also stets möglich durch Zumischung von Puzzolanen. In meiner Arbeit „Erfahrungen mit Spezialzementen“[1] ist für derartige Mischzemente bei guter Festigkeit geringe Abbindewärme, höhere Kohlensäure- und Sulfatbeständigkeit festgestellt und empfohlen für besonders gefährdete Bauten die Vereinigung von Hochofenschlacke und Traß in ungefähr folgendem Verhältnis:

Tabelle 81. Zusammensetzung von Mischzementen, die verhältnismäßig widerstandsfähig gegen aggressive Wässer sind.

	Tonerdereiche bzw. reaktionsfähige	Tonerdearme bzw. reaktionsträge
	Schlacke	
Portlandzement	22	32
Gips	3	3
Hochofenschlacke	63	53
Traß	12	12
	100	100

Stehen derartige Zemente fertig gemischt nicht zur Verfügung, so ist es selbstverständlich möglich, Hochofenzemente auf dem Bauplatz mit Traß zu versetzen, wobei nach Versuchen von Grün und von Krüger eine Vormischung von Traß und Zement, wie sie bisweilen vorgeschrieben ist, sich erübrigt. Wie vernichtend auf die Festigkeit

[1] Grün: Erfahrungen mit Spezialzementen. Z. angew. Chem. 1935 Nr. 49.

die Einwirkung des Trasses als Zementersatz ist, zeigt Kurventafel 60, aus welcher hervorgeht, daß Traß nicht ähnlich wie Hochofenschlacke, sondern vor allen Dingen verdünnend, also stark festigkeitsherabsetzend wirkt, und daß Traß infolgedessen in ganz anderer Weise gewertet werden muß als die genannte Puzzolane: Hochofenschlacke.

Bezüglich Traßwirkung kommt Steopoe[1] zu folgenden Schlüssen:

„1. Die übliche Annahme, daß die schützende Wirkung des Trasses auf einer Umwandlung des freien Kalkes in unlösliche Verbindung beruht, ist nicht richtig, da die Kalziumhydrosilikate und Hydroaluminate, welche aus Traß und Kalziumhydroxyd entstehen können, durch reines Wasser hydrolysierbar sind.

2. Die Rolle des Traßzusatzes beruht auf der Bildung von Kalziumhydrosilikaten, welche durch die Kohlensäureeinwirkung in Kalziumsalz und Kieselsäuregel zersetzt werden. Dieses Gel verstopft die Poren und verdichtet so den Beton und macht ihn beständiger.

3. Das beste Mittel, um Zement oder Traßzementbetonkörper auch poröser Beschaffenheit widerstandsfähig gegen Magnesiumsulfatwirkung zu machen, ist lange Luftaufbewahrung, also Karbonisierung. Traßzusatz ohne Karbonisierung verschiebt die Zerstörung, verhindert sie aber nicht."

Graf stellte an allerdings wenigen Versuchen fest, daß die Vorbehandlung des Betons von größter Wichtigkeit für das Verhalten in Salzlösungen ist (Luftlagerung bewährte sich am besten) und bestätigte damit die alten Erfahrungen Garys[2].

Erfahrungen. Bittersalzlösung hat einen 250 mm starken Fußboden 1:4 Portlandzement mit einem Glattanstrich von 200 mm 1:2 mit sofort nach der Inbetriebnahme beginnender Zerstörung zermürbt[3].

Nach Mitteilung der Berginspektion Staßfurt wirken nach ihren Erfahrungen schwefelsaure Salze auf gewisse Sorten Zement zerstörend ein, und zwar um so mehr, je höher der Gehalt des Zementes am Ätzkalk ist; Traßzusatz verzögert die Zerstörung.

Nach Bergrat Gröbler sind im Kalibergbau Hochofenzemente „die einzige Rettung" und werden für Schachtanlagen usw., die mit Salzlösungen in Berührung kommen, ausschließlich benutzt[4]. In ganz besonders schwierigen Fällen hilft man sich mit Sorelzement (gebrannte Magnesia und Magnesiumchlorid), der aber keine Eiseneinlagen verträgt und nicht völlig wasserbeständig ist.

Maßnahmen. Möglichste Fernhaltung des Magnesiumsulfats vom Beton ist zu erstreben, kalkarmer Zement wird länger Beständigkeit haben als gewöhnlicher Portlandzement. Auch Tonerdezement ist in wichtigen Fällen trotz seines hohen Preises von Vorteil. Die Abwehrmaßnahmen sind die gleichen wie die bei Natriumsulfat und dort nach-

[1] Steopoe: Über die Einwirkung von reinem Wasser und von SO_4-Lösung auf erhärtete Traßzementmischungen. Extras din Rev. Ciment si Beton 1936 Nr. 2.

[2] Gary: Aus Versuchen über das Verhalten von Zementmörtel in angreifenden Flüssigkeiten. Bauing. 1927 S. 559 Abb. 4.

[3] Mitt. der Gewerkschaft Siegfried.

[4] Mitt. in der Sitzung des wissenschaftl. Ausschusses der Zementindustrie, Heidelberg 1920.

zusehen (S. 345). Im allgemeinen ist bei Magnesiumsulfat mit einer noch höheren Zerstörungskraft zu rechnen wie bei Natriumsulfat, die Maßregeln zur Erhaltung des Bauwerkes sind also noch sorgfältiger zu treffen und seien nochmals kurz aufgeführt (Tab. 82).

Tabelle 82. Möglichkeiten und Maßnahmen zum Schutz von Beton gegen chemische Einwirkungen.

Die Schutzmaßnahmen	betreffen:	Anforderungen
Geeigneter innerer Aufbau	Zuschlagsstoffe	Korngrößen richtig abgestuft
	Zement	widerstandsfähig gegen die betr. Wirkung, kalkarm, Puzzolanzemente zur Kalkbindung
	Herstellungsweise	dicht durch plastische Verarbeitung
	Alter	Wartezeit bis zum Eintreten chemischen Gleichgewichts, Fluatierung
Herabminderung der Schädlichkeit	Ableitung	Drainage
	Neutralisation	Kalksteinpackung
	Druckverminderung	Vermeidung von Stauung und Durchtreten der Lösung unter Druck
Schutz vor Zutritt	Ummantelung	Dichter Plattenbelag, Glasbelag, Bitumendichtung
	Anstrich	guter Bitumenanstrich, Harzanstrich

Es ist also zu sorgen:

1. für geeigneten inneren Aufbau des Betons durch Heranziehung richtig gekörnter Zuschlagsstoffe, widerstandsfähigen Zemente, durch Herstellung dichten Betons und genügende Alterung vor Einbringung der schädlichen Lösung;

2. für Herabminderung der Schädlichkeit durch Ableitung der schädlichen Flüssigkeit oder durch Druckverminderung, um ein Durchpressen der schädlichen Flüssigkeit zu verhindern;

3. für Schutz vor dem Zutritt der schädlichen Flüssigkeit durch Plattenbelag oder aber in leichteren Fällen durch einfachen Anstrich.

Auf die große Wichtigkeit der zweckmäßigen Ausgestaltung der Bauten, welche in sehr weitem Maße die Beständigkeit der Bauwerke erhöht, vorausgesetzt, daß richtige Baustoffe angewendet werden, weist in einem grundlegenden Vortrag Goebel hin[1]. Er betont die Wichtigkeit, für sofortigen Abfluß der schädlichen Lösung zu sorgen durch Abdeckung mit Sandsteinplatten, zweckmäßige Profilierung, Anbringung von Tropfnasen und Vermeidung von Unebenheiten (Pfützenbildung) und empfiehlt weiter die Anwendung kalkarmen Zementes und entsprechende Klinkerverkleidung oder Anwendung von Prodorit. Prodorit ist ein hochsiedendes Pech, welches mit Steinzuschlag versetzt und heiß vergossen wird.

[1] Goebel: Zerstörung von Betonbauten durch chemische Angriffe und konstruktive Abwehrmaßnahmen. Bauing. 1925 S. 294.

8. Zinksulfat.

Zinksulfat, schwefelsaures Zink, Zinkvitriol ($ZnSO_4$), ist ein weißes Salz, das mit 7 Mol. Wasser kristallisiert.

Vorkommen. In Beizereien, Färbereien, chemischen Fabriken.

Einwirkungsweise schädlich wie Kupfersulfat.

Versuche. Die Schädigung wurde durch Grün als ungefähr gleich mit Kupfersulfat bei Versuchen erkannt (s. Tab. 83).

Tabelle 83. Zugfestigkeiten von Portlandzement, Hochofenzement und Tonerdezement bei Wasserlagerung und Sulfatlagerung[1].

7 Jahre gelagert in	Portlandzement	Hochofenzement	Tonerdezement
Wasser	42	40	37
Natriumsulfat . . .	4	49	64
Ammoniumsulfat .	0	2	68
Kalziumsulfat . . .	45	40	54
Magnesiumsulfat . .	7	40	56
Aluminiumsulfat . .	14	41	53
Alaun	8	43	58

Erfahrungen. Runde Eisenbetonbehälter mit 50 m² Bodenfläche und 200 m³ Inhalt zeigten erst nach 5 Jahren Abblätterungen des Wandputzes infolge der Wirkung der darin aufbewahrten schwach sauren Lösung von Zinksulfat und Natriumsulfat. Der Beton war 1 : 4 aus Eisenportlandzement hergestellt.

Die Aktiengesellschaft für chemische Industrie, Gelsenkirchen-Schalke, berichtet, daß Zinklaugenbehälter aus Beton aus 490 l Rheinkies, 126 l Zement und 40 l Traß mit einem Putz von 100 l Rheinsand auf 50 l Zement, in beiden Fällen Hochofenzement, hergestellt war, sich jahrelang bewährten. Die Lauge enthielt ungefähr 100 g/l Zink und 60 g/l Schwefelsäure als Zinksulfat. Außerdem waren noch Zinkchlorid, Natriumchlorid und Natriumsulfat vorhanden. (Schriftliche Mitteilung.)

Maßnahmen. Als Maßnahmen zur Sicherung des Betons wird bei verdünnten Lösungen dichtes Arbeiten, Verwendung von kalkarmem Zement und Schutzanstrich genügen. Bei stärkeren Lösungen die gleichen Maßnahmen wie bei Natriumsulfat, S. 345.

9. Kaliumaluminiumsulfat.

Kaliumaluminiumsulfat $KAl(SO_4)_2 + 12$ aq (Kalialaun) ist ein weißes, wie die Formel zeigt, stark wasserhaltiges Salz. Es gibt verschiedene Alaunarten, z. B. auch Natronalaun, die alle in Verhalten und Wirkung gleich sind. Alaune lösen sich leicht in Wasser, können also konzentrierte Lösungen bilden.

Vorkommen. In Färbereien, chemischen Fabriken, Gerbereien.

Wirkungsweise. Die Wirkung ist ähnlich wie diejenige von Kalium- oder Natriumsulfat, nur etwas schwächer, da aus dem Alaun, wenn der Sulfatrest an den Kalk des Betons geht, sich Aluminiumhydroxyd

[1] Lösungen sind 10%. Bei geringerer Löslichkeit kaltgesättigt.

als Gallerte abscheidet, welche die Poren des Betons verstopft und so eine Schutzschicht bildet.

Versuche. Vergleichsversuche Grüns zwischen den verschiedenen Sulfaten ergaben die Zahlen der Tab. 83 für einjährige Lagerung 1:3.

Maßnahmen. Maßnahmen wie bei Zinksulfat.

10. Aluminiumsulfat.

$Al_2(SO_4)_3$, das mit 18 Mol. Wasser zu kristallisieren vermag, verhält sich in jeder Beziehung wie Alaun, s. diesen.

11. Bleisulfat.

$PbSO_4$, ein weißes schweres Salz, löst sich äußerst schwer in Wasser und wirkt deshalb verhältnismäßig weniger schädlich als die leichter löslichen Sulfate; dennoch kann es natürlich in besonderen Fällen, gleich Gipswasser, zu Treiberscheinungen führen (s. dieses).

Maßnahmen. Maßnahmen wie bei Zinksulfat.

12. Manganosulfat und Manganisulfat.

$MnSO_4 + 4$ aq und $Mn_2(SO_4)_3$, rosa bzw. dunkelgrüne Salze, die sich in Wasser zu Mangansulfat lösen, wirken wie andere Sulfate (s. Alaun).

Aus geröstetem Spateisenstein ausgewaschenes Mangansulfat hat in einem gegen Wasserzutritt nicht geschützten Silo zur Aufbewahrung dieses Erzes den Beton bis zum Bröckligwerden zerstört. In dem mürben Beton wurden Mangan- und Magnesiumverbindungen festgestellt[1].

Maßnahmen. Maßnahmen wie bei Zinksulfat.

13. Eisensulfat.

Eisensulfat kommt in zwei Formen vor:

1. als Ferrosulfat, schwefelsaures Eisenoxydul, Eisenoxydulsulfat, Eisenvitriol $FeSO_4 + 7$ aq, grünes Salz,

2. als Ferrisulfat, schwefelsaures Eisenoxyd, Eisenoxydsulfat, $Fe_2(SO_4)_3 + 9$ aq, weißes Salz.

Beide Salze lösen sich in Wasser leicht und können infolgedessen konzentrierte Lösungen bilden, die, zumal das Eisen nur eine schwache Base ist, sehr schädlich wirken (s. Alaun).

Betonpfeiler einer 7 Jahre im Betrieb gewesenen Ofenhalle eines Gaswerkes, welche durch umfangreiche Ablagerungen alter Gasreinigungsmasse hindurchführten, waren so weitgehend zerstört worden, daß die Senkungen zum Bruch mehrerer Rauchgasabzugskanäle und infolgedessen zum Stillstand des Betriebes führten. Aus der Gasreinigungsmasse hatten sich bei der durch die Gasofenhitze gesteigerten Untergrundtemperatur Gips und Eisensulfat im Grundwasser gelöst, durch welche die Zerstörung herbeigeführt worden war[2].

Vorkommen. In chemischen Fabriken, bei der Kupfergewinnung.

Maßnahmen. Maßnahmen wie bei Magnesiumsulfat, S. 365.

---

[1] Mitt. Mat.-Prüf.-Amt 1923 S. 8.

[2] Hundeshagen, Dr. F., Stuttgart: Über seltsame Ursachen der Zerstörung von Betonpfeilern in dem Unterbau der Ofenhalle eines Gaswerkes. Zement 1925 S. 157.

14. Nickelsulfat.

$NiSO_4$ + 7 aq, grünes, in Wasser leicht lösliches Salz.

Vorkommen. In chemischen Fabriken und aus schwefelhaltigen Nickelerzen.

Wirkung und *Maßnahmen* wie bei Alaun usw. (S. 372).

15. Kobaltsulfat.

$CoSO_4$ + 7 aq, rotes, in Wasser lösliches Salz.

Vorkommen. In chemischen Fabriken und bei der Kobaltgewinnung.

Wirkung und *Maßnahmen* s. Alaun.

Die Chloride

— die Salze der Salzsäure — Chlorwasserstoffsäure, sind wesentlich weniger gefährlich als die Sulfate, da sie naturgemäß zur Bildung des treibenden Kalziumaluminiumsulfats nicht zu führen vermögen. Nur die Chloride von solchen Basen, die schwächer sind als Kalk, können nachteilig wirken, da hier die Möglichkeit vorliegt, daß der Kalk sich an die Stelle dieser schwächeren Base setzt und dabei als Chlorid in Lösung geht. Alle Chloride außer Silber- und Bleichlorid sind in Wasser leicht löslich.

Bromide — Salze der Bromwasserstoffsäure und Jodide, Salze der Jodwasserstoffsäure — verhalten sich ähnlich; eine besondere Besprechung ist überflüssig.

Besprochen sind:

1. Natriumchlorid,
2. Kaliumchlorid,
3. Ammoniumchlorid,
4. Kalziumchlorid,
5. Strontiumchlorid,
6. Magnesiumchlorid,
7. Quecksilberchlorid,
8. Eisenchlorid,
9. Natriumbromid,
10. Aluminiumchlorid.

1. Natriumchlorid.

Natriumchlorid, salzsaures Natrium, chlorwasserstoffsaures Natron, Kochsalz, NaCl, kristallisiert mit wenig eingeschlossener Mutterlauge in den bekannten weißen Salzkristallen, und ist das häufigst vorkommende, dem Menschen unentbehrliche Salz.

Vorkommen. Im Meerwasser und infolgedessen in den aus demselben entstandenen Ablagerungen, die von Steinsalz- und Kalibergwerken ausgebeutet werden. In vielen Quellen (Solen von Dürkheim, Hall, Reichenhall, Berchtesgaden, Nauheim usw.) und in chemischen Fabriken.

Wirkungsweise. Nennenswerte Einwirkung ist bei einigermaßen reinem Salz nicht zu erwarten.

Steopoe[1] hat festgestellt, daß Natriumchlorid die Zementkieselsäure unlöslich macht, daß aber bei Anwesenheit von Magnesiumsulfat die Kieselsäure unter Abscheidung von Magnesiumhydroxyd und der Bildung von löslichem Magnesiumhydrosilikat in Lösung geht. Ebenso findet er, daß die Gegenwart von Natriumchlorid die aggressive Tätigkeit solcher Salze erhöht, welche nicht gemeinsame Ionen mit dem

[1] Steopoe: Über die Einwirkung von aggressiven Lösungen auf erhärteten Zement. Tonind.-Ztg. 1936 Nr. 39, 40.

Natriumchlorid haben (also beispielsweise Magnesiumsulfat). Im entgegengesetzten Falle wird die aggressive Tätigkeit durch das Natriumchlorid herabgesetzt. Es würde dies bedeuten, daß also Natriumsulfat weniger schädlich wirkt, wenn Kochsalz vorhanden ist.

Versuche. 10proz. Lösungen von Natriumchlorid veränderten bei Einwirkung auf Beton 1:3, 1:5 und 1:8 den Festigkeitsanstieg während der Versuchsdauer von 6 Jahren nicht, gleichgültig, ob Portlandzement oder Hochofenzement verwendet wurde[1]. Muth kam an Hand großen Zahlenmaterials gleichfalls zu dem Ergebnis, daß Natriumchlorid ohne nachteiligen Einfluß ist[2]. Vergleichsversuche mit Portlandzement, Eisenportlandzement und Hochofenzement in gesättigten Lösungen von Natriumchlorid und Kaliumchlorid ergaben für beide Salze nur geringe Festigkeitsminderungen, für Kaliumchlorid etwas mehr als für Natriumchlorid[3].

Erfahrungen. In Bernterode haben sich $4 \times 6 \times 2$ m große Portlandzement-Betonbehälter seit 7 Jahren bewährt; in diesen wurden Flüssigkeiten bei Temperaturen von 12—25° aufbewahrt, die folgende Zusammensetzung hatten:

10—12,5 Vol.-%	Kaliumchlorid,
20—25 „	Natriumchlorid,
1,2— 2,5 „	Magnesiumchlorid,
0,5 „	Gips[4].

Während früher die Versiedung des Kochsalzes in Blechpfannen stattfand, ist man an anderen Stellen wegen der hierbei eintretenden Verfärbung zur Verwendung von Holzpfannen und neuerdings zur Heranziehung von Betonpfannen übergegangen[5]. Die Versiedung erfolgt mit eingebauten Rohren.

Die Wadsworth Salt Co. hat 14 Beton-Solebehälter mit einem Gesamtfassungsvermögen von 375000 Gallons seit 8 Jahren in Betrieb, die Carey Salt Co. 2 große Behälter seit 1917, die Worcester Salt Co. 5 große Pfannen und die Michigan Salt Co. 16 Betonbehälter mit einer Gesamtleistung von 1150000 Gallons. Obwohl die Sole teilweise auf 110° erhitzt wurde, haben sich die Behälter gut bewährt. Die Union Salt Co. teilt mit: „Beton ist besonders geeignet für Salzanlagen — unsere 6 neuen, im Jahre 1917 errichteten Gebäude wurden alle aus Beton mit Betondächern gebaut.“ Die Pfannen sind teilweise 30 m lang, 4,50 m breit und 60 cm tief. Auch die Lagerung von nassem und trockenem Salz hatte keinen Einfluß auf Beton[6].

Maßnahmen. Gefährlich werden können Kochsalzlösungen nur durch ihren Gehalt an anderen schädlichen Salzen. Solche schädliche Salze wie Magnesiumchlorid und Gips kommen häufig in Kochsalzlaugen vor; es muß also zunächst eine Untersuchung Aufklärung

[1] Mitt. Dr. Schruff: Vulkan, Duisburg.
[2] Passow: HOZ. Leitfaden 1913 S. 45.
[3] Guttmann: Kali 1916 Nr. 22.
[4] Landmann: Handb. S. 46.
[5] Block: Betonpfannen für die Versiedung von Kochsalz. Tonind.-Ztg. 1923 S. 393.
[6] Vgl. auch Hundeshagen: Über die Einwirkung von Alkalichloriden auf Zement und Beton. Zement 1937 S. 103.

geben über die Natur der vorliegenden Lösung, falls deren Zusammensetzung unbekannt ist. Bei reinen Kochsalzlösungen, die höchstens Spuren von Beimengungen obengenannter Art zeigen, genügt dichtes Arbeiten, um Zerstörung durch den Kristallisationsdruck eingedrungener Salzlösung zu verhindern. Bei Eisenbeton ist das Eisen mindestens 40 mm zu überdecken.

2. *Kaliumchlorid.*

Vorkommen. Chlorkalium, salzsaures Kali, KCl, ein dem Natriumchlorid sehr ähnliches Salz, welches gleich diesem, nur seltener, vorkommt.

Wirkungsweise. Da Wirkung usw. genau der des Natriumchlorids entsprechen, kann auf dieses verwiesen werden.

3. *Ammoniumchlorid.*

Chlorammon, salzsaures Ammoniak, Salmiak, NH_4Cl, sublimiert beim Erhitzen und löst sich sehr leicht in Wasser.

Vorkommen. In chemischen Fabriken, für Düngerherstellung.

Wirkungsweise. Wie alle Ammonsalze wird das Ammoniumchlorid durch den freien Kalk des Betons zersetzt, es entweicht Ammoniak, und der Kalk wird unter Zerstörung des Betons als Kalziumchlorid herausgelöst.

Versuche. Grün stellte fest, daß heiße Ammoniumchloridlösung (5%) Beton sofort durch Erweichen zerstörte, während er durch heiße Ammonsulfatlösung zunächst nicht verändert wurde. Auch 28 Tage Lagerung setzte die Zugfestigkeit von 30 kg auf 14 kg herab[1]. Die Versuche Mohrs ergaben gleichfalls eine Schädigung aller Zementarten, der Beton war nach mehrmonatiger Lagerung in 0,5- und 2,5proz. Ammonchloridlösung in der Festigkeit wenig geschädigt, aber von Sprüngen durchzogen und dem Untergange geweiht. Traßzusatz zu Portlandzement wirkte etwas bessernd[2].

Erfahrungen. Das Ammoniumchlorid ist, da das sich bei seiner Einwirkung bildende Kalziumchlorid leichter löslich ist als das unter dem Einfluß des Ammonsulfats sich bildende Kalziumsulfat, noch schädlicher als das Ammonsulfat; wenn es auch nicht zu Treiberscheinungen führt, erweicht es doch den Beton um so schneller. Schutz gegen seinen Zutritt muß dem Beton deshalb unter allen Umständen gewährt werden.

Maßnahmen. Maßnahmen s. unter Ammoniumsulfat (S. 357).

4. *Kalziumchlorid.*

Chlorkalzium, salzsaures Kalziumoxyd (nicht zu verwechseln mit Chlorkalk) ist ein weißes, stark wasseranziehendes (hygroskopisches) Salz, das infolgedessen an der Luft zerläuft. Äußerst leicht in Wasser löslich.

Vorkommen. In Ablagerungen des Meerwassers und in der Kalifabrikation.

---

[1] Grün: Verhalten von Beton in Ammonsalzlösungen. Zement 1921 S. 425.

[2] Mohr: Über die Einwirkung von Ammonsalzlösungen auf Beton. Bauing. 1925 S. 284.

Wirkungsweise. Kalziumchlorid ist eines der beliebtesten Salze für den Zusatz zum Anmachwasser, um eine schnelle Anfangserhärtung des Betons zu erzwingen. Da es bei diesem Gebrauch aber sehr verschieden auf die einzelnen Marken und Arten zu wirken vermag, sind Vorversuche von Fall zu Fall notwendig, wie dies auch ausführlich von Anstett empfohlen wird[1] (vgl. S. 88).

Weniger wichtig ist die Einwirkungsweise des Kalziumchlorids auf erhärteten Beton. Schädliche Einwirkung wurde bisher noch nicht beobachtet. Auch aus theoretischen Erwägungen heraus erscheint eine Umsetzung des Kalkes aus dem Beton mit dem Kalziumchlorid ausgeschlossen.

Versuche. Unter den zahlreichen veröffentlichten Versuchen mit verschiedenen Salzen finden sich keine, die mit Kalziumchlorid vorgenommen wurden, zweifellos weil eine Einwirkung nie festgestellt wurde.

Bei Versuchen Grüns wurden geringe Festigkeitsrückgänge festgestellt.

Erfahrungen. Neuerdings wurde Kalziumchlorid in großem Umfange verwendet, um Betonstraßen staubfrei zu machen[2]. Hier berichtet Brandt über Versuche, die gemacht wurden zur Nachbehandlung von Betonstraßendecken mit hygroskopischen Chemikalien. Hygroskopische Chemikalien sind solche, die aus der Luft Wasser anziehen, also an der Luft feucht werden und zerlaufen. Diese Eigenschaft hat das Kalziumchlorid in hohem Maße, und man hat aus diesem Grunde Betonstraßendecken mit Kalziumchlorid, das als Abfallauge billig zu haben ist, behandelt, um einen Ersatz für das Feuchthalten zu bekommen. Gonnermann[3] stellte bei Behandlung von erdfeucht und plastisch hergestellten Versuchskörpern gleichfalls geringere Druck- und Biegefestigkeit des mit Kalziumchlorid behandelten Betons gegenüber solchen, die unter feuchter Erde oder Dachpappe gelagert hatten, fest. Die Festigkeitsverminderung betrug 20% und war ebenso stark wie bei ausgetrockneten Körpern. In einem gewissen Widerspruch zu diesen Untersuchungen stehen diejenigen der Illinois Division of Highway, die an Betonplatten durch Kalziumchloridbehandlung 10% weniger Abnutzung fanden gegenüber unbehandelten Platten.

Aus der Praxis sind keine Fälle nachteiligen Verhaltens bekannt.

Maßnahmen. Als Maßnahme kommt bei Eisenbeton Schutz der Eiseneinlagen durch genügende Überdeckung mit dichtem Beton in Betracht.

5. *Strontiumchlorid* ($SrCl_2$) und *Bariumchlorid* ($BaCl_2$).

Kommen seltener vor als Kalziumchlorid, und zwar nur in chemischen Fabriken.

---

[1] Anstett: Action du chlorure de calcium sur les ciments. Ciment 1927 S. 249.

[2] Brandt: Die Verwendung hygroskopischer Chemikalien im Betonstraßenbau. Betonstraße 1928 S. 178.

[3] Studies of Curing Concrete in a Semiarid Climate. Bulletin 15, Structural Materials Research Laboratory, Levis Institute, Chicago.

Sie verhalten sich als Chloride der Erdalkalien genau wie Kalziumchlorid. Bariumchlorid wirkt in großem Umfange dichtend durch Bildung des unlöslichen Bariumsulfats aus dem Kalziumsulfat des Zementes, vermag aber die Festigkeiten zu schädigen durch Auflösung des Gipses zu Kalziumchlorid.

6. Magnesiumchlorid.

Magnesiumchlorid, Chlormagnesium, salzsaure (chlorwasserstoffsaure) Magnesia, $MgCl_2$, vermag mit 6 Mol. Wasser zu kristallisieren zu einem weißen Salz, das sich sehr leicht in Wasser löst.

Vorkommen. Im Meerwasser und infolgedessen auch in den Ablagerungen des Meerwassers in den Steinsalzbergwerken und der Kaliindustrie, bei der Steinholzherstellung.

Die Einwirkung von Magnesiumchlorid kommt für zwei besonders geartete Fälle der Praxis in großem Umfange in Frage, nämlich bei der Aufbewahrung von Magnesiumchloridlauge, die bekanntlich zur Herstellung von Steinholz dient, um das Magnesiumoxyd zur Erhärtung anzuregen[1], und weiter bei der Herstellung von Steinholz selbst, da dieses ja mit konzentriertem Magnesiumchlorid angemacht und häufig auf Beton verlegt wird.

Wirkungsweise. Die Einwirkungsweise des Magnesiumchlorids ist noch nicht ganz klar[2], Schädigung ist aber sicher nachgewiesen, allerdings ist sie erheblich schwächer als diejenige des Magnesiumsulfats.

Passow stellte fest, daß 25proz. Magnesiumchloridlösung während 6 Monaten 6 Hochofenzementbetone nicht angriff, 6 Portlandzementbetone dagegen zerstörte[3]. Guttmann fand schädigende Wirkung auf Portlandzement, Eisenportlandzement und Hochofenzement; während aber die beiden ersten zerstört wurden, wurde beim Hochofenzementbeton die Festigkeit nur herabgesetzt[4].

Versuche. In der Stadt Schönebeck a. d. Elbe wurde ein Betonrohrkanal durch die Abwässer zerstört, welche 10,9% Magnesiumchlorid und 1,4% Magnesiumsulfat (ohne Kristallwasser) enthielten. Auch der Goudronanstrich hatte den Beton nicht zu schützen vermocht[5].

An anderer Stelle wurde Rabitzauskleidung aus Portlandzementbeton 1:2 nach 3—4 Jahren zerstört von einer etwa 80° heißen Rohlauge folgender Zusammensetzung:

22—22,5	Vol.-%	Kaliumchlorid,
23,7—28	„	Natriumchlorid,
1,3— 1,5	„	Magnesiumchlorid,
0,6	„	Gips.

[1] Grün: Magnesit und Lauge als Rohstoffe für die Steinholzherstellung. Baumarkt 1929 Nr. 18—20. — Über die Einwirkung von Verunreinigungen der Magnesiumchloridlauge auf die Festigkeiten und die Schwindneigung des Steinholzes. Baumarkt 1930 Nr. 8 u. 10.

[2] Kühl: Vom Chlortreiben. Zement 1925 S. 859 (vgl. Klut: Wass. u. Gas 1926 S. 795).

[3] Passow, Dr. H.: Hochofenzement und Portlandzement. Tonind.-Ztg. 1916 S. 424.

[4] Guttmann, Dr. A.: Kali 1916 Nr. 22.

[5] Städt. Tiefbau 1912 Nr. 4.

Die Zerstörung ist offenbar auf das Magnesiumchlorid und den Gips zurückzuführen[1].

Auch Fußböden aus Portlandzement (1:4, Oberschicht 1:2), die Ränder einer Laugensammelgrube und ein Laugenbehälter 30 × 10 × 2 m (1:5) wurden durch Magnesiumchloridlösung zerstört, der letztere nach 3 Monaten; dagegen haben sich an anderen Orten (Wolframshausen und Rastenberg) eisenbewehrte Behälter 3 × 5 × 2,5 m aus Hochofenzementbeton bewährt.

Die staatliche Berginspektion Staßfurt stellte für einige Hochofenzemente größere Widerstandsfähigkeit fest als für Portlandzemente[1].

Michelsen beschäftigte sich in einer ausführlichen Arbeit über Steinholz und Zementbeton[2] mit dem Merkblatt für die Verlegung von Steinholz, welches mit den Worten beginnt: „Betonunterlagen für Steinholz dürfen daher nur aus Portlandzement, scharfem lehmfreien Sand und Schotter zubereitet werden", und stellt folgende 3 Fragen auf:

1. Sind die im Verarbeitungsvermerk aufgestellten Behauptungen allgemeingültig und müssen Einschränkungen gemacht werden?
2. Ist das starre Festhalten der Steinholzfußböden-Erzeuger an der Verwendung von Portlandzement für den Unterbeton berechtigt oder nicht?
3. Kann ein einfaches Kriterium für die Eignung der Zemente gefunden werden?

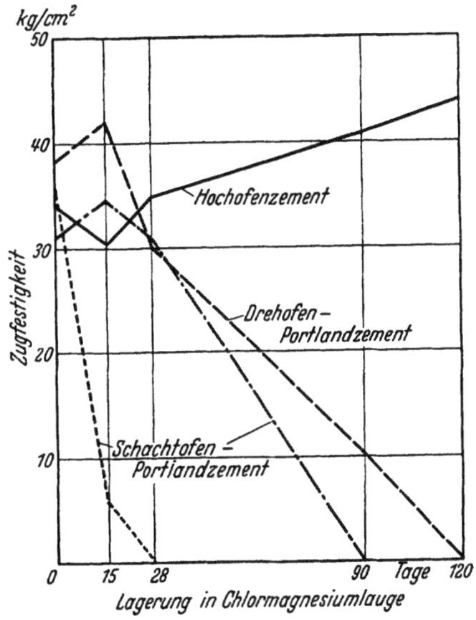

Abb. 214. Schädliche Wirkung der Chlormagnesiumlauge, wie sie zur Steinholzherstellung verwandt wird, auf Mörtel: Der am längsten gebrannte Schachtofenzement geht am schnellsten zugrunde.

Zur Klärung der Fragen führte er umfangreiche Versuche mit Portlandzement, Hochofenzement und Schlackenzement durch, deren Ergebnisse in Kurventafel 214 aufgezeichnet sind. Es lagerten hier die Körper aus den verschiedenen Zementen in Chlormagnesiumlauge. Außer Hochofenzement wurden alle anderen zerstört. Demgemäß kommt Michelsen zu folgender Fragebeantwortung und Zusammenfassung:

„1. Aus den Untersuchungen geht eindeutig hervor, daß die im Merkblatt aufgestellten Behauptungen hinsichtlich der Bildung von Kohlensäure und Schwefelwasserstoff jedenfalls für keinen der untersuchten Zemente aufrechterhalten werden können und diese Behauptungen also nur hinsichtlich der Zuschläge Geltung haben können.

[1] Handb. S. 46.
[2] Michelsen: Steinholz und Zementbeton. Tonind.-Ztg. 1931 S. 1068.

Überhaupt ist den Zuschlägen und der Sorgfalt bei der Herstellung des Unterbetons die größte Aufmerksamkeit zu widmen, was auch in neueren Merkblättern eindringlichst betont wird.

2. Das starre Festhalten der Steinholzfußböden-Erzeuger an der ausschließlichen Verwendung des Portlandzementes für den Unterbeton (wie es auch in neueren Merkblättern geschieht) ist unbegründet.

3. Aus obiger Untersuchung (s. Analysentabelle) geht klar hervor, daß der Glühverlust ein äußerst einfaches, zuverlässiges Kriterium für die Eignung eines Zementes als Bindemittel für den Unterbeton bei Steinholzfußböden abgibt."

In der Untersuchung wird gezeigt, in welch hohem Grade verschiedene Portlandzemente von Chlormagnesiumlauge zersetzt werden und daß demzufolge mit der größten Vorsicht zu arbeiten und auf alle

Abb. 215. Wirkung von Magnesiumchloridlauge auf einbetonierte Eisen.

Eventualitäten Rücksicht zu nehmen ist, wenn Portlandzement für den Unterbeton verwendet wird. Demgegenüber ist der kalkarme Hochofenzement weit weniger gefährdet und zeigt sich als ein Zement mit sehr großer Widerstandsfähigkeit gegenüber chemischen Angriffen.

Erfahrungen. Zur Aufbewahrung von Magnesiumchloridlauge dienende Betonbehälter wurden wiederholt zerstört[1].

Suenson berichtet über Angriffe der Magnesiumchloridlauge auf einbetonierte Eisen[2] (Abb. 215) und kommt zu dem wahrscheinlichen Schluß, daß das Treiben des Zementmörtels unter Einwirkung des Chlormagnesiums von der Art, wie der Kalk im Mörtel anwesend ist, abhängig ist. Kalk als Kalziumhydroxyd soll zu Treiben führen, Kalk als Kalziumkarbonat nicht.

Rohre der Warmwasserheizung, die fehlerhafterweise teilweise in Steinholz statt in Beton verlegt waren, wurden zerfressen und das Bauwerk durch das auslaufende Wasser schwer geschädigt[3].

---

[1] Berichte des Verbandes deutscher Steinholzfabrikanten an den Verfasser.
[2] Suenson: Steinholz auf Beton. Bautenschutz 1933 S. 25.
[3] Erfahrungen des Verfassers.

Kohlberg[1] empfiehlt die Aufbringung einer dichten Abschlußschicht über den Beton vor Aufbringung des Steinholzes.

Auch Burchartz[2] ist für Abschluß des Steinholzes vom Beton und hält eine feste Verbindung zwischen Steinholz und Beton für nicht wünschenswert, um dem Steinholz das „Arbeiten" ohne Risse möglich zu machen. Im Gegensatz zu dieser Ansicht steht diejenige der Steinholzfabrikanten, welche stets auf eine besonders feste Verbindung zwischen Steinholz und Unterlage durch entsprechende Vorbehandlung des Betons oder Untergrundes (Anstreichen der Unterlager mit Magnesiumoxydschlempe, Einschlagen von Nägel in Holzfußböden) hinarbeiten.

Nach Erfahrungen des Verfassers ist die Gefahr des Rostens der Eisen im Beton vorhanden, wenn der Beton nicht sehr dicht ist, sie wächst noch beträchtlich, wenn auf verhältnismäßig frischem Steinholz Linoleum verlegt wird. In diesem Falle wird eine große Wassermenge zwischen Beton und Linoleum eingeschlossen. Die eingeschlossene Feuchtigkeit kondensiert sich dann an dem Linoleum, saugt sich in dem darunter befindlichen Steinholz voll Magnesiumchlorid, die schwere Lösung sinkt in den Beton zu den Eisen und führt deren Rosten herbei. Bei Heizung des unter der Decke befindlichen Raumes verdunstet dann das Wasser wieder, kondensiert sich oben und „regnet" als Magnesiumchloridlauge erneut auf die Eisen herab. Auf diese Weise wurden bei Fußböden unter Linoleum in verschiedenen Kontorhäusern größten Ausmaßes in Hamburg die Bewehrungseisen bis auf Stricknadeldünne ausgezehrt oder ganz vernichtet[3].

Maßnahmen. Ein Schutz des Betons ist erforderlich. Bei verdünnten Lösungen wird dichtes Arbeiten und Schutzanstrich genügen; bei konzentrierten Lösungen Plattenverkleidung, in schweren Fällen Belag von großen Sandsteinplatten in Bitumen (s. Natrium- und Ammoniumsulfate, S. 345 u. 357).

Sollen Steinholzfußböden auf Beton verlegt werden, so ist eine Überdeckung der Eisen von 3 cm unbedingt notwendig, bei Herstellung allerdichtesten Betons mit hohem Zementgehalt. Hochofenzement oder Eisenportlandzement ist ebensogut verwendbar wie der vorgeschriebene Portlandzement, nach obiger Schriftstelle sogar vorzuziehen. Die häufig beliebte Anwendung eines Ausgleichsbetons von poröser Beschaffenheit ist unbedingt zu vermeiden, ebenso selbstverständlich unter allen Umständen Schlackenbeton oder Bimsbeton, da dieser sich vollsaugt. Es darf also nur auf ganz dichtem Beton verlegt werden. Das Steinholz selbst muß ohne Überschuß von Magnesiumchlorid sein, die Lauge darf nicht zu konzentriert, und für sehr gute Austrocknung vor Aufbringung von dichtenden Schichten, wie Linoleum, ist zu sorgen.

---

[1] Kohlberg: Erfahrungen mit Steinholz zwischen Linoleum und Eisenbeton. Bautenschutz 1930 S. 65.

[2] Burchartz: Die Ursachen des Rissigwerdens von Steinholzfußbodenbelag. Zement 1926 S. 497.

[3] Erfahrung des Verfassers.

7. Quecksilberchlorid, Sublimat.

Quecksilberchlorid, Sublimat ($HgCl_2$), trägt seinen Namen von der Tatsache, daß es beim Erhitzen sublimiert.

Es sieht weiß aus, wird aber in der Technik rot gefärbt, damit der Arzt einen Anhalt über die Stärke der Konzentration hat, da zu starke Lösungen die Haut verbrennen. Ziemlich leicht in Wasser löslich.

Vorkommen. Ist das meistgebrauchte Desinfektionsmittel und dient auch zur Imprägnierung von Telegraphenstangen u. dgl. gegen Fäulnis und Insektenfraß (Zyanisieren).

Versuche. Kleinlogel stellte baldige Zerstörung von Beton durch Sublimatwirkung fest. Nach Angabe war die Lösung 7%. Da sich an Sublimat aber nur 4,3% in Wasser löst, hat Kleinlogel wohl mit verdünnterer Lösung gearbeitet[1].

Erfahrungen. In Zyanisierwerken (Imprägnierwerke für Telegraphenstangen) wurde durch die Sublimatlösung der Zement mürbe[2]. Gegen stark verdünnte Lösungen haben sich Zyanisierbehälter aus Beton seit 20 Jahren bewährt[3].

Maßnahmen. Gemäß den Erfahrungen der Praxis muß Beton gegen Sublimatlösungen, die mehr als 0,7% Sublimat enthalten, unbedingt geschützt werden. Auch bei verdünnteren Lösungen ist ein energischer Schutz unbedingt am Platze, also stets Plattenbelag, zum mindesten Schutzanstrich.

8. Eisenchlorid.

Eisenchlorid ist ein gelbliches, leicht in Wasser lösliches Salz.

Vorkommen. Eisenchlorid wird in Färbereien und Beizereien gebraucht.

Wirkungsweise. Das Eisenchlorid reagiert sauer und greift schon aus diesem Grunde Beton stark an. Unter dem Einfluß des Kalkes aus dem Beton scheidet sich Eisenhydroxyd in gelben Flocken ab, der Kalk geht als Kalziumchlorid in Lösung und der Beton geht zugrunde:

$$\underset{\substack{\text{Eisenchlorid}\\\text{Ferrochlorid}}}{FeCl_2} + \underset{\substack{\text{Kalk des}\\\text{Betons}}}{Ca(OH)_2} = \underset{\text{Eisenhydroxyd}}{Fe(OH)_2} + \underset{\text{Calciumchlorid}}{CaCl_2}$$

Versuche. Schon nach 3 Monaten hatte 5proz. Eisenchloridlösung sowohl Hochofenzementbeton als auch Portlandzementmörtel 1:3 zerstört[4].

Maßnahmen. Unbedingter Schutz des Betons gegen den Zutritt der Eisenchloridlösung durch Plattenbelag oder Bitumenabdeckung.

9. Aluminiumchlorid.

Ein im Wasser sehr leicht lösliches Salz, wirkt genau wie Eisenchlorid, nur findet statt Abscheidung des Eisenhydroxyds diejenige des farblosen oder weißen Aluminiumhydroxyds statt.

10. Alle übrigen Chloride, so beispielsweise das sauer reagierende Manganchlorid, wirken je nach der Reaktion mehr oder weniger schädlich; unschädlich ist nur das schwerlösliche Bleichlorid.

[1] Kleinlogel: Imprägnierzylinder für Holzmasten und Schwellen. Z. angew. Chem. 1921 S. 295.

[2] Moll: Betonschutzmittel. Baumarkt 1920 S. 473.

[3] Moll: Imprägnierzylinder für Holzmasten und Schwellen. Z. angew. Chem. 1921 S. 435.

[4] Handb. S. 49.

Die Chloride führen zwar nicht zu Treiberscheinungen wie die Sulfate, wegen der Erweichungsgefahr ist aber dennoch Schutz notwendig. Dieser richtet sich nach der Art des Chlorides. Bei den weniger schädlichen Chloriden genügt gewöhnlicher Schutzanstrich. Bei konzentrierter Lösung, oder falls Erhöhung der Konzentration durch dauerndes Verdunsten möglich ist (Tropfenwirkung, Pfützenbildung), ist Belag mit verklebter Bitumenpappe oder keramischen Platten notwendig. Bei geringwertigen Betonausführungen (Fußboden in Fabriken) genügt auch dichtes Arbeiten. Der Fußboden od. dgl. wird dann jahrelang halten und kann ohne große Kosten erneuert werden.

11. Natriumbromid.

Bromnatrium, bromwasserstoffsaures Natrium (NaBr), ebenso Natriumjodid (NaJ) und die entsprechenden Kaliumsalze kommen in sehr geringen Mengen in Ablagerungen des Meerwassers und in diesem vor und verhalten sich genau wie Natriumchlorid, da die Halogene, Chlor, Jod, Brom und Fluor ähnliche Salze bilden, sie sind also unschädlich.

Die Nitrate,

die Salze der Salpetersäure, verhalten sich im allgemeinen wie die Chloride, d. h. soweit sie überhaupt schädlich sind (Ammoniumnitrat), führen sie Erweichung des Betons, aber keine Treiberscheinungen herbei. Sie sind alle in Wasser leicht löslich.

Es werden besprochen:

1. Natriumnitrat,
2. Kaliumnitrat,
3. Ammoniumnitrat,
4. Kalziumnitrat,
5. Nickelnitrat, Bleinitrat.

1. Natriumnitrat[1].

Salpetersaures Natron, Natronsalpeter, $NaNO_3$, weißes Salz, in Wasser sehr leicht löslich, wie alle Nitrate.

Vorkommen. Unter dem Namen Chilesalpeter, für Düngezwecke und Pulverfabrikation bisher importiert, wird aber in steigendem Ausmaß ersetzt durch die aus dem Stickstoff der Luft synthetisch in großem Umfang hergestellten Nitrate.

Wirkungsweise. Ohne Einwirkung.

2. Kaliumnitrat.

Salpetersaures Kali, Kaliumnitrat, Salpeter dient als Düngemittel und zur Sprengstoffherstellung.

Wirkungsweise. Ohne Einwirkung. Darauf zu achten ist, daß Kaliumnitrat häufig mit Sulfat, beispielsweise Kaliumsulfat gemischt in den Handel gebracht wird. In solchen Fällen ist selbstverständlich Beschädigung von dem gemischten Salz zu erwarten (vgl. S. 355).

Versuche s. am Schluß des Abschnittes Nitrate.

---

[1] Vgl. auch Rister u. Drögsler: Über den Einfluß der Natriumnitratlagerung auf die Festigkeitseigenschaften verschiedener Zemente. Mitt. der Wiener Städt. Prüfanstalt für Baustoffe 1934, Folge 2 S. 1.

3. Ammoniumnitrat.

Salpetersaures Ammon, explosives Salz (die Explosionskatastrophe in Oppau wurde durch dieses hervorgerufen), das zur Sprengstoff- und vor allem zur Düngemittelherstellung in großem Umfange verwendet wird.

Abb. 216. Portlandzementbetonkörper nach Lagerung von 0,5 proz. Ammonnitratlösung. (Aufn. Prof. Mohr, L'hafen.)

Wirkungsweise. Die Einwirkung ist schädlich, da sich aus dem freien Kalk des Betons und dem Salpetersäurerest unter Verflüchtigung des Ammoniaks leicht lösliches Kalziumnitrat bildet.

Abb. 217. Portlandzementbetonkörper nach Lagerung in 2,5 proz. Ammonnitratlösung. (Aufn. Prof. Mohr, L'hafen.)

Versuche. Die Versuche von Mohr[1] zeigten die entkalkende Wirkung des Ammoniumnitrats. Die Körper aus Portlandzement wurden völlig zerstört (Abb. 216 u. 217), diejenigen mit Traßzusatz und diejenigen aus Hochofenzement hatten sich äußerlich etwas besser gehalten, aber auch bei ihnen hatte Entkalkung stattgefunden, und das Auftreten feiner Risse zeigte, daß die Körper „dem Untergang geweiht waren“[2].

[1] Mohr: Über die Einwirkung von Ammonsalzlösungen auf Beton. Bauing. 1925 S. 284.

[2] S. auch Versuche am Schluß des Abschnitts „Nitrate“.

Erfahrungen. In Kokereien und Fabriken für Kunstdünger wurden, da die schädliche Einwirkung des Ammonnitrats bekannt ist, Betonwände häufig auch gegen trockene Salze durch Anstrich und Holzverkleidung geschützt.

Maßnahmen. Unbedingter Schutz des Betons gegen Zutritt von Lösungen des Ammonnitrats, auch sehr verdünnter Art, ist nötig (s. Ammonsulfat, S. 357).

4. Kalziumnitrat.

Kalksalpeter, der in chemischen Fabriken und als künstliches Düngemittel vorkommt, wird ohne Einwirkung bleiben.

Versuche. Versuche sind unbekannt. Mohr teilt aber mit, daß bei einem mit Porzellanplättchen in Tonerdezement ausgekleideten Eindampfkessel starke Treiberscheinungen des Tonerdezementes schon nach wenigen Tagen auftraten. Die Plättchen wurden zersprengt, der Tonerdezement war in eine weiche Masse verwandelt. Die gleiche Auskleidung in Portlandzement zeigte keine Veränderung in der gleichen Beobachtungsdauer[1].

5. Alle übrigen Nitrate, die wohl in chemischen Fabriken, kaum aber in der weiten Praxis vorkommen, werden sich wie die gleichen Chloride verhalten. Einige Versuche Grüns bewiesen diese Tatsache (Tab. 84).

Tabelle 84. Zugfestigkeiten von Portlandzement, Hochofenzement und Tonerdezement bei Wasserlagerung und Nitratlagerung[2].

7 Jahre gelagert in	Portland-zement	Hoch-ofen-zement	Ton-erde-zement
Wasser	42	40	37
Natriumnitrat	43	40	57
Ammoniumnitrat	8	16	41
Kalziumnitrat	35	41	49
Magnesiumnitrat	37	40	54
Aluminiumnitrat	27	36	34
Bleinitrat	35	35	45

Die Sulfide,

Salze der Schwefelwasserstoffsäure, treten außer in chemischen Fabriken in Abwässern und vor allen Dingen als Erze auf. Diese Erze heißen „Kiese" (Kupferkies, Schwefelkies), sie werden durch „Rösten" von dem größten Teil ihres Schwefels befreit, die gerösteten Erze, die „Kiesabbrände", enthalten aber immer noch erhebliche Mengen Schwefel als Sulfid oder Sulfat. Auch die verschiedenen Kohlenarten, mit Ausnahme von Anthrazitkohle, enthalten Schwefelmengen bis zu 2%, teilweise als Kupferkies; ebenso ist Posidonienschiefer (Ölschiefer) stark schwefelkieshaltig. Infolgedessen sind die Schlacken von Ölschiefer und Kohle sulfathaltig, Koks ist schwefelhaltig.

Wirkungsweise. Die Sulfide sind, soweit sie löslich sind, stets verdächtig, da ihre Oxydation zu Sulfat bei Luftzutritt möglich ist. Auch die nichtwasserlöslichen Sulfide, die Kiese und die Abbrände, vermögen bei Wasserzutritt Sulfat zu bilden; beispielsweise verwandelt sich das unlösliche Eisensulfid in das leichtlösliche Eisensulfat, das dann von dem Wasser in den Beton eingeschleppt wird. Dies führt dann zu den unter Sulfaten beschriebenen Betonzerstörungen.

[1] Mohr: Über die Einwirkung von Ammonsalzlösungen auf Beton. Bauing. 1925 S. 284.

[2] Lösungen sind 10%. Bei geringerer Löslichkeit kaltgesättigt.

Versuche. J. C. Witt[1] zeigt, daß bei Konzentrationen von Natriumsulfid, die nicht über 1 g S im Liter (0,1%) hinausgehen, die Zugfestigkeit von Portlandzementmörtel nicht ernstlich beeinflußt wurde. Bei höherer Konzentration nahm die Festigkeit in jedem Falle ab.

Erfahrungen. Mehrere Eisenbetonbunker für Kladnoer stark schwefelhaltige Generatorkohle, teilweise mit, teilweise ohne Dach, haben sich seit 1913 gut bewährt[2]. Eine andere mit Inertolanstrich geschützte Kohlenbunkeranlage einer Eisenbahndirektion ist gleichfalls in gutem Zustand, der Anstrich unversehrt[3]. Auch eine Rundfrage des Betonvereins ergab im allgemeinen gute Bewährung von Beton gegen Kohle; auch für Rohbraunkohle sind Bunker mit gutem Erfolg errichtet worden[4]. Dagegen wurde auf einer Zeche in Westfalen der Beton eines Kohlenschlammsilos nach 10 Jahren völlig zermürbt[5]. Nitzsche stellte Anreicherung an Sulfat in einem Kalkmörtel durch lagernden feuchten Koks fest, Portlandzement- und Hochofenzementmörtel wurde aber nicht zerstört[6]. Lagernder gerösteter Spateisenstein hat in einem aus Eisenbeton ausgeführten Silo bereits nach 1 Jahr erhebliche Zerstörungserscheinungen, Abfallen des Putzes, Mürbewerden des Betons, hervorgerufen. Es wurden in dem Erz Mangansulfid und -sulfat, in dem zerstörten Beton schwarze Ablagerung von Mangan und Kalkverarmung festgestellt[7].

Die durch Verschwelen des Posidonienschiefers erhaltenen Schlacken wurden in großem Umfang zu Leichtsteinen verarbeitet. Bei Verwendung von Romanzement und Hochofenzement blieben diese beständig, bei Verwendung von Portlandzement wurden erhebliche Zerstörungserscheinungen, die zum Verfall ganzer Gebäude führten, beobachtet[8].

Es muß besonders hingewiesen werden auf die große Gefahr, welche Schlackenhalden bilden, da sich aus diesen dauernd Sulfide unter Oxydation als Sulfate auflösen, und auf die weitere Gefahr nasser schwefelhaltiger Kohlen bei Kohlenwäschen usw. Dichte Herstellung des Betons von Silos für nasse Kohle und Schutzanstrich ist unbedingt erforderlich, da andernfalls mit Zerstörung zu rechnen ist. Vom Verfasser wurden an Kohlenwäschen und Silos zur Aufbewahrung nasser Kohle weitgehende Zerstörungen bloßliegender Eiseneinlagen und Zermürbung des Betons beobachtet. Die Zerstörungserscheinungen können natürlich nur auftreten bei Gegenwart von Wasser und Luft; diese sind aber in den genannten Fällen ja stets vorhanden.

Maßnahmen. Abhilfe gegen Zerstörungserscheinungen durch Sulfide bringt nur Fernhalten derselben von dem Beton.

Bei löslichen Sulfiden (Natriumsulfid usw.) dichtes Arbeiten, Schutzanstrich bei konzentrierten Lösungen.

---

[1] Chem. Zbl. 1923 IV S. 450.

[2] Gensbaur: Einfluß von Kohle und Koks auf Beton. Beton u. Eisen 1923 S. 27.

[3] Schaefer u. Kohlrausch: Einfluß von Kohle und Koks auf Beton. Beton u. Eisen 1923 S. 39.

[4] Kunze: Eisenbeton-Braunkohlenbunker von 2400 m³ Fassungsraum für die Grube Wilhelminenglück in Klettwitz bei Senftenberg. Bauing. 1923 S. 636.

[5] Besichtigung durch den Verfasser.

[6] Nitzsche: Putzmörtelzerstörung durch Koks. Beton u. Eisen 1923 S. 185.

[7] Mitt. Mat.-Prüf.-Amt 1923 S. 8.

[8] Beobachtung des Verfassers.

Bei unlöslichen Sulfiden (Erze, schwefelhaltige Kohle) Verhinderung des Wasserzutritts, der unter Oxydation der Sulfide diese in lösliche Sulfate überführt und in den Beton verschleppt.

Karbonate.

Karbonate sind die Salze der schwachen Kohlensäure mit den verschiedenen Metallen. Das am weitesten verbreitete Karbonat ist der kohlensaure Kalk, der in den Alpen gebirgsbildend auftritt (Voralpen), und das Kalziummagnesiumkarbonat, der Dolomit[1]. Kreide, Marmor und Tropfstein sind kohlensaurer Kalk. Die meisten Karbonate sind wasserunlöslich. Kalziumkarbonat löst sich nur in kohlensäurehaltigem Wasser zu doppeltkohlensaurem Kalk. Darauf ist die starke Verwitterung in Gebirgen, die aus kohlensaurem Kalk oder Dolomit bestehen, zurückzuführen (Karstgegenden) und die merkwürdigen Formen, die dort infolge der Lösungsvorgänge durch das Regenwasser sich bilden. Daß Regenwasser stark aggressiv ist infolge seines hohen Gehaltes an aggressiver Kohlensäure, hat Grün nachgewiesen[2], der zeigte, daß Regenwasser und besonders Schneewasser einen sehr niedrigen p_H-Wert hat, also sauer reagiert. Es muß deshalb besonders schädlich sein (Lösungswirkung). Allein wasserlöslich sind nur die Alkalikarbonate, also Natriumkarbonat, (Soda) und Kaliumkarbonat (Pottasche) und Ammoniumkarbonat (Hirschhornsalz).

Wirkungsweise. Karbonate sind stets unschädlich, denn sie führen den freien Kalk des Betons in kohlensauren Kalk über, der ja in gewöhnlichem Wasser praktisch unlöslich ist. Sie wirken infolgedessen auf Beton eher verfestigend.

Sogar das Ammoniumkarbonat vermag den Beton im Gegensatz zu den anderen Ammonsalzen, die ja außer Ammoniumoxalat und Ammonfluorid schädlich sind, kaum zu schädigen.

Ammoniumkarbonat.

Grün[3] fand bei intensiver Einwirkung von heißem Ammoniumkarbonat keine Festigkeitsrückgänge, dagegen starke Schädigung durch alle anderen untersuchten Ammonsalze (Ammoniumchlorid, Ammoniumsulfat) und kommt zu dem Schluß, daß alle Ammoniumsalze derjenigen Säuren, welche mit dem Kalk lösliche Salze bilden, schädlich sind. Da Ammoniumkarbonat sich mit dem Kalk des Betons in der Weise umsetzt, daß aus dem freien Kalk des Betons sich kohlensaurer Kalk bildet und Ammoniak frei wird, hat man das Ammoniumkarbonat schon angewendet, um die Widerstandsfähigkeit des Betons gegen aggressive Lösungen zu erhöhen, ihn mit anderen Worten künstlich zu altern, also zu karbonisieren nach folgender Formel:

CaO	+	$(NH_4)_2CO_3$	=	$CaCO_3$	+	$(NH_4)_2O$
Kalk des Betons		Ammoniumkarbonat		kohlensaurer Kalk		Ammoniak

[1] Der Name „Dolomit" ist dem Gestein gegeben zur Erinnerung an den Mineralogen Dolomicu.

[2] Grün: Verwitterung von Bausteinen vom chemischen Standpunkt. Chem.-Ztg. 1933 S. 401.

[3] Grün: Verhalten von Beton in Ammonsalzlösungen. Zement 1921 S. 425.

Natriumkarbonat (Soda) und *Kaliumkarbonat* (Pottasche).

Versuche Schruffs bewiesen, daß Druckkörper aus Eisenportlandzement und Hochofenzement während 8jähriger Lagerung in 16proz. Sodalösung ohne Veränderung blieben. (Mitteilung an den Verfasser.)

Auch bei Portlandzement ist natürlich mit einem ungünstigen Einfluß des Natriumkarbonats nicht zu rechnen. Dagegen schließt Haegermann aus Lösungsversuchen auf eine nachteilige Wirkung der Soda auf die gegen Magnesiumsulfat so beständigen Tonerdezemente[1].

Fluoride, flußsaure Salze, sind ohne schädlichen Einfluß, sie nützen im Gegenteil durch Überführung des freien Kalkes in unlösliches Fluat.

Natriumfluorid.

Natriumfluorid bleibt ohne Nachteil, wirkt im Gegenteil günstig, da es den Kalk in das sehr harte Kalziumfluorid überführt. Fluoride dienen deshalb auch als Härtungsmittel für abgebundenen Beton (Fluatierung).

Silikate, kieselsaure Salze, die als Härtungsmittel und zur Beschleunigung der Abbindezeit verwendet werden, sind wie die Fluate von Nutzen, da sie gleich diesen den freien Kalk binden und zu einer Härtung des Betons beitragen (Anstreichen von Estrichen, Betonstraßen u. dgl. mit Wasserglas).

Allein löslich in Wasser sind die Silikate der Alkalien (Natriumsilikat = Natronwasserglas und Kaliumsilikat = Kaliwasserglas). Das Kalziumsilikat, ein Hauptbestandteil des Portlandzementmörtels, ist praktisch in Wasser unlöslich, ebenso alle anderen Silikate. Eine ungünstige Einwirkung ist nicht zu befürchten.

Natriumsilikat (Natronwasserglas).
Kaliumsilikat (Kaliwasserglas).

Vorkommen. In chemischen Fabriken, zur Herstellung von Putzmitteln und zur Festigung von Böden.

Wirkungsweise. Aus den Wassergläsern scheidet sich die Kieselsäure durch die Einwirkung des freien Kalkes des Betons als Kalziumsilikat oder als gallertartige, wasserhaltige Kieselsäure ab, welche die Oberfläche des Betons dichten. Diese Abscheidung der wasserhaltigen, gallertigen Kieselsäure wird auch im Kalibergbau zum Dichten wasserdurchlässigen Gebirges seit Jahrzehnten und nach dem Jostenschen Verfahren zur Verfestigung von Böden verwendet. Man drückt in den Beton zunächst eine Wasserglas-, dann eine Chlorkalziumlösung oder besser evtl. umgekehrt. Die sich abscheidende Kieselsäure verkittet dann den Sand. Bei der Dichtung undichter Betonbehälter für Dieselöl haben Passow und Grün 1918 eine Mischung von verdünntem Wasserglas und Chlorkalzium vorgeschlagen, die so eingestellt war, daß sie nach einiger Zeit, also nach dem Einpressen, erstarrte. Der Erfolg war gut.

Versuche. Versuche mit Einlagerung wurden nicht durchgeführt, dagegen mit dem Anstrich von Wasserglas, um Betonstraßen zu härten oder staubfrei zu machen.

---

[1] Haegermann, Dr., u. Dr. Hart, Karlshorst: Einwirkung von Wasser und Salzlösungen auf den Tonerdezement. Zement 1925 S. 204.

Bei großen Versuchen im Staate Ohio an einer Betonstraße, bei welcher die Nachbehandlung mit Wasserglas bei verschiedenem Alter des Betons durchgeführt wurde, ergab sich die Notwendigkeit, das Wasserglas sehr konzentriert (36° Bé) zu verwenden. Der günstigste Zeitpunkt der Einwirkung war, wenn der Beton so weit fest geworden war, daß man ihn betreten konnte, ohne einen Stiefelabdruck zu hinterlassen.

In der Vorstadt Southwark (London) wurden Betonstraßen 14 Tage nach der Herstellung dreimal mit Wasserglas gestrichen und dann bituminiert. Die Resultate waren befriedigend. Die Abnutzung wurde nicht geringer als bei den durch Bedeckung feucht gehaltener Straßen. Auch bei deutschen Versuchen wurden keine bemerkenswerten Unterschiede zugunsten der Wasserglasbehandlung festgestellt.

Bei Versuchen von Probst und Brandt[1] wurde nur bei gießfähigen Mischungen durch die Nachbehandlung mit Wasserglas und Kalziumchlorid eine Erhöhung der Verschleißfestigkeit erzielt und auch da nur bei Behandlung nach 7 und 14 Tagen. Bei älteren Betonen zeigte sich keine günstige Wirkung der Nachbehandlung. Demgemäß wird eine Behandlung erdfeuchten Betons nicht empfohlen.

Erfahrungen. In Amerika sind Behälter aus Beton 2,44 × 1,83 × 1,37 m, in welchen je 2000 Dutzend Eier aufbewahrt wurden, ohne nachteilige Einwirkung im Gebrauch gewesen[2]. Als Zusatz zum Beton, auch von traßhaltigem, wurde gepulvertes Wasserglas wiederholt verwendet, ohne daß wesentliche Vorteile erzielt worden wären[3].

Andere Salze.

Kaliumdichromat (Chromsaures Kali).

Vorkommen. In Gerbereien und chemischen Fabriken.

Wirkungsweise. Bei Lagerung von Mörtelkörpern in Kaliumdichromat fand Verfasser bei unveröffentlichten Versuchen völlige Zerstörung des Mörtels.

Kaliumpermanganat (Übermangansaures Kali).

Ein violettes Salz, das in Bleichereien und Färbereien viel im Gebrauch ist. Bleibt ohne Einfluß[4].

b) Organische Salze. (Anorganische Salze s. S. 343.)

Die große Menge der Salze der organischen Säuren ist ohne große Bedeutung, da die organischen Säuren sehr schwach sind; solange eine starke Base bei der Salzbildung beteiligt ist, ist die Macht der Säure gebrochen. Da nun alle gebräuchlichen anorganischen Basen im Vergleich zu der Stärke der organischen Säuren sehr stark sind, sind die meisten Salze aus organischen Säuren mit anorganischen Basen (z. B. Natriumazetat, essigsaures Natron) wenig gefährlich. Eine besondere Besprechung solcher Salze erübrigt sich demnach, zumal sie nur in

---

[1] Vgl. Probleme des Betonstraßenbaues. Zementverlag 1928.
[2] Frosch: Eierbehälter aus Beton. Tonind.-Ztg. 1920 S. 976.
[3] Vgl. Grün: Wasserglaspulver als Zementzusatz. Zement 1929 Nr 7.
[4] Handb. S. 49.

geringem Umfange in der weiteren Praxis, meist nur in chemischen Spezialfabriken vorkommen.

Die bei der Besprechung der Säuren hervorgehobene Gefährlichkeit der organischen Säuren tritt aber sofort auf, wenn eine schwache Base an der Salzbildung beteiligt ist, da dann naturgemäß die Säure durch den freien Kalk des Zementes aus ihrer Stellung freigemacht und zu einer Bindung mit dem Betonkalk veranlaßt wird.

Hierher gehört die große Gruppe der fetten Öle, die als ganz besonders gefährlich bezeichnet werden müssen, da sie einerseits wie freie Säuren wirken, andererseits aber im Gegensatz zu Schwefelsäure u. dgl. keineswegs den Eindruck freier Säure machen: trotz ihrer Gefährlichkeit erscheinen sie also harmlos.

Nicht verwechselt dürfen werden die fetten Öle mit den völlig harmlosen Mineralölen, trotzdem fette Öle und Minerale sowohl in bezug auf ihre sonstigen Eigenschaften als auch auf ihre Verwendungs- und Bezeichnungsweise zusammengehören und in der Praxis selten auseinandergehalten werden[1]. Wegen dieser allerdings nur äußerlichen Zusammengehörigkeit werden fette Öle und gleich anschließend die Mineralöle zusammen besprochen.

Fette Öle und Fette.	Nichtfette Öle.
α) Pflanzenfette.	α) Erdöle.
β) Tierfette.	β) Braunkohlenöle und
	γ) Steinkohlenöle.
	δ) Ätherische Öle.

Fette Öle und Fette.

Die fetten Öle sind Salze der Fettsäuren mit der Base Glyzerin. Glyzerin ist ein 3wertiger Alkohol, der nur eine sehr schwache Base darstellt[2]. Infolgedessen lassen sich die Ölsäuren leicht von der Base Glyzerin trennen, sie werden also frei: Das Salz zerfällt in die Base: Glyzerin, die ohne wesentlichen Einfluß auf Beton bleibt, und in die Säure: Fettsäure (z. B. Ölsäure, Palmitinsäure u. dgl.), welche mit dem Kalk des Betons ein neues Salz, das betreffende fettsaure Salz (z. B. Kalziumoleat — Kalziumpalmitat) bildet. Der Beton erweicht natürlich bei diesem Vorgang der Kalksalzbildung, da die sein Gefüge und seine Festigkeit gewährleistenden Kalziumsilikate zerstört und in Kalziumoleate unter Abscheidung gallertartiger Kieselsäure verwandelt werden. Den oben geschilderten Prozeß der Aufspaltung eines Fettes in Ölsäure und Glyzerin nennt man „Verseifung". Der Vorgang ist seit alters her bekannt und wurde und wird in großem Umfange bei der Seifenfabrikation, welche tierische und pflanzliche Fette aufspaltet, durchgeführt. Aus der freigemachten Fettsäure und Natronlauge (Waschseife) oder Kalilauge (Schmierseife) bildet sich dann das Salz, welches man Seife nennt. Daher heißt auch der Aufspaltungsprozeß Verseifung.

[1] Volkstümlich ausgedrückt kann man sagen: Alle fetten Öle und Fette sind verdaulich für den menschlichen Magen, alle anderen, nichtfetten Öle sind unverdaulich: Die verdaulichen Öle sind schädlich, da sie durch den Kalk des Betons gespalten werden; die unverdaulichen Öle sind, wenn säurefrei, unschädlich.

[2] Alkohole vermögen ja auch als Säuren aufzutreten und Alkoholate zu bilden, sind aber, wie auch Glyzerin, unschädlich.

Das sich bei der Einwirkung auf Beton bildende Kalksalz der Ölsäure kann man folgerichtig als Kalkseife bezeichnen, da man die Salze der Ölsäuren allgemein Seifen nennt. Auch unsere Seifen des Handels sind nichts anderes als solche fett- oder ölsauren Salze, ihre reinigende Kraft beruht auf der Tatsache, daß bei Zusatz von viel Wasser (Waschen) die Seife sich wieder spaltet in Natronlauge, die bekanntlich lösend auf organische Körper wirkt (das Glitschige der Seifen kommt von der Natronlauge), und in Ölsäure, die den abgelösten Schmutz umhüllt und ihn unschädlich macht.

Vorkommen. Zu den fetten Ölen und Fetten gehören alle aus Tier oder Pflanzen gewonnenen Fette. Im Tier- oder Pflanzenkörper haben die Fette stets die Funktion eines Vorratskörpers für Notfälle oder für besonders hochwertige Prozesse zu erfüllen. Sie finden sich demgemäß in allen Samenkörnern (Leinsaat, Hanf, Palmkerne, Kokosnuß, Walnuß, Haselnuß), wo auf geringstem Raume möglichst große Energiemengen dem wachsenden Keim zur Verfügung gestellt werden müssen. Dann sind sie gegenwärtig im Eidotter, der zur Ernährung des Embryo während des Brutvorganges dient, im Fettpolster der Wasservögel und großen Säuger (Walfisch), da sie gleichzeitig „isolierend“ gegen Wärmeverlust sind, und überall, wo für Vorrat gesorgt werden muß, also zwischen den Muskeln und an bestimmten Körperstellen (Höcker des Kamels und des Gnus), zwischen den Gedärmen (der Gans usw.), hauptsächlich auch bei weiblichen Säugetieren, um diese für den Fall der Austragung eines Keimes und die Milchabgabezeit mit den nötigen Vorratsstoffen zu versehen.

Diesem Vorkommen gemäß werden auch die verschiedenen Fette aus den betreffenden Früchten oder Geweben gewonnen, der Name drückt stets die Gewinnungsart aus; es seien genannt:

α) Pflanzenfette: Öl von

Hanf,	Nüssen,
Leinsaat (Leinöl),	Ölnüssen,
Mohnsaat (Mohnöl),	Oliven,
Raps,	Palmkernen,
Rizinus,	Kokosnüssen,
Rübsaat (Rüböl),	Kakaobutter.

Verwendung bekannt zur Herstellung von Pflanzenbutter (Margarine), Ölfarben, Seife, für Beleuchtung und Heizung.

β) Tierfette:

Butter,	Klauenöl,
(Rinds-)Talg,	Knochenöl,
(Schweine-)Schmalz,	Gänsefett,
Nierenfett,	Vollfett (Lanolin).
Tran,	

Verwendung bekannt zur Herstellung von Margarine und sonstigen Nahrungsmitteln, Salben- und Seifenherstellung und Beleuchtung.

Versuche. Bei einjähriger Lagerung von verschieden vorbehandelten 3 Wochen alten Zugkörpern in Rüböl wurden alle geschädigt, und zwar die während der vorhergehenden Luftlagerung durch tägliches Tauchen in Wasser befeuchteten Körper wenig, die nicht getauchten, also weniger dichten Körper wurden völlig zerstört[1].

Bei anderen Versuchen wurden bei Portlandzementkörpern mit und ohne Puzzolanzusatz bei Lagerung in frischem und ranzigem Olivenöl keine Unterschiede festgestellt.

Betonkörper, die nach dem Brandschen Verfahren fluatiert waren, blieben nach Calamé[2] bei Lagerung in 100° heißer Mischung von 30% Olivenöl, 30% Phenol, 30% Petroleum, 4% konzentrierter Schwefelsäure und 6% Wasser unbeschädigt.

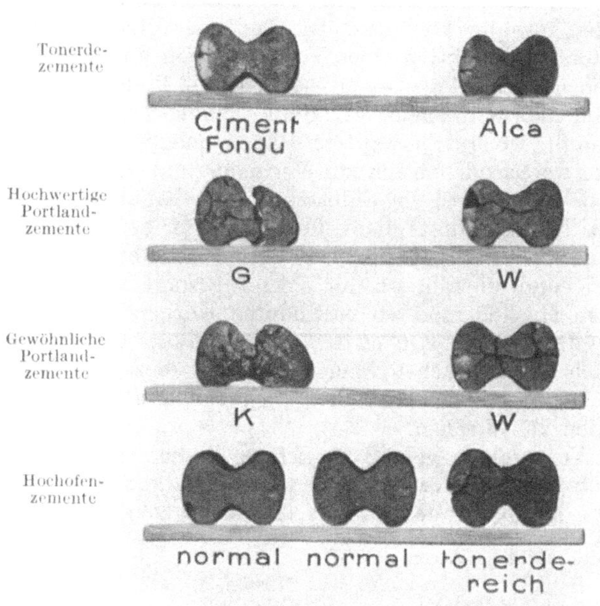

Abb. 218. Verhalten verschiedener Zementarten bei Lagerung in Leinöl.

Versuche Grüns zeigten einen völligen Zerfall verschiedener Portlandzementkörper in Leinöl bereits nach 2 Monaten (Abb. 218), das bessere Verhalten und die verschiedene Beständigkeit von Hochofenzementen mit wechselndem Klinkergehalt aus verschiedenerlei Schlacken und Klinkern zeigt die Möglichkeit, Spezial-Hochofenzement für die einzelnen Verwendungsarten herzustellen (Abb. 219).

In Amerika wurden folgende Beobachtungen mit verschiedenen Ölen gemacht[3]:

Keine Einwirkung.

a) Tierische Öle:

Schaffuß Pferdefuß Rindviehhaxe	Keine Einwirkung auf guten Beton, nach 12 Monaten leichte Niederschläge auf der Oberfläche durch Verseifung.

---

[1] Schumann: Protokolle 1892 S. 75.

[2] Calame und Beck: Ölbehälter aus Beton. Zement 1920 S. 517ff.

[3] Probst: Einwirkung von Ölen und verschiedenen Flüssigkeiten auf Beton. Bauing. 1925 S. 191.

b) Pflanzliche Fette:	
Leinsamenöl	Beträchtliche Niederschläge auf Beton, aber keine Zerstörung.
Harzöl	Keine Einwirkung auf guten Beton.
Terpentinöl Baumöl Olivenöl	Beträchtliches Eindringen von Terpentin, Behälter müssen geschlossen sein, wahrscheinlich einige Einwirkung.
	Zerstörung.
a) Tierische Öle:	
Schmalz	Langsame Angriffe, besonders wenn geschmolzen.
Lebertran	Wahrscheinlich wie Schmalz.
Walfischöl	Zersetzung beobachtet, Grad abhängig von der Güte des Betons.
b) Pflanzliche Fette:	
Kakaobohnenöl	Langsamer Angriff, schneller Fortschritt bei Luftzutritt.
Rübsamen Rizinusöl Senfsamenöl	Fortschreitende Zerstörung, besonders bei Luftzutritt.

Bei Versuchen des Deutschen Betonvereins[1] wurde ermittelt, daß Rüböle und Leinöle auch Schmelzzementbetonkörper innerhalb eines halben Jahres zerstört hatten.

Nach Ermittlungen von Dipl.-Ing. Eichenberger[2] wurden früher bei Olivenölfabriken zunächst Glasverkleidungen angewendet, bis sich herausstellte, daß bei Speiseöl mit geringem Säuregehalt einfacher Zementverputz 1 : 1 genügte[3]. Hier ist folgende Arbeitsweise von Orie[4] empfohlen:

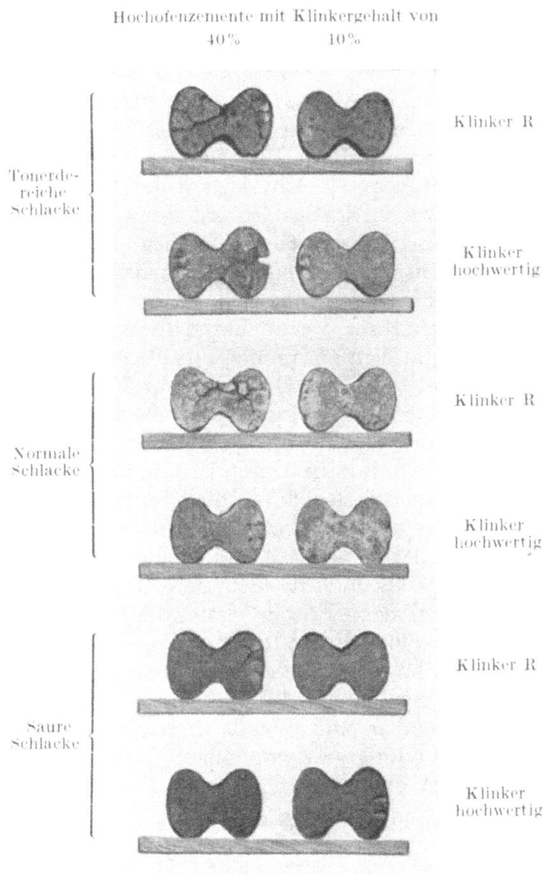

Abb. 219. Verhalten verschiedener Hochofenzemente bei Lagerung in Leinöl.

[1] Vgl. Bericht über die XXVIII. Hauptversammlung des Deutschen Betonvereins, Febr. 1925.

[2] Obst: Werden Betonbehälter durch Speiseöle und Tran korrodiert? Zement 1926 S. 112.

[3] Kleinlogel: Einflüsse auf Beton. S. 147. Berlin 1930.

[4] Beton u. Eisen 1917 S. 174.

a) Man soll wenigstens zwei oder besser drei Verputzlagen anbringen.

b) Ein Verputz soll nicht zu stark sein (wenig Risse) und muß mit Zement glatt poliert werden.

c) Keßlers Fluate sind möglichst zu empfehlen und jedenfalls nicht nachteilig.

d) Im Zusammenhang mit den bekannten chemischen Reaktionen ist es besser, Eisenportland-(Hochofen-)Zement oder Zement mit Traßzusatz zu verwenden.

Erfahrung. Pflanzliche und tierische Öle wurden von der Eng. Fl. Konkr. Cp. in Betonbehältern aufbewahrt; dabei wurde nur von Kokosnußöl und Leinöl die Wandung (70 mm) angegriffen.

Bekannt ist an verschiedenen Stellen die Zerstörung von Maschinenfundamenten durch abtropfendes Öl; es muß sich hier um pflanzliche oder tierische Öle gehandelt haben. Auch aus dem Rundschreiben des Betonvereins vom 27. Mai 1920 geht hervor, daß teilweise schon nach einigen Monaten, manchmal erst nach Jahren, Behälter zur Aufnahme fetter Öle zerstört wurden.

Der Portlandzementbeton des Fußbodens in der Schokoladenfabrik Wichmann in Altona wurde, obgleich er durch engverlegte Klinkerplatten geschützt war, hauptsächlich um die Kakaopressen herum so weit zerstört, daß die Platten einsanken und der butterweich gewordene Beton herausquoll. Ein Angriff der Pressefundamente hatte noch nicht stattgefunden, da das Öl erst 2 mm tief eingedrungen war[1].

Die Angriffe waren hervorgerufen durch Kakaobutter, die bei 80° ausgepreßt wurde, und welche naturgemäß auch den Boden teilweise durchtränkt hatte, obgleich sie bei 22° erstarrt.

Der zerstörte weiche Beton roch stark nach freier Ölsäure. Kakaobutter setzt sich zusammen aus Palmitin, Stearin und Olein; diese drei Fette sind Salze des Glyzerins mit Palmitinsäure, Stearinsäure und Ölsäure und bilden den Hauptbestandteil der meisten Tier- und Pflanzenfette.

Colberg[2] stellte eine weitgehende Zerstörung einer Koenenschen Voutenplatte fest, die durch 10 Jahre langes Auftropfen von Maschinenöl, welches auch fette Öle enthielt, entstanden war. Tatsächlich werden[3] Mineralöle durch Zusatz von fetten Ölen verbessert (Rüböl, Lardöl, Specköl, Schweinefettöl und Klauenöl), um auf diese Weise die Kältebeständigkeit und die Schmiereigenschaft zu erhöhen (Compoundöl).

Maßnahmen. Frische Fette, die keine freie Säure enthalten, werden im allgemeinen durch dichte Oberfläche vom Innern des Betons abgehalten, hauptsächlich dann, wenn auch eine Fluatierung od. dgl. angewandt wird und wenn es sich nicht gerade um Behälter, sondern um Fußböden und Wände handelt. Bei letzteren ist ein Midositanstrich[4] od. dgl. zu empfehlen. Längeres Erhärtenlassen an der Luft bei gutem Feuchthalten ist von Nutzen.

---

[1] Beobachtung des Verfassers (Handb. S. 70).

[2] Colberg: Ölverseuchter Beton. Beton u. Eisen 1928 S. 160.

[3] Cuypers: Der Einfluß der Kältebeständigkeit der Klauenöle auf die Schmiereignung der aus ihnen hergestellten Compoundöle. Chem.-Ztg. 1930 S. 30.

[4] Verfahren, Beton- und Eisenbetonbehälter öldicht zu machen. Bauing. 1924 S. 215.

Bei intensiver Einwirkung ist das Brandtsche Verfahren von Vorteil, besonders dann, wenn mechanische Beanspruchungen (Wagen, Rührwerke) zu erwarten sind.

Bei einer stärkeren mechanischen Beanspruchung ist Plattenbelag allen Anstrichen vorzuziehen. Hierbei ist ein Kitt (nicht Zement) für die Fugen zu verwenden. Letztere Maßnahme ist auch bei Einwirkung von warmen Fetten oder von ranzigen Fetten anzuwenden. (Ranzige Fette enthalten bereits freie Säure, die den kratzenden Geschmack veranlaßt. Sie wurden durch Bakterientätigkeit aufgespalten.)

Die amerikanischen Angaben (S. 392) decken sich nicht mit den deutschen Erfahrungen; beispielsweise ist das bei uns als unbedingt schädlich erkannte Leinöl als unschädlich aufgeführt. Im Hinblick auf diese widersprechenden Ergebnisse ist Schutz bei allen Fetten nötig.

4. Nichtfette Öle.

Außer den bisher beschriebenen fetten Ölen, welche ihrem chemischen Charakter und ihrer Einwirkungsweise nach Salze starker Säuren mit schwächeren Basen sind, gibt es noch eine ganze Reihe anderer Öle, welche in ihrem allgemeinen praktischen Verhalten große Ähnlichkeit mit den fetten Ölen haben, im übrigen aber mit diesen gar nicht verwandt sind. Diese verhalten sich infolgedessen auch gegen Beton, wo ja nur die chemischen Eigenschaften, nicht aber die physikalischen von Wichtigkeit sind, völlig anders wie die meisten fetten Öle, d. h. sie sind im größten Teil der Fälle unschädlich.

Gemeinsam ist sämtlichen Ölen und Fetten folgendes:

sie fühlen sich ölig, schmierig an,
sie vermindern die Reibung (Schmiermittel),
sie stoßen das Wasser ab und lösen sich schlecht in diesem,
sie schwimmen auf dem Wasser und bilden Häutchen und Schlieren,
sie bilden Fettflecke in Papier,
sie brennen.

Diesen genannten gemeinsamen physikalischen Eigenschaften stehen in chemischer Beziehung grundsätzliche Unterschiede gegenüber. Nach ihren chemischen Eigenschaften teilen sich die Fette ungefähr in folgende Gruppen ein[1]:

Fette Öle, tierische und pflanzliche Fette (S. 390, verdaulich, im allgemeinen auch genießbar).

Erdöle (Mineralöle) aus Naphtha.	Unverdaulich u. ungenießbar. (S. 390 Anm. 1.)
Teeröle (Braunkohlen-, Steinkohlenteeröl).	
Ätherische Öle (wohlriechende Blütenöle, häufig synthetisch hergestellt).	

Bezüglich der Gefährlichkeit ist folgendes zu sagen:

Fette Öle spalten Säure ab, die den Beton angreifen, sind also gefährlich.

Erdöle sind ungefährlich.

[1] Häufig werden fälschlich Bestandteile von Mineralölen, z. B. Vaseline, als Fette bezeichnet. Zweckmäßigerweise bezeichnet man als Fette nur solche Fette, welche verseifbar sind, also Salze darstellen, das sind alle tierischen und pflanzlichen Fette.

Steinkohlen- und Teeröle enthalten bisweilen Säure und sind dann gefährlich.

Ätherische Öle, die sehr kostbar sind, werden leicht selbst zerstört und kommen hier nicht in Betracht, da es sich selten um große Mengen handelt.

Einzelbesprechung.

Fette Öle stellen Salze dar; sie sind unter solchen beschrieben und in den meisten Fällen gefährlich (S. 389).

Nichtfette Öle.

a) Erdöle

sind Kohlenwasserstoffe, die keine chemische Verwandtschaft zu dem Kalk des Betons haben, bisweilen enthalten sie auch aromatische Kohlenwasserstoffe, die gleichfalls ungefährlich sind; nur wenn Spuren von Säuren vorhanden sind, geben sie zu geringen Zerstörungen Anlaß. Die Säuren sind bei den in den Handel kommenden Anteilen des Naphthas stets schon entfernt. Die Trennung der einzelnen Anteile des Erdöls (Rohnaphtha), welches bekanntlich im Kaukasus, Pennsylvanien, Lüneburger Heide, Galizien, Türkei, Rumänien und Ungarn aus der Erde quillt oder gepumpt wird, erfolgt durch fraktionierte Destillation bei verschiedener Temperatur. Es entstehen auf diese Weise:

a) Naphtha: Siedepunkt 40—150°, dies zerfällt wieder in Petroläther, Gasolin (50—60°), Benzin (70—90°) für chemische Reinigung von Tuch usw., Ligroin (90—120°) für Lösung von Ölen, Fetten, Harzen.

b) Leuchtöl (150—300°).

c) Schweröl: über 300° zum Teil erstarrend, Schmieröl, Vaseline.

d) Teer und Pech[1].

Alle diese Öle sind unschädlich, da sie chemisch träge Kohlenwasserstoffe darstellen.

b) Braunkohlenöle.

Vorkommen. Bei der Destillation von Braunkohle und Torf entstehen ähnliche Öle, gleichzeitig aber auch erhebliche Mengen Kreosotöle und Teeröl, welch letztere Säuren darstellen oder enthalten, also schädlich sind. Durch Waschen mit Natronlauge werden diese Säuren entfernt, und es entstehen schließlich die säurefreien und unschädlichen Bestandteile

a) Solaröl (Leuchtöl),

b) Schmieröl,

c) Paraffin,

d) Asphaltartige Massen.

Alle sind unschädlich, falls die Reinigung gut war.

Wirkungsweise. Eine Schädigung des Betons ist bei der chemischen Trägheit der säurefreien Erdöle nicht zu gewärtigen, wohl aber kann ein Durchdringen hauptsächlich bei den dünnflüssigen (Benzin) stattfinden. Hierbei wird die Druckfestigkeit durch Verminderung der

[1] Schmidt: Organische Chemie. Stuttgart 1906.

„inneren Reibung" infolge der „Schmierwirkung" vermindert, gleichzeitig wird die Nacherhärtung gestört durch Abhalten des hierfür benötigten Wassers. Außerdem können bei Behälterbau die leichten Öle die Wände durchdringen und weglaufen.

Versuche. Calamé[1], der die Einwirkung von Ölen auf Beton studierte, fand die in Tab. 85 aufgeführten Zahlen.

Tabelle 85. Festigkeiten von Portlandzement und Hochofenzement bei Öllagerung.

	Portlandzement		Hochofenzement	
	Luft	Petroleumöl	Luft	Petroleumöl
Nach 28 Tagen	37	—	25,8	23,9
„ 3 Monaten	35,5	32,2	33,6	32,8
„ 6 „	37	32,9	34,3	31,3
„ 12 „	32,5	31,3	31,3	29,4
„ 24 „	40	28	nicht ausgeführt	

Bei anderen Versuchen[2] wurden ähnliche Zahlen gefunden. Alle Zahlen zeigen, daß durch die Abhaltung des Wassers Rückgänge aufgetreten sind, Zerstörung wurde nicht festgestellt.

Bei Versuchen für das Reichsmarineamt konnte Calamé Behälter aus porösem Beton durch wiederholtes Anstreichen mit 40grädiger Natronwasserglaslösung dichten. Die Oberfläche war so dicht geworden, daß auch Steinkohlenteeröl den Boden nicht zu zerstören vermochte[3].

Schruff-Duisburg stellte fest, daß Betonkörper 1:3 nach 8jähriger Lagerung in Petroleum keine Beschädigung zeigten.

Bei Behälterbau der „Emergency Fleet Corporation"[4] (aus Eisenbeton 1:4:4 und 1:2/3:4/3) wurden durch mineralische Öle weder Beschädigungen noch Festigkeitsabfälle der Versuchskörper festgestellt. Bei den schwereren und halbschweren Ölen erwiesen sich die Behälter als wirtschaftlich; bei Gasolinaufbewahrung waren die Verluste durch das Versickern größer.

Mit Midositanstrich wurden vom Materialprüfungsamt Dahlem zur Sicherung des Betons gegen das Durchlaufen der leichten Kohlenwasserstoffe gute Erfahrungen gemacht. Midosit erwies sich aber nicht für alle als brauchbar, sondern versagt gegen sprithaltige Kohlenwasserstoffe und heiße Teeröle.

Calamé fand, daß das leicht durchdringende Tetralin allein durch das Brandtsche Verfahren (DRP. 313191) zurückgehalten werden konnte.

Erfahrungen. Sowohl in der Barmbecker Gasanstalt als auch nach Mitteilung von Wayß & Freytag wirkten Mineralöle wie auch Petrolöl auf den Beton nicht ein.

Hochbeanspruchte Maschinenfundamente des Berg- und Hüttenamtes in Amberg aus Hochofenzementbeton, die 8 Jahre lang der

---

[1] Calame und Beck: Ölbehälter aus Beton. Zement 1920 S. 517ff.
[2] Grün: Handb. S. 65. [3] Handb. S. 65.
[4] Einwirkung von Öl auf Beton. Baumarkt 1920 S. 553.

Wirkung von Maschinenöl, Maschinenölersatz, Petroleum und Staufferfett ausgesetzt waren, blieben ohne Beschädigung. Die gleiche Beobachtung wurde von verschiedenen Forschern an verschiedenen Stellen gemacht[1].

Hochofenzementbeton auf den Mannstaedtwerken, der bis zu 12 Jahren alt war, wurde durch öl- und fetthaltige Wässer in Klär- und Abscheideanlagen nicht beschädigt (Mitteilung an den Verfasser).

Auch der Stampfbetonbehälter aus Portlandzement der International Water Cy., der 9 m Höhe und 7,8 m Durchmesser hat, wurde durch Kesselheizöl nicht geschädigt.

Maßnahmen. Maßnahmen sind im allgemeinen nicht notwendig, außer bei den leichten Kohlenwasserstoffen, wenn es sich um Behälterbau handelt, oder wenn die Decke gegen das Durchdringen des herabtropfenden Öles geschützt werden soll. Fluatierung ist stets zu empfehlen oder ein Wasserglasanstrich, der leicht und billig auszuführen ist. Bei leichten und heißen schweren Kohlenwasserstoffen muß der Beton, falls Dichtigkeit verlangt wird, durch besondere Maßnahmen gegen das Durchdringen geschützt werden, durch Midositanstrich in leichteren Fällen, durch das Brandtsche Verfahren in schweren Fällen.

c) Steinkohlenteeröle.

Vorkommen. Diese Öle entstehen, wie der Name sagt, bei der Verkokung von Steinkohlen als Nebenprodukt, sie wurden früher wenig verwendet, sind heute aber ein außerordentlich hochwertiges Nebenprodukt, aus der alle möglichen Farben, Heilmittel u. dgl. hergestellt werden. Die niedrig siedenden, also zuerst übergehenden Fraktionen enthalten keine Säure, sind also ungefährlich, durchdringen den Beton aber leicht wie die leichten Erdöle; die höheren Fraktionen enthalten Säure und können den Beton erheblich angreifen. Im allgemeinen zerfallen die Steinkohlenteeröle in folgende Fraktionen:

1. Leichtöl, Siedepunkt 80—170°,
   Benzol,
   Toluol,
   Xylol,
   Kumole.
2. Mittelöle oder Karbolöl, 170—240°, Hauptbestandteile Karbolsäure (Phenol), ferner Kresole: mit Ätzkalk gemischt: Karbolkalk.
3. Schweröl oder Kreosotöl, 240—270° (wie Paraffin).
4. Grünöl oder Anthrazenöl, 270—400°.
5. Pech, Anthrazen,
   Phenanthren,
   Chrysen,
   Karbazol,
   Paraffine.

Gefährlich sind nur die Anteile unter 2—4, besonders von 2—3, da sie, wie schon der Name sagt, Säuren enthalten oder darstellen. Es muß also der Beton geschützt werden.

Wirkungsweise. Die Einwirkungsweise bei Anwesenheit von Säuren besteht wieder im Herauslösen des Kalkes. Es bildet die schwache

[1] Handb. S. 66.

Säure des Öles (z. B. Phenol) mit dem Kalk des Zementes das Salz (Kalziumphenolat), der Beton zerfällt.

Versuche. Bei Versuchen von Calamé und Beck hat Steinkohlenteeröl die Festigkeiten von Portlandzement und Hochofenzement, welche ursprünglich 27 kg betrug, auf 16 bzw. 20 kg bei einjähriger Lagerung herabgedrückt. Nach zweijähriger Lagerung war der Portlandzement auf 8 kg gesunken. Hochofenzement wurde nicht untersucht.

Steinkohlen- und Braunkohlenteeröl, die dauernd auf 80° erhitzt wurden, um ein Erstarren zu verhindern, vermochten nach dem Brandtschen Verfahren geschützten Beton nicht zu schädigen, so daß 10000 m³ fassende Behälter nach diesen Ausführungen hergestellt wurden. Diese Behälter kamen aber infolge Kriegsschlusses nicht mehr in Benutzung[1].

Bei Versuchen mit Petroleumheizöl und Steinkohlenteeröl zeigte sich, daß Steinkohlenteeröl viel schädlicher als das Petrolöl war[2].

Auch Meyer-Reen, Leimen, stellte bei Versuchen fest, daß Normalwürfel aus Hochofenzement 1:3 beschädigt wurden, sowohl durch Steinkohlenteeröl als auch durch Benzolwaschöl.

Erfahrungen. Wayss und Freytag haben in der Praxis festgestellt, daß Steinkohlenteeröl tief in den Boden eindringt und die Festigkeit herabdrückt.

Bei den Rütgerswerken in Scholitz (Bromberg) haben sich mit Portlandzement gemauerte und verputzte Ölbehälter für Masut, Teeröl, Imprägnieröl jahrelang bewährt[3].

Auch die Hannoversche Portlandzementfabrik hatte einen Behälter für Steinkohlenteeröl in Benutzung, der keine Zerstörungserscheinungen aufzuweisen hat.

An anderer Stelle hat ein Eisenbetonbehälter, der mit Stahlhautschutzverfahren geschützt war, roher Karbolsäure in jahrelanger Benutzung erfolgreich Widerstand geleistet[4].

Maßnahmen. Aus den Erfahrungen der Praxis geht hervor, daß manche Behälter von Steinkohlenteeröl nicht geschädigt wurden, dennoch muß nach den Erfahrungen des Laboratoriums ein Schutz des Betons ausgeführt werden. Als Schutz dienen bei den leichten Ölen, die lediglich mechanisch durchdringen, die Abhilfemaßnahmen, die unter Erdöle gegeben sind, bei den schwereren Ölen sind die Hilfsmittel zu Rate zu ziehen, die unter Fette Öle (S. 390) geschildert sind, also unbedingter Schutz der Betonoberfläche mit dem Brandtschen Verfahren, Midosit- od. dgl. Anstrich oder Plattenbekleidung in ölfestem Kitt.

d) Ätherische Öle.

Beispielsweise Rosenöl, Ionon (Veilchengeruch), die teils aus Pflanzen, teils synthetisch hergestellt werden, kommen infolge ihrer Kost-

[1] Calamé und Beck: Ölbehälter aus Beton. Zement 1920 S. 517ff.
[2] Guttmann: Wirkung von Heizölen auf Beton. Tonind.-Ztg. 1920 S. 1116.
[3] Calamé und Beck: Ölbehälter aus Beton. Zement 1920 S. 517.
[4] Betonbehälter für Karbolsäure. Tonind.-Ztg. 1922 S. 155.

barkeit für Aufbewahrung nicht in Betracht. Sie werden durch Beton leicht geschädigt. Zerstörungserscheinungen bei Fußböden usw. werden wohl kaum auftreten, wenn dicht gearbeitet wird.

5. Kolloidale Lösungen

sind solche, in denen der kolloidal gelöste Stoff nicht in echter Lösung vorliegt (wie Kochsalz in Wasser), sondern in denen er in feinster Verteilung wie Sonnenstäubchen in der Luft schwebt. Demgemäß sind die „kolloiden Lösungen" also gar keine echten Lösungen, sondern Suspensionen. Sie können also auf Beton gar nicht wirken; sie vermögen im Gegenteil den Beton zu schützen, da die feinsten Teile in fester Form vorliegen und sich auf den Beton abzusetzen vermögen. Allerdings können kolloidale Lösungen neben den kolloidal gelösten Stoffen auch noch echt gelöste Stoffe enthalten (z. B. Natriumsulfat u. dgl.). Diese Salze schädigen dann in der üblichen Weise, häufig allerdings in geringerem Maße, da die kolloidale Schleimschicht schützend zu wirken vermag.

Wirkungsweise. Städtische Kanalwässer, die kolloidale Lösungen darstellen, bleiben infolge einer sich bildenden schützenden Sielhaut häufig ohne schädliche Wirkung, obwohl sie schädliche Salze enthalten, vorausgesetzt, daß die schützende Sielhaut durch mechanische Einwirkung (Sanddurchschwemmung) nicht immer wieder entfernt wird. Bei stärkerer Einwirkung von Sulfat u. dgl. vermag aber diese Sielhaut dauernden Schutz nicht zu gewähren.

Praktisch ausgenutzt hat man neuerdings die Schutzschichtbildung durch Heranziehung von Kaltasphalt als Betonschutzanstrich. Kaltasphalte sind kolloidale Lösungen von Bitumen in Wasser, wobei das Ausfällen des Bitumens, welches man „Brechen der Emulsion" nennt, verhindert wird durch Zusatz von Stabilisatoren, Ton od. dgl. Man benutzt diese Kaltasphalte häufig als Betonschutzanstrich, da sich beim Aufbringen derartiger Kaltasphalte auf Beton die sehr feinen Bitumentröpfchen niederschlagen und eine zusammenhängende Schutzhaut bilden, wie dies in der Praxis (s. oben) schon bei Kanalabwässern beobachtet wurde.

6. Salzarme Wässer.

Unter salzarmen Wässern sind im folgenden solche Wässer verstanden, welche ärmer an Salzen sind als gewöhnliches Fluß- oder Quellwasser. In jedem in der Natur vorkommenden Wasser, sofern es sich nicht um Regenwasser, Schnee oder Gletscherwasser handelt, sind Salze gelöst; verhältnismäßig wenig Salze sind im Flußwasser, mehr Salze in den Quellwässern, hauptsächlich im kalkreichen Gebiet. Als gelöstes Salz kommt vor allen Dingen Kalk in Betracht, der als doppeltkohlensaurer Kalk vorhanden ist. Wasser mit hohem Salzgehalt, also Quellwasser, nennt man hartes Wasser, solches mit geringem Salzgehalt, also Flußwasser, weiches Wasser.

Regen-, Schnee- und Gletscherwasser haben überhaupt keine Salze gelöst, enthalten dagegen Kohlensäure in wechselnden Mengen. Grün stellte fest, daß in den verschiedenen Höhen der Großstadtluft verschieden große Mengen Kohlensäure und Schwefelsäure gelöst sind.

Vorkommen. Besonders kalkarmes Wasser kommt in der Natur außer als Regenwasser nur in bestimmten Mooren vor. Die Moore sind arm an anorganischen Salzen (Kalk); infolgedessen kann sich das eindringende Regenwasser nicht mit Kalk sättigen und bleibt deshalb als salzarmes Wasser in dem Moor enthalten. Außerdem ist ein kalkarmes Wasser naturgemäß das destillierte Wasser — Kondenswasser —, wie es beim Niederschlagen von Dampf in Dampfleitungen usw. entsteht.

Wirkungsweise. Der Salzgehalt der Fluß- und Quellwässer ist so hoch, daß eine Einwirkung auf Beton nicht in Betracht kommt, wenn sie nicht besonders reich an Kohlensäure sind, denn es handelt sich um verhältnismäßig gesättigte Wässer. Regenwasser und Kondenswasser dagegen als praktisch salzwasserfreie Wässer suchen sich möglichst mit Salzen anzureichern; sie können deshalb für Beton gefährlich werden, wenn größere Mengen dauernd in Betracht kommen. Kleine Mengen sättigen sich natürlich sofort mit dem Kalk des Betons ab, sie brauchen ja nur geringe Mengen; nach der Absättigung sind sie unschädlich und wirken deshalb nicht auf den Beton. Nur wo große schnellströmende Mengen vorhanden sind, kann eine Gefahr eintreten, da dann allmählich der Kalk aus dem Beton herausgelöst wird.

Bei dem Auflösungsvorgang wird natürlich nicht bloß das Kalkhydrat aufgelöst, sondern auch die Klinkerbestandteile und die Silikat- und Aluminathydrate werden durch Hydrolyse weiter aufgespalten, neues Kalziumhydroxyd gebildet und entweder ausgefällt oder sofort weggeführt. Man kann also auch unter Umständen zu einer Selbstdichtung des Betons kommen, wie wir sie oft beobachten. Ist die Strömungsgeschwindigkeit des Wassers aber zu groß, so wird der Beton zerstört. In den Kavernen des Betons lagert sich nach meinen Untersuchungen sehr häufig kohlensaurer Kalk ab. Sundius[1] fand auch bei sulfatarmen Wässern Zementbazillus.

Versuche. Bei Zugkörpern, welche in den Abwässerkanälen des Bernauer Moors eingelagert waren, hat schnellfließendes, fast chemisch reines Wasser die Oberfläche angeätzt[2]. (Versuche über Mörtel im Moor. Betonausschuß, Berlin 1922.)

Über die Auslaugung der alkalischen Bestandteile aus Betonversuchskörpern berichtet Hundeshagen[3], daß die Auslaugung recht erheblich ist und auch große Mengen von Alkali aus der Oberflächenschicht abgegeben werden.

Erfahrungen. Starkfließendes, ungewöhnlich salzarmes Wasser mit wenig freier Kohlensäure hatte im Verlauf von 3 Jahren den Portlandzementputz des Hochbehälters der städtischen Wasserkunst in Achern zerstört[4].

---

[1] Sundius: Einige aktuelle Fragen der Zement- und Betonforschung. Föredrag rid Cementtekniska mötet i Slite den 18.—20. juni 1934.

[2] Gary: Feinde des Zements. Baumarkt 1920 S. 450.

[3] Hundeshagen: Über die Auslaugung der kaustischen, insbesondere der alkalischen Bestandteile aus Beton-Versuchskörpern bei der üblichen Lagerung unter Wasser. Zement 1929 S. 34.

[4] Schott: Protokolle 1897 S. 141.

Hohle ringförmige Pfeiler von 2,50 m Durchmesser aus porösem Beton wurden durch ständig hindurchrieselndes Kondenswasser von 35° C durch Auflösung des Portlandzementes völlig vernichtet[1].

Die Widerstandsfähigkeit des Betons gegen die meisten kohlensäurehaltigen, salzarmen Wässer ist doch so groß, daß man in Amerika dazu übergegangen ist, eiserne Rohre, die durch solche Wässer rasch angegriffen werden, nach dem Schleuderverfahren mit Beton auszukleiden[2].

Nach norwegischen Untersuchungen über Schäden an Staumauern[3] waren wenige der untersuchten Staumauern aus Beton und Bruchsteinmauerwerk fehlerfrei. Die Fehler waren überall gleichartig und meistens örtlich, also Folgen der Ungleichheit des Mauerwerksmörtels oder Betons. Die Hauptursache der Zerstörung ist Kalkauslaugung: sie beruht auf zu mageren Mischungsverhältnissen und ungleicher Materialverteilung. An den beschädigten Teilen lagern sich Eisen- und Manganverbindungen ab. Zuerst wird Kalkhydrat gelöst, danach die schwach löslichen Kalksilikate und Kalkaluminate.

Nach Kreüger[4] ist augenblicklich die größte Sorge die Zerstörung des Betons durch reines Wasser. Die Zerstörung kann auch eintreten, wenn der Beton gar nicht unmittelbar wasserdurchlässig ist. Die Wasserdurchlässigkeit des Betons nimmt zunächst in den ersten 4 Wochen ab, dann wieder zu (offenbar infolge des Vorganges, der auf S. 314 niedergelegt ist, also durch zunächst stattfindende Kalkablagerung, der später wieder gelöst wird).

Rengade kommt in seiner Arbeit: Nouveaux essais sur l'attaque des mortiers par les eaux pures, Quinzième Congrès de Chimie Industrielle. Bruxelles, 22—28 septembre 1935, zu dem Schluß:

Außer Tonerdeschmelzzement, der bemerkenswert unempfindlich bleibt, werden alle anderen hydraulischen Bindemittel mehr oder weniger stark durch reines Wasser angegriffen.

Donovan Werner[5] empfiehlt, die Kalklöslichkeit des Portlandzementes herabzusetzen durch Zusatz, erwähnt verschiedene derartige Verfahren, und findet als besonders günstig Arsen-Trioxyd. Infolge der Giftigkeit des Arsenik konnte sich dieses Verfahren aber nicht einführen.

Gösta Westerberg berichtet weiter, daß mit Stampfbeton kaum ein dichtes Mauerwerk herzustellen ist, und daß bei Gußbeton die ersten Lecke in den Gußfugen auftreten.

In der Großstadtluft ist außerdem schweflige Säure vorhanden, die sich besonders in liegendem Schnee anreichert. Da das Regen- und Schneewasser vollkommen salzfrei ist, wirken die gelösten Salze sehr stark aggressiv. Die Angriffsfähigkeit des Regenwassers ist also sehr groß. Schmelzwasser von Gletschern ist aus den gleichen Gründen

---

[1] Luftschitz: Handb. S. 38.

[2] The Stanton Iron works Nottingham. Zbl. Bauverw. 1925 S. 355.

[3] Bericht eines 1926 berufenen Ausschusses unter Prof. Halvorsen. Zbl. Bauverw. 1931 S. 450.

[4] Neue Erfahrungen innerhalb der Betontechnik. Beton u. Eisen 1927 S. 327.

[5] Werner: Vergleich der Wasserlöslichkeitsverhältnisse dreier verschiedener Zemente. Zement 1931 Nr 27.

stark aggressiv. Bei uns wird die Aggressivität dieses Schmelzwassers sehr schnell herabgedrückt, da die Voralpen kalkreich sind und infolgedessen die Säure schnell neutralisieren. In Gegenden mit Urgebirge, wo keine derartige Neutralisationsmöglichkeit besteht, bleibt die Aggressivität derartiger Wässer lange bestehen. Deshalb sind in Schweden, wo die Gebirge aus Urgesteinen (Granit) bestehen, die starken Zerstörungen an Talsperren beobachtet worden, über die an anderer Stelle berichtet ist (vgl. S. 318).

Maßnahmen. Sehr wichtig ist es, bei salzarmen Wässern stets die Reaktion zu bestimmen, also festzustellen, ob es neutral reagiert oder ob es durch Kohlensäure sauer geworden ist, da im letzteren Falle seine Aggressivität sehr schnell ansteigt. Diese p_H-Wert-Bestimmung wird vom Verfasser schon seit 10 Jahren mit bestem Erfolg auf der sehr einfachen Apparatur von Lautenschläger durchgeführt und hat sich gut bewährt. Bei diesem Verfahren wird mit Farbstoff getränkte, durchsichtige Folie in das Wasser 1 Minute lang eingelegt und dann die Farbveränderung mit einer Vergleichsskala in Parallele gestellt. Der Grad der Verfärbung ergibt ohne weiteres den p_H-Wert. Es lassen sich bei dieser Methode beispielsweise in großen Baugruben mit verschiedenen Quellen ohne weiteres diejenigen Quellen in wenigen Stunden herausfinden, welche aggressiv sind und welche nicht. Bei dem Bau der Schleuse in Frankfurt 1929 und des Kraftwerks Niederwarta 1928 leistete das Verfahren ausgezeichnete Dienste und erlaubte, richtige Maßnahmen für den Schutz der zu errichtenden Gebäude zu treffen.

Auch Biehl weist auf die Wichtigkeit der p_H-Wert-Bestimmung hin[1].

Nach meinen Erfahrungen ist bei schnellfließendem Wasser ein p_H-Wert von 6,5 schon bedenklich. Ein p_H-Wert um 6 herum erfordert unbedingt Sicherheitsmaßnahmen (neutrales Wasser hat den p_H-Wert von 7). Je tiefer der p_H-Wert absinkt, desto saurer ist das Wasser. Als Schutzmaßnahmen bei hohem CO_2-Gehalt und schnellfließendem Wasser kommt Umstampfung des Betons mit Ton oder Neutralisierung des Wassers durch Aufschüttung von kohlensaurem Kalkstein in Frage. In den meisten Fällen werden sehr dichte, glatte Oberflächen bei gleichzeitiger Fluatierung genügen; ein Anstrich mit Bitumen oder Teerpech u. dgl. zum Schutz des Betons im Anfang der Erhärtung ist empfehlenswert.

Isolierschicht besonders bei Gewölbekonstruktion ist empfehlenswert. Für die Ausbesserung genügt bisweilen Neuausfugung, bei Beton Zementeinspritzung oder Erneuerung. Die größte Sorgfalt bei der Herstellung des Betons wird empfohlen.

7. Technisch wichtige Flüssigkeiten mit Gehalt an verschiedenen Salzen und Säuren.

Nachdem im vorstehenden zahlreiche Basen, Säuren und Salze, in bezug auf ihre hier wichtigen Eigenschaften durchgesprochen sind,

[1] Biehl: Die Bestimmung der Wasserstoffionenkonzentration als Hilfsmittel bei der Zement- und Betonforschung. Zement 1930 S. 269.

seien im nachfolgenden noch die für die Technik wichtigen Flüssigkeiten beschrieben. Natürlich sind die chemischen Bestandteile, welche diesen Flüssigkeiten ihren Charakter verleihen, schon bei den Säuren, Basen und Salzen besprochen, da ja die Einwirkungsweise usw. der einzelnen Flüssigkeiten nur durch diese chemischen Verbindungen bestimmt wird. Dennoch ist eine kurze Beschreibung der einzelnen technischen Flüssigkeiten in bezug auf ihr Vorkommen und ihre Zusammensetzung am Platze. In den meisten Fällen wird diese Beschreibung mit einem Hinweis auf die wichtigsten Salze, Basen oder Säuren, welche die betreffende Flüssigkeit in bezug auf ihr Verhalten gegen Beton ausschlaggebend beeinflussen, enden können. Bei besonders wichtigen Flüssigkeiten (Meerwasser) werden aber noch Erfahrungen angeführt und Abwehrmaßnahmen gegeben.

Es werden in der folgenden Reihenfolge besprochen:

Anorganische Flüssigkeiten.

1. Bergwerkswasser.
2. Chlorkalk.
3. Gaswasser.
4. Grundwasser.
5. Heißes Wasser.
6. Meerwasser.
7. Mineralwässer.
8. Naphthalinwasser.
9. Pökellauge.
10. Quellwasser.
11. Flußwasser.
12. Kanalwasser.
13. Rauchgase.

Organische Flüssigkeiten.

14. Bier.
15. Grünfutter.
16. Gärungsflüssigkeit.
17. Heringslake.
18. Jauche, Urin, Fäkalien.
19. Melasse.
20. Milch.
21. Moorwasser.
22. Rübensaft.
23. Sauerkraut.
24. Schlempe.
25. Sirup.
26. Wein.
27. Kohle.

a) Anorganische technische Flüssigkeiten.

1. Bergwerkswasser.

Bergwerkswasser hat je nach Art des Bergwerksbetriebes ganz verschiedene Zusammensetzung.

Vorkommen. In Gruben, in welchen sulfidhaltige Eisenoxyde und schwefelhaltige Kohlen gewonnen werden, enthalten die Bergwerkswässer häufig freie Schwefelsäure, welche durch Oxydation des Schwefels entsteht.

Hier sind die Maßnahmen zu treffen, welche für reine Schwefelsäure in Betracht kommen (S. 299).

Natürlich kann diese freie Schwefelsäure bei Anwesenheit von Kalk auch in Sulfat übergehen. Es tritt dann die entsprechende für Kalziumsulfat angegebene Wirkung ein (S. 360).

In Gipsgruben tritt natürlich Gipswasser auf; es gilt dafür das unter Gips Gesagte (S. 360).

Nach Mitteilung von Gonell[1] hat sich der Tonerdezement bei den Tunnelbauten in gipshaltigem Gestein, wo Portlandzement rasch der

[1] Mitt. Mat.-Prüf.-Amt 1929 Sonderheft 7 S. 17.

Zerstörung anheim fiel, so z. B. beim Bau des Brauß-Tunnels der Linie Nizza—Coni und beim Tunnel von Magnacum (Schweiz) bewährt[1].

Batta[2] berichtet über einen Korrosionsfall an einem Tunnel und gibt die Veränderung des eindringenden Wassers vor und nach dem Durchgang durch den Beton an. Dabei hat sich der Sulfatgehalt vermindert. Er empfiehlt für schwierige Fälle Ableitung des schädlichen Wassers.

In Kalibergwerken treten konzentrierte Lösungen von Natriumchlorid, Kalziumchlorid, Magnesiumsulfat u. dgl. auf. Es sind nach Ausführung von Analysen die Maßnahmen zu treffen, welche für die einzelnen Salze gegeben sind (S. 374, 376, 365).

Beim Ausbau mit Tübbings ist es üblich, bei doppelten Tübbings Stampfbeton, bei einfachen Tübbings Eisenbeton zu verwenden. In wichtigen Fällen muß auf möglichst große Dichtigkeit des Betons gesehen werden[3], da häufig aggressive Wässer auftreten. Der Zementgehalt muß hoch sein, um sowohl Durchtränkung des Betons, als auch Bruch durch Gebirgsdruck nach Möglichkeit zu verhindern.

Beim Ausbau in Steinen[4] sind zwischen den Steinen auch Holzlagen anzubringen, um die Elastizität zu erhöhen, denn selbst der Hartbeton vermag auf die Dauer, wenn er nicht elastisch nachgeben kann, dem gewaltigen Gebirgsdruck nicht zu widerstehen.

Beim Bau der Eisenbetonhinterfüllung der Tübbingsäulen, beim Bau der Schächte 3 und 4 der Zeche „Auguste Viktoria“ wurde vom Verfasser durch dauernde Baustellenkontrolle erreicht, daß ein überaus dichter Beton auf der ganzen Schachthöhe entstand, obwohl gegen die Frostwand betoniert wurde, der völlige Wasserdichtigkeit auch bei den entsprechend hohen Wasserdrucken aufwies (Abb. 161)[5].

Im Bergwerk muß stets mit sehr dichtem Beton mit hohem Zementgehalt gearbeitet werden, da auch dann, wenn keine hohen Drucke auftreten, sogar sehr fester Beton zerstört werden kann und stets Wasserdichtigkeit wünschenswert ist[6].

2. Chlorkalk.

Chlorkalk enthält als wirksames Prinzip unterchlorige Säure, aus welcher sich Chlor abspaltet. Da Chlor stark oxydierend wirkt, wird Chlorkalk deshalb als Oxydationsmittel benutzt. (Bleichmittel, Desinfektion.) Chlorkalk wirkt auf alle organischen Stoffe zerstörend,

---

[1] Vgl. Zement 1924 S. 274; Ref. nach einem Bericht von A. Paris, Lausanne und H. Eisenbeck: l. c. S. 202.

[2] Batta: Etude de la corrosion du tunnel du Corbeau. Communication présentée au Dixième Congrès de Chimie Industrielle, septembre 1930, Paris. Chim. et Ind.

[3] Grün: Beton unter Tage. Dtsch. Technik 1934, Oktober-Heft.

[4] Graaff und Herzbruch: Die Frage der Betonverwendung im Grubenausbau, unter besonderer Berücksichtigung des Herzbruchschen Ausbausystems. Zement 1932 S. 604.

[5] Grün: Untersuchungen über den Abbindeverlauf und die Erhärtung von Beton in Gefrierschächten. Zement 1928 S. 1371ff. — Grün-Beckmann: Untersuchungen über die Abbindetemperaturen von Beton und ihre Nutzanwendung beim Ausbau eines Gefrierschachtes. Zement 1932 Nr. 3.

[6] Schmid: Glückauf 1935, Heft 45.

hauptsächlich bei längerer Einwirkungszeit. Aus dem Chlor bildet sich, ebenso wie in Chlorwasser, unter dem Einfluß der Luft Salzsäure, und die Einwirkung des Chlorwassers ist infolgedessen derjenigen schwacher Salzsäure entsprechend (S. 297 und 322).

Auch die Überführung des Kalkes in Kalziumhypochlorid, welches sich in Wasser löst, und daraus sich ergebende Kalkverarmung des Betons ist zu erwarten, vor allen Dingen in sehr hohem Maße dann, wenn als Bleichflüssigkeit Natriumhypochlorid verwandt wird.

Betonkörper, welche einerseits in Chlorkalk, andererseits in Wasser gelagert waren, zeigten bei der Chlorkalklagerung einen erheblichen Abfall der Festigkeit, der Abfall war größer bei den Portlandzementkörpern im Verhältnis zu den Hochofenzementkörpern[1].

Gaßner fand bei Vergleichsversuchen zwischen Portlandzement, Eisenportlandzement, Hochofenzement und Erzzement bei Lagerung in Chlordämpfen völliges Rissefreibleiben allein der Hochofenzement- und Erzzementkörper und geringste Festigkeitsabnahme der Hochofenzemente sowie besonders der Erzzemente[2].

Maßnahmen. Als Maßnahmen sei auf die auf S. 323 beschriebenen verwiesen, also dichter Beton und hoher Zementgehalt; ein widerstandsfähiger Zementputz allein genügt nicht.

3. Gaswasser.

Dies entsteht bei der Reinigung von Leuchtgas oder Kokereigas als Wasch- und Niederschlagswasser. Es enthält Ammoniak, manchmal auch Ammonsalze. (Näheres s. deshalb unter Ammoniakwasser, S. 292.)

Gasbehälterwasser, also das Wasser, welches zum Abdichten der Gasometer, die zur Aufbewahrung von Leuchtgas verwendet werden, dient, enthält Spuren von Leuchtgas gelöst. Es ist völlig unschädlich und bedarf deshalb keiner näheren Besprechung.

Dagegen ist bei ammoniumsalzhaltigem Wasser aus Gasreinigungen Schutz am Platze. Notwendig ist in solchen Fällen Analyse des Wassers, um festzustellen, wie groß die Schädlichkeit ist und wie man sich dementsprechend gegen diese zu schützen hat.

4. Grundwasser.

Grundwasser ist sehr häufig ohne nachteilige Einwirkung. In einer sehr großen Anzahl von Fällen, und zwar in viel größerer Anzahl als gemeinhin angenommen wird, enthält das Grundwasser schädliche Salze, wenn auch in geringen Mengen. Sie vermögen auf den Beton nachteilig einzuwirken, da die in Betracht kommende Zeitspanne der Einwirkung sehr groß ist und die schädlichen Salze vom Beton gleichsam aufgefangen und konzentriert werden. Die fortwährende Erneuerung des Grundwassers durch die Strömung und durch das Steigen und Fallen des Spiegels vermag deshalb die Zerstörung herbeizuführen.

[1] Hochofenzement und seine Verwendung im Salzbergbau. Baumarkt 1908 S. 642.

[2] Gaßner, O.: Chlorkalkkammern aus Beton. Zement 1924 S. 632.

Zwei Grundwässer, die sich in der Praxis als sehr angreifend erwiesen hatten, gibt in ihrer analytischen Zusammensetzung Nitzsche[1] an:

	mg/l	%	mg/l	%
Chlornatrium (Kochsalz)	1350	= 0,135	3578	= 0,3578
Kalziumoxyd (Ätzkalk)	1100	= 0,1	1078	= 0,1078
Magnesiumoxyd (Magnesia)	264	= 0,026	114	= 0,0114
Schwefelsäureanhydrid	1942	= 0,194	1700	= 0,17

Natürlich war die Schwefelsäure gebunden vorhanden; der scheinbar geringe Gehalt an Sulfat hat die Wässer angreifend gemacht.

Ein größeres Becken aus Beton von 2 m Tiefe und 10 m Durchmesser wurde nach 2 Jahren völlig zerstört, trotz einer zum Schutz angebrachten Schutzschicht 1:1 Portlandzement. Das Wasser enthielt noch weniger Sulfat als die oben genannten Grundwässer, nämlich:

Kalk	306 mg/l
Schwefelsäureanhydrid .	1057 „

Auch hier war die Schwefelsäure wieder gebunden.

Ein ebenso hoher SO_3-Gehalt des Grundwassers, nämlich 1000 mg/l, hat einen Abwassersammelkanal, der nicht geschützt war, zerstört[2].

An einer Kaimauer im Hamburger Hafen traten schon ein halbes Jahr nach Errichtung weitgehende Zerstörungserscheinungen auf (Abb. 220 und 221). An der Stelle, an der die Mauer errichtet worden war, waren mehrere Jahrzehnte vorher aus Gips bestehende Abfälle einer Flußsäurefabrik weggeworfen worden; das Tidewasser hat sich jedesmal während der Flutzeit hinter der Mauer angesammelt, mit Gips angereichert und war dann bei Ebbe als Gipswasser durch die Mauer hindurch gesickert, auf diese Weise den Gips in den Beton verschleppend und diesen zerstörend[3].

Abb. 220. Hafenmauer bei Ebbe, beschädigt durch Gipswasser, das sich aus Gipsverunreinigungen aus den zum Auffüllen verwendeten Erdmassen gebildet hat.

Wiederholt wurden in Gegenden, in welchen im allgemeinen aggressive Wässer gar nicht vorkamen, diese dadurch erzeugt, daß durch

[1] Nitzsche: Eine Anwendung des „Rieselverfahrens“ und der Methode „ZB-Reinkulturen“ bei der Untersuchung sulfathaltiger Aggressivwässer. Zement 1918 S. 195ff.

[2] Bratke, H.: Wass. u. Gas 1925 B. B. Sp. 444; s. auch H. Klatt, Sp. 689.

[3] Beobachtung des Verfassers. Handb. S. 39.

Aufschüttung von Schlacke oder anderen Abfällen vorher unschädliches Grundwasser aggressiv gemacht und dadurch Betonzerstörungen hervorgerufen wurden. Z. B. wurde ein im Wald liegendes Planschbecken durch das Wasser der Wiesenbewässerung von unten her sehr stark zerstört. Bei analytischer Verfolgung der verschiedenen, zur Wiesenbewässerung herangezogenen Wasservorkommen stellte sich heraus, daß von einer über 1 km entfernt liegenden Schlackenhalde durch die Maßnahmen der die Wiesen bewässernden Bauern sulfathaltiges Wasser unter zwei Straßen hindurch zu dem Becken geleitet worden war, ein Vorgang, der allerdings beim Bau des Beckens nicht vorausgesehen werden konnte[1]. Das Wasser war also für die darin lebenden Frösche

Abb. 221. Hafenmauer bei Ebbe, wie Abb. 220: stark zerstörte, die ganze Mauertiefe durchsetzende Stelle auf der Spundwand.

und für die bewässerten Pflanzen unschädlich, zerstörte aber den Beton. In einem anderen Falle wurde eine Betonrohrleitung von außen her dadurch vernichtet, daß man die bei der Ausschachtung zwecks Verlegung gewonnene Muttererde für andere Zwecke verwandte und die Gräben mit Kohlenschlacke ausfüllt.

Eine analytische Untersuchung des Grundwassers ist stets am Platze. Die gefundenen Salze sind bezüglich ihrer Schädlichkeit und der zulässigen Konzentration an den entsprechenden Stellen unter den reinen Salzen nachzusehen.

5. *Heißes Wasser.*

Heißes reines Wasser vermag bei dauernder Erneuerung den Beton auszulaugen und wird besonders schädlich, wenn es schädliche Bestandteile enthält oder besonders kalkarm ist. Im allgemeinen steigt die Schädlichkeit bei einem Gehalt schädlicher Stoffe mit der Temperatur. Auch bei Salzgehalt ist häufig eine größere Schädlichkeit der heißen

[1] Beobachtung des Verfassers.

Salzlösung als der kalten Lösung festzustellen, aber nicht in allen Fällen; beispielsweise wurde vom Verfasser gefunden, daß im Anfang der Einwirkung heißes Magnesiumsulfat in einigen Fällen weniger schädlich war als kalte Magnesiumsulfatlösung gleicher Konzentration[1].

Ein lange Zeit als Sammelbehälter für heißes Kesselspeisewasser benutzter Kellerraum zeigte starke Auslaugung des Betons durch Kalkentzug trotz wasserdichtem Putz. Die Festigkeit war nicht viel höher als die eines fest gelagerten Kieses. Der Putz zeigte sehr feine Risse, die dem Speisewasser den Zutritt zum Beton ermöglicht hatten. Die Kornzusammensetzung des Betons war schlecht gewesen. Die Wiederherstellung fand statt nach dem Joostenschen Verfahren, nach welchem abwechselnd Kalziumchlorid und Wasserglas in dem zu verfestigenden Beton eingepreßt werden, wobei dann eine Verkittung des Sandes durch Wasserglasabscheidung stattfindet[2].

Eine umfangreiche Arbeit über das Verhalten von Zementmörtel in heißem Wasser hat Graf[3] durchgeführt. Verwandt wurde Alkazement und zwei Portlandzemente.

Aus dieser Arbeit können folgende Schlüsse gezogen werden:

1. Körper, die dauernd in Wasser von 20° gelagert hatten, hatten höhere Zug- und Druckfestigkeiten als solche, die vor der Wasserlagerung 7 Wochen ausgetrocknet waren.

2. Lagerung in 90° heißem Wasser ergab sowohl für die sofort in Wasser gelagerten als auch für die vorher 7 Wochen ausgetrockneten Körper bei fettem Mörtel (1:3) Festigkeitsabfall. Bei mageren Mörteln (1:6) Festigkeitssteigerung bis zu den Festigkeiten der fetten Mörtel.

3. Bei Lagerung in Wasser von 50° stieg die Festigkeit von Hochofenzement stärker als die von Portlandzement, welch letztere sogar gegen die Lagerung bei 20° etwas abnahm (vgl. Abb. 222). Die Behandlung mit Dampf bei 50° ergab höhere Zugfestigkeit als mit Wasser bei 50°. Die Wechselwirkung in Wasser von 90° und von 20° und umgekehrt hatte stärkeren Festigkeitsabfall besonders bei der Zugfestigkeit von 90° im Gefolge. Deutliche Rißbildung war hierbei festzustellen. Der Einfluß der Wechsellagerung ist bei verschiedenen Zementen verschieden, so daß die Auswahl der Zemente wesentlich ist.

Sehr starke Festigkeitsanstiege erhält man bei Einwirkung von Wasserdampf von 52, 66 und 82° auf erhärtenden Mörtel[4]. Die in Luft gelagerten Probekörper hatten nach 8 Stunden Erhärtung noch keine Druckfestigkeit (unter 1,4 kg/cm²). Bei 52° hatte der von 2 bis 8 Stunden mit gesättigtem Dampf ausgesetzte Körper bereits über 43 kg Druckfestigkeit. Der Wasserdampf ist also ein ausgezeichnetes Mittel, um frischen Zementmörtel zu schneller Erhärtung zu bringen, eine Tatsache, aus der manche Betonwarenfabriken schon die Nutzanwendung gezogen haben, indem sie ihre Betonwaren gedämpft hatten.

[1] Siehe auch Kühl und Albert: Der Einfluß der Temperatur auf das Gipstreiben des Portlandzementes. Zement 1923 S. 201.

[2] Kleinlogel: Die Auslaugekraft des Wassers bei Beton. Bautenschutz 1932 S. 137.

[3] Vgl. Heft 62 des Deutschen Ausschusses für Eisenbeton, Berlin 1930.

[4] Vgl. Concrete Products Bd. 41 (1926) Nr. 4 — Zement 1927 S. 451.

Als Maßnahmen: Dichter Beton, dichter Putz und allenfalls Schutzanstrich. Dieser hat stets den Verunreinigungen zu entsprechen und ist dort nachzuschlagen. Im allgemeinen muß aber damit gerechnet werden, daß Anstrichmittel im Laufe der Zeit zugrunde gehen, da sie bei der hohen Temperatur brechen und dann abblättern.

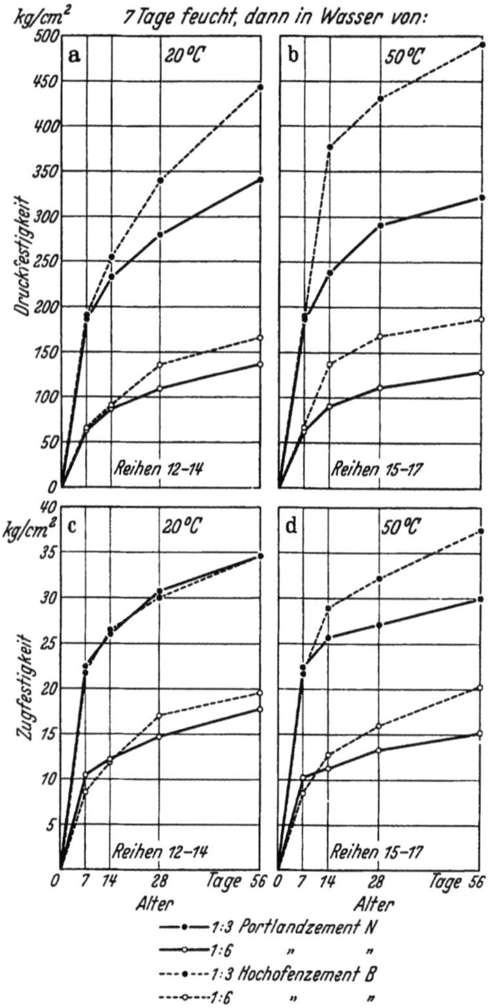

Abb. 222. Erhärtung von Normenzement in zwei verschiedenen Mischungsverhältnissen bei Temperaturen von 20° und 50° C. (Graf.)

Beim Behälterbau muß besonders darauf geachtet werden, daß bei den Temperaturabfällen vom Innern des Behälters nach außen keine Spannungen, die zu Rissen führen können, auftreten. Es ist also der Beton gegen Wärmeverlust zu schützen durch entsprechende Arbeitsweise, d. h. Ummantelung des Behälters mit Kieselgur, Sterchamol, Holz oder mit einer zweiten Wand[1].

Bekleidung mit porösen Leichtsteinen hat bei einem Zylinderbehälter für 90° heißes Wasser den Wärmeabfall gegenüber der Ausführung nur in Eisenbeton ohne Bekleidung nur mit 2 cm Putz um 55% verringert. Die Wärmezugspannungen sanken um rd. 30%[2].

Die *Maßnahmen* erstrekken sich also besonders auf den Schutz des Betons gegen Risse infolge Auftretens von Spannungen bei ungleichmäßiger Erwärmung oder Abkühlung. Die Eiseneinlagen sind aufzuteilen, um einen ungleichmäßigen Wärmeabfluß zu verhindern. Der Beton selbst muß dicht mit hohem Zementgehalt hergestellt werden. Nach den bisher vorliegenden Erfahrungen ist Normenzement dem Ton-

[1] Rausch: Beanspruchung von Eisenbetonwandungen durch ungleichmäßige Erwärmung. Beton u. Eisen 1932 S. 184.

[2] Dipl.-Ing. Falschlunger: Schutz eines Wasserbehälters mit heißer Füllung. Beton u. Eisen 1924 S. 307.

erdezement vorzuziehen. Bei Salzgehalt sind die betreffenden Maßnahmen auszuführen. Bei Salzarmut (Kondenswasser) ist sehr dicht zu arbeiten und eine wärmebeständige Spachtelmasse zum Schutz des Betons zu verwenden. Bei sehr starker Beanspruchung Plattenverkleidung.

6. Meerwasser und Meerklima.

Der Ausdruck Seewasser ist zweckmäßig zu vermeiden, da er auch dem Wasser von Süßwasserseen zukommt, also das salzhaltige Meerwasser nicht eindeutig bestimmt. Je nach dem Meeresteil, dem das Wasser entstammt, hat es verschiedenen Salzgehalt. Es sind enthalten:

1. Ostsee	etwa	0,4%	Gesamtsalz
2. Schwarzes Meer	„	1,8%	„
3. Skagerrak	„	2,4%	„
4. Nordsee und die Ozeane .	„	3,5%	„
5. Totes Meer		25%	„

Noch höhere Salzgehalte können in den Bitterseen, das sind eintrocknende abgeschnittene Meeresarme, enthalten sein.

Das Verhältnis der in den verschiedenen normalen Meerwässern enthaltenen Salze unter sich ist stets etwa gleich[1] und beträgt:

Natriumchlorid (Kochsalz) . .	67,5%
Magnesiumsulfat (Bittersalz) .	13,5%
Magnesiumchlorid	15,5%
Kalziumsulfat (Gips)	3,5%
	100,0%

Die Angriffsfähigkeit des Meerwassers beruht vor allem auf seinem Gehalt an Magnesiumsulfat, daneben ist natürlich auch der Gips und das Magnesiumchlorid nachteilig. Bei Zerstörungen wurde aber stets Anreicherung des Betons an Sulfat, also Einwirkung von Magnesium- und Kalziumsulfat festgestellt. Demgemäß ist die Einwirkungsweise des Meerwassers diejenige der Sulfate, also Bildung des Kalziumaluminiumsulfats, infolgedessen Treiberscheinungen mit nachfolgendem Zerfall (s. Magnesiumsulfat S. 365).

Die Wechselwirkung zwischen Zement und Meerwasser ist schematisch aus folgender Darstellung zu ersehen (Abb. 223). Es wirken aus dem Zement Aluminiumoxyd und Kalziumoxyd, aus dem Meerwasser Sulfat, welch letzteres dem Beton in immer wieder neuen Mengen zugeführt wird. Die Beständigkeit des Betons kann demgemäß von der Zementseite her erhöht werden durch teilweisen Ersatz der Tonerde im Portlandzement (Erzzement) oder durch Heranziehung von Zementen, die überhaupt keinen Kalk abspalten (Tonerdezement) oder schließlich durch Bindung des aus dem Portlandzementanteil sich abscheidenden Kalkgehaltes durch Puzzolanzusatz (Hochofenschlacke und Traß) bei gleichzeitiger Abstimmung des Moduls des Portlandzementes z. B. Brownmilleritzement.

Vom Meerwasser her ist die Beständigkeitserhöhung durch Abschluß des Betons von den Sulfaten zu erreichen: Dichter Beton, Stehen-

[1] Außer im Toten Meer, das meist $MgCl_2$, $CaCl_2$ und NaCl enthält.

lassen an der Luft (Selbstdichtung) zur Bindung des freien Kalkes als kohlensaurer Kalk, Verhütung von Pfützenbildung zur Verhinderung der Konzentration der Salze durch Sonne und Wind, Beseitigung von Tanganhäufung, um Schwefelabscheidungen und Wachstum von Bakterien, die Schwefelsäure erzeugen, unmöglich zu machen.

Zementreiche, aber kalkarme Betone und solche, deren Gehalt an freiem Kalk durch langes Stehen an der Luft in kohlensauren Kalk übergeführt, also unschädlich geworden ist, sind verhältnismäßig beständig, da die Oberschicht keinen freien Kalk mehr enthält.

Das den Beton zerstörende Kalzium-Aluminiumsulfat besteht aus		Die Beständigkeit des Betons wird also erreicht durch		
A. des Zementes	Aluminiumoxyd	I. Ersatz der Tonerde durch Eisenoxyd: Erzzement		
A. des Zementes	Kalziumoxyd		II. Herabminderung des Kalkgehaltes: Tonerdezement	III. Bindung des Kalkgehaltes durch: a) Puzzolanzusatz zum Portlandzement, b) Abstimmung der Module des Portlandzementes
B. des Meerwassers	Sulfat			Abschluß des Betons von den Sulfaten durch: I. Herstellung dichten Betons, II. Stehenlassen an der Luft, III. Tränkung mit Fluaten, IV. Klinkerverblendung, V. Bitumenanstrich

Abb. 223. Wirkung des Meerwassers und Wege zur Aufhebung der schädlichen Wirkung.

Die oft behauptete Schutzschichtbildung durch Algen u. dgl. tritt nicht ein. Verfasser konnte auf Helgoland feststellen, daß gerade unter der Algen- und Muschelbewachung an denjenigen Stellen, wo der Beton bei Ebbe aus dem Meerwasser heraussah, die Zerstörung besonders stark war, und zwar deshalb, weil in dem Algenpolster bei Sonnenbestrahlung sich das Meerwasser konzentrierte und dadurch besonders wirksam wurde (vgl. Abb. 224). Vermutlich spielt auch Bakterienwachstum (Erzeugung freier Schwefelsäure) eine Rolle, so daß man in solchen Fällen tatsächlich von „Zementbazillus" im wahrsten Sinne des Wortes sprechen kann.

Bei umfangreichen Versuchen, die Poulsen anläßlich des XIV. Internationalen Seefahrtskongresses in Kairo, Dezember 1926, berichtet[1].

[1] Vgl. Ingeniøren 1927 Nr. 14 S. 168.

stellte dieser fest, daß Puzzolanzusatz die Widerstandsfähigkeit von Portlandzement stark zu erhöhen vermag. Er schreibt: als Puzzolane wurde Traß und Molererde verwandt. Diese, eine gebrannte Kieselgur, hatte eine Zusammensetzung von

72,5 % Kieselsäure,
10,75% Tonerde,
8,0 % Eisenoxyd,
1,5 % Kalk

bei $2^1/_4$% Sulfat (SO_3). Poulsen schreibt, daß nach Abschluß der Versuche nach $6^1/_2$ Jahren an den Puzzolanmörteln noch keine Zeichen

Abb. 224. Mit Tang bewachsenen, durch Meerwasser zerstörten Beton auf Helgoland. Die starke Zerstörung zeigt, daß die Tangbewachsung den Beton nicht schützt, daß er im Gegenteil unter dem Tang besonders stark zerstört wird.

von Zerstörungen zu sehen waren, während alle puzzolanfreien Mörtel verhältnismäßig schnell an den Flächen abblätterten und längs der Kanten Risse zeigte, so daß sie allmählich vollständig zerbröckelten. Auch hier wurde bisweilen eine verhältnismäßig große Beständigkeit ganz schwacher Mörtel (1:7) gefunden, wahrscheinlich, weil die Porosität des Materials die Einlagerung großer Mengen des voluminösen Reaktionsproduktes zuließ. Bei allen Mörtelmischungen erhöht der Puzzolanzusatz die Lebensdauer[1].

Poulsen[2] empfiehlt deshalb, um den im Überschuß vorhandenen ungebundenen Kalk zu neutralisieren, dem Zement einen Zusatz zu geben, der einen genügenden Gehalt an hydraulischen Bestandteilen aufweist. Er empfiehlt weiter eine Überprüfung der hydraulischen Zuschläge im Laboratorium, und hebt die erfolgreiche praktische Bewährung von Moler in Dänemark hervor.

[1] Wasserbaumörtel für Meerwasser. Tonind.-Ztg. 1927 S. 961. — Grün: Beton im Meerwasser. Zement 1927 Nr. 49.

[2] Vgl. Poulsen, Kopenhagen: De la compacité du béton et de sa résistance aux agents chimiques.

Über Puzzolanzement vgl. auch Vittori[1].

In den tieferen Zonen enthält Meerwasser infolge des hohen Druckes viel gelöste Kohlensäure. Diese vermag, falls solches Meerwasser durch den Beton hindurchgepreßt wird (Trockendock) die zerstörende Wirkung noch zu erhöhen.

Versuche wurden in großem Umfange unter der Leitung Garys vom Materialprüfungsamt Dahlem 1913—1918 auf Sylt durchgeführt, indem etwa 1 m^3 große Blöcke an Land hergestellt und nach verschieden langer Lagerung in Buhnen im Wasser eingebaut wurden. Die Versuche sollten die Ansicht Michaelis' nachprüfen, der den freien Kalk des Portlandzementes als Ausgangspunkt der Zerstörung bezeichnet und demgemäß eine Bindung dieses schädlichen Kalkes durch Puzzolanzusatz oder Luftlagerung gefordert hatte. Demgemäß wurden Portlandzemente mit verschieden hohem Gehalt an Kalk und Tonerde verwendet und diese mit und ohne Traßzusatz verarbeitet.

Es wurde weitgehende Zerstörung zahlreicher Blöcke festgestellt, und zwar bei einem Zement stärker als beim anderen und bei fehlendem Traßzusatz stärkere als bei verschiedenen Zementtraßmischungen. In den zerstörten Blöcken wurde eine weitgehende Herauslösung des Kalkes (über die Hälfte) und Ersatz desselben durch Magnesiumsulfat und Natriumchlorid festgestellt, während die verhältnismäßig gut erhaltenen Blöcke geringere chemische Umwandlungen zeigten.

Gary kommt zu folgendem Schluß:

„Um widerstandsfähige Bauten in Seewasser zu erlangen, ist es notwendig, Zement zu verwenden, der möglichst reich an Kieselsäure, dagegen arm an Tonerde und Eisenoxyd ist[2]. Solchen Zementen kann man, wenn sie nebenbei kalkreich sind, durch Traßzusätze unter gewissen Bedingungen für Seebauten größeren Wert verleihen. Entscheidend für die Haltbarkeit der Betonbauten im Meere ist aber die Verwendung möglichst dichter, für das Seewasser undurchdringbarer Mischungen, wie tunlichst ausreichende äußere Erhärtung der in See zu bringenden Körper in Wärme und an der feuchten Luft, bevor sie den Wirkungen des Seewassers ausgesetzt werden. Beton, dessen Mörtel mehr als $^2/_3$% Sand enthält, wird im allgemeinen nicht die erforderliche Dichte aufweisen, um den Angriffen des Meeres lange Zeit Widerstand zu leisten[3]."

Die Ingenieure Atwood und Johnson haben eine referierende Arbeit „Die Zerstörung des Zementes in Meerwasser" veröffentlicht, welche über das Verhalten von Beton im Meerwasser berichtet und in der alle Versuche, welche in dieser Richtung in allen Ländern der Erde gemacht wurden (u. a. Michaelis-Berlin, Gary-Materialprüfungsamt

[1] Quelques points de vue sur la constitution et sur les propriétés du ciment puzzolanique rationnel. Communication présentée au Treizième Congrès de Chimie Industrielle, 24—30 septembre 1933.

[2] Der Empfehlung, bei Portlandzementklinker auf geringen Tonerdegehalt zu sehen, kann ich zustimmen; die Angabe, auch den Eisengehalt zu senken, ist überholt und unrichtig. Vgl. Erzzement, Kühlzement, Brownmilleritzement. Der Verfasser.

[3] Mitt. Mat.-Prüf.-Amt 1919 H. 3 u. 4 S. 170.

Lichterfelde, Feret-Laboratorium des Ponts et Chaussées-Boulogne, Eugen Meyer-La Rochelle, E. de Castor, Ing. der Straßen, Kanäle und Häfen Spaniens, Harrison Taft, Dr. Jeanneret), zusammengetragen sind[1].

Atwood und Johnson kommen zu folgenden Schlüssen:

„1. Praktisch haben alle geschickten Experimentatoren, die mit hydraulischen Bindemitteln umgingen, in den letzten 100 Jahren darin übereingestimmt, daß die Hauptursache für die Zersetzung von Mörtel und Beton in sulfathaltigen Wässern wie Meerwasser und vielen ähnlichen Wässern der Angriff auf den freien Kalk im Mörtel durch die Sulfate des Wassers ist.

2. Die Mehrzahl der Autoritäten stimmt darin überein, daß diese Zersetzung durch den Zusatz von einem sorgfältig zusammengesetzten kieselhaltigen Material (gemeint sind Puzzolane) zu Normalportlandzement verhindert werden kann, wobei dieses Material durch Verbindung mit dem beim Vorgange des Abbindens überschüssig gewordenen freien Kalke einen zementierenden Stoff zu bilden pflegt, der in sulfathaltigem Wasser unlöslich ist.

3. Die Tonerdezemente erreichen dieselben Ergebnisse. Da der Preis dieser Tonerdezemente größer zu sein scheint als derjenige der Portlandzemente, so dürfte der Zusatz von Puzzolan zu Portlandzement auf ein billigeres Erzeugnis hinauslaufen. In Anbetracht der größeren Festigkeit der Tonerdezemente ist es möglich, daß die Kosten der Festigkeit, gerechnet für das Kilogramm auf das Quadratzentimeter, nicht sehr verschieden sind.

4. Der Gebrauch einer einzigen Normalfestsetzung für das Bindemittel bei allen Bauten, gleichgültig welchen Zwecken sie dienen sollen, scheint weder erwünscht noch zweckmäßig zu sein[2]."

Bei den umfangreichen, seit 1902 (20 Jahre lang) auf Veranlassung von Michaelis ausgeführten Versuchen mit Erzzement an der deutschen Nordseeküste haben die im Meerwasser gelagerten Erzzementproben keine geringeren, zum Teil sogar höhere Festigkeiten gezeigt, als die in Süßwasser gelagerten[3].

Erfahrungen. In der Praxis haben sich zahlreiche Bauten aus Portlandzement auch ohne Puzzolanzusatz besonders in unseren Klimaten, z. B. Nord- und Ostsee, Boulogne, Marseille, Toulon, Amerika, Japan[4] bewährt. Dennoch ist bei der Länge der in Betracht kommenden Zeiträume Vorsicht geboten. In den Vereinigten Staaten von Amerika wurde für einen Bericht des „Komitees für Seevermessungsunternehmungen" eine Prüfung aller Portlandzement-Betonbauwerke in Meerwasser, soweit Bauaufzeichnungen gefunden wurden, durchgeführt (Atwood).

Der Bericht umfaßt auch die vorhergehenden 3 Berichte sowie die dem Internationalen Schiffahrtskongreß 1908, 1912 und 1923 unter-

[1] Proc. Amer. Soc. civ. Engr. (New York, USA.) 1923.
[2] Aus „Zerstörung des Zementes in Seewasser", Fußnote 1.
[3] Mitt. Mat.-Prüf.-Amt 1924 Heft 5 u. 6.
[4] Gary: Feinde des Zements. Baumarkt 1920 S. 450.

breiteten Berichte. Das Ergebnis ist wie folgt zusammengefaßt: „Es wurden 30 (PZ.Beton-) Bauwerke festgestellt, von welchen das älteste 1855, 24 seit 1880 erbaut waren. Von diesen 30 Bauwerken zeigten 17 Zerstörungen. Von den 13 unbeschädigten Bauwerken hatte eins eine schwere Granitverkleidung, 4 enthielten Beimischungen von Traß oder Puzzolanen. 8 gesunde Bauwerke unter 30 ist kein gutes Ergebnis für ein ‚beständiges Material'."

In den „Dienstberichten" über die Küstenhäfen der USA. ist eine Liste derjenigen Bauwerke, über die bestimmte Angaben bzw. Konstruktion und Zustand erhältlich waren, aufgestellt, die hier wiedergegeben sei (Tab. 86).

Tabelle 86. Portlandzementbetonbauten in Meerwasser.

Erbaut	Vorhanden	Davon gut	In Verfall geraten
1856	1	1	0 Bauwerke
1880—1889	2	1	1 „
1890—1899	2	—	2 „
1900—1909	10	3	7 „
1910—1914	14	6	8 „
1915—1919	12	9	3 „

Es zeigen also von den über 10 Jahre stehenden Bauwerken 62% Zerstörungen[1].

An gleicher Stelle finden sich noch zahlreiche Schilderungen von Zerstörungen von Portlandzementbeton durch Meerwasser.

Abb. 225. Hafenmauer der USA.-Flotte in Hingham zerstört durch Meerwassereinwirkung. (Wiederherstellung erfolgte durch Torkretverfahren.)

Die Hafenmauer der US-Flotte in Hingham war, trotzdem diese noch nicht 10 Jahre alt war, durch Meerwasser auf 60 cm Tiefe so weit-

[1] Atwood: Proc. Amer. Soc. civ. Engr. 1924.

gehend zerstört worden, daß eine gründliche Reparatur notwendig wurde. Nach gründlicher Untersuchung von R. J. Wig und L. R. Ferguson wurde die Wiederherstellung nach Entfernung der mürben Teile, Reinigung der Oberfläche durch Sandstrahl und Wasser, Versenkung eines Bewehrungsnetzes, durch Aufspritzen von Beton mit der Zementkanone mit günstigem Resultat durchgeführt (Abbildung 225).

Abb. 226. Wellenbrecherblöcke an einer Ufermauer in Zerstörung begriffen durch Meerwasserwirkung. Charakteristisch sind die abgerundeten Kanten.

An den Portlandzement - Betonwänden des 10 m tiefen Trockendocks auf Helgoland zeigten sich wenige Monate nach der Herstellung, besonders an den Arbeitsfugen, weißliche Krusten in mehreren Zentimeter dicken Wulsten, die hauptsächlich aus Kalziumkarbonat bestanden, das durch den hohen Kohlensäuregehalt des Meerwassers aus dem Kalk des Betons gebildet war. An den aus Hochofenzement hergestellten Wandteilen waren diese Bildungen nur in Spuren vorhanden[1].

Nach Wagner[2] schreibt die „Nieuwe Rotterdamsche Courant" folgendes:

„Unlängst hat G. F. Nicholsen im Engng. News Rec. einiges mitgeteilt über einen von den vereinigten Hafenbehörden an der pazifischen Küste herausgebrachten Rapport, betreffend ‚Vernichtung von Beton in Seewasser und die Vorsorgemaßnahmen dagegen', dessen Inhalt auch für uns von großem Belang

Abb. 227. Großaufnahme von Abb. 226 von oben, einen bereits in 4 Teile zersprengten Block zeigend. (Kantenlänge 2 m.)

[1] Beobachtung des Verfassers 1918.
[2] Wagner: Traß im Portlandzement. Tonind.-Ztg. 1927 S. 1494.

ist. Die Vernichtung von Betonwerken an der Pazifikküste breitet sich aus. Sie beginnt scheinbar schnell, nachdem der Beton mit Seewasser in Berührung kommt, nimmt in den folgenden 7 oder 8 Jahren dauernd zu, wonach der Prozeß dann in beschleunigtem Tempo fortschreitet. Die Angriffe sind bei Betonpfählen vor allen Dingen wahrzunehmen zwischen der Höhe des tiefsten Wasserstandes und der Oberkante und ebenso an der Unterseite von Betonbrücken und überall da, wo Salzwasserspritzen, dichte Nebel und salzhaltige Luft die Ursache bilden für das Auftreten von Beschädigungen oberhalb der Wasserlinie.

Abb. 228. Arbeitsfugen einer Ufermauer. Der Beginn der Zerstörung durch das Meerwasser zeigt sich an den ursprünglichen Schüttfugen.

In Los Angeles zeigt eine große Anzahl Eisenbetonpfähle im Alter von 11 bis 14 Jahren, mit einem besonderen Schutzmittel angestrichen, und eine andere Anzahl aus einer möglichst dichten Betonmischung bestehender Pfähle ernstliche Beschädigungen. Diese wurden erst nach 8 Jahren wahrgenommen und nahmen in den folgenden 3—4 Jahren schnell an Umfang zu.“

Abb. 229. Ufermauer am Meer. Die zu geringe Überdeckung der Eisen (1 cm) führt deren Rosten herbei.

Auf Helgoland wurden Betonwürfel von 2 m Kantenlängen, die an Land gegossen und zur Molenbefestigung ins Meer gestürzt waren, teilweise durch starke Treiberscheinungen zerstört (Abb. 226 und 227). Besonders gefährdet sind Arbeitsfugen. An der Molenmauer in Helgoland konnten bei der einsetzenden Zerstörung deutlich die ursprünglichen unsichtbaren Fugen, in denen seiner Zeit geschüttet wurde, wiedererkannt werden, da in ihnen das eindringende Meerwasser sich staute und die Fuge aufsprengte (Abb. 228).

Auch das Meerklima ist schädlicher als anderes Klima, da in die Oberfläche des Betons eindringende Salzlösungen die Leitfähigkeit des Betons erhöhen und zum Rosten der Eiseneinlagen führen. Besonders starke Überdeckung in solchen Klimaten ist also notwendig (Abb. 229).

Eine übersichtliche Zusammenstellung über Eisenbeton im Meerwasser geben Petry und Bornemann[1], die beweist, daß bei genügender Überdeckung der Eisen (4—5 cm) auch im Meerwasser Eisenbeton ohne weiteres angewendet werden kann. Allerdings ist vollkommen dichter Beton notwendig, um die Eisen vor Rosten zu schützen. Über die notwendigen Maßnahmen zur Herbeiführung dieser Dichtigkeit stellten die genannten Verfasser folgende Richtlinien auf:

1. Von entscheidender Bedeutung für die Dichtigkeit des Betons ist die Zusammensetzung des Mörtels (Mörtel = Zement + Sand = Durchgang durch das Sieb mit 7 mm Lochdurchmesser). Die Körnung des Mörtels soll nach Möglichkeit der Sieblinie II (Bild a Abb. 230) entsprechen und die Grenzen der Sieblinien I und III nicht überschreiten.

Sieblinie II ergibt die günstigste Körnung für weichen und flüssigen Beton. Körnungen unterhalb dieser Linie sind schwerer verarbeitbar, sie sollen deshalb nur für weiche Mischungen verwendet werden. Für erdfeuchten Beton in baumäßiger Verarbeitung ist eine Körnung nach Sieblinie III anzustreben.

2. Der Mörtelgehalt des Betons soll mindestens 50% und nicht weniger als 30 k% betragen, wenn k die Körnungsziffer des Sandes ist (vgl. Punkt 4). Für Eisenbeton soll der Mörtelgehalt je nach der Bewehrungsdichte nicht geringer als 55—65% sein, wobei das höhere Maß für die dichtere Bewehrung gilt.

3. Entsprechend den Sieblinien für den Mörtel, die vor allem maßgebend sind, lassen sich Sieblinien für die Zuschläge entwickeln. Sie sind in den Bildern b und c der Abb. 230 enthalten. Für die Bewertung der oberen, mittleren und unteren Sieblinie gilt dasselbe wie für die Mörtelsieblinien. Mit Körnungen oberhalb der oberen Grenzlinie ist auch bei reichlichem Zementzusatz kein vollkommen undurchlässiger Beton zu erzielen, auch besitzt solcher Beton ein zu großes Wasseraufsaugungsvermögen.

4. Der Mindestzementgehalt des Betons ist, soweit andere Vorschriften nicht höhere Anforderungen stellen (z. B. bei Beton in Seewasser, sowie bei hochbeanspruchten Eisenbetonkonstruktionen), nach der Körnung des Sandes zu bestimmen. Bildet man nach der Sieblinie des Sandes dessen Körnungsziffer k, $k = {}^1/_{100}$ (300 — Summe der Siebdurchgänge durch das 0,2-, 1- und 3-mm-Sieb in %), und bestimmt man das Raumgewicht des lufttrockenen Sandes r_s, so soll das Mischungsverhältnis des Mörtels mindestens $1 : n$ betragen

$$n = k\,\frac{1{,}20\,r_s}{2{,}67 - r_s}\,.$$

Mit Rücksicht auf unvermeidliche Ungenauigkeiten in der Zusammensetzung des Betons sollte ein Zementgehalt von 240 kg je m³ frischen Betons nicht unterschritten werden[2].

5. Es sind feingemahlene Zemente zu bevorzugen und solche, die einen sämigen Beton liefern. Die Zuschläge, besonders aber der Sand, sollen möglichst runde Kornform haben. Brechsande sind daher weniger zweckmäßig. Plattiges Grobkorn ist möglichst zu vermeiden. Die Zuschläge selbst müssen undurchlässig sein.

---

[1] Petry und Bornemann: Eisenbeton im Wasser. Zement 1933 S. 8ff.

[2] Dieser Gehalt ist meines Erachtens zu gering. Ich halte 320 kg als Minimum für nötig. Grün.

6. Für wasserdichten Beton eignen sich weiche und flüssige Mischungen. Bei flüssigen Mischungen ist der Wasserzusatz möglichst zu beschränken. Erdfeuchter Beton läßt sich am Bau kaum hinreichend verdichten[1]. Auch sind Undichtigkeiten in den Arbeitsfugen bei erdfeuchtem Beton kaum zu vermeiden.

Beim Einbringen ist der Beton gehörig durchzuarbeiten, damit eine möglichst dichte Lagerung entsteht und die Luft entweicht.

7. Der Beton soll eine möglichst glatte und geschlossene Oberfläche erhalten. Blechschalungen sind daher besonders zweckmäßig.

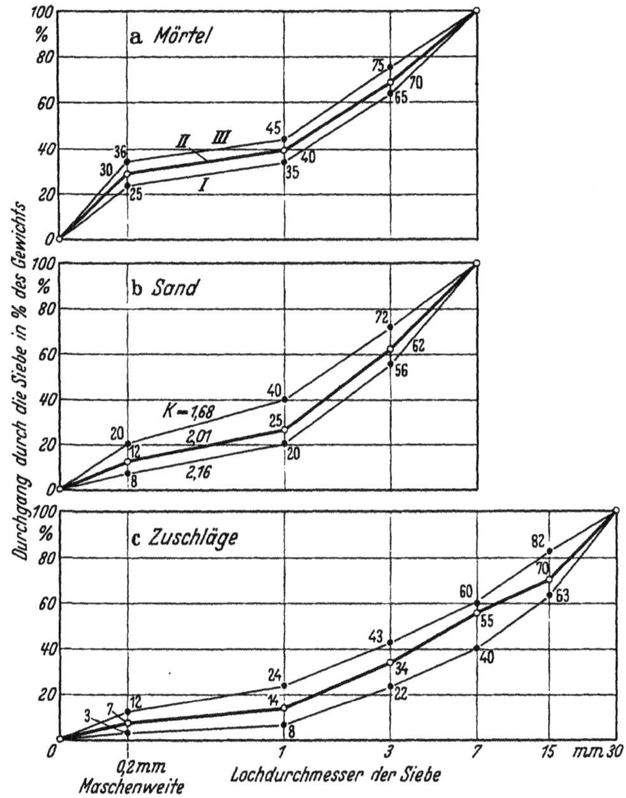

Abb. 230. Günstige Sieblinien für Eisenbeton zum Gebrauch im Meerwasser. (Nach Petry u. Bornemann.)

8. Der Beton ist besonders sorgfältig vor vorzeitigem Austrocknen zu schützen. Hierzu ist der Beton möglichst lange, mindestens in den ersten 2 Wochen, dauernd feucht zu halten.

9. Arbeitsfugen müssen künstlich gedichtet werden. Ihre Zahl ist deshalb möglichst zu beschränken.

10. Besteht die Möglichkeit, daß der Beton Frost erhält, so soll er bei Frosteintritt mindestens 150 kg/cm² Druckfestigkeit besitzen.

Betondecken bei Eiseneinlagen. Bei Eisenbeton im Wasser sollte die Betondeckung der Eiseneinlagen möglichst nicht geringer als 4 cm sein.

Die Verfasser empfehlen, bei einer erfahrenen Prüfungsstelle feststellen zu lassen, inwieweit den wirtschaftlichen Erfordernissen ohne

[1] Das Rüttelverfahren wird auch erdfeuchtem Beton diese Verwendungsmöglichkeit erschließen.

Nachteil für die erstrebten Eigenschaften des Betons nachgegeben werden kann.

Wie notwendig die gute Überdeckung ist, zeigt ein Bericht von Wolterbeck[1]. Hier ist berichtet über Absprengungen von Beton durch Rosten der Eiseneinlagen an Eisenbetonbauten in der Nähe des Meeres (Batavia). Hervorgerufen sind diese Absprengungen nur durch die Tatsache, daß die Deckbetonschicht zu porös und zu schwach war. Als Abwehrmaßnahmen empfiehlt Wolterbeck:

1. Herstellung sehr dichten Betons, da hier die alkalischen Eigenschaften des Zementes am besten erhalten bleiben.
2. Hoher Zementzusatz (400 kg/m³).
3. Nicht zu kleine Abmessung der Betonblöcke.
4. Mindestens 3 cm Überdeckung.
5. Naßhaltung, um Schwindrisse zu vermeiden, und Schutz vor Sonne.

Bei Untersuchungen der Niederländisch-Indischen Kommission über das Verhalten von Eisenbeton gegenüber den Einflüssen von Seewasser[2] wurde gleichfalls festgestellt, daß zu geringe Überdeckung des Betons und poröser Beton unzulässig ist und daß ein deutlicher Unterschied zwischen dem Seewind ausgesetzten und den geschützt gelegenen Bauwerken besteht. Bei Meerwasserbauten treten die Hauptzerstörungen auf in der Zone, die direkt über der liegt, welche regelmäßig bei Flut unter Wasser gesetzt wird. Asphaltierte und geteerte Flächen zeigten keine Zerstörung. Die Kommission kommt zu folgendem Schluß:

„1. Eisenbetonkonstruktionen am Meere oder in seiner Nähe müssen regelmäßig untersucht und unterhalten werden.

2. Die Zerstörungserscheinungen an Eisenbetonbauten in der Nähe des Meeres, außer bei einzelnen, wo große Entwurf- und Ausführungsfehler gemacht sind, sind im allgemeinen nicht derartig, daß man bei einer regelmäßigen, nicht zu teuren Unterhaltung für die Erhaltung der Konstruktionen fürchten muß.

3. Daß der Einfluß ungünstiger Verhältnisse schon von Anfang an bekämpft werden kann durch Beachtung der in diesem Bericht genannten Winke für Entwurf und Ausführung.

4. Daß bei Beherzigung dieser Vorschriften keine gefährlichen Zerstörungen zu befürchten sind, und deshalb grundsätzlich kein Anlaß besteht, von der Verwendung des Eisenbetons in der Nähe der See, wo die Verwendung oft Vorteile bietet und sogar in einzelnen Fällen die einzige Möglichkeit ist für die praktische Ausführung, abzusehen[3].“

Der 1916 eingesetzte Ausschuß der „Institution of Civil Engineers“[4] kommt sogar zu der Überzeugung, daß in Wasser eingetauchter Eisenbeton so gebaut werden muß, daß die Eisen mindestens 5 cm in den Beton eingebettet sind.

---

[1] Wolterbeck: Untersuchung von Eisenbetonkonstruktionen in der Nähe der See auf Niederländisch-Indien. Zement 1928 S. 65.

[2] Loos: Über das Verhalten von Eisenbeton gegenüber den Einflüssen von Seewasser. Zement 1926 S. 621.

[3] Loos: Einige Beispiele von Zerstörungserscheinungen an Eisenbetonhochbauten in Seehäfen auf Java. Beton u. Eisen 1927 S. 89.

[4] Baustoffe im Seewasser. Bautechn. 1927 S. 712.

In Le Havre und bei Plougastel hat sich Schmelzzement gegen die Einflüsse von Meerwasser und anderen sulfathaltigen Wässern gut bewährt[1].

Grün gibt eine Anzahl Analysen von Helgoländer Betonproben, die durch Meerwasser zerstört wurden, aus welchen im allgemeinen bei den stark zerstörten Betonen eine Sulfatanreicherung hervorgeht. Sie zeigt aber auch, daß Sulfatanreicherung durch eine erfolgte oder im Gang befindliche Zerstörung keineswegs notwendig ist, da auch ein Beton, der keine Magnesia- oder Sulfatanreicherung aufweist, zerstört oder in Zerstörung begriffen sein kann. Er empfiehlt deshalb, die makroskopische Untersuchung am besten mit dem stereoskopischen Mikroskop zu ergänzen[2].

Als *Maßnahmen* gegen die zweifellos bestehende Gefahr der Zerstörung des Betons in Meerwasser ergibt sich als Schlußfolgerung aus den angeführten Arbeiten. Es muß angestrebt werden: Die Verwendung eines kieselsäurereichen Zementes, also Hochofenzement, Eisenportlandzement oder sehr kieselsäurereicher Portlandzement, oder aber Tonerdezement oder Erzzement. Bei Portlandzementverwendung Puzzolanzusatz.

Die weiteren Maßnahmen gegen die zweifellos bestehende Gefahr für den Beton im Meerwasser sind niedergelegt in den „Richtlinien über die Ausführung von Betonbauten im Meerwasser“, aufgestellt vom Deutschen Ausschuß für Eisenbeton, Arbeitsausschuß II (Moorausschuß) April 1930. Aus diesen interessiert hier folgendes:

Einzelheiten über die Verwendung von Beton im Meerwasser.

Allgemeines: Bei Ausführung von Betonbauten im Meerwasser und beim Einbringen von Fertigerzeugnissen aus Beton ins Meer (Betonblöcke oder -pfähle u. dgl.) ist vor allem darauf zu achten, daß der Beton besonders an den Außenflächen so dicht wie möglich hergestellt wird. Man verwende daher fette Mischungen mit nicht zu geringem, aber auch nicht zu hohem Wasserzusatz[3], geeignete (gesinterte oder geschmolzene) Zemente[4] und Zuschlagsstoffe mit gut abgestuften Korngrößen in richtiger Zusammensetzung, so daß möglichst wenig Hohlräume im Beton entstehen.

Zum Anmachen des Betons kann unbedenklich Meerwasser verwendet werden[5].

Wenn irgend möglich, sind die Betonwerke im Meerwasser ohne Arbeitsunterbrechung herzustellen, da Arbeitsfugen den Angriff betonschädlicher Wässer begünstigen.

a) Bei Beton, der die Möglichkeit hat, außerhalb des Meerwassers gründlich zu erhärten, also z. B. bei Betonblöcken, die an Land ausgeführt und später im Meerwasser eingebaut werden, empfiehlt sich zur Dichtung die Zugabe von Traß, der jedoch nicht als Zementersatz gerechnet werden darf. Statt Traß kommt auch Sandmehl u. dgl. als Dichtungsmittel in Frage. Bei kalkreichen Zementen wird der Traßzusatz zweckmäßig höher genommen als bei kalkarmen. Zement und

[1] Usine Bd. 45 (1936) ref. Erfahrungen mit Schmelzzement. Betonstein-Ztg. 1936 S. 77.

[2] Grün: Das stereoskopische Mikroskop als Hilfsmittel bei der Feststellung von Betonzerstörungen. Tonind.-Ztg. 1929 Nr. 58/59.

[3] Zu trocken angemachter Beton wird nicht genügend dicht, evtl. Verdichtung durch Hochfrequenzrüttler.

[4] Der Glühverlust des frisch angelieferten Zementes darf nicht mehr als 3% betragen.

[5] Tonerdezement muß mit Süßwasser angemacht werden.

Zusätze wie Traß[1] oder andere Dichtungsmittel müssen vor der Vermischung mit den Zuschlagsstoffen und vor der Wasserzugabe maschinell vorgemischt werden.

Die Mischung derartigen Betons soll so sein, daß auf 1 m³ fertig verarbeiteten Betons im Bauwerk mindestens 330 kg Zement kommen. Falls Traß verwendet wird, so ist der Traßzusatz zu etwa $^1/_3$ des Zementgehaltes in Raumteilen zu wählen.

b) Beton, der frisch, d. h. noch weich, im Meerwasser verbaut wird, soll möglichst schnell erhärten und schnell dicht werden. Da der Traßzusatz die Erhärtungsfähigkeit von Beton anfänglich verzögert, kommt er in diesem Falle weniger in Frage, zumal er zunächst nur als physikalisches Dichtungsmittel zu wirken vermag. Die Mischung des Betons wird zweckmäßigerweise so genommen, daß auf 1 m³ fertig verarbeiteten Betons im Bauwerk mindestens 450 kg Zement kommen.

c) Dichtende bituminöse Schutzanstriche oder Fluatbehandlung der Betonflächen sind besonders dann zu empfehlen, wenn der Beton beim Zutritt des Meerwassers noch jung ist. Auch in allen anderen Fällen werden derartige dichtende Schutzanstriche aus bituminösen Stoffen oder Fluat nützlich sein.

d) Eiseneinlagen in den Außenteilen der dem Meerwasser ausgesetzten Betonteile müssen eine Betonüberdeckung von mindestens 40—50 mm aus völlig undurchlässigem dichten Beton erhalten.

7. *Mineralwässer* (s. auch Kohlensäure S. 313).

Mineralwässer sind aus der Erde kommende Quellen, die mit Salzen oder Säuren oder mit beiden angereichert sind. Die Salze stammen aus der Erde und werden von dem Wasser auf seinem Wege mitgenommen. Die Kohlensäure wird beim Absinken von Gebirgen aus (kohlensaurem) Kalkstein in tiefe Erdschichten, wo hohe Temperaturen herrschen, freigemacht und löst sich in der Quelle unter Druck auf. Die Kohlensäure verändert die Eigenschaften des Wassers insofern, als es dieses in eine Säure verwandelt. Dadurch ist es befähigt, auch solche Oxyde zu lösen, die sonst wasserunlöslich sind, beispielsweise Eisenoxyd. Aus diesem Grunde sind denn häufig auch die kohlensäurehaltigen Quellen eisenhaltig. Beim Zutagetreten der Quellen entweicht die Kohlensäure zum größten Teil und das Eisen fällt als Eisenhydroxyd aus. Wasser, das für Flaschenfüllung bestimmt ist, wie es beispielsweise in der Gegend von Ems, Selters, Brohl usw., also in früher vulkanischen Gegenden vorkommt, muß erst von seinem Eisengehalt befreit werden, da sich das Wasser sonst in den Flaschen durch nachträgliche Ausscheidung von Eisenhydroxyd trübt und außerdem schlecht schmeckt (nach Tinte!). Man läßt derartige Wässer in Türmen herabrieseln, wo ihnen ein Luftstrom entgegenzieht. Hierdurch wird das Eisen zu Ferrihydrat oxydiert, gleichzeitig entweicht die Kohlensäure, der Eisenschleim wird abfiltriert und das Wasser auf Flaschen gefüllt. Die aus der Quelle gleichzeitig entweichende Kohlensäure wird dem Wasser hierbei unter Druck wieder einverleibt.

Die stark salzhaltigen Mineralwässer (Emser Wasser) werden entweder direkt in Flaschen gefüllt oder es werden die Mineralsalze nach Abdampfen in den Handel gebracht als Emser Pastillen u. dgl. oder zur Selbstherstellung derartiger Wässer. Im letzteren Falle geht natürlich die häufig vorhandene Radiumemanation verloren.

---

[1] Diese Vorschrift ist überholt. Bei gut arbeitenden Mischmaschinen ist nach den Versuchen des Verf. und des M.P.A. Dahlem Vormischung nicht nötig.

Bei den verschiedenen geschilderten Vorgängen kommen natürlich die Mineralwässer oder ihre Konzentrate häufig mit Beton in Berührung und haben dementsprechend auch schon häufig zu Zerstörungen geführt. Die Mineralwässer kann man gemäß ihrer Zusammensetzung wie folgt einteilen:

	Hauptbestandteil	Schädliche Bestandteile
A. Alkalische Mineralwässer:	Kohlensaures Natron und kohlensaurer Kalk sowie kohlensaure Magnesia.	Kohlensäure.
a) Einfache Säuerlinge:	Mit wenig festen Bestandteilen nicht unter 400 cm³ Kohlensäure im Liter. Apollinaris, Laacher-See, Karlsbad.	Kohlensäure.
b) Alkalische Säuerlinge:	So genannt wegen ihres hohen Sodagehaltes (Natriumkarbonat) bei geringem Gehalt an anderen löslichen Salzen, z. B. Vichingen, Neuenahr, Fachingen.	Kohlensäure.
c) Alkalisch-mineralische Säuerlinge:	Enthalten außer Soda (Natriumkarbonat) auch Kochsalz, z. B. Ems, Selters.	Kohlensäure.
B. Bittersalzwässer:	Enthalten neben Soda (Natriumkarbonat) auch Sulfat, z. B. Bertrich, Karlsbad, Neuenahr, Tarasp.	Sulfat.
C. Eisenwässer:	Enthalten meist doppeltkohlensaures Eisenoxydul.	
a) Reine Eisenquellen:	Enthalten wenig freie Bestandteile, dagegen viel Kohlensäure.	Kohlensäure.
b) Alkalisch und alkalisch-salinische Eisensäuerlinge:	Enthalten außer Eisen auch Kohlensäure mit schwefelsaurem Natrium und Kohlensäure, z. B. Franzensbad, Elster.	Kohlensäure und Sulfat
c) Erdisch-salinische Säuerlinge:	Enthalten kohlensaures Eisenoxydul und schwefelsaures Natron sowie Gips, z. B. Pyrmont, Petersthal.	Kalziumsulfat
d) Erdische Säuerlinge:	Enthalten Eisenoxydul, z.B. Alexisbad.	Sulfat.
D. Kochsalzwässer:	Besonders Kochsalz- und andere Chloride enthaltend bei wenig schwefelsauren Alkalien.	Keine.
a) Einfache Kochsalzwässer:	Mit geringem Kochsalzgehalt, z. B. Homburg, Bertrich usw.	Keine.
b) Solen mit höherem Kochsalzgehalt:	Nauheim, Soden, Reichenhall.	Keine.
c) Jod- und bromhaltige Salze:	Dürkheim, Kreuznach.	Keine.
E. Bitterwässer:	Enthalten vorwiegend Magnesiumsulfat und Natriumsulfat, Bittersalz, z. B. Hunjady, Pillnau.	Sulfat

	Hauptbestandteil	Schädliche Bestandteile
F. Schwefelwässer:	Enthalten schweflige Metalle, z. B. Aix, Aachen.	Sulfid.
G. Erdische Wässer oder kalkhaltige Wässer:	Enthalten vorwiegend Kalziumsulfat, Kalziumkarbonat.	Sulfat.
a) Einfache erdische:	Enthalten keinen Schwefelwasserstoff, Luyck.	Sulfat.
b) Erdische mit Schwefelwasserstoff:	z. B. Teplitz.	Sulfat.
H. Indifferente Mineralwässer:	Wildbäder, wenig freie Bestandteile, wenig Kohlensäure, aber heiß, enthalten Radiumemanation.	Keine.

Demnach sind vor allen Dingen gefährlich die Sulfat enthaltenden Wässer unter B, E, F und G. Dagegen können die Wässer unter A und C nur bei Auftreten sehr großer Mengen und Schnellfließen von Einfluß sein. Die weder Sulfat noch Kohlensäure enthaltenden Wässer D und H sind vollkommen unschädlich.

Die Schutzmaßnahmen gegen den Beton sind die üblichen und können nach der letzten Spalte der vorstehenden Tabelle unter den betreffenden Säuren, Sulfaten u. dgl. nachgesehen werden.

8. *Naphthalinwasser*

in Nebengewinnungsanlagen von Kokereien und chemischen Fabriken.

Naphthalin selbst ist unschädlich; Ammonsalze, die aber gleichfalls gegenwärtig sein können, sind gefährlich.

In der Nebengewinnungsanlage des Steinkohlenbergwerks Friedrich Heinrich in Lintford wurde der Beton mit Erfolg gegen das 30—35° warme Naphthalinwasser durch Inertol geschützt[1].

9. *Pökellauge.*

Pökellauge besteht in der Hauptsache aus konzentrierter Kochsalzlösung, bisweilen mit Zusatz von Salpeter (Natriumnitrat) und manchmal mit geringem Zuckerzusatz.

Die Schädlichkeit hängt von der Zusammensetzung ab. Im allgemeinen sind Pökellaugen harmlos, wenn nicht zuviel Zucker in ihnen vorhanden ist, da Kochsalz und Salpeter unschädlich sind.

Nach Petry sind Betonbottiche für Pökelfleisch lange Jahre unverändert geblieben[2].

Die Böden und Pfeiler einer Darmfabrik in Hamburg, in welcher in Wässer eingesalzene Därme von Übersee gewaschen, sortiert und wieder eingesalzen wurden, waren nach 8 Jahren dadurch geschädigt, daß die Eiseneinlagen gerostet waren, wodurch der Beton an manchen Stellen abgesprengt war. Eine Zermürbung des Betons war nur an der Oberfläche festzustellen, obgleich das deutsche Kochsalz 0,822% Bittersalz, das überseeische 2,892% Bittersalz (Magnesiumsulfat) enthielt[3].

---

[1] Mitt. von Ernst Wreden, Moers, Rhld. [2] Bauing. 1920 S. 14.

[3] Grün: Über Rosten von Bewehrungseisen unter Salzwassereinwirkung. Zement 1921 Nr. 17.

Die Zerstörungen waren durch das Vordringen der Salzbrühe durch den porösen Beton bis zu den Eisen eingetreten. An anderen Stellen, die mit Biberzusatz gearbeitet waren, hat sich der Beton bewährt.

Maßnahmen sind im allgemeinen bei dichter Verarbeitung nicht notwendig. Starke Überdeckung der Eiseneinlagen (5 cm) ist erforderlich.

10. Quellwasser.

Quellwasser ist im allgemeinen unschädlich, wenn es sich um Quellen, die keine besonderen Salze enthalten, handelt.

Kohlensäurehaltige Quellen, Bittersalzquellen usw. können natürlich schädlich werden; eine Analyse ist notwendig.

Einwirkungsweise und Abhilfemaßnahmen sind unter den gefundenen Salzen nachzusehen.

11. Flußwasser.

Flußwasser ist meistens weich. Es vermag im Laufe längerer Zeit den Beton zu lösen, hauptsächlich wenn es geringe Mengen von aggressiver Kohlensäure enthält. Diese Kohlensäure wird dem Flußwasser zugeführt zunächst durch Regenwasser, dann aber auch durch verfaulende organische Substanzen. Bei bewegtem, strömendem Flußwasser findet diese Anreicherung aber nur in untergeordnetem Maße statt, da die gasförmige Kohlensäure infolge der Strömung immer wieder entweicht, wie sie beispielsweise in einem umgerührten Kohlensäuregetränk (Sekt, Bier, Sodawasser) sehr schnell flüchtig wird. Die Anreicherung findet nur statt bei stehendem Flußwasser, also in Talsperren. In diesen wurde[1] ein verhältnismäßig hoher Gehalt an aggressiver Kohlensäure gefunden. Nach Durchgang des Wassers durch den Talsperrenbeton war natürlich die aggressive Kohlensäure verschwunden und dafür das Wasser mit Kalk angereichert. Folgendes Beispiel gibt die notwendige Übersicht:

Tabelle 87.
Vergleich der chemischen Zusammensetzung von Talsperrenwasser vor und nach dem Durchtritt durch den Talsperrenbeton.

	Schluchseesperre (HOZ.)					
	6. März 1935			16. Oktober 1935		
	See	Sickerwasser	Unterdruckrohr	See	in der Mauer links	in der Mauer rechts
R_2O_3 (= $Al_2O_3 + Fe_2O_3$)	7,0	10,0	16,0	2,0	2,0	8,0
CaO	12,0	113,0	186,0	10,0	64,0	50,0
MgO	6,5	2,9	3,3	4,3	0,7	2,1
SO_3	0,2	0,7	2,7	0,69	3,4	2,7
aggr. CO_2	8,8	0	0	8,8	0	0
p_H-Wert	7,3	9,3	9,7	7,1	8,9	8,8

Bei Untersuchung des p_H-Wertes von 50 verschiedenen Flüssen wurden von Tremper nur 7 mit saurem Wasser gefunden, weil sie durch niedriges Wiesengelände flossen, während die übrigen 43 p_H-Werte über 7,0 aufwiesen[2].

[1] Grün: Erfahrungen mit Spezialzementen. Z. angew. Chem. 1936 Nr. 49 S. 85.
[2] Vgl. Geologie und Bauwesen Heft 1, März 1936, S. 20.

Es sollten deshalb bei Anwesenheit derartiger Wässer, besonders wenn sie unter Druck stehen, nur ganz wasserdichte Beton, evtl. Vorsatzbeton genügend großer Abmessungen, gewählt werden.

Über die Abmessung von Talsperren gibt Ludin[1] eine bemerkenswerte Tabelle, ebenso eine ausführliche Literaturangabe.

Als Schutz wird entweder Vorsatzbeton an der Wasserseite mit 275—300 kg Zementgehalt bei 0,75—1 m Stärke luftseits und 1,20 bis 1,50 m wasserseits angebracht, oder Flächenschutz durch Bitumen oder Torkret, wobei auch hier auf die Notwendigkeit, den Schutz des Betons in erster Linie in die Dichtigkeit des Betons selbst zu legen, hingewiesen ist. Der Vorsatzbeton muß in einem Zuge mit dem Kernbeton eingebracht werden. Das Entwässerungsnetz soll 1,50—4,0 m hinter der Wasserseite eingebaut sein und das Sickerwasser durch Prüfgänge abgeleitet werden. Es wird darauf hingewiesen, daß an Stelle gewöhnlicher Ton- oder Zementröhren, die mit offenen Fugen verlegt sind, heute meist grobporige Betonblöcke mit 10 cm weiter rohrförmiger Aussparung oder gleichartige Betonröhren verwendet werden können, deren Abstand zwischen 1,50 und 5,0 m liegen soll. (Bei der Anwendung derartiger Betonblöcke ist es allerdings unmöglich, aus dem Kalkgehalt des Sickerwassers auf Vorgänge in der Talsperre zu schließen, da dann der Kalk teilweise aus den grobporigen Betonblöcken stammen wird — Grün.)

Wichtig ist die Entwässerung und Überwachung der Mauerkrone. Die Überwachung hat sich zu erstrecken auf die Wasserverteilung, die Bewegung einzelner Punkte und Führung eines Talsperrenbuches.

12. Kanalwasser.

Normales Kanalwasser, wie es in Städten vorkommt, ist meist unschädlich. Zweckmäßig ist es, von Zeit zu Zeit die Reaktion des Wassers zu prüfen. Auch eine Analyse auf Sulfat ist nötig. In Prag wurde nach eingehender Prüfung beschlossen, die bisher verwendeten Guß- oder Steinrohre durch Eisenbetonrohre zu ersetzen, da der Prüfungsausschuß zu sehr guten Ergebnissen gekommen war[2]. Besonders wichtig ist natürlich bei der Heranziehung derartiger Rohre möglichst hohe Dichtigkeit, um einerseits Eindringen des Wassers in den Beton zu verhindern, andererseits die Abnutzung durch mitgeführten Sand herabzusetzen. Der Säuregehalt kann infolge der sich schnell bildenden Sielhaut, die als Schutzschicht wirkt, verhältnismäßig hoch steigen, wenn kein Sand mitgeführt und dadurch die Sielhaut immer wieder zerstört wird.

Nach Metzger[3] kann der Säuregehalt bis zu 1% steigen. Nach Fischer[4] enthält das Göttinger Kanalwasser 0,0256% Schwefelsäure.

Nach einer Rundfrage des Deutschen Betonvereins in 100 deutschen Städten liegen dort 515 km Regenwasserkanäle und 2385 km Misch-

[1] Ludin: Beton im deutschen Talsperrenbau. Zweiter Kongreß der Intern. Vereinigung für Brückenbau und Hochbau, Berlin-München 1. bis 11. Oktober 1936. Vorbericht, Deutsche Ausgabe S. 1207.

[2] Vgl. Zement 1932 S. 390.

[3] Städteentwässerung und Abwasserreinigung. Berlin 1907.

[4] Chemische Technologie. Leipzig 1914.

wasserkanäle aus Betonrohren. Eine Umfrage Garys ergab, daß von 237 angefragten Behörden 183 die Verwendbarkeit des Betons anerkannten, während 54 aus Mangel an Erfahrung kein Urteil abgeben konnten. Die Sicherheit ist inzwischen noch gestiegen, da man jetzt zur viel dichteren und sachgemäßen Verarbeitung des Betons übergegangen ist und da vor allen Dingen die hergestellten Betonrohre (Schleuderbeton, Rüttelbeton) besonders hohe Festigkeit, Glätte und Dichtigkeit aufweisen. In Ausnahmefällen wurde natürlich starke Zerstörung festgestellt, auch bei gemauerten Kanälen. So war nach Beobachtung des Verfassers in Düsseldorf in der Nähe einer Beizerei der Fugenputz des Mauerwerks mehrere Zentimeter tief ausgefressen, da

Abb. 231. Bachbett-Befestigungsplatten und Betonrohr, angegriffen durch die Abwässer einer Beizerei, die verbotenerweise dem korrigierten Bach zugeführt wurden. (Herauslösen des Zementes aus der Oberfläche.)

Schwefelsäure und schädliche Salze dem Kanal zugeführt worden waren. Die Stadt Düsseldorf hat deshalb porös hergestellte Betonwürfel in die Senkschächte der an das Rohrnetz angeschlossenen Fabriken eingelegt, die von Zeit zu Zeit nachgesehen werden. Bei betonschädlicher Beschaffenheit des abfließenden Wassers zeigt sich sehr bald eine Beschädigung der Betonwürfel, so daß eine gründliche Besichtigung des Kanals bei dem betreffenden Werk sich anschließt, damit gegebenenfalls zur rechten Zeit Abhilfe getroffen werden kann. Auch bei dem gemauerten Abwasserkanal einer Margarinefabrik zeigte sich nach einiger Zeit starke Ausfressung der Fugen[1]. Nach Ausbesserung der Schäden wird durch eingelagerte Mörtelwürfel, von denen alle Jahre einige gedrückt werden, festgestellt, wie stark die Schädlichkeit des Wassers noch ist.

Bei einem kanalisierten Bach im Industriegebiet wurden starke Ausfressungen festgestellt (vgl. Abb. 231), die zurückzuführen waren auf

[1] Beobachtung des Verfassers.

stark schädlichen Säuregehalt des Wassers, der von einer Beizerei diesem zugeführt wurde.

Maßnahmen. Bei guter Herstellung und dichtem Gefüge können Beton- und Eisenbetonrohre ohne weiteres für jede städtische Abwasserleitung herangezogen werden. Bei starker Schädlichkeit des Wassers ist natürlich die Zerstörung der Rohre ebensogut wie diejenige von Mauerwerksmörtel zu erwarten. In diesen wenigen Fällen ist eine Kontrolle der allenfalls in Frage kommenden Werke notwendig (Einlagerung von porösen Betonwürfeln in die Senkschächte).

13. Rauchgase.

Der schädlichste Bestandteil der Rauchgase ist die schweflige Säure, welche mit dem Wasserdampf zusammen in den Beton eindringt, sich dann mit überschüssiger Luft zu Schwefelsäure oxydiert und sich mit dem Kalk des Betons zu Gips verbindet, worauf Gipstreiben eintritt. Entsprechend dieser Einwirkung berichtet Hawira[1], daß tatsächlich an dem Beton zunächst da Risse auftreten, wo die Feuchtigkeit einwirkt. Der obere Teil des Schornsteins leidet hierbei mehr als der untere, da sich die Gastemperatur hier verringert und die Gase sich kondensieren. Als Abhilfemaßnahmen ist Schutz des Schornsteins gegen Abkühlung zu empfehlen, um eine Kondensierung der Gase zu verhindern. Auch säurefestes Futter, das gleichzeitig im Sinne des Wärmeschutzes wirkt, ist zu empfehlen. Sehr bemerkenswert ist auch die täglich zu machende Beobachtung, daß durch den Sog des Windes von der Leeseite die Rauchgase herabgezogen werden und so den Schornstein auch von außen beeinflussen. Auch hier kann infolgedessen eine Gipsanreicherung eintreten, die durch entsprechende Überdeckung mit säurefestem Kitt verhindert werden muß. Hawira empfiehlt für sehr heiß betriebene Schornsteine auch Karborundum-Wasserglasanstrich, der bei hoher Temperatur zu einer Glasur schmilzt. Für stark angreifende Gase kommen reine ungeschützte Betonschornsteine nicht in Frage.

Nach Beobachtungen des Verfassers haben sich Schornsteine verschiedener Fabriken, darunter Wasserglasfabriken, stärker gebogen, und zwar trat die Hauptbiegung ein während des Stillstandes der Werke, weil hier durch den einwirkenden Regen die auf der Oberfläche abgeschiedenen Sulfate allmählich in das Innere des Mörtels hineingewaschen wurden. Bei Fabrikstillstand ist also der Schornstein abzudecken.

Luz David berichtet[2] über hohe Widerstandsfähigkeit von Spritzbeton gegen Rauchgase. Eine stählerne Straßenbahnbrücke in Pittsburg (USA.), die 1880 erbaut worden war, wurde 1908 zum Schutze gegen Rauchgase einbetoniert. Da der Beton zerstört wurde, wurde 1919 die ganze Brückenunterseite mit 4 cm starkem Spritzbeton über-

---

[1] Hawira: Schornsteine für die Abführung angreifender Gase. Tonind.-Ztg. 1927 S. 17.

[2] David: Über besonders festen Beton und Schutz gegen Lokomotivrauchgase durch Spritzbeton. Zement 1932 S. 465.

zogen. Nach 12 Jahren zeigte sich, daß der Unterbeton nicht weiter zerstört worden war, daß der Spritzbeton gut auf ihm haftete und keinerlei Schädigungen zeigte. Ein Betonstück ergab die ungewöhnlich hohe Druckfestigkeit von 1175 kg/cm^2.

Auch beim Schutz des Bahnhofs in M.-Gladbach, einer 40 Jahre alten Eisenkonstruktion, die stark verrostet war, hat man mit Spritzbeton ausgezeichnete Erfahrungen gemacht (vgl. Abb. 246 u. 247).

b) Organische technische Flüssigkeiten.

14. Bier.

Der geringe Zuckergehalt des Bieres vermag den Beton nicht zu schädigen. Allerdings kommen ungeschützte Betonbehälter für die Bieraufbewahrung nicht in Betracht, da eine Schädigung des Bieres eintreten kann. Ein Abschließen des Betons gegen das Bier ist also notwendig (Asphaltplatten, Aluminium) (vgl. Gärflüssigkeit). Bei sauer werdendem Bier (Tropfbier, Waschräume für Fässer) entsteht Milchsäure, die natürlich Abblätterungen usw. hervorzurufen vermag (vgl. Milchsäure).

15. Grünfutter[1].

Grünfutter wird hergestellt durch Einbringen des frisch geschnittenen Grases in Betontürme unter Luftabschluß, häufig unter Zusatz von etwas Salzsäure oder Schwefelchlorid. Die Grünfutterbereitung ist von großem Vorteil, da sie die Grasernte von der Witterung unabhängig macht, zumal das Futter von den Tieren gern genommen wird, und nicht verderben kann.

Der Eiweißbedarf Deutschlands beträgt ungefähr 4,5 Mill. t, wovon bis 1933 3,5 Mill. t in Deutschland erzeugt wurden[2]. Die fehlenden Mengen müssen natürlich aus dem Ausland bezogen werden. Bei dem Verlangen, diese hochwertigen Futtermittel durch das Inland zu liefern, ist eins der aussichtsvollsten und gangbarsten das Verfahren der Gärfuttergewinnung, indem man eiweißreiches Futter, wie Luzerne, Rotklee usw., siliert, um auf diese Weise die bei der Heugewinnung unvermeidlichen gewaltigen Verluste einzuschränken. Die Gärung bei der Silierung muß so geleitet werden, daß nicht die eiweißzersetzenden Bakterien, die gegen Säure empfindlich sind, sondern die Zuckerstoffe zersetzenden, die freie Säure erzeugen, die Oberhand bekommen. Bei der Gärung selbst entstehen bis zu 2% freie Säure, deren Entstehung aber Energie, also Futter kostet. Man ist deshalb dazu übergegangen, so viel freie Säure beizumischen, daß von vornherein die Tätigkeit der Eiweißzersetzer, die zu Ammoniakbildung führen, unmöglich gemacht wurde, damit der volle Nährwert des Futters erhalten bleibt. Als Säure wird z. B. Schwefelsäure verwendet. Neuerdings ist man zur Heranziehung von streufähigem Pulver, in welchem die schädliche Säure an Kohle gebunden ist, übergegangen, um damit dem Landwirt das Hantieren mit

[1] Über Silobau vgl. Landwirtschaftliche Silobauten. Zementverarbeitung Heft 17. Zementverlag 1925. — Vgl. auch Wochenbl. d. Landesbauernschaft Hannover 1935 Nr. 20.

[2] Keiser: Dtsch. Landwirtsch. Presse Bd. 60 (1933) S. 619.

konzentrierter Säure zu ersparen. Die Folge dieser Arbeitsweise ist eine sehr starke Beanspruchung der Silowände. Man schützt sie durch dichte Verarbeitung und Anstrich[1].

Die eintretende Gärung ist nach einigen Monaten beendet; bei der Gärung treten Temperaturerhöhungen von 40—50° auf. Es entstehen verschiedene Säuren, die aber so schwach sind, daß sie einen gut hergestellten Beton kaum anzugreifen vermögen (schwache organische Säuren, auch Kohlensäure).

Tritt bei fehlerhafter Arbeitsweise die Gärung bei nur 20—30° ein, so entsteht Essigsäure und Milchsäure, das Saftfutter wird dadurch ranzig und unbrauchbar; gleichzeitig wird Verderben des Betons stattfinden. Die Futtertürme müssen absolut rißfrei sein, um der Luft den Zutritt zu verwehren[2].

Grünfuttersilos können entweder in viereckigem oder rundem Grundriß erbaut werden. Meist wird Beton herangezogen, bisweilen ist aber auch Ziegelmauerwerk verwandt worden, das dann natürlich mit einem guten Putz geschützt werden muß[3]. Auch Betonformsteine sind schon herangezogen worden[4]. Die Innenseiten werden häufig durch einen guten Bitumenanstrich noch zusätzlich geschützt.

Wird, wie dies neuerdings üblich ist, zur Erhitzung der Silos geschritten, so ist natürlich ein besonders guter Anstrich notwendig[5].

Obwohl die Landwirtschaft ursprünglich der Silierung in weiten Kreisen nicht günstig gesinnt war, ist es dem Zementbund durch zweckmäßige Arbeit (Freilieferung von Zement für den ersten Silo eines Dorfes, Zurverfügungstellung von Leihschalungen usw.) gelungen, die Futtersilierung in weite Kreise einzuführen, so daß diese wichtige Aufbewahrung für Futter sich allmählich einführte[6] und sich in noch ungeahntem Umfang einführen wird.

Literatur: Grünfuttersilos. Baumarkt 1925 S. 12. — Der Casa-Grünfutterturm. Baumarkt 1926 S. 535. — Grünfuttersilos. Zement 1927 S. 849. — Zement 1928 S. 1109. — Obst: Silofuttertürme aus Betonformsteinen. Betonwerk 1930 S. 519.

16. Gärungsflüssigkeit.

Gärungsflüssigkeit weist neben einem Gehalt an Kohlensäure, der bei der Gärung entsteht, stets auch noch andere Säuren auf, die unter Umständen den Beton ebenso wie die Kohlensäure anzugreifen vermögen (Essigsäure, Milchsäure usw.). Guter Schutz des Betons ist notwendig.

17. Heringslake.

Heringslake enthält außer dem Kochsalz und dessen Verunreinigungen einige organische Substanzen, die aber ohne Einwirkung bleiben.

[1] Scheffer: Die Aufgabe der Chemie bei der Silofutterbereitung. Angew. Chemie 1936 S. 686.

[2] Martin: Grünfuttersilos. Zement 1921 S. 134.

[3] Vgl. Neumann: Grünfutterbehälter. Tonind.-Ztg. 1926 S. 524.

[4] Hartmann: Wie werden Grünfutterbehälter gebaut? Tonind.-Ztg. 1926 S. 905.

[5] Hildebrandt: Der heutige Stand der Silofutterbereitung. Zement 1930 S. 709 Abb. 6.

[6] Vgl. auch die Broschüre: Silobau und Silofutter. Zementverlag.

Gemäß dieser Voraussetzungen wurden auch tatsächlich bei 1 Jahr dauernden Versuchen durch Heringslake keine wesentlichen Einwirkungen auf die Festigkeit eines porösen Betons aus Portlandzement und Hochofenzement festgestellt[1].

18. Urin, Jauche, Fäkalien.

Die Bestandteile dieser Abgänge sind verschieden, je nach ihrem Alter. Es handelt sich hier um komplizierte chemische Verbindungen, deren Vielseitigkeit kaum zu übersehen ist. Bei älterer Jauche treten Ammoniumsalze auf, die aber im allgemeinen nicht gefährlich sind, da das Ammoniak an sehr schwache Säuren (Kohlensäure, Hippursäure, Huminsäure, Ameisensäure) gebunden ist. Bei stehender Jauche wird der Beton durch eine Schleimschicht von selbst geschützt.

Häufig wird der Jauche Kieserit (Magnesiumsulfat) zugesetzt, um das Ammoniak am Entweichen zu verhindern. In diesem Falle verbindet sich das Ammoniak mit der Schwefelsäure des Kieserits zu Ammoniumsulfat, und es treten dann außerordentlich schädliche Wirkungen auf.

Versuche der Kaliforschungsanstalt mit Standgefäßen aus Zementröhren zeigten bei 10% Magnesiumsulfatzusatz zur Jauche Zerstörung des Gefäßes. Bei denjenigen Gefäßen, deren Inneres mit heißem Teergoudron gestrichen war, zeigte sich ein geringer Jaucheverlust und kaum Veränderung. Heimalol-Behandlung des Gefäßes hatte diese vollkommen geschützt, Beschädigungen waren nicht aufgetreten.

Auch die praktische Verwendung von Beton in großem Umfang für den Stallbau zeigt, daß Schädigungen unter gewöhnlichen Umständen nicht zu erwarten sind.

Alle 4 Wochen erneuerte Pferdejauche vermochte auch im Verlauf von 3 Jahren 3 Portlandzemente, die im Verhältnis 1:3:5 mit Sand und Steinschlag verarbeitet waren, nicht zu schädigen[2]. Auch Schweinejauche setzte während eines Jahres die Festigkeit von Zugkörpern 1:5 nicht herab[3].

Auch bei Lagerungsversuchen, die sich auf 3 Jahre erstreckten[4], wurde keine Festigkeitsherabsetzung von Portlandzement festgestellt. Folgende Zahlen wurden gefunden:

Tabelle 88. Verhalten von Zementmörtel in Jauche.

Nach	Portlandzement 1 Jauche kg/cm²	Portlandzement 1 Leitungswasser kg/cm²	Portlandzement 2 Jauche kg/cm²	Portlandzement 2 Leitungswasser kg/cm²
7 Tagen	191	190	243	235
28 Tagen	226	208	302	292
6 Monaten	331	332	317	362
1 Jahr	337	338	372	388
2 Jahren	374	378	408	463
3 Jahren	400	410	449	477

[1] Handb. S. 49. [2] Grün: Handb. S. 50. [3] Versuche des Verfassers.
[4] Fammler: Zementbeton als Stallfußboden. Rhein-Westf. Baugewerbe 1928 S. 51.

Auch die praktische Verwendung des Zementbetons in Ställen, Jauchegruben usw. hat niemals zu Zerstörungserscheinungen geführt. Ausführliche Anweisungen über den Stallbau, die Art des Betons, die heranzuziehen ist, und die Zweckmäßigkeit der Verarbeitung finden sich in folgenden Schriften:

Siebold und Prahl: Stallbau im Bauernbetrieb. Berlin 1935.
Neuzeitliche Gewächshausbauten. Zementverlag 1928.

Dichtes Arbeiten genügt bei gewöhnlicher Jauche; von Vorteil ist ein Schutzanstrich. Bei Zusatz von Kieserit zur Konservierung der Jauche ist unbedingt sorgsamer Schutz des Betons anzuwenden.

19. Melasse.

Vgl. Zucker (S. 333).

20. Milch.

Süße Milch beeinflußt den Beton nicht. Die geringen Mengen von Milchzucker in derselben bleiben ohne Einfluß; bei saurer Milch entsteht Milchsäure, die den Beton zu zerstören vermag (s. Milchsäure S. 328).

21. Moorwasser.

Moorwässer sind meist sehr salzarme Wässer, welche aber Säure gelöst enthalten können. Diese Säure vermag sich infolge der Salzarmut nicht abzusättigen und tritt deshalb als freie Säure auf. Bisweilen verbindet sie sich auch mit der einzigen im Moor vorhandenen Base, mit dem Eisen. Aber auch dann bleibt Schwefelsäure gefährlich, da Eisen bekanntlich eine schwache Base ist. Als Säure kommen in Betracht die Kohlensäure, die Schwefelsäure und die Humussäure; besonders die Schwefelsäure ist gefährlich.

Die Einwirkungsweise kann unter den einzelnen Säuren nachgesehen werden. Humussäure, die oft für die Zerstörung verantwortlich gemacht wird, ist nach meiner Ansicht nur von untergeordneter Bedeutung. In weitaus den meisten Fällen wird aggressive Kohlensäure und freie Schwefelsäure oder Sulfat bei gleichzeitigem Mangel des Wassers an anderen Salzen oder allzu große Weichheit die Zerstörung herbeiführen[1].

Thörner[2] hat bei 5proz. Eisensulfatlösung, die abwechselnd mit Luft auf Beton einwirken gelassen wurde, schon nach 35tägiger Versuchsdauer Zerstörungserscheinungen an dem Beton festgestellt[2].

An Betonkörpern aus verschiedenen Portlandzementen und Hochofenzementen, die in einem moorigen Grundwasser des Kettenhofgeländes in Frankfurt a. M. gelagert wurden, rief dieses bei allen Portlandzementen und einigen Hochofenzementen Zerstörung hervor. Die stärkste Kalziumaluminiumsulfatbildung wurde festgestellt bei den Portlandzementen und bei denjenigen Hochofenzementen, die 5% und 30% Klinkergehalt hatten im Gegensatz zu den Hochofenzementen mit mittlerem Klinkergehalt, die sich weit günstiger verhielten[3].

---

[1] Vgl. Marcusson: Mitt. Mat.-Prüf.-Amt 1920 S. 273.
[2] Chem.-Ztg. 1919 S. 1243.
[3] Nitzsche: Verhalten fetter und magerer Zementmörtel aus verschiedenen Bindemitteln in sulfathaltigem Grundwasser. Zement 1920 S. 50.

Das Wasser reagierte sauer und enthielt 1924 mg/l SO_3 bei 50 mg/l FeO.

Bei umfangreichen Versuchen, die vom Deutschen Moorausschuß durchgeführt wurden, wurde in verschiedenen deutschen Mooren überhaupt kein wesentlicher Einfluß auf Betonkörper festgestellt. Gary schreibt in Heft 49 über die Ergebnisse:

„Die dicken Pfeiler und Pfähle werden voraussichtlich noch viele Jahre dem Einfluß der Moorwässer widerstehen, ohne daß sie nennenswerte Einbuße an Festigkeit und Tragfähigkeit erleiden."

Aus diesem Grunde wurden einige Jahre später die Versuche mit 7jähriger Lagerdauer wiederholt, und zwar an Körpern kleiner Abmessung 50—20—10 cm, die aus verschiedenen Zementen hergestellt und mit verschiedenen Bitumenschutzanstrichen, Asphalt, Teerpech, Bakelit usw., gestrichen waren.

Das Wasser aus dem Presseler Moor (Versuche 1923—1930) hatte anfänglich hohe Mengen von freier Schwefelsäure und später einen erheblichen Gehalt an aggressiver Kohlensäure von 25—50 mg/l bei gleichzeitiger Salzarmut. Der p_H-Wert schwankte zwischen 5,0 und 6,4, der Gehalt an freier Mineralsäure, ausgedrückt in Schwefelsäure, betrug bei einer Untersuchung 10 mg/l, bei einer anderen 32 mg/l; das Wasser schwankte also in der Zusammensetzung, war zunächst stark schwefelsäurehaltig, und später war mehr Kohlensäure vorhanden. Burchartz kommt zu folgendem Schlußergebnis:

„Portlandzement, Eisenportlandzement und Hochofenzement haben sich in fetter Mischung im allgemeinen gleich verhalten. Sie sind daher, sofern sie aus scharf gebrannten Klinkern gewonnen sind und zu dichtem Beton (Verwendung einer genügenden Zementmenge, zweckmäßig gekörnter Zuschlagsstoffe und geeigneter Wasserzusatz[1]) verarbeitet werden, hinsichtlich ihrer Widerstandsfähigkeit gegen Moorwasser und ähnlich zusammengesetzter Wässer im wesentlichen als gleichwertig zu erachten.

In magerer Mischung haben sich die drei Zementarten zwar unterschiedlich verhalten, indessen sind in allen Fällen mehr oder weniger starke Schädigungen des Betons eingetreten. Magere Mischungen sind daher zur Herstellung von Betonbauwerken im Moorwasser oder ähnlichen Wässern nicht zu verwenden (Abb. 233).

Aufliegende bitumenhaltige oder ähnliche Schutzstoffe können, sorgfältige Verarbeitung vorausgesetzt, die schädliche Wirkung von Moorwässern und ähnlichen Moorwässern eine Zeitlang hinhalten. Mischungen aus Teer und Asphalt sind weniger wirksam.

Auf rauhen Flächen halten die Anstriche besser als auf glatten. Betonmauerwerksflächen, die einen Schutzanstrich erhalten sollen, sollen daher nicht geglättet, sondern rauh gehalten werden. Solche dürfen auch nicht auf zu jungen Beton aufgebracht werden, da sonst das Erhärten des Betons durch die Dichtigkeit des Anstriches beeinträchtigt wird."

[1] Der Wasserzusatz ist so zu bemessen, daß die Betonmasse weiche (nicht flüssige) Beschaffenheit hat.

Im Industriegebiet wurde durch aggressives Wasser, das von außen in einer Rohrleitung eindrang, diese besonders an den Stößen stark zerstört (Abb. 232 a u. b) (Beobachtung des Verfassers).

Abb. 232 a.

Im Kehdinger Moor wurden bei dünnwandigen Zementkörpern und -rohren starke Zerstörungserscheinungen festgestellt. Gary schreibt in Heft 49 des Deutschen Ausschusses für Eisenbeton: „Auf die Dauer vermögen dünnwandige Zementkörper, wie Rohre der verwendeten Art, den Angriffen saurer Moorwässer nicht standzuhalten."

In Osnabrück wurde bereits nach $^1/_2$ Jahr unter starker Gipsbildung ein Betonkanal zerstört, soweit er in dem schwefelkieshaltigen Moorboden lag. Auch dieses Wasser reagierte sauer und enthielt 275 und 2000 mg/l SO_3 (Schwefeltrioxyd) bei 17,8 bzw. 58,96 mg/l Eisenoxyd. Auch in Frankfurt a. M. wurden durch moorigen Grundboden Kanalisationsanlagen zugrunde gerichtet.

Nach einem Bericht des durch die Betonvereinigung eingesetzten Unterausschusses betr. Angreifen von Beton durch Moorwasser in Holland von G. J. Meijers[1] war die Zerstörung von Betonrohren in

Abb. 232 b.

Abb. 232 a und b. Zerstörung von Rohren durch von außen eindringendes Grundwasser: infolge des Überdrucks strömt das Grundwasser besonders an den Stoßstellen in die fast leere Leitung und zerstört dort den Beton.

[1] Vgl. Bouwbedrijf v. 2. XII. 1932 Nr. 25

Holland verhältnismäßig gering. Gute Ergebnisse hat man erreicht durch Zumischung von Traß und Bestreichen der Rohre mit Teer.

Ostendorf[1] berichtet über eine Winkelstützmauer aus Eisenbeton von 8 m Höhe und 4,50 m Grundplattenbreite, die aus Stampfbeton im Mischungsverhältnis 1 R.T. Drehofenzement, 0,5 R.T. Traß und 8 R.T. Kiessand hergestellt war, mit einem Putz im Mischungsverhältnis 1 : 2 und Goudronanstrich. Das Grundwasser hinter der Kaimauer stand 30 cm höher als das Hafenwasser, stand also immer unter Überdruck. Das Wasser hatte 300—400 mg SO_3/l. Im Boden waren Nester aus Moorboden. Der Beton wurde so gründlich zerstört, daß er mit Löffelbagger abgeräumt werden konnte. Die Schnittflächen waren so glatt und speckig, als hätte der Bagger durch weichen Ton geschnitten. Mit einem Stab konnte man die Mauer von vorn bis hinten durchstechen. An der Ansichtsfläche waren tief eingefressene Löcher (quadrat-

Abb. 233. Platten aus einem Moor, hergestellt im Mischungsverhältnis 1 : 3 und 1 : 6 aus Portlandzement, Eisenportland- und Hochofenzement mit beginnender Zerstörung.

metergroß). Die Eiseneinlagen waren stark verrostet und der Putz auf der Rückseite völlig zerrissen. Die Zerstörung ging in zweierlei Weise vor sich: der Beton wurde erst grauweiß, bei gleichzeitiger Erhöhung des Sulfatgehaltes, und dann gelb, unter gleichzeitiger Herabsetzung des Sulfatgehaltes und Kalkverarmung (Herauslösung des gebildeten Gipses) (Abb. 234).

Ostendorf führt die Zerstörung zurück auf die Porosität des Betons und verlangt, daß die Mörtelmenge im Beton mindestens 1,7 mal so groß sein muß als die Hohlräume im Kies, wobei natürlich der Mörtel an sich dicht sein muß. Der zerstörte Beton hatte nur einen Füllungsgrad von 1,2, also nicht genügend Kittmasse.

In Bremen hat Moorwasser Betonröhren nahezu völlig aufgelöst[2].

Die Kommission für Prüfung des Verhaltens von Zementröhren in Meliorationsböden (K.Z.M.), die zahlreiche Untersuchungen von Röhren in schweizerischen Böden durchführte, betrachtet als betongefährlich folgende Böden:

---

[1] Ostendorf: Betonzerstörung und ihre Abwehr. Bautechn. 1929 Heft 28.

[2] Erfahrungen des Verfassers.

1. mit saurer Reaktion (p_H-Wert unter 6,0) infolge Anwesenheit starker oder schwacher Säuren;

2. mit sog. Austauschsäuren;

3. mit Sulfaten, vor allem Gips; über 0,2 g SO_3 in 100 g Boden im Salzsäureauszug bestimmt, erscheint gefährlich;

4. mit Magnesiumsalzen; über 2% Bittererde (MgO) im heißen Salzsäureauszug ist schädlich[1].

Spurny[2] bezeichnet die Beschränkung des p_H-Wertes unter 6,0 als zu günstig, weil sich gezeigt hat, daß selbst Wässer mit einem p_H-Wert von 6,9 schädlich wirken. Dieser Ansicht kann ich mich anschließen, da auch ich ähnliche Beobachtungen machte.

Kathrein[3] ist der Ansicht, daß unbedingt Schädlichkeit der Böden auch mit mehr als 2% MgO nur schwer anzunehmen ist.

Abb. 234. Winkelstützmauer aus Eisenbeton, stark zerstört. Die Eiseneinlagen waren stark verrostet und der Putz völlig zerrissen.

Spurny[4] weist an der betr. Stelle auch auf die beschleunigende Zerstörung durch die Harröhrcheneinwirkung der Feinporen des Betons hin und bezeichnet auch das freie Kalkhydrat, „das beim Abbinden und Erhärten des Portlandzementes frei wird, als das Einfalltor für den chemischen Angriff“.

Abhilfe bringt hauptsächlich bei schwefelsaurem Wasser des Moores nur absoluter Schutz des Betons gegen dieses.

Betonröhren werden in einem solchen Wasser zweckmäßigerweise überhaupt nicht in ungeschütztem Zustande verlegt.

Bei Prüfung der Möglichkeit, Beton im Moor zu verwenden, ist das Moor genau analytisch zu untersuchen, auf Austauschsäure zu prüfen und fachmännischer Rat heranzuziehen. Nach Byggnadsvärlden 1926 Nr. 41[5] ist es ratsam, der Betonmischung Traß oder andere Stoffe zuzusetzen, die reichlich Kieselsäure enthalten und daher das freie Kalziumhydroxyd zu binden vermögen. Ebenso ist im Betonwerk 1934

---

[1] Schweizerischer Verband für Materialprüfungen der Technik (K.Z.M.) Bericht 10 (1928). Normen für die Herstellung von Zementröhren.

[2] Spurny: Zur Kenntnis zementgefährlicher Böden. Geologie u. Bauwesen Heft 1, März 1936, S. 31.

[3] Kathrein: Zur „Dolomitisierung“ von Portlandzementmörtel. Tonind.-Ztg. 1933 S. 859.

[4] Spurny: Zur Kenntnis zementgefährlicher Böden. Geologie u. Bauwesen Heft 1, März 1936.

[5] Neuere Erfahrungen über den Schutz von Beton gegen chemische Einwirkungen. Beton u. Eisen 1927 S. 39.

S. 156 die Bevorzugung von kalkarmem Zement angeraten. Nach meiner Ansicht ist dieser Rat für die meisten Moore richtig. Ein Schutz ist aber stets am Platz. Nach Versuchen des Verfassers kann ein derartiger Schutz leicht durchgeführt werden mit einem guten Schutzanstrich. Kalkarme Zemente bieten in manchen Mooren keinen Vorteil, da es sich bei solchen Mooren, hauptsächlich wenn sie freie Säure enthalten, nicht um Treiberscheinungen, sondern um einfache Lösungserscheinungen handelt.

Die „Richtlinien für die Ausführung von Bauwerken aus Beton im Moor, in Moorwässern usw." empfehlen in ihrer Zusammenfassung folgende Maßnahmen (s. Tab. 89).

Weiter geben die „Richtlinien" eine ausführliche Anleitung für die Entnahme von Wasser und Bodenproben:

Anleitung für die Entnahme von Wasser- und Bodenproben.

Bei der Entnahme von Wasser- und Bodenproben zum Zweck der Feststellung ihrer betonangreifenden Eigenschaften müssen gewisse Vorsichtsmaßregeln beachtet werden, um zu vermeiden, daß Bestandteile, auf die es ankommt, verlorengehen, oder daß sich die Proben während der Beförderung zur Untersuchungsstelle in ihren wesentlichen Bestandteilen verändern. So kann bei unsachgemäßer Entnahme von Wasserproben besonders der Gehalt an Kohlensäure oder Schwefelwasserstoff, bei Bodenproben der Gehalt an Schwefeleisen oder Schwefelkies zum Teil oder ganz verlorengehen.

Werden verschiedenartige Bodenschichten — z. B. beim Bau eines Betonfundaments — durchstoßen, so ist es angezeigt, aus jeder Schicht Proben zu entnehmen. Auch Wässer können je nach der Schicht, woraus sie stammen, verschieden sein und verschiedenartig den Beton angreifen, daher sind aus verschiedenen Schichten die Wässer einzeln zu entnehmen.

A. Entnahme von Wasserproben.

Aus offenem Gewässer wird das Wasser durch Schöpfen entnommen und frisch in die vorher gut gereinigten und mit dem zu entnehmenden Wasser wiederholt ausgespülten Flaschen gefüllt. Die Flaschen müssen aus wasserbeständigem oder resistentem Glas hergestellt sein, das mindestens der II. hydrolytischen Klasse entspricht. Grundwasser ist frisch nach dem Abpumpen in Flaschen zu füllen. Erforderlich sind von jeder Wasserprobe:

1. 2 Flaschen von je etwa $^1/_2$—1 l Inhalt. Sie sind mit gut schließendem, durch Auskochen frisch gereinigten Korkstopfen zu verschließen. (Zur Bestimmung von Härte, Sulfatgehalt, Chloridgehalt, Magnesiaverbindungen, Eisenverbindungen, Ammoniumsalzen, Reaktion.)

2. 2 kleinere Glasflaschen mit eingeschliffenem Stopfen von je 250—300 cm^3 Inhalt. In jede sind vor dem Einfüllen des Wassers 3 g Marmorpulver (kohlensaurer Kalk) einzuschütten. Das Marmorpulver kann von der betreffenden Untersuchungsstelle in abgewogenen Mengen von je 3 g angefordert werden (zur Bestimmung der aggressiven Kohlensäure).

3. Hat das Wasser deutlich fauligen Geruch (nach Schwefelwasserstoff), so sind außerdem noch 2 weitere Flaschen mit Wasser notwendig: 2 größere zu $^1/_2$ bis 1 l. Diese erhalten vor dem Einfüllen des Wassers einen Zusatz von etwa 1 g kristallisierten Kadmiumazetat. Letzteren Zusatz versendet die Untersuchungsstelle in abgewogenen Mengen auf Anfordern (zur Bestimmung des Schwefelwasserstoffgehaltes).

Sämtliche Flaschen sind derart mit dem zu untersuchenden Wasser zu füllen, daß zwischen Stopfen und Flüssigkeit ein kleiner Luftraum verbleibt. Damit die Stopfen sich nicht lösen oder herausgedrückt werden, sind sie mit einem Läppchen zu umwickeln und festzubinden. Der Versand der Flaschen kann in Kisten mit Sägespänen oder Sägemehl geschehen.

Tabelle 89. Verschiedene Einwirkungsweise und Schutzart von Beton im Moor.

Lfde. Nr.	Zusammensetzung des Moorwassers	Zementrohre	Pfähle u. dgl., fertig ins Moor versenkt	Beton, im Moor selbst hergestellt (Fundamente u. dgl.)
1	Das Moorwasser enthält freie Schwefelsäure.	Eine Zerstörung ungeschützter Rohre ist zu erwarten. Bei gut ausgeführtem Schutzanstrich kann jedoch mit einer gewissen Lebensdauer gerechnet werden.	Starke Angriffe der Pfähle besonders an den Außenflächen sind zu erwarten. Bei gut ausgeführtem Schutzanstrich kann jedoch mit einer gewissen Lebensdauer gerechnet werden.	Unter der Sohle des Bauwerks ist vor Beginn der Betonierung eine Schutzschicht einzubringen, die das Zutreten des Moorwassers von unten sicher verhütet. Die aufgehenden Betonteile sind gleichfalls außen mit einer schützenden Schicht vollkommen einzuhüllen.
2	Das Moorwasser enthält keine freie Schwefelsäure, aber erhebliche Mengen anderer schädlicher Bestandteile, z. B. Kohlensäure, Sulfate.	Eine Zerstörung ungeschützter Rohre ist zu erwarten. Bei gut ausgeführtem Schutzanstrich kann jedoch mit einer gewissen Lebensdauer gerechnet werden, die länger ist als beim Vorhandensein freier Säuren (lfde. Nr. 1).	Die Pfähle können verwendet werden, wenn sie außen sorgfältig mit einem Schutzanstrich versehen werden.	Unter der Sohle des Bauwerks ist vor Beginn der Betonierung eine Schutzschicht einzubringen, die das Zutreten des Moorwassers von unten sicher verhütet. Die aufgehenden Betonteile sind außen mit einem sorgfältig hergestellten bituminösen Schutzanstrich zu versehen, wenn nicht auch hier eine vollkommene Einhüllung mit einer undurchdringlichen Schicht vorgenommen wird.
3	Das Moorwasser enthält keine freien Säuren, aber geringe Mengen schädlicher Salze.	Rohre können verwendet werden, wenn sie vollkommen dicht gearbeitet und außen und innen mit einem Schutzanstrich versehen sind.	Pfähle können verwendet werden, wenn sie sorgfältig mit einem Schutzanstrich versehen oder sonst imprägniert sind.	Unter der Sohle des Bauwerks ist vor Beginn der Betonierung eine Schutzschicht einzubringen, die das Zutreten des Moorwassers von unten sicher verhütet. Die aufgehenden Betonteile sind außen mit einem sorgfältig hergestellten Schutzanstrich zu versehen
4	Das Moorwasser enthält weder freie Säuren noch schädliche Salze.	Rohre können ohne besonderen Schutz verwendet werden, sind aber auch hier so dicht wie möglich herzustellen.	Pfähle können ohne besonderen Schutz verwendet werden. Dichtester Beton ist erforderlich.	Es kann ohne besondere Schutzmaßnahmen im Moor betoniert werden. Sorgfältige Ausführung und dichtester Beton ist notwendig.
5	Das Moorwasser ist, wie beispielsweise in Hochmooren, fast chemisch rein.	Zementrohre können verwendet werden, wenn sie innen und außen mit einem Schutzanstrich versehen sind. Beim Vorhandensein von viel freier Kohlensäure muß aber auch dann mit einer Zerstörung gerechnet werden.	Pfähle können verwendet werden, wenn sie außen gut mit einem Schutzanstrich versehen oder sonst imprägniert sind.	Es empfiehlt sich, die Bauteile außen zu fluatieren und mit einem Schutzanstrich zu versehen.

Der Versand von Wasserproben bei Frostwetter kann wegen der Gefahr des Einfrierens und Zerspringens der Flaschen nicht empfohlen werden; es ist dafür mildes Wetter abzuwarten.

Da von der sachgemäßen Entnahme der Wasserproben die Zuverlässigkeit der Analysenwerte abhängt, so sollte die Probeentnahme stets nur von sachverständigem Personal vorgenommen werden. Stößt die Probeentnahme auf Schwierigkeiten, so wird von dem betreffenden Untersuchungsamt ein Beamter entsandt, der die Proben entnimmt und zugleich, soweit als angängig, an Ort und Stelle Prüfungen ausführt.

B. Entnahme von Bodenproben.

Mit dem frisch ausgestochenen Boden werden je 2 weithalsige Flaschen von je 1 l Inhalt gefüllt, wobei jede Probemenge mit einem Holz fest eingedrückt wird, so daß Hohlräume nach Möglichkeit vermieden werden. Die Flasche wird durch einen passenden Korkstopfen, sowie durch Versiegeln luftdicht verschlossen.

Die Probe dient zur Bestimmung von Gips, Schwefeleisen, Schwefelkies, der Reaktion des Bodens usw.

Für die sachgemäße Entnahme und die Beurteilung des Bodens ist es zweckmäßig, die Proben durch einen Beamten des betreffenden Untersuchungsamtes entnehmen zu lassen.

Für die Untersuchung von Wasser- und Bodenproben auf Betonschädlichkeit kommen unter anderen folgende Stellen in Betracht:

1. Staatliches Materialprüfungsamt, Berlin-Dahlem;
2. Moorversuchsstation Bremen;
3. Laboratorium des Vereins Deutscher Portlandzementfabrikanten, Berlin-Karlshorst, Dönhoff-Straße 38;
4. Forschungsinstitut des Vereins Deutscher Eisenportlandzement-Werke, Düsseldorf, Eckstraße 17;
5. Forschungsinstitut der Hüttenzementindustrie, Düsseldorf, Roßstraße 107;
6. Die Hochschul-Laboratorien in Aachen, Breslau, Danzig, Darmstadt, Dresden, Hannover, Karlsruhe, München, Stuttgart;
7. Bayerische Landesgewerbeanstalt Nürnberg;
8. Bayerische Landesanstalt für Moorwirtschaft in München.

Nach meinen Erfahrungen hat es sich als zweckmäßig erwiesen, bei einer angeforderten Untersuchung die zu füllenden Flaschen mit dem kohlensauren Kalk von der Versuchsstelle an denjenigen zu senden, der die Untersuchung beantragt hat, damit zweckmäßiges Glasmaterial für das Auffangen des Wassers verwendet wird. Die p_H-Wertbestimmung wird am besten an Ort und Stelle vorgenommen, und zwar entweder mit dem Jonometer nach Trenel oder mit dem Jonometer von Lautenschläger.

22. Rübensaft

zerstört infolge seines Zuckergehaltes durch Sacharatbildung.

Auf dem Rittergut Unwürde waren besonders in denjenigen Kammern, welche mit Rübenkuppen gefüllt waren, Betonzerstörungen aufgetreten, die durch Anstrich (Inertol) endgültig hintangehalten wurden[1].

23. Sauerkraut.

Bei der Herstellung von Sauerkraut entstehen Milchsäure sowie verschiedene andere organische Säuren. Bei Verwendung von Betonbehältern ohne Plattenverkleidung oder Glasschutz ist Vertäfelung mit Pitchpineholz od. dgl. zu empfehlen, um die Verfärbung des Sauerkrautes hintanzuhalten.

[1] Mitteilung Dr. Gersberg.

Dicht hergestellter Beton, am besten mit zweckmäßigem Schutzanstrich, der aber nicht riechen darf, da sonst Geschmacksbeeinträchtigung des Sauerkrautes hervorgerufen wird, hält die Beanspruchung aus. Bei größeren Behältern bleibt die verhältnismäßig geringe Menge des Betons gegenüber dem Sauerkraut ohne Wirkung, bei kleinen Behältern dagegen kann der Kalk das richtige Sauerwerden verhindern, da geringen Mengen Sauerkraut verhältnismäßig große Mengen Kalk gegenüberstehen. Eine Tartrisierung (vgl. S. 339) ist deshalb zweckmäßig.

Abb. 235. Siloboden eines Kohlenbunkers, angegriffen durch schwefelsäurehaltiges Abwasser, das sich aus dem Schwefel der Kohle gebildet hatte. (Zu geringe Überdeckung der Eisen.)

24. Schlempe (Kartoffelschlempe)

zerfrißt Beton in kurzer Zeit, zumal sie täglich warm in die Behälter gefüllt wird.

Auf dem Gut von Bernuth (Kessberg) wurden durch Anstrich (Inertol) die dauernden Schäden, die ohne Anstrich stets aufgetreten waren, vermieden.

25. Sirup.

Der schädigende Bestandteil von Sirup ist der Zucker (vgl. Zucker S. 333).

26. Wein.

Wein, hauptsächlich saurer Wein (Moselwein), enthält saures, weinsaures Kalium (Weinsteinbildung). Dieses wirkt wie Weinsäure, wenn auch in geringerem Maße (vgl. Weinsäure S. 337).

Bei geringwertigen Weinen ist Aufbewahrung in Betonbehältern ohne Schutz möglich, wenn diese vorher tartrisiert, also mit einem Anstrich versehen werden, welcher den

Abb. 236. Kohlensilo, bei welchem die beginnende Zerstörung durch die Schwefelsäure aus der Kohle von außen bereits zu erkennen ist (weiße Ausschläge, undichter Beton).

Kalk in weinsauren Kalk überführt. Bei hochwertigen Weinen ist Glasbelag notwendig.

27. Kohle[1].

Bei schwefelhaltiger Kohle ist das Waschwasser außerordentlich bedenklich, da dieses freie Schwefelsäure enthält, die sich aus dem Schwefel unter Einwirkung des Wassers und des Sauerstoffes bildet. Schwefelsäure führt nicht nur Treiben des Betons herbei, sondern sie führt auch die Eisen durch Erhöhung der Leitfähigkeit des Wassers sehr schnell zum Rosten, so daß diese den Beton absprengen. Abb. 235 zeigt die starke Absprengung im Schacht eines Kohlensilos. An den Kohlenwäschen selbst ist der Beginn der Zerstörung leicht zu erkennen an weißen Ausblühungen, die auf Gipsbildung und Natriumsulfatausscheidung beruhen (Abb. 236).

C. Schutzmittel.

Der Schutz des Betons gegen aggressive Flüssigkeiten kann grundsätzlich durch fünf verschiedenen Maßnahmen erreicht werden, die gleichzeitig ergriffen werden können oder von denen nur die eine oder andere durchgeführt wird. Diese Wege sind die folgenden:

1. Widerstandsfähigmachen des **Zementes** durch
   a) Zweckmäßige chemische Zusammensetzung,
   b) Zusatz von kalkbindenden Puzzolanen,
   c) Zusätze, die wasserabweisend wirken.
2. Erzeugung eines dichten Gefüges für den **Beton.**
3. Zufügung wasserabweisender Stoffe zum Mörtel.
4. Schutzschichtbildung.
5. Zweckmäßige Baugestaltung.

1. Widerstandsfähigmachen des Zementes.

Es ist durchaus möglich, für die verschiedenen Zwecke der Betonbereitung auch verschiedene Zemente heranzuziehen. Es gibt also Spezialzemente im wahrsten Sinne des Wortes, also Zemente, die ganz besondere Eigenschaften haben, welche andere Bindemittel nicht aufweisen. Gewiß kann ein gewöhnlicher Normenzement für alle Bauwerke verwendet werden, dennoch hat die von Kühl schon vor längerer Zeit gestellte Forderung auf Herstellung verschiedener Zementsorten[2] eine gewisse innere Berechtigung, wenn auch eine Abänderung der Normen zunächst nicht notwendig ist. So ist ja schon beispielsweise für Straßenbauzemente eine Erweiterung dieser Normen durch Einführung der Biege- und Schwindprüfung in die Wege geleitet, und es werden voraussichtlich auch für andere Zwecke, wie Meerwasserbauten, ähnliche Normenerweiterungen ins Auge zu fassen sein. Der Zementindustrie selbst ist glücklicherweise die Herstellung beispielsweise besonders

[1] Grün: Gefährdung von Kohlensilos durch schwefelhaltige Kohle. Bauing. 1936, S. 520.

[2] Kühl: Normenfragen. Zement 1934, S. 155. Vgl. auch Spindel: Spezialzemente, Second Congress on large dams, Washington, D. C., 1936.

schwindschwacher Zemente durch vollkommene Brenneinrichtungen oder besonders salzwasserbeständiger Zemente durch richtige chemische Zusammensetzung (Tonerdezement) oder durch Zufügung von Puzzolanen (Hochofenschlacke, Traß) durchaus möglich.

In seiner Arbeit über die Verwendung von Beton beim Bau massiver Staumauern schreibt Coyne[1] über die Verwendung von Spezialzementen wie folgt: „In Frankreich verwendet man für Gewichtsmauern häufig Schlacken- oder Hüttenzemente. Die bei solchen Bauwerken erforderliche Festigkeit der Zemente rechtfertigt die Anwendung dieser Spezialbindemittel, die dem Portlandzement im Hinblick auf unzeitige Erhitzungen und Widerstandsfähigkeit gegen reine Wasser weit überlegen sind.“

Er schreibt weiter, daß Gußbeton, allerdings im Laboratorium, nichts taugt, daß aber bei großen gegossenen Betonmassen mit selbsttätiger Ausstoßung von Wassermengen von 40—50 l/m^3 zu rechnen ist, die bei der Verarbeitung nur als Gleit- und Schmiermittel gedient haben. Er weist demgegenüber auf die Möglichkeit der Entstehung von Kiesnestern in erdfeuchtem Beton hin und auf die Rechtfertigung, die dadurch dem Gußbeton gegeben wird, wenn er dauernd feucht gehalten wird. Er hält demgemäß Talsperrengußbeton für weniger durchlässig und bei gleicher Durchlässigkeit für weniger der Auslaugung ausgesetzt als trockener Beton. Coyne fordert für massive Sperrmauern Sonderzemente mit geringer Abbindewärme und empfiehlt die Anwendung des Rüttelverfahrens, um die Wasserundurchlässigkeit zu erreichen. Das Rütteln soll möglichst als Innenvibration mit großer Kraftleistung und hoher Schwingungszahl durchgeführt werden. Für die Bauüberwachung fordert er Entnahme der Prüfkörper aus der Sperrmauer selbst.

Über die Verwendung von Spezialzementen schreibt Ludin[2] u. a. folgendes:

„Bei angreifender (sehr weicher) Beschaffenheit des Flußwassers wurde wiederholt auch Hochofenzement verwendet (Schluchsee, Schwarza), der seine Aufgabe nach bisherigen Beobachtungen gut erfüllt hat, allerdings zeigt das Sickerwasser der Schluchseesperren starken Kalkgehalt; die noch nicht abgeschlossenen Untersuchungen erlauben aber kein endgültiges Urteil. Tonerdezement wurde bei einer kleinen Staumauer im südlichen Schwarzwald, deren ursprünglicher (von der Ausführung her von Anfang an mangelhafter) Portlandzementbeton durch das sehr weiche Wasser bereits innerhalb 4 Jahren angegriffen war, zum Ausflicken und Verputzen verwendet. Es zeigten sich aber bald Treiberscheinungen (fortdauerndes Abschuppen). Inzwischen anderweitig angestellte wissenschaftliche Untersuchungen bestätigten, daß Tonerdezement im Wasser nicht raumbeständig ist.“ (Verhältnismäßig geringes Ansteigen der Wasserfestigkeit von Tonerdezement konnte auch ich feststellen, allerdings mangelnde Raumbeständigkeit nicht.)

[1] Coyne: Über die Verwendung von Beton beim Bau massiver Staumauern. Zweiter Kongreß der Intern. Vereinigung für Brückenbau und Hochbau, Berlin-München, 1.—11. Okt. 1936. Vorbericht, Deutsche Ausgabe S. 1141.

[2] Ludin: Beton im deutschen Talsperrenbau. Zweiter Kongreß der Intern. Vereinigung für Brückenbau und Hochbau, Berlin-München 1.—11. Okt. 1936. Vorbericht, Deutsche Ausgabe S. 1207.

Als Mischdauer wird $^3/_4$—1 Min. bei einem Spielraum von im ganzen 3 Min. für genügend erachtet, und angegeben, daß der erzeugte Beton bei der Zillierbachsperre bei dieser kurzen Mischdauer vorzüglich war. Auf die Verwendbarkeit der Betonpumpe wird hingewiesen[1].

a) Zweckmäßige chemische Zusammensetzung.

Für viele Zwecke sind Tonerdezemente besonders zweckmäßig, da sie beispielsweise gegen Kohlensäure und Magnesiumsulfat sehr widerstandsfähig sind. Ihre Anwendung empfiehlt sich aber nur in besonders schwierigen Fällen, da ihr hoher Preis einer allgemeinen Anwendung entgegensteht. In den meisten Fällen kommt man mit den unter b) genannten Zementen vollkommen aus. Der Erzzement mit seinem geringen Tonerdegehalt hat sich besonders in Meerwasser bewährt; auch als Klinkeranteil im Hochofenzement wurde er schon mit großem Vorteil, beispielsweise auf der Norddeutschen Hütte in Oslebshausen, hergestellt und verwendet.

b) Zusatz von kalkbindenden Puzzolanen.

Als Puzzolane kommen in Frage vor allen Dingen die Hochofenschlacke, die deshalb besonders vorteilhaft ist, weil sie stark in die Erhärtung eingreift und deshalb die Festigkeiten des Zementes nicht

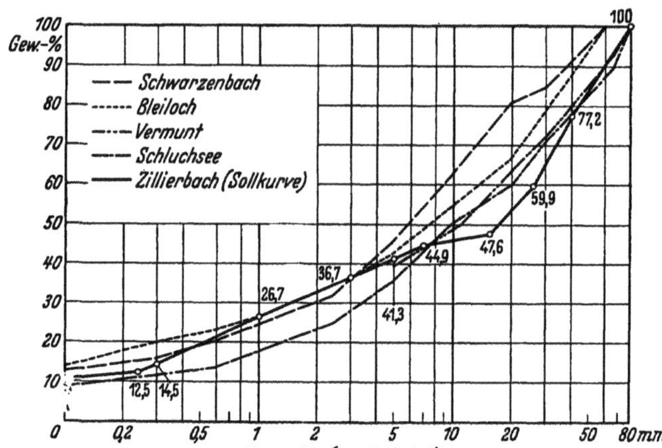

Abb. 237. Siebkurven, die bei der Errichtung verschiedener Talsperren angewandt wurden.

herabsetzt. In geringen Mengen zugesetzt wird auch der Traß, der besonders dichtend wirkt, weiter für die nördlichen Länder die Molererde, eine Art Kieselgur, für Frankreich die Gaize und für die südlichen Länder die Santorinerde und die Puzzolane. Die Wirkung all dieser Puzzolane ist in erster Linie eine dichtende und bindende auf den freien Kalk, der sich aus dem Portlandzementklinker abspaltet. Durch diese Bindung wird die Zerstörung, die ja stets vom freien Kalk ausgeht, ver-

[1] Heidorn: Die Betonpumpe eine neue Betonierungsart. Bauing. 1930 S. 381.

hindert, oder sie tritt bei sehr konzentrierten Lösungen erst viel später ein, die Lebensdauer des Betons wird also um ein Vielfaches verlängert.

In einem Bericht über Beton im deutschen Talsperrenbau gibt Ludin[1] nach einer kurzen geschichtlichen Einleitung einen Bericht über die neuesten deutschen Talsperren: Schwarzenbach, Bleiloch, Vermunt, Schluchsee, Zillierbach, und bildet die Siebkurven, die bei diesen Talsperren verwendet wurden, ab (Abb. 237).

Bei der neuesten Talsperre Hohenwarte wird das Mischungsverhältnis des Bindemittels mit 60% Traß-Portlandzement 40 : 60 und 40% Thurament angegeben, das entspricht also einem Mischungsverhältnis von 24 Teilen Portlandzement, 36 Teilen Traß, 40 Teilen Hochofenschlacke, bei Verwendung von 285 kg Zement je Kubikmeter Beton. Meines Erachtens ist in dem betr. Zement zuviel Traß und wenig Portlandzement[2].

c) Zusätze, die wasserabweisend wirken.

Als wasserabweisende Beimengungen kommen in Frage solche, die bereits in der Fabrik durch Zerstäuben oder Zumahlen dem Zement zugesetzt werden, und solche, die erst auf der Baustelle meist mit dem Anmachwasser in den Beton kommen.

Zu der ersten Reihe gehören Bitumina verschiedener Art, durch deren Anwesenheit soll die Salzwasserbeständigkeit erhöht und das Schwindmaß herabgesetzt werden[3]. Meist wird die Festigkeit des Zementes durch derartige Bitumina vermindert. Wenn aber diese Herabsetzung nicht allzu stark ist und Hand in Hand geht mit einer Dichtung und Verkleinerung des Schwindmaßes, ist sie selbstverständlich gern in Kauf zu nehmen. Grün kam bei Versuchen mit bituminiertem und nichtbituminiertem Zement nach dem Graf-Kaufmannschen Verfahren zu Zahlen, welche die Herabsetzung der Festigkeit durch das Bituminieren, gleichzeitig aber eine etwas geringere Schwindneigung für den behandelten Zement, dessen Bituminierung durch Zerstäuben durchgeführt worden war, zeigten.

Bei der Beurteilung derartiger Zemente wird häufig das gute Verhältnis zwischen Zug und Druck als besonders wichtig herausgestellt. Im allgemeinen beträgt ja die Zugfestigkeit ungefähr $^1/_{10}$ der Druckfestigkeit. Ist die Zugfestigkeit höher, so ist natürlich die Gefahr der Schwindrißbildung kleiner. Ein gutes Verhältnis ist also dann erreicht, wenn die Zugfestigkeit sehr viel mehr als $^1/_{10}$ der Druckfestigkeit beträgt. Dieses gute Verhältnis von beispielsweise 1:5 soll aber nicht dadurch erreicht werden, daß man nur die Druckfestigkeit herabsetzt, ohne die Zugfestigkeit wesentlich zu verändern. Denn letzten Endes ist eine derartige Verschiebung des Verhältnisses eine Verschlechterung des Zementes, dessen Güte im Druck herabgesetzt wird und der also bei

---

[1] Ludin: Beton im deutschen Talsperrenbau. Zweiter Kongreß der Intern. Vereinigung für Brückenbau und Hochbau, Berlin-München 1.—11. Okt. 1936. Vorbericht, Deutsche Ausgabe S. 1207.

[2] Vgl. Grün: Traßzement-Hochofenzement. Bautechnik 1936, S. 183.

[3] Vgl. Dyckerhoff: Zement 1933 S. 400.

Druckbeanspruchung früher versagen wird als ein druckhoher Zement, ohne gleichzeitig gegen Zugbeanspruchung widerstandsfähiger zu sein.

Mörtelzusätze, die auf der Baustelle dem Beton einverleibt werden, sind meistens Seifen, häufig mit Kreide oder einem ähnlich fein pulverisierten Material vermischt (Näheres s. S. 447).

Schließlich sei noch erwähnt die Zumischung von Bitumina direkt zum Beton in Form von Emulsionen. Die Emulsionen werden dem Anmachwasser zugemischt und beim Verarbeiten des Betons scheidet sich dann das Bitumen in Form ganz feiner Tröpfchen ab, die bis zu einem gewissen Grade die Salzwasserbeständigkeit des Betons erhöhen und bei niedrigen Drucken verbesserte Wasserdichtigkeit herbeiführen.

2. Dichtes Gefüge des Betons.

Das dichte Gefüge wird erreicht

a) durch richtiges Korngrößenverhältnis der Zuschlagsstoffe,

b) durch genügend hohen Zementzusatz (350 kg/m^3),

c) durch möglichst fein gemahlenen Zement,

d) durch plastische Verarbeitung oder bei erdfeuchtem Beton Erschütterung, Verdichtung.

Zu a. Die Zuschlagsstoffe müssen der Kurve *E* der Bestimmungen des Deutschen Ausschusses für Eisenbeton, DIN 1045, entsprechen. Bei Mangel an Feinem ist Traßzusatz, der nicht als Zementersatz gerechnet werden darf, am Platze.

Zu b. Verwendung von 300—400 kg Zement je m^3 bei stark durch schädliche Lösungen beanspruchtem Beton ist notwendig.

Zu c. Fein gemahlene Zemente geben gewöhnlich einen etwas schmierigeren und deshalb leicht verarbeitbaren und wasserdichten Beton. Vorkommendenfalls ist also eine Garantie auf Feinmahlung zu verlangen.

Zu d. Die richtige Verarbeitung ist von ganz besonderer Wichtigkeit; erdfeuchter Beton läßt sich auch mit Luftstampfern meist nicht genügend stark verdichten. Die hohen Festigkeiten, die mit erdfeuchtem Beton erzielt werden können und die ja diejenigen von plastischem Beton übersteigen, spielen für die Salzwasserbeständigkeit gar keine Rolle. Es ist deshalb plastisch zu arbeiten oder besonders stark zu verdichten. Arbeitsfugen sind, wenn möglich, zu vermeiden. Die größte Aussicht hat meiner Ansicht nach das Rüttelverfahren, für welches Apparate auf den Markt kommen, und zwar sowohl solche, die die Schalung von außen erschüttern, an welche sie angeschraubt werden können, als auch solche, die den Beton von oben oder von innen her erschüttern. Der Oberflächen-Rüttler arbeitet mit einer hohen Frequenz von 1—3000 pro Minute und hat eine Wirkungstiefe von bis zu 30 cm, je nach der Beschaffenheit des Betons und des Rüttlers. Die Tauchrüttler werden in den Beton eingetaucht, sind also vorteilhaft zu benutzen bei tieferen Schichten, beispielsweise bei Herstellung von Betonsäulen in Schalungen. In Amerika werden neuerdings für Straßen nach Mitteilung von Dipl.-Ing. Dittrich[1] Rüttler hergestellt,

[1] Dittrich: Reiseeindrücke vom amerikanischen Betonstraßenbau. Vortrag auf der Straßenbautagung München, September 1936.

welche mit in einer Reihe von Zapfen, die in den Straßenbeton eintauchen, den Beton zur raschen Verdichtung bringen. Auch Walzenrüttler, bei denen Walzen, die erschüttert werden, über den Straßenbeton laufen, kommen in den Handel. Vgl. auch S. 174. Auch die Herstellung von entlüftetem Beton (Vakuumbeton) ist vorteilhaft, ebenso hat Schleuderbeton besonders dichte Beschaffenheit. Dorsch empfiehlt[1] auf Grund von Versuchen „dort, wo chemische Angriffe zu erwarten sind, Beton möglichst in plastischem Zustand und nicht mit überflüssigen Wassermengen zu verarbeiten".

3. Zufügung wasserabweisender Stoffe zum Mörtel.

Die in den Handel kommenden Schutzmittel für Beton zerfallen nach obigem grundsätzlich in 2 Gruppen, nämlich in die Beimengungen, die dem Beton bereits gegeben werden bei der Herstellung, und in die Anstrichmittel. Bei den Beimengungen ist zu unterscheiden zwischen Seife und Bitumina, bei den Anstrichen zwischen solchen, die mit dem Zement reagieren, und solchen, die nur mechanisch aufliegen und einen Film bilden. Die letzteren zerfallen wieder in diejenigen auf Lösungsmittelgrundlage, also mit Solventnaphtha, Benzol u. dgl. gelöste Bitumina und Peche, und in Emulsionen, also in Wasser fein verteilte Bitumina und Peche. Dazu kommt dann noch die Schutzschichtbildung, die in ähnlicher, aber intensiverer Weise als der bloße Anstrich eine Schutzschicht auf den Beton herstellt, dadurch, daß sie ihn entweder mit einem dichten Putz überzieht, ihn mit Platten verkleidet oder sogar eine Steinwand, die gegebenenfalls im Bitumen vergossen oder mit säurefestem Kitt ausgekleidet ist, vorsetzt.

Die Beimengungen, die aus Seife, gewöhnlich mit feinverteilten Füllmitteln wie Kreide u. dgl. bestehen, sollen in der Weise wirken, daß die Seife, welche bekanntlich ein Natrium- oder Kalziumsalz einer Ölsäure darstellt, sich mit dem freien Kalk, der aus dem Zement beim Abbinden abgespaltet wird, umsetzt zu Kalkseife, während das Alkali frei wird. Diese Kalkseife füllt dann die Poren und wirkt bis zu einem gewissen Grade dichtend.

Die Bitumina sollen einfach, ohne in die Reaktion einzugreifen, die Poren füllen und auf diese Weise verstopfen. Eine Wirkung dieser Beimengungen ist zweifellos vorhanden; sie geht aber nach meinen Erfahrungen meistens verloren, wenn der Beton unter starken Druck kommt, da dann die Seife oder Bitumina offenbar verdrängt werden und das Wasser den Beton doch durchdringt. Man darf sich also bei Herstellung wasserdichten Betons niemals allein auf die Beimengungen verlassen, sondern muß immer für Heranziehung von genügenden Zementmengen, und weiter durch richtig gekörnte Zuschlagsstoffe und plastisch dichte Verarbeitung dafür sorgen, daß der Beton selbst im höchsten Grade wasserdicht ist und durch die Beimengungen die Wasserdichtigkeit noch verbessert werden kann. Poröser Beton wird auch durch Zusatz höherer Prozentsätze von Beimengungen niemals dicht.

[1] Dorsch: Über den Einfluß des Wasserzementfaktors auf die Korrosion von Mörtel und Beton. Zement 1932 S. 61.

Tabelle 90. Übersicht über die Mörtelbeimengungen, die zur Dichtung des Betons führen sollen.

Name	Hersteller	Ort	Art und Zusammensetzung	Verbrauch
Antaquid	Deutsche Kahneisen	Berlin W 8	Flüssigkeit, dick, unbekannt	
Aqua fest	„Heimalol" G. m. b. H.	Datteln i. W.	Pulver, Erdalkalien, kolloidale Kieselsäure, fettsaure Salze, Wasser	auf 1 Sack (50 kg) Zement 1 kg Aqua fest
AWA-Mörtelzusatz	A. W. Andernach G. m. b. H.	Beuel a. Rh.	teigartige Masse, verseifte Fettsäuren und Kalziumverbindungen	1 kg auf 12—20 l Wasser
Biber F.	Gustav A. Braun	Köln, Goebenstr. 12	Emulsion, verseifbare und nicht verseifbare Öle mit Kolloiden aus der Gruppe der Eiweißaufbaustoffe	7 kg auf 1 m³ Mörtel 1 : 3
Biber W	Gustav A. Braun	Köln, Goebenstr. 12	teigförmige Masse, Kalkseife mit Füllstoffen	15 kg auf 1 m³ Mörtel 1 : 3
Ceresit	Wunnersche Bitumenwerke G. m. b. H.	Unna i. W.	breiartig oder Pulver, Bitumenemulsion	
Cerinol	A. Deitermann G. m. b. H.	Datteln i. W.	breiartig, Kalk, Tonerde und gallertartige Kieselsäure	für 1 m² 320 g 2 cm stark Putz
Heimalol	„Heimalol" G. m. b. H.	Datteln i. W.	dickflüssige Emulsion, Erdalkalien, Kieselsäure, fettsaure Salze, Wasser	
Jokosit	Krebbers Asphalt Ges. m. b. H.	Oberhausen	Emulsion	
Nellsit	Adolf Günther G. m. b. H.	Leipzig C 1	Pulver, artgleich wie Zement	
Philophor	A. Prée G. m. b. H.	Coswig, Bez. Dresden	Paste	15 kg auf 1 m³ Putz
Prolapin	H. Hauenschild	Hamburg, Chilehaus	dickflüssig, unbekannt	
Rapid-Hartbeton	Obering. Hermann	Langen b. Frankfurt	flüssig, unbekannt	
Siccofix	Es werden nur fertige Siccofix-Zemente geliefert		bituminös, geschweltes, bitumenhaltiges Gesteinspulver	
Tricosal normal	Chemische Fabrik Grünau	Berlin-Grünau	hochkonzentrierte wässerige Lösung von Alkalisalzen mit lysalbinsauren und protalbinsauren Salzen	je m³ Mörtel ca. 8,4 kg, je m² Putz von 1 cm Stärke 84 g
Tricosal S I „ S III „ S 48	Chemische Fabrik Grünau	Berlin-Grünau	Schnellbindemittel	je m³ Mörtel 35 bis 80 kg
Wederit und Wederit extra	C. F. Beer Söhne	Köln, Gentierstr. 25	unbekannt	
Zechit	Knüppel G. m. b. H.	Essen Schließfach 883	fertiger Mörtel, gemahlener Zechstein	

Die häufig behauptete starke Erhöhung der Salzwasserbeständigkeit konnte ich bei diesbezüglichen Versuchen und Lagerung in Sulfatwasser und Säure nicht feststellen. Erhöhung der Salzwasserbeständigkeit ist also durch Beimengungen nicht zu erreichen. Tab. 90 gibt eine Übersicht über die Beimengungen, ihre Art und ihren Verbrauch.

4. Schutzschichtbildung.

a) Mit dem Zement reagierende Lösungen.

Die einfachste chemische Oberflächenveränderung des Betons ist seine Karbonisierung, also die Behandlung des Betons mit Kohlensäure abspaltenden Salzen (Ammoniumkarbonat) oder mit Fluaten und schließlich mit Wasserglas. Bei dieser Behandlung wird der freie Kalk in den obersten Schichten in Karbonat oder Fluat oder Silikat verwandelt; weiter scheidet sich bei manchen Salzen, beispielsweise bei Wasserglas, auch noch gallertartige Kieselsäure ab, welche die Poren verstopft. Es gehen hier also zwei Wirkungen, nämlich die chemische Bindung des Kalkes und die physikalische Abscheidung von Kieselsäure nebeneinander her.

$$CaO + MgSiF_6 = CaF_2 + Na_2O + SiO_2$$

CaO	$MgSiF_6$	CaF_2	Na_2O	SiO_2
freier Kalk des Betons	Magnesium-silizium-fluorid	Kalzium-fluorid	Natriumhydroxyd, das sich karbonisiert zu Natriumkarbonat	Kieselsäure

Als Fluate, die meist als Abfallösung aus der chemischen Industrie entfallen, kommen meistens das Magnesiumsiliziumfluorid und das Bleisiliziumfluorid in Betracht; beide kommen in den Handel als konzentrierte Lösungen. Selten ist das Ammoniumsiliziumfluorid, welches in Kristallen geliefert und auf der Baustelle gelöst wird. Bei Ausführungen großer Bauten ist es zweckmäßig, um Erfahrungen zu sammeln, von der Lieferfirma die Mitteilung zu verlangen, welche Art von Fluorid sich unter dem betreffenden Decknamen verbirgt, und stets die gleiche Konzentration anzufordern, die auf der Baustelle auf sehr einfache Weise mit dem überall für wenige Mark käuflichen Aerometer oder Säuremesser, wie es auch in der Steinholzindustrie für die Laugeprüfung verwendet wird, nachgemessen werden kann. Die Wirkung der Fluate beruht vor allen Dingen auf der Bildung eines Kalziumfluorids, welches sehr hart ist und durch welches die Widerstandsfähigkeit des Betons gegen Abnutzung erhöht wird. Die Erhöhung der Salzwasserbeständigkeit durch Fluatierung oder Silizierung ist vorhanden, aber gering und bleibt weit hinter der entsprechenden Wirkung der filmbildenden Anstriche zurück. Während die Wassergläser alkalisch reagieren und demgemäß in Blechgefäßen aufbewahrt werden können, reagieren die Fluate stark sauer und fressen Blech sehr schnell durch, sie müssen demgemäß in Glasballons aufbewahrt werden. Beim Aufstreichen auf den Beton braust dieser stark auf, da die freie Säure des Fluats den bereits gebildeten kohlensauren Kalk unter Kohlensäureentwicklung zerstört und Kalziumfluorid bildet. Bei Verarbeitung von Fluat ist Augenschutz notwendig. Die Fluate sind giftig, besonders das Bleifluorid, und greifen

Tabelle 91. Übersicht über die Oberflächen verändernden Anstriche, deren Hersteller, Beschaffenheit und Verbrauch.

Name	Hersteller	Ort	Art und Zusammensetzung	Verbrauch
Fluat-Grünau . . .	Chemische Fabrik Grünau	Berlin-Grünau	Kesslersches Fluat	200—300 g pro m²
Laosin	Gustav A. Braun	Köln, Goebenstr. 12	Kesslersches Fluat	auf 1 m² Fläche etwa $^1/_4$ kg Laosin
Lapidin	C. F. Beer, Söhne	Köln, Gentierstr. 25	Fluat	
Murolineum	Droese & Fischer	Berlin SW 11	Fluat	
Neocosal	Chemische Fabrik Grünau	Berlin-Grünau	wasserabweisender Schutzanstrich aus Erdwachsstoffen	200—500 g pro m²
Perfax	Henkel & Cie.	Düsseldorf	staubverhinderndes Tränkungsmittel, Natronwasserglas	
Perfax K	Henkel & Cie.	Düsseldorf	staubverhinderndes Tränkungsmittel, Kaliwasserglas	
Pedranit	Heimalol G. m. b. H.	Datteln i. W.	Fluat	
Purigo	Sika G. m. b. H.	Durmersheim (Baden)	Fluat, blaues Kristallpulver	100—150 g je m²
Tutorol	Dr. Haller & Co.	Hamburg, Sierichstr. 156	Fluat	

die Haut an. Sollen sie verspritzt werden, so ist noch größere Vorsicht am Platze als beim bloßen Anstreichen, da die eingeatmeten Dämpfe zu Bleivergiftungen und ähnlichen schweren Gesundheitsstörungen führen; Gasmasken müssen also getragen werden. Die Wirkung der Fluate und des Wasserglases kann bis zu einem gewissen Grade verglichen werden mit einer künstlichen Alterung des Betons. Wasserglas als Anstrich für Betonstraßen wird bisweilen benutzt; der Erfolg ist bestritten. Die nebenstehende Tabelle gibt eine kurze Übersicht über die verschiedenen Namen, die Art der verschieden chemisch wirkenden Anstriche usw.:

b) Wasserabweisendmachung des Betons.

Diese wird durchgeführt durch Tränkung des Betons mit heißem Paraffin, Wachs u. dgl., durch Ölanstrich (Leinöl) oder schließlich einem Anstrich von in flüssigem Kohlenwasserstoff aufgelöstem Paraffin.

Heißes Paraffin wurde früher viel verwendet, um den Beton beispielsweise gegen Gärflüssigkeiten zu schützen, also z. B. in der Brauerei-Industrie. Es hat sich aber herausgestellt, daß im Laufe der Zeit sich hinter der Paraffinhaut kleine Bläschen bilden, die mit einer übelriechenden Flüssigkeit gefüllt sind und die Paraffinhaut absprengen, so daß dann der Beton zugrunde geht. Das Verfahren hat also nur zeitlich beschränkte Wirksamkeit.

Leinöl ist zweifellos der beste Anstrich, um beispielsweise Natursteine gegen Verwitterung zu schützen. Sein Anstrich auf Beton wird in gleicher Weise wirken bei stark der Verwitterung ausgesetzten Bauwerken.

Aufgelöstes Paraffin oder ähnliche Kohlenwasserstoffe kommen unter dem Namen „Czeremley" seit vielen Jahren zum Schutz von Natursteinen gegen Verwitterung in den Handel. Bei diesem Verfahren wird das Paraffin oder die Vaseline u. dgl. in Kohlenwasserstoff, z. B. Benzin (Achtung! feuergefährlich) oder anderen, nicht feuergefährlichen Lösungsmitteln (Tetrachlorkohlenstoff) aufgelöst und die farblose Lösung auf den Beton gestrichen. Das Lösungsmittel verdunstet und der Beton wird wasserabweisend, wie beispielsweise ein eingefettetes Papier. Die Farbe wird gewöhnlich etwas dunkler, und Wasser perlt an derartig behandeltem Stein oder Beton herab. Die Wechselwirkung ist für das Auge verblüffend. Unter Druck hört die Wasserdichtigkeit aber auf, da das Wasser dann in den Beton hineingepreßt wird unter Beiseiteschieben der Fettschicht.

c) Filmbildende Schutzanstriche.

Mit Schutzanstrichen, die wie ein Film auf dem Beton liegen und die man mit einem Ölfarbenanstrich auf Holz vergleichen kann, hat man recht gute Erfahrungen gemacht. Es gibt zwei Arten von Schutzanstrichen, solche, die auf Lösungsmittelgrundlage angefertigt werden, und solche, die aus Emulsionen bestehen.

Abb. 238. Durch Schutzanstrich ordnungsgemäß geschütztes Bauwerk vor Wiederanbringung der Erde. Eine Umstampfung mit Lehm ist häufig zweckmäßig.

Die auf Lösungsmittelgrundlage beruhenden Anstriche bestehen aus Teerpech, Bitumen, Braunkohlen, Bitumenpech u. dgl. mit verschiedenen Erweichungspunkten, die in Benzin, Solventnaphtha usw. gelöst und häufig mit Weichmachungsmitteln versetzt werden. Der Schutzfilm entsteht dadurch, daß nach dem Aufbringen der Anstriche durch Aufspritzen oder Anstreichen nach Verdunsten des Lösungsmittels die Bitumenhaut zurückbleibt (vgl. Abb. 238).

Der Vorstrich wird gewöhnlich mit einer etwas verdünnteren, also stärker solventnaphtha- oder benzolhaltigen Lösung gemacht, um ein gutes Eindringen in den Beton zu erreichen, die folgenden Anstriche sind dann etwas konzentrierter. Nach meinen Erfahrungen sind unbedingt 3 Anstriche erforderlich, unter zwei darf überhaupt nicht gegangen werden, ein einmaliger Anstrich hat überhaupt keinen Wert. Bei meinen im Forschungsinstitut der Hüttenzementindustrie Düsseldorf ausgeführten Versuchen mit Leitfähigkeitsmessung an Anstrichen ergab sich das Bild der Kurventafel 239, die folgendes zeigt:

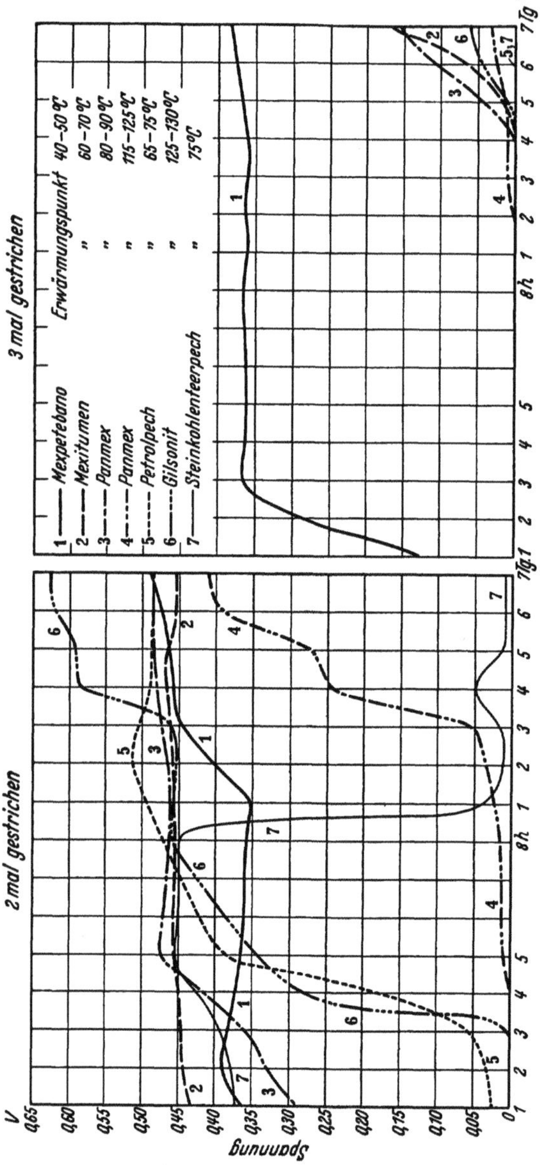

Abb. 239. Erhöhung des Schutzes von Beton- oder Eisenbauwerken durch dreimaligen Anstrich gegenüber bloß zweimaligem Anstrich.

Einmaliger Anstrich ist wirkungslos, zweimaliger von beschränkter Wirkung, erst ein dreimaliger Anstrich ist dichtend. Kohlenteerpech verhält sich etwas günstiger als Bitumen. Der Zusatz von Pigmenten wirkt erhöhend auf die Widerstandsfähigkeit.

Die Emulsionen sind in Wasser feinstverteilte Bitumen, dessen Emulsion durch einen Stabilisator beständig gemacht ist. Nach dem Aufstrich „bricht" die Emulsion, und die Bitumentröpfchen, die sich abgeschieden haben, verbinden sich zu einer Haut. Bis zu einem gewissen Grade vermag allerdings das Bitumen bei Wasserzutritt wieder aufzuquellen. Die Schutzwirkung auch dieser Emulsion ist beträchtlich. Über die Anforderung an Anstriche s. S. 453.

Auch Metallschutz zum Schutz von Beton wurde in letzter Zeit empfohlen und hat sich nach Versuchen des Verfassers[1] recht gut be-

[1] Grün: Schutz von Beton durch Metallüberzüge. Zement 1931 Nr. 38.

währt. Leider sind diese Verfahren bis jetzt noch nicht praktisch ausgewertet. Grün kommt in seiner erwähnten Arbeit zu folgendem Schluß:

„Aufgespritzte Metallüberzüge schützen den Beton weitgehend, besonders gegen aggressive Salzlösungen, aber auch gegen freie Säuren. Die Schutzwirkung kann zweifellos über das in der vorliegenden Arbeit festgestellte Maß noch dadurch erhöht werden, daß dem Beton vor Aufbringung des Metallüberzuges eine glatte Oberfläche verliehen wird.

d) Spachtelmasse.

Die Spachtelmassen beruhen auf derselben Grundlage wie Schutzanstriche. Es sind einfach Schutzanstriche mit geringen Mengen von Lösungsmittel bzw. Wasser, die so dick sind, daß sie aufgespachtelt werden können und häufig noch ein Pigment enthalten, wie beispiels-

Abb. 240. Auf ungünstigem Untergrund aufgebrachte Spachtelmasse bei einem Kühlturm: die dick aufgebrachte Schutzmasse ist infolge Sprödigkeit der obersten Betonschicht abgefallen.

weise Asbest. Der Schutz durch die Spachtelmassen ist noch höher als der der Schutzanstriche; sie müssen zweckmäßig auf einen Voranstrich von Bitumen oder Pech aufgebracht werden, um ihre gute Haftung auf den Beton zu gewährleisten und das häufig beobachtete Abfließen und Abblättern zu vermeiden (Abb. 240). Die gute Erhöhung der Salzwasserbeständigkeit von Betonkörpern durch Aufbringung von Spachtelmassen geht aus Kurventafel 241 hervor.

e) Die Normung.

Für die Normung habe ich im Jahre 1927 Vorschläge veröffentlicht, die in den Arbeiten:

Über die Prüfung und ein Prüfverfahren von Betonschutzanstrichen. Tonind.-Ztg. 1928 Nr. 58 S. 1180,

Zerstörung von Beton und Betonschutz durch Anstriche. Tonind.-Ztg. 1929 Nr. 19, 39 und 40,

Schutz von Beton im Meerwasser. Tonind.-Ztg. 1935 Nr. 96, 97 und 98

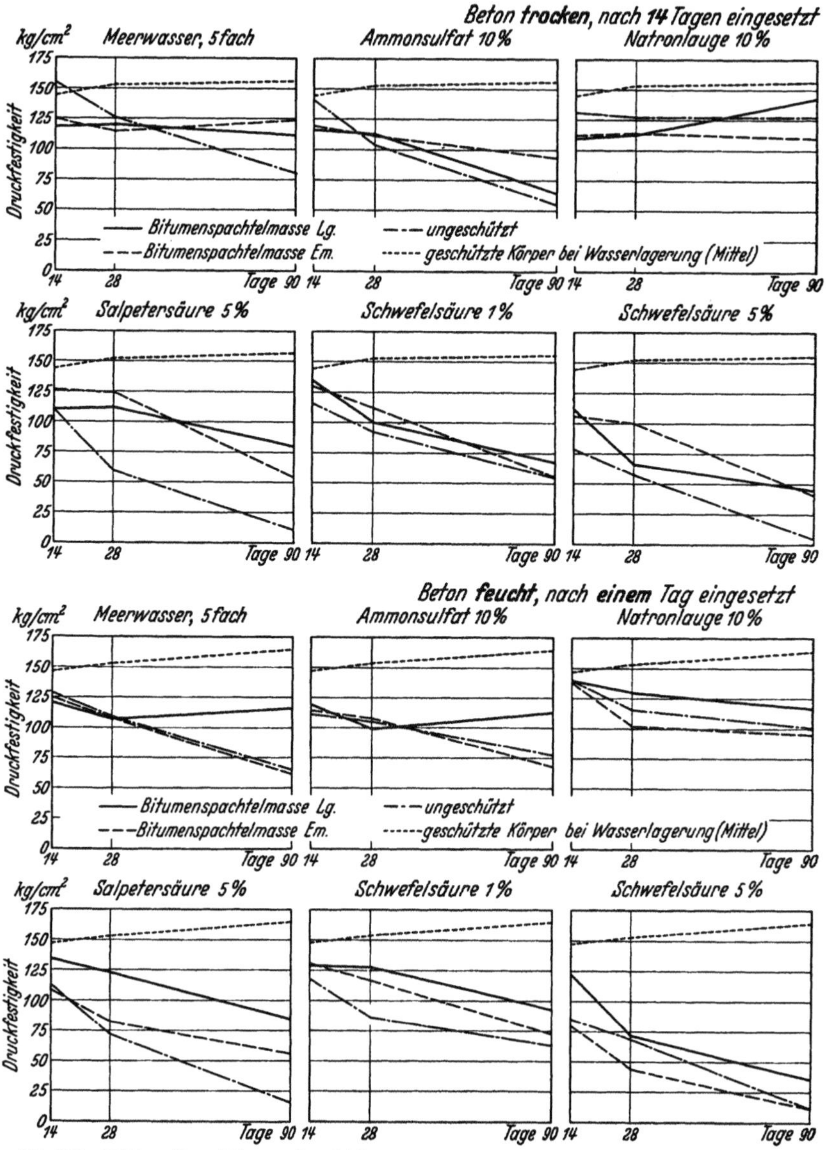

Abb. 241. Wirkung von Bitumen-Spachtelmassen als Betonschutz: die Spachtelmasse wurde einmal als Lösung, einmal als Emulsion aufgebracht. Der starke Schutz ist unverkennbar. Emulsion und Lösung verhalten sich ähnlich.

ergänzt wurden. Diese bilden die Grundlage für den § 15 der „Vorläufigen Abdichtung von Ingenieur-Bauwerken“ (AIB). In diesen sind Bitumenanstriche verlangt, denen keine Weichmachungsmittel zugesetzt werden dürfen. Nach meinen Erfahrungen können auch Teerpechanstriche von ausgezeichneter Beschaffenheit sein; ich habe sogar höhere Beständigkeit ermittelt[1]. Der Zusatz von Weichmachungsmitteln, die nach den AIB als Fremdstoffe ausgeschlossen sind, hat sich nach meinen Erfahrungen bewährt, während die Drahtnetzprobe, die in den AIB als unbedingt zu bestehen gefordert ist, nach meinen Erfahrungen wohl für die Prüfung der Gleichmäßigkeit des Anstriches brauchbar, nicht aber ein Charakteristikum für deren Beständigkeit ist. Schließlich sei noch darauf verwiesen, daß auch langsam trocknende Teeranstriche, die nach den AIB gleichfalls ausgeschlossen sind, nach meinen Versuchen sich besonders gut bewährten.

Verfasser stellte vier Arten von Zerstörung fest[2], und zwar die folgenden:

Erweichung, welche solche Anstriche trifft, die ein zu niedrig schmelzendes Bitumen oder Teerderivat haben,

Dehnung, die für solche Anstriche in Betracht kommt, die offenbar durch Sauerstoffaufnahme und Umbildung des Bitumens ihren Raum vergrößern, schließlich die

Versprödung (Haarrisse), für die besonders Oxydationsvorgänge maßgebend sind. Zuletzt sei noch genannt die

Schwindung, welche hervorgerufen wird durch Schrumpfung, also durch Verlust von verdunstbaren Anteilen.

Bei der Prüfung von Schutzanstrichen muß zwecks deren Verbesserung das Mikroskop zu Hilfe genommen werden. Die Zusammensetzung ist je nach Bedarf zu ändern.

Die endgültige Normung der Schutzanstriche auf Grund der neueren Forderungen ist erwünscht, da die in der Literatur vorhandenen Angaben sich teilweise widersprechen, teilweise unklar sind. Folgende Tabellen 89 und 90 zeigen die dem Verfasser zur Zeit bekannten, auf dem Markt befindlichen Schutzanstriche.

Die Aufbringung von Schutzanstrichen ist mindestens ebenso wichtig wie ihre zweckmäßige Herstellung. Die Verhältnisse liegen hier ähnlich wie beim Zement. Auch ein guter Zement wird bei schlechter Verarbeitung minderwertigen Beton ergeben. Leider wird sehr häufig bei der Aufbringung von Schutzanstrichen schwer gesündigt, indem diese auf feuchten und schmutzigen Beton durch ungelernte Arbeiter aufgeschmiert und nach der Aufbringung auch noch schlecht behandelt werden. Es würde nie einem Bauherrn einfallen, beispielsweise die Türen seines neuen Hauses mit einer guten Ölfarbe durch einen ungelernten Arbeiter streichen zu lassen, sondern er wird immer zu diesem Zwecke einen gelernten Tüncher heranziehen, da nur dieser die Beschaffenheit und Behandlung des Untergrundes, die Aufbringung des Farbanstrichs und seine nachträgliche Behandlung sachgemäß beurteilen und den Anstrich auch sachgemäß verpinseln oder verspritzen kann. Bei Schutzanstrichen werden merkwürdigerweise derartige Selbstver-

[1] Grün: Schutz von Beton im Meerwasser. Tonind.-Ztg. 1935 Nr. 96, 97 und 98.

[2] Grün: Vergleich der Normenprüfungsergebnisse mit Freilagerungsversuchen und mikroskopische Oberflächenbetrachtung an Bitumenanstrichen. Bitumen 1931 Heft 7.

Tabelle 92. Aufliegende Schutzanstriche; das besondere Charakteristikum ist jeweils die Art des Schutzanstriches, also Asphalt, Kunstharzlösung oder Emulsion. — Während sich Asphalte, Bitumenlösungen und Teerderviate als Schutz gegen die meisten aggressiven Lösungen eignen, kommen Harze bei Öleinwirkung in Frage.

Name	Hersteller	Ort	Art und Zusammensetzung	Verbrauch
Acosal	Chemische Fabrik Grünau	Berlin-Grünau	Bitumenanstriche und Pasten, sowie Fugenvergußmassen aus besonders zusammengesetzten Bitumensorten	500—1500 g pro m²
Aluminium-Preolit	A. Prée, G. m. b. H.	Coswig	hochelastische Metallhaut	1 kg auf ca. 10 m²
Anol	A. W. Andernach	Beuel a. Rh.	Klebe-Isolierlack, kalt streichbar	für 100 m² 20—40 kg
Aquasol	Gustav A. Braun	Köln, Goebenstr. 12	Bitumenemulsion, ölfrei	$^1/_3$ kg pro m²
Aristogen	I.G. Farbenindustrie	Frankfurt a. M.	schwarze, flüssige, bituminöse Emulsion, kalt verarbeitbar	je nach Art der Oberfläche
Arzetol	Heimalol G. m. b. H.	Datteln i. W.	Bitumenanstrich aus reinstem koks- und paraffinfreiem Bitumen	
Asphalt-Bitumenlack HVB	A. W. Andernach	Beuel a. Rh.	Asphalt, kalt streichbar, säurefestes Bitumen	für 100 m² 10—20 kg
AWA-Dachschutzmasse	A. W. Andernach	Beuel a. Rh.	Schutzanstrich, kalt streichbar, reines, säurefestes Bitumen, Asbestfaser, Paragummi	für 100 m² 40—150 kg
AWA-Silo-Schutzlack H 85	A. W. Andernach	Beuel a. Rh.	Lack, kalt streichbar, reines, säurefestes Asphaltbitumen, Schwefel, Paragummi und Lösungsmittel	für 100 m² 20—50 kg
Awalit	A. W. Andernach	Beuel a. Rh.	Isolierlack, kalt streichbar, reine, säurefeste Asphaltbitumina, Harzlösungsmittel	für 100 m² 20—50 kg
Beersolit	C. F. Beer Söhne	Köln, Gentierstr. 25	Isolieranstrich, Bitumen	
Beersolit S u. Sk	C. F. Beer Söhne	Köln, Gentierstr. 25	Siloanstrich, Bitumen	
Besserit	Reiffen & Co.	Kassel	Anstrich, gereinigter, phenolfreier Steinkohlenteer	
Bitegol	Th. Goldschmidt AG.	Essen	Schutzanstrich, Bitumen und Lösungsmittel, phenol- und teerfrei	1 kg für 5—6 m²
Coripakt	Vereinigte Dachpapp.-Fabriken AG. (Vedag)	Berlin W 35, Lützowstr. 33	Auflösung von Asphaltbitumen	
Cowatol I, II u. III	Chemische Fabrik Coblenz-Wallersheim	Koblenz-Wallersheim	wasserabweisende Schutzanstriche, leichtflüssige Lösungsmittel	1 kg für 3—4 m²
Degronit	Degronitwerk	Altona/Elbe	Kunstharzlack	
Elastitekt	A. W. Andernach	Beuel a. Rh.	Anstrich, hergestellt unter Verbindung von Wollfett, kalt streichbar	für 100 m² 10—20 kg
Emaillit	Vereinigte Dachpapp.-Fabriken AG. (Vedag)	Berlin W 35, Lützowstr. 35	siehe Coripakt	

Emaillit T.	Vereinigte Dachpapp.-Fabriken AG. (Vedag)	Berlin W 35, Lützowstr. 35	Rostschutzlack, Steinkohlenteerbasis	
Eurolan.	A. Deitermann G. m. b. H.	Datteln i. W.	Schutzanstrich	$^1/_3$ kg für 1 m^2
Extrol	Chemische Fabrik Flörsheim	Flörsheim a. M.	Schutzanstrich, Bitumen-Ölemulsion mit Erdfarben	0,8 kg/m^2
Fixif	Wunnersche Bitumen-Werke G. m. b. H.	Unna i. W.	flüssiges Bitumen	$^1/_6$—$^1/_4$ kg/m^2
Fludifi	A. W. Andernach	Beuel a. Rh.	flüssiger Dichtungsfilz, reines säurefestes Asphaltbitumen, echter Paragummi, Asbestfaser und Lösungsmittel	für 100 m^2 30—120 kg
Gabrit	Gustav A. Braun	Köln, Goebenstr. 12	Bitumenanstrich in Lösung	
Helcocote	Wilh. Helkenberg	Hamburg, Trummersweg 7	Deckaufstrich, Teerzurichtung in Verbindung mit Asbestfasern, kalt streichbar	
Helconol	Wilh. Helkenberg	Hamburg, Trummersweg 7	Voranstrich, kalt verarbeitbar	
Homogenol Alfa . .	Franz Versen	Dortmund, Postfach 755	Schutzanstrich	$^1/_2$ kg je m^2
Hydrasfalt	Paul Lechler	Stuttgart	Bitumenemulsion	
Hydro-Anol	A. W. Andernach	Beuel a. Rh.	Zwischenanstrich, kalt streichbar	für 100 m^2 10—15 kg
Icosit.	Paul Lechler	Stuttgart	Anstrich, Kautschuk	0,15 kg/m^2
Igol 1.	Sika G. m. b. H.	Durmersheim	Bitumenschutzanstrich, reines Bitumen mit Lösungsmittel	300—600 g je m^2
Igol 2.	Sika G. m. b. H.	Durmersheim	Bitumenschutzanstrich, frei von Lösungsmitteln	300—600 g je m^2
Igol 6.	Sika G. m. b. H.	Durmersheim	Schutzanstrich auf Bakelitgrundlage	
Imprägnol.	Chemische Fabrik Flörsheim	Flörsheim a. M.	Dichtungsanstrich, Wachs-Fett-Emulsion	0,3 kg/m^2
Industril-Spezial . .	Krebbers Asphalt Ges. m. b. H.	Oberhausen Rhld.	kaltflüssige bituminöse Anstrichfarbe	$^1/_2$ kg je m^2
Inertol I	Paul Lechler	Stuttgart	Schutzanstrich auf der Grundlage veredelter Steinkohlendestillationsprodukte	
Inertol 49	Paul Lechler	Stuttgart	Anstrich auf Grundlage von Petroleumasphalt	
Jofirol	Feidner & Fischer	Duisburg-Meiderich	Schutzanstrich, Bitumina, unverseifbaren Filmbildner, abgestuftem Lösungsmittelgemisch	$^1/_4$ kg/m^2
Jolosteen, Insulin .	Joh. Lotzin	Hamburg 48, Liebigstr. 45	Bitumenbasis, kalt streichbar	$^1/_3$—$^1/_5$ kg je m^2

Tabelle 92. (Fortsetzung.)

Name	Hersteller	Ort	Art und Zusammensetzung	Verbrauch
Kabelrohr-Isolierlack	A. W. Andernach	Beuel a. Rh.	Schutzanstrich, kalt streichbar, reines, säurefestes Bitumen, säurefeste Mineralien, teerfrei	für 100 m² 20—40 kg
Keragel	Gewerkschaft Keramchemie-Berggarten	Siershahn (Westerwald)	Schutzanstrich auf Bitumengrundlage in verschiedenen Farben	0,3 kg/m²
Keratex	Gewerkschaft Keramchemie-Berggarten	Siershahn (Westerwald)	Chlorkautschukanstrich in verschiedenen Farben, auch farblos	0,3 kg/m²
Keratol	Gewerkschaft Keramchemie-Berggarten	Siershahn (Westerwald)	Schutzanstrich auf der Grundlage von Kunstharzen in verschiedenen Farben	0,3 kg/m²
Liquitol	Kleinberger & Co.	Duisburg a. Rh.	Schutzanstrich aus elastischen Lackasphalten	500—600 g je m²
Lithosot	Vereinigte Dachpappen-Fabrik. AG. (Vedag)	Berlin W 35	Schutzanstrich, Asphaltbitumen	
Lohsol	Vereinigte Dachpappen-Fabrik. AG. (Vedag)	Berlin W 35	Schutzanstrich, Asphaltbitumen	
Midosit	Margalit-Gesellschaft Oberkassel-Siegkreis	Oberkassel-Siegkreis	bernsteinartiger Lack	
Nigrit	Reiffen & Co.	Kassel	Schutzanstrich, gereinigter phenolfreier Steinkohlenteer	
Pagit	Gustav A. Braun	Köln, Goebenstr. 12	Schutzanstrich, Asphaltbitumen	$^1/_6$ kg/m²
Plexigum	Röhm & Haas AG.	Darmstadt	synthetisch hergestellte Kunststoffe	
Porsal	Deutsche Kahneisen G. m. b. H.	Berlin W 8	Flüssigkeit	
Preolit	A. Prée, G. m. b. H.	Coswig	kalt- oder dickflüssiger Bitumenanstrich	1 kg auf ca. 4 m²
Prodorit	Chemische Fabrik Buckau	Mannheim-Rheinau	kaltflüssiges Anstrichmittel auf bituminöser Grundlage, teer- und phenolfrei	1 kg für ca. 2,5—5 m²
Schwarzit	Chemische Fabrik Flörsheim	Flörsheim a. M.	Schutzanstrich, Bitumen-Asphaltlack	0,2—0,3 kg/m²
Siderosthen-Lubrose od. Beton-Lubrose	Joh. Jeserich AG.	Altona-Eidelstedt	bituminöses Anstrichmittel	
Silur-Schwarz	Stephan Ketels AG.	Bremen	bituminöser Anstrich, Bitumen-Teergemisch	für 5—10 m² ca. 1 kg
Supraperlin	Margalit-Gesellschaft Oberkassel-Siegkreis	Oberkassel-Siegkreis	Schutzanstrich auf Chlorkautschukgrundlage	
Weton-Grund- und Deckfarben	Reiffen & Co.	Kassel	Schutzanstrich, reines Phenolharz	
Zimmerit	Zimmer & Co.	Berlin-Plötzensee	bituminöser Schutzanstrich, kalt verarbeitbar	1—3 kg je m²

Tabelle 93. Spachtelmassen. Grundsätzlich sind die Spachtelmassen meist ähnlich wie die aufliegenden Anstriche, sie enthalten nur wenig Lösungsmittel und dafür häufig sog. Pigmente.

Name	Hersteller	Ort	Art und Zusammensetzung	Verbrauch
AWA-Asphalt ESF	A. W. Andernach	Beuel a. Rh.	Asphaltbitumen mit feinst gemahlenen Mineralien	je m^2 ca. 2 kg
AWA-Pulver-Asphalt Q	A. W. Andernach	Beuel a. Rh.	Asphaltbitumen, gemahlene Mineralien, Paragummi, Asbestfasern	je m^2 ca. 2 kg
AWA-Pulver-Asphalt S	A. W. Andernach	Beuel a. Rh.	Asphaltbitumina in gemahlenem Zustand, feingemahlene Mineralien, Paragummi	je m^2 ca. 2 kg
Fixif 2	Wunnersche Bitumenwerke	Unna i. W.	Bitumen, flüssig	$^1/_2$ kg/m^2
Fixif 3	Wunnersche Bitumenwerke	Unna i. W.	Bitumen, pastenförmig	1 kg/m^2
Gabrit-Schmelzmasse	Gustav A. Braun	Köln, Goebenstr. 12	Bitumenkomposition	
Gabrit-Spachtelkitt	Gustav A. Braun	Köln, Goebenstr. 12	Bitumenkomposition	
Goudronit-Dichtungskitt	A. Prée G. m. b. H.	Coswig	Bitumenbasis mit Faserzusatz	je m^2 ca. 1 kg
Helcoseal	W. Helkenberg	Hamburg	pastenförmig	
Homogenol Beta	Franz Versen	Dortmund	kittartig	je m^2 ca. 2 kg
Igas	Sika G. m. b. H.	Durmersheim (Baden)	wässerig, breiig, Bitumenemulsion mit Asbest	
Jolosteen-Insulin	Joh. Lotzin	Hamburg	Heißstoffmasse, Teeredelprodukt	1,3 kg je m^2
Kerasolith	Keramchemie-Berggarten	Siershahn (Westerwald)	Schutzschicht auf Bitumengrundlage	
Lubrose-Heiß	Joh. Jeserich AG.	Altona-Eidelstedt	verschiedene Bitumensorten mit Füllstoffen	
Mammut-Zement	Chemische Werke Marienfelde AG.	Berlin-Marienfelde		
Palesit-Schmelzmasse	Paul Lechler	Stuttgart	Bitumen, teigartig	je m^2 ca. 1 kg
Palesit-Spachtelmasse	Paul Lechler	Stuttgart	Bitumen, teigartig	je m^2 ca. 1 kg
Plombit	Zimmer & Co.	Berlin-Plötzensee	asbestfaserhaltig	je m^2 ca. 1 kg
Prodorit-Kalt- und Heißkitt	Chemische Fabrik Buckau	Mannheim-Rheinau	bituminöse Grundlage	
Semperfix-Elastic	Krebbers Asphalt Ges. m. b. H.	Oberhausen	Heißspritzverfahren	

ständlichkeiten außer acht gelassen mit dem Erfolg, daß auch gute Schutzanstriche schlechten Schutz gewähren (Abb. 240). Ich habe aus diesem Grunde bereits Maßnahmen für die Durchführung des Betonschutzes aufgestellt[1], die im folgenden wiedergegeben sind:

Für die Durchführung des Betonschutzes gelten folgende Maßnahmen:

1. Der Zementanteil des Betons muß mindestens 270 kg je m^3, besser 300 kg je m^3 Beton oder mehr betragen.

2. Traßzusatz ist zweckmäßig, wo ein dichter Beton besonders erwünscht ist. Bei Portlandzement ist am besten ein höherer Traßzusatz als bei Hüttenzement zu nehmen. Der Traß darf hierbei nicht als Zementersatz gerechnet werden, sondern muß als Zuschlag zugegeben werden. Bei Portlandzement ist bis zu $^1/_4$ des Zementgewichtes, bei Hochofenzement höchstens 15% desselben anzuraten.

3. Die Zuschlagsstoffe sind in einem Korngrößenverhältnis anzuwenden, daß ein möglichst dichter Beton entsteht, also etwa
$^1/_3$ Gt. Sand bis zu 3 mm (staubfrei),
$^1/_3$ Gt. mittleres Korn 3—20 mm,
$^1/_3$ Gt. grobes Korn 20—50 mm (s. auch S. 140).

4. Der Wasserzusatz ist so zu wählen, daß der Beton plastisch wird (10%), da erdfeuchter Beton (mit 7—8% Wasserzusatz) kein dichtes Gefüge ergibt. Ein allzu hoher Wasserzusatz ist unter allen Umständen als unzweckmäßig zu vermeiden. (Verdichtung mit Hochfrequenz-Kühler verschiebt die Verhältnisse zugunsten des erdfeuchten Betons.)

5. Das Alter des Betons vor Einwirkung der schädlichen Lösungen ist möglichst hoch zu wählen, vierwöchiges Stehenlassen an der Luft ist zu empfehlen. Um den Beton künstlich zu altern, ist Anwendung von Fluaten möglich, die auf den Beton aufgestrichen werden und den freien Kalk des Betons in unlösliches Kalziumfluorid verwandeln.

6. Der Anstrich soll von dem Werk unter dauernder Laboratoriumskontrolle sowohl der Rohstoffe als auch des Fertigfabrikats in stets gleichmäßiger Weise hergestellt werden und den billigerweise an einen guten Anstrich zu stellenden Anforderungen entsprechen.

7. Die Aufbringung des Anstriches muß mit größter Sorgfalt auf dem trockenen Beton durchgeführt werden, denn eine sorgfältige Verarbeitung ist ebenso wichtig wie ein guter Beton und ein guter Anstrich.

a) Vorbereitung des Betons.

Der Beton soll trocken sein. Die Trocknung unter schwierigen Verhältnissen kann erzwungen werden durch Aufstellung von Kokskörben oder durch Erhitzung des Betons mit Lötlampen (nicht zweckmäßig für jungen Beton: Schwindrißgefahr). Aufbringung des Anstriches auf warmen Beton ist von besonders großem Vorteil, da dann der erste Anstrich besonders tief eindringt und fest haftet.

Der Beton soll sauber sein. Aufbringung des Anstriches auf sandigen und staubigen Beton führt zu Anstrichverschwendung und schneller Beschädigung der Schutzhaut, weil die Sand- und Staubkörner von dem Anstrich aufgenommen werden und so zu dessen Durchlöcherung führen, indem sie außerhalb und innerhalb desselben aus ihm herausragen, ihn also durchbohren.

b) Die Aufbringung des Anstriches.

Die Aufbringung des Anstriches muß mit gutem, sauberem Pinselmaterial vorgenommen werden. Beim Anstreichen ist zu verfahren wie beim Anstreichen eines Holzwerkes mit Ölfarbe, d. h. es ist sorgfältig jeder neue Pinselstrich so zu setzen, daß der vorhergehende Pinselstrich um einige Millimeter überdeckt wird und auf diese Weise eine gut deckende, zusammenhängende Fläche entsteht. Besondere Sorgfalt ist nötig bei Ansetzen einer Fläche gegen eine schon getrocknete

[1] Grün: Die Aufbringung von Schutzanstrichen auf Beton. Tonind.-Ztg. 1928 Nr. 41.

Fläche; hier ist die alte Fläche um mehrere Zentimeter wiederholt zu überstreichen, um ein teilweises Erweichen des alten und damit eine gute Haftung des neuen Anstriches auf den alten zu erreichen, denn die „Stöße" der einzelnen Anstrichflächen sind, wie beim Beton die Arbeitsfugen, die schwächsten Punkte und Eintrittsstellung für die aggressiven Wässer. In Ecken und Winkel ist der Anstrich gut einzureiben; auch wenn der Beton den Anstrich nicht gut annimmt, ist er mit dem Pinsel gut zu verreiben, bis gutes Eindringen erreicht ist. [Aufspritzen ist natürlich auch möglich, siehe g).]

c) Erster Anstrich.

Der erste Anstrich soll möglichst dünnflüssig sein, damit das Bitumen u. dgl. tief in den Beton eindringt und sich in ihm verankert. Meist ist es zweckmäßig, die gelieferte Lösung mit 10% Benzin zu verdünnen, wie es in jeder Autogarage und Autobetriebstoffhandlung erhältlich ist. Der Anstrich muß während des Trockenvorganges (6—10 Stunden) vor Verstaubung geschützt werden. Bisweilen wird von den Werken auch ein schon verdünnter Voranstrich oder Verdünnungsöl mitgeliefert.

d) Zweiter Anstrich.

Der zweite Anstrich ist mit der unverdünnten gelieferten Lösung vorzunehmen und auf die durch den ersten Anstrich gebildete Haut nach Trocknung aufzubringen. Diese Haut muß staubfrei und trocken sein. Die bei Behandlung großer Flächen unvermeidlichen Arbeitsfugen sind so zu legen, daß sie nicht zusammenfallen, sondern die in den einzelnen Arbeitsgängen entstandenen Anstrichfelder sollen sich wechselseitig überdecken, wobei die neuen Arbeitsfugen möglichst weit von den Arbeitsfugen des ersten Anstrichvorganges entfernt sein sollen.

e) Dritter Anstrich.

Die Aufbringung eines dritten Anstriches ist, wenn irgend möglich, durchzuführen, da sie zu völliger Wasserdichtigkeit und Dauerhaftigkeit der Haut auch unter schwierigen Verhältnissen beiträgt. Für die Aufbringung des dritten Anstriches gilt das gleiche wie für die Aufbringung des zweiten Anstriches.

f) Trocknung.

Gute Anstriche trocknen rasch und sind bereits nach 6—8 Stunden genügend fest. Um aber eine Beschädigung zu vermeiden, sind sie vor mechanischen Beschädigungen in den ersten Tagen ihres Bestehens durch Fernhaltung mechanischer Beanspruchungen oder durch Aufbringung einer Sandschicht usw. zu schützen.

g) Aufspritzen.

Vorteilhaft, weil sicher, gut wirkend und Lohn sparend ist das Aufspritzen der Anstriche mit Druckluft, die auf vielen Baustellen, bei welchen mit Luft gestampft oder torkretiert wird, zur Verfügung steht. Für das Spritzen gilt im übrigen bezüglich Trocknung, Arbeitsfugen usw. das unter a—f Gesagte.

h) Dämpfe.

Die beim Anstreichen entstehenden Dämpfe sind bei guten Anstrichen harmlos und belästigen die Arbeiter nicht, solange im Freien gearbeitet wird. In geschlossenen Räumen muß für Ventilation gesorgt werden. Obgleich der Entflammungspunkt der Lösungsmittel, um die Feuergefährlichkeit herabzumindern, bei guten Anstrichen hoch gewählt ist, (Kontrolle!) muß Feuer, um Unglücksfälle zu vermeiden, streng ferngehalten und Rauchen verboten werden. Beim Aufspritzen mit Druckluft entstehen lästige Farbnebel, gegen die die Arbeiter mit den üblichen Masken zu schützen sind.

Wichtig ist, daß der Anstrich einen nicht zu tiefen Entzündungspunkt hat. Aus letzterem Grunde habe ich auch einen Zündpunkt von 55° für gelöste Anstriche vorgeschlagen, damit die entstehenden Nebel nicht allzu feuergefährlich sind. Dennoch ist hohe Feuergefährlichkeit vorhanden, und Licht muß unbedingt ferngehalten, sowie jede Entzündung (durch elektrische Schalter, Motoren, auch wenn diese weit entfernt aufgestellt sind) verhindert werden. Durch Explosion von durch Schutzanstriche entwickelte Dämpfe sind in den letzten Jahren zahlreiche Menschen zu Tode gekommen oder schwer verbrannt worden.

Bitumenanstriche gehen an der Luft, hauptsächlich in höheren Lagen (ultraviolettem Licht), bald zugrunde (Abb. 242), sie werden braun und rissig. Teerpechanstriche bekommen häufig Netzrisse, die aber keineswegs zu einer endgültigen Zerstörung zu führen brauchen. Bei beiden gemeinsam ist, daß sie als organische Substanzen im Laufe der Zeit verwesen,

Abb. 242. Allmähliche Zerstörung eines Schutzanstriches in Höhenlage durch Sonne (besonders ultraviolette Bestrahlung und Atmosphäre).

so daß eine Wiederholung des Schutzanstriches, hauptsächlich wenn sie dem Licht ausgesetzt sind, unerläßlich ist, wie dies ja auch bei einem Eisenschutzanstrich oder bei Ölfarben sich von selbst versteht[1].

Eine andere Gruppe von Anstrichen, die besonders zur Sicherung gegen Öl verwendet wird, sind die Bakelite und Naturharze. Bakelit ist ein Kondensationsprodukt von Phenol und Formaldehyd, wird also vollkommen aus einheimischen Rohstoffen hergestellt. Es löst sich ebenso wie Naturharz in Spiritus auf und kann in dieser Form aufgebracht werden. Derartig hergestellte Anstriche sind „Midosit“ (Kunstharz oder Bakelit) und „Dekronit“ (Naturharz), der gebildete Film ist sehr widerstandsfähig. Seine Widerstandsfähigkeit kann noch erhöht werden, wenn er erhitzt wird, das Bakelit lagert sich dann um, ist nicht mehr spirituslöslich und widersteht fast allen Säuren. Bakelit

[1] Vgl. auch Grigorjeff und Bargteil: Wasser und Erdöl beständige Betonanstriche. Tonind.-Ztg. 1937 S. 127.

ist zweifellos das Material der Zukunft und vermag Holz, Eisen und Metall zu ersetzen. Es dient jetzt schon zur Herstellung von Radiokästen, Schalterdosen, Bechern und Flaschen und wird zweifellos in Zukunft noch bedeutend an Wichtigkeit gewinnen, da die Widerstandsfähigkeit gegen mechanische und chemische Beanspruchung sehr hoch ist.

f) Bitumenpappe.

Eine ausgezeichnete Schutzschichtbildung ist zu erzielen durch in 3—5facher Lage verklebte Bitumenpappe, allenfalls mit einer dünnen Bleifolieneinlage, die natürlich besonders wirksam sind. Wichtig ist gute Verklebung. In der Praxis hat sich gezeigt, daß die hierdurch vorgenommene Dichtung von Betontunneln zahlreicher Untergrundbahnen selbst bei hohem Wasserdruck wirksam ist. Bei Gründungen in stark aggressivem Grundwasser hat man zur Aufnahme der Fundamente schon ganze Wannen in dieser Weise hergestellt[1].

g) Plattenbelag — Klinkerverkleidung.

Bei solchen Bauwerken, bei denen die Anwendung von Bitumenpappe infolge mechanischer Beanspruchung unmöglich ist, werden Plattenbelag und Klinkerverkleidung herangezogen. Bei Platten ist zweckmäßige Arbeitsweise besonders wichtig, um ein Abfallen in großen Flächen, wie dies schon häufig beobachtet wurde, zu verhindern. Die Heranziehung von lehmhaltigem Sand beim Verlegen ist zweckmäßig[2]. Bei Säureeinwirkung müssen die Fugen mit säurefestem Kitt gedichtet werden. Bei Klinkern ist für gute Haftung des Mörtels an den Steinen zu sorgen, da sonst die Klinker- und Fugenmörtel wie Blätterteig aufeinanderliegen, dem Wasser den Durchtritt gestatten und die Zerstörung nur verbergen statt zu verhindern. Sie stellen in diesen Fällen im wahrsten Sinne des Wortes eine Klinkerverblendung — ein Blendwerk — dar. Wiederholt wurden Bauteile, die in dieser Weise geschützt wurden, *hinter* der Schutzschicht zerstört und das Unglück erst entdeckt, wenn durch Treiben des Betons die ganze Klinkerverblendung sich aufwölbte.

h) Widerstandsfähiger Putz.

Widerstandsfähiger Putz kann zunächst aus einfachem Zementmörtel bestehen, der besonders dicht hergestellt ist (s. S. 197). Diese dichte Herstellung ist möglich durch gutes Verreiben, fette Mörtel oder durch das Spritzverfahren (Betonkanone, Torkretverfahren).

Beim *Torkretverfahren* wird Zement und Sand mit mehreren Atmosphären Druck mit Wasser zusammen an die Wand geschleudert. Zunächst fällt ein Teil des Sandes wieder herunter und es bleibt fetter Zementmörtel an der Wand hängen, der das Bett gibt für die aufgeschleuderte Masse. Der Verlust durch „Rückprall" ist erheblich, das Verfahren aber gut, da der Beton sehr dicht wird. Der Schleuderputz

[1] Näheres hierüber in: *Graf* und *Goebel*: Schutz der Bauwerke. — *Schächterle*, Karl: Schutz der Stein-, Beton- und Eisenbetonbrücken. Berlin 1930 S. 107.

[2] *Grün*: Über das Abfallen von Wandplatten. Baumarkt 1921 Nr. 51.

kann nach dem Aufbringen noch verrieben werden, um eine glatte Oberfläche zu erzielen. Mit Vorteil hat man das Verfahren schon verwendet, um Schiefer, der an der Luft verwitterte und zerbröckelte, vor weiterer Verwitterung durch einfachen Luftabschluß zu schützen. Bau des Kallbachstollens. Erfahrungen des Verfassers.

Natürlich kann auch mit Eisen- oder Stahlspänen oder -pulver als Zumischung gespritzt werden. In diesem Falle stellt ein derartiges Verfahren den Übergang zu folgenden Verfahren dar, die entweder mit Eisenpulver, mit Stahl- oder Eisenspänen arbeiten:

Das Eironitverfahren verwendet Eisenpulver, durch dessen Heranziehung der Beton besonders widerstandsfähig gegen Wasserdurchtritt und Abnutzung werden soll. Die verschiedenen „Stahlbeton"-verfahren ziehen Eisengranalien als Zuschlag heran und verleihen hierdurch dem Beton eine besonders große Widerstandsfähigkeit gegen Abnutzung (Erzrutschen, Koksrampen). Auch Karborund, der natürlich in verhältnismäßig geringeren Mengen herangezogen wird, erfüllt den gleichen Zweck der Erhöhung des Abnutzungswiderstandes. Er hat den Vorteil, daß er den Beton besonders rauh macht, während Beton, der nur Eisengranalien enthält, bei starker Begehung leicht glatt wird.

Das Mörtelspritzverfahren.

Torkret. (Torkret Ges. m. b. H., Berlin, Potsdamer Str. 13.)

Getrennte Zuführung von Zementzuschlag und Wasser mit Preßluft.

Der Mörtelputz wird statt mit der Hand mit Preßluft durch einen Apparat aufgebracht, der früher Zementkanone genannt wurde. Er ist von dem Ungarn von Vass in Deutschland und ungefähr gleichzeitig und unabhängig von Akeley, New York, erfunden und zunächst in Deutschland (Kötschenbroda), dann in Amerika weiter ausgebildet und jetzt wieder aus Amerika eingeführt worden[1]. Das Torkretverfahren arbeitet mit zwei Schlauchleitungen im Gegensatz zu den anderen Spritzverfahren, die nur eine Schlauchleitung erfordern; die eine Schlauchleitung führt das Wasser dem Beton zu, während durch die andere Schlauchleitung die Mischung von Sand und Zement trocken an den Arbeitsort gepreßt wird (Abb. 243).

Statt „Betonspritzverfahren" ist der Ausdruck „Mörtelspritzverfahren" richtiger, da ja immer Mörtelschichten hergestellt werden. Der fertige Mörtel im Alter von 4—6 Wochen bei guter Verarbeitung hat über 40 kg Zugfestigkeit, und seine Druckfestigkeit beträgt das zwei- bis dreifache von Stampfbeton bei gleichem Mischungsverhältnis, da einerseits durch den Rückprall sich der Zement anreichert, andererseits die starke Verdichtung die Festigkeit erhöht. Auch die Widerstandsfähigkeit gegen aggressive Einflüsse und Lösungen (Rauchgase, Meerwasser) ist bei Torkretputz höher als bei gewöhnlichem Putz, da die Verdichtung sehr viel stärker möglich ist als sie beim Handputz durchgeführt werden kann.

---

[1] Das Betonspritzverfahren im Bergbau. Zement 1925 S. 523, 601.

Die Haftfestigkeit an Eisen und Beton ist sehr gut; an Eisen übertrifft sie die Haftfestigkeit von Handputz um das Doppelte, an Beton beträgt sie über 25 kg. Bei Versuchen zeigte sich, daß in keinem Falle der Torkretantrag sich in der Verbindungsfuge gelöst hatte, sondern daß die alte Betonplatte zerrissen war. Die Wasserdurchlässigkeit ist gleich Null.

Auf die Außenwand eines beschädigten Nordseefischkutters wurde ein bewehrter Spritzbetonpanzer aufgebracht, welcher das Gewicht nur unwesentlich vermehrte.

Abb. 243. Normale Zementkanone (Torkret) in Betrieb.

Am Hafendamm von Lynn (Massachusetts) wurde 1912 bei Reparaturarbeiten ein Teil des Betons mit Torkret eingekleidet. 1922 waren die eingekleideten Teile völlig unversehrt, die nicht torkretierten Betonteile dagegen waren durch die Meerwassereinwirkung tiefgehend zerstört, auch die 80—50 cm starke ungeschützte Bodenplatte war völlig verschwunden (s. a. Abb. 225).

Neuerdings werden auch Eisenkonstruktionen gegen die Einwirkung der schwefligen Säure, von Rauchgasen und der Luft durch Torkretierung geschützt (Willamette bei Oregon, Straßenüberführung Berlin-Lichtenberg), da andere Schutzmaßnahmen nicht möglich waren oder keinen Erfolg hatten. Auch beschädigte Behälter (Abb. 244) (Emschergenossenschaft) und durch Rauchgase abgegriffene Tunneldecken wurden durch Torkretierung mit Erfolg wieder hergestellt (Abb. 245).

Reichsbahnoberrat Tils, Köln[1], berichtet, daß im Bezirk der Reichsbahndirektion Köln bisher etwa 140 Lokomotivschuppendachbinder dadurch geschützt worden sind, daß die Eisenstäbe einschließlich der

[1] Vgl. Bautenschutz 1930 S. 15.

Knotenbleche mit einem feinen Drahtgewebe ummantelt und darauf mit „kalkarmen“ Zementmörtel in 2 Lagen von je 0,7—1 cm Dicke

Abb. 244. Wiederherstellung beschädigter Behälter mit dem Torkretspritzverfahren.

Abb. 245. Wiederherstellung einer beschädigten Tunneldecke mit dem Torkretspritzverfahren.

mittels Druckluft beworfen worden, so daß eine Deckschicht von insgesamt 1,5—2 cm entstand. Die Kostenfrage hierbei löste sich zugunsten der neuen Ausführung gegenüber Ölfarbenanstrich, indem für einen stark verrosteten Binder mit Blankblasen RM. 650.—, für das Bewerfen mit Zementmörtel RM. 750.— aufgewendet waren. Der Vorteil für die

Abb. 246. Bahnhofshalle in M.-Gladbach vor der Torkretierung.

Abb. 247. Bahnhofshalle in M.-Gladbach nach der Torkretierung.

Zementmörteldecke ist nach Tils, daß bei Zement nur einmal die Kosten aufgewendet waren, während Ölfarbenanstriche nach 5 Jahren immer wieder angestrichen werden mußten. Binder, die vor 5 Jahren beschleudert waren, zeigten nicht die mindeste Veränderung, vor allen Dingen fallen auch die lästigen Störungen durch Gerüstebau usw. weg. Abb. 246 zeigt die Bahnsteighalle in M.-Gladbach vor, und Abb. 247 nach der Torkretierung.

Bei Versuchen des Materialprüfungsamtes Dahlem zeigten mit der Zementkanone hergestellte Würfel durchweg bessere Beständigkeit als gestampfte Würfel.

Das Moser-Kraftbauverfahren. („Kraftbau“ Patentverwertungs-Ges. m. b. H., Berlin SW 61.)

Dieses Verfahren führt im Gegensatz zu dem Torkretverfahren den Mörtel gleich fix und fertig angefeuchtet an die Spritzstelle. Es be-

Abb. 248. Zerstörung durch Feuer in der ausgebrannten Schokoladenfabrik „Sarotti“ Berlin. Wiederherstellung fand statt durch Betonspritzverfahren (Torkret und Moser-Kraftbau).

nötigt infolgedessen nur einen Schlauch zur Zuführung; die Länge dieses Schlauches ist dafür dann aber auch beschränkt und darf sich nicht über eine bestimmte Länge ausdehnen, während bei dem Torkretverfahren 200 m und mehr lange Schläuche möglich sind. Das Verfahren arbeitet gleichfalls mit Preßluft[1].

Die Patente sind inzwischen auf die Torkret-Gesellschaft übergegangen, nach deren Mitteilung das Verfahren durch das Torkretverfahren völlig in den Hintergrund gedrängt ist.

[1] Das Betonspritzverfahren im Bergbau. Zement 1925 S. 523 — Spritzbeton. Tonind.-Ztg. 1925 S. 738.

Einige Beispiele für die starke Beschädigung von Beton durch Feuer und aggressive Einflüsse und für die Wiederherstellungsarbeiten geben die Abb. 248, 249, 250 und 251.

Die Verfahren mit Zusatz von metallischem Eisen zum Zuschlag.

Gemeinsam ist allen Verfahren (Eironit, Dekaferr, Brandt- und Stahlbeton) der Zusatz von Eisen- oder Stahlspänen als Zuschlagsbestandteil; die Unterschiede zwischen diesen drei Verfahren sind gering.

Abb. 249. Zerstörung durch Feuer in der Sarottifabrik. Die Säulen sind wieder mit Bewehrungseisen zur Aufnahme des Spritzbetons umgeben. (Moser-Kraftbau.)

Das Eironitverfahren.

Die Oberschicht des Betons wird dadurch gehärtet, daß dem Zuschlag Eisenpulver zugesetzt werden. Auch ein Anstrich von schon bestehendem Beton mit einer Mischung von Zement und Stahl- oder Eisenpulver wird häufig durchgeführt.

Das Verfahren kam vor 15 Jahren aus Amerika (daher der Name: Iron = Eisen) und hat sich gut bewährt. Die Verarbeitung ist einfach und bedarf keiner besonderen Schulung.

Neben Öldichtigkeit bei sachgemäßer Verarbeitung ist die Hauptstärke des Verfahrens die Erhöhung der Widerstandsfähigkeit des Betons gegen Abnutzung, die es besonders für Siloböden in Schüttsilos, für Kokslöschbühnen, Bahnhöfe geeignet macht. Bei Wasserzutritt ist

Abb. 250. Durch Spritzbeton (Moser-Kraftbau) wiederhergestellte Decke in der ausgebrannten Sarottifabrik.

natürlich infolge Rostens Verfärbung zu erwarten. Gegen Säure ist Eironitputz natürlich nicht beständig, da diese Zement und Eisen auflöst.

Das Dekaferrverfahren. (Deutsche Kahneisen-Ges. m. b. H., Berlin W 8, Unter den Linden 17/18.)

Das Verfahren besteht gleichfalls im Aufbringen von Stahlpulver, und zwar wird das Pulver nur da aufgebracht, wo die Hauptbeanspruchung sich befindet. Hierdurch wird ein geringerer Verbrauch des Härtematerials erzielt und Rostgefahr vermieden. (Dekaferrpulver und -härtematerial DRP. 294044.) Auch das Dekaferrverfahren ist ebenso wie das ursprüngliche Eironitverfahren und das Kleinlogelsche Stahlbetonverfahren in erster Linie zur Erhöhung der Widerstandsfähigkeit des Betons gegen mechanische Abnutzung, nicht aber zur Erhöhung der Säurebeständigkeit geeignet.

Das Diamantbetonverfahren.

Charakteristisch für das Kleinlogelsche Diamantbetonverfahren ist, daß ein bestimmtes Mischungsverhältnis der Stahlspäne in bezug auf Korngröße geschützt wurde. Natürlich können die Stahlspäne auch mit gutem Erfolg in einem anderen geeigneten Mischungsverhältnis angewandt werden.

Alle drei Verfahren wurden in zahlreichen Fällen für die Trichterwände von Kohlen- und Erztürmen, für Fußböden von Maschinenhallen usw. zur Erhöhung von deren Widerstandsfähigkeit gegen mechanische Abnutzung benutzt.

Abb. 251. Wiederherstellung einer durch Frost und chemische Einflüsse zerstörten Betonmauer eines Wasserkraftwerkes durch das Moser-Spritzverfahren.

Das Verfahren der Firma Carl Brandt (DRP. 313191[1]). (C. Brandt, Bremen.)

Das Verfahren ist eine Arbeitsweise, welche heiße Fluatierung mit Eironitauskleidung und späterer Plattenauflage vereinigt. Zunächst wird nach dem Verfahren der Beton bei 50° fluatisiert, darauf wird nochmals mit kochender Fluatlösung angestrichen. Auf den so vorgeschützten Beton wird Eironit aufgebracht und schließlich die Eironitschicht mit Fliesen bekleidet. Die Fugen werden auch in der vorgeschriebenen Weise geschützt.

Bei Versuchen von Calamé wurden Betonstücke 3 Monate lang bei 100° in einem Gemisch gelagert, welches aus Petroleum, Olivenöl, Karbolsäure, konzentrierter Schwefelsäure bestand; trotz der außerordentlichen Gefährlichkeit dieses Gemisches — auf andere Weise hergestellte Betonstücke wurden zerstört — haben sich die nach dem Brandtschen Verfahren geschützten Betonstücke unverändert gehalten. Auch Versuchsbehälter, die auf 80° erwärmt wurden und mit Stein-

[1] Zement 1920 S. 528. (Das Patent ist inzwischen verfallen.)

kohlenteeröl und Braunkohlenteeröl gefüllt waren, wurden nicht angegriffen. Praktisch wurde das Verfahren bei Ölbehälteranlagen für U-Bootöl verwendet.

Der Plattenbelag.

Verkleidung. Die Verkleidung kann erfolgen entweder durch Vorsetzen einer gemauerten Klinkerschicht oder durch Plattenbelag.

Klinkerschicht. Die Klinker werden entweder mit gutem Zementmörtel vermauert oder aber die Fugen werden mit Kitt ausgefüllt, wobei darauf zu achten ist, daß der Mörtel auch gut an den Klinkern haftet und daß diese nicht „schwimmen". Auch eine Zusammenstellung von zwei der drei genannten Verfahren ist häufig am Platze, besonders bei hoher Belastung, nämlich ein Vermauern der Klinker unter Offenlassen von 2—3 cm der Fuge, die dann entweder mit Zement verstrichen oder mit heißem Bitumen ausgegossen oder schließlich mit Spachtelmasse gefüllt wird. Die Klinkerverkleidung wurde früher hauptsächlich bei Schleusenbauten in großem Umfang angewendet, sie hat sich aber in vielen Fällen nicht bewährt, nämlich dann, wenn der Mörtel nicht an den Klinkern haftete und wenn der Beton porös war. In solchen Fällen liegen nämlich Klinker und Mörtelschicht wie Blätterteig aufeinander und lassen schädliche Flüssigkeit durchtreten. Bei einer Hafeneinfahrt in Wilhelmshaven wurde der Beton hinter der Klinkerschicht so weitgehend zerstört, daß diese sich infolge der Treiberscheinungen aufwölbte und dadurch erst die weitgehende Zerstörung anzeigte. Auch ein Flußwehr in Mitteldeutschland wurde durch das einige 1000 mg Sulfat enthaltende Flußwasser, welches durch die Klinkerschicht eintreten konnte, so weitgehend geschädigt, daß es abgebrochen werden mußte[1]. In beiden Fällen konnte starke Aluminiumsulfatbildung an den geschädigten Stellen erkannt werden. Auf Festhaften der Klinker ist also Wert zu legen, sonst sind diese keine Verkleidung, sondern im wahrsten Sinne des Wortes eine nur für das Auge bestimmte Verblendung.

Plattenbelag. Während bei Bauwerken im Freien naturgemäß der Klinkerverkleidung der Vorzug gegeben wird, wird bei Innenschutz meistens Plattenbelag herangezogen. Als Platten dienen keramische, hoch gebrannte dichte Platten, die meist auf der Seite, die dem Beton zu liegt, geriffelt werden, um ein Haften des Mörtels zu ermöglichen. Auch hier ist guter Fugenschutz von ausschlaggebender Bedeutung. So wurde in einer chemischen Fabrik bei Verkleidung mit Knauffschen Platten wiederholt Ablösung dieser beobachtet, die dadurch eingetreten war, daß infolge ungeschützter Fugen die angreifende Flüssigkeit unter die Platten gedrungen, den Mörtel zerstört und so die Platten zum Abfallen gebracht hatte. Während die Knauffschen Platten und ähnliche Erzeugnisse für Wandverkleidung dienen, werden auch für die Auskleidung von Zementbetonrohren und Kanälen Sohlschalen geliefert (Verkaufsgesellschaft Deutscher Steinzeugwerke m. b. H., Berlin-Charlottenburg) (vgl. Abb. 252 u. 253).

[1] Erfahrungen des Verfassers.

Für Innenauskleidung von Säurebehältern ist Schutz durch doppelt bis dreifachen Plattenbelag notwendig, um bei Undichtigkeit, die in einer Fuge auftreten, das Vordringen in die Betonwand zu verhindern. Auch Glasplatten werden besonders für Weinbehälter in großen Abmessungen als Tafeln herangezogen (Borsarie & Co., Zürich), und man kann mit voller Berechtigung sagen, daß bei zweckmäßiger Verarbeitung von Steinzeugplatten oder Glasplatten in säurefestem Kitt mit doppeltem oder dreifachem Belag Betonbehälter für jeden Zweck, auch für starke Säuren verwendet werden können. Neben dem Klinker sind für Spezialzwecke auch noch Aluminiumplatten verwendbar, die aber dann gegen alkalische Einwirkungen des Betons mit einem guten Anstrich zu schützen sind. Ebonverkleidung ist eine Asphaltplattenmasse, die in Plattenform geliefert und an den Rändern verschmolzen wird. Sie bilden als fugenlose Masse ein zweites Gefäß im Gefäß und dienen besonders für Gärbehälter, bei denen sie sich gut bewährten.

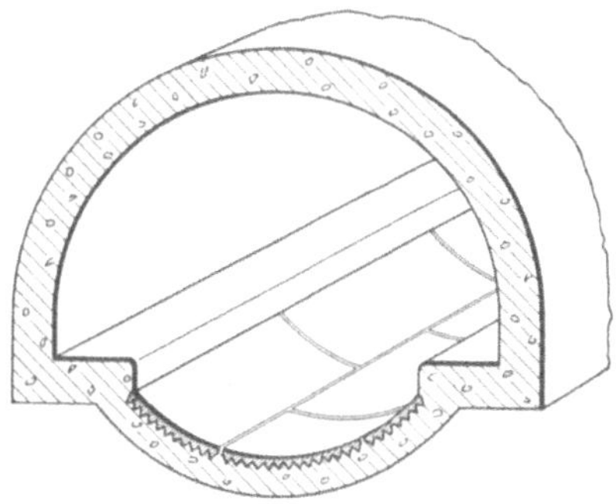

Abb. 252. Knauffsche Platte zur Auskleidung von Rohrleitungen zur Durchleitung aggressiver Flüssigkeiten.

Nach dem Dornkaatverfahren, welches auch für Gärgefäße in Betracht kommt, wird gleichfalls das Innere der Gefäße mit einem Bitumenanstrich überzogen, der auf Streckmetall aufgetragen wird.

Schließlich seien noch erwähnt die nicht glasierten Platten des Stellawerks A.-G. vorm. Willich & Co., Berg.-Gladbach, die infolge einer rauhen Fläche gut haften und in Neutralisationstürmen, Zellulose- und Essigkellern bereits mit Vorteil Verwendung gefunden haben.

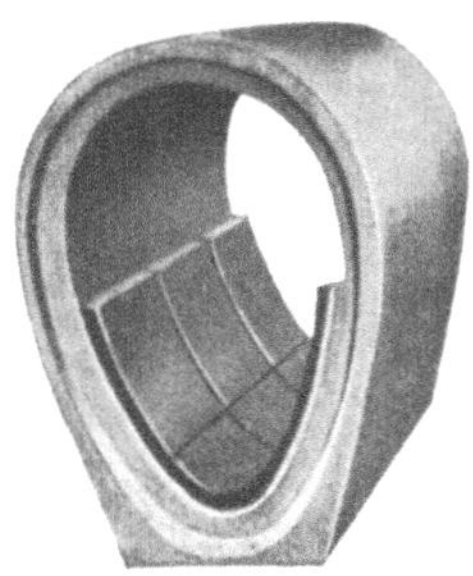

Abb. 253. Betonrohr mit Plattenverkleidung (System von Meszöly).

Kitt. Neben dem Ausfüllen der Fugen mit heißem Bitumen, welches bei Pflastersteinen einfach eingegossen wird, und neben dem Ausschmieren der Fugen mit Spachtelmassen (vgl. S. 451) ist die Auskittung mit säurefesten Kitten häufig von Vorteil. Die säurefesten Kitte bestehen durchweg in der Hauptsache aus Wasserglas, welches bei Behandlung mit Säure zerfällt und Kieselsäure abscheidet, die in gelartiger Form die Zuschlagsstoffe Quarzsand u. dgl. verkittet und als Säure von Säuren nicht angegriffen wird. Die Wasserglaskitte müssen meist vor Inbetriebnahme des Behälters abgesäuert werden, um die Spaltung des Wasserglases in Wasser und Kieselsäure zu erzwingen. Eine Sonderausführung sind die Säurekitte „Höchst", bei welchen in den meisten Fällen eine Absäuerung nicht nötig ist, da sie bereits ein Salz enthalten, welches freie Säure beim Anmachen mit Wasser abspaltet und aus dem Wasserglas die Kieselsäure frei macht. Ein Beispiel für die Auskleidung eines Behälters und für ausgekleidete Behälter geben die Abb. 254 u. 255.

Auch alkalibeständige Kitte kommen in den Handel.

Abb. 254. Betonbehälter zur Aufnahme starker Säuren (Mischsäure), ausgekleidet mit Platten aus gebranntem Ton (Stella-Platten).

Abb. 255. Essigkeller, ausgekleidet mit Platten aus gebranntem Ton (Stella-Platten).

5. Zweckmäßige Baugestaltung.

Auf die zweckmäßige Baugestaltung wird immer und immer wieder, meistens vergebens, hingewiesen. Während es selbstverständlich ist, daß ein eisernes Bauwerk oder ein Mauerwerk so gestaltet wird, daß schädliche Wässer so schnell wie möglich abfließen können, wird bei Beton auf diese zweckmäßige Gestaltung gar keine Rücksicht genommen mit dem Erfolg, daß Pfützenbildungen, Durchsickerungen, Zerfrierungen u. dgl. eintreten, die natürlich den Beton auf die Dauer zerstören.

Die Notwendigkeit der zweckmäßigen Baugestaltung wurde bereits in der 1. Auflage dieses Buches (1927) betont, weiter haben sie Goebel und Graf[1] und Karl Schächterle ausdrücklich hervorgehoben. Die entsprechenden Maßnahmen sind in dem genannten Werk geschildert.

D. Wiederherstellungsarbeiten und Schutzmaßnahmen bei Flüssigkeitseinwirkungen.

Die Schutzmaßnahmen vor der Zerstörung sind unter den einzelnen Stoffen ausführlich beschrieben. Hier ist allgemein noch folgendes zu sagen:

1. Zweckangepaßte Bauausführung.

Es ist stets erforderlich, daß der Bauausführende sich von dem Bauherrn ausführliche Unterlagen geben läßt über die allenfallsige Beanspruchung des Betons in bezug auf Hitze, chemische Einwirkung, Abnutzung und sonstige Beanspruchung, bevor Zementart, Mischungsverhältnis, Kornzusammensetzung der Zuschlagsstoffe, Art des Betons und der Verarbeitung bestimmt wird. Nach diesen Angaben hat sich dann die Ausführung zu richten. Die Heranziehung dichten Betons ist in allen Fällen unbedingt notwendig. Die Dichtigkeit braucht keineswegs durch besonders hohen Zementzusatz erreicht zu werden, wenn es sich um mindere Beanspruchung handelt, da dichtes Gefüge der Zuschlagsstoffe allein schon erheblichen Nutzen bringt. Man spare aber dennoch nie an Zement und treffe die Maßnahmen bei jeder aggressiven Einwirkung mit großer Umsicht, gegebenenfalls unter Heranziehung eines Spezialberaters. Die Schäden, die durch unsachgemäße Auswahl der Baustoffe, durch flüchtige Ausführung oder falsch angebrachte Sparmaßnahmen an auch schwach aggressiven Flüssigkeiten ausgesetzten Bauwerken entstanden sind, gehen in die Millionen und haben manchem Bauunternehmer, wenn dieser für seine Garantieverpflichtung eintreten mußte, schon schweren Nachteil gebracht. Deshalb sei man vorsichtig mit dem Eingehen von Garantien, denn auch Beton unterliegt, wie jedes andere Baumaterial, dem natürlichen Verschleiß, der selbstverständlich hoch wird, wenn die Beanspruchung besonders stark ist.

Auch Dr. Adrian[2] (VDI., Berlin) schreibt in seiner Arbeit u. a. folgendes:

„Wir müssen in Zukunft daher alle daran mitwirken, daß durch

---

[1] Graf und Goebel: Schutz der Bauwerke gegen chemische und physikalische Angriffe. Berlin 1930.

[2] Adrian: Anstrichrichtiges Gestalten von Bauten und Geräten. Stoffsammlung des Reichsschulungsobmanns Stäbel des NS.-Bundes Deutscher Technik.

richtige Gestaltung von Einrichtungen, Bauwerken, Geräten usw. den Schädigungen, für die wir hier einige Beispiele angegeben haben, vorgebeugt wird."

2. Pflege des Betons.

Weiter verweise man darauf, daß auch Beton gepflegt werden muß. Während bei Eisenbauwerken eine dauernde Erneuerung des Anstriches eine Selbstverständlichkeit ist, und derjenige Bauherr, der das Eisenwalzwerk belangen wollte, weil die Träger seines Bauwerks verrosten, wenn er sie nicht angestrichen hat, sich lächerlich machen würde, verlangt man vom Beton, daß er auch bei den unglaublichsten Beanspruchungen für ewige Zeiten beständig ist, ohne daß man auch nur einen Finger rührt, und bedenkt nicht, daß auch Natursteinbauten teilweise allerstärkster Verwitterung erliegen und dauernd Wiederherstellungsarbeiten bedürfen (Kölner Dom!). Die Bauunternehmer müssen deshalb immer wieder den Bauherrn darauf verweisen, daß auch der Beton selbst dann eine Pflege bedarf, wenn er normalen Einflüssen ausgesetzt ist. Ein regelmäßiges Nachsehen aller Bauwerke ist unbedingt am Platze.

Beginnende Zerstörung.

Gewaltige Summen können erspart werden, wenn man zur richtigen Zeit eine beginnende Zerstörung erkennt und sie beseitigt. Nimmt man erst dann die Wiederherstellung in Angriff, wenn die Standfestigkeit des Gebäudes gefährdet ist oder große Brocken herabfallen, so kosten die Arbeiten unter Umständen das 100fache der im Anfangsstadium aufzuwendenden Summen, da zweckmäßige Schutzmaßnahmen zur richtigen Zeit verhältnismäßig billig werden. Trotz dieser Notwendigkeit, Betonbauten zu beobachten, kann ich, da ich auch schon viele Natursteinzerstörungen beobachtet habe[1], mit gutem Gewissen sagen, daß sachgemäß hergestellter Beton einer der widerstandsfähigsten Baustoffe ist, die es gibt, daß er sogar den meisten Natursteinen in bezug auf Widerstandsfähigkeit gegen Verwitterung überlegen ist.

3. Feststellung der Schäden.

a) Besichtigung.

Bei eintretenden Schäden sind diese zunächst in ihrer Art und in ihrem Ausmaß festzustellen. Die Schäden treten ganz verschieden auf. Es kann sich um einfache Auswaschung, weiter um Treiberscheinungen und schließlich um Rosten der eingebetteten Eisen handeln.

Absandung und Rauhwerden des Betons lassen auf Säureeinwirkung schließen. Auch Kohlensäure führt zu dieser Art der Lösung des Zementes aus der Oberfläche. Treiberscheinungen sind mit dieser Oberflächenbeanspruchung nicht verbunden.

---

[1] Grün: Die Verwitterung von Steinen, Die Denkmalpflege 1931, Heft 5. — Einiges über Verwitterung an der Minoritenkirche in Köln, Deutsche Kunst und Denkmalpflege 1935, Heft 1. — Verwitterungserscheinungen an Münchener Bauten, Angewandte Chemie 1935, S. 24. — Zusammensetzung und Beständigkeit von 1850 Jahre altem Beton, Angewandte Chemie 1935, S. 124. — 1850 Jahre alter Beton und seine Verwendung als Kunststein, Zement 1935, S. 232.

Wachsen des Betons mit nachträglichem Zerfall zeigt Sulfatlösung an. Diese Erscheinungen treten besonders in Meerwasser oder Magnesiumsulfatlösung auf. Ist der Beton starkem Wellenschlag ausgesetzt, so können die Treiberscheinungen für das ungeübte Auge verschwinden, da der zermürbte Beton sofort entfernt wird und der rauhe Beton übrigbleibt. Charakteristisch ist hier aber eine Weißfärbung des Betons, besonders bei Austrocknung, die von dem gebildeten Gips herkommt[1].

Mürbwerden und Zerbröckeln ohne derartige Treibrisse tritt in der Regel dann ein, wenn andere Salze als Sulfat vorhanden sind, also Ammoniumchlorid, Zucker usw. Auch Fette vermögen so zu wirken, führen aber bisweilen je nach der Fettart auch zu Treiberscheinungen, also zu Raumvergrößerung. Kohlensäure ätzt gleichfalls die Oberfläche von dichtem Beton an und vermag porösen Beton bis ins Innerste zu zermürben, hauptsächlich dann, wenn große Wassermengen diesen dauernd durchströmen (Kalkverarmung).

Rosten der Eisen führt zu Absprengungen des Betons. Es tritt ein entweder dann, wenn der Beton zerstört wird und auf diese Weise den Weg zum Eisen frei gibt, also beispielsweise bei Sulfatzerstörung des Betons oder aber bei zu geringer Überdeckung des Eisens, schließlich bei porösem Beton. Bei geringer Überdeckung der Eisen, die normal 3 cm, im Seeklima 5 cm betragen soll, ist der abgesprengte Beton noch ebenso hart und fest wie im Bauwerk, die Raumvergrößerung, die beim Rosten des Eisens eintritt, führt also lediglich zum Aufplatzen, ohne daß der Beton zermürbt. Die abgeplatzten Stücke sind fest. Besonders im Seeklima mit sehr hohem Salzgehalt von Luft und Wasser tritt dieses Aufplatzen leicht ein, da offenbar noch elektrische Vorgänge hier eine Rolle mitspielen und die Leitfähigkeit des Wassers durch Salzgehalt erhöht wird (vgl. Abb. 229).

b) Analyse und Festigkeitsprüfung.

Stets notwendig ist bei jeder Zerstörung sofortigste Durchführung der Analyse sowohl des einwirkenden Wassers als auch des zerstörten und nicht zerstörten Betons. (Über die Art der Wasserentnahme vgl. S. 320, Fußnote 4.) Die Entnahme des Betons muß stets so erfolgen, daß sowohl zerstörter als auch nicht zerstörter Beton entnommen wird, und zwar aus jeweils verschiedenen Tiefen, um zunächst festzustellen

den Unterschied zwischen dem zerstörten und nicht zerstörten Beton, und weiter

die Art der Flüssigkeitseinwirkung und

die Eindringtiefe.

Zweckmäßig ist bei Großbauten das von dem Verfasser wiederholt angewendete und empfohlene Verfahren des Ausbohrens von Kernen, wie dies ja auch beispielsweise bei den Autobahnen in gleicher Weise durchgeführt wird: durch dieses Verfahren wird das zu prüfende Bau-

[1] Vgl. auch Platzmann: Über den Einfluß der Alkalien im Portlandzement auf Bauschäden. Bautenschutz 1937 S. 21.

werk nur ganz wenig beschädigt. Die Bohrlöcher sind leicht wieder mit Beton zu schließen. Außerdem erhält man viel besser als bei dem Herausmeißeln die verschiedenen Tiefenlagen des Betons, ohne daß Verwechslungen, wie sie so häufig beobachtet werden, möglich sind. Ist man zur Herausmeißelung gezwungen, so nimmt man zum allenfallsigen Würfelherausschlagen, wie dies meist üblich ist, nicht einen ungelernten, möglichst ungeschickten Arbeiter, sondern einen gelernten Steinmetz, der imstande ist, wirklich einen Würfel ohne allzu große Schädigung des Betons herauszuschlagen, an Stelle der häufig in die Laboratorien eingelieferten unregelmäßigen und für Druck- und analytische Versuche durchaus unbrauchbaren Brocken.

Die Analyse hat sich nicht nur zu erstrecken auf Kalkgehalt, Sulfatgehalt und Chloridgehalt, sondern ist als Vollanalyse durchzuführen, wenn man Trugschlüsse vermeiden will.

c) Maßnahmen zur Erhaltung und Wiederherstellung.

Zunächst muß festgestellt werden, ob der verseuchte Beton in seinem Kern noch brauchbar ist oder nicht und wie weit die Unbrauchbarkeit geht. Der zerstörte Beton muß rücksichtslos entfernt werden. Darauf ist eine gründliche Durchspülung notwendig. Ist Sulfat-, Magnesiumchlorid-, Schwefelsäure- oder Öleinwirkung die Ursache der Zerstörung gewesen, so ist vor Instandsetzung, also Neuaufbringung von Beton eine Wartezeit einzuhalten, da die in dem Beton befindlichen, bereits dem Zement eingelagerten und so durch Waschen nicht entfernbaren Salzreste auch nach Wochen noch zu Treiberscheinungen führen können, wenn die Salzeinwirkung längst aufgehört hat. Mohr und Goebel haben noch nach 3 Monaten solche nachträglichen Zerstörungen festgestellt[1]. Nach der Wartezeit kann die Aufbringung des neuen Betons durchgeführt werden, beispielsweise bei Kanälen durch Einbringung von Bewehrungseisen und Aufbringen neuen Betons, gegebenenfalls im Spritzverfahren, bei Mauern durch Vorschaltung von Schürzen und bei Fußböden durch Aufbringung neuen Estrichs unter Umständen mit Zwischenschaltung von Dachpappe oder mit nachträglicher Aufbringung von Plattenbelag. Die Notwendigkeit der Aufbringung von Schutzanstrichen, Plattenbelägen u. dgl. richtet sich nach den örtlichen Verhältnissen. Falls das Bauwerk nicht längere Zeit zur Karbonisierung des Kalkes an der Luft stehenbleiben kann, weil es gleich wieder in Betrieb genommen werden muß, sind solche Schutzanstriche nach Erhärtung stets am Platze.

Die Fernhaltung der Flüssigkeit von Beton ist überaus wichtig und wird meist versäumt. Häufig läßt sich durch Absenkung des Grundwasserspiegels oder durch Veränderung der Druckverhältnisse in viel größerem Maße die schädliche Flüssigkeit vom Beton fernhalten, als dies meist angenommen wird. Ist diese Fernhaltung ausgeschlossen, so ist doch meist eine schnelle Entfernung der schädlichen Flüssigkeit

[1] Mohr: Über die Einwirkung von Ammonsalzlösungen auf Beton. Bauing. 1925 S. 284 — Goebel: Zerstörung von Betonbauten durch chemische Angriffe und konstruktive Abwehrmaßnahmen. Bauing. 1925 S. 294.

und die Vermeidung von Eindicken derselben möglich, und zwar durch geeignete Baugestaltung, durch Abdeckplatten, Tropfnasen, Entfernung von faulendem Tang oder Schmutzresten u. dgl. Auf diese wichtige und weitgehende Einwirkung der Gestaltung auf Beständigkeit der Bauwerke hat Goebel zuerst eindringlich hingewiesen und mitgeteilt, daß bei der I. G. Farbenindustrie durch gute Baugestaltung bei gleichzeitiger Verwendung zweckentsprechender Baustoffe allein in einem Jahr Millionen erspart wurden[1].

Beispielsweise sei auch auf eine sehr einfache Maßnahme hingewiesen, die die Emschergenossenschaft bei einem Tunnel, durch den ein Bach floß, getroffen hat, um das weitere Eindringen sulfathaltigen Sickerwassers zu verhindern. Das Wasser wurde aus einer überliegenden Schlackenhalde durch den Beton in das Innere des Kanals gedrückt und hatte den etwas porösen Beton schon stark angegriffen. Das stark gefährdete Bauwerk wurde dadurch gerettet, daß durch Anbringung eines Knies der Tunnel in einen Düker verwandelt und mit dem an sich ungefährlichen Bachwasser gefüllt wurde. Durch den so entstehenden Druck wurde das schädliche, vorher von außen eindringende Wasser der Halde von weiteren Einwirkungen ferngehalten.

Bei Aufbringung neuen Betons ist auf gute Verbindung mit dem alten Beton besonders großer Wert zu legen. Spritzputz hält im allgemeinen recht gut. Gegebenenfalls ist noch wünschenswert die Einfügung eines Drahtnetzes. Bei großen Betonteilen ist Verdübelung notwendig. Gutes Entfernen des losen, sowie starkes Annässen des alten Betons ist ebenfalls erforderlich. Nach Versuchen des Verfassers hat sich das häufig empfohlene Einschlämmen mit Zementmilch als unzweckmäßig erwiesen. Auch aufgebrachter Mörtel bewährt sich nicht besonders gut. Beste Wirkung fand ich bei Einbetonierung kurzer Eisenstifte und Aufbringung des neuen Betons nach gutem Wässern des alten. Arbeitsfugen dürfen bei stark gefährdeten Bauten überhaupt nicht entstehen; es muß in einem fort betoniert werden, da stets an den Arbeitsfugen sowohl Salzwasserangriffe als auch Bruch bei Überbeanspruchung eintreten. Bei Meerwasserzerstörungen in Helgoland begann diese stets an den Arbeitsfugen, die Bauwerke wurden in 20 Jahren durch die Meerwassereinwirkung in diejenigen Schichten zerlegt, die seinerzeit bei der Betonierung aufeinandergebracht worden war. Auch nach der Beschießung der Lütticher Forts und nach der Explosion in Oppau zeigte sich der Beton zuerst da gebrochen, wo die Arbeitsfugen ursprünglich gewesen waren.

In den amerikanischen Vorschriften ist für Decken in langen Gebäuden eine besondere Bewehrung vorgeschrieben, die rechtwinklig zur Fuge zu laufen hat, sich nach beiden Seiten genügend lange ausdehnt und deren Querschnitt nicht geringer sein soll als 0,5% des durch die Fuge unterbrochenen Betonquerschnittes[2].

Neuerdings werden die absichtlich hergestellten Arbeitsfugen in amerikanischen Straßen verdübelt, nachdem man schon 1925 die Be-

[1] Graf u. Goebel: Schutz der Bauwerke. Berlin 1930.
[2] Beton u. Eisen 1924 S. 301.

wehrung begonnen hat[1]. Um dem Beton der Fahrbahnplatten das „Arbeiten“, also Ausdehnung bei Benetzung und Zusammenziehung bei Austrocknung, zu gestatten, wurden hierbei die Dübel nur in einer der beiden verbundenen Platten fest verankert, in der zweiten aber durch Einölen, Ummanteln mit Bitumenpapier u. dgl. beweglich gehalten. Meines Erachtens erwächst aber aus der Verdübelung der Straße eine andere Gefahr: Rosten der Eisen, die praktisch nicht dauernd geschützt werden können und Aufsprengung des Betons durch das Rosten verursachen.

In folgenden Abbildungen sind einige charakteristische Wiederherstellungsarbeiten an zerstörtem Beton dargestellt:

4. Wiederherstellung eines Fundamentpfeilers.

Abb. 256 zeigt die bis tief in den gesunden Kern vorgetriebene Entfernung des beschädigten Betons, der dann zur Wiederherstellung

Abb. 256. Entfernung von durch Sulfatwirkung beschädigtem Beton durch Lufthammer bis tief in den Kern vor Aufbringung des neuen Betons. (Aufn. Goebel, L'hafen.)

mit einem Drahtgeflecht umgeben wird, welches als Bewehrung für den neuen Beton dient (Abb. 257). Die wieder hergestellte Oberfläche wird dann mit einem Schutzanstrich versehen. Abb. 258 zeigt einen in dieser Weise wiederhergestellten Pfeiler, der stark beschädigt war: die Krone dieses einen Säurebottich tragenden Pfeilers ist mit einer Sandsteinplatte, die ein Abtropfen der herunterlaufenden Säure an den Tropfnasen nach außen gewährleistet, abgedeckt, der Fuß mit einer Schicht von Kalksteinsplitt umgeben, um bei Auftropfen der Säure diese sofort zu neutralisieren.

[1] Kleinlogel: Nordamerikanische Betonstraßen. Zement 1925 S. 487.

Abb. 257. Umgebung eines durch Salzwasserwirkung beschädigten Fundaments nach Entfernung der mürben Anteile mit einem Drahtgeflecht vor Aufbringung des neuen Hochofenzementbetons. (Aufn. Goebel, L'hafen.)

Abb. 258. Der fertig gestellte, mit Schutzanstrich versehene und mit Kalksplitt umpackte Pfeiler der Abb. 256 und 257, von oben mit einer Sandsteinplatte gegen auftropfende Säure geschützt.

Abb. 259. Durch frühzeitige Überflutung mit salzhaltigem Grundwasser beschädigter Betonpfeiler.

Abb. 260. Umschnürung des nach Abb. 259 beschädigten Pfeilers mit Bewehrungseisen.

5. Ummantelung von geschädigten Säulenfüßen.

Diese waren durch zu frühes Überfluten durch schädliches Abwasser stark geschädigt: der Zement war zerstört und ausgewaschen (Abb. 259). Durch diesen Vorgang senkte sich das große Gebäude gleichmäßig um einige Zentimeter. Nach Entfernung des mürben Betons wurde eine Umschnürung angebracht (Abb. 260) und nach starkem Annässen geböschter Beton eingestampft, so daß sich die Wiederherstellung der Abb. 261 ergab.

Abb. 261. Wiederhergestellter Pfeiler der Abb. 259.

6. Fernhaltung der schädlichen Flüssigkeit.

Rohre, die in sauren Boden kommen, können mit Kalksteinsplitt (Schutz gegen Kohlensäure und Schwefelsäure) oder durch eine Lehmumstampfung geschützt werden. Diese Einbettung in Lehm ist sehr zweckmäßig, schützt auch Fundamente und sollte viel mehr als üblich angewendet werden, da sie billig und sicher ist.

Bei starker Säureeinwirkung ausgesetzten Bauwerken ist Verkleidung durch mit Teer behandelten Sandsteinplatten, deren Fugen mit Asphalt ausgegossen werden, ein sicherer Schutz[1].

7. Beobachtung und Pflege des fertigen Betons.

Auch dann, wenn die Nachbehandlung, also das „Naßhalten", aufgehört hat, ist eine Pflege des fertigen Betons notwendig. Diese wird in den meisten Fällen in einer einfachen Beobachtung und gelegentlichen Ausbesserung etwa auftretender kleiner Risse bestehen, um das Wasser von den Eiseneinlagen fernzuhalten. Bei großen Rissen ist Bitumenausguß notwendig, und damit ist meist die ganze Pflege erschöpft. Auffallende Beobachtungen, wie Ausblühungen, Absanden, Rauhwerden und Rosten von Eiseneinlagen oder sonstigen Verfärbungen, sind Krankheitszeichen und müssen dazu führen, daß sofort ein Arzt gerufen, also ein Fachmann herangezogen wird. Durch zeitige Behand-

[1] Mohr: Über die Einwirkung von Ammonsalzlösungen auf Beton. — Goebel: Zerstörung von Betonbauten durch chemische Angriffe und konstruktive Abwehrmaßnahmen. Bauing. 1925 S. 284 u. 294. — Diese Arbeiten bieten eine Fülle von praktischen Beispielen über durchgeführte und bewährte Maßnahmen und Reparaturen und können zum Studium empfohlen werden.

lung derartiger Schäden oder Beseitigung der Ursachen für diese Schäden können sowohl der Volkswirtschaft als auch dem Einzelnen große Kosten erspart werden, denn frühzeitiges Eingreifen vermag nicht bloß leidige Ausgaben zu ersparen, sondern unter Umständen ganze gefährdete Bauwerke zu retten.

Schluß.

Aus richtigen Rohstoffen und Zuschlägen in der geschilderten Weise, zweckmäßig hergestellter und gegebenenfalls auch gepflegter Beton hat eine überaus große Beständigkeit. Die meisten Betonzerstörungen sind zurückzuführen auf Vernachlässigung einer der genannten Punkte, also auf ungeeignetes Material, unsachgemäße Verarbeitung und mangelnde Beobachtung. Werden diese Fehler ver-vermieden, so wird Beton der billigste, beständigste und in der Hand des Architekten und Technikers bildsamste Baustoff sein, der trotz falscher ästhetischer Bedenken auf Grund seiner hervorragenden Eigenschaften seinen Siegeszug fortsetzen muß: eine kommende Zeit wird in noch viel weitgehenderem Maße als die unsrige erkennen, daß Beton tatsächlich der gefügigste und vielseitigste Baustoff ist; er gestattet mit und besonders auch ohne Verblendung die kühnsten Konstruktionen, welche infolge der Druckfestigkeit, Feuerbeständigkeit und Schönheit des Materials Jahrhunderte überdauern werden, und zwar mindestens in gleichem Ausmaße wie Bauten aus behauenen Natursteinen. So ist tatsächlich schon in der Südafrikanischen Union die Betonbauweise unverkennbar im Vordringen, weil dort die Betonbauten dem dauernden Temperaturwechsel besser widerstehen als Steinbauten[1].

Vorteil und Nachteil des Betons ist:

Er wird auf der Baustelle hergestellt. Dort erst erhält er Form, Gefüge und Festigkeit. Er bietet dem Ingenieur also eine Vielseitigkeit wie kein anderer Baustoff und hat für den Baukünstler noch ungeahnte Möglichkeiten, denn er ist von einer Formwilligkeit, die das Altertum und Mittelalter, die unsere Architekturen schufen, noch nicht kannten.

Er wird aber nur dann fest, schön und beständig, wenn man ihn aus guten Rohstoffen richtig herstellt und behandelt. Deshalb verlangt er auch tiefe Kenntnis seiner Eigenart und große Aufmerksamkeit bei der Herstellung.

Baumstämme und Eisenschienen kann jeder verbauen, ohne die Eigenschaften seiner Baustoffe zu kennen, guten Beton erhält nur derjenige, der sein Handwerk versteht.

---

[1] Aus der südafrikanischen Betonsteinindustrie, Betonsteinzeitung 1937. S. 143.

Namenverzeichnis.

Die Veröffentlichungen oder Mitarbeit folgender Herren konnte ich dankend verwerten:

Das Autorenverzeichnis wurde so umfangreich gestaltet, daß dem Nachschlagenden die Möglichkeit gegeben ist, weitaus die meisten wichtigen Arbeiten auch an der Quelle zu studieren, wenn auch natürlich völlige Vollständigkeit nicht erreicht werden konnte.

Während der Vorarbeiten und der Bearbeitung des Buches waren am Institut folgende Herren tätig, die entsprechend ihrem Arbeitsbereich und der in Klammern angegebenen Zeitdauer ihrer Tätigkeit mit am Zustandekommen des Buches beteiligt waren:

Assistenten: Dr. Hugo Beckmann (9 J.), Dr. Wilh. Köhler (2 J.), Dr. Kurt Obenauer (1 J.), Dr. Herm. Manecke (3 J.), Dipl.-Ing. Adam ($^1/_2$ J.), Dipl.-Ing. Erich Brueren (1 J.).

Laboranten: Hans Herres (13 J.), Willi Müller (12 J.), Gustav Koth (8 J.), Arno Friedrich (1 J.), Heinz Weiß (1 J.).

Büroangestellte: Alfred Kunze (11 J.), Adolf Weil (10 J.), Hans Schwaen ($2^1/_2$ J.).

Sachverzeichnis.

GPSR Compliance

The European Union's (EU) General Product Safety Regulation (GPSR) is a set of rules that requires consumer products to be safe and our obligations to ensure this.

If you have any concerns about our products, you can contact us on ProductSafety@springernature.com

In case Publisher is established outside the EU, the EU authorized representative is:

Springer Nature Customer Service Center GmbH
Europaplatz 3
69115 Heidelberg, Germany

Batch number: 10682323

Printed by Printforce, the Netherlands